高等学校土木建筑专业应用型本科“十四五”系列教材

高层建筑结构设计

（第2版）

主　编　章丛俊　郭　彤
参　编　吕清芳　冷　斌　殷宝才　刘　涛

东南大学出版社
SOUTHEAST UNIVERSITY PRESS
·南京·

内 容 简 介

本书根据土木工程专业本科教学要求，依据最新颁布的《高层建筑混凝土结构技术规程》(JGJ 3—2010)、《高层民用建筑钢结构技术规程》(JGJ 99—2015)、《建筑抗震设计规范》(GB 50011—2010)(2016 年版)、《建筑结构荷载规范》(GB 50009—2012)、《建筑结构可靠性设计统一标准》(GB 50068—2018)、《工程结构通用规范》(GB 55001—2021)等国家规范和规程，并结合工程设计实例编写。

本书共 9 章，主要内容包括：高层建筑结构设计概述、荷载与作用效应组合、高层框架结构设计、剪力墙结构设计、框架-剪力墙结构设计、筒体结构设计、复杂高层结构设计、组合结构设计、高层建筑基础设计。

本书可作为土木工程专业本科生教材或参考书，也可供研究生和有关技术人员参考。

图书在版编目(CIP)数据

高层建筑结构设计 / 章丛俊，郭彤主编. -- 2 版.
南京 ：东南大学出版社，2025. 2. -- ISBN 978-7-5766-1828-0

Ⅰ. TU973

中国国家版本馆 CIP 数据核字第 2025D6B002 号

责任编辑：戴坚敏　责任校对：韩小亮　封面设计：余武莉　责任印制：周荣虎

高层建筑结构设计(第 2 版)

Gaoceng Jianzhu Jiegou Sheji (Di 2 Ban)

主　　编：章丛俊　郭　彤
出版发行：东南大学出版社
社　　址：南京市四牌楼 2 号　邮编：210096
出 版 人：白云飞
网　　址：http://www.seupress.com
电子邮箱：press@seupress.com
经　　销：全国各地新华书店
印　　刷：兴化印刷有限责任公司
开　　本：787 mm×1092 mm　1/16
印　　张：21.75
字　　数：556 千字
版 印 次：2025 年 2 月第 2 版第 1 次印刷
书　　号：ISBN 978-7-5766-1828-0
定　　价：65.00 元

高等学校土木建筑专业应用型本科系列
教材编审委员会

序

通常，人们认为，高层建筑的产生与发展主要在20世纪前50年。尽管19世纪后期，美国芝加哥已出现了一幢9层钢结构高楼，但是那时候工业并不发达，人口并没有向城市集中的趋势，强度较高的建筑材料还没有出现，电梯更没有生产出来，高楼的设计理论和方法远没有建立。因而直到20世纪，高层建筑才有了迅速的发展，特别是在第二次世界大战结束之后。

虽然我国现代高层建筑起步较晚，但是发展十分迅速，特别是在改革开放以后，短短二三十年间，工业大发展，人口迅速向全国各个大中城市集中，各式高层建筑如雨后春笋拔地而起。但是，对于我国高层建筑的这种高速发展现状和趋势的认识并不是一致的。记得本世纪初，我国有关部门曾召开过一次专家座谈会，专家通过讨论，促使我国高层建筑热适当“降温”。然而，事物的发展并不受这次会议的主观愿望而改变，相反，随着城镇化趋势和政策的推进，我国很快成为高层建筑大国。因此，我们认识到编写高层建筑方面的书籍，普及、提高高层建筑及结构设计知识已经十分必要。

最近，为适应上述形势，南京工程学院章丛俊教授级高级工程师结合多年的高层建筑结构工程设计实践，立足于当前的成熟理论成果和工程界通用的设计方法，依据我国现行《高层建筑混凝土结构技术规程》(JGJ3—2010)等相关规程和规范，联合有关教师编写了这本50万字的《高层建筑结构设计》，并希望我为此书写个序。

章丛俊等编写的这本《高层建筑结构设计》至少有两大特点：一是简明实用；二是强调理论与实际工程的结合。因而它不仅是高校土木工程相关专业的主要教材，也是从事高层建筑结构设计有关的工程技术人员重要的参考书。

吕志涛

2014年9月

第 1 版前言

本书是以《高层建筑混凝土结构技术规程》(JGJ 3—2010)及新近颁布的各类建筑结构设计规范为依据,结合编者多年教学、科研和设计经验,为适应教学和工程设计的需要而编写的。

编写时,考虑本书用作高等学校工科院校土建专业的教材,也考虑结构工程师作参考用书。作为教材,要求做到内容简练,概念清楚,与其他前置课程衔接紧密;作为参考书,又要求本书有一定的独立性、实践性和先进性。为此,本书所介绍的内容,基本是国内在工程设计中普遍采用的理论和方法;同时,尽可能反映国内外先进的科学研究成果和目前高层结构设计创新现状。此外,从设计优化角度,对保证结构安全性基础上的经济、合理、有效性进行了分析阐述。以期读者阅读本书后有所收益。

在多层和高层的关系上,在介绍结构体系、方案、设计步骤和构造措施时,本书以高层建筑结构为主,但多层和高层在设计原理、概念性设计判断及计算方法等方面并无区别,截面设计、构件设计也是基本相同的。因此,本书对多层建筑结构设计也可用作参考书。

在计算方法的选取上,以适合手算的简便方法为主,可以帮助读者建立清晰的结构设计基本概念,不至盲从于结构计算软件输出的结果。同时,在第 7 章集中介绍了结构设计电算内容及对电算结果合理性、正确性的判断分析,此部分电算内容同样适用于一般工程结构的设计计算分析。

参加本书编写工作的有:宗兰(南京工程学院,编写第 1 章),章丛俊(南京工程学院,编写第 2、4、6、7 章),曹秀丽(南京工程学院,编写第 3 章),吕清芳(东南大学,编写第 5 章),刘涛(江苏省住房和城乡建设厅,编写第 8 章),黄柏(南京金海建筑设计工程有限公司,编写第 9 章),全书的编写工作由章丛俊、宗兰负责。

教材的编写,参考并引用了一些公开出版和发表的优秀教材和文献,均在参考文献中列出,谨向这些作者表示衷心的感谢!

本书主编从事高层建筑结构设计及理论研究,主观上希望所介绍的内容立足于当前的成熟理论成果和工程界通用的设计方法，适当对高层建筑结构设计中一些疑难或关键理论进行思考分析并予以归纳，同时兼顾先进性和创新性。但由于本书所涉及的知识较广较深，是个需要不断探索的领域，作者水平有限，书中疏漏和错误之处，敬请读者指正，以期日臻完善。

章从俊

2014 年 9 月

第 2 版前言

近八年来，我国高层建筑的理论研究与工程应用又有了很大的发展，《中国地震动参数区划图》(GB 18306)进行了修订，《建筑抗震设计规范》(GB 50011)也做了局部修改，《建筑结构可靠性设计统一标准》(GB 50068—2018)已经在2019 年 4 月开始施行。《工程结构通用规范》(GB 55001—2021)、《建筑与市政工程抗震通用规范》(GB 55002—2021)、《混凝土结构通用规范》(GB 55008—2021)等多本规范已经在 2021 年发布并且在 2022 年陆续实施，因此有必要对教材进行修订。

本版修订中，除了所有内容都按照新规范和新规程进行编写外，对第 1 版内容进行了调整、增补与修改，更加注重基本概念的阐述及结构受力和变形特征的分析，注重实用算法以及不同计算方法之间差异和内在联系的探讨，以期读者能够更直观地搞清楚概念，提高结构概念设计能力，掌握建筑结构设计的基本理论与计算方法，进而达到"理解、应用、创新"的目标。

本书仍然以介绍高层建筑结构设计的基本设计原理为主要内容，对高层建筑混凝土结构设计中所涉及的基于性能的设计、抗连续倒塌、混合结构、复杂超限高层等工程技术进行了阐述，同时，结合编者的理论思考和工程实践经验，对一些重要的结构概念进行了适当的归纳总结；对工程界通用的电算方法的适用性及电算结果的合理性、正确性判断进行了阐述和归纳，给出了对不合理结构的具体调整方法；并对工程结构设计优化进行了分析、阐述，希望能对读者理解工程结构的重要概念和处理具体结构设计中疑难问题有所裨益。

参加本书编写工作的有：郭彤(东南大学，编写第 1、8 章)，章丛俊(南京工程学院，编写第 2、4、6 章)，殷宝才(南京长江都市建筑设计股份有限公司，编写第 3 章)，吕清芳(东南大学，编写第 5 章)，刘涛(江苏省住房和城乡建设厅，编写第 7 章)，冷斌(南京大学建筑规划设计研究院有限公司，编写第 9 章)。全书的编写工作由章丛俊、郭彤负责。

由于作者的水平有限，缺点和错误在所难免，欢迎读者批评指正。

目　　录

1 高层建筑结构设计概述

1.1 高层建筑的定义、分类与特点

1.1.1 高层建筑定义

超过一定层数或高度的建筑物称为高层建筑。我国《高层建筑混凝土结构技术规程》(JGJ 3)规定，10 层及 10 层以上或房屋高度大于 28 m 的住宅建筑以及房屋高度大于 24 m 的其他高层民用建筑混凝土结构为高层建筑。房屋高度是指建筑物室外地面到主要屋面板顶的高度。美国规范规定高度在 7 层以上或 25 m 以上的建筑物为高层建筑；英国规范规定 24.3 m 以上的建筑物为高层建筑；法国规范规定居住建筑高度在 50 m 以上、其他建筑高度在 28 m 以上的建筑物为高层建筑。

1.1.2 高层建筑的分类

按不同的分类标准可对高层建筑进行不同的分类。目前国际上还没有统一的高层建筑划分标准。以下给出高层建筑几种常见的分类方法。

1) *按层数和高度分类*

国际上按建筑的高度与层数可将高层建筑分为三类：低高层(40 层或 152 m 高度以下)、高层、超高层结构(100 层或 365 m 高度以上)。联合国教科文组织所属的世界高层建筑委员会建议将高层建筑划分为以下四类：第一类高层建筑为 9～16 层，高度不超过 50 m；第二类高层建筑为 17～25 层，高度不超过 75 m；第三类高层建筑为 26～40 层，高度不超过 100 m；第四类高层建筑为 40 层以上，高度超过 100 m。日本规范规定，11 层以上或高度超过 31 m 的建筑为高层建筑，30 层以上的旅馆、办公楼和 20 层以上的住宅定为超高层建筑。此类建筑划分依据主要是考虑因高度或层数的增大带来消防扑救能力、结构内力与位移由竖向作用转变为水平作用成为结构设计的控制因素而定。

2) *按高层建筑功能分类*

按建筑的主要使用功能，可将高层建筑分为住宅类、旅馆类、办公类和综合类等。

3) *按高层建筑结构材料分类*

钢和混凝土两种材料是建造高层建筑的重要材料，但各自有着不同的工作特性。因此不同国家、不同地区、不同条件下，如何正确选用材料，充分利用其优点、克服弱点，就成为经济合理建造高层建筑的一个重要方面。

按照建筑结构使用材料的不同，高层建筑结构可分为钢筋混凝土(RC)结构、钢(S)结

构、钢-混凝土组合结构三种类型。

钢筋混凝土结构具有取材容易、耐火性和耐久性良好、承载能力强、刚度大、节省钢材、造价低、可模性好,以及能浇制成各种复杂的截面和形状等优点,现浇整体式混凝土结构还具有整体性好的优点,设计合理时,可获得较好的抗震性能。

钢结构具有材料强度高、截面小、自重轻、韧性和塑性好、制造简便、施工周期短、抗震性能好等优点,在高层建筑中也有比较广泛的应用。

钢-混凝土组合结构是将钢材放入混凝土构件内部,称为钢骨混凝土(Steel Reinforced Concrete,简写 SRC);或者在钢管内部填充混凝土,称为钢管混凝土(Concrete-filles Steel Tube,简写 CFST)。这种结构不仅具有钢结构截面尺寸小、自重轻、施工进度快、抗震性能好等特点,同时还兼有混凝土结构刚度大、防火性能好、造价低的优点,因而被认为是一种比较好的高层建筑结构形式,近年来在国内外实际工程中得到迅速发展。

在国内,绝大多数高层建筑采用钢筋混凝土结构,少数采用钢结构,高度超过 200 m 的高层建筑有近半数以上采用钢-混凝土组合结构。进入 20 世纪 90 年代,值得注意的发展趋势是:原来从高层钢结构起步的美国和日本,钢筋混凝土高层建筑也迅速发展起来。尤其是日本,以前基本上采用钢结构,现在开始大力发展钢筋混凝土结构,主要用在 20～30 层的高层建筑中,最高达到 40 层。其主要原因是:钢筋混凝土结构整体性好,刚度大,变形小;阻尼比高,舒适性佳;耐腐蚀、耐火、维护方便、造价低。对于新一代超高层建筑,当今世界各国都已趋向采用钢-混凝土组合结构。今后,我国钢-混凝土组合结构和钢结构都会有所发展,特别是在高度超过 200 m 的高层建筑中,采用钢-混凝土组合结构的可能性将会增加。但对于一般高层建筑,钢筋混凝土仍将是主要结构材料。所以,本书主要介绍钢筋混凝土高层建筑结构的设计方法,而对钢-混凝土组合结构仅做基本原理的介绍,为学生毕业后参与这些工作打下一个初步的基础。

1.2 高层建筑发展与展望

1.2.1 高层建筑产生与发展的原因与动力

从古代的各类寺塔到今天的各类现代高层建筑,人类对高层建筑的探索与实践一直没有停止。特别是近年来随着社会经济与现代科技的发展,高层建筑已经成了各国各级政府解决现代城市问题的重要手段之一,成为城市和时代的标志和象征,其美学价值与广告效应也将成为城市的重要文化财富,高层建筑与现代城市的关系日益密切。特别是近 30 多年,世界各地兴建的各式各样高楼,如雨后春笋,在许多大中城市中拔地而起。其规模之大,数量之多,技术之先进,形式之多样,外观之新颖,让人惊叹称奇。导致高层建筑产生与发展及其近几十年内得到快速发展的主要原因可概括为以下几个方面:

(1) 社会的需求是高层建筑产生与发展的原动力。如古代军事战争、宗教、瞭望、皇权象征等的需要,导致了古代高层塔、寺的产生与发展;又如 18 世纪末的产业革命,带来了生产力的飞速发展和经济繁荣,大工业的兴起促使人口向城市集中,造成城市用地紧张,地价高涨。为了缓解城市用地紧张的矛盾，就要在较小的场地范围内，建造出更多的建筑使用空间或建筑面积，迫使建筑物不得不向空中延伸，由低层发展到多层，又由多层发展为高层，人类社会不断提高的需求是高层建筑产生与发展的最直接原因。

(2) 高层建筑建设经验的积累与技术的进步，新型建筑材料、结构体系、设计理论方法与手段的产生及其在高层建筑结构设计、施工与运行中的应用，为高层建筑向更高的高度和更多的层数发展提供了可能，并奠定了物资与技术基础。如 1850 年水泥的问世并开始试生产，1890 年开始采用回转窑进行大规模生产，1859 年转炉炼钢新方法的出现，1861 年钢筋混凝土的出现，1854 年电梯的发明及其于 1857 年在工程中的应用，为高层建筑的发展提供了可能。特别是近几十年来科学技术的快速发展，出现了多种轻质高强建筑材料和多种新型的高效结构体系，创造出了先进的施工技术和机械设备，提供了高速电梯、空调、防火、自控等现代化设施，再加上计算机技术在工程分析设计中的应用等，为高层建筑向更高更复杂的方面发展提供了更加充分的条件。

(3) 现代化城市建设的要求。①高层建筑可以增加人们的聚集密度，缩短相互联系的距离，水平交通与竖向交通相结合，使人们在城市中活动的分布走向空间化，节约了时间，增加了效率。②在建筑面积与场地面积相同比值的条件下，高层建筑比低层和多层建筑能够提供更多的自由地面。利用它可进行场地与环境的绿化或用作活动和休息场地，有利于美化城市环境，并给房屋带来更充足的日照、采光和通风效果。③从城市建设角度来看，建筑物向高空发展，可以充分利用城市土地资源，减小城市平面规模，缩短城市道路和各种公用管线的长度等市政工程费和复杂地形处理费，减少拆迁费，节约城市建设投资，提高城市社会综合效益，缓解因城市化进程加快而带来的城市快速膨胀及城市房屋的严峻供需矛盾，改善城市环境与调节心理等城市社会性问题。④高层建筑已成了现代化城市建设和发展的重要标志和象征。现代建筑思潮的倡导者，为高层建筑发展建立了理论基础，现代结构工程学科在工程结构新材料、新技术、新工艺、新结构体系型式以及先进的分析计算方法和手段等方面的发展，为各类更高和更复杂高层建筑结构的设计与建造，提供了技术上的支持，也为增加高层建筑的使用功能和适用性奠定了基础。

(4) 高层建筑工程建设的高度与层数及其复杂程度，已成为衡量一个国家、地区和部门设计水平、建设能力以及工程创新和竞争能力的决定性因素。

1.2.2　高层建筑的产生与发展

从古代的高层塔、寺到今天的现代化高层建筑，高层建筑经历了孕育、产生与发展等阶段后，今天已进入到了快速发展的繁荣期。以下简要介绍各发展时期的特征。

1) 孕育期(古代)

早在远古时代，人类在建筑方面就有着向高空发展的愿望和需要。在我国，早在汉武帝时代，长安城内就已经出现了不少较高的木结构楼阁。公元 520 年，在河南登封县，用砖砌筒体和木楼板建造的嵩岳寺塔，共 10 层，高约 40 m。公元 704 年(唐代)在西安建造的大雁塔，为砖砌塔身，木楼板，共 7 层，总高 64 m。河北省定县开元寺的瞭敌塔，始建于公元 1001 年，至 1055 年建成，用于监视敌情，平面为正八边形，底部边长为 9.8 m，采取砖砌双层筒体系，外筒壁厚 3 m，共 11 层，总高 82 m。公元 1056 年在山西省应县佛宫寺内建造的释迦塔，是迄今保存得最完好的最古最大的木塔，是一座正八边形的木结构塔楼，共9层，高达67 m。

在西方，上古时期的七大建筑奇迹中，就有两座是高层建筑。一座是公元前338年巴比伦王在巴比伦城建造的巴贝尔塔(Tower of Babel)，塔高90 m。据说，当时建塔的动机是要在高空中形成葱翠的花园，以取悦皇后。另一座是埃及亚历山大港的灯塔，建于公元前280年，塔高135 m。据考证，公元80年的古罗马时代，欧洲的城市中，已经建造了采用砖墙承重的10层楼房。公元1100年之后的大约10年间，意大利建造了40多座塔楼，其中一座L'asineeli塔楼高达98 m。

这一时期的高层构筑物主要是纪念性或功能性建筑，所采用的材料主要是天然的木、石及烧制的黏土砖等，材料强度低，承重构件尺度较大，使用面积小。虽然这一时期以寺塔等为主的建筑缺乏理论指导，主要是由能工巧匠根据经验进行建造，高度也较低，一般不具有居住生活等功能，但正是这一时期人们对高层寺塔的建设探索与实践，积累了高层构筑物的建设经验，孕育了以后高层建筑的产生与发展。

2) *产生或萌芽期(近代，19世纪初至19世纪末)*

19世纪，随着工业的发展，人口向城市集中，用地逐渐紧张，这一形势要求在城市里建造高楼。不过，在19世纪初，由于主要建筑材料依旧是砖、石和木材，因而当时建造的大多数高楼仍摆脱不开古老的承重墙体系。例如，1891年美国芝加哥市建造的一幢16层Monadnock大楼，就是采用砖承重墙体系，底部8层砖墙的厚度竟达1.8 m。

这一时期，在设计理论方面，纳维于1825年建立了结构设计的容许应力法，里特尔于19世纪末建立了极限平衡概念，麦可韦尔于1854年提出了优化的思想，19世纪后期惠普尔和克拉伯龙先后提出了桁架计算理论和连续梁计算方法，以后麦克斯韦于1864年提出了超静定结构的力法方程，1874—1885年莫尔发展了利用虚位移原理求位移的理论。在材料与结构技术方面，水泥、混凝土产生，转炉炼钢新方法的出现，钢铁产量开始增加，电梯出现并在工程中开始应用。上述设计理论与建筑技术的进步，使19世纪开始出现采用钢铁材料制作的框架承重结构体系。如1801年在英国曼彻斯特建成的一座7层棉纺厂房，厂房内部采用铸铁框架承重，而且框架梁第一次采用工字形截面，以及1854年在美国长岛黑港采用熟铁框架建造了一座灯塔。19世纪后期，在美国芝加哥则相继建成不少高楼。如1883年建造的11层(55 m)保险公司大楼，是采用由生铁柱和熟铁梁所构成的框架来承担全部荷载，外围砖墙仅是自承重墙，就结构而论，这幢大楼可以说是近代高楼的始祖。又如1889年建造的9层Second Rand Menally大楼，则是世界上第一幢采用全钢框架承重的高层建筑。显然，该时期是高层建筑的产生或萌芽期，这一时期受材料性能、设计理论及电梯速度等的限制，高层建筑的层数一般不高。

3) *发展期(现代，19世纪末至20世纪50年代)*

20世纪初，随着混凝土与钢结构设计技术的进步，以及高速电梯的出现，高层建筑的建设得到迅速发展，而且层数与高度逐步增加。高层建筑高度增大以后，风荷载成为结构设计的一个重要因素。由于在结构理论方面突破了纯框架抗侧力体系，提出在框架中间设置竖向支撑或剪力墙来增强结构的抗侧刚度和强度，使高层建筑进一步向更多的层数发展。自从1903年在美国辛辛那提市建成世界首座钢筋混凝土结构高层建筑(Ingalls，高16层，64 m)以后，1905年在美国纽约建造了50层的Metrop Litann大楼；1913年建造了57层、高 241 m 的 Woolworth 大楼;1929 年建造了高 319 m 的 Chrysler 大厦;1931 年又建造了著名的 102 层、高 381 m 的帝国大厦,该建筑保持世界最高楼房称号达 47 年之久。我国高层建筑的起步较晚,且发展缓慢。于 20 世纪 20 年代以后才开始兴建,自 1921 年起到 1936 年,先后在上海和广州等城市陆续建造了一些高层旅馆、住宅和办公楼,其中最高的是上海国际饭店,地上 22 层,地下 2 层,高 82.51 m,这些高层建筑标志着我国现代高楼的初步发展。

在这一时期,本迪克森于 1914 年首先提出了转角位移法,克罗斯于 1932 年首创了力矩分配法,戴孙于 1922 年提出了基于破损阶段的强度计算方法,这些理论的创建为以后建立各类结构设计理论与方法奠定了基础,也为更高更复杂高层建筑的出现奠定了基础。但由于结构设计仍未摆脱平面结构理论,而且建筑材料的强度低、质量大,以致整个大楼的材料用量较多,结构自重仍然较大。

4) 繁荣期(20 世纪 50 年代末至今)

1945 年第二次世界大战结束以后,建筑业得以复苏,并出现较大的发展,高层建筑也像雨后春笋一般在美国各地涌现,并向超高层建筑发展,继而在欧洲、亚洲、大洋洲以及第三世界各国陆续建造了许多高楼,形成了世界范围的高层建筑建设繁荣期。如 1972 年建成的世界贸易中心(Twin Towers,高 417 m,110 层,钢结构);1974 年在美国芝加哥建成的西尔斯大厦高 443 m,立体结构-框筒束体系,用钢量 161 kg/m^2,与帝国大厦相比减少 20%,钢结构;1996 年吉隆坡建成石油大厦,88 层,高 450 m,是钢与混凝土组合结构。

中国近代高层建筑起步较晚,但在近 30 年高层建筑得到了快速发展。20 世纪 50 年代的国内高层建筑有上海电报大楼,地上 12 层,高 68.35 m;民族饭店,地下 1 层,地上 12 层,高47.4 m; 1968 年建成的广州宾馆 27 层(20 世纪 60 年代最高建筑),高 112.7 m,是当时中国 8 度区最高的建筑(按 9 度设防);1976 年建成的白云宾馆(广州)33 层(1976—1982 年最高建筑);1983 年建成的南京金陵饭店 37 层,高 110 m,保持了 10 年"神州第一高楼"的称号。20 世纪 90 年代以后,高层建筑发展较快,深圳发展中心大厦(43 层,高 165.3 m),广州广东国际大厦(63 层,高 200.18 m),深圳贤成大厦(61 层,高 218 m),深圳地王大厦(69 层,高 383.95 m),中国银行(香港,72 层,高 364 m),深圳赛格广场(72 层,291.6 m,世界最高的钢管混凝土结构),香港汇丰银行大楼(48 层,179 m),广东国际大厦(63 层,200 m),中信广场(80 层,391.1 m),上海金茂大厦(1999 年建成,88 层,420.5 m),南京紫峰大厦(2010 年建成,89 层,450 m)等。

这一时期高层建筑得以迅猛发展的客观条件有四:①城市化进程加快,大量人口向城市集聚,密度猛增,纽约每公顷 1 000 人,香港更高达 3 700 人,造成城市生产、生活用房紧张,地价猛涨,迫使高层建筑向更高空间发展。②设计技术革新,建筑结构力学由一维的平面结构理论,发展为二维或三维的立体结构理论和空间结构理论,为新的高效抗侧力体系的出现创造了条件。同时,计算机的出现和在工程中的应用,提高了结构分析的速度和精度,为高层建筑在设计过程中进行多方案比较和优选提供了方便。上述设计技术方面的革新,增加了高楼的使用功能和适用性,并进一步降低了高楼的建筑造价。例如,1931 年建造的高 381 m 的帝国大厦,采用属平面结构的框架体系,用钢量为 206 kg/m^2;而 1974 年建造的高 442 m 的西尔斯塔楼,由于采用了属立体结构的框筒束体系,用钢量仅为 161 kg/m^2,约减少 20%。③轻质材料的应用,轻质隔墙和轻型围护墙的应用,减轻了建筑自重,并大大降低了基础工程费用。同时，镜面玻璃、合金铝板等新型饰面材料的问世，更使高层建筑面貌焕发异彩，为城市勾画出一幅美丽的空间构图，受到人们的赞许和欢迎。④多种性能更优的新型结构体系（如钢-混凝土组合结构、巨型结构、智能结构等）出现并在高层建筑结构中开始应用。

1.2.3 现代高层建筑的发展概况与展望

1）国内外高层建筑发展概况

目前，世界尤其是我国正处在经济的快速发展期，城市化进程稳步加快，城市人口继续增加，高层建筑的建设正处于快速发展期。表 1-1 给出了世界已建成的高度位列前十的建筑。

表 1-1　全世界已建成的高度位于前十的建筑物

序号	建筑物	城市	建成年份	层数	高度(m)	材料	用途
1	迪拜塔	阿联酋	2010	163	828	钢	综合
2	默迪卡 118 大楼	吉隆坡	2022	118	678.9	钢	综合
3	上海中心大厦	上海	2015	127	632	钢	综合
4	深圳平安金融中心	深圳	2016	118	599.1	钢	综合
5	台北 101	中国台北	2004	101	508	钢	综合
6	环球金融中心	上海	2008	101	492	组合	办公
7	环球贸易广场	香港	2010	108	484	组合	综合
8	双子塔	吉隆坡	1997	88	451.9	钢	综合
9	紫峰大厦	南京	2010	89	450	组合	办公
10	西尔斯大厦	芝加哥	1973	110	442.3	钢	综合

2）高层建筑结构的发展趋势

高层建筑的发展，充分显示了科学技术的深厚力量，使建筑师从过去强调艺术效果转向重视建筑特有功能与技术因素。未来的高层建筑将朝着技术功能先进与艺术完美结合的方向发展。

（1）新材料、高强材料的开发利用。在高层建筑结构的技术问题中，首先要解决的是材料问题。目前混凝土强度等级已经达到 C100 以上，高强度和良好韧性混凝土有利于减少结构的自重，改善结构抗震性能。同时，为了实现轻质高强度的目的，必须在高层建筑结构中发展轻骨料混凝土、轻混凝土、纤维混凝土、聚合物混凝土、侧限（约束）混凝土和预应力混凝土。高性能混凝土的开发和应用，将继续受到广泛的重视，也将给高层建筑结构带来重大和深远的影响。

从强度和塑性方面考虑，钢材是高层建筑结构的理想材料，增进或改善钢材的强度、塑性和可焊性性能，一直是结构工程师追求的目标。特别是对新型耐火耐候钢材的研发具有重要意义，可以使钢材减小或抛弃对防火材料的依赖，从而提高建筑钢材的竞争力。复合材料用来制作高层建筑部分构件正在开发和实践中。

（2）组合结构在高层建筑结构中的应用。组合结构体系由钢和钢筋混凝土两种材料组成，组合结构体系经合理设计可取得经济合理、技术性能优良的效果，而且易满足高层建筑抗侧刚度的需求，可建造比钢筋混凝土结构更高的建筑，因此，在高层建筑中，组合结构往往是合理的、可行的结构方案，今后建造组合结构的比率将会越来越大。

（3）新的设计概念、新的结构形式的应用。现代建筑功能趋于多样化，建筑的体型和结构体系趋于复杂化、立体化，从而应运而生新的设计概念和结构技术，采用新的结构体系，如巨型结构体系、蒙皮结构、带加强层的结构。建筑立面设计优化，如设置大洞口以减小风力，同时采用结构控制技术设置抗震机构等。

（4）高层建筑结构的高度出现新的突破。进入 20 世纪 90 年代后，高层建筑迅猛发展，在数量、质量及高度上都有了大的飞跃，高层建筑中的科技含量越来越高。许多国家和地区正在建造或设想建造更高的高层建筑。据不完全统计，世界上正在进行设计或已经完成设计的拟建的建筑有：阿拉伯联合酋长国的加盟迪拜塔楼，200 层；韩国的仁川双子星大厦，151 层，结构顶部高度 610 m；重庆的川江帆影，98 层，屋面高 400 m。正在进行构思的有：科威特计划一座 250 层、高度超过1 000 m的摩天大楼，能容纳 13 万人；英国的“摩天城市”，850 层，可居住 50 万人；日本东京“航空城邦”2 001 m，500 层，居住 14 万人；等等。随着社会和科技的进步，“空中城市”的设想终将变为现实。

1.3　本课程的特点与学习要点

1.3.1　本课程的特点

（1）本课程是实际结构的力学分析，可看作为材料力学、结构力学等在实际中的应用。本课程首先以力学为基础，例如，以研究物体机械运动基本规律的理论力学，研究单个杆件或整体结构的强度、刚度和稳定问题的材料力学及结构力学，以实体结构和板壳结构为研究对象的弹性力学等提供了作用效应（S）计算的基本理论。其次，在这门课程学习之前已学的前置专业课程，如钢筋混凝土结构、钢结构、砌体结构、地基基础、建筑结构抗震、建筑材料、房屋建筑学等前期多门课程知识，都是采用相应的力学理论，获得了各类材料的结构构件抗力（R）值。高层建筑结构设计可以看作为结构力学在实际结构中的应用（$R \geqslant S$），只是需要根据实际结构的情况对理想条件下力学规律进行适当调整。例如，框架结构在竖向荷载作用下采用弯矩分配法时对刚度系数与传递系数的调整等。

（2）本课程从实际出发，具有很强的实践性。为保证建筑结构在设计使用年限内安全性、适用性、耐久性的功能性目标，我国采用一整套强制性规范体系来保证目标的实现，本课程强调运用现行规范的重要性。另外，结构设计最终要能够实施，则需深入工地了解工程施工的可行性及最新发展，从而理论联系实际。

（3）本课程是一门综合课程，涵盖了几乎所有课程。本课程是一门涵盖多学科的专业课，是对本科阶段所学专业知识融会贯通后的综合运用。学好这门课程需要运用高等数学、理论力学、材料力学、结构力学、钢筋混凝土结构、钢结构、地基基础、建筑结构抗震等先修课程的知识，因此，应当根据具体情况进行必要的复习，并在运用中得到巩固和提高。

1.3.2 本课程的学习要点

1）注意形成一条清晰的设计流程主线思路

结构是指组成整体的若干构件的联接与构成。结构体系则是结构抵抗外部作用的构件组成方式。建筑结构是为了抗御外部作用而设置的，通过结构不同的应力状态或变形行为来承受这些外部作用，而将其所承受的荷载传至其支承结构，再传至基础，再至地基，实质是研究构件之间传力路线问题。

本专业的学生首先要学习数学、力学方面的课程，大概包括高等数学、概率论、线性代数、数值分析、理论力学、流体力学、材料力学、结构力学、有限元分析、弹性力学、弹塑性力学等课程。由此可见，建筑结构专业植根于数学和力学的基础上。然后开始学习一些基本理论，如钢筋混凝土结构、钢结构、砌体结构、地基与基础、建筑结构抗震、建筑材料等课程。与此同时，开始尝试设计一些基本构件，如单跨梁的设计、屋架的设计等。最后才系统地学习相关的整体结构知识与设计方法，如高层建筑结构设计、毕业设计训练等。由此可见，一名结构工程专业学生在学校里学习了从局部构件到整体结构的理论分析方法、计算能力和结构设计的初步能力。而当一名结构工程师开始他的职业生涯的时候，首先要解决如何将现实中的整体建筑简化为一个结构模型，即如何布置竖向体系和水平体系以形成合理机构、如何确定构件的支撑条件以引导力流在结构中的有效传递、如何判断其受力大小和方向等，只有完成了这步工作——整体分析，才能运用学校学到的知识去解决实际问题。也即学校学习结构知识的模式与从事建筑设计、结构设计思维的自然流程是相反的，这将使学生在设计思想的形成阶段，难以使用这些结构知识。而由学校教育“局部→整体”的专业学习到职业工作的“整体→局部”的转换，通常成为理论“翻译”为现实的瓶颈，这个难点是基于假定学生自己会返回去发现怎样把各部分结合成为整体的方法论。但不幸的是，这种假设很少能实现，这样就容易出现“只见树木不见森林”的教育后遗症。《高层建筑结构设计》这门课程将着力解决这个难题：注意形成一条清晰的“由整体→局部”设计流程主线思路，见图 1-1。按照职业结构工程师的思维，把建筑物视为一个整体，以此来初步介绍概念性的结构知识，使学生有能力从一开始的结构构思阶段就将所学的局部结构知识应用到总的结构设计中，形成结构整体分析的基本知识概念及应用方法和技巧，然后再使这种知识趋于完善和细化。

2）学习本课程时注意把握贯穿课程始终的关键概念

(1) 抗力(R)$\geqslant$作用效应(S)：为保证建筑功能实现的结构安全性、适用性与耐久性的要求，通过承载能力和正常使用两个极限状态的定量分析来保证，其统一计算式是：抗力(R)$\geqslant$作用效应(S)。高层建筑结构设计自始至终都是围绕这个目标展开的。结构体系布置是从大量工程案例计算及时间过程中的安全概率统计，得出的可以较好满足结构 $R \geqslant S$ 的有效方法与经验，荷载作用是为计算作用效应做准备，由框架结构、剪力墙结构等各类具体结构的不同内力计算方法得到作用效应，经组合后确定了计算式右边的作用效应(S)量值，而抗力(R)则在本课程具体结构形式中有所阐述或前置课程中已明确。结构设计的目的是必须实现抗力(R)$\geqslant$作用效应(S)，同时也不希望大得过多，从而实现安全性与经济性的统一。

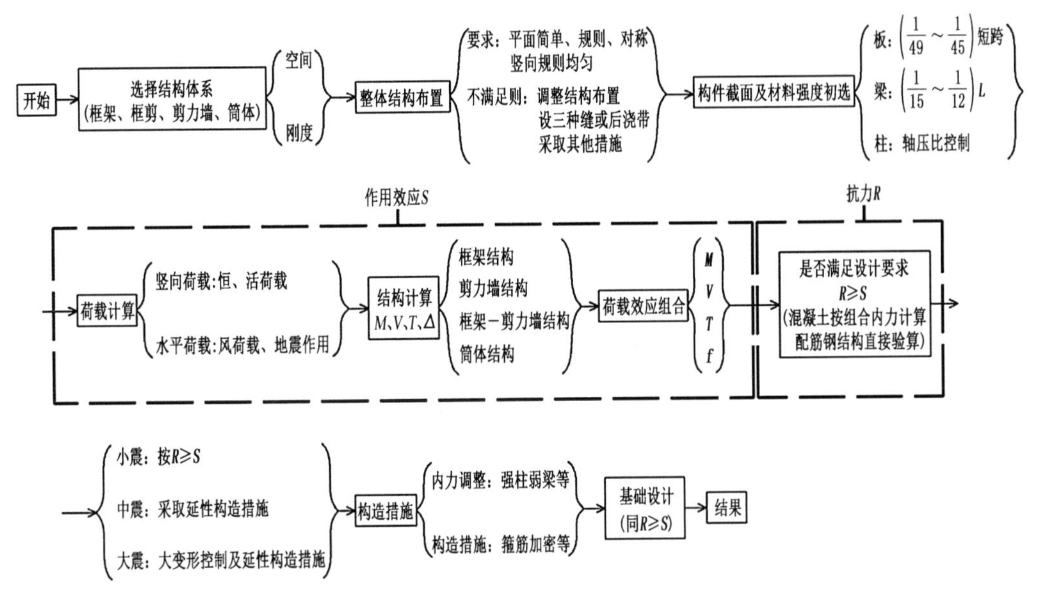

图 1-1 结构设计流程图

（2）"刚度"的概念：高层建筑结构的典型特点是成为决定因素的水平荷载作用下的侧移成为控制指标，而刚度 $K(F=K\Delta)$ 是架于外部荷载 F(外因)与结构或构件的变形 Δ 二者之间的桥梁，结构自身的刚度 K 是内因，是当然的事物本质所在。课程中的结构体系生成、概念结构布置要求等基本都是由刚度需求衍生的。结构刚度可采用特定荷载下特定方向的变形 Δ 来表征：

$$\Delta=\sum_{i=1}^{m}\left(\int\frac{\overline{N}N_{\mathrm{p}}}{EA}\mathrm{d}s+\int\frac{\overline{Q}Q_{\mathrm{p}}}{GA}\mathrm{d}s+\int\frac{\overline{M}M_{\mathrm{p}}}{EI}\mathrm{d}s+\int\frac{\overline{M}_{\mathrm{n}}M_{\mathrm{np}}}{GI_{\mathrm{p}}}\mathrm{d}s\right)$$

可见，Δ 越小则结构刚度越大。由公式可以看出，获得更大结构刚度的途径主要有：①缩短结构的传力路径，使求和号及积分号后的项数减小，如调整桁架传力路径、结构平面及竖向均匀避免扭转等；②改变约束条件使结构内力值（如$\overline{M}M_{\mathrm{p}}$、$\overline{N}N_{\mathrm{p}}$）变小、内力分布更均匀，从而使积分值趋小，如节点固结等；③截面刚度（如 EI）更大，如将材料置于中性轴的远端。

"刚度"是贯穿本门课程始终的核心概念，要予以全方位、多层次的深入理解。例如各类结构体系生成与选择、平立面布置要点、各类结构的受力变形特点、具体结构的合理刚度控制（设计经济性要求）、构件刚度的均衡等都是直接或间接地在刚度的影响下做出的优选。杆件线刚度是形成结构刚度的基本元素，其相对比值控制着结构的内力分布及其内力值的大小。一般情况下，桁架结构以轴向力控制的变形为主，梁、柱或墙组成的刚度主要由弯曲变形控制。结构刚度主要有表征结构整体弯曲变形的抗弯刚度和表征结构层间局部梁柱弯曲变形的抗侧刚度。

（3）"延性"的概念：我国规范规定，对小震作用计算弹性位移及内力，用极限状态方法设计配筋（即按 $R\geqslant S$ 计算）；而对中震不计算，仅按延性采取相应抗震措施；对大震验算其弹塑性侧移变形并辅以延性抗震概念措施。延性结构是能维持承载能力而又具有较大塑性变形能力的结构，维持小震时的承载能力是为了少消耗社会物质资源，通过设计使结构获得较大塑性变形能力是为了结构体做功足以消耗输入的地震能量，其本质是人类应对地震的经济性设计对策。实现方法有：结构设置多道抗震防线、构件内力系数调整法（强柱弱梁、强剪弱弯等）、结构构造措施及耗能手段等。各类结构体系在中震、大震下的设计都需要运用“延性”的概念。

3）注重结构概念设计

结构概念设计是贯彻于结构设计中的一些设计思想和设计原则。对一些难以做出精确力学分析或在规范中难以具体规定的问题需要由工程师进行“概念”分析，以便采取相应措施。例如，结构在地震作用下要求“小震不坏、中震可修、大震不倒”的设计思想和结构设计中应尽可能地使结构“简单、规则、均匀、对称”的设计原则，都属于概念设计的范畴。目前编写计算程序时采用的计算模型很难完全反映结构的实际受力情况，设计时不能认为不管结构规则不规则，只要计算通得过就可以，结构的规则性和整体性是概念设计的核心，若结构严重不规则、整体性差，则按目前的结构设计计算水平难以保证结构的抗震、抗风性能，尤其是抗震性能。另外，现有抗震设计方法的前提之一是假定整个结构能发挥耗散地震能量的作用，在此前提下，才能按多遇地震作用进行结构计算和构件设计，而结构抗震概念设计的目标是保证整体结构能发挥耗散地震能量的作用，避免结构出现敏感的薄弱部位而导致过早破坏。

结构概念设计有的有明确的标准，有量的界限，如延性结构的梁柱的内力调整系数，有的可能只有原则，是定性的，如诸多的延性构造措施，应对混凝土收缩、温度变化、基础差异沉降等非荷载效应影响的加强构件配筋的构造措施等。结构概念设计带有一定经验性，是对具体经验和教训的总结，其内容十分丰富，事实证明为有效的方法。

1.4 高层结构系统及其分类

1.4.1 高层建筑整体结构系统组成

高层建筑的结构体系是由很多结构构件组成的复杂空间结构系统。该结构系统又可分解为下部结构系统与上部结构系统的二级子结构系统，二级结构系统又可继续分解为若干三级子结构系统等，这样可一直分解到各类具体构件为止。图 1-2 给出了高层建筑整体结构系统的组成关系图。

1.4.2 高层建筑上部结构系统的分类

每一个高层建筑都有其自身具体的实体上部结构系统形式或结构系统方案，建筑的结构系统形式具有多样性、多变性、可视性与相对独立性等特征。高层建筑上部结构系统形式的类型是对结构系统形式的进一步抽象，也是对具有相似结构性能或功能特征的结构系统

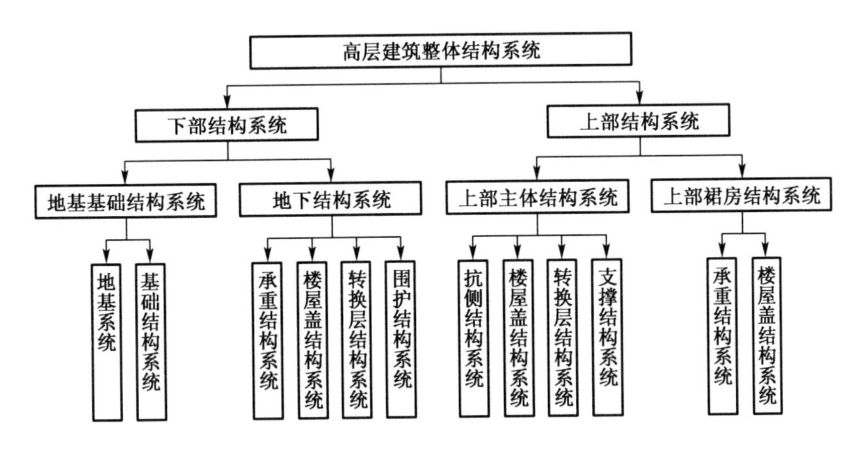

图 1-2 高层建筑整体结构系统组成图

形式的聚类与分组，结构类型反映了隐含在一类不同结构系统形式间的共性规律或规则，体现了不同结构系统形式间的统一性，它没有具体的形象，只是抽象的概念，结构系统形式是其类型的变体或实现，一种类型可以有多种变体。同时，结构类型具有相对性，如上部结构系统类型又是工程结构类型的一个子类等。

1）结构系统形式的分类目的

"物以类聚"反映了人们总把事物进行分类的思想与方法，以便于满足区分、辨识、比较、利用、改进、深入分析与研究等的不同需要。同样，人们在长期的设计实践过程中，对高层建筑结构系统的形式也进行了分类，实现了如下的分类目的：通过对各类结构形式类型的构成法则及其随社会发展而演变的比较分析，可以使人们认识某类结构型式所共有的一些形式特征及这些特征的变化规律，有利于对各类结构进行实验与理论研究，有利于探讨其新的应用领域并扩充其适用范围；通过比较研究各类结构的不同特征，可以取长补短实现结构型式的创新；作为一种认识方法，可以通过结构型式之间性能特征的比较，重新发现指导结构分类的隐含知识；作为结构创新的工具和方法，可以推演组合出新的结构型式。

2）结构系统形式的分类与组成构件

根据研究与处理问题的不同需要，对上部结构系统形式进行分类的方法有多种，如按结构材料可分为钢筋混凝土结构、钢结构、劲性混凝土结构、钢管混凝土结构、两种及以上上述结构组成的组合结构等；按结构体系可分为框架结构、板柱结构、剪力墙结构、筒体结构、框架-剪力墙结构、框架-筒体结构、框筒结构、巨型框架结构等；国际上按结构的高度与层数可分为低高层（40 层及 152 m 高度以下）、高层、超高层结构（100 层及 365 m 高度以上）；联合国教科文组织按结构的高度与层数将高层结构分为四类等。图 1-3 中给出了一种高层结构系统的组成分类方法。

3）上部结构系统组成构件的分类

组成上部结构系统的构件可概括为梁类、柱类、板类、墙类、筒类、支撑类与其他类七类构件系统，每类构件系统又可继续划分为若干种类，图 1-4 给出了上部结构系统的各类组成构件的分类图。其中，下层的构件还可依据其材料等级、截面形状、尺度等进行进一步的划分（如巨型钢筋混凝土梁柱等），同时，随着新的社会需求与技术的进步，将不断有性能更好的新结构构件出现并在工程中应用，如近几年出现的智能混凝土、纤维混凝土、耗能支撑等构件。

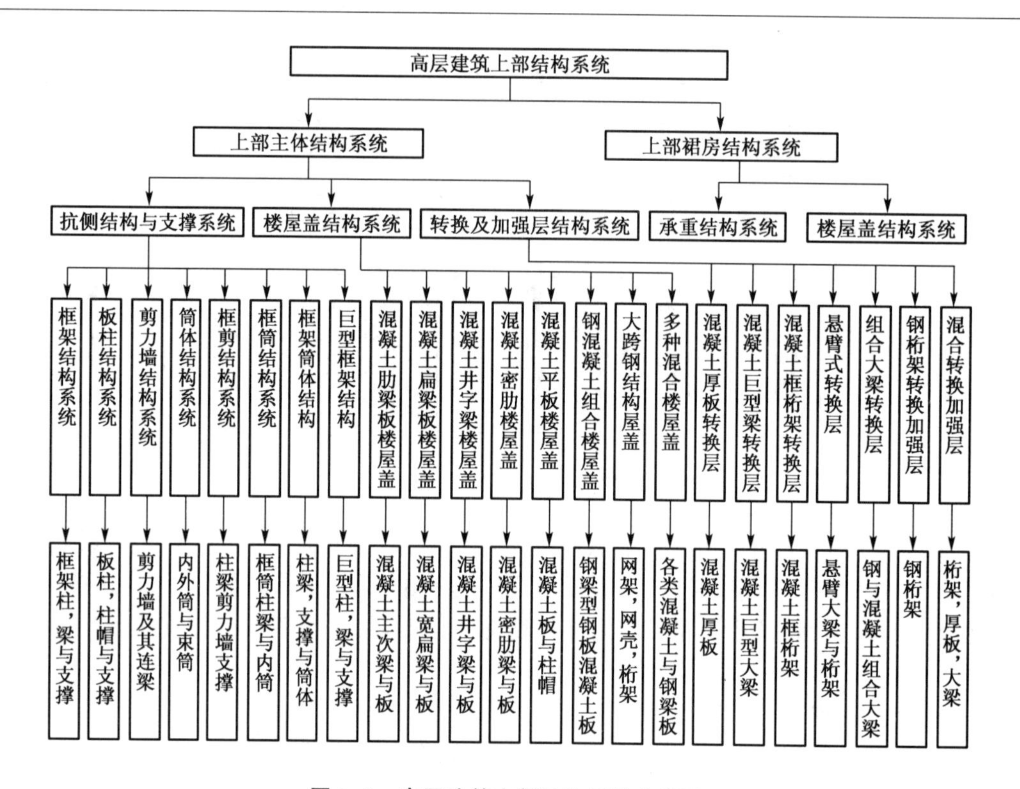

图 1-3　高层建筑上部结构系统分类图

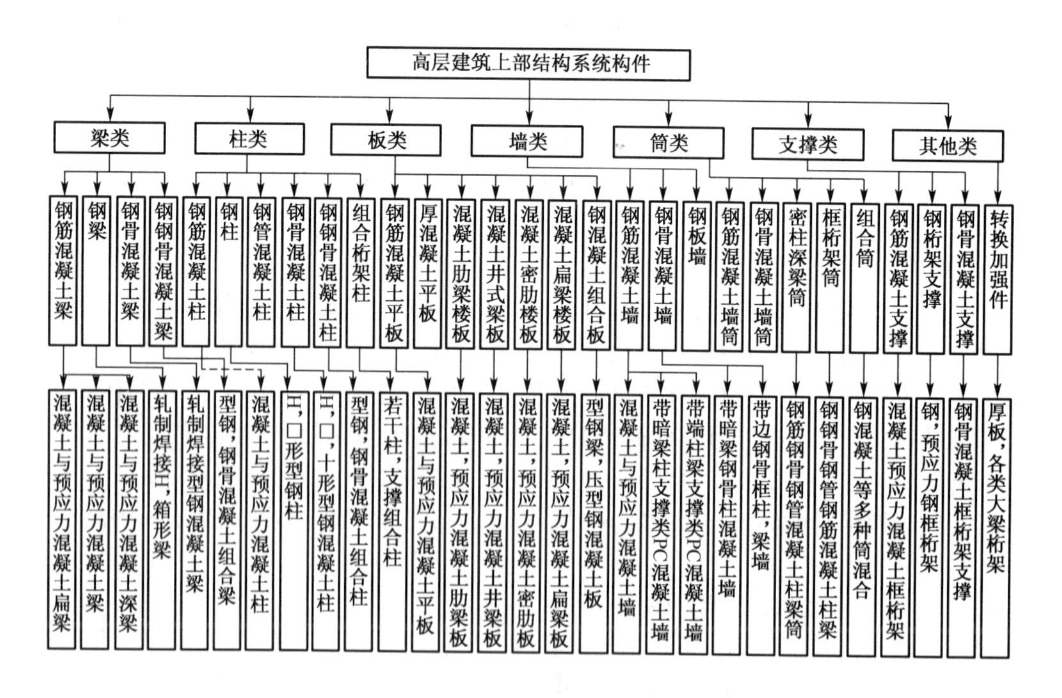

图 1-4　高层建筑上部结构系统构件分类图

1.4.3 高层建筑结构的工作特点与设计关键

1）水平作用成为控制结构设计的决定因素

任何建筑都要同时承受竖向荷载和水平作用。在低层或多层建筑中，往往是重力为代表的竖向荷载控制着结构设计；在高层或超高层建筑中，尽管竖向荷载仍对结构设计产生着重要影响，水平作用（风荷载和地震作用）却起着决定性的作用，且水平作用的影响随着建筑高度的增加而不断加大，并由水平作用与竖向荷载共同控制结构设计逐渐向水平作用成为主要控制因素过渡，同时竖向荷载的影响也相对减小，而侧向位移迅速增大。其主要原因是，一方面，因为房屋自重和楼面使用荷载一般沿建筑竖向的分布是均匀的，在结构竖向构件中所引起的内力（轴力和弯矩）随建筑高度或层数也基本上是线性增长的；而水平作用沿建筑竖向的分布是不均匀的（近似倒三角形），对结构产生的倾覆力矩以及由此在竖向构件中所引起的轴力，与建筑高度的两次方成正比；另一方面，对某一定高度建筑来说，竖向荷载大体上是定值，而作为水平作用的风荷载和地震作用，其数值是随结构动力特性的不同而有较大幅度的变化；其三，多层建筑竖向构件主要以承受竖向荷载引起的轴力为主，高层建筑竖向结构构件主要以承受水平作用引起的剪力和弯矩为主，而高层建筑结构的主导材料混凝土和钢结构材料在承受简单拉、压荷载时最能发挥其材料强度潜力，在承受弯剪作用时不能充分发挥其材料强度潜力，且弯剪作用越大材料强度越不能得到充分发挥。

图 1-5 给出了建筑物在水平风荷载作用下的计算简图及其内力和位移与建筑物高度 H 间的关系图，它相当于一个最简单的悬臂梁结构，基础部分是梁的固定端，当它受均布竖向荷载 p、水平均布或倒三角形风荷载 q 作用时，该悬臂结构底部轴向力 N、弯矩 M 和顶部的侧向位移 Δ 为：

竖向荷载　　$N = pH$

水平均布风荷载　　$M = qH^2/2$　　$\Delta = qH^4/(8EI)$

水平倒三角形风荷载　　$M = qH^2/3$　　$\Delta = 11qH^4/(120EI)$

式中：H——建筑物高度；

EI——建筑物刚度（E 为弹性模量，I 为惯性矩）。

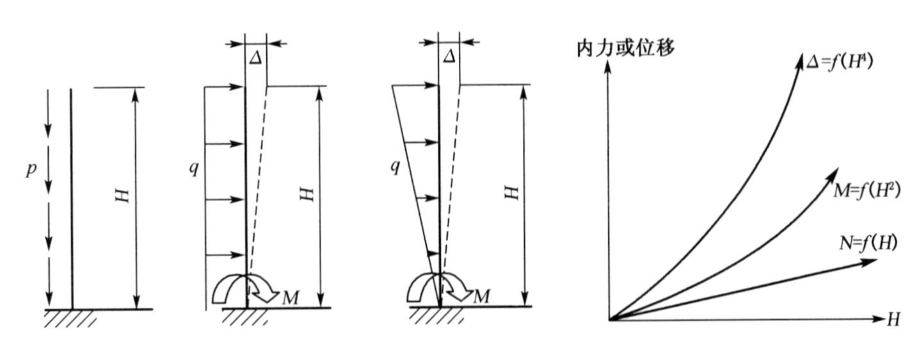

图 1-5　荷载内力和侧移及其与高度的关系图

由上述公式可见，随着建筑物高度 H 的增加，由垂直作用 p 产生的轴向力 N 和 H 成正比(线性关系);但由水平作用 q 产生的弯矩 M 却与 H 的二次方成正比;产生的位移 Δ 则与高度 H 的四次方成正比,即当 H 增加 1 倍时,M 增加到 4 倍,Δ 要增大到 16 倍,而 N 才增加 1 倍。显然,水平作用对高层建筑的影响远比多层建筑大,以致成为主要控制因素。

2) 侧移成为控制指标

与多层建筑相比,结构侧移已成为高层建筑结构设计中的关键因素,随着建筑高度的增加,在水平作用下结构的侧向变形迅速增大,结构顶点侧移与建筑高度 H 的四次方成正比。

设计高层建筑结构时,不仅要求结构具有足够的强度,还要求具有足够的抗侧刚度,使结构在水平荷载下产生的侧移被控制在某一限度之内。计算位移、控制变形、保证结构具有合理的侧移刚度是高层建筑结构设计十分重要的内容。侧向位移过大会使结构产生开裂、破坏、倾覆、电梯脱轨,可见控制侧位移也是人们正常工作和生活的基本要求。这是因为高楼的使用功能和安全与结构侧移的大小密切相关。

(1) 高层建筑在风荷载作用下将会产生侧向振动,过大的振动加速度将会使在高楼内居住的人感觉不舒服,甚至不能忍受,如振动加速度 a 小于 $0.005g$(g 为重力加速度)时,人无感觉;当 $a=(0.005\sim0.015)g$ 时,有感觉且能忍受;当 $a=(0.015\sim0.05)g$ 时,会烦恼且难忍受;当 $a=(0.05\sim0.15)g$ 时,人很难受;当 $a>0.15g$ 时就不能忍受了。超过 $0.015g$ 时,就会影响楼房内使用人员的正常工作与生活。故现行高层建筑混凝土结构技术规程对结构顶点最大加速度限值做了规定:对住宅和公寓楼为 $0.15\ m/s^2$;对办公和旅馆类建筑为 $0.25\ m/s^2$。

(2) 过大侧向变形不仅会使结构构件发生破坏,还会使隔墙、围护墙以及它们的饰面材料出现裂缝、损坏或脱落,此外,也会使电梯因轨道变形而不能正常运行。一般来说,对于砌体填充墙,当层间位移 Δu 与层高 h 比值 $\Delta u/h=1/4\,000$ 时,即出现微小裂缝;$\Delta u/h\geqslant 1/500$ 时,墙体开裂相当严重;$\Delta u/h\geqslant1/300$ 时,则发生局部崩塌。钢筋混凝土剪力墙,$\Delta u/h=1/800\sim1/1\,000$ 时,产生裂缝;$\Delta u/h\geqslant1/400\sim1/250$ 时就会破坏。同样,现行《高层建筑混凝土结构技术规程》(JGJ 3)对结构楼层层间最大位移与层高之比的限值做了明确规定,如要求结构在低于本地区设防烈度的多遇地震作用下或在按 50 年一遇确定的风荷载标准值作用下,按弹性方法计算的楼层层间最大位移与层高之比 $\Delta u/h$ 宜符合以下规定:

① 高度不大于 150 m 的高层建筑,其楼层层间最大位移与层高之比 $\Delta u/h$ 不宜大于表 1-2 的限值。

表 1-2 楼层层间最大位移与层高之比的限值

结构体系	$[\Delta u/h]$限值
框架结构	1/550
框架-剪力墙结构、框架-核心筒结构、板柱-剪力墙结构	1/800
剪力墙结构和筒中筒结构	1/1 000
除框架结构外的转换层	1/1 000

② 高度等于或大于 250 m 的高层建筑,其楼层层间最大位移与层高之比 $\Delta u/h$ 不宜大于 1/500。

③ 高度在 150~250 m 之间的高层建筑,其楼层层间最大位移与层高之比 $\Delta u/h$ 的限值按上述第①条和第②条给出的限值线性插入取用。其中,楼层层间最大位移 Δu 以楼层最

大的水平位移差计算，不扣除整体弯曲变形。抗震设计时，本规定的楼层位移计算不考虑偶然偏心的影响。

④ 为了实现“大震不倒”的设计目标，对于某些结构，宜进行高于本地区设防烈度预估的罕遇地震作用下薄弱层的抗震变形验算，详见现行抗震规范或高层规程。

(3) 高楼的重心位置较高，过大的侧向变形使结构因 $p-\Delta$ 效应（即建筑物上的垂直荷载在侧向变形下将产生的附加弯矩等）而产生较大的附加应力，甚至因侧移与应力的恶性循环导致建筑物倒塌。当顶点位移与总高度比值 $u/H>1/500$ 时，$p-\Delta$ 效应在结构内部产生的附加内力不能忽视。

3) 轴向变形和剪切变形的影响不容忽视

相对于低层或多层建筑结构，高层建筑层数多，高度与质量大，墙柱等结构构件所承受的轴力与剪力较大，整个构件轴向变形（或剪切变形）沿高度的累积大，这种累积的轴向变形将对结构系统的内力与位移值及其分布产生较为显著的影响，累积的剪切变形将加剧 $p-\Delta$ 效应，这种影响一般不能忽略，否则将会使计算结果与实际情况产生较大偏差。

在组合结构体系中，钢筋混凝土筒体以及钢柱或钢骨混凝土柱（SRC 柱）、钢管混凝土柱（CFST 柱）等之间会因轴压应力不同而产生较大的差异变形，从而在水平构件（如伸臂桁架、楼面大梁）中产生附加的内力。竖向构件的压缩变形及其差异对预制钢构件的长度、楼面标高控制以及防止内隔墙开裂等也会产生影响。

在高层混凝土结构中，由于收缩和徐变作用引起的竖向变形积累相当可观，同时它们在水平构件中会引起明显的附加内力，尤其在建筑的上部区域。收缩和徐变也会导致竖向荷载作用下的内力重分布，而且与施工的顺序和时间相关，需要详细的施工模拟分析才能准确评估。

4) 建筑体型与结构体系型式是结构性能的关键影响因素

高层建筑规模大，投资多，使用人数多，跨越的历史较长，对城市社会的影响较大，一旦发生事故所产生的影响和造成的损失往往较大，人们对高层建筑结构的整体综合性能要求较高。而建筑体型与结构体系型式一旦确定，就从整体上决定了建筑的使用、美观、技术、抗灾（抗震、抗风、抗火等）、经济、施工等方面的性能，建筑体型与结构体系型式对结构综合性能的影响往往要大于恰当的结构布置、精确的力学分析和精心的构造措施，建筑体型与结构体系型式已成了决定建筑结构综合性能的关键影响因素，应进行客观合理的确定。

5) 更加重视高层建筑的抗震设计

高层建筑结构所受荷载较大，受力与变形复杂，构件刚度较大，易形成薄弱楼层、薄弱部位和薄弱构件等薄弱环节，对结构的整体协调变形能力、结构的整体性、结构及其构件的延性等要求较高，在进行高层建筑结构及其构件设计时应加强构造设计和概念设计，加强和改进结构的薄弱环节，获得良好的延性性能，保证结构有较好的整体工作性能。其抗震设计的重点是通过构造设计和概念设计，提高高层建筑结构中重要构件及构件中关键部位的延性，耗散掉比较多的地震能量，以提升高层建筑结构的抗震性能，增强整体结构抗倒塌的能力，力求达到经济合理、技术先进。

与多层建筑结构相比，高层建筑结构对象更复杂，需要考虑的问题更多，需要解决的关键技术问题与矛盾难度更大，需要设计者具有更多和更丰富的设计知识和经验，需要更重视建筑结构的概念设计，概念设计往往与理论分析计算同等重要，减轻高层建筑自重比多层建筑更重要。

6）扭转效应不可忽视

在高层建筑结构设计中，结构的扭转效应是不容忽视的问题。因为对于高层建筑来说，有时为了考虑功能或者视觉的要求，其质量、刚度的分布无法做到很均匀，当水平荷载作用在这样的高层建筑结构上时就容易产生比较大的扭转作用。扭转作用将会影响到抗侧力体系的侧移，从而使其他的抗侧力构件所受的剪力受到影响，最后整个结构构件的内力和变形也会发生变化。即使是结构的质量和刚度分布均匀的高层结构，在水平荷载作用下也仍然存在扭转效应。

为此《高层建筑混凝土结构技术规程》(JGJ 3)规定：高层建筑结构扭转周期比应控制在0.85以下，确保结构有足够的抗扭刚度，不至于起过大的扭转效应；楼层的扭转位移比宜控制在1.2以下，不应超过1.4，避免出现过大偶然偏心导致的扭转变形。

1.4.4 常用高层结构体系及其发展趋势

1）常用高层结构体系

目前，国内的高层建筑主要以钢筋混凝土结构为主，该类结构中的基本抗侧力单元(或子结构)主要有框架、剪力墙、实腹筒、框筒及支撑等。由上述单元可以组成以下几种结构型式，不同结构型式具有不同的特征。

(1) 框架结构。该结构型式的抗侧力体系主要由梁、柱组成，在侧向力作用下，其水平位移由两部分组成(见图1-6(a))：第一部分Δ_1由梁、柱杆件的弯曲变形产生，因框架下部的梁、柱内力大，层间相对变形也大，愈到上部层间相对变形愈小，使整个结构呈现剪切型变形特征；第二部分Δ_2由整体弯矩作用下引起的柱的轴向变形差产生，水平力作用下引起的倾覆力矩使柱产生拉伸和压缩变形，从而导致结构出现侧移，这种侧移上部各层较大，愈到底部层间相对侧移愈小，使整个结构呈现弯曲变形特征。在总位移Δ中，第一部分侧移是主要的，虽随着建筑高度及水平作用的增加第二部分变形比例逐渐加大，但合成后结构仍呈剪切变形特征。框架结构主要通过具有较小惯性矩以及较大长细比的梁、柱构件的弯曲变形来抵抗侧向力，其抗侧刚度较小，在地震等水平作用下易引起非结构构件破坏。但若通过合理设计，该类结构可获得较好的延性性能，同时它还具有平面布置灵活，易于改造及形成较大空间和造价低、使用方便等特点，因而这类结构在抗震设防区15～20层以下的高层建筑中得到广泛采用，如北京长城饭店即采用了混凝土框架结构(22层)。该类结构的典型平面见图1-6(b)。

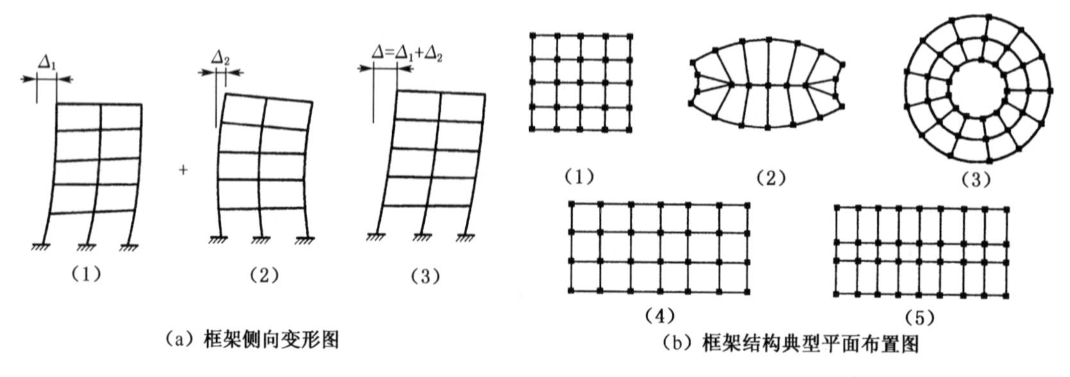

图1-6 框架结构变形图及布置形式

(2) 剪力墙结构。该类结构型式的抗侧力体系主要是建筑物的钢筋混凝土墙体(又称剪力墙、结构墙、抗震墙),剪力墙能够有效抵抗水平作用。在侧向力作用下,当剪力墙宽度比较大时,是一个受弯为主的悬臂墙,侧向变形呈弯曲型(见图 1-7)。该类结构虽然质量大、剪力墙间距不能太大(3～8 m)、平面布置不灵活,但因其具有刚度大、侧向变形小,经合理设计可获得较好的延性性能,同时还可采用滑模、大模板等先进的施工方法提高施工速度,以及震害较轻等优点,因而被广泛地应用于抗震设防区10～ 40 层的住宅、旅馆等类建筑中。图 1-8 给出了几种实际工程的剪力墙结构布置形式。

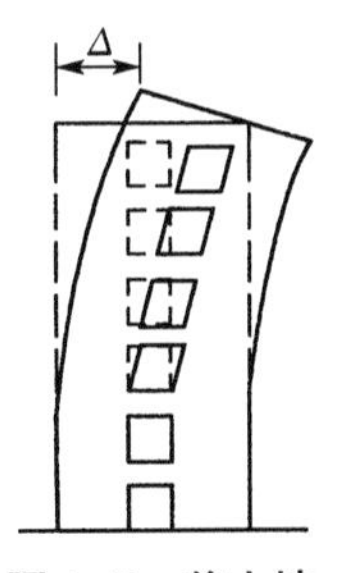

图 1-7 剪力墙结构变形图

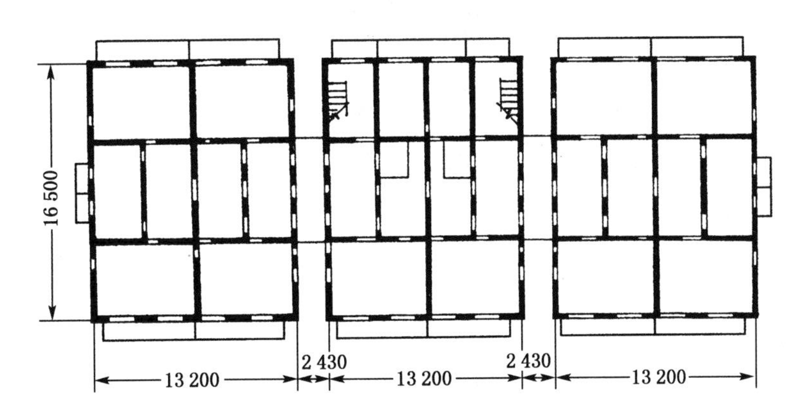

图 1-8 剪力墙结构布置形式

近几年为了满足使用功能的要求,出现了底部大空间剪力墙结构(该体系由剪力墙和框支剪力墙结构单元组成),它是将底层或下部几层部分剪力墙取消,形成部分框支剪力墙以扩大使用空间。虽然框支剪力墙下的框支柱与上部墙体刚度相差悬殊,在地震作用下将产生较大的侧向变形(见图 1-9),一般震害严重,但通过采取限制落地剪力墙间距,加强底层或过渡层楼板设计,保证落地墙数量(大于 50%),上下层抗剪刚度比(小于 2),提高框支层强度、刚度等措施,可明显改善其抗震性能,同时因具有较好的使用性能,在我国抗震设防区已得到了推广应用。图 1-10 给出了一种该类结构的工程实例。

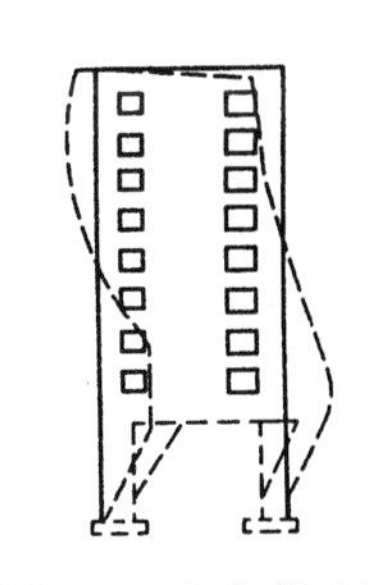
图 1-9 框架剪力墙在地震作用下变形

(3) 框架-剪力墙结构。该类结构抗侧力单元是框架与剪力墙,故它兼有二者的能提供较大使用空间及刚度较大的优点,其侧向力主要由剪力墙承受,框架一般仅承受 20%左右。在水平作用下,框架属剪切型变形,剪力墙属弯曲型变形,二者通过楼板协同工作,共同抵抗侧向力;整体侧向变形呈弯剪型,因上部剪力墙的侧向变形比框架大,下部相反,上部框架约束剪力墙变形,下部剪力墙约束框架变形,从而使其上下各层层间变形趋于均匀,见图 1-11。因其具有两道抗震防线,若通过设置适当的剪力墙数量及其恰当布置可以获得较好的强度、刚度及抗震性能,同时它可有效地防止非抗力构件的损坏,故在我国抗震设防区 20 层左右的高层建筑得到了广泛的应用。图 1-12 给出了一个实际工程的结构布置简图。

(4) 框架-筒体结构。当框架-剪力结构中的剪力墙组成具有空间工作性能的筒体结构时,即形成具有更大抗侧力刚度的框架-筒体结构,其抗侧力单元是框架和筒体,它具有与框架-剪力墙相似的工作性能和平面布置较灵活等的特征，但其抗侧力能力又比框架-剪力墙有较大的提高，故其适用的建造高度更大，它一般广泛用于 40 层以下的高层建筑。图 1-13 给出了两个该类结构的工程实例。

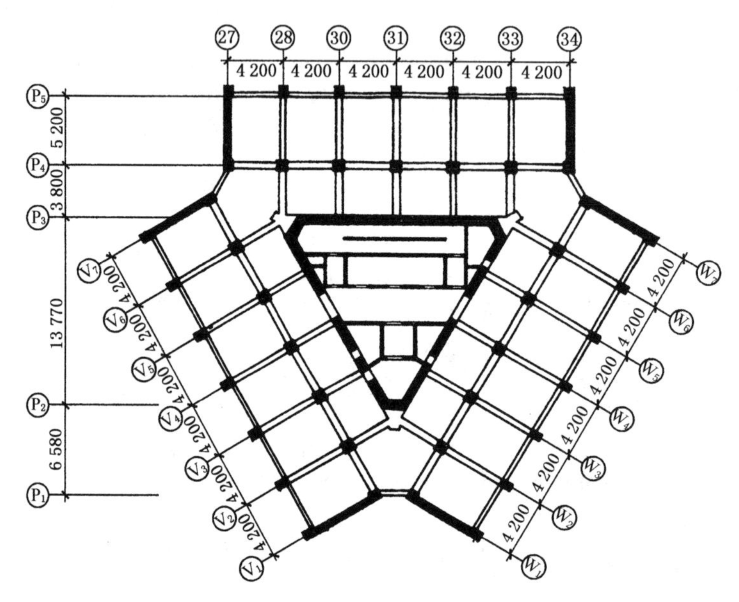

图 1-10　北京兆龙饭店（22 层，62 m）

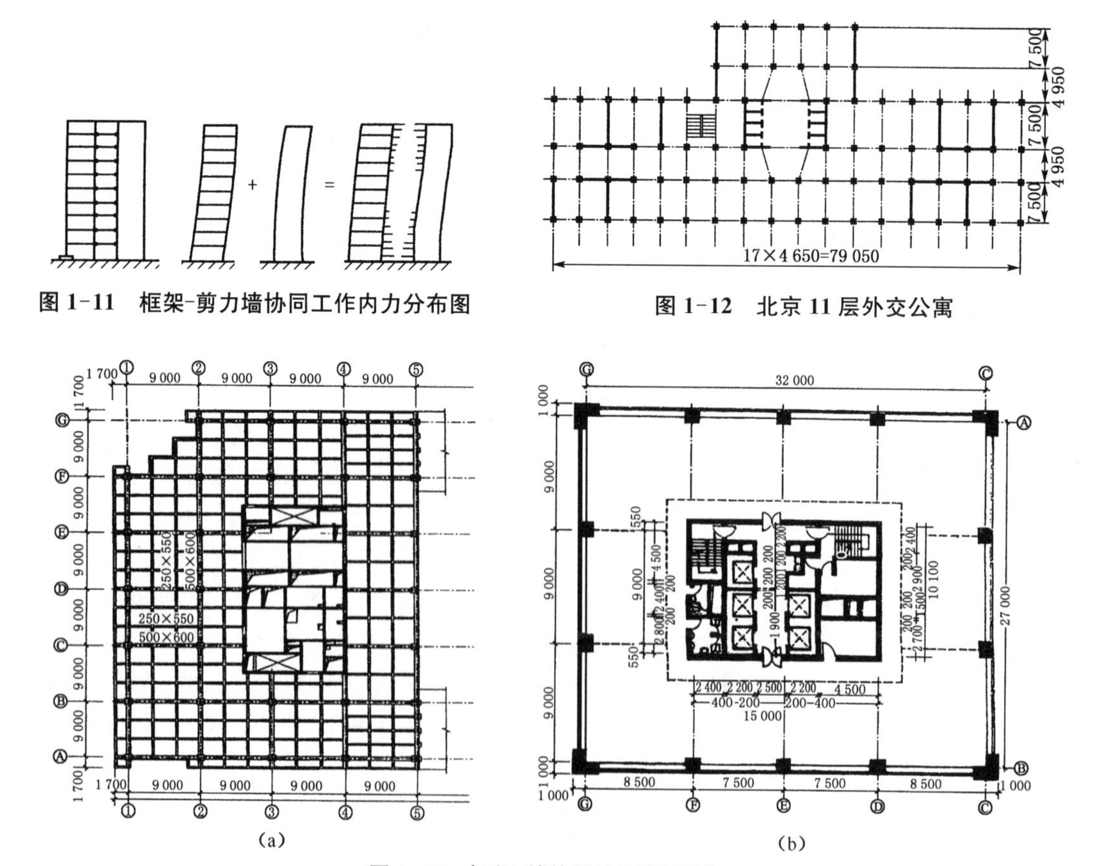

图 1-11　框架-剪力墙协同工作内力分布图

图 1-12　北京 11 层外交公寓

图 1-13　框架-筒体结构工程实例

(5) 筒体结构。该类结构的基本抗侧力单元是筒体(包括实腹式、筒开小洞口的空腹式筒及密柱深梁组成的框筒),其常用的结构型式是用框筒作外筒,实腹筒作内筒的筒中筒结构及由若干筒组成的多筒或束筒结构,侧向力作用下筒体相当于固定于基础上的箱形悬臂构件。框筒仍以剪切型变形为主,核心筒通常以弯曲型为主,二者通过楼板联系共同抗御水平力,其协同工作原理与框架-剪力墙结构类似,即下部核心筒承担大部分剪力,而上部水平剪力逐步转移到外框筒上,从而可减小层间变形。与其他结构型式相比,它具有更好的空间受力性能,更大的刚度、抗剪、抗扭能力,即能更有效地抵抗较大的水平力,故常用于 40 层以上的高层建筑中。图 1-14 给出两个工程实例简图。

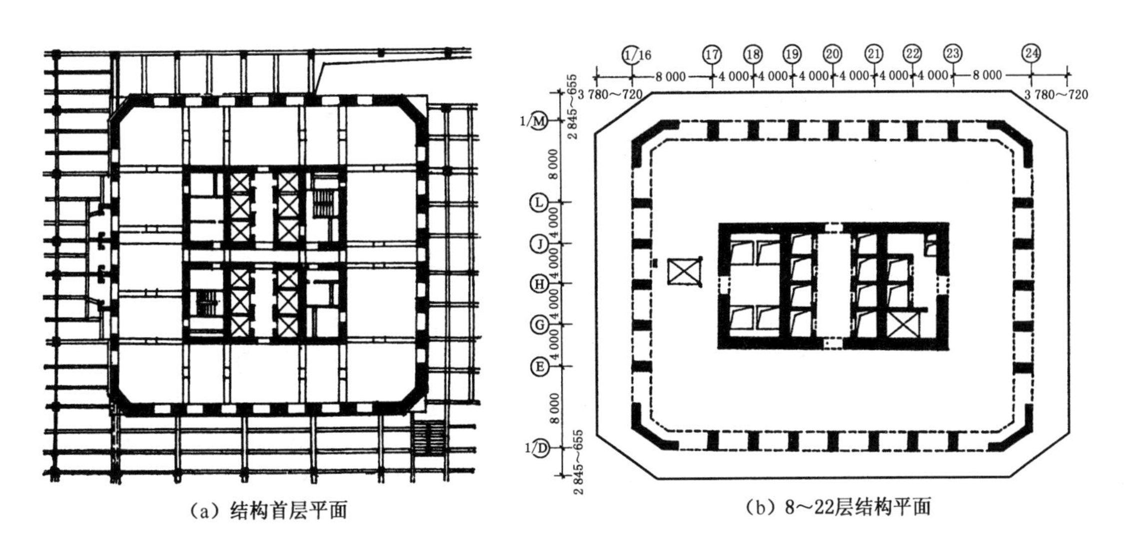

(a) 结构首层平面　　(b) 8~22层结构平面

图 1-14　筒体结构工程实例

2) 几种新型高层结构体系

随着建筑高度增高及建筑功能、体型的日益复杂,近年来出现了如下几种新的结构体系:

(1) 巨型框架结构。该类结构打破了传统的以一个单独楼层为基本传力单元的一级结构系统,其整个结构体系由二级结构组成。第一级为跨越若干楼层的巨型框架,其柱多采用筒体,在各筒体之间每隔数层用巨型梁连接从而形成巨型框架,因巨型框架的梁、柱断面很大,抗弯刚度、抗倾能力和承载能力也很大,它主要用来承受体系的侧向和竖向荷载。第二级为一般楼层框架结构,其梁、柱截面很小,主要传递楼面荷载及各层的重力荷载,但因其具有灵活的空间布置特征,故可较好地满足不同功能需要。侧向力作用下,其变形见图 1-15(a)。图 1-15(b)给出了该类结构的工程实例:该工程由中央电梯井及三个端筒形成四根巨型框架柱,内外柱之间在每隔 6 层的设备层,由整个层高(1.8~2.2 m)和上下楼板形成 12 根 16.5 m 跨的工字巨型框架梁,从而形成了抗侧力巨型框架体系。另外,深圳的新华大厦(地上 37 层,高 126 m)也采用了该类结构,其巨型柱为中央电梯筒和四角的四个大型筒体,巨型梁为 6 m 或 3 m,分别设在第 2、5、14、24、34 层上。该类建筑结构在抗震、施工、经济等诸方面都有较大优越性,预计今后将在我国 40~50 层建筑中进一步推广应用。

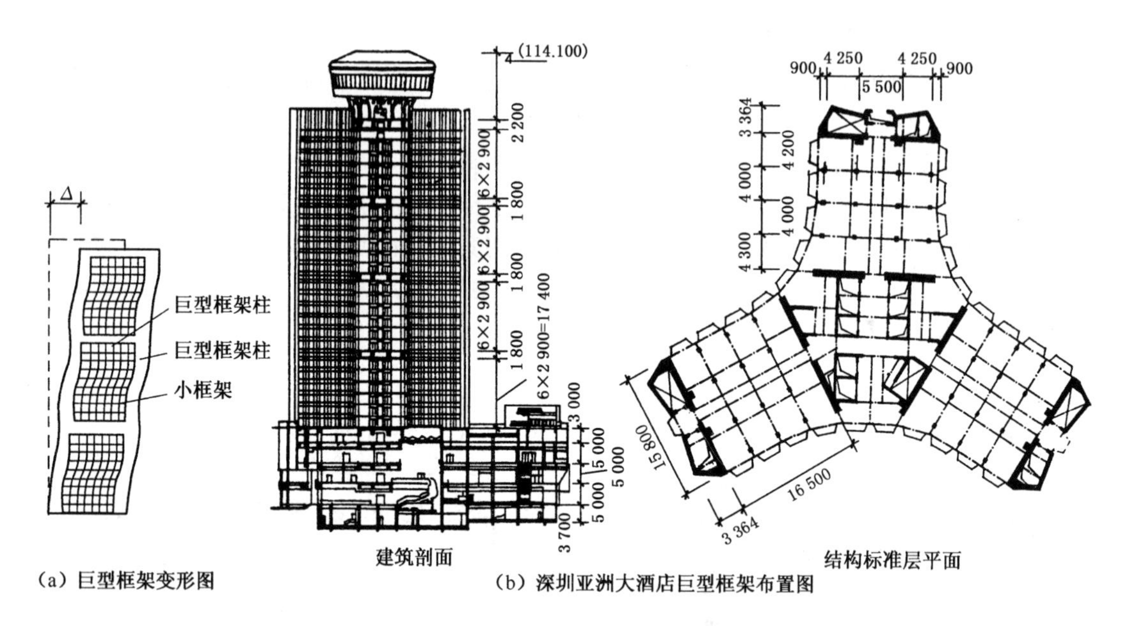

(a) 巨型框架变形图　　(b) 深圳亚洲大酒店巨型框架布置图

图 1-15　巨型框架结构变形图及框架布置图

(2) 具有刚性水平构件的结构。该类结构主要是指在高层建筑结构中的某些适当位置,设置一道或若干道刚性水平构件,如刚性大梁、设备层、结构转换层(梁式、平板式、转换框架式等)等,通过这些各种型式刚性水平构件可一方面迫使内部剪力墙或内筒与外框架等共同工作,并通过轴向拉、压力来承担外荷载的倾覆力矩,达到使内部剪力墙负担减轻,提高整个结构的抗震、抗风能力;另一方面,可以适应多功能综合使用大楼沿高度多次变化使用功能的需要,该类结构已在北京兆龙饭店(上部标准层为剪力墙,底层除中间电梯井筒仍落地外,其余剪力墙均改为转换框架)、京广中心大厦等高层建筑中应用。

(3) 其他新型结构。随着我国结构及抗震理论研究的不断发展,新的结构设计概念促使一些新的结构体系的应用与开发。在地震区的高层建筑结构设计中,一些具有较好性能的结构型式,如异型框架、短肢剪力墙、带缝剪力墙、延性连梁、偏心支撑、钢板外包混凝土剪力墙、型钢混凝土组合结构等得到应用,这些结构除具有较好的耗能能力外,还有空间布置灵活、使用方便、损坏是局部的、容易修复等优点。

(4) 基于主被动控制的智能结构。近年来,结构控制理论研究在我国方兴未艾,人们利用现代控制论、计算机技术和其他工程技术来控制结构的风与地震反应行为,实际上这是人们在新的科学技术基础上发展起来的一种新的结构体系型式——智能结构体系型式。智能结构体系的应用前景是诱人的,随着理论研究的成熟及有关设备的开发与生产,结构的智能控制技术(如耗能支撑、基底隔振、TMD等)已在有关高层房屋中得到应用。

3) 结构体系的发展趋势

经济的飞速发展,一方面加快了城市化进程,使城市人口日益集中,地价飞涨;另一方面,使各行业、部门经济实力和技术水平增长,从而也将推动建筑业的进一步发展。为满足功能日益复杂,高度、规模日益增加或增大,建筑体型日益多样化等的需求,新的结构型式也将不断出现,但总的来看,将向以下方向发展:①向同时兼有各基本结构型式优点的复合型结构体系发展;②向由高强混凝土与高强钢材相结合的组合结构方向发展,如钢骨架混凝土、钢筋混凝土、钢管混凝土、预应力混凝土等构件将作为组合结构的抗侧力基本单元;③结构体系基本抗侧力单元向立体化、支撑化、周边化方向发展;④向具有自我调节能力的智能化结构体系发展;⑤向巨型结构方向发展,如巨型支撑框架等;⑥建筑结构体型向有利于抗震和抗风的规则化或圆锥化体型方向发展,结构和非结构构件向较轻质量方向发展。

1.5 高层建筑结构选型的影响因素与原则

1.5.1 建筑选型与结构选型的关系

建筑选型与结构选型设计之间既有区别又有联系,既有分工又有合作。①二者所设计的对象是相同的,设计过程也是密切相关的,在建筑与结构选型过程中需要建筑师与结构工程师共同合作,在建筑设计中适当考虑结构因素与在结构设计中充分考虑建筑特征是同等重要的,一个整体性能良好的建筑应该是建筑体型(或方案)与结构型式(或方案)的统一与完美结合,很难想象良好的建筑体型不能获得一个与之相适应的优良的结构型式,也很难想象良好的结构型式或方案与一个不恰当的建筑型式或方案相匹配。②二者所要考虑解决的问题是不同的,建筑选型所考虑解决的问题主要是功能、美学、消防、城市规划等方面的要求,结构选型所要考虑解决的问题是使所选结构型式能够较好地适应建筑功能、场地、抗灾、经济与施工等方面要求,同时,二者的设计过程虽然有融合和交叉,但其先后顺序不相同,一般建筑选型与建筑方案设计在前,结构选型与结构方案设计滞后于前者。③建筑体型对结构选型有着重要影响,有时体型在一定程度上也决定了建筑可能采用的结构体系型式,甚至也决定了结构体系工作的有效程度;结构体系型式的构思也将直接影响和制约建筑的体型选择与空间布置,并将随着建筑高度的增加,结构体系型式对建筑体型的影响与控制程度逐渐增大。

1.5.2 建筑选型的影响因素与原则

1) 建筑选型的影响因素

影响建筑体型设计的因素很多,其主要的影响因素可概括为四个方面:①建设现场和场地条件的限制与影响。往往建设场地的几何形状、尺度大小、位置及周边交通与建(构)筑物环境的要求与城市规划的限制等,均会不同程度地影响建筑的体型及其方位,如当场地较小时,场地的形状成了建筑平面形状、尺寸及体型的决定因素,当建筑场地较大时,建筑平面及体型设计受场地的影响就较小或不受影响。②建筑功能的影响。不同功能的建筑,往往对其平面形状、内部功能空间和交通空间等的布置形式以及建筑体型特征等有不尽相同的要求,建筑功能在一定程度上也决定了功能空间的尺度(平面尺寸和层高)及其布置形式,该影响是为适应使用功能的需要而从建筑内部空间设计提出的要求。③建筑形象或外观美学要求的影响。该影响反映了建筑设计者、所有者及有关城市管理部门的愿望和要求,要求设计者进行建筑体型设计时,在借鉴大量同类建筑体型设计经验教训的基础上,通过巧妙构思,设计出优美的建筑体型。④其他方面的影响。除上述影响因素外，建筑总投资、总建筑面积等也对建筑体型有一定的影响，如建筑投资、建筑面积和场地大小、各楼层面积等一起决定了建筑总层数，建筑层数和层高又决定了房屋的总高度等。同时，结构的整体性能与结构的抗震、抗风等性能也对建筑的体型有重要影响。总之，建筑体型是三维的，除了确定各层平面形状，并在各层平面上分割、分配与布置各类空间外，还应考虑层高、层数、高度与体型等竖向空间布置与竖向体型设计。建筑选型是对多个可行建筑体型设计结果的优选，建筑体型设计考虑的影响因素也是建筑选型所考虑的因素。

2）建筑选型（或建筑体型设计）与建筑方案设计的一般原则

（1）建筑平面形状宜简单、规则、对称，宜选用风作用效应较小的平面形状（如圆形、椭圆形与凸多边形等）。不应采用严重不规则的平面形式，如对凸凹等不规则的建筑平面。虽然该类平面具有有利于功能分区、自然采光与通风等优点，但因各部分质量、刚度等的不均匀分布，而使各部分的自振特性差异较大，在地震作用时，将因各部分的不协调振动而在各部分连接的凹角处产生应力集中，随持续时间的增加将首先在此薄弱处引起破坏，同时，因形状的复杂性，很难使质心和刚心重合，在地震作用下，不仅使建筑产生剪切和弯曲变形，还将产生扭转变形，导致复杂的扭剪应力。剪扭的共同作用会进一步加剧地震时的破坏程度，对该类问题首先应采取设置抗震缝的措施将建筑平面分割成若干简单独立的部分，也可采用以斜面凹角代替直面凹角减小槽口效应的办法来解决。

（2）建筑平面尺寸及其比例关系应合理。平面长度不宜过长，否则可能会引起温度应力、预先存在或地震引起的不均匀沉降应力、地震动引起的沿长度方向异步振动及可能的扭转效应等产生附加应力，上述应力的叠加将进一步加剧建筑结构的破坏，解决该问题的措施是采用抗震缝或伸缩缝（混凝土结构伸缩缝的最大间距见表 1-3）将较长的建筑分成若干独立的单元，将基础做成刚度较大的整体基础或通过加强上部结构的方法来解决。对抗震设计的 A 级高度钢筋混凝土高层建筑，不宜采用角部重叠的平面图形或细腰形平面图形，平面尺寸的长宽比及突出部分长度 l 不宜过大（见图 1-16），L/B、l/B_{max}、l/b 等值宜满足表 1-4(a)的限值要求，否则如长宽比或凸出部分越大，楼屋面刚度相对越小，且两个方向的刚度也相差越大，楼屋面板协调整体变形的能力及结构的整体性也越差，与结构分析时楼屋面无穷刚的假定不符，在强震时高振型的影响下，楼屋面还可能在水平方向产生扭转与挠曲变形及两端或凸出部分的差异运动，从而对建筑抗震不利，一般可通过限制高宽比、设置抗震缝加厚楼屋面板等途径来解决该问题。同样，对抗震设防的高层建筑钢结构，其常用平面的尺寸关系应符合表 1-4(b)和图 1-17 的要求，当钢框筒结构采用矩形平面时，其长宽比不宜大于 1.5∶1。不能满足此项要求时，宜采用多束筒结构。

表 1-3　伸缩缝的最大间距

结构体系	施工方法	最大间距(m)
框架结构	现浇	55
剪力墙结构	现浇	45

注：(1) 框架-剪力墙的伸缩缝间距可根据结构的具体布置情况取表中框架结构与剪力墙结构之间的数值。
(2) 当屋面无保温或隔热措施、混凝土的收缩较大或室内结构因施工外露时间较长时，伸缩间距应适当减小。
(3) 位于气候干燥地区、夏季炎热且暴雨频繁地区的结构，伸缩缝的间距宜适当减小。

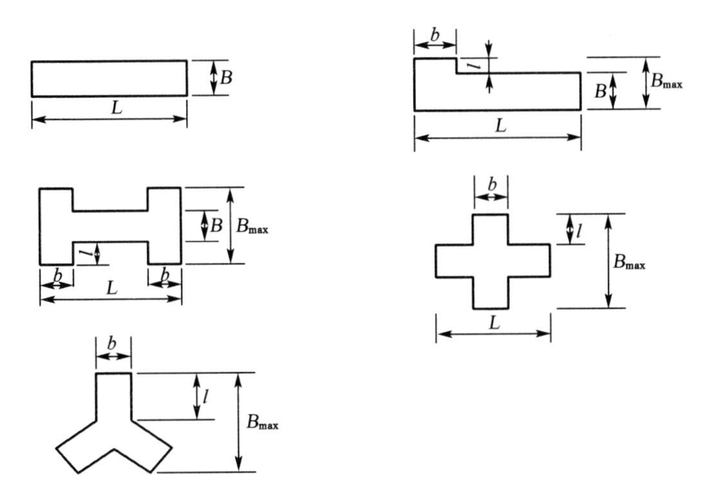

图 1-16　建筑平面

表 1-4(a)　L、l 的限值

设防烈度	L/B	l/B_{max}	l/b
6、7 度	≤6.0	≤0.35	≤2.0
8、9 度	≤5.0	≤0.30	≤1.5

表 1-4(b)　L、l、l'、B'的限值

L/B	L/B_{max}	l/b	l'/B_{max}	B'/B_{max}
≤5	≤4	≤1.5	≥1	≤0.5

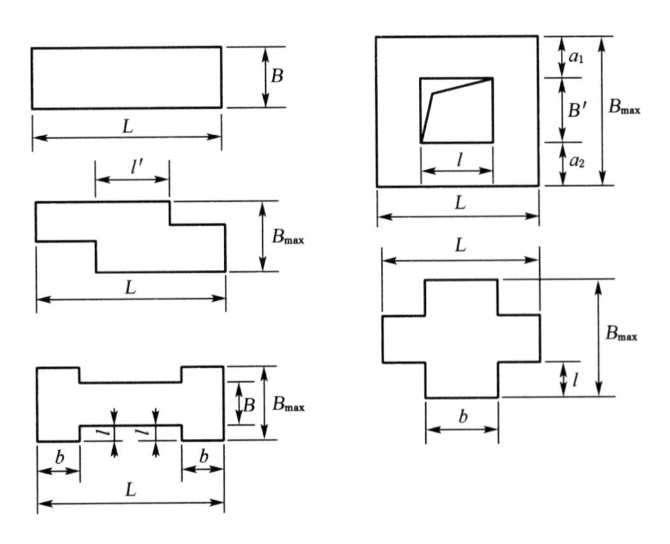

图 1-17　常用建筑平面

(3) 建筑平面空间布置宜均匀对称，以尽量减小因质心和刚心不重合而引起的扭转和应力集中效应。空间在平面上的均匀分布可有效地使质量在平面上均匀分布，可能使质心

与几何中心接近或重合，有利于通过结构布置使刚心与几何形心重合；尽量使楼电梯间、设备井等主要构件对称，防止因平面对称、刚度不对称不均匀而引起的刚心与质心有较大偏移的“虚假对称”现象。

（4）建筑平面中的洞口尺寸不宜过大，宜满足：$l \times B' \leqslant 0.3L \times B_{max}$，$B' \leqslant 0.5B_{max}$，$a_1 \geqslant 2.0$ m，$a_2 \geqslant 2.0$ m，$a_1 + a_2 \geqslant 5.0$ m（见图 1-17）。否则，楼板水平刚度突变，协调整体变形能力下降，宜形成抗震薄弱环节，整体抗灾性能劣化。同时，现行抗震规范在用底部剪力法和振性型分解反应谱法计算地震作用时所采用的层单自由度（“糖葫芦串”）计算模型的假设（同一楼层的各点在同一时间的位移、速度、加速度是同相位同振幅的单自由度质点）将与实际情况有较大出入，其地震作用计算结果将失真。

（5）建筑竖向体型应规则、均匀，避免有过大的外挑和内收，建筑的高宽比例应合适。抗震设计时，结构上部楼层相对于下部楼层收进时，收进的部位越高，收进后的平面尺寸越小，结构的高振型反应越明显。为减小这种“鞭梢”效应，当结构上部楼层收进部位到室外地面的高度 H_1 与房屋高度 H 之比大于 0.2 时，上部楼层收进后的水平尺寸 B_1 不宜小于下部楼层水平尺寸 B 的 0.75 倍（图 1-18 (a)(b)）。同时，为减小外挑结构的扭转效应和竖向地震作用，当上部结构楼层相对于下部楼层外挑时，上部楼层的水平尺寸 B_1 不宜大于下部楼层水平尺寸 B 的 1.1 倍，且水平外挑尺寸 a 不宜大于 4 m（图 1-18 (c)(d)）。当不满足上述要求时，宜在建筑立面设置抗震缝，将其分为简单规则对抗震有利的建筑单元。同时，建筑的高宽比例尚应满足表 1-11 的要求。

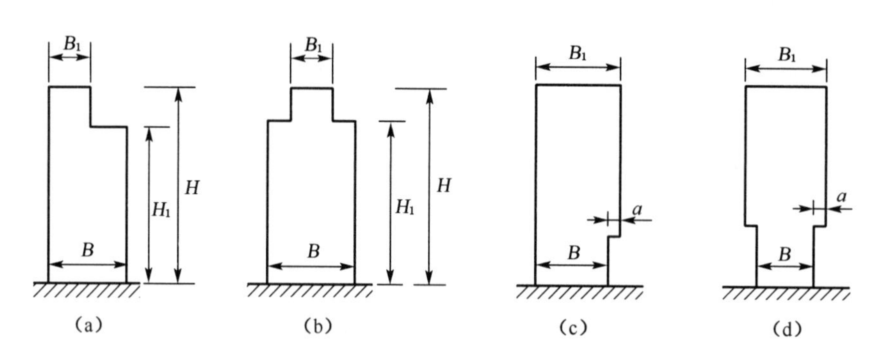

图 1-18　结构竖向收进与外挑示意图

（6）建筑竖向各层的空间布置宜相同或相似，当竖向各层空间布置及其质量、刚度等相差悬殊时，宜在上下空间变化层之间设置转换层，避免因竖向抗侧力构件不连续及上下层间刚度和质量突变而产生的抗震薄弱层。

（7）建筑竖向宜避免错层和夹层，各层层高宜相同或相近。当层高相差悬殊时，宜采取有效的结构措施，使层高变化处上下层间的线刚度接近，以防止或避免建筑结构出现抗震薄弱环节与薄弱构件。

1.5.3　结构选型的影响因素与原则

1）结构选型的影响因素需求分析

建筑结构体系型式的优选是从根本上改善结构整体性能的重要途径，是结构概念设计的重要内容之一。系统地分析在结构选型过程中需要考虑的各种要求和约束等方面的影响因素(也称结构选型需求分析)是结构选型设计的起点和关键。如在选型时对与工程实际需求紧密相关的各种需求分析得不够全面，就可能在结构选型时，主要是根据有限的性能需求或影响因素来进行结构型式的优选，就难免会造成因只顾及局部需求而忽略整体需求或因只考虑近期需要而忽略长远要求等，从而可能在实际工程中出现一些脱离实际需求、难以适应环境等的不良结构型式。

结构选型需求分析是各种实际需求和选型设计间的桥梁，是对选型设计目标与约束的整体规划。从原始社会的洞穴巢居到当今的各类建筑，人类对建筑的要求也由遮风挡雨逐渐向安全、经济、美观、舒适的满足越来越高、越来越丰富的各种需求演化。作为城市视觉焦点的高层建筑，对城市功能、城市风貌及社会生活等的影响日益增大，人们对高层建筑的需求也早已超越传统的使用功能及技术性能，已扩大到融入了与人们生活质量及城市社会系统整体综合需求等相关的诸多方面。这种需求纵向涉及高层建筑结构设计、施工、管理、使用、维修、改造、加固、报废等全寿命过程，横向涉及城市社会、业主用户、环境、政治、经济、有关技术规范、规程等的各个方面。在上述需求中，有的应在建筑方案设计时考虑，并通过其所转化成的建筑方案特征来间接影响结构选型；还有部分需求需在结构选型时直接考虑，如受力合理性、工期等；而有的需在结构布置及构件设计中考虑。为保证结构选型设计质量，并为其提供较全面系统的工程实际需求，以下将通过对结构选型的需求分析，辨识需通过结构选型来考虑的性能需求目标或影响因素，并建立其需求或影响因素模型。

(1) 城市社会系统的需求分析

日趋大型化、社会化、复杂化与现代化的高层建筑已成为城市社会系统的重要组成部分，不仅工程建设的资源与需求来源于社会，而且工程建设的最终目的也是服务于社会的有关需求，工程与社会的关系日益密切。高层建筑工程在对城市社会经济文化活动、城市功能结构、城市景观等方面产生重要影响的同时，也必将受到现代城市社会系统更广泛需求的影响和制约。这种需求反映了政府有关部门在解决现代城市问题时对高层建筑所提出的综合要求，其目的是使高层建筑结构在改善提高城市社会功能、城市形象与景观、城市建设与持续发展、城市资源利用与环境保护、城市防灾减灾等方面有所作为，全面系统地考虑城市社会的需求，对提高工程的建设价值、防止因忽视或割裂社会需求而使其社会效能得不到充分发挥等方面将有积极的意义。这种需求一般可以概括为三个方面：城市社会功能的需求，城市规划建设与持续发展的需求，城市社会防灾减灾的需求。其中，城市社会功能的需求体现在非常情况(如地震)时，为维持社会政治、经济、文化活动的正常进行及生命线工程的功能连续性，而对建筑安全性能的特殊需求及对作为城市历史或文化名胜载体的建筑结构的潜在需求；城市建设规划等方面的需求体现在城市整体功能系统规划的需求，城市形象、景观规划的需求，城市生态环境系统保护的需求，自然资源及高性能建材充分利用等需求；城市防灾减灾需求体现在防震灾、气象灾害、火灾及人防工程需求等方面。

在上述三方面需求中，第一方面需求及第三方面需求中的城市防震减灾、防气象灾害方面的要求，应根据建筑物重要等级、预估各方面损失的大小等情况，通过对灾害作用设防等级(如地震设防烈度等)的调整来实现对结构选型的约束与影响；对第二方面需求及第三方面的火灾消防与人防功能需求，可以在建筑方案确定阶段或结构构件设计阶段予以考虑，但第二方面中的城市形象、景观规划的需求应在综合美学需求中统一考虑。由上述分析可知，城市社会系统的三方面性能需求均不直接在结构选型性能模型中出现，而是通过对灾害荷载设防等级的调整及建筑方案的有关特征参数来间接影响结构选型。

（2）业主用户对建筑结构的功能与环境需求分析

业主用户不同的功能要求是工程建设的首要目的，也是建筑结构设计中应考虑的首要因素，随着社会经济的发展、科学技术的进步、社会生产力的提高、国与国之间交往的频繁及人们生活、工作方式的改变，导致了人们对传统建筑需求观念的改变，人们已不再满足于建筑空间的形状、尺度、面积等的需求，而是向综合利用有关材料、环境、可持续发展等学科的技术成果和手段，创造适合提高人们生活质量和工作效率需要的高质量的空间和环境转化。同时，由于人们生活质量、工作效率、经济发展水平提高速度的明显加快，往往要求主功能空间在其设计基准期内有一次或若干次的调整或改变，这就要求在建筑结构方案确定时，能适应使用功能空间需求改变速度加快及增加使用功能空间使用弹性的要求，以延长建筑的使用寿命，满足功能的可持续发展需求。

这些需求可概括为以下四个方面：使用功能空间的需求，生活、工作空间系统正常使用的环境需求，使用功能正常运转的设备系统需求，功能空间使用弹性需求。在上述四个方面的需求中，前两个方面与第三方面中对设备层、设备空间等的需求及前述城市社会系统中的有关需求均应在建筑平面总图及单体建筑方案设计中予以考虑解决，并以建筑方案的有关特征参数间接影响结构选型，在诸特征参数中，主要使用功能空间系统的大小及空间分布对结构选型有着重要影响，其他特征参数，如平面规则性、高度、高宽比等对选型也有影响，将分别在美学、结构受力合理性、结构抗灾性能需求等方面考虑；第四方面的功能空间使用弹性需求，将直接影响到结构型式选择，它应进入结构选型性能模型；第三方面中的具体设备需求，包括竖向交通、空气调节、供排水、强弱电、管理及信息系统等方面的设备需求，应在建筑与设备设计过程中予以考虑解决，结构选型时一般不予考虑。通过上述分析即可将业主用户的远近期功能需求转化为对结构选型有影响的性能指标体系，具体见图 1-19 中的有关内容。

（3）建筑结构的综合美学性能需求分析

人们除了对高层建筑的物质功能需求外，另一个很重要的需求就是美学性能的需求。传统的美学需求主要体现在建筑的形式、构图、尺度、比例、韵律、节奏、色彩、对称性等信息所决定的建筑形象美方面的要求，随着艺术、美学、材料、环境、生态等科学理论与技术的发展，人们对美学性能本质的理解和认识也逐渐深入，对美学的需求也由对建筑直观形象的感悟上升到了包括形象美在内的多元共存的更系统、更本质的综合美，如技术美、生态美、可持续发展美、结构创新美等。这种综合美学性能需求是在传统美学性能需求基础上发展起来的，它反映了城市社会及业主用户等对高层建筑外在美与内在美和谐统一的本质需求，这种综合美的要求将产生更多更新的美学需求信息，并激发人们从更广泛的范围内、从美学的性质及其本质根源上寻求改善提高高层建筑结构美学品质的途径、方法和规律。

对建筑结构综合美的需求，可概括为以下四个方面：单体视觉形象美、外部环境系统的协调美、内部功能系统的协调美、结构系统的技术美等。其中，前三个方面的美学需求应与前述使用功能需求一起在建筑方案阶段的总平面图及单体方案中统一考虑，并体现在建筑方案平、立面及体型特征参数上，通过建筑平、立面的规则性影响结构型式的选择。第四方面的需求包括结构构件材料性能及充分发挥的先进性，结构型式的新颖性及高新技术含量，结构型式所决定结构体系的施工工艺、施工技术的先进性、经济有效性及所可能采用设计理论的先进性等。其中结构材料及结构型式的先进性需求将直接影响到结构型式材料选择及高效能结构型式的创新与应用；而结构施工工艺、技术先进性及经济有效性的需求，可与后面将要分析的结构施工安装性能及经济有效性需求一起进行考虑，此处不再考虑该需求；对结构设计理论先进性的需求，应在结构内力分析与构件设计中加以考虑。通过上述分析，即可将综合美学需求转化为相应的性能需求模型，具体见图 1-19。

(4) 结构技术性能(受力合理性与抗灾减灾性能)需求分析

人类为了在有限的城市土地资源上充分地利用城市空间，把建筑物越建越高，越建规模也越大越复杂，相应地人们对高层建筑结构技术性能的需求越来越全面、越系统，也越来越深入、越合理、越综合。人们的这种更高、更深入、更本质的需求，无疑将一方面促使设计及研究人员研究构建并选择高性能的新型结构型式，来满足人们对结构系统的多技术性能需求；同时另一方面也将促进结构设计由传统的仅对结构构件强度、刚度、延性等进行的校核型设计，向更全面、更合理的包括强度、刚度、损伤耗能、防灾减灾等综合性能在内的主动的“全性能”设计的转化，进而将推动结构设计理论、设计方法与设计质量的改善与提高。

对高层结构综合技术性能的需求一般可概括为三个方面:结构受力合理性、结构动力参数合适性、结构抗减灾性能等。结构受力合理性又包括高度合理性、刚度合适性、空间整体性、场地适应性、抗倾合理性等。结构动力参数合理性包括质量刚度系统大小及分布、结构阻尼与自振频率、结构动力反应特性等。其中，质量刚度系统的大小和分布及自振频率可分别在刚度合适性、场地适应性及具体构件设计中予以考虑；阻尼及结构动力反应需求可在结构型式材料选择及抗灾减灾性能需求中考虑，该需求在性能模型中不再单独出现。结构抗减灾性能包括抗震减灾性能(为引起重视而从地质灾害中分离出来单独考虑的)、抗风减灾性能、抗火减灾性能、抗地质灾害(如滑坡、地基不均匀沉降等)性能。其中，抗震减灾性能需求体现在对耗能减振性能、损伤性能、振动控制要求等方面，这些需求将直接影响结构选型，应在结构选型模型中考虑；抗风减灾性能需求，一方面可通过设防风压的形式在高度合理性、刚度合适性、抗倾合理性中予以考虑，另一方面对于灾害风振控制可直接在抗灾性能中考虑；抗地质灾害性能需求可在场地选择及基础选型和结构场地适应性中考虑；结构抗火减灾性能需求包括耐火极限、材料高温力学性能等，可通过结构材料选择、防火构造措施、增加消防能力等措施来保证，选型时一般不直接考虑。上述部分性能需求还可通过其下一级子性能或有关约束条件等来进行控制，通过上述分析，我们即可将各方面对结构技术性能的需求转化为需在结构选型时考虑的结构技术性能需求目标体系模型，具体见图 1-19 中的有关内容。

(5) 结构施工安装性能需求分析

作为建筑功能、结构技术性能得以最终实现的物质基础，结构施工安装的技术水平高低、工艺与设备先进性、速度的快慢、工期的长短、质量的优劣等，将直接影响到工程的整体综合效益，结构施工安装性能需求是结构型式确定时应考虑的一个重要因素。

高层建筑高度及体型较大，功能空间复杂，各工种设备多，往往还带有地下商业、设备、人防、停车库等地下空间，基础埋深较大，其施工受周边相邻建筑或构筑物及地下水文地质等条件的约束大，且施工造成的噪声、垃圾、振动、废水等对城市及周围居民生活工作环境的干扰和影响也较大。同时，高层建筑的施工难度较大、工期较长，对施工技术、设备、组织管理、各工种协调、质量保证、施工精度等的要求也较高，故建立合适的施工安装需求模型，并在结构型式确定时恰当的考虑这些施工安装方面的需求，选择施工安装性能较好的结构型式，对于减小施工难度、采用先进的施工安装工艺和技术、加快施工速度、提高施工效率、缩短工期、保证施工质量及结构技术性能的实现等将有积极的现实意义。

结构施工安装性能的需求主要体现在有利于采用机械化施工操作及提高施工效率，有利于控制施工安装质量，有利于降低施工成本（在经济有效性需求中考虑），有利于环境保护等方面，这些需求一般可概括为对结构选型有直接影响的三个因素方面，即施工安装工期的需求、施工安装质量可控性需求、环境需求。其中，施工工期要求可通过结构体系施工安装效率、结构构件及连接施工难度、环境对施工安装影响三个方面来进行控制和比较；施工质量可控性需求可通过有关施工安装验收规范、规程等对结构体系及构件几何尺度的施工精度要求及对原材料性能、施工安装质量等的控制难易三方面来进行控制；环境需求又包括生活环境需求与环境保护需求两个方面。通过上述对结构施工安装性能需求的分析，即可建立结构选型时应考虑的结构施工安装性能需求模型。具体见图 1-19 中的有关相应内容。

（6）全寿命期的经济有效性需求分析

一般来说，高层建筑的结构投资约占总投资的 50%～70%，而结构投资又主要由其型式所决定，故应首先通过恰当的结构选型对其经济有效性进行宏观控制，然后再通过结构布置与构件的优化等途径进行微观经济性调控。同时，考虑到高层建筑体型大、投资高，从建设到投入使用直至报废常有较长的时间，在其使用过程中往往还会因为使用功能变化、材料强度刚度自然退化、设防烈度提高、非正常使用、地基不均匀沉降及可能遭遇风或地震等灾害作用而引起不同程度的损伤或损坏等原因，而需要有多次的维修、改造、加固和再使用的反复过程。一般来说，减少初始建造费用往往不仅导致将来的维护、改造费用等的提高，也将使灾害作用引起的结构损伤及经济损失与灾后加固费用的增加。

在结构型式的选择时，应使所选结构型式在满足诸方面性能需求的前提下，使整个建设使用寿命周期中的建造、维修、改造、加固及预期损失等的总费用最低。结构选型时结构全生命周期经济有效性的需求一般可通过三个方面进行控制或比较：结构建造成本要求、日常维护及功能改造费用要求、建筑预期灾害损失及维修加固费用要求。其中，建造成本又体现在勘察、设计、土建施工安装、质量监督与监理及现场实验等方面的费用；日常维护及功能改造费用要求体现在外露钢构件的防火、防锈处理、地下室等有水房间的防渗漏处理、材料自然老化、人为损坏、不均匀沉降等的日常维修及生活、工作需要的功能空间改造等方面的费用；预期灾害损失及维修加固费用由建筑可能损坏程度、直接经济损失、间接经济损失、损伤的维修加固等方面控制决定。由上述分析即可将各方面的经济性需求转化为通过结构选型来控制的经济有效性性能需求模型，具体内容见图 1-19。

（7）高层结构选型集成性能需求模型

通过上述对诸方面性能需求、实现途径及其对结构选型影响的系统分析，即可从各种复杂的直接或间接需求中，初步分辨出了需通过结构选型来考虑和控制的需求与约束，并将它们转化成了对结构选型起关键作用的六个目标级性能需求指标。并通过对各目标的进一步分解和细化，建立了能较全面考虑诸方面性能需求的集成化需求目标模型（见图 1-19）。该模型的建立，为在结构选型过程中全面地考虑各方面的实际需要、减小选型盲目性及系统综合地解决、改进和完善日益复杂的结构选型设计等提供了前提，为在更加广泛合理的时空系统内揭示和认识结构选型需求的本质特征等奠定了基础。

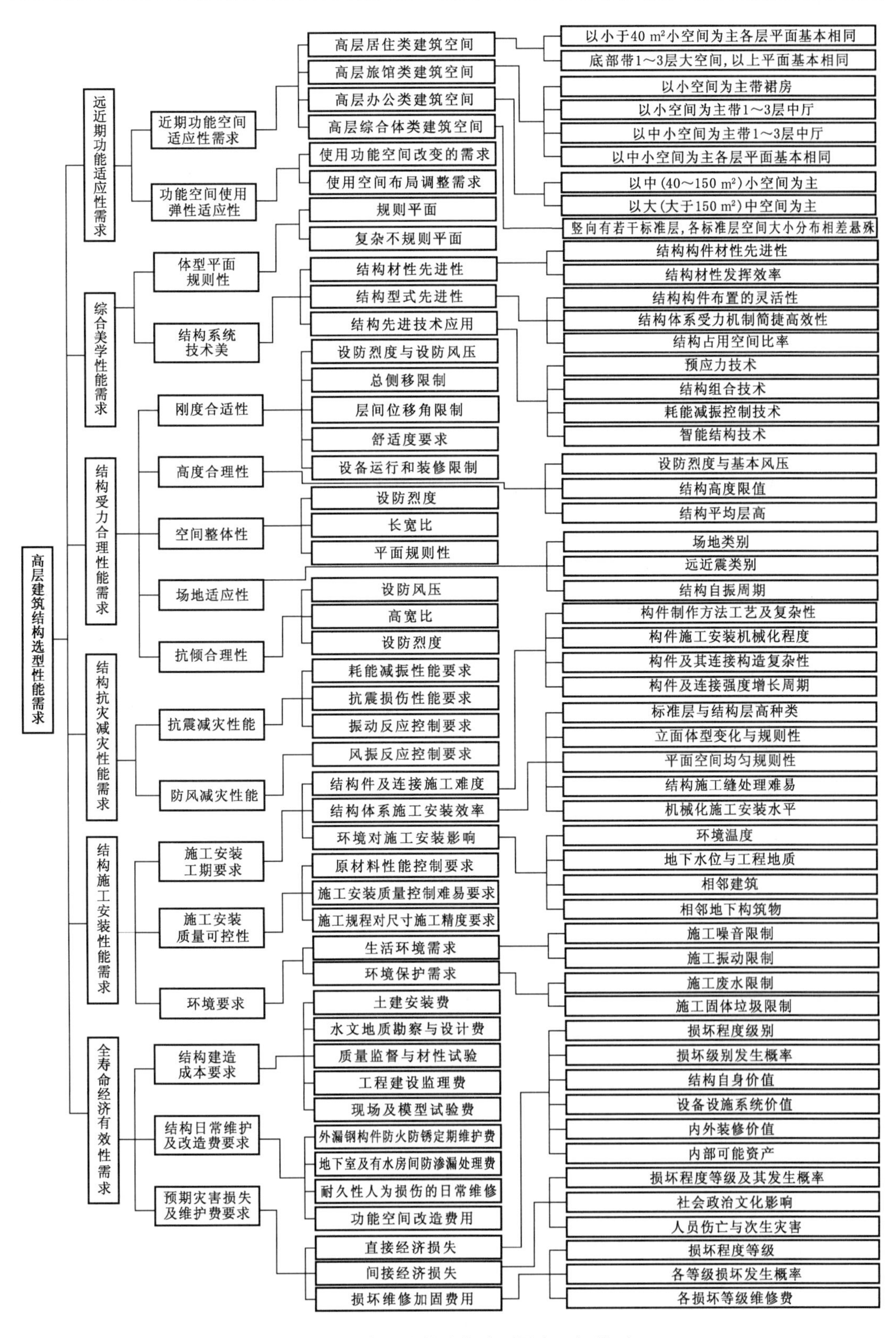

图 1-19　高层建筑结构选型需求目标模型

2）结构选型设计的一般原则

（1）功能适应性原则。不同功能的建筑，往往具有不同的功能空间特征；不同的结构体系型式，也往往能够提供不同的空间布置；不同的内部空间特征又要求不同的结构与其相适应。不同的结构体系其抗侧刚度各不相同，框架结构刚度小，剪力墙结构刚度大，适用的房屋高度不一样。在进行结构型式选择时，首先应使所选的结构体系型式能够适应建筑平、立面形状及满足方便地形成建筑功能空间需要。若结构不能较好地满足或限制正常的使用功能的实现，建筑物将减少或部分失去其存在的价值，功能的特殊要求往往会促进一些新结构型式的产生。其次，要有适宜的结构刚度与其匹配。表1-5给出了几种常用结构型式适用层数与可形成的空间刚度特征。

表1-5　常用结构型式所能提供的内部空间

结构型式	框架	剪力墙	框-剪	框-筒	多筒
适用层数	1～15	10～40	10～30	10～50	40～80
内部空间	大空间，灵活	小空间，限制大	较大空间，较灵活	大空间，灵活	大空间，较灵活
刚度	小	大	较大	较大	大

（2）高度合理性原则。不同的结构体系往往具有不同的力学特征和整体性能，也有其整体综合性能得到较好发挥的高度适应范围。为充分发挥各类不同结构体系的作用，结合我国高层建筑的建设经验，现行有关规范对各类建筑结构型式的最大适用高度做了明确的规定，该规定对指导与规范我国高层建筑结构型式优选及建筑高度确定等起到了积极的作用。表1-6至表1-8给出了钢筋混凝土结构、钢结构和有混凝土剪力墙的钢结构的最大适用高度，在进行结构型式优选时一般应满足该规定或规则的要求，当不能满足时应进行专门的研究。

表1-6　A级高度钢筋混凝土高层建筑的最大使用高度

<table>
<tr><th colspan="2" rowspan="3">结构体系</th><th rowspan="3">非抗震设计</th><th colspan="5">抗震设防烈度</th></tr>
<tr><th rowspan="2">6度</th><th rowspan="2">7度</th><th colspan="2">8度</th><th>9度</th></tr>
<tr><th>0.20g</th><th>0.30g</th><th></th></tr>
<tr><td colspan="2">框　架</td><td>70</td><td>60</td><td>50</td><td>40</td><td>35</td><td>—</td></tr>
<tr><td colspan="2">框架-剪力墙</td><td>150</td><td>130</td><td>120</td><td>100</td><td>80</td><td>50</td></tr>
<tr><td rowspan="2">剪力墙</td><td>全部落地剪力墙</td><td>150</td><td>140</td><td>120</td><td>100</td><td>80</td><td>60</td></tr>
<tr><td>部分框支剪力墙</td><td>130</td><td>120</td><td>100</td><td>80</td><td>50</td><td>不应采用</td></tr>
<tr><td rowspan="2">筒体</td><td>框架-核心筒</td><td>160</td><td>150</td><td>130</td><td>100</td><td>90</td><td>70</td></tr>
<tr><td>筒中筒</td><td>200</td><td>180</td><td>150</td><td>120</td><td>100</td><td>80</td></tr>
<tr><td colspan="2">板柱-剪力墙</td><td>110</td><td>80</td><td>70</td><td>55</td><td>40</td><td>不应采用</td></tr>
</table>

注：(1) 表中框架不含异型柱框架。
(2) 部分框支剪力墙结构指地面以上有部分框支剪力墙的剪力墙结构。
(3) 甲类建筑，6、7、8度时宜按本地区设防烈度提高1度后符合本表的要求，9度时应专门研究。
(4) 框架结构、板柱-剪力墙结构以及9度抗震设防的表列其他结构，当房屋高度超过本表要求数值时，结构设计应有可靠依据，并采取有效的加强措施。

表 1-7 B级高度钢筋混凝土高层建筑的最大适用高度(m)

结构体系		非抗震设计	抗震设防烈度			
			6 度	7 度	8 度	
					0.20g	0.30g
框架-剪力墙		170	160	140	120	100
剪力墙	全部落地剪力墙	180	170	150	130	110
	部分框支剪力墙	150	140	120	100	80
筒体	框架-核心筒	220	210	180	140	120
	筒中筒	300	280	230	170	150

注:(1) 部分框支剪力墙结构指地面以上有部分框支剪力墙的剪力墙结构。
(2) 甲类建筑,6、7 度时宜按本地区设防烈度提高 1 度后符合本表的要求,8 度时应专门研究。
(3) 当房屋高度超过本表要求数值时,结构设计应有可靠依据,并采取有效的加强措施。

表 1-8 钢结构和有混凝土剪力墙的钢结构高层建筑的适用高度(m)

结构种类	结构体系	非抗震设防	抗震设防烈度		
			6、7	8	9
钢结构	框架	110	110	90	70
	框架-支撑(剪力墙板)	260	220	200	140
	各类筒体	360	300	260	180
有混凝土剪力墙的钢结构	钢框架-混凝土剪力墙 钢框架-混凝土核心筒	220	180	100	70
	钢框筒-混凝土核心筒	220	180	150	70

注:表中适用高度系指规则结构的高度,为从室外地坪算起到主要屋面板顶的高度。

(3) 场地适应性原则。国内外历次大地震震害表明:在同一场地上,地震往往“有选择”地破坏或加剧破坏某一类建筑结构,而“放过”或减轻其他结构类型建筑的破坏,且软弱场地上,建筑破坏严重。造成该现象的原因是建筑结构的地震作用同结构自振周期与场地土条件及其相互关联程度有关,当结构自振周期 T 与场地土特征周期 T_g 接近或相等时,易引起共振,导致结构反应增大、破坏加剧的后果。结构型式及建筑方案特征一方面在一定程度上决定了概念结构的整体内在抗震潜力,另一方面也决定了结构的动力特性(如自振周期 T 等),若其动力特征与场地土的动力特性(如其卓越周期 T_g 等)相关或场地土条件较差,则即使结构具有较好抗震潜力也可能引起较严重的破坏。建筑应优先选用条件较好的场地,在场地确定后,应使结构自振周期与场地特征周期错开。

场地特征周期 T_g 是一个由环境因素(地震震源特性、传播介质及该地区场地条件等)决定的综合指标,它相当于根据地震时某一地区地面运动记录算出的反应谱的主峰位置所对应的周期,一般随震源距离的增大、场地土层的增厚、变软而增长,对于一定的环境条件(如场地土类型、厚度及设计地震分组等)T_g 一般具有稳定的确定值。我国现行抗震规范根据国内外各类场地上记录到的地震波谱进行分析计算与统计后,给出了四类标准场地三类设计地震分组的特征周期值(见表 1-9)。

表 1-9　特征周期 T_g(s)

设计地震分组	场地类别				
	I_0	I_1	Ⅱ	Ⅲ	Ⅳ
第一组	0.20	0.25	0.35	0.45	0.65
第二组	0.25	0.30	0.40	0.55	0.75
第三组	0.30	0.35	0.45	0.65	0.90

可见,可以通过调整或改变结构自振周期 T 使之错开 T_g 达到提高结构的场地适应性,减少地震作用,间接提高结构抗震潜力的目的。

资料表明,影响结构自振周期的因素很多,除结构型式、结构平面布置、质量、刚度分布、材料强度等级、施工质量等外,还有建筑高度、高宽比、构件应力状态、非结构构件、地基基础与结构之间相互作用等。同时,建筑物是一个复杂的空间体系,振动形式很复杂,在纵、横两个方向及震前、震中和震后其 T 都不相同,可见 T 实际上是一个变量,并随着外力的增加而变化(结构大变形时的周期与小变形时的周期有相当大的出入),特别是由弹性阶段进入弹塑性阶段后,结构的自振特性将发生很大变化。

目前,对于确定性结构,确定 T 的常用方法有计算法(瑞雷法、李兹法、集中质量法、迭代法等)、实测法(激振法、自由振动法、脉动法)、经验公式法等。

鉴于影响 T 的因素很多及有些因素很难精确考虑,T 的真实值也很难精确确定等特点,同时考虑到现行抗震规范采用的是弹性平均反应谱、结构的具体情况和结构在弹性阶段 T 具有较好稳定性等特点,可采用根据对大量高层建筑自振周期实测值及理论分析基础上建立的具有一定精度的实测统计经验公式来确定结构的自振周期。表 1-10 给出了几类结构的自振周期经验公式,这些公式反映了建筑物的实际空间振动,也考虑了阻尼影响,与实际比较接近,可作为初步设计阶段估算概念结构自振周期时的参考。

表 1-10　结构自振周期实测统计经验公式

结构型式	以层数 n 为参数
混凝土框架	$T=(0.12\sim0.15)n$
混凝土框架-剪力墙(核心筒)	$T=(0.08\sim0.12)n$
混凝土剪力墙	$T=(0.06\sim0.10)n$
混凝土筒体	$T=(0.07\sim0.10)n$
钢结构	$T=(0.10\sim0.15)n$

(4) 空间整体性原则。建筑结构系统是一个由多个子结构及其若干组成构件组成的空间结构体系。一个结构的抗震能力不仅取决于各子结构及相应构件强度、刚度、延性及其受力状态,而更主要的取决于保证这些子结构、构件能协同工作的能力或空间整体性。传统的建筑结构设计比较重视构件及子结构等的设计(如对它们进行的精确分析计算和构造处理等),对整体结构的协调工作能力重视不够。实际上,一方面,单一子结构或构件抗御震灾能力是非常有限的,只有形成良好的空间整体结构,才能提高结构协同抗御地震等灾害的能

力；另一方面，只有整个结构有较好的空间整体性，才能保证各子结构、构件能充分发挥其抗震能力或潜能，否则在其发挥抗震能力之前，就可能因过大变形、平面外失稳、节点失效等使结构因丧失整体性而破坏或倒塌；其三，有较好空间整体性的结构可能通过协调变形、内力重分布、释放赘冗度形成一定屈服机制等途径，实现使结构始终保持空间整体协同工作状态，提高各自结构共同抗御震灾及适应保证大震时延性耗能的能力，同时还有可能使体系中构件的抗震能力超过单独构件的抗震能力。

影响结构空间整体性的因素主要有楼屋盖种类、抗力构件布置、梁柱墙间相互连接、构造方法措施、平面尺寸、平面及竖向规则性决定的体型规则性、长宽比等。对概念结构主要影响因素是上述因素中的后三个，表现在：①现行抗震规范规定的结构抗震分析的反应谱理论是假定结构基底各处的地面运动规律是一致的，不考虑地震波传播的相位差，此理论适用于结构物基底尺寸较地震波的波长显著为小的情况，实际上地震波的传播是一个过程，对底面尺寸较大的建筑可能引起地基基础各部分沿其长度方向以不同的速度作异步振动；②平面、立面越不规则，各部分或部位刚度、质量分布差异越大，结构各部分的自振周期越悬殊，地震作用下的差异运动越明显；③长宽比越大，结构纵、横两个方向的刚度及楼屋盖刚度差异越大，强震时在高振型影响下楼屋盖将同时产生扭转与挠曲，并引起两端的差异运动。上述三方面因素均会引起结构各部分的差异运动，从而导致结构的空间整体性下降，整体协调变形能力降低及空间整体作用不能充分发挥，同时也将在各部分间连接处或薄弱处等引起复杂的拉、压、弯、扭应力或变形，它们的共同作用会进一步加剧地震的破坏作用。

为保证结构具有良好的整体性，对第一个和第二个因素主要是在建筑选型时，通过设置变形缝、限制平立面形状或在基础设计时通过加强基础整体性等方法来解决；对长宽比 L/B 这个影响因素，一般认为，当长宽比 L/B 接近 1 时，能充分发挥结构的空间整体作用，整体性最好，协调变形能力最强；当 L/B 达到某限值时上述性能则较差。现行《高层建筑混凝土结构技术规程》(JGJ 3)给出了不同结构型式在不同烈度下的 L/B 限值(见表 1-4)。

(5) 整体稳定性原则。对于高层建筑，水平地震作用引起的倾覆力矩，将使结构产生整体弯曲变形，并在外侧墙、柱和基础中引起较大的附加拉压应力，当倾覆力矩 M_f 达到一定值或抗倾覆力矩较小时，过大的 M_f 及其引起的附加应力、变形及 $p-\Delta$ 效应的共同影响下，易引起建筑物的倾覆或倒塌。两种破坏形式如 1985 年墨西哥地震中，一栋 9 层钢筋混凝土结构，因地震时产生的倾覆力矩，使整个房屋倾倒，埋深 2.5 m 的箱形基础翻转 45°，并将下面的摩擦桩拔出；再如 1967 年加拉加斯地震中一幢 18 层框架结构的Caromay公寓，因倾覆力矩过大，在地下室柱中引起很大轴力，造成地下室很多柱子在中段被压碎。显然，结构的抗倾能力对其整体稳定性有着显著的影响。一般来说，在设防烈度一定的条件下，结构刚度越大、高宽比(H/B)越小、长宽比(L/B)越接近 1，结构的整体稳定性越好，结构在两个方向的抗倾覆能力越接近。为保证结构有足够的抗倾能力或整体稳定性，现行《高层建筑混凝土结构技术规程》(JGJ 3)给出了不同结构型式的高宽比限值(见表 1-11)。

表 1-11　钢筋混凝土高层建筑结构适用的最大高宽比

结构体系	非抗震设计	抗震设防烈度		
		6 度、7 度	8 度	9 度
框架	5	4	3	—
板柱-剪力墙	6	5	4	—
框架-剪力墙、剪力墙	7	6	5	4
框架-核心筒	8	7	6	4
筒中筒	8	8	7	5

(6) 施工方便性原则。不同的结构型式决定着不同的结构体系及抗力构件，也决定着结构的施工工艺、施工难度、施工工期及可能的施工质量。与多层建筑相比，高层建筑具有体型大、高度高、总建筑面积大、施工技术复杂、施工难度高、工期长且对施工企业级别、施工机械、施工技术及管理水平要求高等特点，故而受不同结构体系所决定的不同施工工艺或工程量的影响，往往不同结构的施工工期相差较大，而施工工期往往是影响工程经济性或其造价的主要因素之一。因此，在选择结构型式时，适当考虑施工可行性与方便性原则，对保证施工质量、提高施工速度、降低工期，从而降低成本等有着重要意义。

(7) 经济有效性原则。不同的结构型式往往具有不同的土建工程量和不同的建造费用，在全寿命使用过程中，也具有不同的因功能改变、构件损伤、地震等灾害引起的改造、维护、加固等方面的费用。结构型式一旦确定，就基本上决定了结构建造及其全寿命期的改造、维护、加固等方面的主要费用，因此在选型时适当考虑选择全寿命期综合造价较低的结构型式是很有必要的。

1.6　结构布置原则

在建筑体型、建筑方案与结构体系类型初步确定以后，应结合建筑方案设计与结构体系特征，对结构系统的抗力构件进行恰当的规划和布置。结构布置的目的是使结构体系能较好地适应远近期建筑功能空间要求，满足结构施工方便、经济合理以及构件、刚度分布均匀，刚心与质心重合或接近，稳定性及延性耗能能力较好等要求。结构布置的结果是形成整体性能优良、传力途径合理的结构三维空间骨架系统。若抗力构件布置不当，将会导致结构体系出现薄弱环节、薄弱构件、局部应力集中、整体强度与刚度突变、改变结构受力特性等安全隐患，从而使结构整体性能劣化。结构布置是改善结构整体性能的重要途径之一，也是结构概念设计的重要内容。结构布置一般包括结构平面布置和结构竖向布置两个方面，以下将介绍结构布置应遵循的基本原则。

1) 结构抗力构件的平面布置原则

结构的整体性能及其静动力特性主要取决于抗侧力构件及保证各抗侧力构件整体协同工作的楼屋盖结构构件平面布置特征，为获得较大的抵抗侧向荷载或侧向作用的能力，尽可能使各构件受力均匀，抗侧力与楼屋盖构件沿平面纵横方向的布置应符合以下基本原则：

（1）在一个独立结构单元内，宜使结构构件的平面布置规则、简单、对称，刚度和承载力分布均匀，尽量使质心和刚心接近或重合，减小偏心；宜有多道抗震防线；结构在两个主轴方向的动力特性宜相近；有利于有效均匀地抵抗水平荷载及其引起的倾覆和扭转，有利于楼屋盖构件受力均匀合理，传力途径简捷、清晰、明确，以便能有效均匀地抵抗竖向荷载，增加结构系统的整体性。不应采用严重不规则的平面布置形式。对抗震设计的A级高度钢筋混凝土高层建筑，其结构平面布置宜符合：平面长度不宜过长，突出部分长度 l 不宜过大（见图1-16）；L、l 等值宜满足表1-4(a)要求。

（2）框筒、墙筒、支撑筒等抗推刚度较大的芯筒，在平面上应居中或对称布置。

（3）抗力构件宜在平面上均匀及周边均匀布置，以提高结构的整体抗弯与抗扭刚度，减小弯曲引起的侧向变形，增大抗倾与抗扭性能，增大和改善结构体系的整体抗震性能。对刚度小、周边构件弱的框架结构应加强周边构件的延性与承载能力。

（4）在阳角处宜布置筒体、剪力墙、框架柱等抗力构件，并应加强该受力复杂部位构件的构造措施，以避免因地震作用引起的倾覆、质刚心不一致引起的扭转、纵横向刚度不同引起的不协调挠曲变形与差异运动等所造成薄弱环节的损坏，提高结构的抗震性能。

（5）对凸凹等不规则的建筑平面，应进行精心恰当的结构布置以减小应力集中。同时，宜在凸凹角相交部分的连接处设置连续（跨越连接两部分）的水平连接件，加强两部分连接的整体性；在相交部分设置强度、刚度较大的筒体、剪力墙、壁式框架、支撑、耗能构件等加强构件，以抵抗较大的地震应力，减小两部分不协调振动引起的损坏；在凸凹角处的自由端，设置加劲构件，增大抗扭刚度和抗倾覆能力，减小差异运动，提高整体性。

（6）对井字形等外伸长度较大的建筑，当中央部分楼、电梯间使楼板有较大削弱时，应加强楼板以及连接部位墙体的构造措施，必要时可在外伸段凹槽处设置连接梁或连接板。

（7）楼板局部不连续，楼板尺寸和刚度急剧变化，如有效楼板宽度小于该层楼板典型宽度的50%，或开洞面积大于该层楼面面积的30%，楼板开大洞削弱后，宜在洞口边缘设置边梁、暗梁；加厚洞口附近楼板，提高楼板配筋率；采用双层双向配筋或加配斜向钢筋；在楼板洞口角部集中配置斜向钢筋。

（8）抗震设计时，高层建筑宜调整平面形状和结构布置，避免结构不规则，不设防震缝。对体型复杂、平立面特别不规则或有较大错层和部分刚度相差悬殊的建筑结构，可按实际需要在适当部位设置防震缝，形成多个较规则的抗侧力结构单元，并分别进行平面结构布置。防震缝应根据抗震设防烈度、结构材料种类、结构类型、结构单元的高度和高差情况，留有足够的宽度，其两侧的上部结构应完全分开。

2）结构抗力构件的竖向布置原则

历次地震震害表明，若结构构件竖向布置不恰当，刚度沿竖向突变、外形外挑或内收等，都将会产生某些楼层变形过分集中，出现严重震害甚至倒塌。为减小竖向抗震薄弱环节，提高结构整体性能，在进行结构抗力构件的竖向布置时，应遵守以下原则：

（1）高层建筑的竖向体型宜规则、均匀，避免有过大的外挑和内收。结构的侧向刚度宜下大上小，逐渐均匀变化，不应采用竖向布置严重不规则的结构。

（2）抗震设计的高层建筑结构，抗侧力构件沿高度方向的布置，宜使各抗侧力构件所负担的楼层质量沿高度方向无剧烈变化，避免地震作用局部增大造成的局部变形增大；沿高度方向，宜连续均匀布置各抗侧力构件，并位于同一竖直线上，以避免竖向刚度的不连续，减小因刚度突变、应力与变形集中造成的薄弱环节；自上而下，各抗侧力构件的抗推刚度和承载力逐渐加大，并与各抗侧力构件所负担的水平剪力、弯矩和轴力成比例增大。宜具有合理的刚度和承载力分布，避免因局部削弱或突变形成薄弱部位，产生过大的应力集中或塑性变形集中。

(3) 抗震设计时，为避免变形集中于荷载较大、刚度较小的下部楼层，形成结构薄弱层，其楼层侧向刚度不宜小于相邻上部楼层侧向刚度的 70%或其上相邻三层侧向刚度平均值的 80%。为避免楼层抗侧力结构的承载力突变而引起的薄弱层破坏，A 级高度高层建筑的楼层层间抗侧力结构的受剪承载力不宜小于其相邻上一层受剪承载力的 80%，不应小于其上一层受剪承载力的 65%；B 级高度高层建筑的楼层层间抗侧力结构的受剪承载力不应小于其相邻上一层受剪承载力的 75%。其中，楼层层间抗侧力结构受剪承载力是指在所考虑的水平地震作用方向上，该层全部柱及剪力墙的受剪承载力之和。

(4) 抗震设计时，结构上部楼层相对于下部楼层收进时，收进的部位越高，收进后的平面尺寸越小，结构的高振型反应越明显。为减小这种鞭梢效应，当结构上部楼层收进部位到室外地面的高度 H_1 与房屋高度 H 之比大于 0.2 时，上部楼层收进后的水平尺寸 B_1 不宜小于下部楼层水平尺寸 B 的 0.75 倍(图 1-18(a)(b))；同时，为减小外挑结构的扭转效应和竖向地震作用，当上部结构楼层相对于下部楼层外挑时，上部楼层的水平尺寸 B_1 不宜大于下部楼层水平尺寸 B 的 1.1 倍，且水平外挑尺寸 a 不宜大于 4 m(图 1-18(c)(d))。

(5) 抗震设计时，对竖向收进的建筑体型，首先，应考虑采用抗震缝将各部分隔离，使各单体单独承受荷载，无变形缝时，应使收进的塔体与其相应底面抗力构件布置连续均匀，塔体质刚心尽量与塔底质刚心在平面投影上重合，以减少扭转；同时，应加强收进变化处楼屋面的强度和刚度，保证上部地震作用引起的侧向力可靠向下传递，加强塔体底层抗力构件的强度、刚度和延性，控制减少因竖向刚度突变、扭转引起的应力集中现象及造成的损坏。

(6) 楼层质量沿高度宜均匀分布，楼层质量不宜大于相邻下部楼层质量的 1.5 倍。

(7) 对高层建筑钢结构，当根据刚度需要设置外伸刚臂和腰桁架或帽桁架(在顶层)时，宜设在设备层。外伸刚臂应横贯楼层连续布置。支撑和剪力墙板可选用中心支撑、偏心支撑、内藏钢板支撑、带缝混凝土剪力墙板或钢板剪力墙。抗震设防的钢框架-支撑结构中，支撑(剪力墙板)宜竖向连续布置，除底部楼层和外伸刚臂所在楼层外，支撑的形式和布置在竖向宜一致，以使结构的受力和层间刚度变化都比较均匀，并充分发挥水平刚臂的作用。高层建筑钢结构不宜设置防震缝和伸缩缝。当必须设置时，抗震设防的结构伸缩缝应满足防震缝要求。建筑物中有较大的中庭时，可在中庭的上端楼层用水平桁架将中庭开口连接，或采取其他增强结构抗扭刚度的有效措施。

(8) 为增加结构的嵌固与稳定性能，提高地基承载能力，减小地基附加应力，减轻震害，高层建筑宜设地下室。

3) 复杂高层建筑结构布置原则

为适应多功能高层建筑、复杂体型、结构布置复杂(错层结构、连体结构、多塔楼结构等复杂高层建筑结构)、改善和提高结构整体性能等的需要，常常需要在结构中布置若干转换或加强构件，形成带转换层的结构、带加强层的结构、错层结构、连体结构、多塔楼结构以及组合结构等复杂高层建筑结构，该类高层建筑结构在竖向荷载、风荷载或地震作用下受力复杂，对结构布置要求高，除遵守前述结构平面与竖向布置要求外，尚应符合以下要求：

（1）在高层建筑竖向因功能空间相差悬殊等，要求采用不同结构布置形式时，或在高层结构底部，当上部楼层部分竖向构件（剪力墙、框架柱）不能直接贯通落地时，应设置结构转换层，在转换层布置转换结构构件。转换结构构件可采用梁、桁架、空腹桁架、箱形结构、斜撑等；非抗震设计和6度抗震设计时转换构件可采用厚板，7、8度抗震设计的地下室的转换构件可采用厚板，9度抗震设计时不应采用带转换层、加强层、错层和连体的结构。7度和8度抗震设计的高层建筑不宜同时采用超过两种前述的复杂结构。

（2）对带转换层的高层建筑结构，底部大空间部分框支剪力墙高层建筑结构在地面以上的大空间层数，8度时不宜超过3层，7度时不宜超过5层，6度时其层数可适当增加；底部带转换层的框架-核心筒结构和外筒为密柱框架的筒中筒结构，其转换层位置可适当提高。

（3）对底部带转换层的高层建筑结构的布置应符合以下要求：

① 落地剪力墙和筒体底部墙体应加厚。

② 转换层上部结构与下部结构的侧向刚度比应符合《高层建筑混凝土结构技术规程》（JGJ 3）附录E的规定。

③ 框支层周围楼板不应错层布置。

④ 落地剪力墙和筒体的洞口宜布置在墙体的中部。

⑤ 框支剪力墙转换梁上一层墙体内不宜设边门洞，不宜在中柱上方设门洞。

⑥ 长矩形平面建筑中落地剪力墙的间距 l 宜符合以下规定：

非抗震设计：$l \leqslant 3B$ 且 $l \leqslant 36$ m。

抗震设计：底部为1～2层框支层时，$l \leqslant 2B$ 且 $l \leqslant 24$ m；底部为3层及3层以上框支层时，$l \leqslant 1.5B$，且 $l \leqslant 20$ m 。

其中，B 为楼盖宽度。

⑦ 落地剪力墙与相邻框支柱的距离：1～2层框支层时不宜大于12 m，3层及3层以上框支层时不宜大于10 m。

⑧ 转换层上部的竖向抗侧力构件（墙、柱）宜直接落在转换层的主结构上。B级高度框支剪力墙高层建筑的结构转换层，不宜采用框支主、次梁方案。

（4）对带转换层的高层建筑结构，框架-核心筒结构、筒中筒结构的上部密柱转换为下部稀柱时可采用转换梁或转换桁架。转换桁架宜满层设置，其斜杆的交点宜作为上部密柱的支点。转换桁架的节点应加强配筋及构造措施，防止应力集中产生的不利影响。

（5）对带转换层的高层建筑结构，采用空腹桁架转换层时，空腹桁架宜满层设置，应有足够的刚度保证其整体受力作用。空腹桁架的上、下弦杆宜考虑楼板作用，竖腹杆应按强剪弱弯进行配筋设计，加强箍筋配置，并加强与上、下弦杆的连接构造。空腹桁架应加强上、下弦杆与框架柱的锚固连接构造。

（6）当框架-核心筒结构的侧向刚度不能满足设计要求时，可沿竖向利用建筑避难层、设备层空间，设置适宜刚度的水平伸臂构件，构成带加强层的高层建筑结构，以加强核心筒与周边框架柱、角柱与边柱的联系。必要时，也可设置周边水平环带构件。加强层采用的水平伸臂构件、周边环带构件可采用斜腹杆桁架、实体梁、整层或跨若干层高的箱形梁、空腹桁架等形式。

（7）对带加强层的高层建筑结构，加强层位置和数量要合理有效。当布置1个加强层时，位置可在 $0.6H$ 附近；当布置2个加强层时，位置可在顶层和 $0.5H$ 附近；当布置多个加强层时，加强层宜沿竖向从顶层向下均匀布置。加强层水平伸臂构件宜贯通核心筒，其平面布置宜位于核心筒的转角、T字节点处。水平伸臂构件与周边框架的连接宜采用铰接或半刚接。

(8) 错层结构的抗震性能往往较差,抗震设计时,高层建筑宜避免错层。当房屋不同部位因功能不同而使楼层错层时,宜采用防震缝划分为独立的结构单元。为减小错层结构的扭转效应以及错层处墙、柱内力,避免错层处结构形成薄弱部位,错层结构两侧宜采用结构侧向刚度和变形性能相近的结构体系。

(9) 连体结构各独立部分宜有相同或相近的体型、平面和刚度,宜采用双轴对称的平面形式,7度、8度抗震设计时,层数和刚度相差悬殊的建筑不宜采用连体结构,以减小或避免因复杂的扭转耦联振动而引起的应力与变形集中等抗震薄弱环节。

(10) 连接体结构与主体结构宜采用刚性连接,必要时连接体结构可延伸至主体部分的内筒,并与内筒可靠连接。连接体结构可设置钢梁、钢桁架和型钢混凝土梁,型钢应伸入主体结构并加强锚固。当连接体结构包含多个楼层时,应特别加强其最下面一至两个楼层的设计和构造。

(11) 多塔楼建筑结构各塔楼的层数、平面和刚度宜接近,塔楼对底盘宜对称布置,减小扭转与高振型的不利影响,以及塔楼和底盘的刚度偏心,塔楼结构与底盘结构质心的距离不宜大于底盘相应边长的20%。抗震设计时,转换层不宜设置在底盘屋面的上层塔楼内,以免形成结构薄弱部位,多塔楼之间裙房连接体的屋面梁应加强,塔楼中与裙房连接体相连的外围柱、剪力墙,从固定端至裙房屋面上一层的高度范围内,剪力墙宜设置约束边缘构件,以保证塔楼与底盘的整体工作。

(12) 对由钢框架或型钢混凝土框架与钢筋混凝土筒所组成的共同承受竖向和水平作用的组合高层建筑结构体系,宜尽量使结构的抗侧力中心与水平合力中心重合。其竖向布置宜符合下列要求:结构的侧向刚度和承载力沿竖向宜均匀变化,构件截面宜由下至上逐渐减小,无突变;当框架柱的上部与下部的类型和材料不同时,应设置过渡层;对于刚度突变的楼层,如转换层、加强层、空旷的顶层、顶部突出部分、型钢混凝土框架与钢框架的交接层及邻近楼层,应采取可靠的过渡加强措施。

(13) 组合高层建筑结构体系钢框架部分采用支撑时,宜采用偏心支撑和耗能支撑,以增加结构的延性耗能能力;支撑宜连续布置,且在相互垂直的两个方向均宜布置,并互相交接,支撑框架在地下部分,宜延伸至基础。

(14) 组合结构体系的高层建筑,7度抗震设防且房屋高度不大于130 m时,宜在楼面钢梁或型钢混凝土梁与钢筋混凝土筒体交接处及筒体四角设置型钢柱;7度抗震设防且房屋高度大于130 m及8、9度抗震设防时,应在楼面钢梁或型钢混凝土梁与钢筋混凝土筒体交接处及筒体四角设置型钢柱,以增加混凝土筒的延性,避免弯曲时平面外的错断。

(15) 组合结构中,外围框架平面内梁与柱应采用刚性连接,以提高外框架的刚度及抵抗水平荷载的能力;楼面梁与钢筋混凝土筒体及外围框架柱的连接可采用刚接或铰接。钢框架-钢筋混凝土筒体结构中,当采用H形截面柱时,宜将柱截面强轴方向布置在外围框架平面内,以增加平面内刚度,减小剪力滞后现象;角柱宜采用方形、十字形或圆形截面,以方便连接和受力合理。

(16) 组合结构中,可采用外伸桁架加强层,必要时可同时布置周边桁架。外伸桁架平面宜与抗侧力墙体的中心线重合。外伸桁架应与抗侧力墙体刚接且宜伸入并贯通抗侧力墙体,以便通过外伸桁架将筒体剪力墙的弯曲变形转换成框架柱的轴向变形,以减小水平荷载下结构的侧移，外伸桁架与外围框架柱的连接宜采用铰接或半刚接，以减小外柱弯矩。对于建筑物楼面有较大开口或为转换楼层时，应采用现浇楼板。对楼板开口较大部位宜采取设置刚性水平支撑等加强措施。

4）多道设防的原则

因为地震作用是一个持续的过程，一次地震可能伴随着多个震级相当的余震，也可能引发群震，不同大小的地震及速度脉冲一个接一个地对建筑物产生多次往复式冲击，造成积累式结构损伤。如果建筑物采用单一结构体系，仅有一道抗震设防，则此防线一旦破坏，接踵而来的持续地震动就会使建筑物倒塌，特别是当建筑物的自振周期与地震动的卓越周期相近时。当建筑物采用的是多道抗侧力体系时，第一道防线的抗测力构件在强震作用下遭到破坏，后续的第二道防线甚至第三道防线的抗侧力构件立即接替，能够挡住地震动的冲击，从而保证建筑物不倒塌。而且，在遇到建筑物的自振周期与低振动的卓越周期相同或相近情况时，多道防线就更显示其极大的优越性。当第一道防线的抗侧力构件因共振而破坏，第二道防线接替后，建筑物的自振周期将出现大幅度的变化，与地震动的卓越周期错开，使建筑物共振现象得以缓解，从而减轻地震产生的破坏作用。

符合多道抗震防线的建筑结构体系有框-墙体系、框-撑体系、框-筒体系、筒中筒体系等（如图 1-20），其中框架、筒体、抗震墙、竖向支撑等承力构件都可以充当第一道防线的构件，率先抵抗地震作用的冲击。但是由于它们在结构中的受力条件不同，地震后果也就不一样。所以，从原则上讲，应优先选择不负担或少负担重力荷载的竖向支撑或填充墙，或选用轴压比较小的抗震墙、实体墙之类的构件，作为第一道方向的抗侧力构件，而将框架作为第二道抗震防线。在水平地震作用下，两道防线之间通过楼盖协同工作，各层楼盖相当于一根铰接的刚性水平杆，其作用是将两类抗震构件连接成一个并联体，并参与水平力传递，如图 1-21 所示。

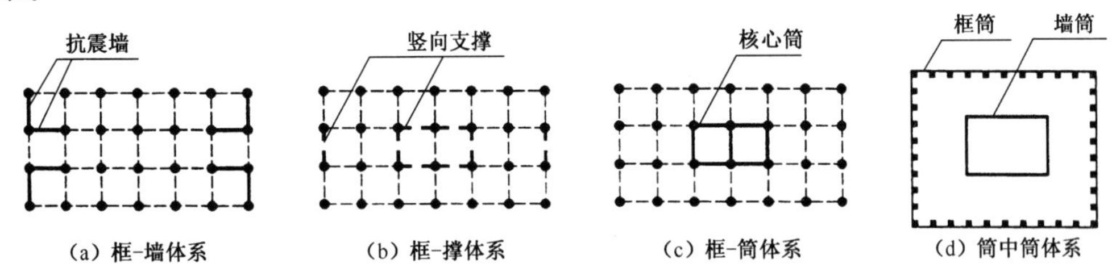

图 1-20　具有多道抗震设防的结构体系

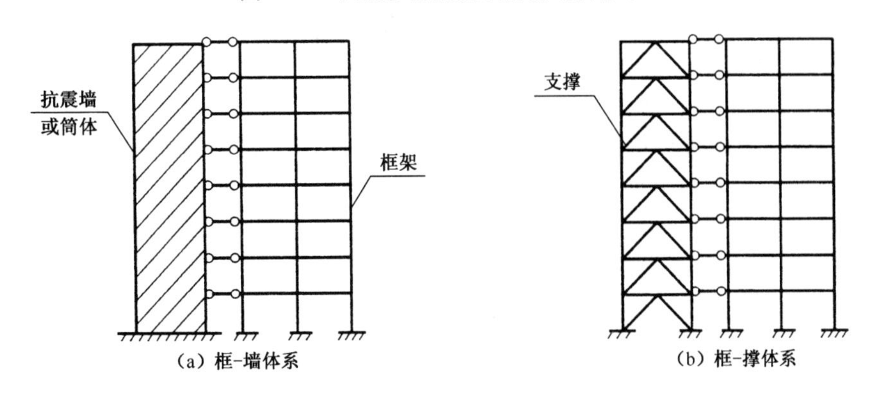

图 1-21　双重体系的结构并联体

为了进一步增强结构体系的抗震防线，可在每层楼盖处设置若干两端刚接的连系梁。在地震作用下，它不仅能够率先进入屈服状态，承担地震动的前期脉冲，耗散尽可能多的地震能量，而且由于未采用连系梁之前的主体结构已经是静定或超静定结构，这些连系梁在整个结构中属于附加的赘余杆件。因此，它们的前期破坏不会影响整个结构的稳定性。

多道设防体系一个非常典型的实例就是著名结构设计大师林同炎先生于1963年在尼加拉瓜首都马那瓜市设计建成的美洲银行大厦。此建筑结构设计的基本思想是：在风荷载和规范规定的等效静力荷载作用下，结构具有较大的抗侧移刚度，以满足变形方面的要求；当遭遇更高烈度地震时，通过某些构件的屈服过渡到另一个具有较高变形能力的结构体系。依据这一思想，该高层建筑由四个柔性筒组成(如图1-22)，对称的由连系梁连接起来，在风荷载和多遇地震作用下，结构表现为刚性体系，在大震作用下，通过连系梁的屈服，四个柔性筒相对独立，成为具有延性的结构体系，当连系梁两端出现塑性铰后，整个结构的自振周期加长，地震反应明显减弱。在1972年尼加拉瓜首都马那瓜市发生的强烈地震中，该市约有1万幢建筑倒塌，而美洲银行大厦虽位于震中，却承受了比设计地震作用0.06g大6倍的地震作用而未倒塌，仅在墙面出现较小的裂缝。

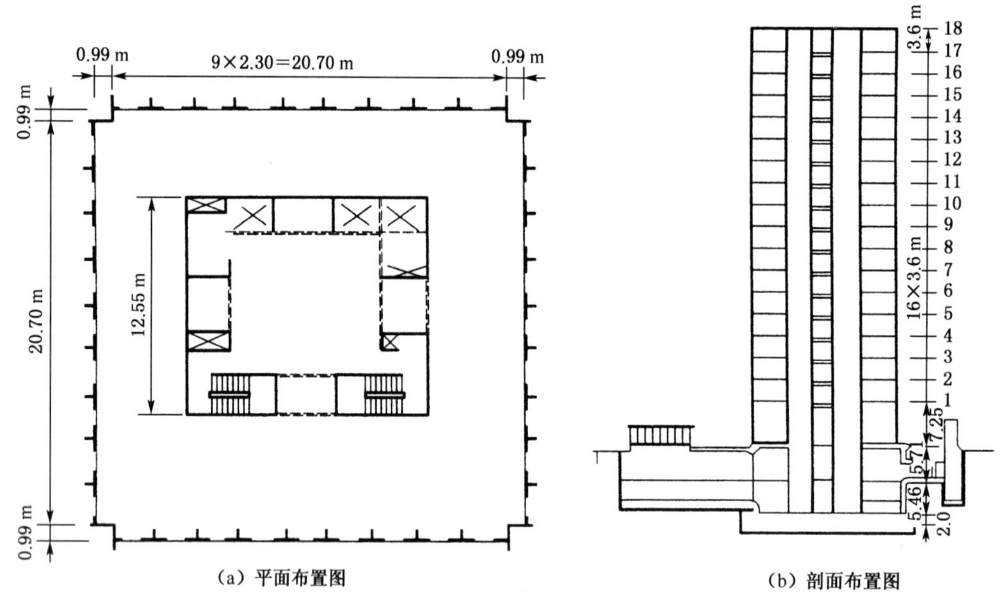

图1-22　美洲银行大厦平、剖面图

5）结构分缝的原则

在建筑结构的布置中，要考虑建筑物的沉降、混凝土的收缩、温度改变和建筑体型复杂等产生的不利影响，通常可以分别用沉降缝、伸缩缝和防震缝将房屋分成若干个独立的部分，从而消除沉降差、温度和收缩应力以及体型复杂对结构带来的危害，沉降缝、收缩缝和防震缝统称为变形缝。

在高层建筑结构中，设置变形缝是结构安全的需要。但是变形缝的设置不但影响建筑的使用和建筑的立面效果，而且导致结构构造复杂、防水处理困难和施工不便等不利因素，特别是变形缝的两侧相邻部分，地震时常因相互碰撞而造成危害。因此，在高层建筑特别是高层钢结构的设计中，应尽量通过调整结构的平面形状和尺寸，采取必要的构造和施工措施，尽可能避免设置变形缝。

（1）沉降缝

当同一建筑物不同部分发生不均匀沉降时，会在结构中产生较大的内力和变形而带来危害。此时，可以采用在该结构不同部分的交接处设置沉降缝的方法。将该不同部分的结构从顶到基础整个断开，使各部分自由沉降，以避免由于沉降差引起的附加应力对结构产生危害。

在下列情况下，应考虑设置沉降缝：

① 建筑主体结构高度悬殊，重量差别过大。高层建筑主体结构的周围，常设有层数很少的裙房，它们与主体结构高度悬殊，重量差别很大，会产生相当大的沉降差。

② 地基不均匀，地基土的压缩性能有显著差异时，易造成结构的不同部位产生沉降差。

③ 同一建筑不同的单元采用不同的基础形式。

④ 上部结构采用不同的结构形式或结构体系的交接处，采用设置沉降缝将建筑物分成若干个独立的部分，各部分可以自由沉降，就是采用“放”的处理措施，即彻底放开建筑物的各个独立部分。

设置沉降缝会带来以下问题：高层建筑常常设置地下室，而设置了沉降缝会使地下室构造复杂，沉降缝部位的防水构造也不易做好。而且在地震作用下，沉降缝两侧的上部结构容易相互碰撞造成危害。所以，可以采取有效的措施，不设置沉降缝，将高层部分与裙房的结构连成整体，基础也不分隔开来。不设置沉降缝而采取的有效措施主要有三种：

① 结构全部采用桩基础，桩支承在基岩上；或采用减小沉降的有效措施，并通过计算使沉降差控制在允许的范围内。例如，加大基础埋深，利用压缩性较小的地基持力层等，以减小总的沉降量和沉降差为目的。

② 主体结构与裙房结构采用不同的基础形式，调整地基土压力使两者沉降基本接近。如主楼部分采用桩基，裙房部分采用柱下独立基础或交叉梁基础等。

③ 当地基承载力较高，沉降计算较为可靠时，预留沉降差。施工时暂将主楼和裙房的基础断开，先施工主楼，后施工裙房，使最后沉降值接近。

上述三种措施均应在主楼与裙房之间施工时先留出后浇带，待主体结构施工完毕，沉降基本稳定后，再浇灌后浇带混凝土，把高、低部分连成整体。设计中还应考虑后期沉降差的不利影响。这三种措施都属于“调”，即调整不同结构部分的沉降差。

当高层建筑主楼和裙房相差悬殊，重量相差很大时，两者之间应设置沉降缝，若不设缝时，可采用“抗”的措施，即将主楼的箱型基础向外悬挑，裙房直接坐落在悬挑出来的基础上，主楼和裙房两部分从底部至顶部牢固的连成整体。

当设置沉降缝时，沉降缝的宽度应考虑由于基础的转动产生顶部位移的要求，对有抗震设防要求的建筑，沉降缝宽度应满足防震缝宽度的要求。

（2）伸缩缝

伸缩缝即温度缝，是在建筑物平面尺寸较大时，为释放结构中由于温度变化和混凝土干缩而产生的内力而设置的。

新浇筑的混凝土在硬化过程中会产生收缩，当温度变化时已建成的结构会热胀冷缩，房屋的长度愈长，楼板等纵向连续构件由于收缩和温度变化所引起的长度改变愈大。当这两种变形受到约束时，就在结构内部产生内力，合称为收缩和温度应力。长度改变越大，该应力越大。混凝土的硬化收缩变形的大部分在浇灌后的1～2个月就基本完成了，而温度应力包括季节温度变化、建筑物内外温差、向阳面与背阴面的日照温差等，它是经常存在于建筑结构内。因此，温度应力是长期存在的，而且在房屋的高度方向和长度方向都会产生影响。在构件的长度方向会产生拉应力或压应力，而在竖向构件中也会产生相应的推力或拉力，严重时就会在构件中出现裂缝。由于收缩和温度应力的影响因素及其计算上的复杂性，在钢筋混凝土高层建筑设计中，目前常常根据实际工程的施工经验和实践效果，由构造措施来解决收缩和温度变形问题，即在建筑物中，每隔一定的间距设置一道伸缩缝，使建筑分成为独立的结构单元，各单元可随温度变化而自由变形。伸缩缝只需从基础顶面以上将建筑分开即可，因此只需从基础顶面以上贯通建筑物的全高。

为了消除收缩和温度变化对结构造成危害，钢筋混凝土高层建筑结构如未采取专门的措施，则仅设置伸缩缝的间距不宜超出表1-3的限值。设置伸缩缝的方法，通常是采用在伸缩缝处设置双墙或双柱的构造，将上部结构断开，分成独立的结构单元。对抗震设防要求的建筑，伸缩缝的宽度应符合防震缝宽度的要求。

在工程实践中，已经建成的国内外许多高层建筑的长度已经超出了表1-3的限值。由于采取了专门的措施而未设伸缩缝。例如广州白云宾馆的现浇剪力墙结构体系(长度70 m)，以及加拿大多伦多海港广场公寓大楼(长120 m)，均未设置伸缩缝。因为收缩和温度应力的准确数据很难通过理论计算准确。所以减小收缩和温度应力影响的专门措施，不能单纯或主要依靠增加配筋的方法来抵抗该项应力。若简单地按照弹性匀质体来计算，往往所计算的收缩和温度应力大得惊人，根本不可能通过增加配筋的办法解决。因此，从构造和施工方面设法使结构的材料得以放松，可使收缩和温度应力急剧下降，可以达到建筑物较长却可以不设置伸缩缝的目的。

比较有效的降低收缩和温度应力影响的专门措施，归纳起来有以下几种：

① 合理设置后浇带。当建筑物过长时，可在适当距离选择对结构无严重影响的位置设置后浇带，通常每隔30～40 m设置一道，后浇带跨度一般为800～1 000 mm。比如，可设在框架梁和楼板的1/3跨处或剪力墙连梁跨中和内外墙连接处。后浇带应曲线或折线贯通建筑物的整个横向，将全部结构墙、梁、板分开。后浇带混凝土浇灌的时间一般在主体结构混凝土浇筑完毕后的两个月进行。在此期间，收缩变形可完成大部分。浇筑后浇带混凝土时的气温，宜与主体结构混凝土浇灌时的温度接近或稍低，后浇带内的两侧钢筋，可以搭接或拉通。在受力较大部位留设后浇带时，主筋可先搭接，浇灌后浇带前再进行焊接。后浇带混凝土宜采用膨胀水泥配置。

② 顶部楼层改用刚度较小的结构形式，或顶部设置局部温度伸缩缝，将顶层结构划分为长度较短的区段，以适应阳光直接照射的屋面板温度变化激烈的影响。同时，对这些温度变化影响大的部位(底层、山墙)应提高构件的配筋率，以增强承受温度应力的能力。

③ 顶层采取有效的保温隔热措施。由于屋顶承受阳光的直接照射，温度变化剧烈，通常采用有效的保温隔热措施，可以减少温度应力的影响。如采用架空隔热层或架空通风屋顶等。

④ 进行结构布置时，不宜在建筑物的长度方向的端部设置纵向刚度较大的剪力墙或支撑系统，否则纵向温度变形受到限制(或约束)，会产生很大的温度应力。

(3) 防震缝

当高层建筑平面复杂,不对称或房屋各部分的刚度、高度和质量相差悬殊时,在地震作用下,会产生扭转和复杂的振动状态。因此在应力集中和连接薄弱部位,会对建筑物造成震害。为了避免这种震害,可以考虑设置防震缝的方法,将建筑平面和体型比较复杂的高层建筑分成若干个比较规则、整齐和均匀的独立结构单元。一般来说,在下列情况下,宜考虑设置防震缝:①当房屋平面突出部分比较长,而又未采取有效措施;②房屋有较大错层;③房屋各部分结构刚度或荷载相差悬殊;④地基不均匀,各部分沉降相差过大。

为了防止防震缝两侧相邻的建筑物在地震时会互相碰撞而造成震害,要求防震缝应有足够的宽度。包括前面已经述及的沉降缝、伸缩缝,凡是设变形缝的部位,都应该考虑缝两侧相邻结构的变形、基础转动或平移所引起的最大可能侧移,防震缝的宽度要足以允许相邻房屋可能出现的相反方向的振动,而不会发生碰撞。防震缝的设置示意见图 1-23。

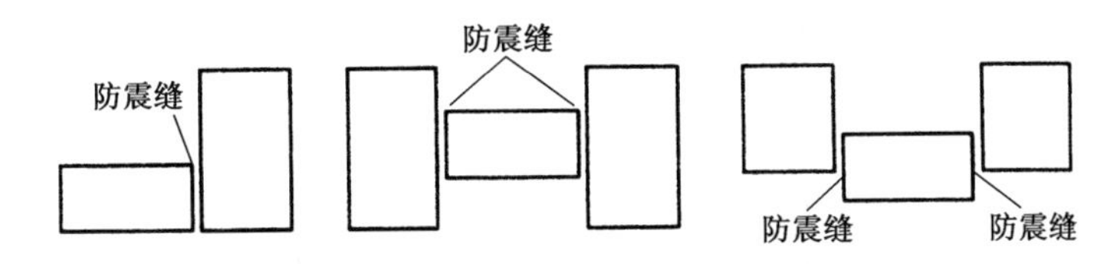

图 1-23　防震缝的设置

我国《高层建筑混凝土结构技术规程》(JGJ 3)对钢筋混凝土结构防震缝的宽度作出以下规定:①框架结构房屋,建筑高度不超过 15 m 时不应小于 100 mm;超过 15 m 时,6 度、7 度、8 度和 9 度设防每增加高度 5 m、4 m、3 m 和 2 m,宜增加宽 20 mm;②框架-剪力墙结构房屋不应小于第①条规定的 70%,剪力墙结构的房屋不应小于第①条规定的 50%,且二者均不宜小于 100 mm。③防震缝两侧结构类型不同时,宜按需要较宽防震缝的结构类型和较低房屋高度确定缝宽。

前面已经述及,变形缝的设置会引起许多问题,如利用材料、双墙双柱带来构造复杂和施工困难等等。因此,在结构布置时,应力求通过调整平面形状和尺寸、改善结构布置、加强连接和关键部位的构造、采取适当的施工措施等,尽可能做到不设或少设变形缝。如果必须设变形缝,要把三种缝统一考虑设置。

复习思考题

1. 简述建筑与结构设计的过程与内容以及二者的区别与联系。
2. 高层建筑整体结构系统由哪几部分组成?如何对上部结构体系进行分类?如何对上部结构系统组成构件进行分类?
3. 高层建筑结构的受力特点有哪些?
4. 常用高层结构体系有哪些?各有哪些特征?结构体系的发展趋势是什么?
5. 建筑选型与结构选型的关系是什么?简述建筑选型的影响因素与原则。
6. 简述结构选型的影响因素与原则。
7. 简述结构布置原则。
8. 简述各类变形缝的异同点及缝宽的确定原则。

2 荷载与作用效应组合

2.1 荷载与作用的分类与代表值

与所有工程结构一样，高层建筑结构必须能抵抗建造和使用过程中受到的建筑物本身和外来的各种作用，满足使用要求并具有足够的安全度。建筑物本身的作用是建筑物自身的重量，例如：结构构件和装饰层的自重。建筑物自重往往是其主要荷载。外部作用包括建筑结构楼面上的人群和各种物品的重量、风压、雪压、地震作用及温度变化、地基不均匀沉降等。高层建筑的荷载主要可分为竖向荷载和水平荷载，竖向荷载包括结构自重、楼(屋)屋面使用活荷载、雪载和施工荷载。水平荷载有风荷载和水平地震作用。与多层建筑相比，高层建筑层数较多，高度较大，水平作用所起的控制作用随高度的增加而非线性增大，并逐渐成为第一控制因素。

2.1.1 荷载与作用

使结构产生内力和变形效应的一切外因统称为作用，包括直接作用和间接作用。直接作用指直接施加于结构上的外力，习惯上称为荷载，如自重、活荷载、风雪荷载等，一般与结构本身没有直接关系；间接作用指间接施加于结构上的外因，如地基不均匀变形、混凝土收缩、焊接变形、温度变化或地震等，不直接以外力的形式体现，且产生的内力和变形与结构本身有密切的联系。

2.1.2 荷载与作用的分类

按荷载或作用的不同特征，可进行不同的分类。常用的分类方法有以下三种。

1）按荷载或作用的时间特征分类

(1) 永久作用：在结构使用期间，其值不随时间变化，或其变化与平均值相比可以忽略不计，或其变化是单调的并能趋于限值的荷载。如结构自重、土压力、预应力等，其荷载值及作用位置几乎不变，习惯上称之为恒荷载。

(2) 可变作用：在结构使用期间，其值随时间变化，且其变化与平均值相比不可以忽略不计的荷载。如楼屋面活荷载、风雪荷载、温度作用等，其荷载值和作用位置或方向等经常变化。

(3) 偶然作用：在结构使用期间不一定出现，一旦出现，其值很大且持续时间很短的荷载。如地震、爆炸力、撞击力等其他偶然事件引起的作用。

2）按荷载或作用的静动力特征分类

（1）静荷载：没有动力作用效应的荷载。如结构自重、土压力、预应力等。

（2）动荷载：能产生动力作用效应的荷载。如风荷载、地震作用等。

3）按荷载或作用的方向特征分类

（1）竖向荷载：荷载作用方向沿竖直方向的荷载。如结构自重、楼屋面活荷载等。

（2）水平荷载：荷载作用方向沿水平方向的荷载。如风荷载、水平地震作用等。

2.1.3 荷载的代表值

荷载是结构设计的最基本数据之一，它们的取值及其组合问题直接关系到结构的安全性和经济性，必须合理地加以确定。

1）荷载代表值

各种荷载的大小与建筑物所在地区、所用材料、使用状态和使用时间等多种因素有关，上述因素往往是随机的，故设计中要解决荷载的代表值问题。荷载代表值是指设计中用以验算极限状态所采用的荷载量值，例如标准值、组合值、频遇值和准永久值。建筑结构设计时，对不同荷载应采用不同的代表值。对永久荷载应采用标准值作为代表值，对可变荷载应根据设计要求采用标准值、组合值、频遇值或准永久值作为代表值，对偶然荷载应按建筑结构使用的特点确定其代表值。

（1）荷载标准值：荷载标准值是荷载的基本代表值，为设计基准期（为确定可变荷载代表值而选用的时间参数）内最大荷载统计分布的特征值（例如均值、众值、中值或某个分位值）。我国采用半概率半经验的方法，确定了结构在使用期间、正常使用情况下在设计基准期（如 50 年）内可能出现的最大荷载值，称为荷载的标准值。

① 永久荷载标准值 G_k：对结构自重，可按结构构件的设计尺寸与材料单位体积的自重计算确定。对于自重变异较大的材料和构件（如现场制作的保温材料、混凝土薄壁构件等），自重的标准值应根据对结构的不利状态，取上限值或下限值，常用材料和构件的标准值按现行《建筑结构荷载规范》（GB 50009）中附录 A 采用。

② 可变荷载标准值 Q_k：按现行《建筑结构荷载规范》（GB 50009）确定。

（2）荷载组合值：对可变荷载，使组合后的荷载效应在设计基准期内的超越概率，能与该荷载单独出现时其标准荷载效应的超越概率趋于一致的荷载值；或使组合后的结构具有统一规定的可靠指标的荷载值。可变荷载组合值应为可变荷载标准值乘以荷载组合值系数。

（3）荷载频遇值：对可变荷载，在设计基准期内，被超越的总时间与设计基准期为规定比率或超越频率为规定频率的荷载值。可变荷载频遇值应取可变荷载标准值乘以荷载频遇值系数。

（4）准永久值：对可变荷载，在设计基准期内，其超越的总时间约为设计基准期一半的荷载值。可变荷载准永久值应取可变荷载标准值乘以荷载准永久值系数。

一般来说，承载能力极限状态设计或正常使用极限状态按标准组合设计时，对可变荷载应按规定的荷载组合采用标准值或组合值作为代表值。正常使用极限状态按频遇组合设计时，应采用频遇值、准永久值作为可变荷载的代表值；按准永久组合设计时，应采用准永久值作为可变荷载的代表值。

2）荷载设计值

荷载设计值是荷载代表值与荷载分项系数的乘积。对每一种作用组合，建筑结构的设计均应采用其最不利的效应设计值进行。

2.2 荷载标准值

结构自重、楼屋面活荷载、雪荷载、风荷载、地震作用、温度作用、偶然荷载等标准值，可根据我国现行《工程结构通用规范》(GB 55001)及《建筑结构荷载规范》(GB 50009)的有关规定和方法进行确定。

2.2.1 永久荷载的计算

永久荷载应包括结构构件、维护构件、面层及装饰、固定设备、长期储物的自重、土压力、水压力以及其他需要按永久荷载考虑的荷载。在计算面层及装饰自重时必须考虑二次装修的自重；固定设备包括电梯及自动扶梯，采暖、空调及给排水设备，电器设备，管道、电缆及其支架等。

结构或非结构构件的自重是建筑结构的主要永久荷载，其自重标准值可按结构构件的设计尺寸与材料单位体积的自重计算确定。《建筑结构荷载规范》(GB 50009)的附录A给出了常用材料和构件的自重。一般材料和构件的单位自重可取其平均值，如：钢筋混凝土容重取25 kN/m^3，普通砖取19 kN/m^3，钢取78.5 kN/m^3。对于自重变异较大的材料和构件，自重的标准值应根据对结构的不利或有利状态，分别取上限值或下限值。

2.2.2 楼、屋面活荷载的计算

1）楼面活荷载的计算

高层建筑以民用为主，对于民用建筑楼面均布活荷载标准值可根据调查统计而得。我国《工程结构通用规范》(GB 55001)的第4.2.2条、第4.2.3条给出了民用建筑楼面均布活荷载的标准值及其组合值、频遇值和准永久值系数(见表2-1)，应根据该规定确定民用建筑楼面均布活荷载。如对住宅、宿舍、旅馆、医院病房、托儿所、幼儿园等民用建筑，其楼面均布活荷载标准值及其组合值、频遇值和准永久值系数分别为2.0 kN/m^2、0.7、0.5、0.4等。

表2-1 民用建筑楼面均布活荷载标准值及其组合值、频遇值和准永久值系数

项次	类　别	标准值(kN/m^2)	组合值系数 Ψ_c	频遇值系数 Ψ_f	准永久值系数 Ψ_q
1	(1) 住宅、宿舍、旅馆、医院病房、托儿所、幼儿园	2.0	0.7	0.5	0.4
	(2) 办公楼、教室、医院门诊室	2.5	0.7	0.6	0.5

续表 2-1

<table>
<tr><th>项次</th><th colspan="3">类　别</th><th>标准值（kN/m²）</th><th>组合值系数 Ψ_c</th><th>频遇值系数 Ψ_f</th><th>准永久值系数 Ψ_q</th></tr>
<tr><td>2</td><td colspan="3">食堂、餐厅、试验室、阅览室、会议室、一般资料档案室</td><td>3.0</td><td>0.7</td><td>0.6</td><td>0.5</td></tr>
<tr><td>3</td><td colspan="3">礼堂、剧场、影院、有固定座位的看台、公共洗衣房</td><td>3.5</td><td>0.7</td><td>0.5</td><td>0.3</td></tr>
<tr><td rowspan="2">4</td><td colspan="3">(1) 商店、展览厅、车站、港口、机场大厅及其旅客等候室</td><td>4.0</td><td>0.7</td><td>0.6</td><td>0.5</td></tr>
<tr><td colspan="3">(2) 无固定座位的看台</td><td>4.0</td><td>0.7</td><td>0.5</td><td>0.3</td></tr>
<tr><td rowspan="2">5</td><td colspan="3">(1) 健身房、演出舞台</td><td>4.5</td><td>0.7</td><td>0.6</td><td>0.5</td></tr>
<tr><td colspan="3">(2) 运动场、舞厅</td><td>4.5</td><td>0.7</td><td>0.6</td><td>0.3</td></tr>
<tr><td rowspan="2">6</td><td colspan="3">(1) 书库、档案室、贮藏室(书架高度不超过2.5 m)</td><td>6.0</td><td>0.9</td><td>0.9</td><td>0.8</td></tr>
<tr><td colspan="3">(2) 密集柜书库(书架高度不超过 2.5 m)</td><td>12.0</td><td>0.9</td><td>0.9</td><td>0.8</td></tr>
<tr><td>7</td><td colspan="3">通风机房、电梯机房</td><td>8.0</td><td>0.9</td><td>0.9</td><td>0.8</td></tr>
<tr><td rowspan="6">8</td><td rowspan="6">汽车通道及客车停车库</td><td rowspan="2">(1)单向板楼盖(2 m≤板跨 L)</td><td>定员不超过9人的小型客车</td><td>4.0</td><td>0.7</td><td>0.7</td><td>0.6</td></tr>
<tr><td>满载总重不大于300 kN的消防车</td><td>35.0</td><td>0.7</td><td>0.5</td><td>0.0</td></tr>
<tr><td rowspan="2">(2)双向板楼盖(3 m≤板跨短边 L<6 m)</td><td>定员不超过9人的小型客车</td><td>5.5−0.5L</td><td>0.7</td><td>0.7</td><td>0.6</td></tr>
<tr><td>满载总重不大于300 kN的消防车</td><td>50.0−5.0L</td><td>0.7</td><td>0.5</td><td>0.0</td></tr>
<tr><td rowspan="2">(3)双向板楼盖(6 m≤板跨短边 L)和无梁楼盖(柱网不小于6 m×6 m)</td><td>定员不超过9人的小型客车</td><td>2.5</td><td>0.7</td><td>0.7</td><td>0.6</td></tr>
<tr><td>满载总重不大于300 kN的消防车</td><td>20.0</td><td>0.7</td><td>0.5</td><td>0.0</td></tr>
<tr><td rowspan="2">9</td><td rowspan="2">厨房</td><td colspan="2">(1) 餐厅</td><td>4.0</td><td>0.7</td><td>0.7</td><td>0.7</td></tr>
<tr><td colspan="2">(2) 其他</td><td>2.0</td><td>0.7</td><td>0.6</td><td>0.5</td></tr>
<tr><td>10</td><td colspan="3">浴室、卫生间、盥洗室</td><td>2.5</td><td>0.7</td><td>0.6</td><td>0.5</td></tr>
<tr><td rowspan="3">11</td><td rowspan="3">走廊、门厅</td><td colspan="2">(1) 宿舍、旅馆、医院病房、托儿所、幼儿园、住宅</td><td>2.0</td><td>0.7</td><td>0.5</td><td>0.4</td></tr>
<tr><td colspan="2">(2) 办公楼、餐厅、医院门诊部</td><td>3.0</td><td>0.7</td><td>0.6</td><td>0.5</td></tr>
<tr><td colspan="2">(3) 教学楼及其他可能出现人员密集的情况</td><td>3.5</td><td>0.7</td><td>0.5</td><td>0.3</td></tr>
<tr><td rowspan="2">12</td><td rowspan="2">楼梯</td><td colspan="2">(1) 多层住宅</td><td>2.0</td><td>0.7</td><td>0.5</td><td>0.4</td></tr>
<tr><td colspan="2">(2) 其他</td><td>3.5</td><td>0.7</td><td>0.5</td><td>0.3</td></tr>
<tr><td rowspan="2">13</td><td rowspan="2">阳台</td><td colspan="2">(1) 可能出现人员密集的情况</td><td>3.5</td><td>0.7</td><td>0.6</td><td>0.5</td></tr>
<tr><td colspan="2">(2) 其他</td><td>2.5</td><td>0.7</td><td>0.6</td><td>0.5</td></tr>
</table>

考虑到高层民用建筑在使用过程中活荷载同时满布各楼层的可能性很小，故在设计住宅、宿舍、旅馆、办公楼、医院病房楼等民用建筑的楼面梁、墙、柱、基础时，应对楼面使用活荷载进行折减。《工程结构通用规范》(GB 55001)第 4.2.4 条和第 4.2.5 条给出了楼面活荷载标准值在不同情况下的折减系数。

(1) 设计楼面梁时的折减系数

对表 2-1 中第 1(1)项，当楼面梁从属面积(从属面积是指所计算构件负荷的楼面面积，它应由楼板的剪力零线划分，在实际应用中可作适当简化，按梁两侧各延伸 1/2 梁间距范围内的实际楼面面积)不超过 25 m^2(含)时，不应折减；超过 25 m^2 时，不应小于 0.9；对第 1(2)～7 项，当楼面梁从属面积不超过 50 m^2(含)时，不应折减；超过 50 m^2 时，不应小于 0.9；对第 9～13 项应采用与所属房屋类别相同的折减系数；对第 8 项的单向板楼盖次梁和槽形板的纵肋不应小于 0.8，对单向板楼盖主梁不应小于 0.6，对双向板楼盖的梁不应小于 0.8。

(2) 设计墙、柱和基础时的折减系数

对表 2-1 中第 1(1)项单层建筑楼面梁的从属面积超过 25 m^2 时，不应小于 0.9；其他情况应按表 2-2 规定采用；对第 1(2)～7 项应采用与其楼面梁相同的折减系数；对第 9～13 项应采用与所属房屋类别相同的折减系数；对第 8 项中的客车，单向板楼盖不应小于 0.5，双向板楼盖和无梁楼盖不应小于 0.8。

表 2-2　活荷载按楼层的折减系数

墙、柱、基础计算截面以上的层数	2～3	4～5	6～8	9～20	>20
计算截面以上各楼层活荷载总和的折减系数	0.85	0.70	0.65	0.60	0.55

(3) 消防车活荷载折减

消防车荷载是地下室顶板及消防通道结构设计的主要荷载，由于荷载数值很大，其取值对结构设计安全影响重大，但其出现概率小、作用时间短。考虑这些特点：设计柱墙时，消防车活荷载可按实际情况考虑；设计基础时，可不考虑消防车荷载。考虑顶板覆土时，对常用板跨的消防车活荷载可按覆土厚度进行折减，折减系数按《建筑结构荷载规范》(GB 50009)附录 B 的规定采用。

(4) 楼面等效均布荷载

结构设计时，楼面上不连续分布的实际荷载，一般采用均布荷载代替；等效均布荷载系指其在结构上所得的荷载效应能与实际的荷载效应保持一致的均布荷载。《建筑结构荷载规范》(GB 50009)附录 C 给出了将楼面结构上的局部荷载换算为等效均布活荷载的规定与方法。如楼面(板、次梁及主梁)的等效均布活荷载，应在其设计控制部位上，根据需要按内力(如弯矩、剪力等)、变形及裂缝的最不利等值要求来确定，在一般情况下，可仅按内力的等值来确定。

(5)工业建筑楼面等效均布荷载

工业建筑楼面均布活荷载的标准值及其组合值、频遇值和准永久值系数取值不应小于表 2-3 的规定。

表 2-3　工业建筑楼面均布活荷载标准值及其组合值系数、频遇值系数和准永久值系数

项次	类别	标准值(kN/m²)	组合值系数 Ψ_c	频遇值系数 Ψ_f	准永久值系数 Ψ_q
1	电子产品加工	4.0	0.8	0.6	0.5
2	轻型机械加工	8.0	0.8	0.6	0.5
3	重型机械加工	12.0	0.8	0.6	0.5

2) *屋面活荷载的计算*

(1) 民用建筑屋面均布活荷载的确定

房屋建筑屋面水平投影面上的屋面均布活荷载标准值及其组合值、频遇值和准永久值系数见表 2-4,应根据该表的规定确定屋面均布活荷载。不上人的屋面均布活荷载,可不与雪荷载和风荷载同时组合,同时,对不上人的屋面,当施工或维修荷载较大时应按实际情况采用;对上人的屋面,当兼作其他用途时,应按相应楼面活荷载采用;屋顶花园活荷载不包括花圃土石等材料自重;对于因屋面排水不畅、堵塞等引起的积水荷载,应采取构造措施加以防止,必要时,应按积水的可能深度确定屋面活荷载。

表 2-4　屋面均布活荷载

项次	类　别	标准值(kN/m²)	组合值系数 Ψ_c	频遇值系数 Ψ_f	准永久值系数 Ψ_q
1	不上人的屋面	0.5	0.7	0.5	0
2	上人的屋面	2.0	0.7	0.5	0.4
3	屋顶花园	3.0	0.7	0.6	0.5
4	屋顶运动场地	4.5	0.7	0.6	0.4

(2) 屋面直升机停机坪荷载的确定

屋面直升机停机坪荷载应根据直升机实际最大起飞重量按局部荷载考虑,或根据局部荷载换算为等效均布荷载考虑,同时,其等效均布荷载不低于 5.0 kN/m²。当没有机型技术资料时,一般可依据轻、中、重三种类型的不同要求,按下述规定选用局部荷载标准值及作用面积:对轻型,最大起飞重量 2 t,局部荷载标准值取 20 kN,作用面积 0.20 m×0.20 m;对中型,最大起飞重量 4 t,局部荷载标准值取 40 kN,作用面积 0.25 m×0.25 m;对重型,最大起飞重量 6 t,局部荷载标准值取 60 kN,作用面积 0.30 m × 0.30 m。荷载的组合值系数应取 0.7,频遇值系数应取 0.6,准永久值系数应取 0。将动力荷载简化为静力作用施加于楼面和梁时,应将活荷载乘以动力系数,动力系数不应小于 1.1。

3) *屋面雪荷载的计算*

(1) 基本雪压 S_0

基本雪压是雪荷载的基准压力,应根据当地空旷平坦地形条件下的降雪观测资料,采用适当的概率分布模型,按 50 年重现期进行计算。对雪荷载敏感的结构,应采用 100 年重现期的雪压和基本雪压的比值,提高其雪荷载取值。对雪荷载敏感的结构主要是指大跨、轻质屋盖结构,此类结构的雪荷载经常是控制荷载,极端雪荷载作用下容易造成结构整体破坏,后果特别严重。确定基本雪压时,应以年最大雪压观测值为分析基础,当没有雪压观测数据时,年最大雪压计算值应表示为地区平均等效积雪密度、年最大雪深观测值和重力加速度的

乘积。基本雪压应按现行《建筑结构荷载规范》(GB 50009)附录 E 中附表 E.5 给出的全国各城市重现期为 10 年、50 年和 100 年的雪压值采用,全国各城市重现期为 50 年的基本雪压值还可以由现行《建筑结构荷载规范》(GB 50009)图 E.6.1 查得。

(2) 雪荷载标准值

屋面水平投影面上的雪荷载标准值应为屋面积雪分布系数和基本雪压的乘积,应按下式计算:

$$S_k = \mu_r S_0 \tag{2-1}$$

式中:S_k——雪荷载标准值(kN/m^2);

μ_r——屋面积雪分布系数;

S_0——基本雪压(kN/m^2)。

(3) 屋面积雪分布系数

屋面积雪分布系数应根据屋面形式确定,并应同时考虑均匀分布和非均匀分布等各种可能的积雪分布情况。屋面积雪的滑落不受阻挡时,积雪分布系数在屋面坡度大于等于 60°时应为 0。屋面积雪分布系数按《建筑结构荷载规范》(GB 50009)表 7.2.1 中的规定采用。当考虑周边环境对屋面积雪的有利影响而对积雪分布系数进行调整时,调整系数不应低于 0.90。

(4) 屋面积雪荷载组合值、频遇值和准永久值系数

雪荷载的组合值系数应取 0.7;频遇值系数应取 0.6;准永久值系数应按雪荷载分区Ⅰ、Ⅱ和Ⅲ的不同,分别取 0.5、0.2 和 0;雪荷载准永久值分区图可参照《建筑结构荷载规范》(GB 50009)附录 E.5 中给出的结果或附图 E.6.2 的规定采用。

4) 施工和检修荷载

设计屋面板、檩条、钢筋混凝土挑檐、悬挑雨篷和预制小梁时,施工或检修集中荷载标准值(人和小工具的自重)不应小于 1.0 kN,并应在最不利位置处进行验算;对于轻型构件或较宽构件,应按实际情况验算,或应加垫板、支撑等临时设施;当计算挑檐、悬挑雨篷的承载力时,应沿板宽每隔 1.0 m 取一个集中荷载;在验算挑檐、悬挑雨篷倾覆时,应沿板宽每隔 2.5~3.0 m 取一个集中荷载。

另外,楼梯、看台、阳台和上人屋面等的栏杆活荷载标准值,不应小于下列规定值:对住宅、宿舍、办公楼、旅馆、医院、托儿所、幼儿园,栏杆顶部的水平荷载应取 1.0 kN/m;食堂、剧场、电影院、车站、礼堂、展览馆或体育场,栏杆顶部的水平荷载应取 1.0 kN/m,竖向荷载应取 1.2 kN/m,水平荷载和竖向荷载应分别考虑;中小学校的上人屋面、外廊、楼梯、平台、阳台等临空部位必须设防护栏杆,栏杆顶部的水平荷载应取 1.5 kN/m,竖向荷载应取 1.2 kN/m,水平荷载和竖向荷载应分别考虑;施工、检修荷载及栏杆荷载的组合值系数应取 0.7,频遇值系数应取 0.5,准永久值系数应取 0。

地下室顶板施工活荷载标准值不应小于 5.0 kN/m^2,当有临时堆积荷载以及有重型车辆通过时,施工组织设计中应按实际荷载验算并采取相应措施。

2.2.3 风荷载

1）风荷载及特征

（1）风荷载

空气流动形成的风遇到建筑物时，在建筑物表面产生的压力或吸力，这种风力作用称为风荷载。

（2）风荷载的特征

风荷载的主要特征是：风作用是不规则的，风荷载带有随机性，风压随着风速、风向的紊乱变化而不停地改变着，是随时间而波动的动荷载，它将使建筑物产生动力反应，在高度较大、刚度较小的高层建筑中应考虑风荷载的动力效应影响；风荷载与建筑物的尺寸大小、体形及其表面情况密切相关，平面为圆形、椭圆形与正多边形的规则建筑体型受到的风力较小，对抗风有利，相反，平面凸凹多变的复杂建筑体型受到的风力较大，易产生扭转效应，对抗风不利，对高层建筑宜优先选用对抗风有利的建筑体型；风力在建筑物表面分布不均匀，一般随高度的增大而增大，且在角区和凹入区域风力较大；风力受建筑物周边环境影响较大，处于高层建筑群中的高层建筑，有时会出现因不对称遮挡而使风力偏心产生扭转，以及相邻建筑物之间风力增大而使建筑物产生扭转等受力不利情况；与地震作用相比，风荷载相对较小，持续时间较长，其作用效用更接近静力荷载，在建筑物使用寿命期间出现较大风力的次数较多，记录与观测样本较多，对风力大小的估计比地震作用大小的估计较可靠，抗风设计具有较大的可靠性。

2）风荷载的确定

结构计算时，应分别计算风荷载对建筑物的总体效应和局部效应。总体风荷载使主体结构产生内力与变形；局部风荷载使局部构件产生内力与变形。

（1）主体结构风荷载标准值

垂直于建筑物表面上的风荷载标准值应在基本风压、风压高度变化系数、风荷载体型系数、地形修正系数和风向影响系数的乘积基础上，考虑风荷载脉动的增大效应加以确定。按下式计算：

$$\omega_k = \beta_z \mu_s \mu_z \omega_0 \tag{2-2}$$

式中：ω_k——风荷载标准值（kN/m^2）。

β_z——高度 z 处的风振系数。

μ_s——风荷载体型系数。

μ_z——风压高度变化系数。

ω_0——基本风压（kN/m^2），是风荷载的基准压力，应根据基本风速值 v_0 并考虑相应的空气密度 ρ，按公式 $\omega_0 = \rho v_0^2/2$ 计算确定。基本风速值应通过将标准地面粗糙度条件下观测得到的历年最大风速记录，统一换算为离地 10 m 高 10 min 平均年最大风速之后，采用适当的概率分布模型，按 50 年重现期计算得到。基本风压可由现行《建筑结构荷载规范》（GB 50009）附录 E.5 中查得，但不得小于 0.3 kN/m^2。对于特别重要和对风荷载敏感的高层建筑，承载力设计时应按基本风压的 1.1 倍采用；对于正常使用极限状态（如位移计算）可采用 50 年重现期的风压值（基本风压）。

整个建筑物在高度 z 处沿风作用方向的风荷载标准值 ω_z 是作用在建筑物外围各表面 z 处沿该方向全部风荷载标准值之和，是沿高度变化的分布荷载（kN/m）：

$$\omega_z = \beta_z \mu_{si} \mu_z \omega_0 B_i \cos\theta_i \tag{2-3}$$

式中：i——建筑物外围表面数；

$B_i, B_2, \cdots, B_i$——i 个表面宽度；

μ_{si}——i 个表面风荷载体型系数（风荷载的压力与吸力）；

θ_i——i 个表面外法线与风作用方向的夹角；

$\theta_1 = 0°$风压全计入总风荷载；$\theta_1 = 90°$风压不计入总风荷载。

第 n 楼层标高处的风荷载合力（kN）为 z 高度处风荷载标准值乘以上、下层层高的一半之和：

$$F_n = \omega_n (h_i + h_{i-1})/2 \tag{2-4}$$

总风荷载作用点为各表面风荷载合力作用点。风荷载作用面积应取垂直于风向的最大投影面积。

① 风压高度变化系数 μ_z

风速大小与高度有关，一般近地面的风速较小，愈向上风速逐渐加大。同时，风速的变化与地貌及周围环境有关：在近海海面和海岛、海岸、湖岸及沙漠地区（A 类地面粗糙度），风速随高度增加最快；在田野、乡村、丛林、丘陵以及房屋比较稀疏的乡镇（B 类地面粗糙度），风速随高度的增加减慢；而在密集建筑群的城市市区（C 类地面粗糙度）及有密集建筑群且房屋较高的城市市区（D 类地面粗糙度），风的流动受到阻挡，风速减小，因此风速随高度增加更加缓慢一些。

风压高度变化系数应根据建设地点的地面粗糙度类别按表 2-5 确定，地面粗糙度应以结构上风向一定距离范围内的地面植被特征和房屋高度、密集程度等因素确定，需考虑的最远距离不应小于建筑高度的 20 倍且不应小于 2 000 m，标准地面粗糙度条件应为周边无遮挡的空旷平坦地形，其 10 m 高处的风压高度变化系数应取 1.0。对位于山区的建筑、远海海面和海岛的建筑物，按上述方法确定风压高度变化系数后，还应考虑地形条件的修正，修正系数按现行《建筑结构荷载规范》（GB 50009）中第 8.2.2 条及第 8.2.3 条的有关规定进行修正。

表 2-5　风压高度变化系数 μ_z

离地面高度（m）	地面粗糙度类别			
	A	B	C	D
5	1.09	1.00	0.65	0.51
10	1.28	1.00	0.65	0.51
15	1.42	1.13	0.65	0.51

续表 2-5

离地面高度（m）	地面粗糙度类别			
	A	B	C	D
20	1.52	1.23	0.74	0.51
30	1.67	1.39	0.88	0.51
40	1.79	1.52	1.00	0.60
50	1.89	1.62	1.10	0.69
60	1.97	1.71	1.20	0.77
70	2.05	1.79	1.28	0.84
80	2.12	1.87	1.36	0.91
90	2.18	1.93	1.43	0.98
100	2.23	2.00	1.50	1.04
150	2.46	2.25	1.79	1.33
200	2.64	2.46	2.03	1.58
250	2.78	2.63	2.24	1.81
300	2.91	2.77	2.43	2.02
350	2.91	2.91	2.60	2.22
400	2.91	2.91	2.76	2.40
450	2.91	2.91	2.91	2.58
500	2.91	2.91	2.91	2.74
⩾550	2.91	2.91	2.91	2.91

② 风荷载体型系数 μ_s

风荷载体型系数是指实际风压与基本风压的比值。风在建筑物表面的实际风压可以通过实测得到。图 2-1 为风流动经过建筑物时，对建筑不同部位会产生不同的作用，有压力（体型系数用＋表示），也有吸力（体型系数用－表示）。可以看出：沿房屋表面的风压值并不均匀，风压作用方向与表面垂直；迎风面受正压力，中间偏上为最大，两边及底部最小；背风面全部承受负压力（吸力），两边略大，中间小，背面负压力分布较均匀；当风平行于建筑物侧面时，两侧承受吸力，近侧大，远侧小，分布不均匀。

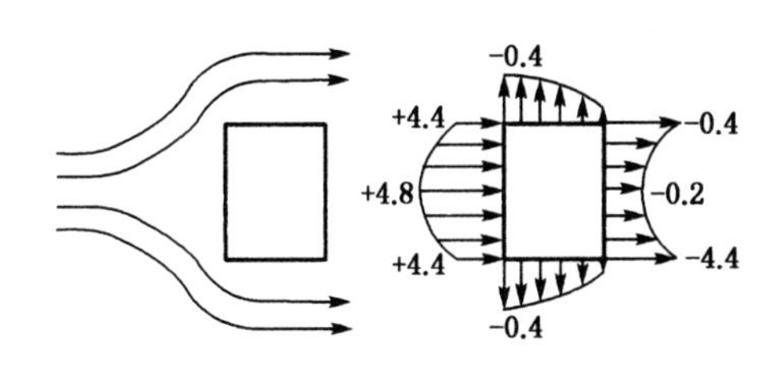

（a）空气流经建筑物时风压对建筑物的作用（平面）

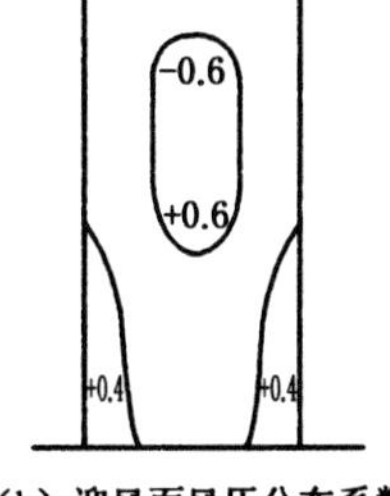

（b）迎风面风压分布系数

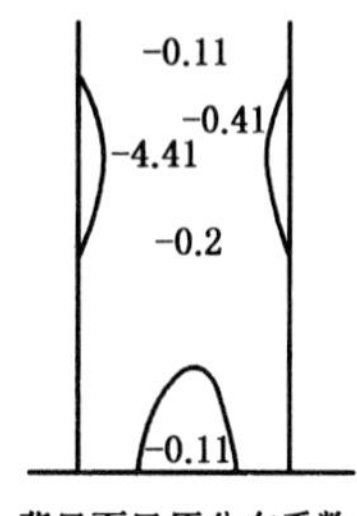

背风面风压分布系数

图 2-1 风压分布

《高层建筑混凝土结构技术规程》(JGJ 3)规定，计算主体结构的风荷载效应时，风荷载体型系数 μ_s 按下列规定采用：圆形平面建筑取 0.8；正多边形及截角三角形平面建筑按 $\mu_s = 0.8+\frac{1.2}{\sqrt{n}}$，其中 n 为边数；高宽比 H/B 不大于 4 的方形、矩形、十字形平面建筑物取 1.3；弧形、V 形、Y 形、双十字形、井字形、L 形、槽形、高宽比 H/B 大于 4 的十字形、高宽比 H/B 大于 4 而长宽比 L/B 不大于 1.5 的矩形、鼓形平面建筑取 1.4。在需要更细致地进行风荷载计算的场合，风荷载体型系数可按《高层建筑混凝土结构技术规程》(JGJ 3)附录 B 采用，或由风洞试验确定。当多栋或群集的高层建筑相互间距较近时，宜考虑风力相互干扰的群体效应；一般可将单独建筑物的体型系数 μ_s 乘以相互干扰增大系数，该系数可参考类似条件的试验资料确定；必要时宜通过风洞试验得出。

③ 风振系数 β_z

风是不规则的，风速、风向不停地变化，从而导致风压不停地变化。通常把风作用的平均值看成稳定风压，即平均风压，实际风压是在平均风压上下波动的，如图 2-2 所示。平均风压使建筑物产生一定侧移，波动风压则使建筑物在平均侧移附近左右摇摆。波动风压会在建筑物上产生一定的动力效应。由于风载波动的基本周期往往很长(甚至超过 60 s)，与一般建筑物的自振周期相差较大，但是，风载波动中的短周期成分对于高度大、刚度较小的高层建筑会产生一些不可忽略的动力效应，因此目前考虑该效应的方法是采用风振系数 β_z 加大风荷载，把动力问题化为静力计算，按静力作用计算风荷载效应。

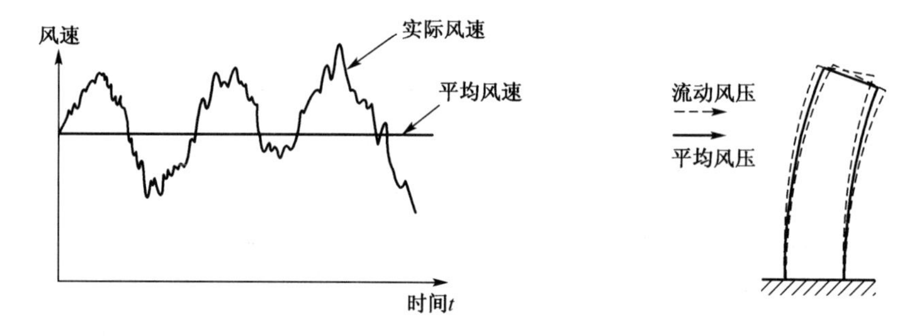

图 2-2　平均风压与波动风压

A. 顺风向风振和风振系数

高层建筑结构当高度大于 30 m、高宽比大于 1.5 时，应考虑风压脉动对结构产生顺风向风振的影响，并可考虑结构第一阵型的影响，结构的顺风向风荷载的 z 高度处风振系数 β_z 可按下式计算：

$$\beta_z = 1 + 2gI_{10}B_z\sqrt{1+R^2} \tag{2-5}$$

式中：

脉动风荷载的共振分量因子：　$R=\sqrt{\frac{\pi}{6\zeta_1}\frac{x_1^2}{(1+x_1^2)^{4/3}}}$

$$x_1=\frac{30f_1}{\sqrt{k_w w_0}}, x_1>5$$

脉动风荷载的背景分量因子： $B_z = kH^{a_1}\rho_x\rho_z \dfrac{\phi_1(z)}{\mu_z}$

脉动风荷载水平方向相关系数：$\rho_x = \dfrac{10\sqrt{B+50e^{-B/50}-50}}{B}$

脉动风荷载竖直方向相关系数：$\rho_z = \dfrac{10\sqrt{H+60e^{-H/60}-60}}{H}$

其中：g——峰值因子，可取 2.5；

I_{10}——10 m 高度名义湍流强度，对应 A、B、C、D 类地面粗糙度，可分别取 0.12、0.14、0.23、0.39；

k_w——地面粗糙度修正系数，对 A、B、C、D 类地面粗糙度分别取 1.28、1.0、0.54、0.26；

ζ_1——结构阻尼比，钢筋混凝土及砌体结构取 0.05，钢结构取 0.01，有填充墙的钢结构房屋取 0.02；

H——结构总高度（m），对 A、B、C、D 类地面粗糙度，取值分别不大于 300 m、350 m、450 m、550 m；

B——结构迎风面宽度（m），$B \leqslant 2H$；

k、a_1——系数，对 A、B、C、D 类地面粗糙度的高层建筑分别取 0.944、0.670、0.295、0.112 及 0.155、0.187、0.261、0.346；

f_1——结构第 1 自振频率（Hz），$f_1 = 1/T$，T 为结构自振周期（s），钢筋混凝土结构可按表 1-10 结构自振周期经验公式计算；

$\phi_1(z)$——结构第 1 阶振型系数，按表 2-6 确定。

表 2-6 高层建筑的振型系数

相对高度	振型序号			
z/H	1	2	3	4
0.1	0.02	−0.09	0.22	−0.38
0.2	0.08	−0.30	0.58	−0.73
0.3	0.17	−0.50	0.70	−0.40
0.4	0.27	−0.68	0.46	0.33
0.5	0.38	−0.63	−0.03	0.68
0.6	0.45	−0.48	−0.49	0.29
0.7	0.67	−0.18	−0.63	−0.47
0.8	0.74	0.17	−0.34	−0.62
0.9	0.86	0.58	0.27	−0.02
1.0	1.00	1.00	1.00	1.00

B. 横风向风振和扭转风振

顺风向风振是指与来流方向一致的顺风向风致响应产生的，结构的顺风向动态响应主要是由于来流中的纵向紊流分量引起的，另外还要加上由于平均风力产生的平均响应。横风向响应指的是垂直于来流方向的响应，主要来源于：尾流激励；来流紊流引起的激励；结构横风向运动导致的激励。扭转响应指的是绕建筑竖向轴旋转的响应，主要是由于迎风面、背风面和侧风面风压分布的不对称所导致，与风的紊流及建筑尾流中的旋涡有关。这三个方向的风荷载无论是从作用机理还是作用效果上都有所区别，由此产生不同的运动。

当高层建筑结构高宽比较大、结构顶点风速大于临界风速时，可能引起较明显的结构横风向振动，甚至出现横风向振动效应大于顺风向作用效应的情况。此时，宜考虑横向风振的影响。横风向风振的等效风荷载宜通过风洞试验确定，对较规则结构可按《建筑结构荷载规范》(GB 50009)附录 H. 1、H. 2 确定。高层建筑的高度、高宽比、长宽比、气动中心与质心偏离、结构质心与刚心偏离等过大，会使扭转风振效应增大。此时，宜考虑扭转风振的影响，扭转风振的等效风荷载宜通过风洞试验确定，对质量和刚度较对称的矩形截面高层结构可按《建筑结构荷载规范》(GB 50009)附录 H. 3 确定。

当风作用在结构上时，在三个方向都会产生风振响应，由于产生的机理不同，一般来说，这三个方向的最大响应并不是同时发生的，而在单独处理某一方向(顺风向或横风向或扭转)的风荷载标准值时，是以这个方向的最大风振响应作为目标得到的等效风荷载。因此，这三个风荷载组合工况宜为：顺风向荷载为主时，不考虑横风向与扭转方向的风荷载；横风向荷载为主时，不考虑顺风向荷载的脉动部分，但应将顺风向风荷载的平均值参与组合，简化为顺风向风荷载标准值乘以 0. 6 的折减系数；扭转方向风荷载为主时，不考虑与另外两个方向的风荷载的组合。

(2) 围护结构风荷载标准值

风压在建筑表面上的分布是不均匀的，空气流动还会产生涡流，使建筑物局部有较大的压力和吸力。如迎风面的中部及一些凹陷部位，因气流不易向四周扩散，其局部风压往往超过平均风压，在风流侧面房屋的角隅处及房屋顶部风流的前沿部位吸力较大等。在计算总体风荷载时取风压平均值，在验算围护构件、悬挑构件及其连接时，应考虑采用局部加大的风压。

对于维护结构(幕墙或各类围护构件等)，由于其刚性一般较大，在结构效应中可不必考虑其共振分量，此时可仅在平均风压的基础上，近似考虑脉动风瞬间的增大因素，通过局部风压体型系数和阵风系数的调整来计算风荷载。垂直于围护结构表面上的风荷载标准值，按下式计算：

$$w_k = \beta_{gz}\mu_{sl}\mu_z w_0 \tag{2-6}$$

式中：β_{gz}——维护构件高度 z 处的阵风系数，按表 2-7 确定；

μ_{sl}——风荷载局部体型系数。檐口、雨篷、遮阳板、阳台边棱处的装饰条等突出水平构件计算局部上浮风荷载时取−2. 0；其他围护结构的局部体型系数及折减按《建筑结构荷载规范》(GB 50009)中第 8. 3. 3～8. 3. 5 条的有关规定；设计建筑幕墙时，风荷载尚应按国家现行有关建筑幕墙设计标准的规定采用。

表 2-7　阵风系数 β_{gz}

离地面高度(m)	地面粗糙度类别			
	A	B	C	D
5	1. 65	1. 70	2. 05	2. 40
10	1. 60	1. 70	2. 05	2. 40
15	1. 57	1. 66	2. 05	2. 40

续表 2-7

离地面高度(m)	地面粗糙度类别			
	A	B	C	D
20	1.55	1.63	1.99	2.40
30	1.53	1.59	1.90	2.40
40	1.51	1.57	1.85	2.29
50	1.49	1.55	1.81	2.20
60	1.48	1.54	1.78	2.14
70	1.48	1.52	1.75	2.09
80	1.47	1.51	1.73	2.04
90	1.46	1.50	1.71	2.01
100	1.46	1.50	1.69	1.98
150	1.43	1.47	1.63	1.87
200	1.42	1.45	1.59	1.79
250	1.41	1.43	1.57	1.74
300	1.40	1.42	1.54	1.70
350	1.40	1.41	1.53	1.67
400	1.40	1.41	1.51	1.64
450	1.40	1.41	1.50	1.62
500	1.40	1.41	1.50	1.60
550	1.40	1.41	1.50	1.59

当采用风荷载放大系数的方法考虑风荷载脉动的增大效应时，维护结构的风荷载放大系数应根据地形特征、脉动风特性和流场特征的因素确定，且不应小于 $1+\frac{0.7}{\sqrt{\mu_z}}$，其中 μ_z 为风压高度变化系数。

(3) 当房屋高度大于 200 m 或平面形状不规则或立面形状复杂或立面开洞或连体建筑或周围地形和环境较复杂时，宜采用风洞试验确定建筑物的风荷载。

(4) 风荷载的组合值、频遇值和准永久值系数可分别取 0.6、0.4 和 0。

(5) 房屋高度不小于 150 m 的高层混凝土建筑结构应满足风振舒适度要求。在现行国家标准《建筑结构荷载规范》(GB 50009)规定的 10 年一遇的风荷载标准值作用下，结构顶点的顺风向和横风向振动最大加速度计算值不应超过表 2-8 的限值。结构顶点的顺风向和横风向振动最大加速度可按现行行业标准《高层民用建筑钢结构技术规程》(JGJ 99)的有关规定计算，也可通过风洞试验结果判断确定，计算时结构阻尼比宜取 0.01～0.02。

表 2-8 结构顶点风振加速度限值 $a_{\lim}$

使用功能	$a_{\lim}$ (m/s^2)
住宅、公寓	0.15
办公、旅馆	0.25

3）风荷载计算示例

南京市区，矩形建筑：$B \times L = 12.5 \times 45$ m，高 $H = 100$ m，34 层剪力墙结构。

风荷载标准值的计算过程如下：

高宽比 $H/B > 4$，则 $\mu_s = 1.4$

H=100 m，C 类地面粗糙度，查表 2-5：$\mu_z = 1.5$

剪力墙结构自振周期：$T_1 = 0.08n = 2.72$ s，$f_1 = 1/T_1$，$k_w = 0.54$，南京地区 $w_0 = 0.4\ \text{kN/m}^2$，$\zeta_1 = 0.05$，$k = 0.295$，$a_1 = 0.261$，建筑顶部 $\phi_{1(z)} = 1$，$g = 2.5$，$I_{10} = 0.23$。

$$x_1 = \frac{30 f_1}{\sqrt{k_w w_0}} = 23.7 > 5$$

$$R = \sqrt{\frac{\pi}{6\zeta_1} \frac{x_1^2}{(1 + x_1^2)^{4/3}}} = 1.125$$

$$\rho_x = \frac{10\sqrt{B + 50e^{-B/50} - 50}}{B} = 0.96$$

$$\rho_z = \frac{10\sqrt{H + 60e^{-H/60} - 60}}{H} = 0.72$$

$$B_z = kH^{a_1}\rho_x\rho_z \frac{\phi_1(z)}{\mu_z} = 0.45$$

$$\beta_z = 1 + 2gI_{10}B_z\sqrt{1 + R^2} = 1.78$$

主体结构顶部风荷载标准值：$w_k = \beta_z \mu_s \mu_z w_0 = 1.78 \times 1.4 \times 1.5 w_0 = 3.74 w_0$

顶部局部构件（如阳台、雨篷等）风荷载标准值：β_{gz}查表 2-7，$\mu_{sl} = 2.0$

$$w_k = \beta_{gz}\mu_{sl}\mu_z w_0 = 1.69 \times 2 \times 1.5 w_0 = 5.07 w_0$$

可见，结构风荷载标准值相比于当地基本风压放大较多，且随高度增加而增大，对于沿海地区由风荷载控制的高层建筑结构应予以足够重视。计算的风荷载量值也可供结构方案设计阶段参考。

2.2.4 地震作用

1）地震作用及影响因素

（1）地震作用及抗震设防目标

地震是地球运动过程中经常发生的一种自然现象，它具有突发性、随机性、复杂性、作用时间短、强烈地震造成的灾害严重等特点，目前还没有一种很有效的方法对其进行预报和抵御，人们能够做得更多的是防震减灾。防震减灾的有效措施之一就是对建筑结构进行动力分析，确定地震作用和进行抗震设计（包括抗震概念设计、构造措施、结构和构件变形与承载力或强度验算等）。地震作用是由地震动引起的结构动态作用，包括水平地震作用和竖向地震作用。为减轻建筑的地震破坏，避免人员伤亡，减少经济损失，现行《建筑抗震设计规范》（GB 50011）规定对抗震设防烈度为 6 度及以上地区的建筑必须进行抗震设计，且进行抗震设计的建筑，其抗震设防目标是：当遭受低于本地区抗震设防烈度的多遇地震影响时，一般不受损坏或不需修理可继续使用；当遭受相当于本地区抗震设防烈度的地震影响时，可能损坏，经一般修理或不需修理仍可继续使用；当遭受高于本地区抗震设防烈度预估的罕遇地震影响时，不致倒塌或发生危及生命的严重破坏。

(2) 地震作用的影响因素

影响地震作用的因素很多，可概括为两个主要方面：地震动特性(峰值加速度、速度、位移及其频谱特性和持时等)和结构本身的力学特性。其中前者受震源因素(震源强度、深度、破裂尺度等)、传播途径和局部场地条件(局部地下土壤条件和地形变化等)等因素的影响和制约，后者主要受建筑的平立面形状特征、结构的材料与阻尼、结构型式、建筑空间与结构抗力构件的平立面布置、建筑层数与高度等因素的影响和制约。故每次大地震，不同的地震动特性、传播途径和局部场地条件和不同类型的建筑往往具有不同的破坏特征，工程中往往用设防烈度或设防地震动参数、设计地震分组、场地分类、结构自振特性等参数及建筑分类、区分结构地震作用分析方法、抗震等级等途径来考虑上述影响因素。

2) 地震作用计算的一般原则与规定

(1) 抗震设防类别的确定原则

抗震设防的各类建筑均应根据其遭受地震破坏后可能造成的人员伤亡、经济损失、社会影响程度及其在抗震救灾中的作用等因素划分为甲类、乙类、丙类、丁类四个抗震设防类别。甲类建筑应为使用上有特殊要求的设施，涉及国家公共安全的重大建筑工程和地震时可能发生严重次生灾害的建筑；乙类建筑属于地震时使用功能不能中断或需尽快恢复的生命线相关建筑工程以及地震时可能导致大量人员伤亡等重大后果，需要提高设防标准的建筑工程；丙类建筑属于除甲、乙、丁类以外的按标准要求进行设防的一般建筑工程；丁类建筑为使用上人员稀少且震损不致产生次生灾害，允许在一定条件下适度降低设防要求的建筑工程，属于抗震次要建筑。其中，对甲类建筑，应按本地区抗震设防烈度提高一度的要求加强其抗震措施，同时应按批准的地震安全性评价的结果且高于本地区抗震设防烈度的要求确定其地震作用；对乙、丙类建筑，地震作用应按本地区抗震设防烈度计算，但乙类建筑应按本地区抗震设防烈度提高一度的要求采取抗震措施。

(2) 高层建筑结构考虑地震作用的原则

一般情况下，应按结构两个主轴方向分别考虑水平地震作用计算；有斜交抗侧力构件的结构，当相交角度大于15°时，应分别计算各抗侧力构件方向的水平地震作用。质量与刚度分布明显不对称、不均匀的结构，应计算双向水平地震作用下的扭转影响；其他情况，应计算单向水平地震作用下的扭转影响；对7度(0.15 g)、8度抗震设计时，高层建筑中的大跨度和长悬臂结构应考虑竖向地震作用，9度抗震设计时应计算竖向地震作用。

计算单向地震作用时应考虑偶然偏心的影响。每层质心沿垂直于地震作用方向的偏移值可按下式计算：

$$e_i = \pm 0.05L_i \tag{2-7}$$

式中：e_i——第 i 层质心偏移值(m)，各楼层质心偏移方向相同；

L_i——第 i 层垂直于地震作用方向上的建筑物总长度(m)。

(3) 高层建筑结构采用地震作用计算方法的原则

高层建筑结构应根据不同情况，分别采用不同的地震作用计算方法，并采用以下原则确定地震作用计算方法：

① 高度不超过 40 m、以剪切变形为主且质量和刚度沿高度分布比较均匀的高层建筑结构，可采用底部剪力法；框架、框架-剪力墙结构是比较典型的以剪切变形为主的结构，由于底部剪力法比较简单，可以手算，是一种近似计算方法，也是方案设计和初步设计阶段进行方案估算的方法，在设计中广泛应用。

② 高层建筑结构宜采用振型分解反应谱法。对质量和刚度不对称、不均匀的结构以及高度超过 100 m 的高层建筑结构应采用考虑扭转耦联振动影响的振型分解反应谱法，该法是高层建筑结构地震作用分析的基本方法。

③ 7～9 度抗震设防的高层建筑，下列情况应采用弹性时程分析法进行多遇地震下的补充计算：甲类高层建筑结构；表 2-9 所列的乙、丙类高层建筑结构；不满足现行《高层建筑混凝土结构技术规程》(JGJ 3)第 3.5.2～3.5.6 条规定的竖向有较大刚度突变的高层建筑结构；带转换层、加强层、错层、连体和多塔结构的复杂高层建筑结构。

表 2-9　采用时程分析法的高层建筑结构

设防烈度、场地类别	建筑高度范围(m)
8 度Ⅰ、Ⅱ类场地和 7 度	＞100
8 度Ⅲ、Ⅳ类场地	＞80
9 度	＞60

(4) 建筑结构的重力荷载代表值

计算地震作用时，建筑结构的重力荷载代表值应取永久荷载标准值和可变荷载组合值之和。可变荷载的组合值系数应按下列规定采用：对雪荷载、屋面积灰荷载取 0.5；对楼面活荷载按实际情况计算时取 1.0；对按等效均布活荷载计算时，藏书库、档案库取 0.8，一般民用建筑取 0.5。

(5) 建筑结构的地震影响系数与场地特征周期

建筑结构的地震影响系数应根据烈度、场地类别、设计地震分组和结构自振周期及阻尼比确定，对周期大于 6.0 s 的高层建筑结构所采用的地震影响系数应做专门研究，对已编制抗震设防区划的地区，可按批准的设计地震动参数采用相应的地震影响系数。其水平地震影响系数最大值 α_{max} 应按表 2-10 采用；特征周期应根据场地类别(表 2-11)和设计地震分组按表 1-9 采用，计算罕遇地震作用时，特征周期应增加 0.05 s。

表 2-10　水平系数影响最大值 α_{max}

地震影响	6 度	7 度	8 度	9 度
多遇地震	0.04	0.08(0.12)	0.16(0.24)	0.32
设防地震	0.12	0.23(0.34)	0.45(0.68)	0.90
罕遇地震	0.28	0.50(0.72)	0.90(1.20)	1.40

注：7、8 度时括号内数值分别用于设计基本地震加速度为 0.15g 和 0.30g 的地区。

(6) 高层建筑结构地震影响系数曲线的形状参数和阻尼调整要求

高层建筑结构地震影响系数曲线(图 2-3)的形状参数和阻尼调整应符合下列要求：

除有专门规定外，钢筋混凝土高层建筑结构的阻尼比应取 0.05，此时阻尼调整系数 η_2 应取 1.0，形状参数应符合下列规定：①直线上升段，周期小于 0.1 s 的区段；②水平段，自 0.1 s 至特征周期 T_g 的区段，地震影响系数应取最大值 α_{max}；③曲线下降段，自特征周期至 5 倍特征周期的区段，衰减指数 γ 应取 0.9；④直线下降段，自 5 倍特征周期至 6.0 s 的区段，下降斜率调整系数 η_1 应取 0.02。

当建筑结构的阻尼比不等于 0.05 时，地震影响系数曲线的分段情况与阻尼比取 0.05 相同，但其形状参数和阻尼调整系数 η_2 应符合下列规定：①曲线水平段地震影响系数应取 $\eta_2\alpha_{max}$；②曲线下降段的衰减指数应按式(2-8)确定，直线下降段的下降斜率调整系数应按式(2-9(a))确定，阻尼调整系数应按式(2-9(b))确定。

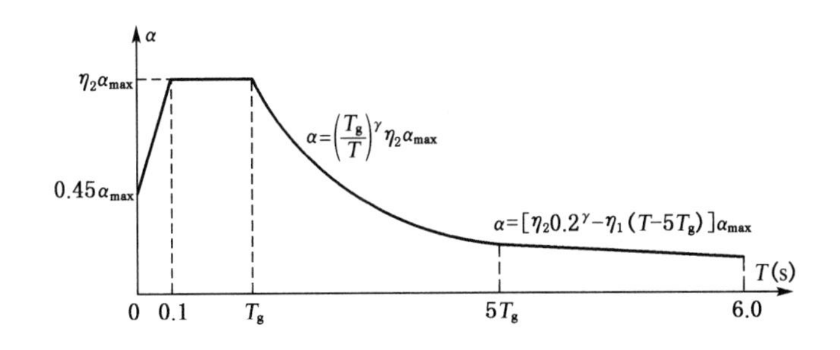

图 2-3 地震影响系数曲线

α—地震影响系数；α_{max}—地震影响系数最大值；T—结构自振周期；T_g—特征周期；γ—衰减指数；η_1—直线下降段下降斜率调整系数；η_2—阻尼调整系数

$$\gamma = 0.9 + \frac{0.05 - \zeta}{0.3 + 6\zeta} \tag{2-8}$$

$$\eta_1 = 0.02 + \frac{0.05 - \zeta}{4 + 32\zeta} \tag{2-9(a)}$$

$$\eta_2 = 1 + \frac{0.05 - \zeta}{0.08 + 1.6\zeta} \tag{2-9(b)}$$

式中：γ——曲线下降段的衰减指数；

ζ——阻尼比；

η_1——直线下降段的斜率调整系数，小于 0 时应取 0；

η_2——阻尼调整系数，当 η_2 小于 0.55 时，应取 0.55。

(7) 高层建筑的场地类别

国内外大量震害调查、地震记录与理论分析表明，同一次地震不同场地上的建筑物往往具有不同的震害特征，一般会有选择的加重自振周期与某一地区地震地面运动反应谱的主导周期(卓越周期)接近的一类建筑的震害，而放过周期相差较远的另一类建筑。场地土对地震动频谱特征有着重要影响，工程中常通过对场地进行分类的方法来表征不同场地条件对地震动的影响。场地分类恰当与否直接影响到地震反应谱特征周期及地震作用确定的合理性，并将间接影响到工程结构型式选择、地震作用分析、构造措施处理等方面的恰当性及工程造价的高低。客观、科学的场地分类是工程结构抗震设计的一项关键性工作，现行《建筑抗震设计规范》(GB 50011)根据土层等效剪切波速和场地覆盖层厚度，将场地土划分为四类,其中Ⅰ类分为$Ⅰ_0$、$Ⅰ_1$两个亚类(见表 2-11)。

表 2-11　各类建筑场地的覆盖层厚度(m)

等效剪切波速(m/s)	场地类别				
	$Ⅰ_0$	$Ⅰ_1$	Ⅱ	Ⅲ	Ⅳ
$v_s > 800$	0				
$800 \geqslant v_s > 500$		0			
$500 \geqslant v_{se} > 250$		<5	$\geqslant 5$		
$250 \geqslant v_{se} > 150$		<3	3～50	>50	
$v_{se} \leqslant 150$		<3	3～15	15～80	>80

当有可靠的剪切波速和覆盖层厚度且其值处于表 2-11 所列场地类别的分界线附近时,应允许按插值方法确定地震作用计算所用的设计特征周期。

(8) 弹塑性变形验算

高层建筑结构在罕遇地震作用下的薄弱层弹塑性变形验算,应符合下列规定:

① 高层建筑结构的下列结构应进行罕遇地震作用下的弹塑性变形验算:7～9 度时楼层屈服强度系数小于 0.5 的框架结构(楼层屈服强度系数为按构件实际配筋和材料强度标准值计算的楼层受剪承载力与按罕遇地震作用计算的楼层弹性地震剪力的比值);甲类建筑和 9 度抗震设防的乙类建筑结构;采用隔震和消能减震设计的建筑结构;房屋高度大于 150 m 的结构。

② 高层建筑结构的下列结构宜进行罕遇地震作用下的弹塑性变形验算:表 2-9 所列高度范围且不满足《高层建筑混凝土结构技术规程》(JGJ 3)第 3.5.2～3.5.6 条规定的竖向不规则高层建筑结构;7 度Ⅲ、Ⅳ类场地和 8 度抗震设防的乙类建筑结构;板柱-剪力墙结构。

③ 结构薄弱层(部位)层间弹塑性位移应符合下式规定:

$$\Delta u_p \leqslant [\theta_p]h \tag{2-10}$$

式中:Δu_p——层间弹塑性位移。

$[\theta_p]$——层间弹塑性位移角限值,可按表 2-12 采用;对框架结构,当轴压比小于 0.40 时,可提高 10%;当柱子全高的箍筋构造采用比本规程中框架柱箍筋最小配箍特征值大 30%时,可提高 20%,但累计提高不宜超过 25%。

h——层高。

表 2-12　层间弹塑性位移角限值

结构体系	$[\theta_p]$
框架结构	1/50
框架-剪力墙结构、框架-核心筒结构、板柱-剪力墙结构	1/100
剪力墙结构和筒中筒结构	1/120
除框架结构外的转换层	1/120

(9) 抗震等级分类

抗震设计时，高层建筑钢筋混凝土结构构件应根据抗震设防分类、烈度、结构类型和房屋高度采用不同的抗震等级，并应采取相应的计算和构造措施。A 级高度和 B 级高度的丙类建筑钢筋混凝土结构的抗震等级分别按表 2-13 和表 2-14 确定。

表 2-13　A 级高度高层建筑结构抗震等级

结构类型			烈度						
			6		7		8		9
框架结构	高度(m)		⩽24	>24	⩽24	>24	⩽24	>24	⩽24
	框架		四	三	三	二	二	一	一
框架-剪力墙结构	高度(m)		⩽60	>60	⩽60	>60	⩽60	>60	⩽50
	框架		四	三	三	二	二	一	一
	剪力墙		三		二		一		一
剪力墙结构	高度(m)		⩽80	>80	⩽80	>80	⩽80	>80	⩽60
	剪力墙		四	三	三	二	二	一	一
部分框支剪力墙结构	框支框架		二		二	一	一	不应采用	不应采用
	底部加强部位剪力墙		三		二	二	一		
	非底部加强部位剪力墙		三		三	二	二		
筒体结构	框架-核心筒结构	框架	三		二		一		一
		核心筒	二		二		一		一
	筒中筒结构	内筒	三		二		一		一
		外筒	三		二		一		一
板柱-剪力墙结构	高度		⩽35	>35	⩽35	>35	⩽35	>35	不应采用
	框架、板柱及柱上板带		三	二	二	二	一	一	
	剪力墙		二	二	二	一	二	一	

当本地区设防烈度为 9 度时，A 级高度的乙类建筑抗震等级应按特一级采取，甲类建筑应采用更有效的抗震措施。

表 2-14　B 级高度高层建筑结构抗震等级

结构类型		烈度		
		6	7	8
框架-剪力墙	框架	二	一	一
	剪力墙	二	一	特一
剪力墙	剪力墙	二	一	一

续表 2-14

结构类型		烈度		
		6	7	8
部分框支剪力墙	框支框架	一	特一	特一
	底部加强部位剪力墙	一	一	特一
	非底部加强部位剪力墙	二	一	一
框架-核心筒结构	框架	二	一	一
	核心筒	二	一	特一
筒中筒结构	内筒	二	一	特一
	外筒	二	一	特一

注：底部带转换层的筒体结构，其转换框架和底部加强部位筒体的抗震等级应按表中部分框支剪力墙结构的规定采用。

抗震设计的高层建筑，当地下室顶层作为上部结构的嵌固端时，地下一层相关范围（指主楼周边外延 1～2 跨的地下室范围）的抗震等级应按上部结构采用，地下一层以下抗震构造措施的抗震等级可逐层降低一级，但不应低于四级；地下室中超出上部主楼相关范围且无上部结构的部分，其抗震等级可根据具体情况采用三级或四级。

抗震设计时，与主楼连为整体的裙房的抗震等级，除应按裙房本身确定外，相关范围（指主楼周边外延不少于三跨的裙房结构）不应低于主楼的抗震等级；主楼结构在裙房顶板上、下各一层应适当加强抗震构造措施。裙房与主楼分离时，应按裙房本身确定抗震等级。

3）水平地震作用计算

地震地面运动的随机性与复杂性、结构体系的多样性、结构破坏机理与地基基础相互作用的复杂性等因素决定了无论用什么方法确定地震作用，都只能是一种近似的估计。水平地震作用的确定方法主要有底部剪力法、振型分解反应谱法、时程分析法等。

（1）底部剪力法

底部剪力法是一种不需计算结构振型，而先计算结构底部剪力，然后将底部剪力按一定形式分配到结构不同高度的简化计算方法。采用底部剪力法时，各楼层可仅取一个自由度，结构的总水平地震作用标准值和质点 i 的水平地震作用标准值计算方法如下。

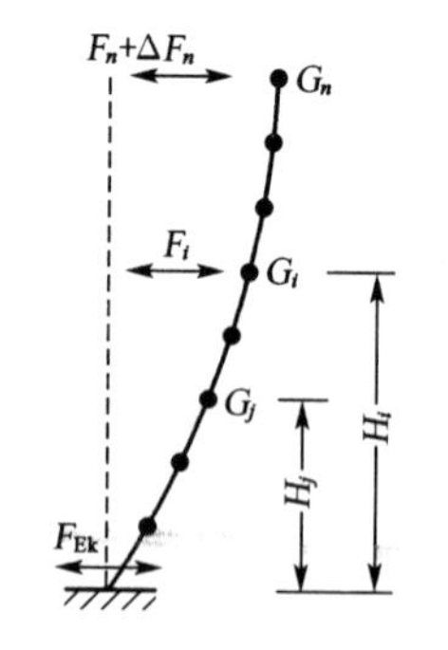

图 2-4　结构总水平地震作用计算简图

① 结构总水平地震作用标准值公式确定（图 2-4）：

$$F_{Ek}=\alpha_1 G_{eq} \tag{2-11}$$

式中：F_{Ek}——结构总水平地震作用标准值；

α_1——相应于结构基本自振周期的水平地震影响系数（图 2-3），结构基本自振周期应考虑非承重墙的影响予以折减；

G_{eq}——结构等效总重力荷载，单质点应取总重力荷载代表值，多质点可取总重力荷载代表值的 85%。

② 质点 i 的水平地震作用标准值可按下式计算：

$$F_i = \frac{G_i H_i}{\sum_{j=1}^{n} G_j H_j} F_{\text{Ek}}(1 - \delta_n)(i = 1,2,\cdots,n) \tag{2-12}$$

式中：F_i——质点 i 的水平地震作用标准值；

G_j、G_j——分别为集中于质点 i、j 的重力荷载代表值；

H_j、H_j——分别为质点 i、j 的计算高度；

δ_n——顶部附加地震作用系数，可按表 2-15 确定。

表 2-15 顶部附加地震作用系数

T_g(s)	$T_1 > 1.4T_g$	$T_1 \leqslant 1.4T_g$
$\leqslant 0.35$	$0.08T_1 + 0.07$	
0.35～0.55	$0.08T_1 + 0.01$	0.0
> 0.55	$0.08T_1 - 0.02$	

注：T_g为特征周期，T_1为结构基本自振周期。

③ 主体结构顶层附加水平地震作用标准值可按下式计算：

$$\Delta F_n = \delta_n F_{\text{Ek}} \tag{2-13}$$

式中：ΔF_n——主体结构顶层附加水平地震作用标准值。

④ 结构基本自振周期的计算：

对于质量和刚度沿高度分布比较均匀的框架结构、框架-剪力墙结构和剪力墙结构，其基本自振周期可按下式计算：

$$T_1 = 1.7\psi_T \sqrt{\mu_T} \tag{2-14}$$

式中：T_1——结构基本自振周期(s)。

μ_T——假想的结构顶点水平位移(m)，即假想把集中在各楼层处的重力荷载代表值 G_i 作为该楼层水平荷载计算的结构顶点弹性水平位移。

ψ_T——考虑非承重墙刚度对结构自振周期影响的折减系数，当非承重墙体为砌体墙时，高层建筑结构的计算自振周期折减系数 ψ_T 可按下列规定取值：框架结构可取 0.6～0.7；框架-剪力墙结构可取 0.7～0.8；框架-核心筒可取 0.8～0.9；剪力墙结构可取 0.8～1.0。对于其他结构体系或采用其他非承重墙体时，可根据工程情况确定周期折减系数。

结构基本自振周期也可以采用根据实测资料并考虑地震作用影响的经验公式确定。

⑤ 突出屋面房屋水平地震作用标准值：

高层建筑采用底部剪力法计算水平地震作用时，突出屋面房屋(楼梯间、电梯间、水箱间等)宜作为一个质点参加计算，计算求得的水平地震作用标准值应增大，增大系数 β_n 可按表 2-16 采用，增大后的地震作用仅用于突出屋面房屋自身以及与其直接连接的主体结构构件的设计。

表 2-16 突出屋面房屋地震作用增大系数 β_n

结构基本自振周期 T_1(s)	G_n/G	K_n/K			
		0.001	0.010	0.050	0.100
0.25	0.01	2.0	1.6	1.5	1.5
	0.05	1.9	1.8	1.6	1.6
	0.10	1.9	1.8	1.6	1.5
0.50	0.01	2.6	1.9	1.7	1.7
	0.05	2.1	2.4	1.8	1.8
	0.10	2.2	2.4	2.0	1.8
0.75	0.01	3.6	2.3	2.2	2.2
	0.05	2.7	3.4	2.5	2.3
	0.10	2.2	3.3	2.5	2.3
1.00	0.01	4.8	2.9	2.7	2.7
	0.05	3.6	4.3	2.9	2.7
	0.10	2.4	4.1	3.2	3.0
1.50	0.01	6.6	3.9	3.5	3.5
	0.05	3.7	5.8	3.8	3.6
	0.10	2.4	5.6	4.2	3.7

注:(1) K_n、G_n 分别为突出屋面房屋的侧向刚度和重力荷载代表值;K、G 分别为主体结构层侧向刚度和重力荷载代表值,可取各层的平均值;

(2) 楼层侧向刚度可由楼层剪力除以楼层层间位移计算。

(2) 不考虑扭转耦联振动影响的振型分解反应谱法

对于不考虑扭转耦联振动影响的结构,应按下列规定进行地震作用和作用效应的计算:

① 结构第 j 振型 i 质点的水平地震作用的标准值应按下式确定:

$$F_{ji}=\alpha_j\gamma_j X_{ji}G_i(i=1,2,\cdots,n;j=1,2,\cdots,m) \tag{2-15}$$

$$\gamma_j=\sum_{i=1}^{n}X_{ji}G_i/\sum x_{ji}^2G_i \tag{2-16}$$

式中:F_{ji}——j 振型 i 质点的水平地震作用标准值;

α_j——相应于 j 振型自振周期的地震影响系数(图 2-3);

X_{ji}——j 振型 i 质点的水平相对位移;

r_j——j 振型的参与系数;

n——结构计算总质点数,小塔楼宜每层作为一个质点参与计算;

m——结构计算振型数,规则结构可取 3,当建筑较高、结构沿竖向刚度不均匀时可取 5~6。

② 水平地震作用效应(弯矩、剪力、轴向力和变形),当相邻振型的周期比小于 0.85 时应按下式确定:

$$S=\sqrt{\sum_{j=1}^{m}S_j^2} \tag{2-17}$$

式中：S——水平地震作用标准值的效应；

S_j——j 振型水平地震作用标准值的效应（弯矩、剪力、轴向力和位移等）。

（3）考虑扭转耦联振动影响的振型分解反应谱法

考虑扭转影响的平面、竖向不规则结构，按扭转耦联振型分解法计算时，各楼层可取两个正交的水平位移和一个转角位移共三个自由度，并应按下列规定计算地震作用和作用效应。确有依据时，可采用简化计算方法确定地震作用效应。

① j 振型 i 层的水平地震作用标准值，应按下列公式确定：

$$F_{xji}=\alpha_j\gamma_{tj}X_{ji}G_i \tag{2-18(a)}$$

$$F_{yji}=\alpha_j\gamma_{tj}Y_{ji}G_i(i=1,2,\cdots n;j=1,2,\cdots,m) \tag{2-18(b)}$$

$$F_{tji}=\alpha_j\gamma_{tj}r_i^2\varphi_{ji}G_i \tag{2-18(c)}$$

式中：F_{xji}、F_{yji}、F_{tji}——分别为 j 振型 i 层的 x 方向、y 方向和转角方向的地震作用标准值；

X_{ji}、Y_{ji}——分别为 j 振型 i 层质心在 x、y 方向的水平相对位移；

φ_{ji}——j 振型 i 层的相对扭转角；

r_i——i 层转动半径，可取 i 层绕质心的转动惯量除以该层质量的商的正二次方根；

γ_{tj}——计入扭转的 j 振型的参与系数，可按式(2-19)～式(2-21)确定；

n——结构计算总质点数，小塔楼宜每层作为一个质点参与计算；

m——结构计算振型数，一般情况下可取 9～15，多塔结构每个塔楼的振型数不宜小于 9。

当仅考虑 x 方向地震作用时

$$\gamma_{tj}=\sum_{i=1}^{n}X_{ji}G_i/\sum_{i=1}^{m}(X_{ji}^2+Y_{ji}^2+\varphi_{ji}^2r_i^2)G_i \tag{2-19}$$

当仅考虑 y 方向地震作用时

$$\gamma_{tj}=\sum_{i=1}^{m}Y_{ji}G_i/\sum_{i=1}^{n}(X_{ji}^2+Y_{ji}^2+\varphi_{ji}^2r_i^2)G_i \tag{2-20}$$

当考虑与 x 方向夹角为 θ 的地震作用时

$$\gamma_{tj}=\gamma_{xj}\cos\theta+\gamma_{yi}\sin\theta \tag{2-21}$$

式中：γ_{xj}、γ_{yj}——分别由式(2-19)、式(2-20)求得的振型参与系数；

θ——地震作用方向与 x 方向的夹角。

② 单向水平地震作用下，考虑扭转的地震作用效应，应按下列公式确定：

$$S=\sqrt{\sum_{j=1}^{m}\sum_{k=1}^{m}\rho_{jk}S_jS_k} \tag{2-22}$$

$$\rho_{jk}=\frac{8\zeta_j\zeta_k(\zeta_j+\lambda_T\zeta_k)\lambda_T^{1.5}}{(1-\lambda_T^2)^2+4\zeta_j\zeta_k(1+\lambda_T^2)\lambda_T+4(\zeta_j^2+\zeta_k^2)\lambda_T^2} \tag{2-23}$$

式中：S——考虑扭转的地震作用标准值的效应；

S_j、S_k——分别为 j、k 振型地震作用标准值的效应；

ρ_{jk}——j 振型与 k 振型的耦联系数；

λ_T——k 振型与 j 振型的自振周期比；

ζ_j、ζ_k——分别为 j、k 振型的阻尼比。

③ 考虑双向水平地震作用下的扭转地震作用效应，应按下列公式中的较大值确定：

$$S=\sqrt{S_x^2+(0.85S_y)^2} \tag{2-24(a)}$$

或

$$S=\sqrt{S_y^2+(0.85S_x)^2} \tag{2-24(b)}$$

式中：S_x——仅考虑 x 向水平地震作用时的地震作用效应；

S_y——仅考虑 y 向水平地震作用时的地震作用效应。

(4) 时程分析法

时程分析法是将建筑物作为弹性或弹塑性振动系统，直接输入地面地震加速度记录，对运动方程直接积分，从而获得计算结构各质点的位移、速度、加速度和结构构件地震剪力的时程变化曲线。这种分析方法能更准确而完整地反映结构在强烈地震作用下反应的全过程状况。时程分析法可用于计算弹性结构，也可用于计算弹塑性结构。

时程分析法的多自由度体系动力方程为：

$$[M]\{\ddot{x}\}+[C]\{\dot{x}\}+[K]\{x\}=-[M]\{I\}\ddot{x}_0 \tag{2-25}$$

式中：$\{\ddot{x}\}$、$\{\dot{x}\}$、$\{x\}$——分别为质点的相对加速度、速度和位移向量；

$[M]$——质量矩阵；

$[C]$——阻尼矩阵；

$[K]$——经过聚缩后的总侧移刚度矩阵；

$\ddot{x}_0$——经过处理后的地震波记录。

上述动力方程一般采用逐步积分法求解，把整个地震作用持续时间划分为许多微小的时间段 Δt(时间步长)，从 $t=0$ 到 Δt、$2\Delta t$、$3\Delta t\cdots t_i$，$t_{i=1}=t_i+\Delta t\cdots$，每一步求解一次动力方程，将前一步所得的位移、速度和加速度反应作为后一步的初始值，这样一步一步地按照相同的程序算出全部时程的反应值，即可得到任意时刻各质点的位移、速度和加速度反应。但该计算结果的正确性取决于输入的地震加速度波形、结构恢复力模型等与实际情况的吻合度。高层建筑结构进行动力时程分析时应符合以下要求：

① 应按建筑场地类别和设计地震分组选用不少于两组实际地震记录和一组人工模拟的加速度时程曲线，一般选用五组实际记录和两组人工模拟时程曲线，其中实际地震记录的数量不应少于总数量的 2/3，多组时程曲线的平均地震影响系数曲线应与振型分解反应谱法所采用的地震影响系数曲线在统计意义上相符，且弹性时程分析时，每条时程曲线计算所得的结构底部剪力不应小于振型分解反应谱法求得的底部剪力的 65%，多条时程曲线计算所得的结构底部剪力的平均值不应小于振型分解反应谱法求得的底部剪力的 80%。

② 地震波的持续时间不宜小于建筑结构基本自振周期的 5 倍和 15 s，地震波的时间间距可取 0.01 s 或 0.02 s。

③ 输入地震加速度的最大值可按表 2-17 采用。

表 2-17 弹性时程分析时输入地震加速度的最大值(cm/s^2)

设防烈度	6 度	7 度	8 度	9 度
多遇地震	8	35(55)	70(110)	140
设防地震	50	100(150)	200(3000)	400
罕遇地震	125	220(310)	400(510)	620

注:7、8 度时括号内数值分别用于设计基本地震加速度为 0.15g 和 0.30g 的地区,此处 g 为重力加速度。

④ 当取三组时程曲线进行计算时,结构地震作用效应可取时程法计算结果的包络值与振型分解反应谱法计算结果的较大值。当取七组及七组以上时程曲线进行计算时,结构地震作用效应可取时程法计算结果的平均值与振型分解反应谱法计算结果的较大值。

从上述地震作用计算方法分析可以看出,地震作用确定之所以复杂,是因为一方面是计算方法多:考虑振幅的底部剪力法;考虑振幅和频谱的振型分解法;考虑振幅、频谱和持时的时程分析法;另一方面是有三种不同的量值:小震、中震和大震。小震用于承载能力极限状态计算及正常使用极限状态计算,中震用于基于性能的抗震设计方法中的各控制指标的计算及承载能力极限状态及正常使用极限状态各计算限值的验算,大震用于弹塑性变形计算及承载能力极限状态及正常使用极限状态各计算限值的验算。

(5) 多遇地震水平地震作用计算时,结构各楼层对应于地震作用标准值的剪力应符合下式要求:

$$V_{\mathrm{E}ki} > \lambda \sum_{j=1}^{n} G_j \tag{2-26}$$

式中:$V_{\mathrm{E}ki}$——第 i 层对应于水平地震作用标准值的楼层剪力;

λ——水平地震剪力系数,不应小于表 2-18 规定的楼层最小地震剪力系数值,对竖向不规则结构的薄弱层,尚应乘以 1.15 的增大系数;

G_j——第 j 层的重力荷载代表值;

n——结构计算总层数。

表 2-18 楼层最小地震剪力系数值

类　别	6 度	7 度	8 度	9 度
扭转效应明显或基本周期小于 3.5 s 的结构	0.008	0.016(0.024)	0.032(0.048)	0.064
基本周期大于 5.0 s 的结构	0.006	0.012(0.018)	0.024(0.036)	0.048

注:基本周期介于 3.5 s 和 5 s 之间的结构可线性插入取值;括号内数值分别用于 7、8 度设计基本地震加速度为 0.15g 和 0.30g 的地区。

4) 竖向地震作用计算

结构竖向地震作用标准值可采用时程分析法或振型分解反应谱方法计算,也可按下列规定计算(图 2-5)。

(1) 结构总竖向地震作用标准值可按以下公式计算:

$$F_{\mathrm{Evk}} = \alpha_{\mathrm{vmax}} G_{\mathrm{eq}} \tag{2-27}$$

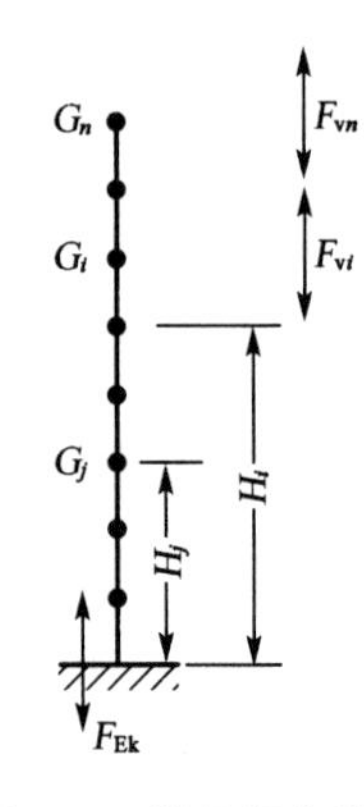

图 2-5　结构竖向地震作用计算简图

式中：F_{Evk}——结构总竖向地震作用标准值；

α_{vmax}——竖向地震影响系数的最大值，可取水平地震影响系数最大值的 65%；

G_{eq}——结构等效总重力荷载，可取其重力荷载代表值的 75%。

(2) 结构质点 i 的竖向地震作用标准值可按下式计算：

$$F_{vi}=\frac{G_iH_i}{\sum_{i=1}^{n}G_jH_j}F_{Evk} \tag{2-28}$$

式中：F_{vi}——质点 i 的竖向地震作用标准值；

H_i、H_j——分别为质点 i、j 的计算高度；

G_i、G_j——分别为集中于质点 i、j 的重力荷载代表值。

(3) 楼层各构件的竖向地震作用效应可按各构件承受的重力荷载代表值比例分配，并宜乘以增大系数 1.5。

(4) 跨度大于 24 m 的楼盖结构、跨度大于 12 m 的转换结构和连体结构、悬挑长度大于 5 m 的悬挑结构，结构竖向地震作用效应宜采用时程分析法或振型分解反应谱方法进行计算。时程分析计算时输入的地震加速度最大值可按规定的水平输入最大值的 65%采用，反应谱分析时结构竖向地震影响系数最大值可按水平地震影响系数最大值的 65%采用，但设计地震分组可按第一组采用。

(5) 高层建筑中，大跨度结构、悬挑结构、转换结构、连体结构的连接体的竖向地震作用标准值，不宜小于结构或构件承受的重力荷载代表值与竖向地震作用系数（7 度 0.15g 取 0.08；8 度 0.2g 取 0.10；8 度 0.3g 取 0.15；9 度 0.4g 取 0.20）的乘积。

(6) 楼盖结构应具有适宜的舒适度，楼盖结构的竖向振动频率不宜小于 3 Hz，竖向振动加速度峰值不应超过表 2-19 的限值。楼盖结构竖向振动加速度可按《高层建筑混凝土结构技术规程》(JGJ 3)附录 A 计算。

表 2-19　楼盖竖向振动加速度限值

人员活动环境	峰值加速度限值(m/s^2)	
	竖向自振频率不大于 2 Hz	竖向自振频率不小于 4 Hz
住宅、办公	0.07	0.05
商场及室内连廊	0.22	0.15

注：楼盖结构竖向自振频率为 2～4 Hz 时，峰值加速度限值可按线性插值选取。

2.2.5　温度作用

1) 温度作用的定义和特点

热胀冷缩是物体的重要物理特性，当物体不受任何约束（如静定结构）时，在物体温度发生变化（存在温差）时，物体会自由变形而不会引起温度应力；反之，当物体受到约束（如超静定结构）时，物体的伸缩变形就会受到约束并产生温度应力。高层建筑结构是多次超静定结构,当其在外界温度变化影响下,结构构件将因与其施工阶段温度相比所产生温差的存在而引起结构构件的内力与变形,并使建筑物形状和尺度随着温差的复杂变化而不断地发生变化,该变化相当于给建筑结构施加一个荷载,这种因结构或构件温度差引起的附加内力即为温度作用。因温度作用的隐蔽性更应引起重视和注意。

引起高层建筑结构温度内力的温度变化主要是由结构建造与使用阶段的温差引起的,这种温差主要表现为室内外温差、日照温差、白昼和季节温差等。

高层建筑单个构件受到温度变化的影响,可以分解为两个方面的反应:一是内外表面有温差时造成弯曲;二是内外温差的平均值比构件原始温度高(低)造成伸长(缩短)。一般来说,受人工空气调节的影响,建筑物室内温差变化较小,室内墙柱梁板等结构(或非结构)构件温度变形也较小且较均匀,而建筑周边等外部结构构件因受日照、白昼和季节温差等的影响,其温差变化较大,与室内相比其结构(或非结构)构件的温度变形较大且不均匀。

2) 温度作用的计算

温度作用应考虑气温变化、太阳辐射及使用热源等因素,结构或构件上的温度作用应采用其温度的变化来表示。基本气温应采用 50 年重现期的月平均最高气温 T_{max} 和月平均最低气温 T_{min},全国各城市的基本气温值可按《建筑结构荷载规范》(GB 50009)中附录 E 采用。对于金属结构等对气温变化敏感的结构应适当增加或降低气温。

(1) 均匀温度作用的标准值应按下列规定计算:

① 对结构最大温升的工况,均匀温度作用标准值按下式计算:

$$\Delta T_{k} = T_{s,max} - T_{0,min} \tag{2-29}$$

式中:ΔT_{k}——均匀温度的作用标准值(℃);

$T_{s,max}$——结构最高平均温度(℃),按《建筑结构荷载规范》(GB 50009)附录 E.5 取用;

$T_{0,min}$——结构最低初始平均温度(℃),即结构的合拢或形成约束时的最低温度,或施工时结构可能出现的最不利温度;

② 对结构最大温降的工况,均匀温度作用标准值按下式计算:

$$\Delta T_{k} = T_{s,min} - T_{0,max} \tag{2-30}$$

式中:$T_{s,min}$——结构最低平均温度(℃),按《建筑结构荷载规范》(GB 50009)附录 E.5 取用。

$T_{0,max}$——结构最高初始平均温度(℃),即结构的合拢或形成约束时的最高温度,或施工时结构可能出现的最不利温度。

混凝土结构的合拢温度一般可取后浇带封闭时的月平均气温,钢结构的合拢温度一般可取合拢时的日平均气温。结构设计时,往往不能准确确定施工工期,因此,结构合拢温度通常是一个区间。

(2) 计算结构或构件的温度作用效应时,应采用材料的线膨胀系数 α_{T},如普通混凝土为 10×10^{-6}/℃,钢为 12×10^{-6}/℃。具体见《建筑结构荷载规范》(GB 50009)中表 9.1.2。

(3) 温度作用的组合值系数、频遇值系数和准永久值系数可分别取 0.6、0.5 和 0.4。

3) 减小温度作用的措施

在实际工程设计中,因为结构系统的温度场分布复杂,温度作用计算理论难度较大,所以计算结果与实际情况出入较大,往往难以作为设计依据。大量工程建设经验与分析表明,多层建筑温度作用可忽略不计，9～30 层的建筑物，只要设计、施工及材料等方面综合技术措施适当，在内力计算时可忽略温度作用的影响，对 30 层以上的高层建筑，应考虑温度作用的影响。一般来说，减小温度作用的综合技术措施主要有：采取规则的平立面形状，避免易引起温度变形集中的不规则结构出现；选择合理的结构型式与结构布置方案；合理布置分布钢筋，重视构造钢筋在抗御温度与收缩变形中的作用，加强易引起温度应力集中部位的构造配筋措施，加大顶层、屋顶、房屋两端、纵横墙交接处等温度影响较大部位的配筋率与连接构造措施；对较长的建筑可通过设置温度缝、划分施工区段设置后浇带、建筑外墙与屋面隔热层等综合技术措施等途径来减小温度应力，以防止建筑物的结构和非结构的破坏。

2.2.6 偶然荷载

1) 偶然荷载的特点

产生偶然荷载的因素很多，如由炸药、燃气、粉尘、压力容器等引起的爆炸，机动车、飞行器、电梯等运动物体的撞击，其他还包括火灾、罕见出现的灾害性天气及地震灾害等。随着社会经济的发展和全球反恐面临的新形势，恐怖袭击的威胁依然严峻，人们使用燃气、汽车、电梯、直升机等先进设施和交通工具的比例大大提高，在建筑结构设计中考虑偶然荷载作用越来越有必要。偶然荷载具有下述特点：

偶然荷载出现概率较低，但一旦出现其量值较大，破坏作用和危害巨大。偶然荷载的取值目前还无法通过概率统计方法来确定，主要靠经验及权威部门认证来做规定。因此，设计值的确定一般不采用分项系数方法，而是直接取用荷载标准值。

偶然荷载作用时结构一般还同时承担其他荷载，例如永久荷载、部分活荷载。偶然荷载作用工况设计时，结构需要同时承担偶然荷载与其他荷载的组合，考虑到偶然荷载出现概率很小，其他荷载分项系数一般取 1.0。同时，偶然荷载作用工况设计还需要保证作用后的结构安全，即防止连续倒塌设计。

偶然荷载中爆炸、撞击、火灾具有较为紧密的联系，常常同时或伴随发生。以 2001 年 911 事件为例，除了飞机本身撞击大楼外，燃料引起了爆炸和大火，分析研究表明最终主体钢结构在高温作用下丧失承载力造成结构整体倒塌。

2) 偶然荷载的计算

(1) 爆炸荷载

由炸药、燃气、粉尘等引起的爆炸荷载宜按等效静力荷载采用。

① 在常规炸药爆炸动荷载作用下，结构构件的等效均布静力荷载标准值可按下式计算：

$$q_{ce} = K_{dc} P_c \tag{2-31}$$

式中：q_{ce}——作用在结构构件上的等效均布静力荷载标准值；

P_c——作用在结构构件上的均布动荷载最大压力，可按国家标准《人民防空地下室设计规范》(GB 50038)中第 4.3.2 条和第 4.3.3 条的有关规定采用；

K_{dc}——动力系数，根据构件在均布动荷载作用下的动力分析结果，按最大内力等效的原则确定。

其他原因引起的爆炸，可根据其等效 TNT 装药量，参考本条方法确定等效均布静力荷载。

② 对于具有通口板的房屋结构，当通口板面积 A_v 与爆炸空间体积 V 之比在 0.05～0.15 之间且体积 V 小于 1 000 m^3 时，燃气爆炸的等效均布静力荷载 P_k 可按下列公式计算并取其较大值：

$$P_k = 3 + P_v \tag{2-32}$$

$$P_k = 3 + 0.5P_v + 0.04\left(\frac{A_v}{V}\right)^2 \tag{2-33}$$

式中：P_v——通口板（一般指窗口的平板玻璃）的额定破坏压力（kN/m^2）；

A_v——通口板面积（m^2）；

V——爆炸空间的体积（m^3）。

（2）撞击荷载

① 电梯竖向撞击标准值可在电梯总重力荷载的 4～6 倍范围内选取。

② 汽车的撞击荷载可按下列规定采用：

顺行方向的汽车撞击力标准值 P_k（kN）可按下式计算：

$$P_k = \frac{mv}{t} \tag{2-34}$$

式中：m——汽车质量（t），包括车自重和载重；

v——车速（m/s）；

t——撞击时间（s）。

撞击力计算参数 m、v、t 和荷载作用点位置宜按照实际情况采用；当无数据时，汽车质量可取 15 t，车速可取 22.2 m/s，撞击时间可取 1.0 s，小型车和大型车的撞击力荷载作用点位置可分别取位于路面以上 0.5 m 和 1.5 m 处。

垂直行车方向的撞击力标准值可取顺行方向撞击力标准值的 0.5 倍，两者可不考虑同时作用。

③ 直升机非正常着陆的撞击荷载可按下列规定采用：

竖向等效静力撞击力标准值 P_k（kN）可按下式计算：

$$p_k = C\sqrt{m} \tag{2-35}$$

式中：C——系数，取 $3\ kN \cdot kg^{-0.5}$；

m——直升机的质量（kg）。

竖向撞击力的作用范围宜包括停机坪内任何区域以及停机坪边缘线 7 m 之内的屋顶结构。竖向撞击力的作用区域宜取 2 m×2 m。

（3）偶然荷载

偶然荷载的荷载设计值可直接取用按上述规定方法确定的偶然荷载标准值。当偶然荷载作为结构设计的主导荷载时，在允许结构出现局部构件破坏的情况下，应保证结构不致因偶然荷载引起连续倒塌。

2.3 荷载效应组合

2.3.1 荷载效应组合种类

由荷载引起结构或结构构件的反应,称为荷载效应,例如内力、变形和裂缝等。荷载效应组合是指按极限状态设计时,为保证结构的可靠性而对同时出现的各种荷载产生的效应加以组合而求得组合后的总效应的规定。显然,全部荷载效应按标准值简单叠加组合在一起是很保守的。不同种类的作用,其出现与否及其值的大小和作用时间等的不同,对建筑结构的影响及造成的后果也不一样:永久作用力作用时间很长,会引起结构材料的徐变变形,使结构构件的变形和裂缝增大,引起结构的内力重分布;可变作用因时有时无,时大时小,有时其作用位置也会变化,可能对结构各部分引起不同的影响,甚至完全引起相反的作用效应,故设计中必须考虑其最不利组合作用的影响;对偶然作用,因其作用时间很短,材料的塑性变形来不及发展,其实际强度会有一定提高,且因瞬时作用结构的可靠度也可以适当取小一点。通常,对各种不同的荷载作用分别进行结构分析,得到内力和位移后,再用分项系数与组合系数加以组合。现行荷载规范给出了以下几种荷载效应组合型式:

(1) 基本组合。承载能力极限状态计算时,永久作用和可变作用的组合。

(2) 偶然组合。承载能力极限状态计算时,永久作用、可变作用和一个偶然作用的组合。

(3) 标准组合。正常使用极限状态计算时,采用标准值或组合值为荷载代表值的组合。

(4) 频遇组合。正常使用极限状态计算时,对可变荷载采用频遇值或准永久值为荷载代表值的组合。

(5) 准永久组合。正常使用极限状态计算时,对可变荷载采用准永久值为荷载代表值的组合。

在建筑结构设计时,应根据使用过程中在结构上可能同时出现的荷载,按承载能力极限状态和正常使用极限状态分别进行荷载(效应)组合,并应取各自最不利的效应组合进行设计。

2.3.2 承载能力极限状态的荷载效应组合

(1) 对于承载能力极限状态,应按荷载的基本组合或偶然组合计算荷载组合的效应设计值,并应采用下列设计表达式进行设计:

$$r_0 S_d \leqslant R_d \tag{2-36}$$

式中:γ_0——结构重要性系数;

S_d——作用组合的效应设计值;

R_d——结构或结构构件抗力的设计值,应按《建筑结构可靠性设计统一标准》(GB

50068)的规定确定。

承载能力极限状态设计表达式中的作用组合 S_d应符合下列规定:作用组合应为可能同时出现的作用的组合;每个作用组合中应包括一个主导可变作用或一个偶然作用或一个地震作用;当结构中永久作用位置和大小的变异,对静力平衡或类似的极限状态设计结果很敏感时,该永久作用的有利部分和不利部分应作为单个作用分别考虑;当一种作用产生的几种效应非全相关时,对产生有利效应的作用,其分项系数的取值应予以降低;对不同的设计状况应采用不同的作用组合,以确定作用控制工况和最不利的效应设计值。

(2) 基本组合的效应设计值 S_d的组合公式为:

$$S_d = \sum_{j=1}^{m} r_{G_j} S_{G_j k} + r_{Q_1} r_{L_1} S_{Q_1 k} + \sum_{i=2}^{n} r_{Q_i} r_{L_i} \Psi_{c_i} S_{Q_i k} \tag{2-37}$$

式中:γ_{G_j}——永久荷载的分项系数;

γ_{Q_i}——第 i 个可变荷载的分项系数,其中 γ_{Q_1} 为主导可变荷载 Q_1 的分项系数;

$S_{G_j k}$——按永久荷载标准值 G_{jk}计算的荷载效应值;

$S_{Q_i k}$——按可变荷载标准值 Q_{ik}计算的荷载效应值,其中 $S_{Q_1 k}$为诸可变荷载效应中起控制作用者;

Ψ_{c_i}——可变荷载 Q_i的组合值系数;

m——参与组合的永久荷载数;

n——参与组合的可变荷载数;

γ_{L_i}——第 i 个可变荷载考虑设计使用年限的调整系数,其中 γ_{L_1} 为主导可变荷载 Q_1 考虑设计使用年限的调整系数。

基本组合中的设计值仅适用于荷载与荷载效应为线性的情况。当对 $S_{Q_1 k}$无法明显判断时,应轮次以各可变荷载效应为 $S_{Q_1 k}$,选取其中最不利的荷载组合的效应设计值。

基本组合的各分项系数,应按以下规定采用:

① 永久荷载的分项系数 γ_G

当其效应对结构不利时 γ_G=1.3。

当其效应对结构有利时:应取 1.0;对结构的倾覆、滑移或漂浮验算,可按建筑结构有关设计规范的规定确定,一般取 0.9。

② 可变荷载的分项系数 γ_Q

当其效应对结构不利时,可变荷载的分项系数 γ_Q=1.5;对标准值大于 4 kN/m^{2}的工业房屋楼面活荷载应取 1.4。风荷载的分项系数应取 1.5。

当其效应对结构有利时,应取 0。

③ 可变荷载考虑设计使用年限的调整系数 γ_L

设计年限为 50 年时取 1.0,设计年限为 100 年时取 1.1。设计年限为中间数值时,调整系数 γ_L可按线性内插确定。对雪荷载和风荷载,调整系数应按重现期与设计工作年限相同的原则。

④ 可变荷载的组合值系数 Ψ_c

当楼、屋面活荷载效应起控制作用时,风荷载的组合值系数 Ψ_c 应取 0.6;当风荷载效应起控制作用时,楼、屋面活荷载的组合值系数 Ψ_c 应取 0.7。对书库、档案馆、储藏室、通风机房和电梯机房，上述楼面活荷载组合值系数取 0.7 的场合应取 0.9。

在每一个控制截面进行内力的组合时，可变荷载需要通过试算和比较才能确定是楼、屋面活荷载产生的内力起控制作用，还是风荷载产生的内力起控制作用。

从上述规定可看出：对于仅有恒、活荷载参与的组合，分别考虑恒载不利、有利，荷载基本组合的效应设计值 S_d 可能的最不利组合方式：$1.3S_{Gk}+1.5S_{Qk}$，$1.0S_{Gk}+1.5S_{Qk}$；考虑风荷载组合时，可能的最不利组合方式：$1.3S_{Gk}+1.5S_{Qk}\pm0.6\times1.5S_{wk}$，$S_{Gk}+1.5S_{Qk}\pm0.6\times1.5S_{wk}$（楼、屋面活荷载主导）；$1.3S_{Gk}+0.7(0.9)\times1.5S_{Qk}\pm1.5S_{wk}$，$1.0S_{Gk}+0.7(0.9)\times1.5S_{Qk}\pm1.5S_{wk}$（风荷载主导）。

（3）荷载偶然组合的效应设计值可按下列规定确定：

① 地震设计状况下，荷载和地震作用基本组合的效应设计值应按下列规定确定：

$$S_d=\gamma_G S_{GE}+\gamma_{Eh}S_{Ehk}+\gamma_{Ev}S_{Evk}+\psi_w\gamma_w S_{wk} \tag{2-38}$$

其中：S_{GE}——重力荷载代表值产生的荷载效应，重力荷载包括全部自重、50%雪荷载、50%～80%使用荷载；

S_{Ehk}、S_{Evk}——分别为水平和竖向地震作用标准值的效应，尚应乘以相应的增大系数、调整系数；

ψ_w——风荷载的组合值系数，取 0.2；

γ_G、γ_w、γ_{Eh}、γ_{Ev}——分别为重力荷载、风荷载、水平和竖向地震作用的分项系数，按表 2-20取值，当重力荷载效应对结构的承载力有利时 γ_G 取 1.0。

表 2-20　地震设计状况时荷载和作用的分项系数

参与组合的荷载和作用	γ_G	γ_{Eh}	γ_{Ev}	γ_w	说　　明
重力荷载及水平地震作用	1.3	1.4	—	—	抗震设计的高层建筑结构均应考虑
重力荷载及竖向地震作用	1.3	—	1.4	—	9 度抗震设计时考虑；水平长悬臂和大跨度结构 7 度（0.15g）、8 度、9 度抗震设计时考虑
重力荷载、水平地震及竖向地震作用	1.3	1.4	0.5	—	9 度抗震设计时考虑；水平长悬臂和大跨度结构 7 度（0.15g）、8 度、9 度抗震设计时考虑
重力荷载、水平地震及风荷载	1.3	1.4	—	1.5	60 m 以上的高层建筑考虑
重力荷载、水平地震作用、竖向地震作用及风荷载	1.3	1.4	0.5	1.5	60 m 以上的高层建筑，9 度抗震设计时考虑；水平长悬臂和大跨度结构 7 度（0.15g）、8 度、9 度抗震设计时考虑（水平地震为主）
	1.3	0.5	1.4	1.5	水平长悬臂结构和大跨度结构 7 度（0.15g）、8 度、9 度抗震设计时考虑（竖向地震为主）

注：（1）g 为重力加速度；

（2）“—”表示组合中不考虑该项荷载或作用效应。

从本条规定可看出：对于仅考虑水平地震作用而不考虑风荷载及竖向地震作用时，荷载和地震作用基本组合的效应设计值 S_d 可能的最不利组合方式：$1.3S_{GE}\pm1.4S_{Ehk}$，$1.0S_{GE}\pm1.4S_{Ehk}$；对于考虑水平地震作用及风荷载而不考虑竖向地震作用时，可能的最不利组合方式：$1.3S_{GE}\pm0.2\times1.5S_{wk}\pm1.4S_{Ehk}$，$1.0S_{GE}\pm0.2\times1.5S_{wk}\pm1.4S_{Ehk}$；对于考虑水平地震作用及竖向地震作用而不考虑风荷载时，可能的最不利组合方式：$1.3S_{GE} \pm 1.4S_{Ehk} \pm 0.5S_{Evk}$，$1.0S_{GE} \pm 1.4S_{Ehk} \pm 0.5S_{Evk}$；三种作用均考虑时可能的最不利组合方式（以水平地震为主）：$1.3S_{GE} \pm 0.2 \times 1.5S_{wk} \pm 1.4S_{Ehk} \pm 0.5S_{Evk}$，$1.0S_{GE} \pm 0.2 \times 1.5S_{wk} \pm 1.4S_{Ehk} \pm 0.5S_{Evk}$。

② 人民防空设计状况下，地下室结构荷载偶然组合的效应设计值按下列规定确定：

$$S_d = \gamma_G S_{Gk} + \gamma_Q S_{Qk} \tag{2-39}$$

其中：S_{Gk}——永久荷载效应标准值；

S_{Qk}——等效静荷载效应标准值，按《人民防空地下室设计规范》（GB 50038）规定采用；

γ_G——永久荷载分项系数，当其效应对结构不利时可取 1.3，有利时可取 1.0；

γ_Q——等效静荷载分项系数，可取 1.0。

③ 常见荷载偶然组合的效应设计值可按下列规定确定：对于建筑结构，比较常见的偶然荷载是车辆撞击、炸药爆炸、室内可燃物或粉尘引起的爆炸。偶然荷载作用时结构一般还同时承担其他荷载，例如永久荷载、部分活荷载，荷载偶然作用组合承载能力设计时结构需要同时承担偶然荷载与其他荷载的组合。同时，偶然荷载作用工况设计还需要保证作用后的结构安全，进行受损结构整体稳固性验算，即防止连续倒塌设计。

A. 用于承载能力极限状态计算的效应设计值：

$$S_d = \sum_{j=1}^{m} S_{G_{jk}} + S_{A_d} + \Psi_{f_1} S_{Q_{1k}} + \sum_{i=2}^{n} \Psi_{q_i} S_{Q_{ik}} \tag{2-40}$$

式中：S_{A_d}——按偶然荷载标准值 A_d 计算的荷载效应值；

Ψ_{f_1}——第 1 个可变荷载的频遇值系数；

Ψ_{q_i}——第 i 个可变荷载的准永久值系数。

高层建筑结构设计时，可简化取 $S_{A_d} = 80\ kN/m^2$，Ψ_{f_1}、Ψ_{qi} 取 0.6。

B. 用于偶然事件发生后受损结构整体稳固性（抗连续倒塌）验算的效应设计值：

$$S_d = \sum_{j=1}^{m} S_{G_{jk}} + \Psi_{f_1} S_{Q_{1k}} + \sum_{i=1}^{n} \Psi_{q_i} S_{Q_{ik}} + \Psi_w S_{w_k} \tag{2-41}$$

当构件直接与被拆除竖向构件相连时，其竖向荷载效应部分（S_{G_k}、S_{Q_k}）需乘以动力放大系数，取 2.0，其他构件取 1.0；Ψ_w 取 0.2。

2.3.3 正常使用极限状态的荷载效应组合

（1）对于正常使用极限状态，应根据不同的设计要求，采用荷载的标准组合、频遇组合或准永久组合，并应按下列设计表达式进行设计：

$$S_d \leqslant C \tag{2-42}$$

式中：C——结构或结构构件达到正常使用要求的规定限值，例如变形、裂缝、振幅、加速度、应力等的限值，应按各有关建筑结构设计规范的规定采用。

（2）对于标准组合，荷载组合的效应设计值 S_d应按下式采用：

$$S_d = \sum_{j=1}^{m} S_{G_{j_k}} + S_{Q_{1k}} + \sum_{i=2}^{n} \Psi_{C_i} S_{Q_{ik}} \tag{2-43}$$

组合中的设计值仅适用于荷载与荷载效应为线性的情况。

（3）对于频遇组合，荷载组合的效应设计值 S_d应按下式采用：

$$S_d = \sum_{j=1}^{m} S_{G_{jk}} + \Psi_{f_1} S_{Q_{1k}} + \sum_{i=2}^{n} \Psi_{q_i} S_{Q_{ik}} \tag{2-44}$$

式中：Ψ_{f_1}——可变荷载 Q_1的频遇值系数；

Ψ_{q_i}——可变荷载 Q_i的准永久值系数。

组合中的设计值仅适用于荷载与荷载效应为线性的情况。

（4）对于准永久组合，荷载组合的效应设计值 S_d可按下式采用：

$$S_d = \sum_{j=1}^{m} S_{G_{jk}} + \sum_{i=1}^{n} \Psi_{q_i} S_{Q_{ik}} \tag{2-45}$$

组合中的设计值仅适用于荷载与荷载效应为线性的情况。

2.3.4 荷载效应组合的规则及应用

1）作用效应组合规则

（1）在结构的工作期限内，恒荷载始终作用在结构上。因此，每一种组合都要考虑恒荷载参加组合。

（2）楼面活荷载和屋面活荷载是同一种性质的荷载，只是作用位置不同，可以将它们作为一种荷载看待。

（3）风有时从左侧吹来（简称为左向风），有时从右侧吹来（简称为右向风）。但是，在同一时间内，只能考虑一个方向的风，而且可将背风面的吸力与迎风面的压力放在同一侧计算。

（4）地震可从房屋的左侧来，也可以从房屋的右侧来。但是，在同一时间内，只能考虑一个方向的地震。

2）作用效应组合的应用

（1）荷载基本组合：对持久设计状况和短暂设计状况下的承载能力极限状态应按基本组合计算，如：抗弯、抗剪、抗压、抗扭等承载力设计中的弯矩、剪力、压力、扭矩等作用效应设计值；确定基础或桩基承台高度（受冲切计算）、支挡结构截面、计算基础或支挡结构内力、确定配筋和验算材料强度时上部结构传来的作用效应和相应基底反力、挡土墙土压力以及滑坡推力计算；挡土墙、地基或滑坡稳定以及基础抗浮稳定计算（但分项系数均为 1.0）；桩身强度计算时的荷载效应。

（2）荷载偶然组合：有多种偶然作用（地震作用、人防作用或常见偶然作用）时，应按某一作用偶然组合分别计算其效应值，取其最不利效应值进行设计。

（3）荷载标准组合：预应力混凝土受弯构件的最大挠度计算；一、二级裂缝控制等级构件混凝土受拉边缘应力;预应力混凝土构件最大裂缝宽度计算;按地基承载力确定基础底面积及埋深或按单桩承载力确定桩数时,传至基础或承台底面上的作用效应计算;验算基础裂缝宽度时,基桩拔力的荷载效应计算;锚杆拔力的荷载效应计算;抗拔桩的混凝土拉应力及最大裂缝宽度的荷载效应计算。

(4) 荷载准永久组合:钢筋混凝土受弯构件的最大挠度计算;三级裂缝控制等级钢筋混凝土构件最大裂缝宽度计算;计算地基变形时传至基础或承台底面上的作用效应计算(不应计入风荷载和地震作用)。

2.4 荷载的优化选取

荷载值的选取,直接关系到结构及构件的内力或变形的大小,决定了所耗费的自然资源的多少。结构设计荷载值的确定,既要保证结构安全,荷载取值不能小于各类建筑结构规范的限值要求,又要有理有据,发挥工程师的主观能动性,优化荷载取值,以避免取值不合理而加大结构成本,造成不必要的浪费。

(1) 结构恒载的优选:结构或非结构构件的自重是建筑结构的主要恒载,其量值由容重与体积乘积得到。减小恒载主要通过减轻容重和减小结构构件的截面尺寸,行之有效的措施是采用轻质高强材料:材料轻质则容重小,强度高则要求的截面小。如采用高强型钢(钢管)混凝土柱梁减小截面、采用轻型填充墙板减轻重量、采用预应力混凝土减小梁板截面及采用合理的楼盖结构形式(现浇空心无梁楼盖、双向密肋楼盖等)减小其截面厚度等。

(2) 结构活荷载的优选:活荷载需按规范要求进行合理折减,如消防车荷载量值较大,按覆土厚度折减后降低较多。

(3) 风荷载的优选:风荷载的优化选取主要从风荷载计算公式的三个系数(体型系数 μ_s、风振系数 β_z 及风压高度变化系数 μ_z)着手。对风荷载控制的建筑结构,选择有利于抗风的规则建筑体型(如圆形 $\mu_s=0.8$)则风荷载较小;从周边建筑群发展的角度选择 C、D 类地面粗糙度时 μ_z 较小,相应的风荷载较小;增大结构刚度,β_z 减小,风荷载相应地减小。

(4) 地震作用的优选:地震作用的量值大小主要由地震影响系数 α 与重力荷载 G_{eq} 乘积确定。按恒活荷载优选的建筑结构等效总重力荷载 G_{eq} 较小。另一个重要影响因素——地震影响系数是根据图 2-3 的地震影响系数曲线选取的,从曲线图可以看出:首先,要避免结构自振周期(T)与建筑场地特征周期(T_g)接近,否则接近于共振或准共振,此时 α 值最大;其次,结构自振周期较大且远离特征周期时,其 α 值较小。一般建在岩石等坚实场地土上的较柔软土上的高层建筑震害轻。根据 $T=2\pi\sqrt{m/k}$,要求结构刚度小,才能周期长,从而致使结构自振周期较好地远离特征周期,避免共振。但结构刚度也不能太小,需满足风荷载或地震作用下正常使用的结构侧移要求,因侧移 $\Delta=F/K$,需要刚度大才能保证侧移要求。这就要求建筑结构要有适宜刚度,即通过对结构刚度值的权衡和调整,不能因结构刚度过大致使地震作用增加而消耗过多的资源来抵抗地震,同时,刚度也不能过小,要有满足抗风、抗震设计时的一定的抗侧刚度。这也是地震作用优化要重点考虑的关键因素。另外,从图 2-3 及公式(2-9)可以看出,增大阻尼比 ζ 值可有效地减小调整系数 η_2 值,α 值减小,地震作用减轻。可通过在结构中设置阻尼器、隔震支座等隔震减震措施实现，从而有效地减小地震作用。

(5) 扭转效应的优化：水平荷载(风荷载、地震作用)等作用下，不规则结构扭转而产生附加应力，加大了结构或构件中的内力效应，等同于在结构上多施加了荷载，有意识地选择简单、规则、对称、均匀的规则结构也是荷载的优化。

复习思考题

1. 试从产生的原因来分析构件自身重力荷载、雪荷载、风荷载之间的不同。

2. 试述恒载和活载的特征和区别，并分析恒载和活载的影响因素。

3. 试求下列楼盖的重力荷载：

(1) 每平方米楼盖中 80 mm 厚钢筋混凝土楼板自重标准值。

(2) 每平方米楼面中 80 mm 厚钢筋混凝土楼板加水磨石地面构造层(10 mm 水磨石面层，20 mm 水泥砂浆打底)和木丝板吊顶($0.26\ kN/m^2$)的重力荷载标准值。

4. 高层建筑竖向作用有哪几种，如何进行确定？活荷载在计算内力时如何考虑，为什么？

5. 风荷载的主要特征有哪些？垂直于建筑物表面的单位面积上的风荷载标准值的表达式是什么？表达式中各项物理量如何确定？

6. 地震作用的特征是什么？影响地震作用的因素有哪些？水平地震作用的计算方法有哪些？如何用底部剪力法计算地震作用？

7. 何谓温度作用？减小温度作用的技术措施有哪些？

8. 由地震产生地面运动使建筑结构产生的作用力与由风吹在建筑物表面施加于建筑结构的作用力，两者产生的原因有何区别？

9. 为什么要进行荷载效应组合？荷载效应组合的种类有哪些？它们的表达式分别是什么？

3 高层框架结构设计

框架结构是指采用梁柱通过节点(一般为刚性节点)组成的体系作为建筑竖向承重并同时承受水平荷载的结构体系。框架结构中梁柱都是线性构件,截面惯性小,结构侧向刚度较小。

3.1 框架结构的布置和设计要点

3.1.1 结构布置

框架结构布置既要满足建筑平面及竖向的使用要求,又要考虑使结构受力合理。结构布置包括平面布置和竖向布置。

1) 平面布置

框架结构的平面形状宜简单、规则、对称。结构布置宜使质量、刚度和承载力分布均匀,刚度中心和质量中心尽可能重合,减小扭转效应,尽可能避免不规则的结构布置。

框架结构的突出优点在于建筑平面布置灵活,可适应不同使用功能的要求。柱网间距大约为 4～10 m。具体柱网尺寸往往根据建筑使用功能确定。可应用于办公楼、教学楼、住宅等房屋建筑。

框架结构的承重方案有以下三种:

横向承重——主梁沿房屋横向布置,楼板和连系梁沿纵向布置。

纵向承重——主梁沿房屋纵向布置,楼板和连系梁沿横向布置。

纵横向混合承重——房屋的纵、横向都布置承重框架,楼盖常采用现浇双向板或井字梁楼盖。

承重方式主要与楼板布置有关。横向承重方案中,由于主梁沿横向布置,有利于增加房屋的横向抗侧刚度。相比之下,纵向承重方案的横向抗侧刚度较小。实际中,纵横向混合承重方案和横向承重方案应用较多。

2) 竖向布置

竖向体型宜规则、均匀,从上到下外形不变或者变化不大,避免立面有较大的凸出或凹进。结构沿高度的布置应连续、均匀,使得结构的侧向刚度和承载力沿房屋高度上下均匀,或者下大上小,自下而上逐渐减小,避免出现刚度或承载力的突变。

由于梁、柱的截面尺寸较小,截面惯性矩小,所以框架结构的侧向刚度比较小。对于较高的高层建筑,需要截面尺寸较大的钢筋混凝土梁、柱才能满足侧向刚度的要求。而截面尺寸大,一方面使得房屋的有效使用空间减小,另一方面消耗材料多,造成材料浪费。因此,对于高度很大的高层建筑,纯框架结构的适用高度受到限制。

3.1.2 设计要点

(1) 框架结构既要承受竖向荷载,又要承受风荷载和地震作用,因此,应设计成双向梁柱抗侧力体系(图 3-1),以抵抗各个方向的侧向荷载。梁与柱的连接应采用刚性连接构造,使梁端能传递弯矩,而且结构具有良好的整体性和较大的刚度。主体结构除个别部位外,不应采用铰接。

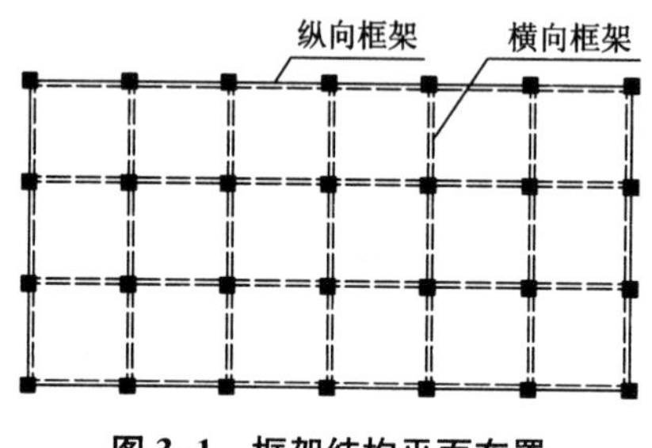

图 3-1 框架结构平面布置

(2) 抗震设计的框架结构不应采用单跨框架。单跨框架的耗能能力较弱,超静定次数较少,一旦柱出现塑性铰(强震时不可避免),出现连续倒塌的可能性较大。在层数较多的高层建筑中采用单跨框架,易使得震害更为严重。

(3) 框架结构的填充墙及隔墙要求:

① 宜选用轻质墙体。轻质墙体能够减轻结构自重,从而有利于减小地震作用。

② 砌体填充墙的布置。采用砌体材料做填充墙时,由于砌体填充墙具有较大的刚度,其布置不但会影响结构沿高度的刚度分布,还会影响结构在平面上的刚度分布,如图 3-2 所示。竖向布置不当会使竖向刚度分布不均匀,如上刚下柔的情况。平面上布置不当易造成抗侧刚度偏心而引起结构扭转。窗间墙和楼梯间采用砌体填充墙时,还要考虑是否会形成短柱。因此抗震设计时,框架结构如采用砌体填充墙,其布置应符合下列规定:避免形成上、下层刚度变化过大;避免形成短柱;减少因抗侧刚度偏心而造成的结构扭转。

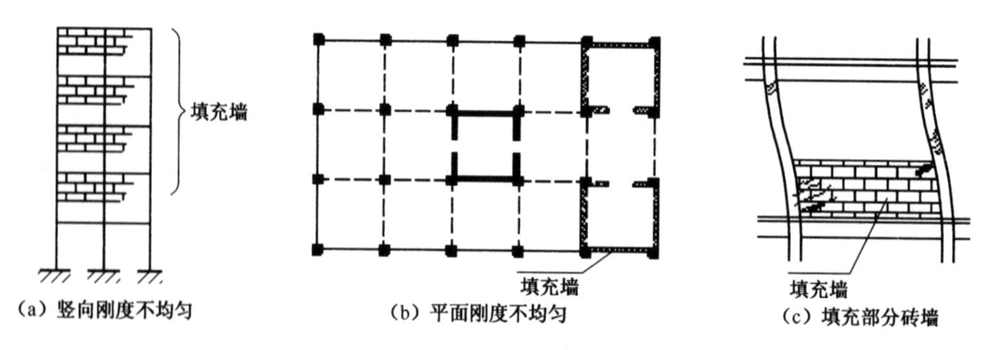

图 3-2 不利的填充墙布置

③ 砌体填充墙及隔墙的材料强度等级及连接要求。抗震设计时,砌体填充墙及隔墙应具有自身稳定性,并应符合下列规定:砌体的砂浆强度等级不应低于 M5,当采用砖及混凝土砌块时,砌块的强度等级不应低于 MU5,当采用轻质砌块时,砌块的强度等级不应低于 MU2.5,墙顶应与框架梁或楼板密切结合;砌体填充墙应沿框架柱全高每隔 500 mm 左右

设置 2 根直径 6 mm 的拉筋，6 度时拉筋宜沿墙全长贯通，7、8、9 度时拉筋应沿墙长贯通；墙长大于 5 m 时，墙顶与梁(板)宜有钢筋拉结，墙长大于 8 m 或层高的 2 倍时，宜设置间距不大于 4 m 的钢筋混凝土构造柱，墙高超过 4 m 时，墙体半高处宜设置与柱连接且沿墙全长贯通的钢筋混凝土水平系梁；楼梯间采用砌体填充墙时，应设置间距不大于层高且不大于 4 m 的钢筋混凝土构造柱，并应采用钢丝网砂浆面层加强。

(4) 抗震设计时，楼梯间是主要的疏散通道，其结构应有足够的抗倒塌能力。钢筋混凝土楼梯由于自身的刚度对于结构地震作用和地震反应有着较大影响，如楼梯布置不当，会造成平面不规则。因此，抗震设计时，楼梯间应符合下列要求：

① 楼梯间的布置应尽量减小其造成的结构平面不规则。

② 宜采用现浇钢筋混凝土楼梯，楼梯结构应有足够的抗倒塌能力。

③ 宜采取措施减小楼梯对主体结构的影响。

④ 当钢筋混凝土楼梯与主体结构整体连接时，应考虑楼梯对地震作用及其效应的影响，并应对楼梯构件进行抗震承载力验算。宜采取构造措施，如梯板滑动支承于平台板以减少楼梯构件对主体结构刚度的影响。

(5) 抗震设计时，框架结构不应采用部分由砌体墙承重之混合形式。框架结构中的楼、电梯间及局部出屋顶的电梯机房、楼梯间、水箱间等，应采用框架承重，不应采用砌体墙承重。因为框架结构和砌体结构是两种截然不同的结构体系，两种体系所用的承重材料不同，其抗侧刚度、变形能力等相差很大，这两种结构在同一建筑物中混合使用，将对建筑物的抗震性能产生不利影响，甚至造成严重破坏。

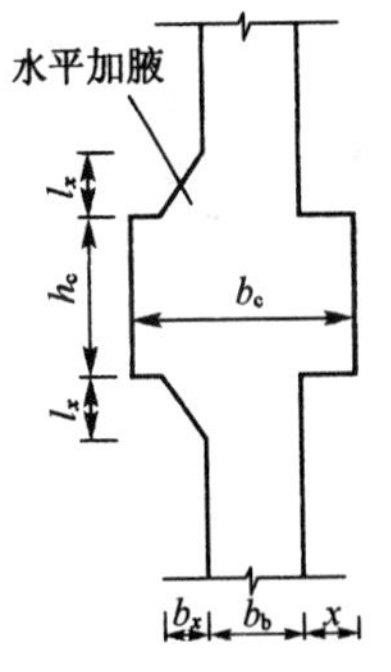

图 3-3 水平加腋梁平面图

(6) 框架梁、柱中心线宜重合。当梁柱中心线不能重合时，在计算中应考虑偏心对梁柱节点核心区受力和构造的不利影响，以及梁荷载对柱子的偏心影响。

梁、柱中心线之间的偏心距，9 度抗震设计时不应大于柱截面在该方向宽度的 1/4；非抗震设计和 6～8 度抗震设计时不宜大于柱截面在该方向宽度的 1/4，如偏心距大于该方向宽度的 1/4 时，可采用增设梁的水平加腋(图 3-3)等措施。设置水平加腋后，仍须考虑梁柱偏心的不利影响。

① 水平加腋厚度可取梁截面高度，其水平尺寸宜满足下列要求：

$$b_x/l_x \leqslant 1/2 \tag{3-1}$$

$$b_x/b_b \leqslant 2/3 \tag{3-2}$$

$$b_b + b_x + x \geqslant b_c/2 \tag{3-3}$$

式中：b_x——梁水平加腋宽度；

l_x——梁水平加腋长度；

b_b——梁截面宽度；

b_c——沿偏心方向柱截面宽度；

x——非加腋侧梁边到柱边的距离。

② 用水平加腋时，框架节点有效宽度 b_j 宜符合以下要求：

当 $x=0$ 时，b_j 按下式计算：

$$b_j \leqslant b_b + b_x \tag{3-4}$$

当 $x \neq 0$ 时，b_j 取式(3-5)和式(3-6)两式计算的较大值，且应满足式(3-7)的要求：

$$b_j = b_b + b_x + x \tag{3-5}$$

$$b_j = b_b + 2x \tag{3-6}$$

$$b_j \leqslant b_b + 0.5h_c \tag{3-7}$$

式中：h_c——柱截面高度。

(7) 次梁要求：框架结构中的次梁是楼板的组成部分，承受竖向荷载并传递给框架梁，不与框架柱相连的次梁不参与抗震，可按非抗震要求进行设计。

3.2 框架结构的计算

框架结构一般有空间结构分析和平面结构分析两种方法。空间结构分析方法精度较高，一般通过计算机来实现，在目前国内计算机和结构分析软件应用十分普及的情况下，该方法应用普遍。平面结构分析方法是简化方法，可手算实现，虽然精度不高，但是概念明确，能够直观地反映结构的受力特点。本节将对框架结构的近似手算方法加以介绍，以建立结构受力性能的基本概念。

3.2.1 计算假定及简图

1) 基本假定

框架结构是一个由横向框架和纵向框架组成的空间结构。在近似计算时，往往简化为平面结构进行分析。简化过程中，需要作以下两个假定：

(1) 一榀框架可以抵抗自身平面内的侧向力，而在平面外的刚度很小，可以忽略。因此，整个结构可以划分为多个平面结构，多个平面结构共同抵抗与平面结构平行的侧向荷载，而垂直于该方向的结构则认为不参与该方向的受力。

(2) 楼板在自身平面内刚度无限大，而在平面外刚度很小，可以忽略。这样，楼板可视为刚体，在侧向荷载作用下，楼板做刚体平移或转动，楼板上各处(含梁、柱)的位移一致。各个平面抗侧力单元通过楼板相互联系并协同工作。

2) 计算简图

框架结构为空间受力体系(图 3-4(a))。在进行结构分析时，往往将复杂的空间结构简化为纵向和横向的平面框架(图 3-4(b))，再将平面框架转化为力学模型——计算简图(图 3-4(c)、(d))。在框架结构的计算简图中，梁、柱用其轴线表示，梁柱的连接用节点表示。框架柱轴线间的距离为框架梁的计算跨度。框架柱的计算高度应为各横梁形心轴线间的距离，当各层梁截面尺寸相同时，一般层可取各层的层高，底层柱下端一般取至基础顶面。

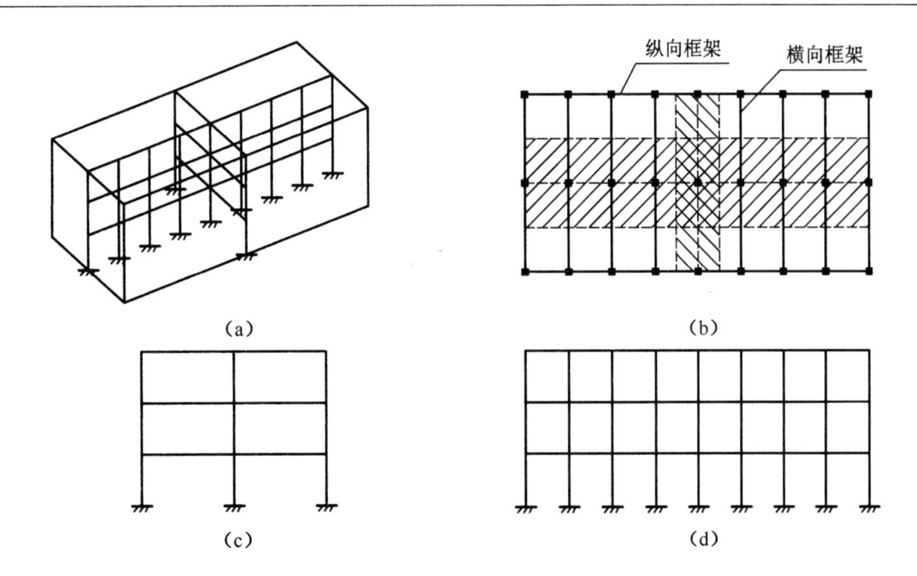

图 3-4 框架结构的计算简图

3.2.2 竖向荷载作用下框架内力近似计算

在竖向荷载作用下，多高层框架结构的内力可用力法、位移法等结构力学方法计算。工程设计中如采用手算，一般采用近似法。近似法一般有分层法、迭代法和系数法，此处只介绍分层法的基本概念和计算要点。

1) 基本假定

采用分层法对框架结构在竖向荷载作用下的内力进行分析时，作出如下假定：

(1) 竖向荷载作用下，框架结构的侧移很小，可忽略不计。

(2) 框架梁上的竖向荷载只对本层的梁及与本层梁相连的柱产生弯矩和剪力，对其他各层梁、柱的影响可忽略不计。

根据上述假定，可以把一个 n 层框架分解为 n 个只带一层横梁的框架，如图 3-5 所示。其中第 i 个框架包含第 i 层的框架梁以及与这些梁相连的柱。各层梁跨度与柱高和原结构相同，各个柱端均假定为固端。各单独框架的内力可用力矩分配法计算求得。原框架的内力即为这 n 个单独框架的内力叠加。

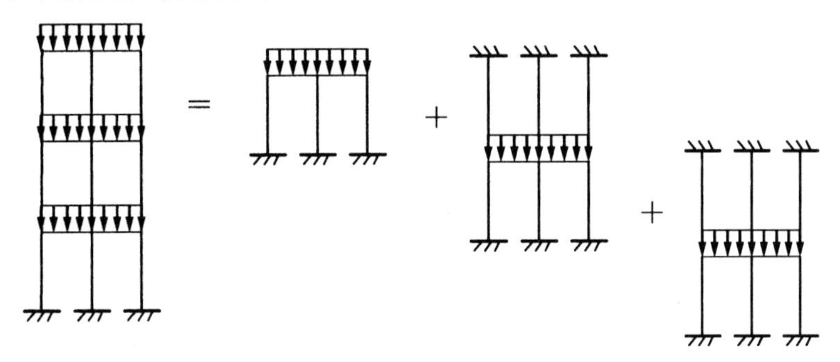

图 3-5 分层法框架分解图

2）计算步骤

采用分层法计算的具体步骤如下：

（1）计算各层梁上竖向荷载值和梁的固端弯矩。

（2）将框架分层，各层梁跨度、柱高均与原结构相同，柱端假定为固端。

（3）计算梁柱线刚度。其中，除底层外，上层各柱线刚度均乘以 0.9 的修正系数，如图 3-6 所示。

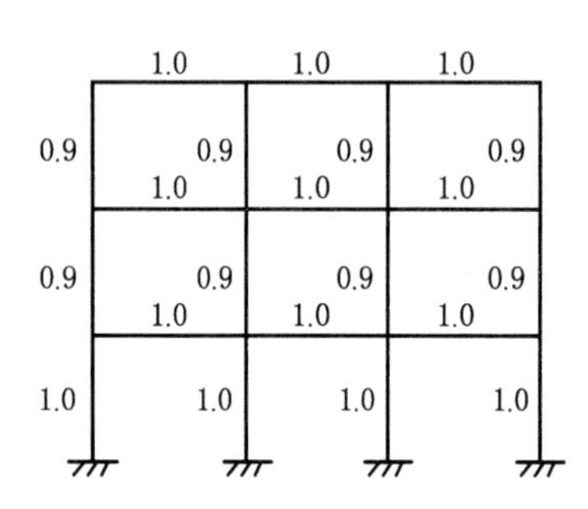

图 3-6　折减系数取值示意图

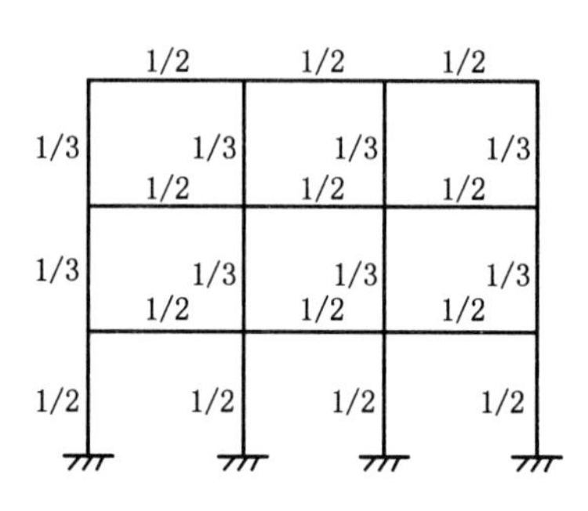

图 3-7　传递系数取值示意图

（4）计算梁柱节点处各杆端的弯矩分配系数和传递系数，如图 3-7 所示。按修正后的刚度计算各节点周围杆件的杆端弯矩分配系数。除底层柱传递系数为 1/2 外，其余各层柱端弯矩传递系数为 1/3。各层梁的传递系数也取 1/2。

（5）按力矩分配法计算单层梁、柱弯矩。

（6）将分层计算得到的，属于同一层柱的柱端弯矩叠加得到柱的弯矩。

柱的轴力可由其上柱传来的竖向荷载和本层轴力叠加得到。

一般情况下，用分层法求得的弯矩图，在框架节点处会出现弯矩不平衡，即节点处弯矩之和不等于零的情况。这是由于分层计算单元与实际结构不符所带来的误差。如果需要更精确的结果，可将节点的不平衡弯矩再次进行分配。

【例 3-1】 图 3-8 所示为两层两跨框架，试用分层法计算框架各杆件的弯矩。图中括号内的数字为杆件的线刚度值。

【解】（1）计算各层梁的固端弯矩。

$$M_{GH} = -M_{HG} = -\frac{1}{12} \times 2.8 \times 7.5^2 = -13.13\ \text{kN} \cdot \text{m}$$

$$M_{HI} = -M_{IH} = -\frac{1}{12} \times 2.8 \times 5.6^2 = -7.32\ \text{kN} \cdot \text{m}$$

$$M_{DE} = -M_{ED} = -\frac{1}{12} \times 3.8 \times 7.5^2 = -17.81\ \text{kN} \cdot \text{m}$$

$$M_{EF} = -M_{FE} = -\frac{1}{12} \times 3.4 \times 5.6^2 = -8.89\ \text{kN} \cdot \text{m}$$

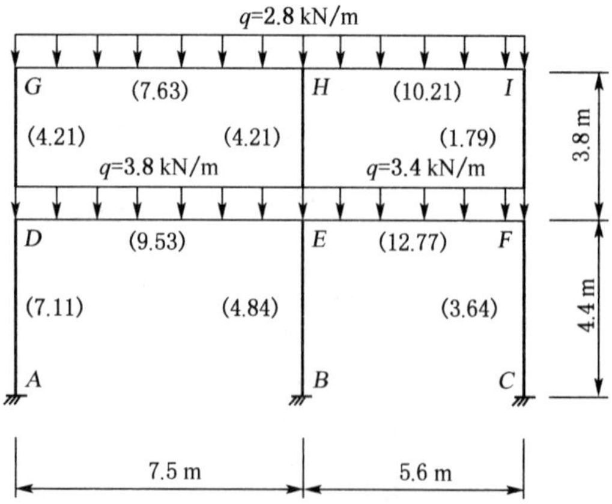

图 3-8　框架计算简图

（2）分层：将原框架分为两个敞口框架，如图 3-9 所示。

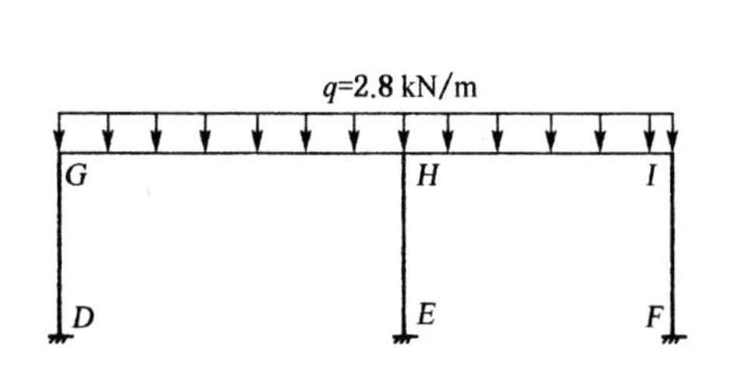

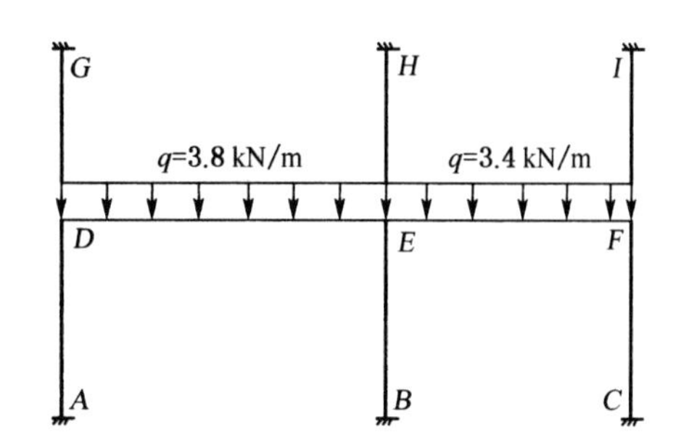

图 3-9 框架分解图

(3) 计算各节点刚度分配系数。其中，二层柱线刚度均乘以 0.9 后再分配。

(4) 用力矩分配法分别计算两个敞口框架的弯矩，如图 3-10 和图 3-11 所示。其中，除底层柱传递系数为 1/2 外，其余各层柱端弯矩传递系数为 1/3。各层梁的传递系数也取 1/2。

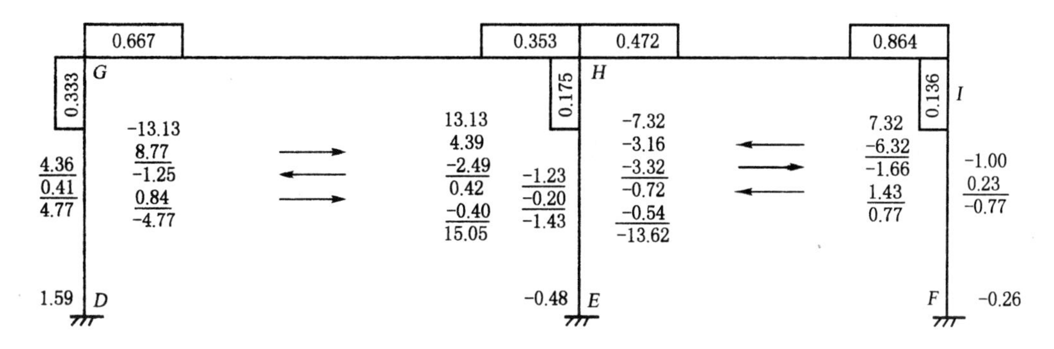

图 3-10 顶层框架力矩分配过程

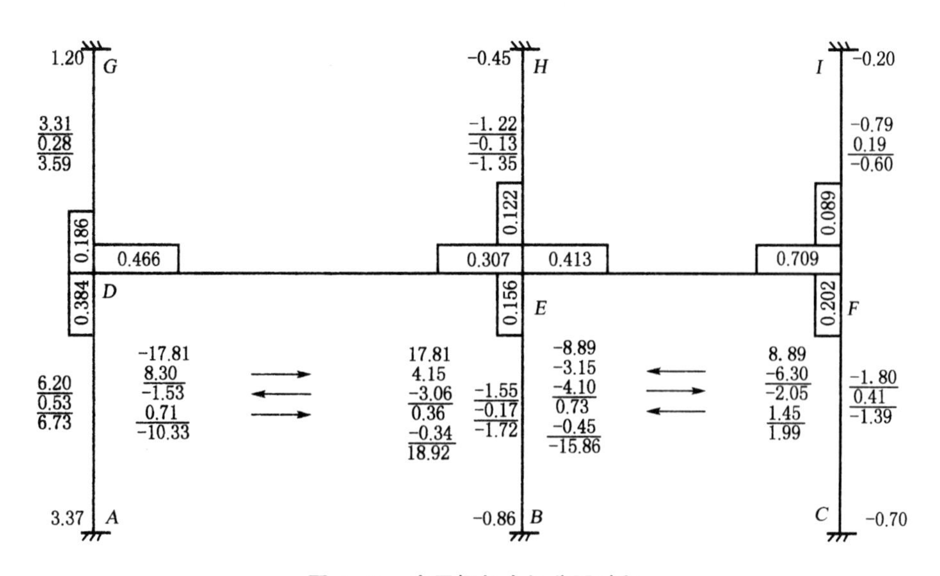

图 3-11 底层框架力矩分配过程

(5) 将图 3-10 和图 3-11 的计算结果叠加，即可得最终弯矩图，如图 3-12 所示。

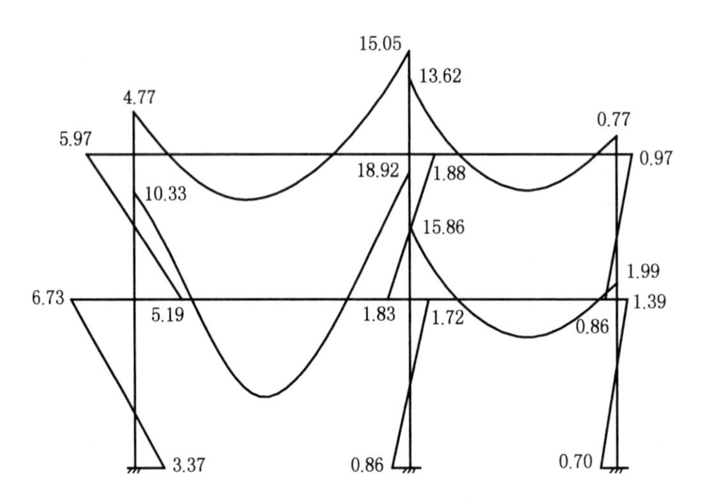

图 3-12 最终弯矩图(单位:kN·m)

3.2.3 水平荷载作用下内力及侧移计算

对于比较规则的、层数不多的框架结构,当柱轴向变形对内力及位移影响不大时,可采用 D 值法或反弯点法计算水平荷载作用下的框架内力及位移。

1) 反弯点法

(1) 基本假定

① 梁的线刚度与柱的线刚度之比为无限大。

② 假定底层柱的反弯点位于距下支座 2/3 层高处,其他层框架柱的反弯点均位于层高的中点。

反弯点法实质上是不考虑框架节点转动对框架侧移的影响。对于层数较少、楼面荷载较大的框架结构,由于柱的截面尺寸较小,而梁的刚度较大,假定(1)与实际情况较为相符。一般认为,当梁的线刚度与柱的线刚度之比超过 3 时,由于上述假定所引起的误差能够满足工程设计的精度要求。

柱的抗侧刚度用 d 表示,按下式计算:

$$d = \frac{12 i_c}{h^2} \tag{3-8}$$

(2) 计算步骤

① 根据作用在框架结构上的水平荷载,由平衡条件计算各楼层的层间剪力:

$$V_i = \sum_{j=i}^{n} F_j \tag{3-9}$$

式中:V_i——外荷载在第 i 层产生的楼层剪力;

F_j——第 j 层的水平荷载;

n——总楼层数。

② 计算各梁、柱的线刚度。

③ 按式(3-8),计算各柱侧移刚度 d_{ij}。d_{ij} 为第 i 层第 j 根柱的抗侧刚度。

④ 按柱的抗侧刚度比例,将层间剪力分配到各柱上:

$$V_{ij}=\frac{d_{ij}}{\sum_{j=1}^{m}d_{ij}}V_i \tag{3-10}$$

式中:V_{ij}——第 i 层第 j 根柱分配到的剪力;

$\sum_{j=1}^{m}d_{ij}$ ——第 i 层柱的抗侧刚度之和,m 为第 i 层的总柱数。

⑤ 确定柱的反弯点高度。

⑥ 根据各柱分配到的剪力及反弯点高度计算柱端弯矩。

对于底层柱 $(i=1)$:

上端 $$M_{1c}^{t}=V_{1j}\cdot h_1/3 \tag{3-11}$$

下端 $$M_{1c}^{b}=V_{1j}\cdot 2h_1/3 \tag{3-12}$$

对于其他层柱,上、下端相同:

$$M_{c}^{t}=M_{c}^{b}=V_{ij}\cdot h_i/2 \tag{3-13}$$

⑦ 由柱端弯矩,根据节点平衡可计算梁端弯矩,其中,左、右梁端弯矩按左、右梁线刚度比例分配:

$$M_{b}^{l}=(M_{c}^{t}+M_{c}^{b})\frac{i_{b1}}{i_{b1}+i_{b2}} \tag{3-14}$$

$$M_{b}^{r}=(M_{c}^{t}+M_{c}^{b})\frac{i_{b2}}{i_{b1}+i_{b2}} \tag{3-15}$$

⑧ 根据力的平衡原理,由梁端弯矩可求出梁端剪力及梁跨中弯矩:

$$V_{b}=\frac{M_{b}^{l}+M_{b}^{r}}{l} \tag{3-16}$$

⑨ 根据梁端剪力,计算柱轴力。

边柱轴力为各层梁端剪力按楼层叠加,中柱轴力为柱两侧梁端剪力之差,也按层叠加。

2) D 值法

D 值法也称为修正的反弯点法。它是在反弯点法的基础上做了两处修正:一是修正了反弯点高度;二是修正了柱的抗侧刚度。修正后的柱抗侧刚度用 D 表示,所以此法称为 D 值法。

(1) 修正后的柱抗侧刚度计算

柱的抗侧刚度是指当柱上、下端产生单位相对侧向位移时所需的剪力。考虑框架节点转动影响时,柱的抗侧刚度 D 值为

$$D=\alpha\frac{12i_c}{h^2} \tag{3-17}$$

式中:α——考虑柱上、下端节点弹性约束的修正系数,其计算方法见表 3-1;

i_c——柱的线刚度；

h——柱的计算高度。

表 3-1　柱抗侧刚度修正系数 α

楼层	边柱		中柱		α
	简图	K	简图	K	
一般层	i_1 i_c i_2	$K=\frac{i_1+i_2}{2i_c}$	i_1 i_2 i_c i_3 i_4	$K=\frac{i_1+i_2+i_3+i_4}{2i_c}$	$\alpha=\frac{K}{2+K}$
底层	i_2 i_c	$K=\frac{i_2}{i_c}$	i_1 i_2 i_c	$K=\frac{i_1+i_2}{i_c}$	$\alpha=\frac{0.5+K}{2+K}$

（2）修正后的反弯点高度确定

柱的反弯点高度是指柱反弯点至柱下端的距离。柱的反弯点位置与柱端转角有关，即与柱端约束程度有关。如果柱两端约束程度相同，即转角相同时，反弯点在柱的中点。当柱两端约束程度不同时，反弯点向约束小的一侧靠近，如图 3-13 所示。

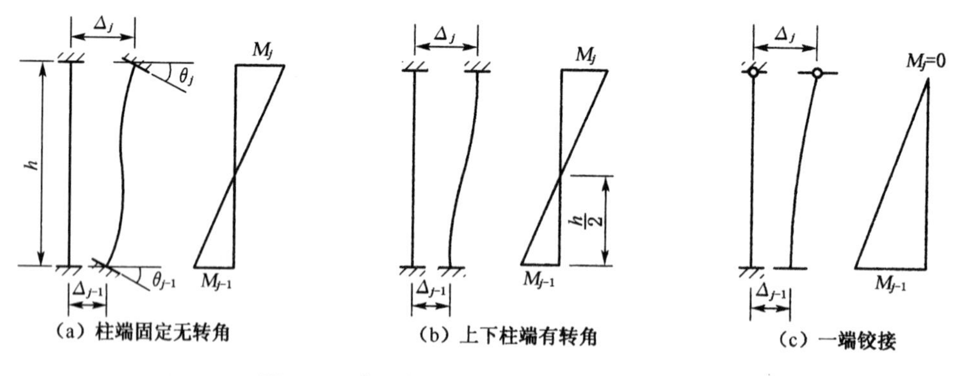

（a）柱端固定无转角　（b）上下柱端有转角　（c）一端铰接

图 3-13　框架柱端转角与内力、反弯点关系

影响柱两端转角大小的因素有：结构总层数及该层所在位置、梁柱线刚度比、侧向外荷载的形式、柱上下层横梁线刚度比、上下层层高变化等。具体确定时，可按以下公式计算：

$$yh=(y_0+y_1+y_2+y_3)h \tag{3-18}$$

式中：yh——柱反弯点高度；

y_0——标准反弯点高度比；

y_1——上、下层横梁线刚度变化时对反弯点高度比的修正；

y_2、y_3——表示上、下层层高有变化时反弯点高度比的修正。

以下介绍各参数的取值。

① 标准反弯点高度比 y_0

假定框架各层的层高相同，各框架梁与各框架柱的线刚度都相同，此时称为标准框架。标准反弯点高度比为标准框架中柱的反弯点高度与层高的比值。标准反弯点高度比与框架总层数、该柱所在层数、梁柱线刚度比及侧向荷载的形式等因素有关，由表 3-2、3-3 查得。其中，梁柱线刚度比 K 按表 3-1 计算。

② 上、下层横梁线刚度变化时对反弯点高度比的修正 y_1

若某层柱的上、下横梁线刚度不同，则横梁线刚度较小的一端对柱的约束程度小，反弯点向该侧偏移。由表 3-4 查得。

如图 3-14(a)所示，当 $i_1+i_2<i_3+i_4$ 时，令 $\alpha_1=\dfrac{i_1+i_2}{i_3+i_4}$，根据比值 α_1 和梁柱线刚度比 K 查表 3-4 得到。此时，反弯点向上偏移，y_1 取正值。

如图 3-14(b)所示，当 $i_1+i_2>i_3+i_4$ 时，查表时应取 $\alpha_1=\dfrac{i_3+i_4}{i_1+i_2}$，根据比值 α_1 和梁柱线刚度比 K 查表 3-4。此时，反弯点向下偏移，查得的 y_1 取负值。对于底层柱，不考虑 y_1 修正值，即取 $y_1=0$。

③ 上、下层层高变化时反弯点高度比的修正 y_2 和 y_3

当某柱的上层或下层层高改变时，柱上端或下端的约束程度发生变化，引起反弯点移动，如图 3-15 所示。

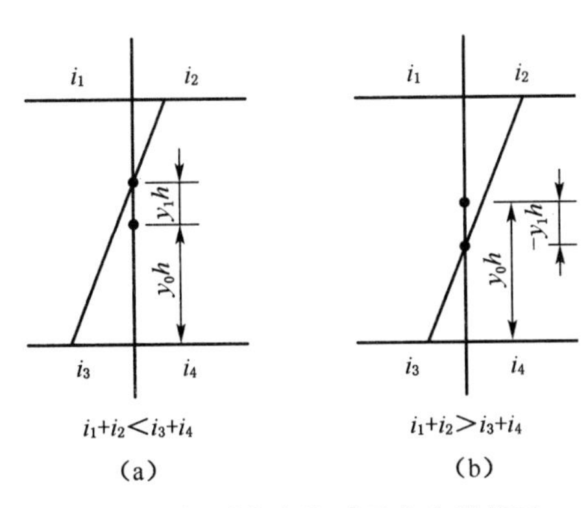

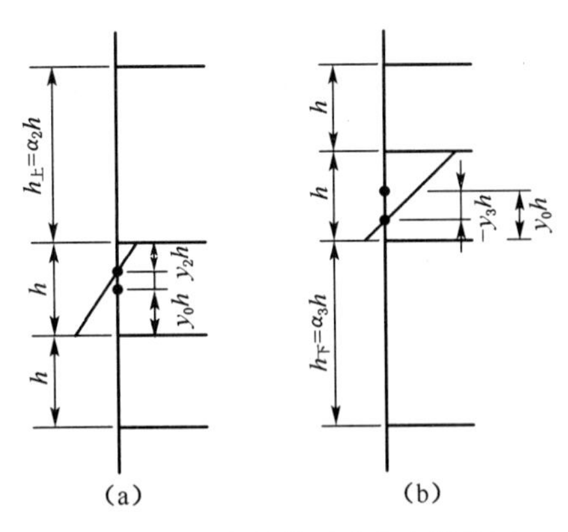

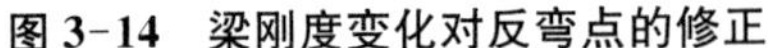

图 3-14 梁刚度变化对反弯点的修正

图 3-15 层高变化对反弯点的修正

当上层层高变化时，如图 3-15(a)所示，反弯点高度比修正值为 y_2，由表 3-5 中的 α_2 查得。上层层高变大，则上端约束程度变小，反弯点上移，y_2 取正值；反之，上层层高变小，则上端约束程度变大，反弯点下移，y_2 取负值。对于顶层柱，不考虑修正值 y_2，即取 $y_2=0$。

当下层层高变化时，如图 3-15(b)所示，反弯点高度比修正值为 y_3，由表 3-5 中的 α_3 查得。下层层高变大，则下端约束程度变小，反弯点下移，y_3 取负值；反之，y_3 取正值。对于底层柱，不考虑修正值 y_3，即取 $y_3=0$。

表 3-2　均布水平荷载下各层标准反弯点高度比 y_0

m	n	K													
		0.1	0.2	0.3	0.4	0.5	0.6	0.7	0.8	0.9	1.0	2.0	3.0	4.0	5.0
1	1	0.80	0.75	0.70	0.65	0.65	0.60	0.60	0.60	0.60	0.55	0.55	0.55	0.55	0.55
2	2	0.45	0.40	0.35	0.35	0.35	0.35	0.40	0.40	0.40	0.40	0.45	0.45	0.45	0.45
	1	0.95	0.80	0.75	0.70	0.65	0.65	0.65	0.60	0.60	0.60	0.55	0.55	0.55	0.50
3	3	0.15	0.20	0.20	0.25	0.30	0.30	0.30	0.35	0.35	0.35	0.40	0.45	0.45	0.45
	2	0.55	0.50	0.45	0.45	0.45	0.45	0.45	0.45	0.45	0.45	0.45	0.50	0.50	0.50
	1	1.00	0.85	0.80	0.75	0.70	0.70	0.65	0.65	0.65	0.60	0.55	0.55	0.55	0.55
4	4	−0.05	0.05	0.15	0.20	0.25	0.30	0.30	0.35	0.35	0.35	0.40	0.45	0.45	0.45
	3	0.25	0.30	0.30	0.35	0.35	0.40	0.40	0.40	0.40	0.45	0.45	0.50	0.50	0.50
	2	0.65	0.55	0.50	0.50	0.45	0.45	0.45	0.45	0.45	0.45	0.50	0.50	0.50	0.50
	1	1.10	0.90	0.80	0.75	0.70	0.70	0.65	0.65	0.65	0.60	0.55	0.55	0.55	0.55
5	5	−0.20	0.00	0.15	0.20	0.25	0.30	0.30	0.30	0.35	0.35	0.40	0.45	0.45	0.45
	4	0.10	0.20	0.25	0.30	0.35	0.35	0.40	0.40	0.40	0.40	0.45	0.45	0.50	0.50
	3	0.40	0.40	0.40	0.40	0.40	0.45	0.45	0.45	0.45	0.45	0.50	0.50	0.50	0.50
	2	0.65	0.55	0.50	0.50	0.50	0.50	0.50	0.50	0.50	0.50	0.50	0.50	0.50	0.50
	1	1.20	0.95	0.80	0.75	0.75	0.70	0.70	0.65	0.65	0.65	0.55	0.55	0.55	0.55
6	6	−0.30	0.00	0.10	0.20	0.25	0.25	0.30	0.30	0.35	0.35	0.40	0.45	0.45	0.45
	5	0.00	0.20	0.25	0.30	0.35	0.35	0.40	0.40	0.40	0.40	0.45	0.45	0.50	0.50
	4	0.20	0.30	0.35	0.35	0.40	0.40	0.40	0.45	0.45	0.45	0.45	0.50	0.50	0.50
	3	0.40	0.40	0.40	0.45	0.45	0.45	0.45	0.45	0.45	0.45	0.50	0.50	0.50	0.50
	2	0.70	0.60	0.55	0.50	0.50	0.50	0.50	0.50	0.50	0.50	0.50	0.50	0.50	0.50
	1	1.20	0.95	0.85	0.80	0.75	0.70	0.70	0.65	0.65	0.65	0.55	0.55	0.55	0.55
7	7	−0.35	−0.05	0.10	0.20	0.20	0.25	0.30	0.30	0.35	0.35	0.40	0.45	0.45	0.45
	6	−0.10	0.15	0.25	0.30	0.35	0.35	0.35	0.40	0.40	0.40	0.45	0.45	0.50	0.50
	5	0.10	0.25	0.30	0.35	0.40	0.40	0.40	0.45	0.45	0.45	0.50	0.50	0.50	0.50
	4	0.30	0.35	0.40	0.40	0.40	0.45	0.45	0.45	0.45	0.45	0.50	0.50	0.50	0.50
	3	0.50	0.45	0.45	0.45	0.45	0.45	0.45	0.45	0.45	0.45	0.50	0.50	0.50	0.50
	2	0.75	0.60	0.55	0.50	0.50	0.50	0.50	0.50	0.50	0.50	0.50	0.50	0.50	0.50
	1	1.20	0.95	0.85	0.80	0.75	0.70	0.70	0.65	0.65	0.65	0.55	0.55	0.55	0.55
8	8	−0.35	−0.15	0.10	0.10	0.25	0.25	0.30	0.30	0.35	0.35	0.40	0.45	0.45	0.45
	7	−0.10	0.15	0.25	0.30	0.35	0.35	0.40	0.40	0.40	0.40	0.45	0.50	0.50	0.50

续表 3-2

m	n	K													
		0.1	0.2	0.3	0.4	0.5	0.6	0.7	0.8	0.9	1.0	2.0	3.0	4.0	5.0
	6	0.05	0.25	0.30	0.35	0.40	0.40	0.40	0.45	0.45	0.45	0.45	0.50	0.50	0.50
	5	0.20	0.30	0.35	0.40	0.40	0.45	0.45	0.45	0.45	0.45	0.50	0.50	0.50	0.50
	4	0.35	0.40	0.40	0.45	0.45	0.45	0.45	0.45	0.45	0.45	0.50	0.50	0.50	0.50
	3	0.50	0.45	0.45	0.45	0.45	0.45	0.45	0.45	0.50	0.50	0.50	0.50	0.50	0.50
	2	0.75	0.60	0.55	0.55	0.50	0.50	0.50	0.50	0.50	0.50	0.50	0.50	0.50	0.50
	1	1.20	1.00	0.85	0.80	0.75	0.70	0.70	0.65	0.65	0.65	0.55	0.55	0.55	0.55
9	9	-0.40	-0.05	0.10	0.20	0.25	0.25	0.30	0.30	0.35	0.35	0.45	0.45	0.45	0.45
	8	-0.15	0.15	0.25	0.30	0.35	0.35	0.35	0.40	0.40	0.40	0.45	0.45	0.50	0.50
	7	0.05	0.25	0.30	0.35	0.40	0.40	0.40	0.45	0.45	0.45	0.45	0.50	0.50	0.50
	6	0.15	0.30	0.35	0.40	0.40	0.45	0.45	0.45	0.45	0.45	0.50	0.50	0.50	0.50
	5	0.25	0.35	0.40	0.40	0.45	0.45	0.45	0.45	0.45	0.45	0.50	0.50	0.50	0.50
	4	0.40	0.40	0.40	0.45	0.45	0.45	0.45	0.45	0.45	0.45	0.50	0.50	0.50	0.50
	3	0.55	0.45	0.45	0.45	0.45	0.45	0.45	0.45	0.50	0.50	0.50	0.50	0.50	0.50
	2	0.80	0.65	0.55	0.55	0.50	0.50	0.50	0.50	0.50	0.50	0.50	0.50	0.50	0.50
	1	1.20	1.00	0.85	0.80	0.75	0.70	0.70	0.65	0.65	0.65	0.55	0.55	0.55	0.55
10	10	-0.40	-0.05	0.10	0.20	0.25	0.30	0.30	0.30	0.30	0.35	0.40	0.45	0.45	0.45
	9	-0.15	0.15	0.25	0.30	0.35	0.35	0.40	0.40	0.40	0.40	0.45	0.45	0.50	0.50
	8	0.00	0.25	0.30	0.35	0.40	0.40	0.40	0.45	0.45	0.45	0.45	0.50	0.50	0.50
	7	0.10	0.30	0.35	0.40	0.40	0.40	0.45	0.45	0.45	0.45	0.50	0.50	0.50	0.50
	6	0.20	0.35	0.40	0.40	0.45	0.45	0.45	0.45	0.45	0.45	0.50	0.50	0.50	0.50
	5	0.30	0.40	0.40	0.45	0.45	0.45	0.45	0.45	0.45	0.50	0.50	0.50	0.50	0.50
	4	0.40	0.40	0.45	0.45	0.45	0.45	0.45	0.45	0.45	0.50	0.50	0.50	0.50	0.50
	3	0.55	0.50	0.45	0.45	0.45	0.50	0.50	0.50	0.50	0.50	0.50	0.50	0.50	0.50
	2	0.80	0.65	0.55	0.55	0.55	0.50	0.50	0.50	0.50	0.50	0.50	0.50	0.50	0.50
	1	1.30	1.00	0.85	0.80	0.75	0.70	0.70	0.65	0.65	0.65	0.60	0.55	0.55	0.55
11	11	-0.40	0.05	0.10	0.20	0.25	0.30	0.30	0.30	0.35	0.35	0.40	0.45	0.45	0.45
	10	-0.15	0.15	0.25	0.30	0.35	0.35	0.40	0.40	0.40	0.40	0.45	0.45	0.50	0.50
	9	0.00	0.25	0.30	0.35	0.40	0.40	0.40	0.45	0.45	0.45	0.45	0.50	0.50	0.50
	8	0.10	0.30	0.35	0.40	0.40	0.45	0.45	0.45	0.45	0.45	0.50	0.50	0.50	0.50
	7	0.20	0.35	0.40	0.45	0.45	0.45	0.45	0.45	0.45	0.45	0.50	0.50	0.50	0.50
	6	0.25	0.35	0.40	0.45	0.45	0.45	0.45	0.45	0.45	0.45	0.50	0.50	0.50	0.50

续表 3-2

m	n	K													
		0.1	0.2	0.3	0.4	0.5	0.6	0.7	0.8	0.9	1.0	2.0	3.0	4.0	5.0
11	5	0.35	0.40	0.40	0.45	0.45	0.45	0.45	0.45	0.45	0.50	0.50	0.50	0.50	0.50
	4	0.40	0.45	0.45	0.45	0.45	0.45	0.45	0.50	0.50	0.50	0.50	0.50	0.50	0.50
	3	0.55	0.50	0.50	0.50	0.50	0.50	0.50	0.50	0.50	0.50	0.50	0.50	0.50	0.50
	2	0.80	0.65	0.60	0.55	0.55	0.50	0.50	0.50	0.50	0.50	0.50	0.50	0.50	0.50
	1	1.30	1.00	0.85	0.80	0.75	0.70	0.70	0.65	0.65	0.65	0.60	0.55	0.55	0.55
12层以上	自上1	−0.40	−0.05	0.10	0.20	0.25	0.30	0.30	0.30	0.35	0.35	0.40	0.45	0.45	0.45
	2	−0.15	0.15	0.25	0.30	0.35	0.35	0.40	0.40	0.40	0.40	0.45	0.45	0.50	0.50
	3	0.00	0.25	0.30	0.35	0.40	0.40	0.40	0.45	0.45	0.45	0.50	0.50	0.50	0.50
	4	0.10	0.30	0.35	0.40	0.4	0.45	0.45	0.45	0.45	0.45	0.5	0.5	0.5	0.5
	5	0.20	0.35	0.40	0.40	0.45	0.45	0.45	0.45	0.45	0.45	0.50	0.50	0.50	0.50
	6	0.25	0.35	0.40	0.45	0.45	0.45	0.45	0.45	0.45	0.45	0.50	0.50	0.50	0.50
	7	0.30	0.40	0.40	0.45	0.45	0.45	0.45	0.45	0.50	0.50	0.50	0.50	0.50	0.50
	8	0.35	0.40	0.45	0.45	0.45	0.45	0.45	0.50	0.50	0.50	0.50	0.50	0.50	0.50
	中间	0.40	0.40	0.45	0.45	0.45	0.45	0.50	0.50	0.50	0.50	0.50	0.50	0.50	0.50
	4	0.45	0.45	0.45	0.45	0.50	0.50	0.50	0.50	0.50	0.50	0.50	0.50	0.50	0.50
	3	0.60	0.50	0.50	0.50	0.50	0.50	0.50	0.50	0.50	0.50	0.50	0.50	0.50	0.50
	2	0.80	0.65	0.60	0.55	0.55	0.50	0.50	0.50	0.50	0.50	0.50	0.50	0.50	0.50
	自下1	1.30	1.00	0.85	0.80	0.75	0.70	0.70	0.65	0.65	0.55	0.55	0.55	0.55	0.55

注：m 为总层数；n 为所在楼层的位置；K 为平均线刚度比。

表 3-3 倒三角形分布水平荷载下各层柱标准反弯点高度比 y_0

m	n	K													
		0.1	0.2	0.3	0.4	0.5	0.6	0.7	0.8	0.9	1.0	2.0	3.0	4.0	5.0
1	1	0.80	0.75	0.70	0.65	0.65	0.60	0.60	0.60	0.60	0.55	0.55	0.55	0.55	0.55
2	2	0.50	0.45	0.40	0.40	0.40	0.40	0.40	0.40	0.40	0.45	0.45	0.45	0.45	0.50
	1	1.00	0.85	0.75	0.70	0.70	0.65	0.65	0.65	0.60	0.60	0.55	0.55	0.55	0.55
3	3	0.25	0.25	0.25	0.30	0.30	0.35	0.35	0.35	0.40	0.40	0.45	0.45	0.45	0.50
	2	0.60	0.50	0.50	0.50	0.50	0.45	0.45	0.45	0.45	0.45	0.50	0.50	0.50	0.50
	1	1.15	0.90	0.80	0.75	0.75	0.70	0.70	0.65	0.65	0.65	0.60	0.55	0.55	0.55
4	4	0.10	0.15	0.20	0.25	0.30	0.30	0.35	0.35	0.35	0.40	0.45	0.45	0.45	0.45
	3	0.35	0.35	0.35	0.40	0.40	0.40	0.40	0.45	0.45	0.45	0.45	0.50	0.50	0.50

续表 3-3

m	n	K													
		0.1	0.2	0.3	0.4	0.5	0.6	0.7	0.8	0.9	1.0	2.0	3.0	4.0	5.0
4	2	0.70	0.60	0.55	0.50	0.50	0.50	0.50	0.50	0.50	0.50	0.50	0.50	0.50	0.50
	1	1.20	0.95	0.85	0.80	0.75	0.70	0.70	0.70	0.65	0.65	0.55	0.55	0.55	0.50
5	5	−0.05	0.10	0.20	0.25	0.30	0.30	0.35	0.35	0.35	0.35	0.40	0.45	0.45	0.45
	4	0.20	0.25	0.35	0.35	0.40	0.40	0.40	0.40	0.40	0.45	0.45	0.50	0.50	0.50
	3	0.45	0.40	0.45	0.45	0.45	0.45	0.45	0.45	0.45	0.45	0.50	0.50	0.50	0.50
	2	0.75	0.60	0.55	0.55	0.50	0.50	0.50	0.60	0.50	0.50	0.50	0.50	0.50	0.50
	1	1.30	1.00	0.85	0.80	0.75	0.70	0.70	0.65	0.65	0.65	0.65	0.55	0.55	0.55
6	6	−0.15	0.05	0.15	0.20	0.25	0.30	0.30	0.35	0.35	0.35	0.40	0.45	0.45	0.45
	5	0.10	0.25	0.30	0.35	0.35	0.40	0.40	0.40	0.45	0.45	0.45	0.50	0.50	0.50
	4	0.30	0.35	0.40	0.40	0.45	0.45	0.45	0.45	0.45	0.45	0.50	0.50	0.50	0.50
	3	0.50	0.45	0.45	0.45	0.45	0.45	0.45	0.45	0.45	0.50	0.50	0.50	0.50	0.50
	2	0.80	0.65	0.55	0.55	0.55	0.55	0.50	0.50	0.50	0.50	0.50	0.50	0.50	0.50
	1	1.30	1.00	0.85	0.80	0.75	0.70	0.70	0.65	0.65	0.65	0.60	0.55	0.55	0.55
7	7	−0.20	0.05	0.15	0.20	0.25	0.30	0.30	0.35	0.35	0.35	0.45	0.45	0.45	0.45
	6	0.05	0.20	0.30	0.35	0.35	0.40	0.40	0.40	0.40	0.45	0.45	0.50	0.50	0.50
	5	0.20	0.30	0.35	0.40	0.40	0.45	0.45	0.45	0.45	0.45	0.50	0.50	0.50	0.50
	4	0.35	0.40	0.40	0.45	0.45	0.45	0.45	0.45	0.45	0.45	0.50	0.50	0.50	0.50
	3	0.55	0.50	0.50	0.50	0.50	0.50	0.50	0.50	0.50	0.50	0.50	0.50	0.50	0.50
	2	0.80	0.65	0.60	0.55	0.55	0.55	0.50	0.50	0.50	0.50	0.50	0.50	0.50	0.50
	1	1.30	1.00	0.90	0.80	0.75	0.70	0.70	0.70	0.65	0.65	0.60	0.55	0.55	0.55
8	8	−0.20	0.05	0.15	0.20	0.25	0.30	0.30	0.35	0.35	0.35	0.45	0.45	0.45	0.45
	7	0.00	0.20	0.30	0.35	0.35	0.40	0.40	0.40	0.40	0.45	0.45	0.50	0.50	0.50
	6	0.15	0.30	0.35	0.40	0.40	0.45	0.45	0.45	0.45	0.45	0.50	0.50	0.50	0.50
	5	0.30	0.45	0.40	0.45	0.45	0.45	0.45	0.45	0.45	0.45	0.50	0.50	0.50	0.50
	4	0.40	0.45	0.45	0.45	0.45	0.45	0.45	0.50	0.50	0.50	0.50	0.50	0.50	0.50
	3	0.60	0.50	0.50	0.50	0.50	0.50	0.50	0.50	0.50	0.50	0.50	0.50	0.50	0.50
	2	0.85	0.65	0.60	0.55	0.55	0.55	0.50	0.50	0.50	0.50	0.50	0.50	0.50	0.50
	1	1.30	1.00	0.90	0.80	0.75	0.70	0.70	0.70	0.65	0.65	0.60	0.55	0.55	0.55
9	9	−0.25	0.00	0.15	0.20	0.25	0.30	0.30	0.35	0.35	0.40	0.45	0.45	0.45	0.45
	8	0.00	0.20	0.30	0.35	0.35	0.40	0.40	0.40	0.40	0.45	0.45	0.50	0.50	0.50
	7	0.15	0.30	0.35	0.40	0.40	0.45	0.45	0.45	0.45	0.45	0.50	0.50	0.50	0.50

续表 3-3

m	n	K													
		0.1	0.2	0.3	0.4	0.5	0.6	0.7	0.8	0.9	1.0	2.0	3.0	4.0	5.0
9	6	0.25	0.35	0.40	0.40	0.45	0.45	0.45	0.45	0.45	0.50	0.50	0.50	0.50	0.50
	5	0.35	0.40	0.45	0.45	0.45	0.45	0.45	0.45	0.50	0.50	0.50	0.50	0.50	0.50
	4	0.45	0.45	0.45	0.45	0.45	0.50	0.50	0.50	0.50	0.50	0.50	0.50	0.50	0.50
	3	0.65	0.50	0.50	0.50	0.50	0.50	0.50	0.50	0.50	0.50	0.50	0.50	0.50	0.50
	2	0.80	0.65	0.65	0.55	0.55	0.55	0.55	0.50	0.50	0.50	0.50	0.50	0.50	0.50
	1	1.35	1.00	1.00	0.80	0.75	0.75	0.70	0.70	0.65	0.65	0.60	0.55	0.55	0.55
10	10	−0.25	0.00	0.15	0.20	0.25	0.30	0.30	0.35	0.35	0.40	0.45	0.45	0.45	0.45
	9	−0.05	0.20	0.30	0.35	0.35	0.40	0.40	0.40	0.40	0.45	0.45	0.50	0.50	0.50
	8	0.10	0.30	0.35	0.40	0.40	0.40	0.45	0.45	0.45	0.45	0.50	0.50	0.50	0.50
	7	0.20	0.35	0.40	0.40	0.45	0.45	0.45	0.45	0.45	0.50	0.50	0.50	0.50	0.50
	6	0.30	0.40	0.40	0.45	0.45	0.45	0.45	0.45	0.45	0.50	0.50	0.50	0.50	0.50
	5	0.40	0.45	0.45	0.45	0.45	0.45	0.45	0.50	0.50	0.50	0.50	0.50	0.50	0.50
	4	0.50	0.45	0.45	0.45	0.50	0.50	0.50	0.50	0.50	0.50	0.50	0.50	0.50	0.50
	3	0.60	0.55	0.50	0.50	0.50	0.50	0.50	0.50	0.50	0.50	0.50	0.50	0.50	0.50
	2	0.85	0.65	0.60	0.55	0.55	0.55	0.55	0.50	0.50	0.50	0.50	0.50	0.50	0.50
	1	1.35	1.00	0.90	0.80	0.75	0.75	0.70	0.70	0.65	0.65	0.60	0.55	0.55	0.55
11	11	−0.25	0.00	0.15	0.20	0.25	0.30	0.30	0.30	0.35	0.35	0.45	0.45	0.45	0.45
	10	−0.05	0.20	0.25	0.30	0.35	0.40	0.40	0.40	0.40	0.45	0.45	0.50	0.50	0.50
	9	0.10	0.30	0.35	0.40	0.40	0.40	0.45	0.45	0.45	0.45	0.50	0.50	0.50	0.50
	8	0.20	0.35	0.40	0.40	0.45	0.45	0.45	0.45	0.45	0.45	0.50	0.50	0.50	0.50
	7	0.25	0.40	0.40	0.45	0.45	0.45	0.45	0.45	0.45	0.50	0.50	0.50	0.50	0.50
	6	0.35	0.40	0.45	0.45	0.45	0.45	0.45	0.50	0.50	0.50	0.50	0.50	0.50	0.50
	5	0.40	0.44	0.45	0.45	0.45	0.50	0.50	0.50	0.50	0.50	0.50	0.50	0.50	0.50
	4	0.50	0.50	0.50	0.50	0.50	0.50	0.50	0.50	0.50	0.50	0.50	0.50	0.50	0.50
	3	0.65	0.55	0.50	0.50	0.50	0.50	0.50	0.50	0.50	0.50	0.50	0.50	0.50	0.50
	2	0.85	0.65	0.60	0.55	0.55	0.55	0.55	0.50	0.50	0.50	0.50	0.50	0.50	0.50
	1	1.35	1.00	0.90	0.80	0.75	0.75	0.70	0.70	0.65	0.65	0.60	0.55	0.55	0.55
12层以上	自上1	−0.30	0.00	0.15	0.20	0.25	0.30	0.30	0.30	0.35	0.35	0.40	0.45	0.45	0.45
	2	−0.10	0.20	0.25	0.30	0.35	0.40	0.40	0.40	0.40	0.40	0.45	0.45	0.45	0.50
	3	0.05	0.25	0.35	0.40	0.40	0.40	0.45	0.45	0.45	0.45	0.45	0.50	0.50	0.50
	4	0.15	0.30	0.40	0.40	0.45	0.45	0.45	0.45	0.45	0.45	0.45	0.50	0.50	0.50

续表 3-3

m	n	K													
		0.1	0.2	0.3	0.4	0.5	0.6	0.7	0.8	0.9	1.0	2.0	3.0	4.0	5.0
12层以上	5	0.25	0.30	0.40	0.45	0.45	0.45	0.45	0.45	0.45	0.45	0.50	0.50	0.50	0.50
	6	0.30	0.40	0.40	0.45	0.45	0.45	0.45	0.50	0.50	0.50	0.50	0.50	0.50	0.50
	7	0.35	0.40	0.40	0.45	0.45	0.45	0.50	0.50	0.50	0.50	0.50	0.50	0.50	0.50
	8	0.35	0.45	0.45	0.45	0.50	0.50	0.50	0.50	0.50	0.50	0.50	0.50	0.50	0.50
	中间	0.45	0.45	0.45	0.50	0.50	0.50	0.50	0.50	0.50	0.50	0.50	0.50	0.50	0.50
	4	0.55	0.50	0.50	0.50	0.50	0.50	0.50	0.50	0.50	0.50	0.50	0.50	0.50	0.50
	3	0.65	0.55	0.50	0.50	0.50	0.50	0.50	0.50	0.50	0.50	0.50	0.50	0.50	0.50
	2	0.70	0.70	0.60	0.55	0.55	0.55	0.55	0.50	0.50	0.50	0.50	0.50	0.50	0.50
	自下1	1.35	1.05	0.90	0.80	0.75	0.70	0.70	0.70	0.65	0.65	0.60	0.55	0.55	0.55

表 3-4 上、下梁相对刚度变化的修正值 y_1

α_1	K													
	0.1	0.2	0.3	0.4	0.5	0.6	0.7	0.8	0.9	1.0	2.0	3.0	4.0	5.0
0.4	0.55	0.40	0.30	0.25	0.20	0.20	0.20	0.15	0.15	0.15	0.05	0.05	0.05	0.05
0.5	0.45	0.30	0.20	0.20	0.20	0.15	0.15	0.10	0.10	0.10	0.05	0.05	0.05	0.05
0.6	0.30	0.20	0.15	0.15	0.10	0.10	0.10	0.10	0.05	0.05	0.05	0.05	0.00	0.00
0.7	0.20	0.15	0.10	0.10	0.10	0.05	0.05	0.05	0.05	0.05	0.05	0.00	0.00	0.00
0.8	0.15	0.10	0.05	0.05	0.05	0.05	0.05	0.05	0.05	0.00	0.00	0.00	0.00	0.00
0.9	0.05	0.05	0.05	0.05	0.00	0.00	0.00	0.00	0.00	0.00	0.00	0.00	0.00	0.00

表 3-5 上、下层高不同的修正值 y_2 和 y_3

α_2	α_3	K													
		0.1	0.2	0.3	0.4	0.5	0.6	0.7	0.8	0.9	1.0	2.0	3.0	4.0	5.0
2.0		0.25	0.15	0.15	0.10	0.10	0.10	0.10	0.10	0.05	0.05	0.05	0.05	0.00	0.00
1.8		0.20	0.15	0.10	0.10	0.10	0.05	0.05	0.05	0.05	0.05	0.05	0.00	0.00	0.00
1.6	0.4	0.15	0.10	0.10	0.05	0.05	0.05	0.05	0.05	0.05	0.05	0.00	0.00	0.00	0.00
1.4	0.6	0.10	0.05	0.05	0.05	0.05	0.05	0.05	0.05	0.05	0.00	0.00	0.00	0.00	0.00
1.2	0.8	0.05	0.05	0.05	0.00	0.00	0.00	0.00	0.00	0.00	0.00	0.00	0.00	0.00	0.00
1.0	1.0	0.00	0.00	0.00	0.00	0.00	0.00	0.00	0.00	0.00	0.00	0.00	0.00	0.00	0.00
0.8	1.2	−0.05	−0.05	−0.05	0.00	0.00	0.00	0.00	0.00	0.00	0.00	0.00	0.00	0.00	0.00
0.6	1.4	−0.10	−0.05	−0.05	−0.05	−0.05	−0.05	−0.05	−0.05	−0.05	0.00	0.00	0.00	0.00	0.00
0.4	1.6	−0.15	−0.10	−0.10	−0.05	−0.05	−0.05	−0.05	−0.05	−0.05	−0.05	0.00	0.00	0.00	0.00
	1.8	−0.20	−0.15	−0.10	−0.10	−0.10	−0.05	−0.05	−0.05	−0.05	−0.05	−0.05	0.00	0.00	0.00
	2.0	−0.25	−0.15	−0.15	−0.10	−0.10	−0.10	−0.10	−0.10	−0.05	−0.05	−0.05	−0.05	0.00	0.00

(3) 计算步骤

D 值法计算内力的步骤同反弯点法类同,在几个步骤中需要调整:

① 同反弯点法步骤①。

② 同反弯点法步骤②。

③ 按式(3-17)计算各柱侧移刚度 D_{ij}、D_{ij} 表示第 i 层第 j 根柱的抗侧刚度。

④ 按柱的抗侧刚度比例,将层间剪力分配到各柱上:

$$V_{ij} = \frac{D_{ij}}{\sum_{j=1}^{m} D_{ij}} V_i \tag{3-19}$$

式中:$\sum_{j=1}^{m} D_{ij}$ ——第 i 层柱的抗侧刚度之和,m 为第 i 层的总柱数。

⑤ 确定柱的反弯点高度,按式(3-18)及相应的表格计算。

⑥ 根据各柱分配到的剪力及反弯点高度计算柱端弯矩:

上端 $$M_c^t = V_{ij} h \times (1-y) \tag{3-20}$$

下端 $$M_c^b = V_{ij} \times yh \tag{3-21}$$

⑦ 同反弯点法步骤⑦。

⑧ 同反弯点法步骤⑧。

⑨ 同反弯点法步骤⑨。

D 值法是更为一般的方法,普遍适用。而反弯点法是 D 值法的特例,只在层数很少的多层框架中适用。工程中常用梁柱线刚度比判断,当梁柱线刚度比为 3～5 时,可用反弯点法,反之,则采用 D 值法。

【例 3-2】 已知框架计算简图如图 3-16 所示,用 D 值法计算框架内力并绘制弯矩图。

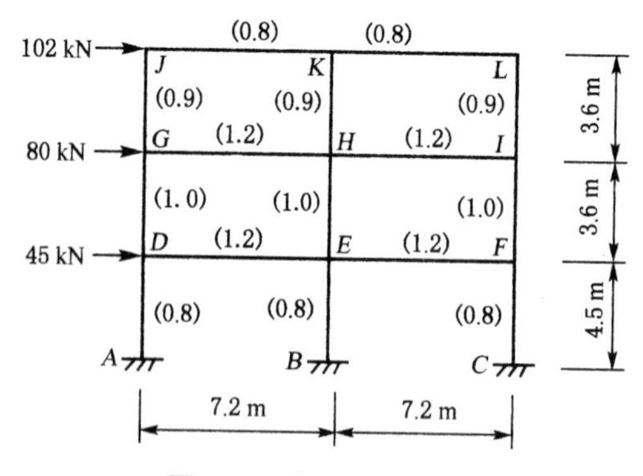

图 3-16　框架计算简图

【解】 (1) 求各楼层层间剪力

$V_3 = 102$ kN, $V_2 = 102 + 80 = 182$ kN, $V_1 = 102 + 80 + 45 = 227$ kN

(2) 求各柱的剪力值

① 三层

边柱:查表 3-1, $K = \frac{0.8+1.2}{0.9\times 2} = 1.11$, $\alpha = \frac{K}{2+K} = \frac{1.11}{2+1.11} = 0.357$

$$D_3^b = \alpha \frac{12i_c}{h^2} = 0.357 \times \frac{12 \times 0.9}{3.6^2} = 0.298$$

中柱：查表 3-1，$K = \dfrac{0.8 \times 2 + 1.2 \times 2}{0.9 \times 2} = 2.22$，$\alpha = \dfrac{K}{2+K} = \dfrac{2.22}{2+2.22} = 0.526$

$$D_3^z = \alpha \frac{12i_c}{h^2} = 0.526 \times \frac{12 \times 0.9}{3.6^2} = 0.438$$

三层柱的抗侧刚度之和 $\sum D_3 = 0.298 \times 2 + 0.438 = 1.034$

边柱分配到的剪力 $V_3^b = \dfrac{D_3^b}{\sum D_3} V_3 = \dfrac{0.298}{1.034} \times 102 = 29.4\ \text{kN}$

中柱分配到的剪力 $V_3^z = \dfrac{D_3^z}{\sum D_3} V_3 = \dfrac{0.438}{1.034} \times 102 = 43.2\ \text{kN}$

② 二层

边柱：$K = \dfrac{1.2 + 1.2}{1.0 \times 2} = 1.2$，$\alpha = \dfrac{K}{2+K} = \dfrac{1.2}{2+1.2} = 0.375$

$$D_2^b = 0.375 \times \frac{12 \times 1.0}{3.6^2} = 0.347$$

中柱：$K = \dfrac{1.2 \times 4}{1.0 \times 2} = 2.4$，$\alpha = \dfrac{K}{2+K} = \dfrac{2.4}{2+2.4} = 0.545$

$$D_2^z = 0.545 \times \frac{12 \times 1.0}{3.6^2} = 0.505$$

二层柱的抗侧刚度之和 $\sum D_2 = 0.347 \times 2 + 0.505 = 1.199$

边柱分配到的剪力 $V_2^b = \dfrac{D_2^b}{\sum D_2} V_2 = \dfrac{0.347}{1.199} \times 182 = 52.7\ \text{kN}$

中柱分配到的剪力 $V_2^z = \dfrac{D_2^z}{\sum D_2} V_2 = \dfrac{0.505}{1.199} \times 182 = 76.7\ \text{kN}$

③ 一层

边柱：$K = \dfrac{1.2}{0.8} = 1.5$，$\alpha = \dfrac{0.5+K}{2+K} = \dfrac{0.5+1.5}{2+1.5} = 0.571$

$$D_1^b = 0.571 \times \frac{12 \times 0.8}{4.5^2} = 0.271$$

中柱：$K = \dfrac{1.2 \times 2}{0.8} = 3$，$\alpha = \dfrac{0.5+K}{2+K} = \dfrac{0.5+3}{2+3} = 0.7$

$$D_1^z = 0.7 \times \frac{12 \times 0.8}{4.5^2} = 0.332$$

一层柱的抗侧刚度之和 $\sum D_1 = 0.271 \times 2 + 0.332 = 0.874$

边柱分配到的剪力　　$V_1^b = \frac{D_1^b}{\sum D_1} V_1 = \frac{0.271}{0.874} \times 227 = 70.4\ \text{kN}$

中柱分配到的剪力　　$V_1^z = \frac{D_1^z}{\sum D_1} V_1 = \frac{0.332}{0.874} \times 227 = 86.2\ \text{kN}$

(3) 求各柱的反弯点高度

① 三层

边柱：查表 3-3，$m = 3, n = 3, K = 1.11$，得 $y_0 = 0.4055$

查表 3-4，$\alpha_1 = \frac{0.8}{1.2} = 0.67$，得 $y_1 = 0.05$

又顶层柱，$y_2 = 0$；下层层高不变，有 $y_3 = 0$

反弯点高度为：$yh = (y_0 + y_1)h = (0.4055 + 0.05) \times 3.6 = 1.64\ \text{m}$

中柱：查表 3-3，$m = 3, n = 3, K = 2.22$，得 $y_0 = 0.45$

与边柱同，$y_1 = 0.05, y_2 = 0, y_3 = 0$

反弯点高度为：$yh = (y_0 + y_1)h = (0.45 + 0.05) \times 3.6 = 1.8\ \text{m}$

② 二层

边柱：查表 3-3，$m = 3, n = 2, K = 1.2$，得 $y_0 = 0.46$

因二层上、下横梁线刚度不变，得 $y_1 = 0$；上层层高与本层同，得 $y_2 = 0$；

下层层高与本层不同，查表 3-5，$\alpha_3 = \frac{4.5}{3.6} = 1.25$，得 $y_3 = 0$

反弯点高度为：$yh = y_0 h = 0.46 \times 3.6 = 1.66\ \text{m}$

中柱：查表 3-3，$m = 3, n = 2, K = 2.4$，得 $y_0 = 0.5$

与边柱同，$y_1 = 0, y_2 = 0, y_3 = 0$

反弯点高度为：$yh = y_0 h = 0.5 \times 3.6 = 1.8\ \text{m}$

③ 一层

边柱：查表 3-3，$m = 3, n = 1, K = 1.5$，得 $y_0 = 0.6$

底层柱，不考虑修正值 y_1，即 $y_1 = 0$；

上层层高与本层不同，查表 3-5，$\alpha_2 = \frac{3.6}{4.5} = 0.8$，得 $y_2 = 0$；

底层柱不考虑修正值 y_3，即 $y_3 = 0$；

反弯点高度为：$yh = y_0 h = 0.6 \times 4.5 = 2.7\ \text{m}$

中柱：查表 3-3，$m = 3, n = 1, K = 3$，得 $y_0 = 0.55$

与边柱同，$y_1 = 0, y_2 = 0, y_3 = 0$

反弯点高度为：$yh = y_0 h = 0.55 \times 4.5 = 2.48\ \text{m}$

(4) 求各柱的柱端弯矩

以第三层为例：

边柱　　$M_{GJ} = M_{IL} = V_3^b \times yh = 29.4 \times 1.64 = 48.2\ \text{kN} \cdot \text{m}$

$M_{JG} = M_{LI} = V_3^b \times (h - yh) = 29.4 \times (3.6 - 1.64) = 57.6\ \text{kN} \cdot \text{m}$

中柱　　$M_{HK} = V_3^b \times yh = 43.2 \times 1.8 = 77.8\ \text{kN} \cdot \text{m}$

$$M_{KH} = V_3^b \times (h - yh) = 43.2 \times (3.6 - 1.8) = 77.8 \text{ kN} \cdot \text{m}$$

其他各层计算结果见图 3-17。

(5) 求各梁的梁端弯矩

以第三层为例：

$$M_{JK} = M_{JG} = 57.6 \text{ kN} \cdot \text{m}$$

$$M_{KJ} = M_{KL} = \frac{i_{KJ}}{i_{KJ} + i_{KL}} M_{KH} = \frac{0.8}{0.8 + 0.8} \times 77.8 = 38.9 \text{ kN} \cdot \text{m}$$

其他各层计算结果见图 3-17。

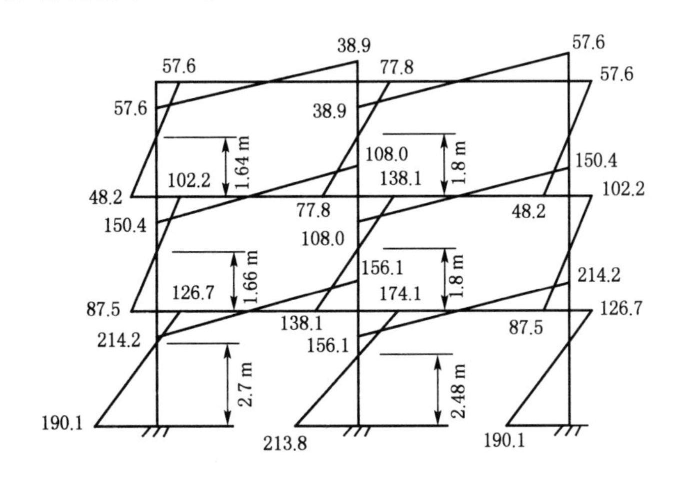

图 3-17　框架弯矩图(单位:kN·m)

(6) 绘制弯矩图

框架弯矩图如图 3-17 所示。

3) 框架结构侧移的近似计算

框架结构在水平荷载作用下的侧移由梁柱杆件的弯曲变形和由结构整体弯曲变形导致的柱轴向变形产生的侧移两部分叠加而成。

(1) 梁、柱弯曲变形引起的侧移

由梁、柱杆件弯曲变形引起的框架侧移，是框架结构侧移的主要部分。其特征是层间相对侧移下大上小，为剪切型变形。

框架层间位移 Δu_i 可通过层间剪力与柱抗侧刚度求得：

$$\Delta u_i = \frac{V_{F_i}}{\sum_{j=1}^{m} D_{ij}} \tag{3-22}$$

式中：Δu_i——第 i 层的层间位移；

V_{F_i}——第 i 层的层间剪力。

按式(3-22)可计算得各层的层间侧移。各层楼板标高处的侧移值是该层以下各层层间侧移之和。顶点侧移是所有各层层间侧移之和。

第 j 层侧移
$$u_j = \sum_{i=1}^{j} \Delta u_i \tag{3-23}$$

顶点侧移
$$u = \sum_{i=1}^{n} \Delta u_i \tag{3-24}$$

式中:n——框架结构的总层数。

(2) 柱轴向变形引起的侧移

水平荷载作用下,框架柱不仅产生弯矩和剪力,还产生轴力。轴力使框架一侧的柱伸长,另一侧的柱缩短,从而引起侧移。该侧移的特征为层间相对侧移下小上大,为弯曲型变形。

由柱轴向变形产生的侧移 Δ_i,由下式近似计算:

$$\Delta_i = \frac{V_0 H^3}{EB^2 A_1} F(n) \tag{3-25}$$

式中:V_0——框架底部总剪力;

H——结构总高度;

B——结构总宽度,即框架边柱之间的距离;

E——混凝土的弹性模量;

A_1——框架底层柱的截面面积;

$F(n)$——根据不同荷载形式计算的位移系数,其中,$n = A_{顶} / A_{底}$,$A_{顶}$ 为框架顶层柱的截面面积。

对均布荷载 q,$V_0 = qH$:

$$F(n) = \frac{2 - 9n + 18n^2 - 11n^3 + 6n^3 \ln n}{6\,(1-n)^4} \tag{3-26}$$

对顶点水平集中荷载 P,$V_0 = P$:

$$F(n) = \frac{1 - 4n + 3n^2 - 2n^2 \ln n}{(1-n)^3} \tag{3-27}$$

对倒三角形荷载,$V_0 = qH/2$:

$$\begin{aligned} F(n) = {} & \frac{2}{3}\left[\frac{2\ln n}{n-1} + \frac{5(1-n+\ln n)}{(n-1)^2} + \frac{4.5 - 6n + 1.5n^2 + 3\ln n}{(n-1)^3}\right] \\ & + \frac{\left(-\frac{11}{6} + 3n - 1.5n^2 + \frac{1}{3}n^3 - \ln n\right)}{(n-1)^4} \\ & + \frac{\left(-\frac{25}{12} + 4n - 3n^2 + \frac{4}{3}n^3 - \frac{n^4}{4} - \ln n\right)}{(n-1)^5} \end{aligned} \tag{3-28}$$

第 i 层的层间变形为:

$$\delta_i = \Delta_i - \Delta_{i-1} \tag{3-29}$$

在层数不多的框架中,由柱轴向变形产生的侧移较小,可以忽略不计。在近似计算中,一般只需计算由杆件弯曲引起的变形。

【例 3-3】 如图 3-18 所示框架。已知:各层梁截面尺寸相同,边柱与中柱截面不同,并且 1～6 层柱截面相同,7～12 层柱截面相同。各层高、跨度、梁、柱截面尺寸及线刚度均标于图中。弹性模量 $E = 2.0 \times 10^4$ MPa。试计算图中框架的侧移。

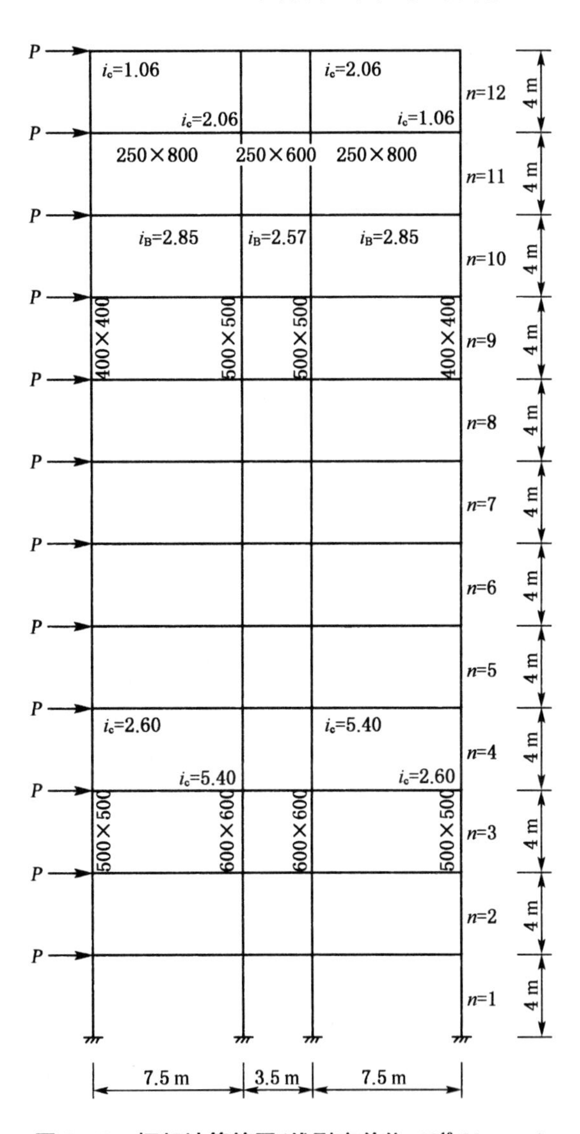

图 3-18 框架计算简图(线刚度单位:10^{10} N·mm)

【解】 (1) 根据式(3-23)计算由于梁柱弯曲变形引起的侧移。计算结果见表 3-6。

(2) 根据式(3-25)计算由于柱轴向变形引起的侧移。计算结果见表 3-7。

$A_{顶} = 400 \times 400 = 1.6 \times 10^5\ \text{mm}^2$

$A_{底} = 500 \times 500 = 2.5 \times 10^5\ \text{mm}^2$

$n = 1.6/2.5 = 0.64$

$V_0 = 12P; H = 48\,000\ \text{mm}$

$E = 2.0 \times 10^4\ \text{N} \cdot \text{mm}; B = 18\,500\ \text{mm}$

表 3-6　梁柱弯曲变形引起的侧移计算结果

<table>
<tr><th rowspan="2">层数</th><th colspan="2">i_c (×10^{10} N·mm)</th><th colspan="2">K</th><th colspan="2">α</th><th colspan="2">D (×10^3 N·mm)</th><th rowspan="2">$\sum D_{ij}$ (×10^3 N·mm)</th><th rowspan="2">V_i (×P)</th><th rowspan="2">Δu_i 1×10^{-3} P(mm)</th><th rowspan="2">u_i 1×10^{-3} P(mm)</th></tr>
<tr><th>边柱</th><th>中柱</th><th>边柱</th><th>中柱</th><th>边柱</th><th>中柱</th><th>边柱</th><th>中柱</th></tr>
<tr><td>12</td><td rowspan="6">1.06</td><td rowspan="6">2.6</td><td rowspan="6">2.69</td><td rowspan="6">2.08</td><td rowspan="6">0.57</td><td rowspan="6">0.51</td><td rowspan="6">4.53</td><td rowspan="6">9.95</td><td rowspan="6">29.0</td><td>1</td><td>0.034</td><td>2.032</td></tr>
<tr><td>11</td><td>2</td><td>0.069</td><td>1.998</td></tr>
<tr><td>10</td><td>3</td><td>0.103</td><td>1.929</td></tr>
<tr><td>9</td><td>4</td><td>0.138</td><td>1.826</td></tr>
<tr><td>8</td><td>5</td><td>0.172</td><td>1.688</td></tr>
<tr><td>7</td><td>6</td><td>0.207</td><td>1.516</td></tr>
<tr><td>6</td><td rowspan="5">2.6</td><td rowspan="5">5.4</td><td rowspan="5">1.10</td><td rowspan="5">1.0</td><td rowspan="5">0.35</td><td rowspan="5">0.33</td><td rowspan="5">6.83</td><td rowspan="5">13.4</td><td rowspan="5">40.5</td><td>7</td><td>0.173</td><td>1.309</td></tr>
<tr><td>5</td><td>8</td><td>0.198</td><td>1.136</td></tr>
<tr><td>4</td><td>9</td><td>0.222</td><td>0.938</td></tr>
<tr><td>3</td><td>10</td><td>0.247</td><td>0.716</td></tr>
<tr><td>2</td><td>11</td><td>0.272</td><td>0.469</td></tr>
<tr><td>1</td><td>2.6</td><td>5.4</td><td>1.1</td><td>1.0</td><td>0.53</td><td>0.5</td><td>10.1</td><td>20.3</td><td>60.8</td><td>12</td><td>0.197</td><td>0.197</td></tr>
</table>

表 3-7　柱轴向变形引起的侧移计算结果

层数	H_j/H	$F(n)$	$\Delta_j\times10^{-3}P$(mm)	$\delta_j\times10^{-3}P$(mm)
12	1	0.273	0.212	0.025
11	0.917	0.241	0.187	0.024
10	0.833	0.210	0.163	0.024
9	0.750	0.180	0.139	0.023
8	0.667	0.150	0.116	0.023
7	0.583	0.121	0.094	0.022
6	0.500	0.094	0.073	0.020
5	0.417	0.068	0.053	0.019
4	0.333	0.044	0.034	0.015
3	0.250	0.025	0.019	0.009
2	0.167	0.013	0.01	0.006
1	0.083	0.005	0.004	0.004

（3）计算总侧移，总侧移为两种侧移之和。

顶点最大侧移为：

$$\Delta_{总} = u_{12} + \Delta_{12} = (2.032 + 0.212) \times 10^{-3} P = 2.244 \times 10^{-3} P \text{ mm}$$

由计算结果可见，柱轴向变形引起的侧移所占的比重较小（仅 10%左右），而由梁柱弯曲变形引起的侧移所占比重较大。

3.2.4 框架结构的内力组合

1）控制截面及最不利内力

构件截面设计时，要按控制截面的最不利内力进行。因此，首先要选择构件的控制截面。控制截面通常是内力最大的截面。框架梁的控制截面通常取梁两端支座处及跨中三个截面。竖向荷载作用下，梁端截面是最大负弯矩（绝对值）和最大剪力作用的截面。水平荷载作用下，还可能出现正弯矩。因此，梁端截面的最不利内力有 $-M_{max}$、$+M_{max}$ 和 V_{max}。梁跨中截面的最不利内力一般是 $+M_{max}$，有时也可能出现 $-M_{max}$。

框架柱的弯矩在柱的上下端最大，剪力和轴力沿柱高不变或者呈线性变化。因此，框架柱可取各层柱的上、下端截面作为控制截面。柱属于偏心受力构件，随着截面上所作用的弯矩和轴力的不同组合，构件可能发生不同形态的破坏，因而最不利内力组合有若干组。考虑到一般框架柱采用对称配筋，因此，框架柱控制截面的最不利内力组合一般有：① $|M_{max}|$ 及相应的 N、V；② N_{max} 及相应的 M、V；③ N_{min} 及相应的 M、V；④ V_{max} 及相应的 N。

结构分析中所得内力是构件轴线处的内力，而截面配筋计算时，应采用构件端部截面的内力。梁端最危险截面在柱边缘处，柱上、下端的危险截面是弯矩作用平面内的梁底边及梁顶边处的柱截面，因此需要将轴线处的内力换算至控制截面，如图 3-19 所示。

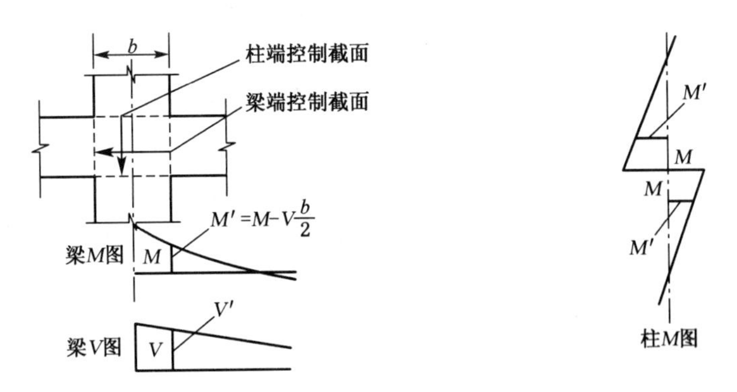

图 3-19 梁、柱端的控制截面

2）框架梁端塑性弯矩调幅

为了避免梁支座处负弯矩钢筋过分拥挤，在竖向荷载作用下可以考虑框架梁塑性内力重分布，对梁端负弯矩进行调幅，降低支座负弯矩，减少支座处的配筋。对于现浇框架，调幅系数取 0.8～0.9；对装配整体式框架，由于梁柱节点处钢筋焊接、锚固、接缝不密实等原因，受力后节点容易产生变形而达不到绝对刚性，梁端实际弯矩比弹性计算值会有所降低，因此其负弯矩调幅系数允许取得低一些，一般取 0.7～0.8。

梁端负弯矩降低后，跨中弯矩应相应增加，应按平衡条件计算调幅后的跨中弯矩，如图 3-20 所示。调幅后的跨中弯矩应满足下列要求：

$$\frac{1}{2}(M_1' + M_2') + M_0' \geqslant M \tag{3-30}$$

式中：M_1'、M_2'、M_0'——分别为调幅后梁两端的负弯矩和跨中正弯矩；

M——按简支梁计算的跨中弯矩。

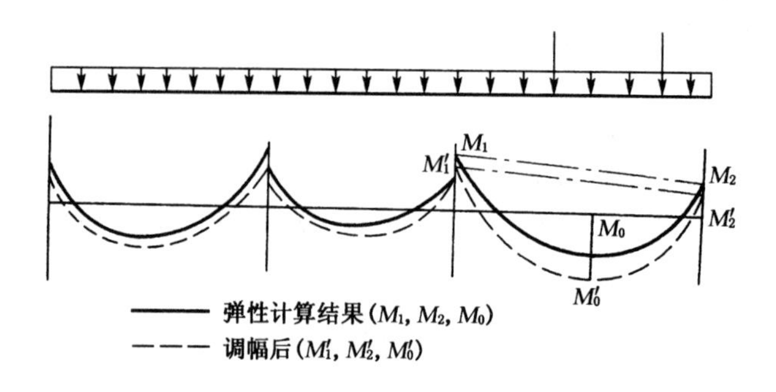

图 3-20　竖向荷载作用下梁端弯矩调幅

同时，梁跨中正弯矩不应小于按简支梁计算的跨中弯矩的 50%，即

$$M_0' \geqslant \frac{1}{2}M \tag{3-31}$$

只有竖向荷载作用下的梁端弯矩可以调幅，水平荷载作用下的梁端弯矩不能调幅。因此，应先进行竖向荷载作用下的梁端弯矩调幅，再与水平荷载作用下的弯矩进行组合。

3）竖向活荷载的最不利布置

作用于框架结构上的竖向荷载有恒荷载和活荷载，恒荷载是长期作用于结构上的，在计算结构内力时必须满布。竖向活荷载是可变的，不同的活荷载布置方式会在结构中产生不同的内力。理论上，应对竖向活荷载进行最不利布置以计算截面的最不利内力。但考虑到一般高层建筑的活荷载不大，为 1.5～2.5 kN/m^2，与恒荷载及水平荷载产生的内力相比较小，因此，可以不考虑活荷载的不利布置，而按活荷载满布各层各跨梁的情况计算内力。如此求得的框架内力在支座处与按活荷载最不利布置所得结果比较接近，但梁跨中弯矩偏小。为了安全起见，一般对梁跨中弯矩再乘以 1.1～1.2 的放大系数。但如果竖向活荷载很大时，仍应考虑活荷载的不利布置。

4）水平荷载的布置

风荷载和水平地震作用都可能沿任意方向，计算中应考虑正、反两个方向。如果结构对称，这两种作用均为反对称，只需做一次内力计算，将内力改变符号即可。

5）框架结构荷载效应组合

求出框架结构在各种荷载作用下的荷载效应（内力、位移等）之后，必须进行荷载效应组合，以确定框架构件各控制截面的最不利内力。框架的侧移主要是由水平荷载引起的，通常不考虑竖向荷载对侧移的影响，所以荷载效应组合实际上是指内力组合。

内力组合时，要考虑各种可能的荷载组合。而且根据荷载性质不同，荷载效应要乘以各自的分项系数和组合系数。高层框架结构的荷载效应组合按第 2 章的要求。

3.3 框架结构的延性设计

3.3.1 延性的概念与影响因素

1）延性的概念

延性是指构件和结构屈服后，具有承载能力不降低或基本不降低且有足够塑性变形能力的一种性能。一个构件或结构的延性用延性比表示。延性比一般用最大允许变形与屈服变形的比值表示，变形可以是线位移、转角或层间位移，相应的延性，称之为线位移延性、角位移延性和相对位移延性。

构件延性比一般用极限变形与屈服变形的比值表示。屈服变形定义为钢筋屈服时的变形，极限变形一般定义为承载力降低10%～20%时的变形。

结构延性比通常指极限顶点位移与“屈服”顶点位移的比值。

钢筋混凝土是一种弹塑性材料，钢筋混凝土结构具有塑性变形的能力。在地震作用下，结构达到屈服以后，利用结构塑性变形来吸收地震能量。增加结构的延性，不仅能削减地震反应，而且能提高结构抵抗强烈地震的能力。

抗震设计采用“小震不坏，中震可修，大震不倒”的三水准设防目标。在中等地震作用下，允许部分结构构件屈服进入弹塑性阶段，在大震作用下，结构不能倒塌。因此，抗震设计时，为了实现抗震设防目标，钢筋混凝土框架结构除了必须具有足够的承载力和刚度外，还应具有良好的延性和耗能能力。为了保证框架结构的延性，一方面要求梁、柱构件具有足够的延性，另一方面要求框架具有较大的延性。

2）影响框架构件延性的因素

(1) 框架梁

梁是钢筋混凝土框架的主要延性耗能构件，其延性大小对于结构的抗震耗能能力有较大影响。影响框架梁延性及耗能能力的因素很多，主要有以下几个方面：

① 纵筋配筋率。梁正截面破坏形式与纵筋配筋率有关。如图3-21所示，少筋破坏和超筋破坏都是脆性破坏，延性小，耗能能力差。而适筋破坏属于延性破坏，所以钢筋混凝土梁应按适筋梁设计。在适筋梁的范围内，纵筋配筋率又影响着延性大小。

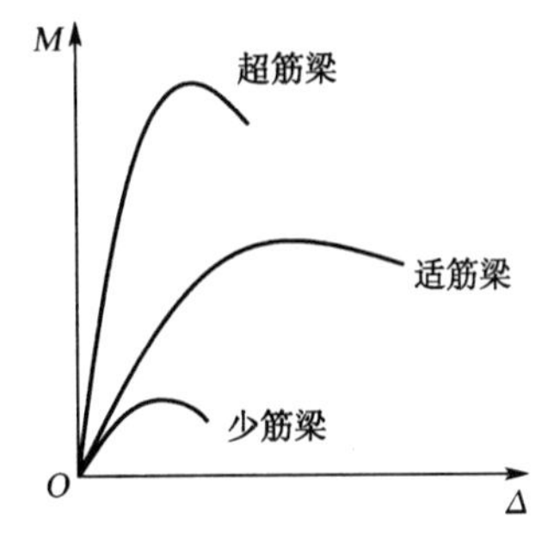

图3-21 不同弯曲破坏形态的梁截面弯矩-曲率关系曲线

梁截面的曲率与截面受压区相对高度成比例，混凝土相对受压区高度大的截面曲率小，反之，相对受压区高度小的截面曲率就大。因此梁截面的变形能力即延性可以用截面达到极限状态时的受压区相对高度$\frac{x}{h_0}$表达。对于单筋矩形截面，$\frac{x}{h_0}=\frac{f_y}{\alpha_1 f_c}\rho_s$；对于双筋矩形截面，$\frac{x}{h_0}=\frac{f_y}{\alpha_1 f_c}(\rho_s-\rho_s')$。可以看出，在适筋梁的范围内，延性随受拉钢筋配筋率的提高而降低，随受压钢筋配筋率的提高而提高，随混凝土强度的提高而提高，随钢筋屈服强度的提高而降低。因此，为实现延性钢筋混凝土梁，应限制梁端塑性铰区上部受拉钢筋的配筋率，同时在梁端下部配置一定量的受压钢筋。

② 剪压比。剪压比是截面上平均剪应力与混凝土轴心抗压强度设计值的比值，用 V/f_cbh_0 表示，用以说明截面上承受名义剪应力的大小。试验表明，梁塑性铰区的截面剪压比对梁的延性、耗能能力及保持梁的强度、刚度有明显的影响。若梁截面尺寸小，平均剪应力就大，剪压比也大。此时，即使增加箍筋，也容易发生脆性的斜压破坏。因此要限制剪压比，也就是限制截面平均剪应力，即限制梁截面尺寸不能太小。

③ 跨高比。跨高比对梁的抗震性能有明显的影响。随着跨高比的减小，剪力的影响加大，剪切变形占全部位移的比重也加大。试验结果表明，当梁的跨高比小于 2 时，极易发生以斜裂缝为特征的破坏形态。一旦主斜裂缝形成，梁的承载力急剧下降，从而表现出极差的延性性能。

④ 箍筋。在塑性铰区配置足够的封闭式箍筋，对提高塑性铰的转动能力是十分有效的。根据震害和试验研究，框架梁端破坏主要集中在梁端塑性铰区范围内。塑性铰区不仅出现竖向裂缝，还有斜裂缝。配置足够的箍筋，可以防止梁受压钢筋的过早压屈，提高塑性铰区内混凝土的极限压应变，并可阻止斜裂缝的开展，这些都有利于充分发挥梁塑性铰的变形和耗能能力。

（2）框架柱

柱是框架结构的竖向构件，地震时柱破坏比梁破坏更容易引起框架倒塌，所以，必须保证柱的安全。影响柱延性的因素主要有：

① 剪跨比。剪跨比反映柱截面承受的弯矩和剪力的相对大小，表示为

$$\lambda = \frac{M}{Vh_0} \tag{3-32}$$

式中：λ——框架柱的剪跨比，反弯点位于柱高中部的框架柱，可取柱净高与计算方向 2 倍柱截面有效高度之比值；

M——柱端截面的组合弯矩计算值；

V——柱端截面与组合弯矩计算值对应的组合剪力计算值；

h_0——柱截面计算方向有效高度。

剪跨比大于 2 的柱称为长柱，其弯矩相对较大，一般容易实现压弯破坏，延性及耗能性能较好；剪跨比不大于 2，但大于 1.5 的柱称为短柱，短柱一般发生剪切破坏，若配置足够的箍筋，可能实现略有延性的剪切受压破坏；剪跨比不大于 1.5 的柱称为极短柱，一般都会发生剪切斜拉破坏。工程中应尽可能设计长柱，如设计短柱，则应采取措施改善其性能，尽量避免采用极短柱。

② 轴压比。轴压比是指柱内力组合后的轴压力设计值与柱的全截面面积和混凝土轴心抗压强度设计值乘积之比值。

$$n = \frac{N}{f_cbh} \tag{3-33}$$

式中：n——轴压比，柱轴压比限值见表 3-12；

N——考虑地震作用组合的柱轴压力设计值；

f_c——混凝土轴心抗压强度设计值；

b、h——分别为柱截面的宽度和高度。

轴压比是影响柱延性的重要因素。根据柱位移延性比与轴压比关系的试验结果，柱的位移延性比随轴压比的增大而急剧下降。柱的破坏形态与轴压比直接相关。当轴压比较小时，柱为大偏心受压破坏，呈延性破坏；轴压比较大时，为小偏心受压破坏，呈脆性破坏。同时，当轴压比较大时，箍筋对延性的影响变小。

③ 箍筋配筋率。箍筋是提高柱延性的主要措施之一。柱中配置箍筋后，箍筋能约束限制核心区混凝土的变形，使核心区的混凝土处于三向受压的状态，显著提高受压混凝土的极限应变值，阻止柱身斜裂缝的开展，从而大大提高柱的延性。因此，柱中合理地配置箍筋是十分必要的。

箍筋对混凝土的约束程度与箍筋形式、构造及箍筋数量等因素有关。试验结果表明，箍筋形式对柱核心区混凝土的约束作用有明显的影响。当配置复合箍筋、螺旋形箍筋或复合螺旋箍时，柱的延性比配置普通矩形箍有所提高，其中复合螺旋箍是指螺旋箍与矩形箍同时使用。

④ 纵筋配筋率。试验结果表明，柱截面在纵筋屈服后的转角变形能力，主要受纵向受拉钢筋配筋率的影响，且大致随纵筋配筋率的增大而线性增大。为避免地震作用下柱过早地进入屈服阶段，以及增大柱屈服时的变形能力，提高柱的延性和耗能能力，全部纵筋的配筋率不应过小。

3.3.2 延性框架的设计原则和计算要点

1) 设计原则

抗震设计时，框架应设计成延性框架，具体按以下原则来考虑。

(1) 强柱弱梁。框架的破坏机制分为梁铰机制（强柱弱梁型）和柱铰机制（强梁弱柱型），如图 3-22 所示。梁铰机制是指塑性铰出现在梁端，除柱脚外，柱端无塑性铰。此时结构能经受较大的变形，吸收较多的地震能量。柱铰机制是指在同一层所有柱的上、下端形成塑性铰。此时结构的变形往往集中在某一薄弱层，整个结构变形较小。延性框架应设计成梁铰机制，即强柱弱梁型。

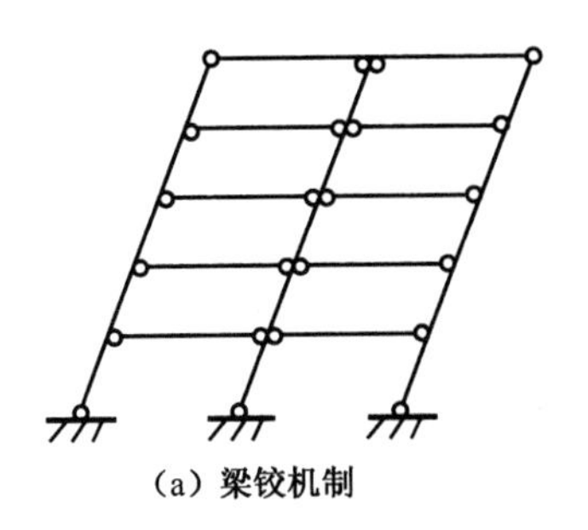

(a) 梁铰机制

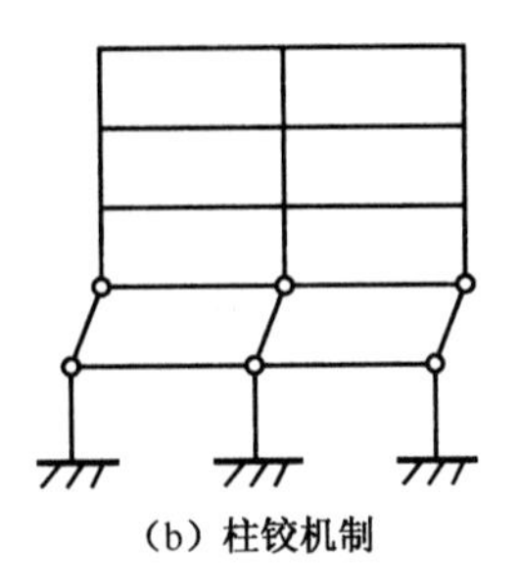

(b) 柱铰机制

图 3-22 框架的破坏机制

“强柱弱梁”是使塑性铰首先在梁端形成，尽可能推迟或避免柱端形成塑性铰。要求汇交在同一节点的上、下柱端截面在轴压力作用下的受弯承载力之和应大于两侧梁端截面受弯承载力之和。

(2) 强剪弱弯。钢筋混凝土梁、柱的剪切破坏是脆性破坏,延性小,耗能能力差,而弯曲破坏为延性破坏,耗能能力大。框架梁、柱都应按“强剪弱弯”设计,防止弯曲破坏之前出现脆性的剪切破坏。要求梁、柱截面的受剪承载力应大于其受弯承载力对应的剪力。

(3) 强节点弱杆件。框架梁柱节点核心区的破坏为剪切破坏,可能导致框架失效。因此要求梁、柱出现塑性铰之前,节点不应破坏。节点核心区的受剪承载力应大于汇交在同一节点的两侧梁达到受弯承载力时对应的核心区的剪力。

在竖向荷载和地震作用下,框架梁柱节点区受力比较复杂,主要是轴压力和剪力作用。如果核心区的受剪承载力不足,在轴压力和剪力的共同作用下,节点区发生由于剪切及主拉应力造成的脆性破坏。节点核心区的破坏,往往是由于未设箍筋,或箍筋太少,抗剪能力不足,造成节点区出现多条交叉斜裂缝,斜裂缝间混凝土被压碎,柱内纵向钢筋压屈。保证节点核心区不过早发生剪切破坏的主要措施就是配置足够的箍筋。

由于节点区梁、柱纵筋交汇,钢筋较多,在施工中还要考虑节点区钢筋过密对混凝土浇筑质量的影响,需采取措施保障核心区混凝土的密实性。

(4) 强锚固。在地震往复作用下,伸入核心区的纵筋与混凝土之间的黏结破坏会导致梁端转角增大,从而增大层间位移,因此,应避免纵向钢筋在核心区内的锚固破坏。要求伸入核心区的梁柱纵向钢筋,在核心区内应该有足够的锚固长度。

2) 计算要点

(1) 框架梁

① 正截面受弯承载力计算

钢筋混凝土梁应按适筋梁设计。在适筋梁情况下,混凝土相对受压区高度大的截面曲率延性小,反之,相对受压区高度小的则延性大。为了实现钢筋混凝土梁的延性,应限制梁端塑性铰区上部受拉钢筋的配筋率。同时,在梁端下部配置一定量的受压钢筋,以减小框架梁端塑性铰区截面的相对受压区高度。

框架梁的受弯承载力验算公式为

非抗震设计时 $$M_b \leqslant (A_s - A_s')f_y(h_{b0} - 0.5x) + A_s' f_y(h_{b0} - a') \tag{3-34}$$

抗震设计时 $$M_b \leqslant \frac{1}{\gamma_{RE}}(A_s - A_s')f_y(h_{b0} - 0.5x) + A_s' f_y(h_{b0} - a') \tag{3-35}$$

式中:M_b——组合的梁端截面弯矩设计值;

γ_{RE}——承载力抗震调整系数,按表 3-8 取值。

表 3-8 承载力抗震调整系数

构件类别	梁	轴压比小于 0.15 的柱	轴压比不小于 0.15 的柱	剪力墙		各类构件	节点
受力状态	受弯	偏压	偏压	偏压	局部承压	受剪、偏拉	受剪
γ_{RE}	0.75	0.75	0.80	0.85	1.0	0.85	0.85

② 斜截面受剪承载力验算

A. 梁端剪力设计值的调整

抗震设计时，为了避免梁在弯曲破坏前发生剪切破坏，应按“强剪弱弯”的原则调整框架梁端部截面组合的剪力设计值。一、二、三级应按下列公式计算；四级时可直接取考虑地震作用组合的剪力计算值。

一级框架结构及 9 度时的框架

$$V = 1.1(M_{\mathrm{bua}}^{l} + M_{\mathrm{bua}}^{r})/l_{\mathrm{n}} + V_{\mathrm{Gb}} \tag{3-36}$$

其他情况

$$V = \eta_{\mathrm{vb}}(M_{\mathrm{b}}^{l} + M_{\mathrm{b}}^{r})/l_{\mathrm{n}} + V_{\mathrm{Gb}} \tag{3-37}$$

式中：M_{b}^{l}、M_{b}^{r}——分别为梁左、右端逆时针或顺时针方向截面组合的弯矩设计值。当抗震等级为一级，且梁两端弯矩均为负弯矩时，绝对值较小一端的弯矩应取零；

M_{bua}^{l}、M_{bua}^{r}——分别为梁左、右端逆时针或顺时针方向实配的正截面抗震受弯承载力所对应的弯矩值，可根据实配钢筋面积（计入受压钢筋，包括有效翼缘宽度范围内的楼板钢筋）和材料强度标准值并考虑承载力抗震调整系数计算；

l_{n}——梁的净跨；

V_{Gb}——梁在重力荷载代表值（9 度时还应包括竖向地震作用标准值）作用下，按简支梁分析的梁端截面剪力设计值；

η_{vb}——梁剪力增大系数，一、二、三级分别取 1.3、1.2 和 1.1。

式(3-36)和式(3-37)中，$M_{\mathrm{bua}}^{l} + M_{\mathrm{bua}}^{r}$ 和 $M_{\mathrm{b}}^{l} + M_{\mathrm{b}}^{r}$ 应分别取顺时针方向之和与逆时针方向之和两者的较大值。

B. 剪压比的限制

剪压比与梁的延性有关。规范中对剪压比的限制条件表达为剪力验算公式：

无地震作用组合时

$$V \leqslant 0.25\beta_{\mathrm{c}} f_{\mathrm{c}} b h_{0} \tag{3-38}$$

有地震作用组合时

跨高比大于 2.5 的梁

$$V \leqslant \frac{1}{\gamma_{\mathrm{RE}}}(0.2\beta_{\mathrm{c}} f_{\mathrm{c}} b h_{0}) \tag{3-39}$$

跨高比不大于 2.5 的梁

$$V \leqslant \frac{1}{\gamma_{\mathrm{RE}}}(0.15\beta_{\mathrm{c}} f_{\mathrm{c}} b h_{0}) \tag{3-40}$$

式中：V——梁计算截面的剪力设计值；

β_{c}——混凝土强度影响系数，当混凝土强度等级不大于 C50 时取 1.0，当混凝土强度等级为 C80 时取 0.8，当混凝土强度等级在 C50 和 C80 之间时可按线性内插法取用；

f_{c}——混凝土轴心抗压强度设计值；

b——矩形截面的宽度，T 形截面、I 形截面的腹板宽度；

h_{0}——梁截面有效高度。

C. 斜截面受剪承载力验算

无地震作用组合时

$$V_b \leqslant 0.7 f_t b h_0 + f_{yv} \frac{A_{sv}}{s} h_0 \tag{3-41}$$

考虑地震组合的矩形、T 形和 I 形截面的框架梁，其斜截面受剪承载力应符合下列规定：

$$V_b \leqslant \frac{1}{\gamma_{RE}} \left[0.6 \alpha_{cv} f_t b h_0 + f_{yv} \frac{A_{sv}}{s} h_0 \right] \tag{3-42}$$

式中：α_{cv}——斜截面混凝土受剪承载力系数，对于一般受弯构件取 0.7，对集中荷载作用下(包括作用有多种荷载，其中集中荷载对支座截面或节点边缘所产生的剪力值占总剪力的 75%以上的情况)的独立梁，取 α_{cv} 为 $\frac{1.75}{\lambda+1}$，λ 为计算截面的剪跨比，可取 $\lambda = a/h_0$，当 λ 小于 1.5 时取 1.5，当 λ 大于 3 时取 3，a 取集中荷载作用点至支座截面或节点边缘的距离；

γ_{RE}——承载力抗震调整系数，按表 3-8 取值。

在地震作用下，梁端会出现交叉斜裂缝，因此，抗震设防的框架梁，不用弯起钢筋抗剪，因为弯起钢筋只能抵抗单方向的剪力。

(2) 框架柱

① 正截面承载力验算

A. 柱端弯矩设计值

无地震作用组合时，取最不利内力组合作为弯矩设计值。

由于柱的延性通常比梁的延性小，一旦框架柱形成塑性铰，就会产生较大的层间侧移，并影响结构承受垂直荷载的能力。因此，抗震设计时，为了实现“强柱弱梁”的要求，在柱设计中，增大柱端弯矩设计值。除顶层、柱轴压比小于 0.15 者及框支梁柱节点外，框架的梁柱节点处考虑地震作用组合的柱端弯矩设计值应符合下列要求：

一级框架结构及 9 度时的框架

$$\sum M_c = 1.2 \sum M_{bua} \tag{3-43}$$

其他情况

$$\sum M_c = \eta_c \sum M_b \tag{3-44}$$

式中：$\sum M_c$——节点上、下柱端截面顺时针或逆时针方向组合弯矩设计值之和，上、下柱端的弯矩设计值，可按弹性分析的弯矩比例进行分配。

$\sum M_b$——节点左、右梁端截面逆时针或顺时针方向组合弯矩设计值之和，当抗震等级为一级且节点左、右梁端均为负弯矩时，绝对值较小的弯矩应取零。

$\sum M_{bua}$——节点左、右梁端逆时针或顺时针方向实配的正截面抗震受弯承载力所对应的弯矩值之和，可根据实配钢筋面积(计入受压钢筋和梁有效翼缘宽度范围内的楼板钢筋)和材料强度标准值并考虑承载力抗震调整系数计算。

η_c——柱端弯矩增大系数，对框架结构，二、三级分别取 1.5 和 1.3；对其他结构中的框架，一、二、三、四级分别取 1.4、1.2、1.1 和 1.1。

为了推迟框架结构底层柱固定端截面的屈服，抗震设计时，一、二、三级框架结构的底层柱底截面的弯矩设计值，应分别采用考虑地震作用组合的弯矩值与增大系数 1.7、1.5 和 1.3 的乘积。底层框架柱纵向钢筋应按上、下端的不利情况配置。

对于角柱，一、二、三、四级框架角柱按上述方法调整后的弯矩设计值应再乘以不小于 1.1 的增大系数。

B. 柱的正截面承载力验算

柱端截面的弯矩设计值确定之后，柱正截面受压、受拉承载力计算，可按钢筋混凝土偏心受压或偏心受拉构件计算，角柱抗震设计时应按双向偏心受力构件进行计算。

有地震作用组合时的验算公式与无地震作用组合时的验算公式的唯一区别在于公式右边需考虑承载力抗震调整系数。

② 斜截面受剪承载力验算

A. 柱端剪力设计值的调整

与框架梁相同，抗震设计时，为了避免柱在弯曲破坏前发生剪切破坏，也应按“强剪弱弯”的原则调整柱端部截面组合的剪力设计值。抗震设计的框架柱、框支柱端部截面的剪力设计值，一、二、三、四级时应按下列公式计算：

一级框架结构和 9 度时的框架

$$V = 1.2(M_{cua}^{t} + M_{cua}^{b})/H_{n} \tag{3-45}$$

其他情况

$$V = \eta_{vc}(M_{c}^{t} + M_{c}^{b})/H_{n} \tag{3-46}$$

式中：M_{c}^{t}、M_{c}^{b}——分别为柱上、下端顺时针或逆时针方向截面组合的弯矩设计值，应符合前述柱端调整后的弯矩设计值。

M_{cua}^{t}、M_{cua}^{b}——分别为柱上、下端顺时针或逆时针方向实配的正截面抗震受弯承载力所对应的弯矩值，可根据实配钢筋面积、材料强度标准值和重力荷载代表值产生的轴向压力设计值并考虑承载力抗震调整系数计算。

H_{n}——柱的净高。

η_{vc}——柱端剪力增大系数，对框架结构，二、三级分别取 1.3、1.2；对其他结构类型的框架，一、二级分别取 1.4 和 1.2，三、四级均取 1.1。

B. 剪压比限制

为了防止由于柱截面过小、配箍过多而产生斜压破坏，柱截面的剪力设计值应符合下列限制条件（限制名义剪应力）：

持久、短暂设计状况　$$V \leqslant 0.25\beta_{c} f_{c} b h_{0} \tag{3-47}$$

地震设计状况

剪跨比大于 2 的柱　$$V \leqslant \frac{1}{\gamma_{RE}}(0.2\beta_{c} f_{c} b h_{0}) \tag{3-48}$$

剪跨比不大于 2 的柱　$$V \leqslant \frac{1}{\gamma_{RE}}(0.15\beta_{c} f_{c} b h_{0}) \tag{3-49}$$

C. 斜截面受剪承载力验算

矩形截面偏心受压框架柱，其斜截面受剪承载力应按下列公式计算：

持久、短暂设计状况 $V \leqslant \frac{1.75}{\lambda+1} f_t b h_0 + f_{yv} \frac{A_{sv}}{s} h_0 + 0.07N$ (3-50)

地震设计状况 $V \leqslant \frac{1}{\gamma_{RE}} \left(\frac{1.05}{\lambda+1} f_t b h_0 + f_{yv} \frac{A_{sv}}{s} h_0 + 0.056N \right)$ (3-51)

式中：λ——框架柱的剪跨比，当 $\lambda < 1$ 时，取 $\lambda = 1$；当 $\lambda > 3$ 时，取 $\lambda = 3$。

N——考虑风荷载或地震作用组合的框架柱轴向压力设计值，当 N 大于 $0.3 f_c A_c$ 时，取 $0.3 f_c A_c$。

当矩形截面框架柱出现拉力时，其斜截面受剪承载力应按下列公式计算：

持久、短暂设计状况 $V \leqslant \frac{1.75}{\lambda+1} f_t b h_0 + f_{yv} \frac{A_{sv}}{s} h_0 - 0.2N$ (3-52)

地震设计状况 $V \leqslant \frac{1}{\gamma_{RE}} \left(\frac{1.05}{\lambda+1} f_t b h_0 + f_{yv} \frac{A_{sv}}{s} h_0 - 0.2N \right)$ (3-53)

式中：λ——框架柱的剪跨比；

N——与剪力设计值 V 对应的轴向拉力设计值，取绝对值。

需注意，当式(3-52)右端的计算值或式(3-53)右端括号内的计算值小于 $f_{yv} \frac{A_{sv}}{s} h_0$ 时，应取等于 $f_{yv} \frac{A_{sv}}{s} h_0$，且 $f_{yv} \frac{A_{sv}}{s} h_0$ 的值不应小于 $0.36 f_t b h_0$。

(3) 框架节点

抗震设计时，一、二、三级框架的节点核心区应进行抗震验算，四级框架节点可不进行抗震验算，但应符合抗震构造措施的要求。

① 节点剪力设计值

一、二、三级抗震等级的框架梁柱节点核心区的剪力设计值应按下列规定计算：

A. 顶层的中间节点和端节点

一级框架结构和9度时的一级框架

$$V_j = \frac{1.15 \sum M_{bua}}{h_{b0} - a_s'} \tag{3-54}$$

其他情况

$$V_j = \frac{\eta_{jb} \sum M_b}{h_{b0} - a_s'} \tag{3-55}$$

B. 其他层的中间节点和端节点

一级框架结构和9度时的一级框架

$$V_j = \frac{1.15 \sum M_{bua}}{h_{b0} - a_s'} \left(1 - \frac{h_{b0} - a_s'}{H_c - h_b} \right) \tag{3-56}$$

其他情况

$$V_j = \frac{\eta_{jb} \sum M_b}{h_{b0} - a_s'} \left(1 - \frac{h_{b0} - a_s'}{H_c - h_b} \right) \tag{3-57}$$

式中：V_j——梁柱节点核心区组合的剪力设计值。

$\sum M_{bua}$——节点左、右两侧的梁端逆时针或顺时针方向实配的正截面抗震受弯承载力所对应的弯矩值之和，可根据实配钢筋面积（计入纵向受压钢筋）和材料强度标准值确定。

$\sum M_b$——节点左、右两侧的梁端逆时针或顺时针方向组合弯矩值设计值之和，一级抗震等级节点左、右梁端均为负弯矩时，绝对值较小的弯矩应取零。

h_{b0}——梁的截面有效高度，当节点两侧梁高不相同时，取平均值。

h_b——梁的截面高度，当节点两侧梁高不相同时，取平均值。

a'_s——梁纵向受压钢筋合力点至受压边缘的距离。

H_c——柱的计算高度，取节点上柱和下柱反弯点之间的距离。

η_{jb}——节点剪力增大系数，对于框架结构，一级取 1.50，二级取 1.35，三级取 1.20；对于其他结构中的框架，一级取 1.35，二级取 1.20，三级取 1.10。

② 节点受剪承载力验算

节点核心区截面的抗震受剪承载力应按下列规定验算：

9 度时的一级框架

$$V_j \leqslant \frac{1}{\gamma_{RE}}\left(0.9\eta_j f_t b_j h_j + f_{yv}A_{svj}\frac{h_{b0}-a'_s}{s}\right) \tag{3-58}$$

其他情况

$$V_j \leqslant \frac{1}{\gamma_{RE}}\left(1.1\eta_j f_t b_j h_j + 0.05\eta_j N\frac{b_j}{b_c} + f_{yv}A_{svj}\frac{h_{b0}-a'_s}{s}\right) \tag{3-59}$$

式中：N——对应于考虑地震组合剪力设计值的节点上柱底部的轴向压力设计值；当 $N > 0.5f_c b_c h_c$ 时，取 $N = 0.5f_c b_c h_c$；当 N 为拉力时，取 $N = 0$。

η_j——正交梁对节点的约束影响系数，当楼板为现浇、梁柱中线重合、四侧各梁的截面宽度均大于相应侧柱截面宽度的 1/2，且正交方向梁高度不小于较高框架梁高的 3/4 时，可取 1.5；9 度时宜取 1.25；其他情况应取 1.0。

A_{svj}——核心区有效验算宽度范围内，同一截面验算方向箍筋各肢的全部截面面积。

h_j——节点核心区的截面高度，可取验算方向的柱截面高度。

b_j——节点核心区的有效验算宽度。当 $b_b \geqslant b_c/2$ 时，可取 $b_j = b_c$；当 $b_b < b_c/2$ 时，可取 $b_j = b_b + 0.5h_c$ 和 $b_j = b_c$ 两者中的较小值；当梁柱轴线有偏心距 e_0 时，e_0 不宜大于柱截面宽度的 1/4，此时取 $b_j = b_b + 0.5h_c$、$b_j = b_c$、$b_j = 0.5b_c + 0.5b_b + 0.25h_c - e_0$ 三者中的最小值。此处，b_b 为验算方向梁截面宽度，b_c 为该侧柱截面宽度，h_c 为该侧柱截面高度。

③ 节点受剪截面限制条件

为了避免节点截面太小，核心区混凝土过早出现被压碎而破坏，节点受剪的水平截面应符合下列要求：

$$V_j \leqslant \frac{1}{\gamma_{RE}}(0.30\eta_j\beta_c f_c b_j h_j) \tag{3-60}$$

3.4 框架结构的构造要求

3.4.1 框架梁的构造要求

1）截面尺寸

框架结构的主梁截面高度可按计算跨度的1/10～1/18确定，满足此要求时，在一般荷载作用下可不验算挠度。框架梁的截面宽度不宜小于梁截面高度的1/4，也不宜小于200 mm。梁净跨与截面高度之比不宜小于4。

当梁高较小或采用扁梁时，除应验算其承载力和受剪截面要求外，尚应满足刚度和裂缝的有关要求。在计算梁的挠度时，可扣除梁的合理起拱值。

2）相对受压区高度和纵筋配置

纵筋配筋率对框架梁的延性影响较大，因此框架梁的纵筋配置应符合下列要求：

抗震设计时，计入受压钢筋作用的梁端截面混凝土受压区高度与有效高度之比值，一级不应大于0.25，二、三级不应大于0.35。

纵向受拉钢筋的最小配筋百分率ρ_{min}(%)，非抗震设计时，不应小于0.2和$45f_t/f_y$二者的较大值；抗震设计时，不应小于表3-9规定的数值。

表3-9　梁纵向受拉钢筋最小配筋百分率ρ_{min}(%)

抗震等级	位置	
	支座(取较大值)	跨中(取较大值)
一级	0.40和$80f_t/f_y$	0.30和$65f_t/f_y$
二级	0.30和$65f_t/f_y$	0.25和$55f_t/f_y$
三、四级	0.25和$55f_t/f_y$	0.20和$45f_t/f_y$

抗震设计时，梁端截面的底面和顶面纵向钢筋截面面积的比值，除按计算确定外，一级不应小于0.5，二、三级不应小于0.3。

梁的纵向钢筋配置，尚应符合下列规定：

(1) 抗震设计时，梁端纵向受拉钢筋的配筋率不宜大于2.5%，不应大于2.75%；当梁端受拉钢筋的配筋率大于2.5%时，受压钢筋的配筋率不应小于受拉钢筋的一半。

(2) 沿梁全长顶面和底面应至少各配置两根纵向钢筋，一、二级抗震设计时钢筋直径不应小于14 mm，且分别不应小于梁两端顶面和底面纵向配筋中较大截面面积的1/4；三、四级抗震设计和非抗震设计时钢筋直径不应小于12 mm。

(3) 一、二、三级抗震等级的框架梁内贯通中柱的每根纵向钢筋的直径，对矩形截面柱，不宜大于柱在该方向截面尺寸的1/20；对圆形截面柱，不宜大于纵向钢筋所在位置柱截面弦长的1/20。

3）箍筋配置

梁端塑性铰区加强箍筋配置，有利于提高塑性铰的转动能力，从而提高梁的延性。因此设计时要满足以下构造要求：抗震设计时，梁端箍筋的加密区长度、箍筋最大间距和最小直径应符合表 3-10 的要求；当梁端纵向钢筋配筋率大于 2%时，表中箍筋最小直径应增大 2 mm。

表 3-10　梁端箍筋加密区的长度、箍筋最大间距和最小直径(mm)

抗震等级	加密区长度(取较大值)	箍筋最大间距(取最小值)	箍筋最小直径
一	$2.0h_b$，500	$h_b/4$，$6d$，100	10
二	$1.5h_b$，500	$h_b/4$，$8d$，100	8
三	$1.5h_b$，500	$h_b/4$，$8d$，150	8
四	$1.5h_b$，500	$h_b/4$，$8d$，150	6

注：(1) d 为纵向钢筋直径，h_b 为梁截面高度。
(2) 一、二级抗震等级框架梁，当箍筋直径大于 12 mm、肢数不少于 4 肢且肢距不大于 150 mm 时，箍筋加密区最大间距应允许适当放松，但不应大于 150 mm。

非抗震设计时，框架梁箍筋配筋构造应符合下列规定：①应沿梁全长设置箍筋，第一个箍筋应设置在距支座边缘 50 mm 处。②截面高度大于 800 mm 的梁，其箍筋直径不宜小于 8 mm；其余截面高度的梁不应小于 6 mm。在受力钢筋搭接长度范围内，箍筋直径不应小于搭接钢筋最大直径的 1/4。

箍筋间距不应大于表 3-11 的规定；在纵向受拉钢筋的搭接长度范围内，箍筋间距尚不应大于搭接钢筋较小直径的 5 倍，且不应大于 100 mm；在纵向受压钢筋的搭接长度范围内，箍筋间距尚不应大于搭接钢筋较小直径的 10 倍，且不应大于 200 mm。

承受弯矩和剪力的梁，当梁的剪力设计值大于 $0.7f_tbh_0$ 时，其箍筋的面积配筋率应符合下式规定：

$$\rho_{sv} \geqslant 0.24f_t/f_{yv} \tag{3-61}$$

承受弯矩、剪力和扭矩的梁，其箍筋面积配筋率和受扭纵向钢筋的面积配筋率应分别符合式(3-62)和式(3-63)的规定：

$$\rho_{sv} \geqslant 0.28f_t/f_{yv} \tag{3-62}$$

$$\rho_{tl} \geqslant 0.6\sqrt{\frac{T}{Vb}}f_t/f_{yv} \tag{3-63}$$

当 T/Vb 大于 2.0 时，取 2.0。

式中：T、V——分别为扭矩、剪力设计值；

ρ_{tl}、b——分别为受扭纵向钢筋的面积配筋率、梁宽。

表 3-11　非抗震设计梁箍筋最大间距(mm)

h_b(mm)	V	
	$V > 0.7f_tbh_0$	$V \leqslant 0.7f_tbh_0$
$h_b \leqslant 300$	150	200
$300 < h_b \leqslant 500$	200	300
$500 < h_b \leqslant 800$	250	350
$h_b > 800$	300	400

当梁中配有计算需要的纵向受压钢筋时,其箍筋配置尚应符合下列规定:①箍筋直径不应小于纵向受压钢筋最大直径的 1/4。②箍筋应做成封闭式。③箍筋间距不应大于 $15d$ 且不应大于 400 mm;当一层内的受压钢筋多于 5 根且直径大于 18 mm 时,箍筋间距不应大于 $10d$(d 为纵向受压钢筋的最小直径)。④当梁截面宽度大于 400 mm 且一层内的受压钢筋多于 3 根时,或当梁截面宽度不大于 400 mm 但一层内的受压钢筋多于 4 根时,应设置复合箍筋。

抗震设计时,框架梁的箍筋尚应符合下列构造要求:

① 沿梁全长箍筋的面积配筋率应符合下列规定:

一级 $$\rho_{sv} \geqslant 0.30 f_t / f_{yv} \tag{3-64}$$

二级 $$\rho_{sv} \geqslant 0.28 f_t / f_{yv} \tag{3-65}$$

三、四级 $$\rho_{sv} \geqslant 0.26 f_t / f_{yv} \tag{3-66}$$

式中:ρ_{sv}——框架梁沿梁全长箍筋的面积配筋率。

② 在箍筋加密区范围内的箍筋肢距:一级不宜大于 200 mm 和 20 倍箍筋直径的较大值,二、三级不宜大于 250 mm 和 20 倍箍筋直径的较大值,四级不宜大于 300 mm。

③ 箍筋应有 135°弯钩,弯钩端头直段长度不应小于 10 倍的箍筋直径和 75 mm 的较大值。

④ 在纵向钢筋搭接长度范围内的箍筋间距,钢筋受拉时不应大于搭接钢筋较小直径的 5 倍,且不应大于 100 mm;钢筋受压时不应大于搭接钢筋较小直径的 10 倍,且不应大于 200 mm。

⑤ 框架梁非加密区箍筋最大间距不宜大于加密区箍筋间距的 2 倍。

框架梁的纵向钢筋不应与箍筋、拉筋及预埋件等焊接。框架梁上开洞时,洞口位置宜位于梁跨中 1/3 区段,洞口高度不应大于梁高的 40%;开洞较大时应进行承载力验算。梁上洞口周边应配置附加纵向钢筋和箍筋,并应符合计算及构造要求。

3.4.2 框架柱的构造要求

1) 截面尺寸

柱截面尺寸宜符合下列规定:

(1) 最小截面尺寸。矩形截面柱的边长,非抗震设计时不宜小于 250 mm,抗震设计时,四级不宜小于300 mm,一、二、三级不宜小于 400 mm;圆柱直径,非抗震和抗震设计时不宜小于 350 mm,一、二、三级不宜小于 450 mm。

(2) 柱应设计成长柱,所以剪跨比宜大于 2。

(3) 柱截面高宽比不宜大于 3。

2) 轴压比限值

柱是压、弯、剪构件,轴力过大,延性越差,因此应当控制柱的轴压比。抗震设计时,钢筋混凝土柱轴压比不宜超过表 3-12 的规定;对于Ⅳ类场地上较高的高层建筑,其轴压比限值应适当减小。

表 3-12 柱轴压比限值

结构类型	抗震等级			
	一级	二级	三级	四级
框架结构	0.65	0.75	0.85	—
板柱-剪力墙、框架-剪力墙、框架-核心筒、筒中筒结构	0.75	0.85	0.90	0.95
部分框支剪力墙结构	0.60	0.70	—	—

注:(1) 轴压比指柱考虑地震作用组合的轴压力设计值与柱全截面面积和混凝土轴心抗压强度设计值乘积的比值。
(2) 表内数值适用于混凝土强度等级不高于C60的柱。当混凝土强度等级为C65～C70时,轴压比限值应比表中数值降低0.05;当混凝土强度等级为C75～C80时,轴压比限值应比表中数值降低0.01。
(3) 表内数值适用于剪跨比大于2的柱;剪跨比不大于2但不小于1.5的柱,其轴压比限值应比表中数值减小0.05;剪跨比小于1.5的柱,其轴压比限值应专门研究并采取特殊构造措施。
(4) 当沿柱全高采用井字复合箍,箍筋间距不大于100 mm、肢距不大于20 mm、直径不小于12 mm,或当沿柱全高采用复合螺旋箍,箍筋螺距不大于100 mm、肢距不大于200 mm、直径不小于12 mm,或当沿柱全高采用连续复合螺旋箍,且螺距不大于80 mm、肢距不大于200 mm、直径不小于10 mm时,轴压比限值可增加0.10。
(5) 当柱截面中部设置由附加纵向钢筋形成的芯柱,且附加纵向钢筋的截面面积不小于柱截面面积的0.8%时,柱轴压比限值可增加0.05。当本项措施与注(4)的措施共同采用时,轴压比限值可比表中数值增加0.15,但箍筋的配箍特征值仍可按轴压比增加0.10的要求确定。
(6) 调整后的柱轴压比限值不应大于1.05。

3) 纵向钢筋配置

柱纵向钢筋和箍筋配置应符合下列要求:柱全部纵向钢筋的配筋率,不应小于表3-13的规定值,且柱截面每一侧纵向钢筋配筋率不应小于0.2%;抗震设计时,对Ⅳ类场地上较高的高层建筑,表中数值应增加0.1。柱的纵筋不应与箍筋、拉筋及预埋件等焊接。

表 3-13 柱纵向受力钢筋最小配筋率(%)

柱类型	抗震等级				非抗震
	一级	二级	三级	四级	
中柱、边柱	0.9(1.0)	0.7(0.8)	0.6(0.7)	0.5(0.6)	0.5
角柱	1.1	0.9	0.8	0.7	0.5
框支柱	1.1	0.9	—	—	0.7

注:(1) 表中括号内数值适用于框架结构。
(2) 采用335 MPa、400 MPa级纵向受力钢筋时,应分别按表中数值增加0.1和0.05采用。
(3) 当混凝土强度等级高于C60时,上述数值应增加0.1采用。

柱的纵向钢筋配置,尚应满足下列规定:①抗震设计时,宜采用对称配筋。②截面尺寸大于400 mm的柱,一、二、三级抗震设计时其纵向钢筋间距不宜大于200 mm;抗震等级为四级和非抗震设计时,柱纵向钢筋间距不宜大于300 mm;柱纵向钢筋净距均不应小于50 mm。③全部纵向钢筋的配筋率,非抗震设计时不宜大于5%、不应大于6%,抗震设计时不应大于5%。④一级且剪跨比不大于2的柱,其单侧纵向受拉钢筋的配筋率不宜大于1.2%。⑤边柱、角柱及剪力墙端柱考虑地震作用组合产生小偏心受拉时,柱内纵筋总截面面积应比计算值增加25%。

4) 箍筋配置

(1) 抗震设计要求

箍筋对于改善柱变形性能的作用十分突出。抗震设计时,柱箍筋在规定的范围内应加密,加密区的箍筋间距和直径应符合下列要求:①箍筋的最大间距和最小直径,应按表3-14采用。②一级框架柱的箍筋直径大于12 mm且箍筋肢距不大于150 mm及二级框架柱箍筋直径不小于10 mm且肢距不大于200 mm时,除柱根外最大间距应允许采用150 mm;三级框架柱的截面尺寸不大于 400 mm 时，箍筋最小直径应允许采用 6 mm；四级框架柱的剪跨比不大于 2 或柱中全部纵向钢筋的配筋率大于 3%时，箍筋直径不应小于 8 mm。③剪跨比不大于 2 的柱，箍筋间距不应大于 100 mm。

表 3-14　柱端箍筋加密区的构造要求

抗震等级	箍筋最大间距(mm)	箍筋最小直径(mm)
一级	6*d* 和 100 的较小值	10
二级	8*d* 和 100 的较小值	8
三级	8*d* 和 150(柱根 100)的较小值	8
四级	8*d* 和 150(柱根 100)的较小值	6(柱根 8)

注：(1) *d* 为柱纵向钢筋直径(mm)。
(2) 柱根指框架柱底部嵌固部位。

抗震设计时，柱箍筋加密区的范围应符合下列规定：①底层柱的上端和其他各层柱的两端，应取矩形截面柱之长边尺寸(或圆形截面柱之直径)、柱净高的 1/6 和 500 mm 三者的最大值范围；②底层柱刚性地面上、下各 500 mm 的范围；③底层柱柱根以上 1/3 柱净高的范围；④剪跨比不大于 2 的柱，和因填充墙等形成的柱净高与截面高度之比不大于 4 的柱全高范围；⑤一、二级框架角柱的全高范围；⑥需要提高变形能力的柱的全高范围。

柱加密区范围内的体积配箍率，应符合下列规定：

① 柱箍筋加密区箍筋的体积配箍率，应符合下列要求：

$$\rho_v \geqslant \lambda_v f_c / f_{yv} \tag{3-67}$$

式中：ρ_v——柱箍筋的体积配箍率，计算复合箍筋的体积、配筋率时，可不扣除重叠部分的箍筋体积；

λ_v——柱最小配箍特征值，宜按表 3-15 采用；

f_c——混凝土轴心抗压强度设计值，当柱混凝土强度等级低于 C35 时，应按 C35 计算；

f_{yv}——柱箍筋或拉筋的抗拉强度设计值。

表 3-15　柱端箍筋加密区最小配箍特征值 λ_v

抗震等级	箍筋形式	柱轴压比								
		≤0.30	0.40	0.50	0.60	0.70	0.80	0.90	1.00	1.05
一级	普通箍、复合箍	0.10	0.11	0.13	0.15	0.17	0.20	0.23	—	—
	螺旋箍、复合或连续复合螺旋箍	0.08	0.09	0.11	0.13	0.15	0.18	0.21	—	—
二级	普通箍、复合箍	0.08	0.09	0.11	0.13	0.15	0.17	0.19	0.22	0.24
	螺旋箍、复合或连续复合螺旋箍	0.06	0.07	0.09	0.11	0.13	0.15	0.17	0.20	0.22
三级	普通箍、复合箍	0.06	0.07	0.09	0.11	0.13	0.15	0.17	0.20	0.22
	螺旋箍、复合或连续复合螺旋箍	0.05	0.06	0.07	0.09	0.11	0.13	0.15	0.18	0.20

注：普通箍指单个矩形箍或单个圆形箍；螺旋箍指单个连续螺旋箍筋；复合箍指由矩形、多边形、圆形箍或拉筋组成的箍筋；复合螺旋箍指由螺旋箍与矩形、多边形、圆形箍或拉筋组成的箍筋；连续复合螺旋箍指全部螺旋箍由同一根钢筋加工而成的箍筋。

② 对一、二、三、四级框架柱，其箍筋加密区范围内箍筋的体积配箍率尚且分别不应小于0.8%、0.6%、0.4%和0.4%。

③ 剪跨比不大于2的柱宜采用复合螺旋箍或井字复合箍，其体积配箍率不应小于1.2%；设防烈度为9度时，不应小于1.5%。

④ 计算复合螺旋箍筋的体积配箍率时，其非螺旋箍筋的体积应乘以换算系数0.8。

抗震设计时，柱箍筋设置尚应符合下列规定：①箍筋应为封闭式，其末端应做成135°弯钩且弯钩末端平直段长度不应小于10倍的箍筋直径，且不应小于75 mm。②箍筋加密区的箍筋肢距，一级不宜大于200 mm，二、三级不宜大于250 mm和20倍箍筋直径的较大值，四级不宜大于300 mm。每隔一根纵向钢筋宜在两个方向有箍筋约束；采用拉筋组合箍时，拉筋宜紧靠纵向钢筋并勾住封闭箍筋。③柱非加密区的箍筋，其体积配箍率不宜小于加密区的一半；其箍筋间距，不应大于加密区箍筋间距的2倍，且一、二级不应大于10倍纵向钢筋直径，三、四级不应大于15倍纵向钢筋直径。

(2) 非抗震设计要求

非抗震设计时，柱中箍筋应符合下列规定：①周边箍筋应为封闭式。②箍筋间距不应大于400 mm，且不应大于构件截面的短边尺寸和最小纵向受力钢筋直径的15倍。③箍筋直径不应小于最大纵向钢筋直径的1/4，且不应小于6 mm。④当柱中全部纵向受力钢筋的配筋率超过3%时，箍筋直径不应小于8 mm，箍筋间距不应大于最小纵向钢筋直径的10倍，且不应大于200 mm，箍筋末端应做成135°弯钩，且弯钩末端平直段长度不应小于10倍箍筋直径。⑤当柱每边纵筋多于3根时，应设置复合箍筋。⑥柱内纵向钢筋采用搭接做法时，搭接长度范围内箍筋直径不应小于搭接钢筋较大直径的1/4；在纵向受拉钢筋的搭接长度范围内的箍筋间距不应大于搭接钢筋较小直径的5倍，且不应大于100 mm；在纵向受压钢筋的搭接长度范围内的箍筋间距不应大于搭接钢筋较小直径的10倍，且不应大于200 mm。当受压钢筋直径大于25 mm时，尚应在搭接接头端面外100 mm的范围内各设置两道箍筋。

3.4.3 框架节点的构造要求

为了保证节点核心区的抗剪承载力，使框架梁、柱纵筋有可靠的锚固，有必要对节点核心区的混凝土进行有效约束。框架节点核心区应设置水平箍筋，且应符合下列规定：①非抗震设计时，框架节点核心区也要配置箍筋。箍筋配置应符合非抗震设计时柱中箍筋的设置要求，但箍筋间距不宜大于250 mm；对四边有梁与之相连的节点，可仅沿节点周边设置矩形箍筋。②抗震设计时，箍筋的最大间距和最小直径宜符合表3-14柱加密区箍筋应符合的要求。但节点核心区箍筋的作用与柱端有所不同，为便于施工，可适当放宽要求，一、二、三级框架节点核心区配箍特征值分别不宜小于0.12、0.10和0.08，且箍筋体积配箍率分别不宜小于0.6%、0.5%和0.4%。柱剪跨比不大于2的框架节点核心区的体积配箍率不宜小于核心区上、下柱端体积配箍率中的较大值。

3.4.4 钢筋的连接和锚固要求

由于钢筋长度不够或设置施工段时，构件内的纵向钢筋需要连接。为了避免梁柱钢筋在节点核心区发生锚固破坏，需要加强节点区的钢筋锚固。钢筋的连接和锚固需满足以下要求。

(1) 受力钢筋的连接接头应符合下列规定：

① 受力钢筋的连接接头宜设置在构件受力较小部位；抗震设计时，宜避开梁端、柱端箍筋加密区范围。钢筋连接可采用机械连接、绑扎搭接或焊接。

② 当纵向受力钢筋采用搭接做法时，在钢筋搭接长度范围内应配置箍筋，其直径不应小于搭接钢筋较大直径的 1/4。当钢筋受拉时，箍筋间距不应大于搭接钢筋较小直径的 5 倍，且不应大于 100 mm；当钢筋受压时，箍筋间距不应大于搭接钢筋较小直径的 10 倍，且不应大于 200 mm。当受压钢筋直径大于 25 mm 时，尚应在搭接接头两个端面外 100 mm 范围内各设置两道箍筋。

(2) 非抗震设计时，受拉钢筋的最小锚固长度应取 l_a。受拉钢筋绑扎搭接的搭接长度，应根据位于同一连接区段内搭接钢筋截面面积的百分率按下式计算，且不应小于 300 mm。

$$l_l = \zeta l_a \tag{3-68}$$

式中：l_l——受拉钢筋的搭接长度(mm)；

l_a——受拉钢筋的锚固长度(mm)，应按现行国家标准《混凝土结构设计规范》(GB 50010)的有关规定采用；

ζ——受拉钢筋搭接长度修正系数，按表 3-16 采用。

表 3-16 纵向受拉钢筋搭接长度修正系数 ζ

同一连接区段内搭接钢筋面积百分率(%)	≤25	50	100
受拉搭接长度修正系数 ζ	1.2	1.4	1.6

注：同一连接区段内搭接钢筋面积百分率取在同一连接区段内有搭接接头的受力钢筋与全部受力钢筋面积之比。

(3) 抗震设计时，钢筋混凝土结构构件纵向受力钢筋的锚固和连接，应符合下列要求：

① 纵向受拉钢筋的最小锚固长度应按下列规定采用：

一、二级抗震等级 $$l_{aE} = 1.15 l_a \tag{3-69}$$

三级抗震等级 $$l_{aE} = 1.05 l_a \tag{3-70}$$

四级抗震等级 $$l_{aE} = 1.00 l_a \tag{3-71}$$

② 当采用绑扎搭接接头时，其搭接长度不应小于下式的计算值：

$$l_{lE} = \zeta l_{aE} \tag{3-72}$$

式中：l_{lE}——抗震设计时受拉钢筋的搭接长度。

③ 受拉钢筋直径大于 25 mm、受压钢筋直径大于 28 mm 时，不宜采用绑扎搭接接头。

④ 现浇钢筋混凝土框架梁、柱纵向受力钢筋的连接方法，应符合下列规定：A. 框架柱：一、二级抗震等级及三级抗震等级的底层，宜采用机械连接接头，也可采用绑扎搭接或焊接接头；三级抗震等级的其他部位和四级抗震等级，可采用绑扎搭接或焊接接头。B. 框支梁、框支柱：宜采用机械连接接头。C. 框架梁：一级宜采用机械连接接头，二、三、四级可采用绑扎搭接或焊接接头。

⑤ 位于同一连接区段内的受拉钢筋接头面积百分率不宜超过 50%。

⑥ 当接头位置无法避开梁端、柱端箍筋加密区时，应采用满足等强度要求的机械连接接头，且钢筋接头面积百分率不宜超过 50%。

⑦ 钢筋的机械连接、绑扎搭接及焊接，尚应符合国家现行有关标准的规定。

(4) 非抗震设计时，框架梁、柱的纵向钢筋在框架节点区的锚固和搭接应符合下列要求(图 3-23)：

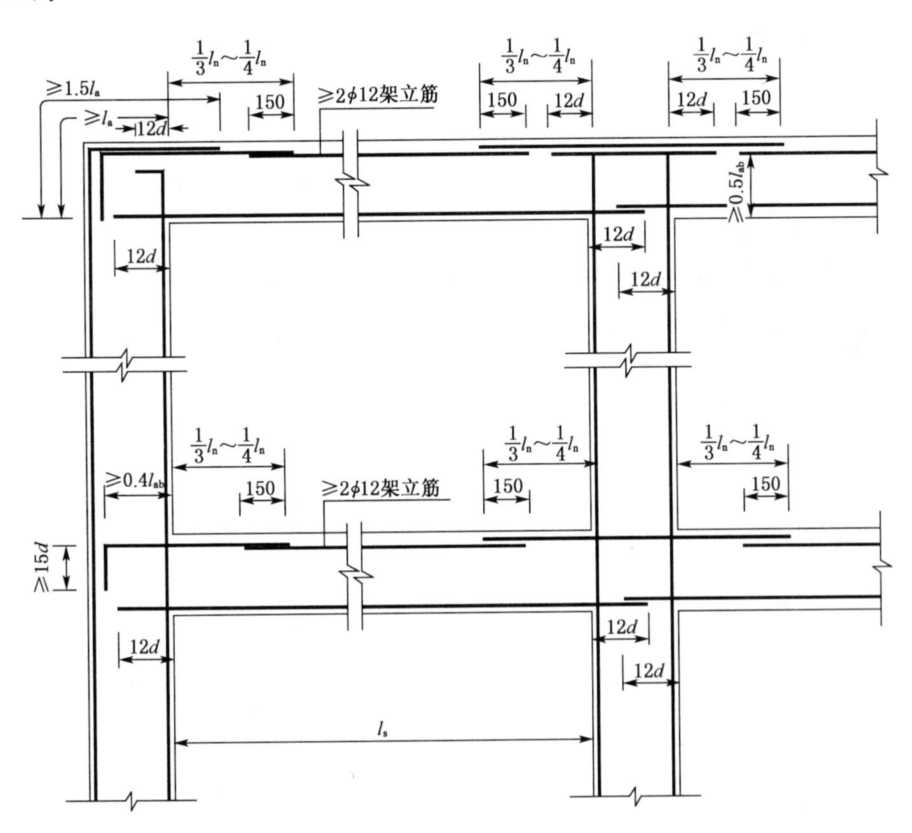

图 3-23　非抗震设计时框架梁、柱纵向钢筋在节点区的锚固示意图

① 顶层中节点柱纵向钢筋和边节点柱内侧纵向钢筋应伸至柱顶；当从梁底边计算的直线锚固长度不小于 l_a 时，可不必水平弯折，否则应向柱内或梁、板内水平弯折，当充分利用柱纵向钢筋的抗拉强度时，其锚固段弯折前的竖直投影长度不应小于 $0.5l_{ab}$，弯折后的水平

投影长度不宜小于 12 倍的柱纵向钢筋直径。此处，l_{ab}为钢筋基本锚固长度。

② 顶层端节点处，在梁宽范围以内的柱外侧纵向钢筋可与梁上部纵向钢筋搭接，搭接长度不应小于 $1.5l_a$；在梁宽范围以外的柱外侧纵向钢筋可伸入现浇板内，其伸入长度与伸入梁内的相同。当柱外侧纵向钢筋的配筋率大于 1.2%时，伸入梁内的柱纵向钢筋宜分两批截断，其截断点之间的距离不宜小于 20 倍的柱纵向钢筋直径。

③ 梁上部纵向钢筋伸入端节点的锚固长度：直线锚固时，不应小于 l_a，且伸过柱中心线的长度不宜小于 5 倍的梁纵向钢筋直径；当柱截面尺寸不足时，梁上部纵向钢筋应伸至节点对边并向下弯折，弯折水平段的投影长度不应小于 $0.4l_{ab}$，弯折后竖直投影长度不应小于 15 倍纵向钢筋直径。

④ 当计算中不利于梁下部纵向钢筋的强度时，其伸入节点内的锚固长度应取不小于 12 倍的梁纵向钢筋直径。当计算中充分利于梁下部钢筋的抗拉强度时，梁下部纵向钢筋可采用直线方式或向上 90°弯折方式锚固于节点内，直线锚固时的锚固长度不应小于 l_a；弯折锚固时，弯折水平段的投影长度不应小于 $0.4l_{ab}$，弯折后竖直投影长度不应小于 15 倍纵向钢筋直径。

(5) 抗震设计时，框架梁、柱的纵向钢筋在框架节点区的锚固和搭接，应符合下列要求(图 3-24)：

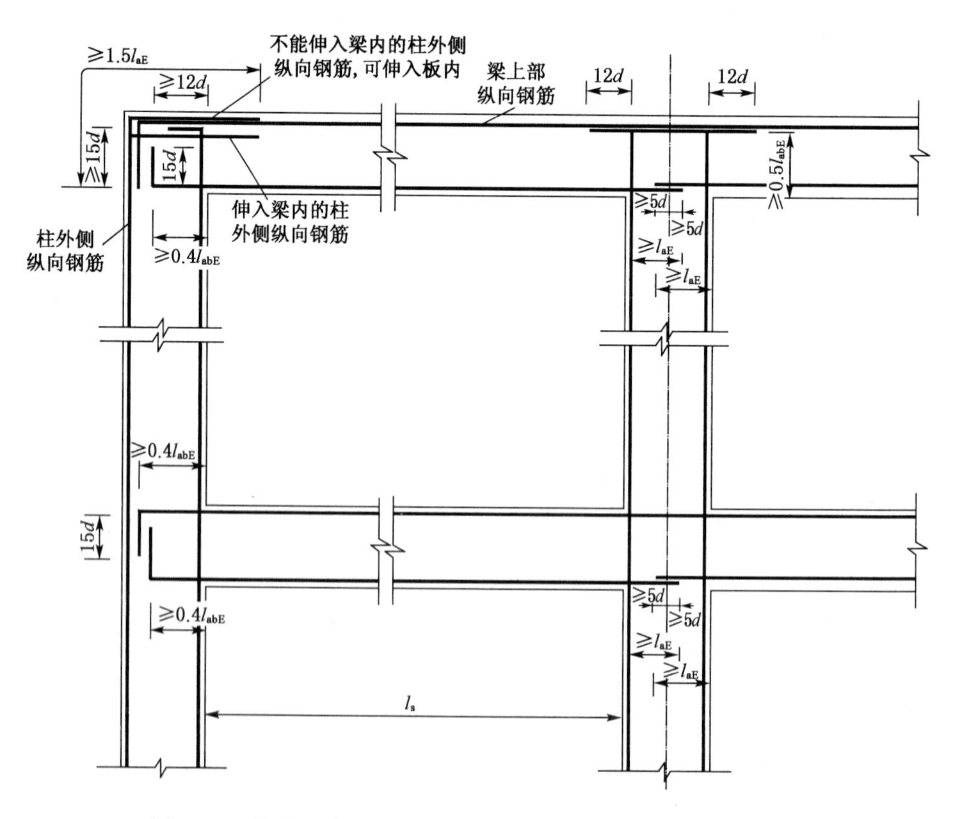

图 3-24 抗震设计时框架梁、柱纵向钢筋在节点区的锚固示意图

① 顶层中节点柱纵向钢筋和边节点柱内侧纵向钢筋应伸至柱顶。当从梁底边计算的直线锚固长度不小于 l_{aE}时，可不必水平弯折，否则应向柱内或梁、板内水平弯折，锚固段弯

折前的竖直投影长度不应小于 0.5l_{abE}，弯折后的水平投影长度不宜小于 12 倍的柱纵向钢筋直径。此处，l_{abE} 为抗震时钢筋的基本锚固长度，一、二级取 1.15l_{ab}，三、四级分别取 1.05l_{ab} 和 1.00l_{ab}。

② 顶层端节点处，柱外侧纵向钢筋可与梁上部纵向钢筋搭接，搭接长度不应小于 1.5l_{aE}，且伸入梁内的柱外侧纵向钢筋截面面积不宜小于柱外侧全部纵向钢筋截面面积的 65%；在梁宽范围以外的柱外侧纵向钢筋可伸入现浇板内，其伸入长度与伸入梁内的相同。当柱外侧纵向钢筋的配筋率大于 1.2%时，伸入梁内的柱纵向钢筋宜分两批截断，其截断点之间的距离不宜小于 20 倍的柱纵向钢筋直径。

③ 梁上部纵向钢筋伸入端节点的锚固长度，直线锚固时不应小于 l_{aE}，且伸过柱中心线的长度不应小于 5 倍的梁纵向钢筋直径；当柱截面尺寸不足时，梁上部纵向钢筋应伸至节点对边并向下弯折，弯折水平段的投影长度不应小于 0.4l_{abE}，弯折后的竖直投影长度应取 15 倍的梁纵向钢筋直径。

④ 梁下部纵向钢筋的锚固与梁上部纵向钢筋相同，但采用 90°弯折方式锚固时，竖直段应向上弯入节点内。

复习思考题

1. 框架结构布置包括哪些内容？
2. 如何确定框架结构的计算简图？
3. 框架结构的内力分析有哪些方法？
4. 简述分层法的计算要点及步骤。
5. 水平荷载作用下框架柱的反弯点位置与哪些因素有关？
6. D 值法中，D 值的物理意义是什么？
7. 什么是延性？影响框架梁、柱延性的因素分别有哪些？这些因素是如何影响延性的？
8. 延性框架的设计原则是什么？
9. 框架结构如何满足“强柱弱梁、强剪弱弯、强节点强锚固”的抗震设计要求？
10. 如图 3-25 所示，12 层钢筋混凝土框架结构。各层梁截面尺寸均相同，其中边跨梁为 300 mm × 700 mm，走道梁为 300 mm × 450 mm。柱截面尺寸：一层至四层的中柱为 700 mm ×700 mm，边柱为 650 mm × 650 mm，五层至十二层的中柱为 650 mm × 650 mm，边柱为 600 mm × 600 mm。混凝土强度等级为 C40。层高除底层为 4.6 m（至基础顶面）外，其余层均为 3.6 m。试用 D 值法计算框架的内力，并计算框架侧移。

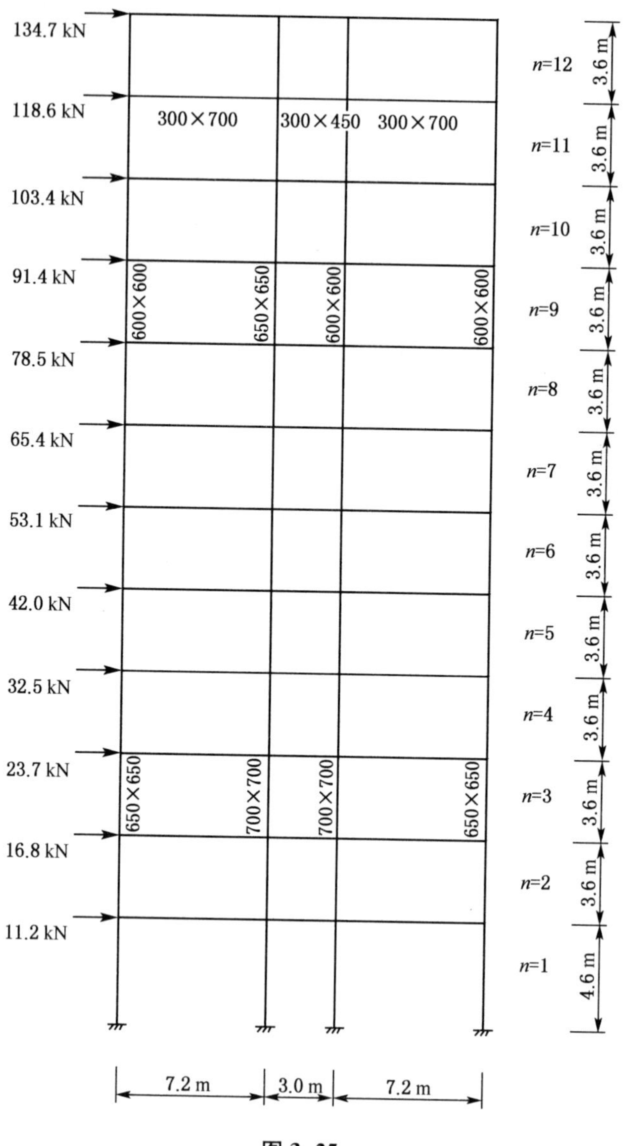
134.7 kN
118.6 kN
103.4 kN
91.4 kN
78.5 kN
65.4 kN
53.1 kN
42.0 kN
32.5 kN
23.7 kN
16.8 kN
11.2 kN
300×700
300×450
300×700
600×600
650×650
600×600
600×600
650×650
700×700
700×700
650×650
n=12
n=11
n=10
n=9
n=8
n=7
n=6
n=5
n=4
n=3
n=2
n=1
3.6 m
4.6 m
7.2 m
3.0 m
7.2 m

图 3-25

4　剪力墙结构设计

剪力墙是一种抵抗侧向力的结构单元，在抗震结构中剪力墙也称为抗震墙。剪力墙结构是由一系列纵向、横向剪力墙及楼盖所组成的空间结构，承受竖向荷载和抵抗水平荷载，是高层建筑中常用的结构型式之一。由于纵、横向剪力墙在其自身平面内的刚度都很大，在水平荷载作用下，侧向变形小，抗震及抗风性能都较强，承载力要求也容易满足，剪力墙结构适宜于建造层数较多的高层建筑。

4.1　概述

4.1.1　剪力墙的类型及特点

1）单片剪力墙的分类与变形特征

按不同的分类标准可对剪力墙进行不同的分类，不同类别的剪力墙受力性能和变形特征各有特点。

按墙肢截面高度与厚度之比 h_w/b_w 的大小（图 4-1），可将单片剪力墙分为柱、短肢剪力墙和一般剪力墙。其中，当 $h_w/b_w \leqslant 4$ 时为柱；短肢剪力墙是指墙肢截面高度与厚度之比最大值为 $4 < h_w/b_w \leqslant 8$ 且截面厚度不大于 300 mm 的剪力墙；一般剪力墙是指墙肢截面高度与厚度之比大于 8 或截面厚度大于 300 mm 且 $h_w/b_w > 4$ 的剪力墙。水平荷载作用下，在悬臂剪力墙截面上所产生的内力是弯矩和水平剪力。墙肢在整体弯矩作用下产生“弯曲型”变形曲线（下部层间相对侧移较小，上部层间相对侧移较大），墙肢自身弯曲变形产生的“剪切型”变形曲线（下部层间相对侧移较大，上部层间相对侧移较小），两种剪力墙变形的叠加构成剪力墙的实际变形。

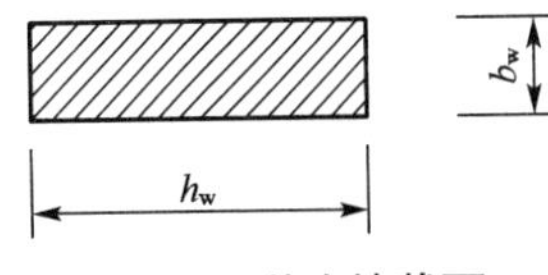

图 4-1　剪力墙截面

按墙肢总高度与宽度之比（H/h_w）的大小（图 4-2），可将单片剪力墙分为高墙（$H/h_w > 3$）、中高墙（$1 \leqslant H/h_w \leqslant 3$）和矮墙（$H/h_w < 1$）三种。在水平荷载作用下，随着墙肢高宽比的增大，由弯矩产生的弯曲型变形在整个侧移中所占的比例相应增大。一般来说，高墙在水平荷载作用下的变形曲线表现为“弯曲型”，而矮墙的变形曲线表现为“剪切型”，中高墙的变形曲线表现为介于“弯曲型”和“剪切型”之间的“剪弯型”。

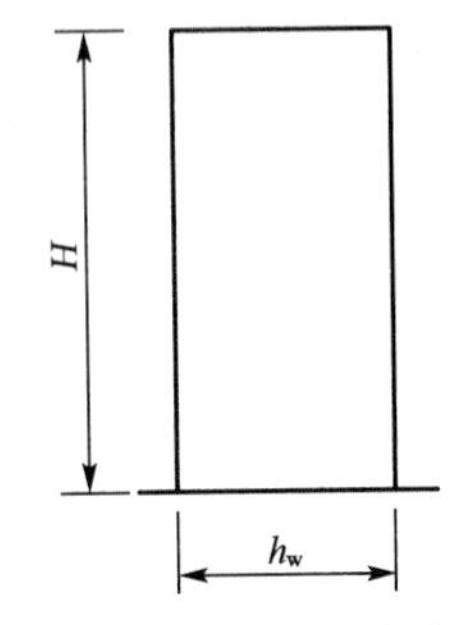

图 4-2　剪力墙墙肢

2）剪力墙结构的分类及其受力特点

剪力墙结构的受力特征与墙体上有无洞口以及洞口的大小、位置和数量等情况有关。开洞剪力墙洞口两侧的竖向墙体为剪力墙的墙肢，联系墙的横向部分为连梁。开洞规则的剪力墙(洞口成排成列布置)，根据开洞大小及连梁刚度的不同，可将剪力墙分为整截面剪力墙、整体小开口剪力墙、联肢剪力墙(含双肢与多肢剪力墙)和壁式框架。

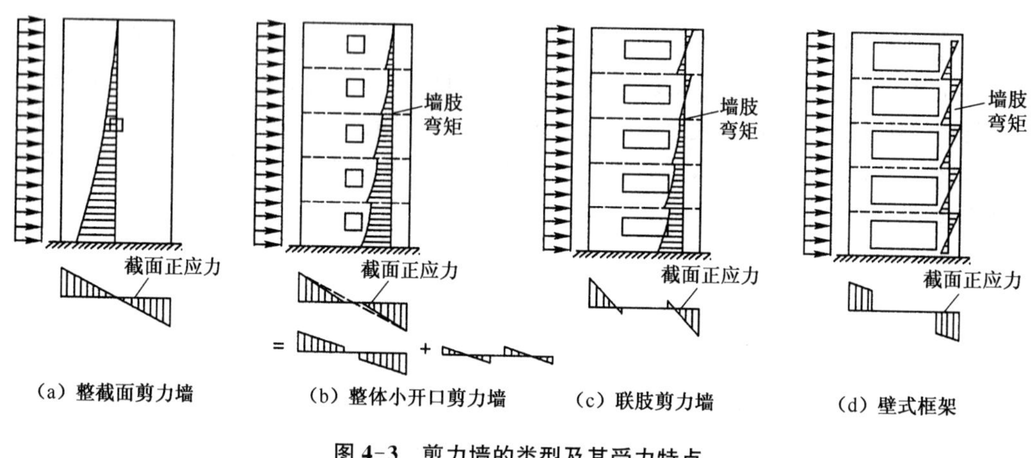

图 4-3 剪力墙的类型及其受力特点

(1) 整截面剪力墙。整截面剪力墙是指不开洞或虽有洞口但孔洞面积与墙面面积之比不大于 15%，且孔洞净距及孔洞边至墙边距离大于孔洞长边尺寸的剪力墙。其受力如同整截面悬臂构件，在水平荷载作用下，其弯矩沿高度方向连续分布，既不突变也无反弯点，截面正应力按直线分布，符合平截面假定，变形呈弯曲型(图 4-3(a))。内力和变形可按材料力学中悬臂墙的计算方法进行。

(2) 整体小开口剪力墙。门窗洞口沿竖向成列布置，洞口总面积虽超过了墙体总面积的 15%，但剪力墙在水平荷载作用下的受力特征仍接近于整截面剪力墙，墙肢弯矩沿高度虽有突变，但没有或仅个别反弯点出现，截面正应力除孔洞处墙肢弯曲正应力偏离直线外大体按直线分布，基本符合平截面假定，各墙肢中仅有少量的局部弯矩，整个剪力墙的变形仍以弯曲型为主(图 4-3(b))，该类剪力墙称为整体小开口剪力墙。可按材料力学公式计算其内力和位移，然后加以适当修正。

(3) 联肢剪力墙。由于洞口开得较大(30%～50%)，截面的整体性已经破坏，联肢剪力墙在水平荷载作用下的受力性能与整截面剪力墙相差甚远，墙肢弯矩沿高度方向在连梁处突变，且在部分墙肢中有反弯点出现，截面正应力不再保持为直线分布，不符合平截面假定(图 4-3(c))。联肢剪力墙包括双肢剪力墙和多肢剪力墙。有一列连梁的剪力墙称双肢剪力墙；有多列连梁的剪力墙称多肢剪力墙。联肢剪力墙的变形由弯曲型向剪切型过渡，内力不能用按平截面假定列平衡方程的方法确定，应采用列墙肢微分方程的方法求解。

(4) 壁式框架。当剪力墙上洞口开得很大(50%～80%)，墙肢宽度很小，剪力墙连梁的线刚度接近或大于墙肢线刚度，墙肢的弯矩图除在连梁处有突变外，几乎所有的连梁之间的墙肢都有反弯点出现，整个剪力墙的受力特征接近于框架，变形以剪切型为主。但连梁和墙肢相交结合区形成了刚度很大而几乎不产生弹性变形的刚域(图 4-3(d))，此类剪力墙称为壁式框架。其内力和变形可按框架结构的计算方法进行，但需考虑刚域的影响加以修正。

4.1.2 剪力墙类型的判别方法

当剪力墙上孔洞的数量、大小和排列形式发生变化时，其受力特点和计算方法也就不同。故此将剪力墙分为不同的类型(整截面墙、整体小开口墙、联肢墙、壁式框架)，每类剪力墙的受力性能和分析方法均不同。在对剪力墙进行内力与位移计算前，首先要判别剪力墙的类型，然后再选用相应的计算公式。理论分析和实验研究表明，剪力墙的类型可根据剪力墙的整体性系数 α 和墙肢惯性矩比值 I_n/I 判断。剪力墙类型的判别准则见表 4-1，其中：I_n/I 的限值系数 ζ 见表 4-2，整体性系数 α 值计算见公式(4-1)。该公式的依据详见双肢墙计算。

表 4-1 剪力墙类型判别准则

α	I_n/I	剪力墙类别
$\alpha \geqslant 10$	$\leqslant \zeta$	整体小开口墙或整截面墙
$1 < \alpha < 10$	$\leqslant \zeta$	联肢墙
$\alpha \geqslant 10$	$> \zeta$	壁式框架
$0 < \alpha \leqslant 1$		独立单肢剪力墙

表 4-2 限值系数 ζ 的数值

α	层数 n					
	8	10	12	16	20	≥30
10	0.886	0.948	0.975	1.000	1.000	1.000
12	0.866	0.924	0.950	0.994	1.000	1.000
14	0.853	0.908	0.934	0.978	1.000	1.000
16	0.844	0.896	0.923	0.964	0.988	1.000
18	0.836	0.888	0.914	0.952	0.978	1.000
20	0.831	0.880	0.906	0.945	0.970	1.000
22	0.827	0.875	0.901	0.940	0.965	1.000
24	0.824	0.871	0.897	0.936	0.960	0.989
26	0.822	0.867	0.894	0.932	0.955	0.986
28	0.820	0.864	0.890	0.929	0.952	0.982
≥30	0.818	0.861	0.887	0.926	0.950	0.979

$$\alpha=\begin{cases} H\sqrt{\dfrac{6}{\tau h\sum\limits_{i=1}^{k+1}I_i}\sum\limits_{i=1}^{k}\dfrac{\overline{I}_{bi}c_i^2}{l_{ni}^3}} & \text{(多肢墙)} \\ H\sqrt{\dfrac{6}{h(I_1+I_2)}\dfrac{\overline{I}_b c^2}{l_n^3}\dfrac{I}{I_n}} & \text{(双肢墙)} \end{cases} \tag{4-1}$$

$$I_n=I-\sum_{i=1}^{k+1}I_i \qquad \overline{I}_{bi}=\frac{I_{bi}}{1+\dfrac{7.5\mu I_{bi}}{l_{ni}^2A_{bi}}}$$

式中：I、I_1、I_2、I_i——剪力墙对组合截面形心的惯性矩，墙肢 1、墙肢 2、墙肢 i 的惯性矩。

I_n——扣除墙肢惯性矩后剪力墙的惯性矩；

h、H——层高与剪力墙总高度。

l_n、l_{ni}——双肢墙连梁或多肢墙第 j 列连梁的计算跨度的一半(见式(4-18))。

τ——轴向变形影响系数，当为 3～4 肢墙时，取 0.8；当为 5～7 肢墙时，取 0.85；当为 8 肢以上墙时，取 0.9。

$\overline{I}_b$、$\overline{I}_{bi}$——双肢墙连梁或多肢墙第 i 列连梁的等效惯性矩。

A_{bi}、I_{bi}——第 i 列连梁的截面面积、截面惯性矩。

μ——连梁的剪应力不均匀系数，对于矩形截面，$\mu=1.2$。

c、c_i——双肢墙洞口或多肢墙第 i 列洞口两侧墙肢轴线距离的一半(见图 4-9)。

k——洞口列数。

如果 α 值较小，说明连梁的截面尺寸与刚度较小，墙肢的刚度较大，使得连梁对墙肢的约束作用很小，连梁犹如铰接于墙肢的连杆，剪力墙的整体性能较差，在水平荷载作用下接近于多个独立悬臂剪力墙的情况；反之，如果 α 值较大，表明连梁对墙肢的约束作用较大，剪力墙的整体性能较好，此时，在水平荷载作用下剪力墙犹如一片悬臂的整截面墙或整体小开口墙的情况；如果 α 值介于上述二者之间，其受力状态也介于上述两种情况之间，在水平荷载作用下接近于联肢剪力墙的工作情况。显然，α 值的大小反映了连梁对墙肢约束作用的大小，故称 α 为剪力墙的整体性系数。应该注意的是，某些情况下仅 α 值的大小还不足以完成判别剪力墙类型，如当连梁的刚度比墙肢的刚度大很多(如 $\alpha\geqslant 10$)时却存在着两种类型剪力墙的可能性：一类是开洞口很小(其连梁刚度很大，墙肢刚度也很大)的整截面墙；另一类是开洞口很大(横梁刚度不很大，但墙肢刚度较小)的壁式框架，而两者的受力性能相差悬殊。为准确界定剪力墙的不同类型，引入了能表征墙体开洞情况的参数即墙肢惯性矩比值 I_n/I，I_n越大，表明开洞越大，墙体削弱得越多。

4.1.3 剪力墙的结构布置

剪力墙作为主要的抗侧力构件，承担了大部分水平力。合理的剪力墙布置是构建良好抗震性能的基础，剪力墙布置应与建筑使用要求相结合并满足抗侧力刚度和承载力要求，除应遵循“对称、均匀、周边、连续”的原则外，还须注意满足以下要求。

1) 平面布置

(1) 剪力墙宜双向布置。剪力墙结构中全部竖向荷载和水平力都由钢筋混凝土墙承受，剪力墙宜沿主轴方向或其他方向双向布置，两个方向的侧向刚度不宜相差过大，结构在两个主轴方向的动力特性宜相近。抗震设计的剪力墙结构，应避免仅单向有墙的结构布置形式。一般情况下，房屋四角及楼电梯间四角需布设剪力墙或柱，其他尽量隔开间均匀布设剪力墙，剪力墙优先采用工形、[形、T形、L形截面，截面轴向应力不宜相差过大。

(2) 高层建筑结构不应采用全部为短肢剪力墙的剪力墙结构。B级高度高层建筑以及设防烈度为9度的A级高度高层建筑，不宜布置短肢剪力墙，不应采用具有较多短肢剪力墙的剪力墙结构。当采用具有较多短肢剪力墙的剪力墙结构(短肢剪力墙承担的底部倾覆力矩不小于结构底部总地震倾覆力矩的30%)时，应符合下列规定：①房屋最大适用高度应比表1-6中剪力墙结构的规定值适当降低，且7度、8度(0.2g)和8度(0.3g)抗震设计时分别不应大于100 m、80 m和60 m；②在规定的水平地震作用下，短肢剪力墙承担的底部倾覆力矩不宜大于结构底部总地震倾覆力矩的50%；③抗震设计时，一、二、三级短肢剪力墙的轴压比，分别不宜大于0.45，0.5和0.55，一字形截面短肢剪力墙的轴压比限值相应减少0.1；④短肢剪力墙截面厚度，底部加强部位不应小于200 mm，其他部位不应小于180 mm；⑤不宜采用一字形短肢剪力墙，不宜在一字形短肢剪力墙上布置平面外与之相交的单侧楼面梁。

(3) 剪力墙结构的侧向刚度应适宜，单片剪力墙的长度不宜过大或过小。剪力墙结构应有适宜的侧向刚度和充分的延性，侧向刚度不宜过小或过大。当剪力墙结构侧向刚度过小(剪力墙数量过少或墙肢过短)时，结构侧移过大，不能满足位移限值的要求，且地震时震害严重。所以，剪力墙墙肢长度不宜过短。高层建筑不应采取全部为短肢剪力墙的剪力墙结构，异形柱的适用高度限值也应受到严格控制。剪力墙结构侧向刚度过大(剪力墙数量过多或墙肢过长)时，结构自振周期将过短，地震作用较大，墙的剪切变形较大，易造成墙肢、连梁超筋或剪压比超限，而由受剪承载力控制破坏状态，延性变形与耗能能力减弱，不利于抗震，且经济性变差。为保证剪力墙具有足够的延性，应使剪力墙呈受弯承载力破坏形态。单片剪力墙墙肢的长度不宜过大，每个独立墙段的总高度与长度之比不宜小于3，墙肢截面高度不宜大于8 m。同一轴线上的连续剪力墙过长时，应该在墙上开洞，用楼板(不设连梁)或弱连梁分成若干个墙段，每一个墙段相当于一片独立的剪力墙段。

剪力墙结构适宜刚度标准：结构侧移满足要求，自振周期和剪力系数控制在合理范围之内，适宜结构的自振周期为(0.06～0.10)n，n为层数。表4-3为结构首层适宜的地震剪力系数λ值(剪力系数等于楼层水平地震剪力与该层以上所有层重力荷载代表值之比)。剪力系数过大，应适当减小结构刚度；剪力系数过小，应适当加大结构刚度。

表4-3　首层适宜的地震剪力系数值

场地类别	地震剪力系数值λ
Ⅱ	$(0.20-0.40)\alpha_{max}$
Ⅲ	$(0.25-0.50)\alpha_{max}$

注：α_{max}为地震影响系数最大值。

(4) 应控制剪力墙平面外的弯矩。当剪力墙墙肢与其平面外方向的楼面梁连接时，应至少采取以下措施中的一个措施，减小梁端部弯矩对剪力墙的不利影响：①沿梁轴线方向设置与梁相连的剪力墙，抵抗该墙肢平面外弯矩。墙的厚度不宜小于梁的截面宽度。②当不能设置与梁相连的剪力墙时，宜在墙与梁相交处设置扶壁柱，其截面宽度不应小于梁宽，配筋按计算和构造要求确定。③当不能设置扶壁柱时，应在墙与梁相交处设置暗柱。暗柱的截面高度可取墙的厚度，截面宽度可取梁宽加 2 倍墙厚，配筋按计算和构造要求确定。

(5) 不宜将楼面主梁支承在剪力墙之间的连梁上。楼面梁与剪力墙、暗柱、扶壁柱连接时，梁内纵筋应伸入墙内，并可靠锚固。

2) 竖向布置

(1) 剪力墙宜自下到上连续布置，避免结构刚度突变。普通结构的剪力墙应沿竖向贯通建筑物全高，不宜突然取消或中断。剪力墙的厚度可自下而上分段变化，每次厚度减小宜为 50～100 mm，使剪力墙刚度均匀连续改变，厚度改变和混凝土强度等级的改变宜错开楼层，避免刚度突变。为减少上下剪力墙结构的偏心，一般情况下，内墙厚度宜两侧同时内收，外墙可以只在内侧单面内收，以保持外墙面平整；电梯井因安装要求，可以只在外侧单面内收。

(2) 剪力墙的门窗洞口宜上下对齐、成列布置，形成明确的墙肢和连梁。洞口设置应避免墙肢长度突变，以避免墙肢刚度沿竖向相差悬殊。抗震设计时，一、二、三级剪力墙的底部加强部位不宜采用上下洞口不对齐的错洞墙，全高均不宜采用洞口局部重叠的叠合错洞墙。为防止在反复地震作用下剪力墙过早破坏，墙肢截面长度与厚度之比不宜小于 4。

(3) 抗震设计时，剪力墙结构底部加强部位的高度可取底部两层和墙肢总高度的 1/10 二者的较大值，底部加强部位的高度应从地下室顶板算起，并延伸到计算嵌固端。

4.2 剪力墙结构的内力及位移计算

随着计算机软件行业的发展，借助于计算机来分析剪力墙结构的受力性能，进而进行结构设计，已在工程界广泛应用。但为了讲清基本概念、掌握原理，仍以近似计算的内容为主。

剪力墙主要承受两类荷载：一类是楼板传来的竖向荷载，在地震区还应包括竖向地震作用的影响；另一类是水平荷载，包括水平风荷载和水平地震作用。剪力墙的内力分析包括竖向荷载作用下的内力分析和水平荷载作用下的内力分析。在竖向荷载作用下，各片剪力墙所受的内力比较简单，可按照材料力学原理进行。在水平荷载作用下剪力墙的内力和位移计算都比较复杂，本节着重讨论剪力墙在水平荷载作用下的内力及位移计算。

4.2.1 剪力墙结构计算简图

1) 计算简图的确定

双向布置的剪力墙结构是由一系列纵、横向剪力墙所组成的空间结构体系，柱、剪力墙和筒体等竖向构件组成竖向抗侧力结构，承受竖向和侧向水平荷载，水平放置的楼板将竖向抗侧力结构连为整体。在水平荷载作用下确定计算简图时，作了以下两个基本假定：

(1) 将高层建筑结构沿两个正交主轴划分为若干平面抗侧力结构，每个方向上的风荷载和水平地震作用由该方向上的平面抗侧力结构承受，垂直于风荷载和水平地震作用方向的抗侧结构不参加工作。实际上，在侧向水平荷载作用下，纵墙与横墙是共同工作的(见图 4-4)。纵墙的一部分可以作为横墙的有效翼缘，横墙的一部分可以作为纵墙的有效翼缘。现浇剪力墙的有效翼缘宽度 b_i 可直接按照表 4-4 所列各项中的最小值取用。装配整体式剪力墙的有效翼缘宽度可将表中数值适当折减后取用。

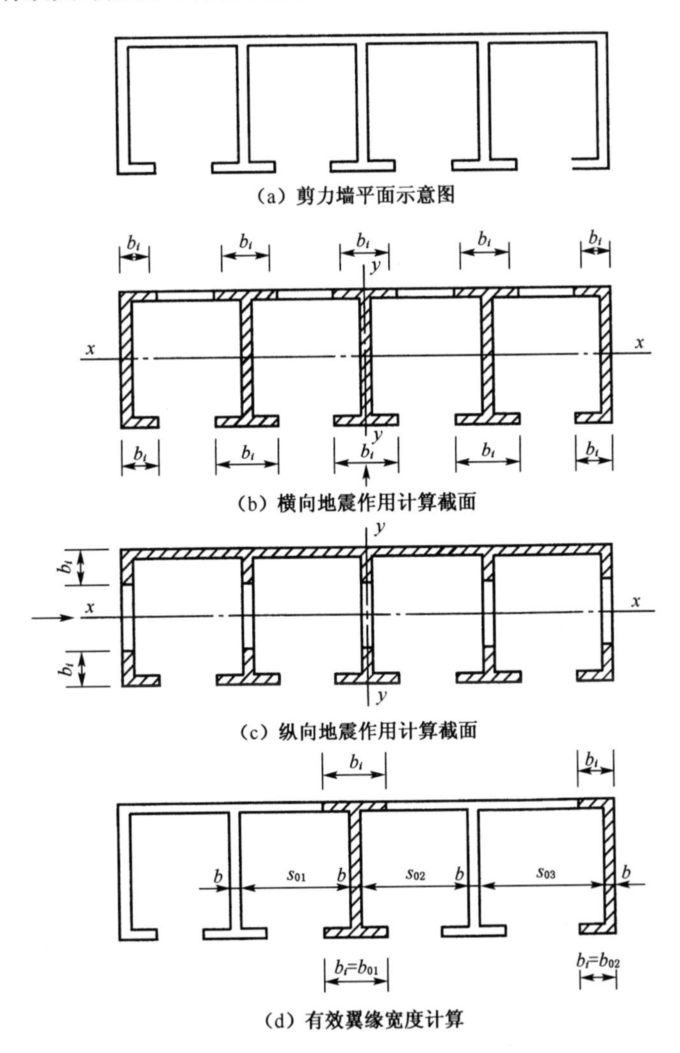

图 4-4 纵墙与横墙计算截面(阴影部分)

表 4-4 剪力墙有效翼缘宽度 b_i

项次	所考虑的内容	T 形和工字形截面的翼缘宽度	L 形截面的翼缘宽度
1	按照剪力墙间距 s_0	$b+0.5s_{01}+0.5s_{02}$	$b+0.5s_{03}$
2	按照翼缘墙厚 h_f	$b+12h_f$	$b+6h_f$
3	按照门窗洞净距 b_0	b_{01}	b_{02}
4	按照剪力墙总高度 H	$0.1H$	$0.05H$

(2) 刚性楼板假定。水平放置的楼板，在其自身平面内刚度很大，可以抵抗在本身平面内的侧向力，而在平面外的刚度很小，可以忽略。刚性楼板将各平面抗侧力结构连接在一起共同承受侧向水平荷载，若不考虑扭转影响，各片剪力墙在楼板高度处侧移相等。

在这两个基本假定下，复杂的高层剪力墙结构计算可大为简化。对双向布置的剪力墙结构，在横向水平荷载作用下，只考虑横向剪力墙起作用，而略去纵向剪力墙的作用；在纵向水平荷载作用下，只考虑纵向剪力墙起作用，而略去横向剪力墙的作用。结构计算简图可简化为单向平面抗侧力结构计算模型。

2) 等效刚度的计算

采用简化方法进行剪力墙的内力和位移计算时，为了考虑轴向变形和剪切变形对剪力墙的影响，剪力墙的刚度可以按顶点位移相等的原则，折算成竖向悬臂受弯构件的等效刚度，每一方向的总水平荷载按各片剪力墙的等效刚度分配。

当有 m 片剪力墙时(图 4-5)，第 j 层第 i 片剪力墙分配到的剪力为

$$V_{ij}=\frac{E_iI_{\mathrm{eq}i}}{\sum_{i=1}^{m}E_iI_{\mathrm{eq}i}}V_{\mathrm{p}j} \tag{4-2}$$

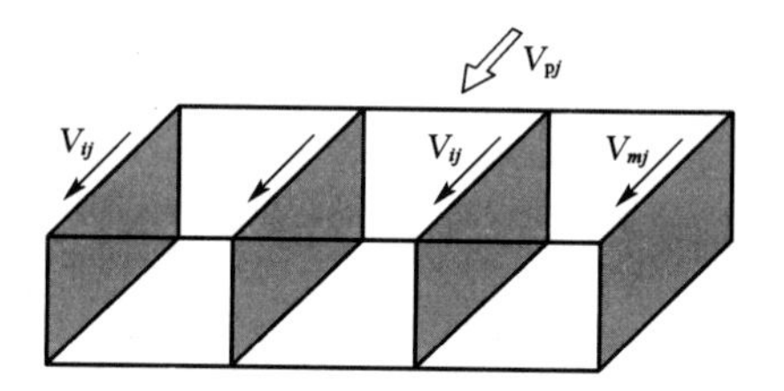

图 4-5　j 层剪力分配示意图

式中：$V_{\mathrm{p}j}$——水平荷载作用下 j 层处产生的总剪力；

$E_iI_{\mathrm{eq}i}$——第 i 片剪力墙的等效抗弯刚度。

剪力墙的等效抗弯刚度是根据假定(2)，将考虑剪力墙的弯曲、剪切和轴向变形之后的顶点位移(图 4-6(a))，折算成一个仅考虑弯曲变形(图 4-6(b))具有等效抗弯刚度 EI_{eq} 的竖向悬臂杆计算。

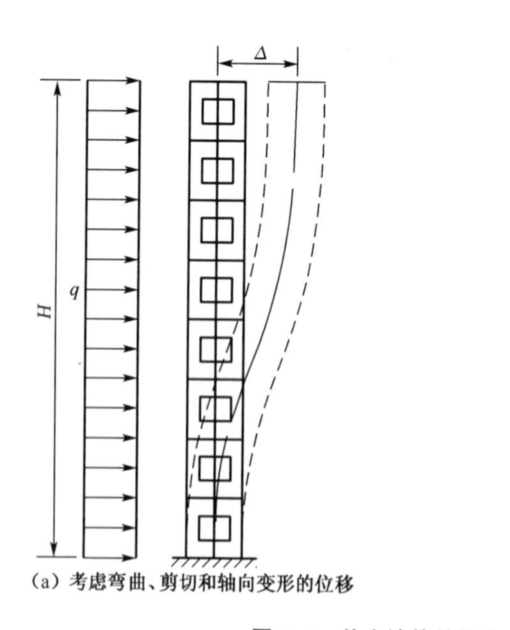

(a) 考虑弯曲、剪切和轴向变形的位移

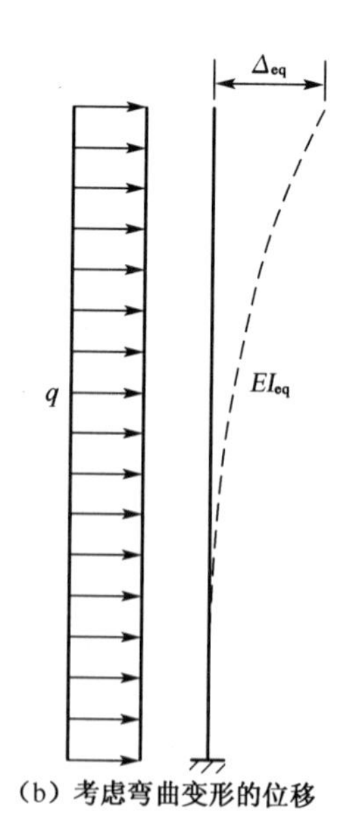

(b) 考虑弯曲变形的位移

图 4-6　剪力墙等效抗弯刚度

均布荷载作用下的剪力墙，考虑弯曲、剪切和轴向变形的顶点位移(图 4-6(a))

$$\Delta = \int \frac{\bar{N}_k N_p}{EA} ds + \int \frac{\bar{V}_k V_p}{GA} ds + \int \frac{\bar{M}_k M_p}{EI} ds \tag{4-3}$$

只考虑弯曲变形时的顶点位移(图 4-6(b))

$$\Delta_{eq} = \int \frac{\bar{M}_k M_p}{EI_{eq}} ds = \frac{qH^4}{8EI_{eq}} \tag{4-4}$$

令 $\Delta = \Delta_{eq}$，即

$$\Delta_{eq} = \int \frac{\bar{M}_k M_p}{EI_{eq}} ds = \frac{qH^4}{8EI_{eq}} = \Delta$$

则

$$EI_{eq} = \frac{qH^4}{8\Delta} \tag{4-5}$$

4.2.2 内力和位移的近似计算

1) 整截面剪力墙的内力和位移计算

根据整截面剪力墙的受力特点，在水平荷载作用下，可按整体悬臂构件方法计算其内力和位移。计算内力时，可按材料力学方法由受力平衡直接计算；计算位移时，需考虑剪切变形和洞口对其刚度的影响(图 4-7)。

(1) 应力计算

整截面剪力墙在水平荷载下可按平截面假定计算截面应力

$$\sigma = \frac{My}{I} \tag{4-6}$$

$$\tau = \frac{VS}{Ib} \tag{4-7}$$

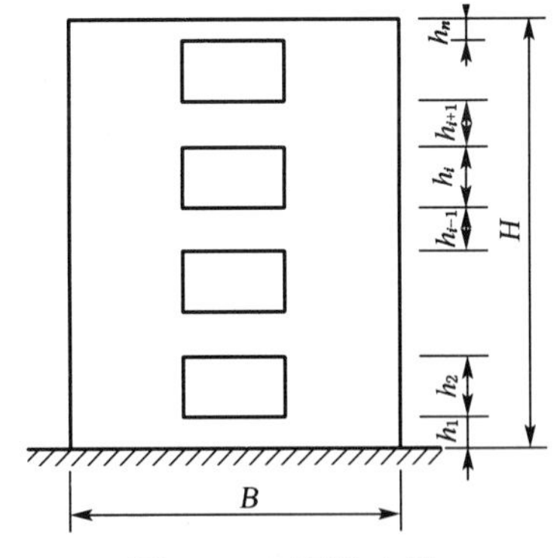

图 4-7 开洞剪力墙

式中：σ、τ——截面的正应力、剪应力；

M、V——截面的弯矩、剪力；

I、S、b——截面的惯性矩、面积矩、截面宽度；

y——截面形心到所求正应力点的距离。

(2) 位移计算

① 考虑洞口影响时截面面积和截面惯性矩的计算

A. 折算截面面积

$$A_q = \gamma_0 A \qquad \gamma_0 = 1 - 1.25\sqrt{A_d/A_0}$$

式中：A_q——考虑洞口影响的剪力墙水平截面折算面积；

A——剪力墙截面毛面积；

A_0、A_d——分别为剪力墙立面总面积、立面洞口总面积。

B. 折算惯性矩

$$I_q = \sum_{i=1}^{n}(I_{wi}h_i)/\sum_{i=1}^{n}h_i$$

式中：I_q——考虑洞口影响的剪力墙折算截面惯性矩，取剪力墙沿竖向有洞口和无洞口各段的截面惯性矩的加权平均值(图 4-7)；

I_{wi}——剪力墙沿竖向有洞口和无洞口的各段截面惯性矩；

h_i——剪力墙沿竖向有洞口和无洞口各段的相应高度，$\sum_{i=1}^{n}h_i = H$；

n——剪力墙分段总数。

② 位移计算

位移计算时，除弯曲变形外，宜考虑剪切变形影响。整截面剪力墙在三种常用水平荷载(均布荷载、倒三角荷载、顶部集中荷载)作用下，顶点位移计算公式如下：

$$\left.\begin{aligned}
&\text{均布荷载：}\quad \Delta = \frac{V_0H^3}{8EI_q}\left(1+\frac{4\mu EI_q}{H^2GA_q}\right)\\
&\text{倒三角荷载：}\Delta = \frac{11V_0H^3}{60EI_q}\left(1+\frac{3.64\mu EI_q}{H^2GA_q}\right)\\
&\text{顶点集中力：}\Delta = \frac{V_0H^3}{3EI_q}\left(1+\frac{3\mu EI_q}{H^2GA_q}\right)
\end{aligned}\right\} \tag{4-8}$$

上式括号内后一项反映剪切变形的影响。为计算方便，用等效刚度的形式给出顶点位移公式：

$$\left.\begin{aligned}
&\text{均布荷载：}\quad \Delta = \frac{V_0H^3}{8EI_{eq}}\\
&\text{倒三角荷载：}\Delta = \frac{11V_0H^3}{60EI_{eq}}\\
&\text{顶点集中力：}\Delta = \frac{V_0H^3}{3EI_{eq}}
\end{aligned}\right\} \tag{4-9}$$

式中：V_0——剪力墙底部截面剪力；

E——混凝土的弹性模量；

H——剪力墙总高度；

EI_q——整截面剪力墙的抗弯刚度；

EI_{eq}——整截面剪力墙的等效抗弯刚度，三种荷载作用下可近似采用统一公式计算：

$$EI_{eq} = \frac{EI_q}{1+\frac{9\mu I_q}{A_qH^2}} \tag{4-10}$$

μ——剪应力不均匀系数，矩形截面 $\mu = 1.2$，工字型截面 μ=截面全面积/腹板面积，T 形截面的 μ 见表 4-5。

表 4-5 T形截面剪应力不均匀系数 μ

h_w/b	b_i/b					
	2	4	6	8	10	12
2	1.383	1.496	1.521	1.511	1.483	1.445
4	1.441	1.876	2.287	2.682	3.061	3.424
6	1.362	1.097	2.033	2.367	2.698	3.026
8	1.313	1.572	1.838	2.106	2.374	2.641
10	1.283	1.489	1.707	1.927	2.148	2.370
12	1.264	1.432	1.614	1.800	1.988	2.178
15	1.245	1.374	1.519	1.669	1.820	1.973
20	1.228	1.317	1.422	1.534	1.648	1.763
30	1.214	1.264	1.328	1.399	1.473	1.549
40	1.208	1.240	1.284	1.334	1.387	1.442

注：b_i为有效翼缘宽度；b为剪力墙截面厚度；h_w为剪力墙截面高度。

2）整体小开口剪力墙的内力和位移计算

根据整体小开口剪力墙受力特点，整体小开口剪力墙内力和位移可按材料力学公式计算，然后做一些修正。

（1）内力计算

整体小开口剪力墙墙肢截面的正应力可以看做是由两部分弯曲应力组成，其中一部分是作为整体悬臂墙弯矩作用产生的正应力，另一部分是作为独立悬臂墙弯矩作用产生的正应力，其内力计算要点如下：

① 首先按整体悬臂构件方法计算剪力墙在水平外荷载作用下截面 z 处的总弯矩 M_{Fz} 和总剪力 V_{Fz}（图 4-8）。

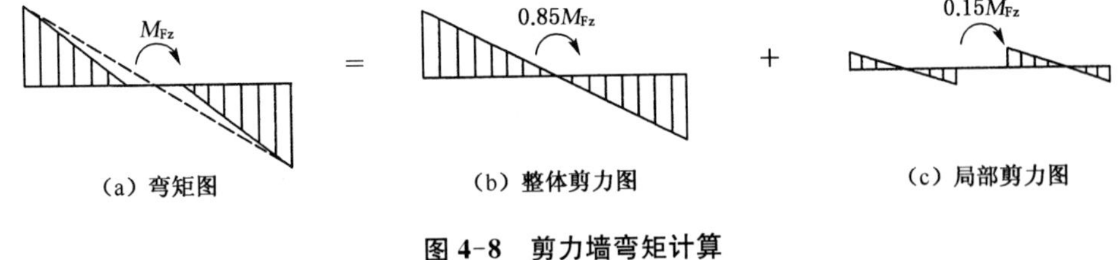

图 4-8 剪力墙弯矩计算

② 第 i 墙肢计算截面 z 处的总弯矩 M_{iz}。

第 i 墙肢的整体弯矩 M'_{iz}：

$$M'_{iz}=0.85M_{Fz}\frac{I_i}{I} \tag{4-11}$$

第 i 墙肢的局部弯矩 M''_{iz}：

$$M''_{iz}=0.15M_{Fz}\frac{I_i}{\sum I_i} \tag{4-12}$$

第 i 墙肢的总弯矩 M_{iz}：

$$M_{iz} = 0.85M_{Fz}\frac{I_i}{I} + 0.15M_{Fz}\frac{I_i}{\sum I_i} \tag{4-13}$$

③ 第 i 墙肢计算截面 z 处的轴力（局部弯矩不产生轴力）：

$$N_{iz} = 0.85M_{Fz}\frac{A_i y_i}{I} \tag{4-14}$$

④ 第 i 墙肢计算截面 z 处的剪力。

将总剪力分配到各墙肢。对底层墙肢的剪力按墙肢截面面积分配：

$$V_{iz} = V_{Fz}\frac{A_i}{\sum A_i} \tag{4-15}$$

其他层，墙肢剪力由墙肢截面上的剪应力合力求得，但计算比较复杂，一般采用以下近似方法计算：

$$V_{iz} = 0.5V_{Fz}\left[\frac{A_i}{\sum A_i} + \frac{I_i}{\sum I_i}\right] \tag{4-16}$$

上述式中：M_{Fz}、V_{Fz}——分别为外荷载在计算截面 z 处产生的弯矩和剪力；

I_i——第 i 墙肢的截面惯性矩；

I——整个剪力墙截面对组合截面形心的惯性矩；

A_i——第 i 墙肢截面面积；

y_i——第 i 墙肢截面形心至组合截面形心的距离。

⑤ 小墙肢端部弯矩。在小开口剪力墙中，多数墙肢基本均匀，但有时会出现个别细小墙肢（不满足 $I_n/I \leqslant \zeta$），作为近似，可按照上述小开口剪力墙计算内力，但小墙肢端部弯矩宜考虑局部弯曲的影响，采用附加局部弯矩（ΔM）予以修正：

$$M_i' = M_i + \Delta M_i; \qquad \Delta M_i = V_i\frac{h_i}{2} \tag{4-17}$$

式中：M_i'——第 i 墙肢的端部弯矩；

M_i——按小开口墙计算的第 i 墙肢弯矩；

ΔM_i——小墙肢端部附加局部弯矩；

V_i——按小开口墙计算的 i 小墙肢的墙肢剪力；

h_i——小墙肢洞口高度。

（2）位移计算

整体小开口剪力墙位移计算，可按整截面剪力墙位移计算公式（4-8）计算，但考虑开洞后刚度的削弱，应将其顶点位移的计算结果乘 1.2 倍采用。

3）双肢剪力墙的内力和位移的计算

双肢剪力墙与整截面剪力墙的受力特点相差很大，可看作柱梁线刚度比很大的框架，用一般的渐近解法比较麻烦，因此需要作进一步假设，然后用力法求解，把简化后的计算方法称作连续连杆法。其实质是：采用连续化方法，用解微分方程的方法计算其内力和位移。

(1) 双肢剪力墙的计算简图

① 基本假定。A. 将每一楼层处的连梁假想为均布在整个楼层高度上的连续连杆；B. 忽略连梁的轴向变形，即墙肢的水平位移相等；C. 同一标高处，两墙肢的转角和曲率相等，即各墙肢的变形曲线相同；D. 各连梁的反弯点位于该梁的跨度中央；E. 层高、惯性矩及面积等参数沿高度为常数。

② 连梁的计算跨度。图 4-9(a)给出了双肢剪力墙结构的几何参数。墙肢可以为矩形截面或 T 形截面，但都以截面的形心线作为墙肢的轴线，连梁一般取矩形截面。图 4-9(a)中 $2l_n$ 为连梁的计算跨度。

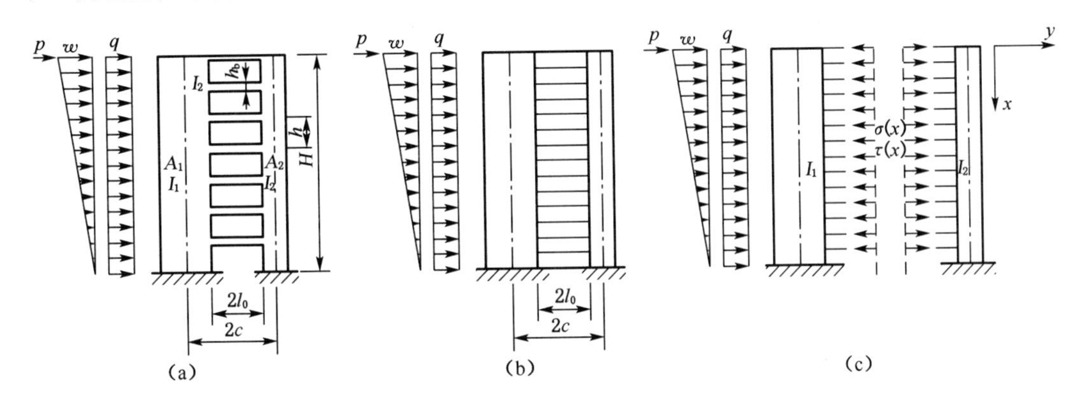

图 4-9　双肢剪力墙内力计算简图

$$l_n = l_0 + \frac{h_b}{4} \tag{4-18}$$

式中：l_0——0.5 净跨；

h_b——连梁截面高度。

③ 计算简图。在上述基本假定基础上，可得如图 4-9(b)所示双肢剪力墙的计算简图。

(2) 双肢剪力墙的内力计算

① 建立微分方程。对图 4-9(b)所示的超静定结构，将两片墙沿连梁跨中切开，成为静定的悬臂墙，得到力法的基本体系(图 4-9(c))。由于梁的跨中为反弯点(弯矩为 0 的点)，故切开后连梁多余未知力有剪力 $\tau(x)$和轴力 $\sigma(x)$，变形连续条件为基本体系在外荷载和多余未知力作用下，沿 $\tau(x)$、$\sigma(x)$方向的相对位移等于零。

将基本体系简化成一个正对称体系和一个反对称体系，在正对称体系下，由于假定(2)，连梁轴向变形可忽略，即没有变形，因此只考虑反对称体系。在反对称体系中，连梁中央只有剪力而没有轴力和弯矩，仅存在连梁剪力 $\tau(x)$一个未知力。变形连续条件相应简化为：基本体系在外荷载和切口处剪力作用下，连梁切口处沿剪力 $\tau(x)$方向的相对竖向位移等于零。

由结构力学知识：

$$\delta(x) = \left(\sum\int \frac{\overline{M_b}M_b}{EI_b}ds + \sum\int \frac{\mu\overline{V_b}V_b}{GA_b}ds + \sum\int \frac{\overline{N_b}N_b}{EA_b}ds\right) + \left(\sum\int \frac{\overline{M_j}M_j}{EI_j}ds + \sum\int \frac{\mu\overline{V_j}V_j}{GA_j}ds + \sum\int \frac{\overline{N_j}N_j}{EA_j}ds\right) \tag{4-19}$$

式(4-19)前一部分是连梁的内力产生的,连梁没有轴力,所以切口处由连梁的轴力产生的位移为零,后一部分是由墙肢的内力产生的,在切口处施加单位剪力,墙肢没有剪力产生,所以由墙肢的剪力在切口处产生的位移也为零。综上所述,基本体系在外荷载和切口处剪力作用下,沿 $\tau(x)$ 方向的位移由连梁弯曲变形、连梁剪切变形、墙肢的弯曲变形和墙肢轴向变形四部分组成。

A. 连梁的弯曲和剪切变形产生的位移 $\delta_1(x)$(图 4-10(a))。连梁切口处由于 $\tau(x)h$ 的作用产生弯曲和剪切变形,两变形在切口处产生的总相对竖向位移为

$$\begin{aligned}\delta_1(x) &= \sum\int\frac{\overline{M}_b M_b}{EI_b}ds+\sum\int\frac{\mu\overline{V}_b V_b}{GA_b}ds\\&=\frac{2\tau(x)hl_n^3}{3EI_b}+\frac{2\mu\tau(x)hl_n}{GA_b}=\frac{2\tau(x)hl_n^3}{3EI_b}\left(1+\frac{3\mu EI_b}{GA_b l_n^2}\right)=\frac{2\tau(x)hl_n^3}{3E\bar{I}_b}\end{aligned}\tag{4-20}$$

式中:$\bar{I}_b$——连梁考虑剪切变形的等效惯性矩,取 $G=0.4E$,则

$$\bar{I}_b=\frac{I_b}{1+\frac{7.5\mu I_b}{l_n^2 A_b}}\tag{4-21}$$

其中:I_b　连梁截面惯性矩;

A_b——连梁截面面积;

h——层高;

l_n——连梁计算跨度的一半。

B. 墙肢的弯曲变形产生的位移 $\delta_2(x)$(图 4-10(b))。基本体系在外荷载和多余未知力作用下墙肢发生弯曲转动,由弯曲变形使切口处产生相对位移为

$$\delta_2(x)=-2c\theta_m\tag{4-22}$$

式中:θ_m——墙肢弯曲变形产生的转角,顺时针方向为正。已采用了两墙肢转角分别相等的假设,即 $\theta_{1m}=\theta_{2m}=\theta_m$。

c——墙肢轴线距离的一半。

负号表示相对位移与假设的未知力 $\tau(x)$ 方向相反。

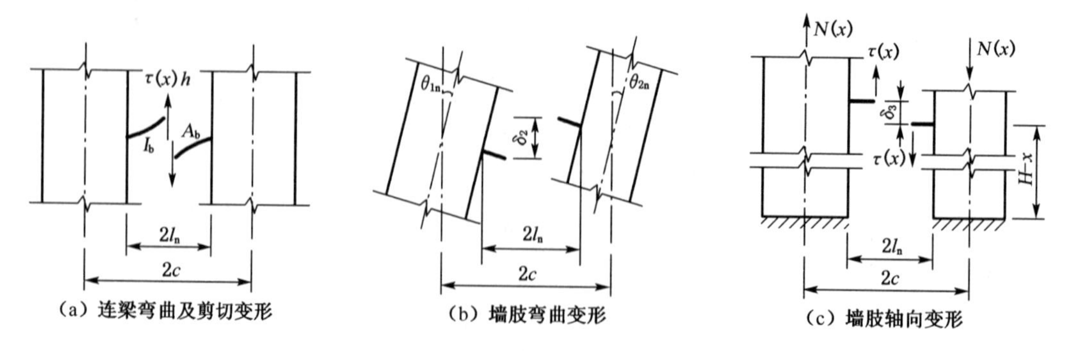

图 4-10　连梁跨中切断点处的相对位移

C. 墙肢轴向变形产生的位移 $\delta_3(x)$(图 4-10c)。基本体系在外荷载、切口处轴力 $\sigma(x)$

和未知剪力 $\tau(x)$ 作用下发生轴向变形，而沿水平方向作用的外荷载及切口处轴力只会使墙肢产生弯曲和剪切变形，并不产生轴向变形，只有竖向作用的剪力 $\tau(x)$ 才使墙肢产生轴力和轴向变形。因此，在切口处剪力 $\tau(x)$ 作用下自墙肢底面到 x 截面处的轴向变形差就是切口处产生的相对位移：

$$\delta_3(x)=\sum\int\frac{\overline{N_j}N_j}{E_cA_j}\mathrm{d}s=\frac{1}{E}\left(\frac{1}{A_1}+\frac{1}{A_2}\right)\int_x^H\int_0^x\tau(x)\,\mathrm{d}x\mathrm{d}x \tag{4-23}$$

D. 微分方程的建立。根据变形协调条件，连梁中点切口处竖向位移的代数和应该等于零。于是有如下相容方程：

$$\delta_1(x)+\delta_2(x)+\delta_3(x)=0 \tag{4-24}$$

$$-2c\theta_m+\frac{1}{E}\left(\frac{1}{A_1}+\frac{1}{A_2}\right)\int_x^H\int_0^x\tau(x)\,\mathrm{d}x\mathrm{d}x+\frac{2\tau(x)hl_n^3}{3E\bar{I}_b}=0 \tag{4-25}$$

将上式对 x 微分一次，得

$$-2c\theta'_m-\frac{1}{E}\left(\frac{1}{A_1}+\frac{1}{A_2}\right)\int_0^x\tau(x)\,\mathrm{d}x+\frac{2\tau'(x)hl_n^3}{3E\bar{I}_b}=0 \tag{4-26}$$

再对 x 微分一次，得

$$-2c\theta''_m-\frac{\tau(x)}{E}\left(\frac{1}{A_1}+\frac{1}{A_2}\right)+\frac{2hl_n^3}{3E\bar{I}_b}\tau''(x)=0 \tag{4-27}$$

下面将外荷载的作用引进。

在 x 处作截面截断双肢墙（图 4-11），由平衡条件有

$$M_1+M_2=M_p-2cN(x) \tag{4-28}$$

式中：M_1——1 墙肢 x 截面的弯矩；

M_2——2 墙肢 x 截面的弯矩；

M_p——外荷载对 x 截面的外力矩。

由梁的弯曲理论有

$$\left.\begin{aligned}EI_1\frac{\mathrm{d}^2y_{1m}}{\mathrm{d}x^2}&=M_1\\EI_2\frac{\mathrm{d}^2y_{2m}}{\mathrm{d}x^2}&=M_2\end{aligned}\right\} \tag{4-29}$$

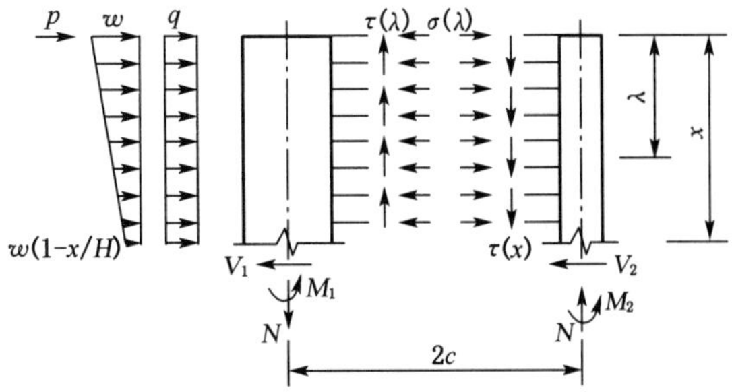

图 4-11　双肢墙墙肢内力

将上两式叠加，并利用假定(2)的条件

$$\frac{\mathrm{d}^2y_{1m}}{\mathrm{d}x^2}=\frac{\mathrm{d}^2y_{2m}}{\mathrm{d}x^2}=\frac{\mathrm{d}^2y_m}{\mathrm{d}x^2}$$

得

$$E(I_1+I_2)\frac{\mathrm{d}^2y_m}{\mathrm{d}x^2}=M_1+M_2=M_p-2cN(x) \tag{4-30(a)}$$

或

$$E(I_1+I_2)\frac{\mathrm{d}^2y_m}{\mathrm{d}x^2}=M_p-\int_0^x2c\tau(\lambda)\,\mathrm{d}\lambda \tag{4-30(b)}$$

设

$$m(x)=2c\tau(x)$$

式中，$m(x)$表示连梁剪力对两墙肢弯矩的和，称为连梁对墙肢的约束弯矩。

于是式(4-30(b))变为

$$\theta'_{m}=-\frac{d^{2}y_{m}}{dx^{2}}=-\frac{1}{E(I_{1}+I_{2})}\left[M_{p}-\int_{0}^{x}m(x)dx\right] \tag{4-31}$$

再对 x 微分一次

$$\theta''_{m}=\frac{-1}{E(I_{1}+I_{2})}\left(\frac{dM_{p}}{dx}-m(x)\right)=\frac{-1}{E(I_{1}+I_{2})}(V_{p}-m(x)) \tag{4-32}$$

式中：V_{p}——外荷载对 x 截面的总剪力。

对于常用的三种外荷载，有

$$\left.\begin{aligned}&V_{p}=V_{0}\frac{x}{H} && \text{(均布荷载)}\\&V_{p}=V_{0}\left[1-\left(1-\frac{x}{H}\right)^{2}\right] && \text{(倒三角形荷载)}\\&V_{p}=V_{0} && \text{(顶部集中力)}\end{aligned}\right\} \tag{4-33}$$

式中：V_{0}——基底 $x=H$ 处的总剪力，即全部水平力的总和。

因而，式(4-32)可表示为

$$\left.\begin{aligned}&\theta''_{m}=\frac{1}{E(I_{1}+I_{2})}\left\{-V_{0}\left(\frac{x}{H}\right)+m(x)\right\} && \text{(均布荷载)}\\&\theta''_{m}=\frac{1}{E(I_{1}+I_{2})}\left\{V_{0}\left[\left(1-\frac{x}{H}\right)^{2}-1\right]+m(x)\right\} && \text{(倒三角形荷载)}\\&\theta''_{m}=\frac{1}{E(I_{1}+I_{2})}\{-V_{0}+m(x)\} && \text{(顶部集中力)}\end{aligned}\right\} \tag{4-34}$$

将式(4-34)的 θ''_{m} 代入式(4-27)，并令

连梁的刚度系数 $D=\dfrac{\bar{I}_{b}c^{2}}{l_{n}^{3}}$

未考虑墙肢轴向变形的整体系数 $\alpha_{1}^{2}=\dfrac{6H^{2}D}{h\sum I_{i}}$

考虑墙肢轴向变形的整体系数 $\alpha^{2}=\alpha_{1}^{2}+\dfrac{3H^{2}D}{hcS}$

双肢组合截面形心轴的面积矩 $S=\dfrac{2cA_{1}A_{2}}{A_{1}+A_{2}}$

则
$$\tau''(x)-\tau(x)\frac{1}{H^{2}}\left(\frac{6H^{2}D}{hS\cdot 2c}+\alpha_{1}^{2}\right)=\begin{cases}-\dfrac{\alpha_{1}^{2}}{H^{2}}V_{0}\dfrac{x}{H} & \text{(均布荷载)}\\-\dfrac{\alpha_{1}^{2}}{H^{2}}V_{0}\left[1-\left(1-\dfrac{x}{H}\right)^{2}\right] & \text{(倒三角形荷载)}\\-\dfrac{\alpha_{1}^{2}}{H^{2}}V_{0} & \text{(顶部集中力)}\end{cases} \tag{4-35(a)}$$

将 $m(x)=2c\tau(x)$ 代入式(4-35(a))整理后，得到连梁约束弯矩的微分方程

$$m''(x)-m(x)\frac{\alpha^2}{H^2}=\begin{cases}-\dfrac{\alpha_1^2}{H^2}V_0\dfrac{x}{H} & (\text{均布荷载})\\ -\dfrac{\alpha_1^2}{H^2}V_0\left[1-\left(1-\dfrac{x}{H}\right)^2\right] & (\text{倒三角形荷载})\\ -\dfrac{\alpha_1^2}{H^2}V_0 & (\text{顶部集中力})\end{cases} \quad (4\text{-}35(\text{b}))$$

式中：$m(x)$——连梁对墙肢的约束弯矩；

H——剪力墙总高度；

V_0——剪力墙底部总剪力。

② 微分方程的解。式(4-35(b))是二阶常系数非齐次线性微分方程，为方便求解，令

$$\frac{x}{H}=\xi, m(x)=\varphi(x)V_0\frac{\alpha_1^2}{\alpha^2}$$

则式(4-35(b))可转化为

$$\varphi''(\xi)-\alpha^2\varphi(\xi)=\begin{cases}-\alpha^2\xi & (\text{均布荷载})\\ -\alpha^2[1-(1-\xi)^2] & (\text{倒三角形荷载})\\ -\alpha^2 & (\text{顶部集中力})\end{cases} \quad (4\text{-}36)$$

方程的解可由齐次方程的解

$$\varphi_{\text{齐}}=C_1\text{ch}(\alpha\xi)+C_2\text{sh}(\alpha\xi) \quad (4\text{-}37)$$

和特解

$$\varphi_{\text{特}}=\begin{cases}\xi & (\text{均布荷载})\\ 1-(1-\xi)^2-\dfrac{2}{\alpha^2} & (\text{倒三角形荷载})\\ 1 & (\text{顶部集中力})\end{cases} \quad (4\text{-}38)$$

两部分相加组成，即一般解为

$$\varphi(\xi)=C_1\text{ch}(\alpha\xi)+C_2\text{sh}(\alpha\xi)+\begin{cases}\xi & (\text{均布荷载})\\ \left[1-(1-\xi)^2-\dfrac{2}{\alpha^2}\right] & (\text{倒三角形荷载})\\ 1 & (\text{顶部集中力})\end{cases} \quad (4\text{-}39)$$

其中：C_1、C_2——任意常数，由边界条件确定。

边界条件为：

A. 当 $x=0$，即 $\xi=0$ 时，墙顶弯矩为零，因而

$$\theta'_{\text{m}}=-\frac{\text{d}^2y_{\text{m}}}{\text{d}x^2}=0 \quad (4\text{-}40)$$

B. 当 $x=H$，即 $\xi=1$ 时，墙底弯曲变形转角 $\theta_{\text{m}}=0$。

先考虑边界条件 A：式(4-26)利用边界条件 A 后，得

$$\frac{2\tau'(0)hl_n^3}{3E\bar{I}_b}=0 \tag{4-41}$$

将式(4-39)求出的一般解代入上式后，可求得

$$C_2=\begin{cases}-\dfrac{1}{\alpha} & \text{(均布荷载)}\\ -\dfrac{2}{\alpha} & \text{(倒三角形荷载)}\\ 0 & \text{(顶部集中力)}\end{cases} \tag{4-42}$$

再考虑边界条件 B：式(4-25)利用边界条件 B 后，变为

$$\frac{2\tau(1)hl_n^3}{3E\bar{I}_b}=0 \tag{4-43}$$

将式(4-39)求出的一般解代入上式后，可得求 C_1 的方程：

$$C_1\mathrm{ch}\alpha+C_2\mathrm{sh}\alpha=\begin{cases}-1 & \text{(均布荷载)}\\ -\left(1-\dfrac{2}{\alpha^2}\right) & \text{(倒三角形荷载)}\\ -1 & \text{(顶部集中力)}\end{cases} \tag{4-44}$$

由此

$$C_1=\begin{cases}-\left[1-\dfrac{\mathrm{sh}\alpha}{\alpha}\right]\dfrac{1}{\mathrm{ch}\alpha} & \text{(均布荷载)}\\ -\left[\left(1-\dfrac{2}{\alpha^2}\right)-\dfrac{2\mathrm{sh}\alpha}{\alpha}\right]\dfrac{1}{\mathrm{ch}\alpha} & \text{(倒三角形荷载)}\\ -\dfrac{1}{\mathrm{ch}\alpha} & \text{(顶部集中力)}\end{cases} \tag{4-45}$$

有了任意常数 C_1 和 C_2 后，由式(4-39)可求出一般解。

$$\varphi(\xi)=\begin{cases}\left(\dfrac{\mathrm{sh}\alpha}{\alpha}-1\right)\dfrac{\mathrm{ch}(\alpha\xi)}{\mathrm{ch}\alpha}-\dfrac{1}{\alpha}\mathrm{sh}(\alpha\xi)+\xi & \text{(均布荷载)}\\ 1-(1-\xi)^2+\left[\dfrac{2\mathrm{sh}\alpha}{\alpha}-1+\dfrac{2}{\alpha^2}\right]\dfrac{\mathrm{ch}(\alpha\xi)}{\mathrm{ch}\alpha}-\dfrac{2}{\alpha}\mathrm{sh}(\alpha\xi)-\dfrac{2}{\alpha^2} & \text{(倒三角形荷载)}\\ 1-\dfrac{\mathrm{ch}(\alpha\xi)}{\mathrm{ch}\alpha} & \text{(顶部集中力)}\end{cases} \tag{4-46}$$

式中：$\varphi(\xi)$——关于 α、ξ 的函数，其值由表 4-6～表 4-8 查得。

③ 双肢剪力墙内力计算

A. 连梁的内力计算

通过式(4-46)的计算，求得任意高度 ξ 处的 $\varphi(\xi)$，由 $\varphi(\xi)$ 可求得连梁对墙肢的约束弯矩为

$$m(\xi)=\varphi(\xi)V_0\frac{\alpha_1^2}{\alpha^2} \tag{4-47}$$

表 4-6 倒三角形荷载下的 $\varphi(\xi)$ 值

ξ	α																			
	1.0	1.5	2.0	2.5	3.0	3.5	4.0	4.5	5.0	5.5	6.0	6.5	7.0	7.5	8.0	8.5	9.0	9.5	10.0	10.5
0.00	0.171	0.270	0.331	0.358	0.363	0.356	0.342	0.325	0.307	0.289	0.273	0.257	0.243	0.230	0.218	0.207	0.197	0.188	0.179	0.172
0.05	0.171	0.271	0.332	0.360	0.367	0.361	0.348	0.332	0.316	0.299	0.283	0.269	0.256	0.243	0.233	0.233	0.214	0.205	0.198	0.191
0.10	0.171	0.273	0.336	0.367	0.377	0.374	0.365	0.352	0.338	0.324	0.311	0.299	0.288	0.278	0.270	0.262	0.255	0.248	0.243	0.238
0.15	0.172	0.275	0.341	0.377	0.391	0.393	0.388	0.380	0.370	0.360	0.350	0.341	0.333	0.326	0.320	0.314	0.309	0.305	0.301	0.298
0.20	0.172	0.277	0.347	0.388	0.408	0.415	0.416	0.412	0.407	0.402	0.396	0.390	0.385	0.381	0.377	0.373	0.371	0.368	0.366	0.364
0.25	0.171	0.278	0.353	0.399	0.425	0.439	0.446	0.448	0.448	0.447	0.445	0.443	0.440	0.439	0.437	0.436	0.434	0.433	0.433	0.432
0.30	0.170	0.279	0.358	0.410	0.443	0.463	0.476	0.484	0.489	0.492	0.494	0.496	0.496	0.497	0.497	0.497	0.498	0.498	0.498	0.499
0.35	0.168	0.279	0.362	0.419	0.459	0.486	0.506	0.519	0.530	0.537	0.543	0.547	0.550	0.553	0.555	0.557	0.559	0.560	0.561	0.562
0.40	0.165	0.276	0.363	0.426	0.472	0.506	0.532	0.552	0.567	0.579	0.588	0.596	0.601	0.606	0.610	0.614	0.616	0.619	0.621	0.622
0.45	0.161	0.272	0.362	0.430	0.482	0.522	0.554	0.579	0.599	0.616	0.629	0.639	0.648	0.655	0.661	0.665	0.669	0.672	0.675	0.677
0.50	0.156	0.266	0.357	0.429	0.487	0.533	0.570	0.601	0.626	0.647	0.663	0.677	0.688	0.697	0.705	0.711	0.716	0.721	0.724	0.727
0.55	0.149	0.256	0.348	0.432	0.485	0.537	0.579	0.615	0.645	0.670	0.690	0.707	0.721	0.733	0.742	0.750	0.757	0.762	0.767	0.771
0.60	0.140	0.244	0.335	0.412	0.477	0.533	0.580	0.620	0.654	0.683	0.707	0.728	0.745	0.759	0.771	0.718	0.789	0.790	0.802	0.807
0.65	0.130	0.228	0.317	0.394	0.461	0.519	0.570	0.614	0.652	0.685	0.712	0.736	0.756	0.774	0.788	0.801	0.811	0.820	0.828	0.834
0.70	0.118	0.209	0.293	0.368	0.435	0.495	0.548	0.594	0.636	0.671	0.703	0.730	0.753	0.774	0.791	0.807	0.820	0.831	0.841	0.849
0.75	0.103	0.185	0.263	0.334	0.399	0.458	0.511	0.559	0.602	0.640	0.674	0.704	0.731	0.755	0.775	0.794	0.810	0.824	0.837	0.848
0.80	0.087	0.158	0.226	0.290	0.350	0.406	0.457	0.504	0.547	0.587	0.622	0.654	0.683	0.709	0.733	0.754	0.774	0.791	0.807	0.821
0.85	0.069	0.126	0.182	0.236	0.288	0.377	0.383	0.426	0.467	0.504	0.539	0.571	0.601	0.629	0.654	0.678	0.700	0.720	0.738	0.756
0.90	0.048	0.089	0.130	0.171	0.210	0.248	0.285	0.321	0.354	0.386	0.417	0.446	0.473	0.499	0.523	0.546	0.568	0.588	0.609	0.628
0.95	0.025	0.047	0.069	0.092	0.115	0.137	0.159	0.181	0.202	0.222	0.242	0.262	0.280	0.299	0.316	0.334	0.315	0.367	0.383	0.398
1.00	0.000	0.000	0.000	0.000	0.000	0.000	0.000	0.000	0.000	0.000	0.000	0.000	0.000	0.000	0.000	0.000	0.000	0.000	0.000	0.000

续表 4-6

ξ	α 11.0	11.5	12.0	12.5	13.0	13.5	14.0	14.5	15.0	15.5	16.0	16.5	17.0	17.5	18.0	18.5	19.0	19.5	20.0	20.5
0.00	0.165	0.158	0.152	0.147	0.142	0.137	0.132	0.128	0.124	0.120	0.117	0.113	0.113	0.110	0.107	0.102	0.099	0.097	0.095	0.092
0.05	0.185	0.180	0.174	0.170	0.165	0.161	0.158	0.154	0.151	0.148	0.145	0.143	0.140	0.138	0.136	0.134	0.132	0.130	0.129	0.127
0.10	0.233	0.229	0.226	0.222	0.219	0.217	0.214	0.212	0.210	0.208	0.207	0.205	0.204	0.203	0.201	0.200	0.199	0.199	0.198	0.197
0.15	0.295	0.293	0.290	0.288	0.287	0.285	0.284	0.283	0.282	0.281	0.280	0.280	0.279	0.278	0.278	0.278	0.277	0.277	0.277	0.276
0.20	0.363	0.361	0.360	0.360	0.358	0.358	0.0358	0.357	0.357	0.357	0.357	0.356	0.356	0.356	0.356	0.356	0.356	0.356	0.356	0.356
0.25	0.432	0.431	0.431	0.431	0.431	0.432	0.431	0.431	0.431	0.431	0.431	0.431	0.432	0.432	0.432	0.432	0.432	0.432	0.432	0.433
0.30	0.499	0.498	0.500	0.500	0.500	0.501	0.501	0.502	0.502	0.502	0.503	0.503	0.503	0.503	0.504	0.504	0.504	0.504	0.505	0.505
0.35	0.563	0.564	0.565	0.566	0.566	0.567	0.568	0.568	0.569	0.568	0.568	0.570	0.570	0.571	0.571	0.571	0.571	0.572	0.572	0.572
0.40	0.624	0.625	0.626	0.627	0.628	0.628	0.629	0.630	0.631	0.631	0.632	0.632	0.633	0.633	0.633	0.634	0.634	0.634	0.634	0.635
0.45	0.679	0.681	0.682	0.684	0.685	0.686	0.686	0.687	0.688	0.688	0.688	0.688	0.690	0.690	0.691	0.691	0.691	0.692	0.692	0.692
0.50	0.730	0.732	0.733	0.735	0.736	0.737	0.738	0.738	0.740	0.741	0.741	0.742	0.742	0.743	0.743	0.743	0.744	0.744	0.744	0745
0.55	0.774	0.777	0.778	0.781	0.782	0.784	0.785	0.786	0.787	0.788	0.788	0.789	0.790	0.790	0.790	0.791	0.791	0.792	0.792	0.792
0.60	0.811	0.815	0.818	0.820	0.822	0.824	0.826	0.827	0.828	0.829	0.830	0.831	0.831	0.832	0.833	0.833	0.833	0.834	0.834	0.834
0.65	0840	0.44	0.848	0.852	0.855	0.857	0.859	0.861	0.863	0.864	0.865	0867	0.867	0.868	0.869	0.870	0.870	0.871	0.871	0.871
0.70	0.857	0.863	0.868	0.873	0.878	0.881	0.884	0.887	0.890	0.892	0.893	0.895	0.896	0.898	0.899	0.900	0.901	0.901	0.902	0.903
0.75	0.858	0.866	0.874	0.811	0.887	0.892	0.897	0.901	0.903	0.908	0.911	0.914	0.916	0.918	0.920	0.921	0.923	0.924	0.925	0.926
0.80	0.834	0.846	0.856	0.866	0.874	0.882	0.889	0.896	0.901	0.907	0.911	0.916	0.919	0.923	0.926	0.929	0.932	0.934	0.936	0.938
0.85	0.772	0.786	0.800	0.813	0.825	0.836	0.846	0.855	0.864	0.872	0.879	0.886	0.893	0.899	0.904	0.909	0.914	0.918	0.922	0.926
0.90	0.646	0.663	0.679	0.694	0.708	0.722	0.735	0.748	0.760	0.771	0.781	0.792	0.801	0.810	0.819	0.827	0.835	0.843	0.850	0.857
0.95	0.413	0.428	0.442	0.456	0.469	0.483	0.495	0.508	0.520	0.532	0.543	0.555	0.566	0.576	0.587	0.597	0.607	0.617	0.626	0.635
1.00	0.000	0.000	0.000	0.000	0.000	0.000	0.000	0.000	0.000	0.000	0.000	0.000	0.000	0.000	0.000	0.000	0.000	0.000	0.000	0.000

表 4-7 均布荷载下的 $\varphi(\xi)$ 值

ξ	α																			
	1.0	1.5	2.0	2.5	3.0	3.5	4.0	4.5	5.0	5.5	6.0	6.5	7.0	7.5	8.0	8.5	9.0	9.5	10.0	10.5
0.00	0.113	0.178	0.216	0.231	0.232	0.224	0.213	0.199	0.186	0.173	0.161	0.150	0.141	0.132	0.124	0.117	0.110	0.105	0.099	0.095
0.05	0.113	0.178	0.217	0.233	0.234	0.228	0.217	0.204	0.191	0.179	0.168	0.157	0.148	0.140	0.133	0.126	0.120	0.115	0.110	0.106
0.10	0.113	0.179	0.219	0.237	0.241	0.236	0.227	0.217	0.206	0.195	0.185	0.176	0.168	0.161	0.155	0.149	0.144	0.140	0.136	0.1333
0.15	0.114	0.181	0.223	0.244	0.251	0.249	0.243	0.235	0.226	0.218	0.210	0.203	0.196	0.191	0.186	0.181	0.178	0.174	0.171	0.168
0.20	0.114	0.183	0.228	0.252	0.363	0.265	0.263	0.258	0.252	0.246	0.241	0.235	0.231	0.227	0.223	0.220	0.217	0.215	0.213	0.211
0.25	0.114	0.185	0.233	0.261	0.276	0.283	0.285	0.284	0.281	0.278	0.257	0.272	0.269	0.266	0.264	0.262	0.260	0.258	0.257	0.256
0.30	0.115	0.186	0.237	0.270	0.290	0.302	0.308	0.311	0.312	0.312	0.312	0.310	0.309	0.308	0.307	0.306	0.305	0.304	0.303	0.303
0.35	0.113	0.187	0.242	0.279	0.304	0.321	0.332	0.339	0.344	0.347	0.349	0.350	0.351	0.351	0.351	0.351	0.351	0.351	0.351	0.351
0.40	0.111	0.186	0.245	00287	0.317	0.399	0.355	0.306	0.376	0.382	0.387	0.390	0.393	0.395	0.396	0.397	0.398	0.398	0.399	0.399
0.45	0.109	0.185	0.246	0.293	0.328	0.355	0.376	0.393	0.406	0.416	0.424	0.430	0.434	0.438	0.441	0.443	0.444	0.445	0.446	0.447
0.50	0.106	0.182	0.246	0.296	0.328	0.369	0.395	0.416	0.433	0.447	0.458	0.467	0.474	0.475	0.483	0.487	0.490	0.492	0.493	0.495
0.55	0.103	0.178	0.242	0.296	0.336	0.378	0.409	0.435	0.456	0.474	0.488	0.500	0.510	0.517	0.524	0.529	0.533	0.536	0.539	0.541
0.60	0.097	0.171	0.236	0.296	0.341	0.382	0.418	0.448	0.474	0.495	0.513	0.528	0.541	0.551	0.560	0.567	0.573	0.577	0.581	0.585
0.65	0.091	0.162	0.226	0.284	0.335	0.38	0.419	0.453	0.483	0.508	0.530	0.549	0.565	0.578	0.589	0.599	0607	0.614	0.619	0.624
0.70	0.083	0.150	0.212	0.27	0.335	0.369	0.411	0.449	0.482	0.511	0.537	0.599	0.578	0.595	0.609	0.622	0.632	0.642	0.650	0.657
0.75	0.074	0.135	0.194	0.249	0.322	0.348	0.392	0.431	0.467	0.499	0.528	0.554	0.576	0.597	0.614	0.63	0.644	0.657	0.667	0.677
0.80	0.063	0.116	0.169	0.220	0.300	0.315	0.358	0.398	0.435	0.469	0.500	0.528	0.553	0.577	0.598	0.617	0.634	0.65	0.664	0.677
0.85	0.050	0.094	0.138	0.182	0.269	0.266	0.306	0.344	0.379	0.413	0.444	0.473	0.500	0.525	0.548	0.570	0.59	0.609	0.626.	0.643
0.90	0.036	0.067	0.100	0.134	0.225	0.200	0.233	0.264	0.294	0.323	0.351	0.378	0.403	0.427	0.450	0.472	0.493	0.513	0.532	0.550
0.95	0.019	0.036	0.054	0.074	0.093	0.113	0.133	0.152	0.171	0.190	0.209	0.227	0.245	0.262	0.279	0.296	0.312	0.328	0.343	0.358
1.00	0.000	0.000	0.000	0.000	0.000	0.000	0.000	0.000	0.000	0.000	0.000	0.000	0.000	0.000	0.000	0.000	0.000	0.000	0.000	0.000

续表 4-7

ξ	α																			
	11.0	11.5	12.0	12.5	13.0	13.5	14.0	14.5	15.0	15.5	16.0	16.5	17.0	17.5	18.0	18.5	19.0	19.5	20.0	20.5
0.00	0.090	0.086	0.083	0.079	0.076	0.074	0.071	0.068	0.066	0.064	0.062	0.060	0.058	0.059	0.055	0.054	0.052	0.051	0.050	0.048
0.05	0.102	0.098	0.095	0.092	0.090	0.087	0.085	0.083	0.081	0.079	0.077	0.076	0.075	0.073	0.072	0.071	0.070	0.069	0.068	0.067
0.10	0.130	0.127	0.124	0.122	0.120	0.119	0.117	0.116	0.114	0.113	0.112	0.111	0.110	0.109	0.109	0.108	0.108	0.107	0.106	0.106
0.15	0.167	0.165	0.163	0.162	0.160	0.159	0.158	0.157	0.156	0.156	0.155	0.154	0.154	0.153	0.153	0.153	0.152	0.152	0.152	0.152
0.20	0.209	0.208	0.207	0.206	0.205	0.204	0.204	0.203	0.203	0.201	0.201	0.201	0.201	0.201	0.201	0.201	0.201	0.200	0.200	0.200
0.25	0.255	0.254	0.253	0.253	0.252	0.252	0.251	0.251	0.251	0.251	0.250	0.250	0.250	0.250	0.250	0.250	0.250	0.250	0.250	0.250
0.30	0.302	0.302	0.301	0.301	0.301	0.301	0.300	0.300	0.300	0.300	0.300	0.300	0.300	0.300	0.300	0.300	0.300	0.300	0.299	0.298
0.35	0.351	0.350	0.350	0.350	0.350	0.350	0.350	0.350	0.350	0.350	0.350	0.350	0.350	0.349	0.349	0.349	0.349	0.349	0.349	0.349
0.40	0.399	0.399	0.399	0.399	0.399	0.399	0.399	0.399	0.399	0.399	0.399	0.399	0.399	0.399	0.399	0.399	0.399	0.399	0.399	0.399
0.45	0.448	0.448	0.448	0.448	0.448	0.449	0.449	0.449	0.449	0.449	0.449	0.449	0.449	0.449	0.449	0.449	0.449	0.449	0.449	0.449
0.50	0.496	0.496	0.497	0.498	0.498	0.498	0.499	0.449	0.449	0.449	0.449	0.449	0.449	0.449	0.449	0.449	0.449	0.449	0.449	0.449
0.55	0.543	0.544	0.545	0.546	0.547	0.547	0.548	0.548	0.548	0.548	0.549	0.549	0.549	0.549	0.549	0.549	0.549	0.549	0.549	0.549
0.60	0.587	0.589	0.591	0.593	0.594	0.595	0.596	0.596	0.597	0.597	0.598	0.598	0.598	0.599	0.599	0.599	0.599	0.599	0.599	0.599
0.65	0.628	0.632	0.634	0.637	0.639	0.641	0.642	0.643	0.644	0.645	0.646	0.646	0.647	0.647	0.648	0.648	0.648	0.648	0.694	0.694
0.70	0.663	0.668	0.672	0.676	0.679	0.682	0.684	0.687	0.688	0.690	0.691	0.692	0.693	0.694	0.695	0.696	0.696	0.697	0.697	0.697
0.75	0.686	0.693	0.709	0.706	0.711	0.715	0.719	0.723	0.726	0.729	0.731	0.733	0.735	0.737	0.738	0.740	0.741	0.742	0.743	0.744
0.80	0.689	0.699	0.709	0.717	0.725	0.732	0.739	0.744	0.75	0.754	0.759	0.763	0.766	0.768	0.722	0.775	0.777	0.779	0.781	0.783
0.85	0.657	0.671	0.684	0.696	0.707	0.718	0.727	0.736	0.744	0.752	0.759	0.765	0.771	0.777	0.782	0.787	0.792	0.796	0.800	0.803
0.90	0.567	0.583	0.598	0.613	0.627	0.640	0.653	0.665	0.676	0.687	0.698	0.707	0.717	0.726	0.734	0.742	0.750	0.757	0.764	0.771
0.95	0.373	0.387	0.401	0.414	0.428	0.440	0.453	0.465	0.477	0.489	0.500	0.511	0.522	0.533	0.543	0.553	0.563	0.572	0.582	0.591
1.00	0.000	0.000	0.000	0.000	0.000	0.000	0.000	0.000	0.000	0.000	0.000	0.000	0.000	0.000	0.000	0.000	0.000	0.000	0.000	0.000

表 4-8 顶部集中力作用下的 $\varphi(\xi)$ 值

ξ	α																			
	1.0	1.5	2.0	2.5	3.0	3.5	4.0	4.5	5.0	5.5	6.0	6.5	7.0	7.5	8.0	8.5	9.0	9.5	10.0	10.5
0.00	0.351	0.574	0.734	0.836	0.900	0.939	0.963	0.977	0.986	0.991	0.995	0.996	0.998	0.998	0.999	0.999	0.999	0.999	0.999	0.999
0.05	0.351	0.573	0.732	0.835	0.899	0.938	0.962	0.977	0.986	0.991	0.944	0.996	0.998	0.998	0.999	0.999	0.999	0.999	0.999	0.999
0.10	0.348	0.570	0.728	0.831	0.896	0.935	0.960	0.975	0.984	0.990	0.944	0.996	0.997	0.998	0.999	0.999	0.999	0.999	0.999	0.999
0.15	0.344	0.564	0.722	0.825	0.890	0.931	0.956	0.972	0.982	0.988	0.992	0.995	0.997	0.998	0.998	0.999	0.999	0.999	0.999	0.999
0.20	0.338	0.555	0.712	0.816	0.882	0.924	0.951	0.968	0.979	0.986	0.991	0.994	0.996	0.997	0.998	0.998	0.999	0.999	0.999	0.999
0.25	0.331	0.544	0.700	0.804	0.871	0.915	0.943	0.962	0.974	0.982	0.988	0.992	0.9894	0.996	0.997	0.998	0.998	0.999	0.999	0.999
0.30	0.322	0.531	0.684	0.788	0.857	0.903	0.933	0.954	0.968	0.977	0.984	0.989	0.992	0.994	0.996	0.997	0.998	0.998	0.999	0.999
0.35	0.311	0.515	0.666	0.770	0.840	0.888	0.921	0.944	0.960	0.971	0.979	0.985	0.989	0.992	0.994	0.996	0.997	0.997	0.998	0.998
0.40	0.299	0.496	0.644	0.748	0.820	0.870	0.905	0.931	0.949	0.962	0.972	0.979	0.984	0.988	0.991	0.993	0.995	0.996	0.997	0.998
0.45	0.285	0.474	0.619	0.722	0.795	0.848	0.886	0.914	0.935	0.951	0.962	0.971	0.978	0.983	0987	0.990	0.992	0.994	0.995	0.996
0.50	0.269	0.449	0.589	0.692	0.766	0.821	0.862	0.893	0.917	0.935	0.950	0.961	0.969	0.976	0.981	0.985	0.988	0.991	0.993	0.994
0.55	0.251	0.421	0.556	0.656	0.731	0.788	0.832	0.867	0.893	0.915	0.932	0.946	0.957	0.965	0.927	0.978	0.982	0.986	0.988	0.991
0.60	0.231	0.390	0.518	0.616	0.691	0.760	0.796	0.834	0.864	0.889	0.909	0.925	0.939	0.950	0.959	0.966	0.972	0.977	0.981	0.985
0.65	0.210	0.356	0.476	0.569	0.643	0.703	0.752	0.792	0.26	0.854	0.877	0.897	0.913	0.927	0.939	0.948	0.957	0.964	0.969	0.974
0.70	0.186	0.318	0.428	0.516	0.588	0.647	0.697	0.740	0.776	0.807	0.834	0.857	0.877	0.894	0.909	0.921	0.932	0.942	0.950	0.957
0.75	0.161	0.276	0.374	0.455	0.523	0.581	0.631	0.675	0.713	0.747	0.776	0.803	0.826	0.846	0.864	0.880	0.894	0.907	0.917	0.927
0.80	0.133	0.230	0.314	0.386	0.448	0.502	0.556	0.593	0.632	0.667	0.698	0.727	0.753	0.776	0.798	0.817	0.834	0.850	0.864	0.877
0.85	0.103	0.179	0.248	0.307	0.360	0.407	0.450	0.490	0.527	0.561	0.593	0.622	0.650	0.675	0.698	0.720	0.740	0.759	0.776	0.793
0.90	0.071	0.125	0.174	0.217	0.257	0.294	0.329	0.362	0.393	0.423	0.491	0.478	0.503	0.527	0.550	0.572	0.593	0.613	0.632	0.650
0.95	0.036	0.065	0.091	0.115	0.138	0.160	0.181	0.201	0.221	0.240	0.259	0.277	0.295	0.312	0.329	0.346	0.362	0.378	0.393	0.408
1.00	0.000	0.000	0.000	0.000	0.000	0.000	0.000	0.000	0.000	0.000	0.000	0.000	0.000	0.000	0.000	0.000	0.000	0.000	0.000	0.000

续表 4-8

ξ	α 11.0	11.5	12.0	12.5	13.0	13.5	14.0	14.5	15.0	15.5	16.0	16.5	17.0	17.5	18.0	18.5	19.0	19.5	20.0	20.5
0.00	0.999	0.999	0.999	0.999	0.999	0.999	1.000	1.000	1.000	1.000	1.000	1.000	1.000	1.000	1.000	1.000	1.000	1.000	1.000	1.000
0.05	0.999	0.999	0.999	0.999	0.999	0.999	0.999	0.999	1.000	1.000	1.000	1.000	1.000	1.000	1.000	1.000	1.000	1.000	1.000	1.000
0.10	0.999	0.999	0.999	0.999	0.999	0.999	0.999	0.999	0.999	1.000	1.000	1.000	1.000	1.000	1.000	1.000	1.000	1.000	1.000	1.000
0.15	0.999	0.999	0.999	0.999	0.999	0.999	0.999	0.999	0.999	0.999	1.000	1.000	1.000	1.000	1.000	1.000	1.000	1.000	1.000	1.000
0.20	0.999	0.999	0.999	0.999	0.999	0.999	0.999	0.999	0.999	0.999	0.999	0.999	0.999	1.000	1.000	1.000	1.000	1.000	1.000	1.000
0.25	0.999	0.999	0.999	0.999	0.999	0.999	0.999	0.999	0.999	0.999	0.999	0.999	0.999	0.999	0.999	1.000	1.000	1.000	1.000	1.000
0.30	0.999	0.999	0.999	0.999	0.999	0.999	0.999	0.999	0.999	0.999	0.999	0.999	0.999	0.999	0.999	0.999	0.999	0.999	1.000	1.000
0.35	0.999	0.999	0.999	0.999	0.999	0.999	0.999	0.999	0.999	0.999	0.999	0.999	0.999	0.999	0.999	0.999	0.999	0.999	0.999	0.999
0.40	0.998	0.998	0.999	0.999	0.999	0.999	0.999	0.999	0.999	0.999	0.999	0.999	0.999	0.999	0.999	0.999	0.999	0.999	0.999	0.999
0.45	0.997	0.998	0.998	0.998	0.999	0.999	0.999	0.999	0.999	0.999	0.999	0.999	0.999	0.999	0.999	0.999	0.999	0.999	0.999	0.999
0.50	0.995	0.996	0.997	0.998	0.998	0.998	0.999	0.999	0.999	0.999	0.999	0.999	0.999	0.999	0.999	0.999	0.999	0.999	0.999	0.999
0.55	0.992	0.994	0.995	0.996	0.997	0.997	0.998	0.998	0.998	0.999	0.999	0.999	0.999	0.999	0.999	0.999	0.999	0.999	0.999	0.999
0.60	0.987	0.989	0.991	0.993	0.994	0.995	0.996	0.997	0.998	0.998	0.998	0.999	0.999	0.999	0.999	0.999	0.999	0.999	0.999	0.999
0.65	0.978	0.982	0.985	0.987	0.989	0.991	0.992	0.993	0.994	0.995	0.996	0.996	0.997	0.997	0.998	0.998	0.998	0.998	0.999	0.999
0.70	0.963	0.969	0.972	0.976	0.979	0.982	0.985	0.987	0.988	0.990	0.991	0.992	0.993	0.994	0.995	0.996	0.996	0.997	0.997	0.997
0.75	0.936	0.943	0.950	0.956	0.961	0.965	0.969	0.973	0.976	0.979	0.981	0.983	0.985	0.987	0.988	0.990	0.991	0.992	0.993	0.994
0.80	0.889	0.899	0.909	0.917	0.925	0.932	0.939	0.945	0.950	0.954	0.959	0.963	0.966	0.968	0.972	0.975	0.977	0.979	0.981	0.983
0.85	0.808	0.821	0.834	0.846	0.857	0.868	0.877	0.886	0.984	0.902	0.909	0.915	0.921	0.927	0.932	0.937	0.942	0.946	0.950	0.953
0.90	0.667	0.683	0.698	0.713	0.727	0.740	0.753	0.765	0.776	0.787	0.798	0.808	0.817	0.826	0.834	0.842	0.850	0.857	0.864	0.875
0.95	0.423	0.437	0.451	0.464	0.478	0.490	0.503	0.515	0.527	0.538	0.550	0.561	0.572	0.583	0.593	0.603	0.613	0.622	0.632	0.641
1.00	0.000	0.000	0.000	0.000	0.000	0.000	0.000	0.000	0.000	0.000	0.000	0.000	0.000	0.000	0.000	0.000	0.000	0.000	0.000	0.000

第 j 层连梁的剪力

$$V_{bj}=m_j(\xi)\frac{h}{2c} \tag{4-48}$$

第 j 层连梁的端部弯矩

$$M_{bj}=V_{bj}l_n \tag{4-49}$$

B. 墙肢的内力计算

第 j 层墙肢的轴力：由图 4-11 左(或右)墙肢沿竖向的平衡条件，得

$$N=N_{1j}=N_{2j}=\sum_{k=j}^{n}V_{bk} \tag{4-50}$$

第 j 层墙肢的总弯矩和总剪力可按照外荷载 $F(\xi)$ 与约束弯矩 $m(\xi)$ 共同作用下的悬臂杆计算求得

第 j 层墙肢的总弯矩 $$M_j=M_{Fj}-\sum_{k=j}^{n}m(\xi)_k \tag{4-51}$$

第 j 层墙肢的总剪力 $$V_j=V_{Fj} \tag{4-52}$$

式中：M_{Fj}、V_{Fj}——分别为外荷载在 j 截面处产生的弯矩和剪力。

由基本假设可知，各墙肢的弯矩、剪力均按刚度分配，则按平衡条件可确定：

第 j 层各墙肢的弯矩 $$\left.\begin{aligned}M_{1j}&=\frac{I_1}{I_1+I_2}M_j\\M_{2j}&=\frac{I_2}{I_1+I_2}M_j\end{aligned}\right\} \tag{4-53}$$

第 j 层各墙肢的剪力 $$\left.\begin{aligned}V_{1j}&=\frac{\bar{I}_1}{\bar{I}_1+\bar{I}_2}V_j\\V_{2j}&=\frac{\bar{I}_2}{\bar{I}_1+\bar{I}_2}V_j\end{aligned}\right\} \tag{4-54}$$

式中：$\bar{I}_i$——考虑墙肢剪切变形后的折算惯性矩，按式(4-55)确定；

$$\bar{I}_i=\frac{I_i}{1+\dfrac{12\mu EI_i}{GA_ih^2}}\ (i=1,2) \tag{4-55}$$

式中：h——层高。

(3) 双肢剪力墙的位移计算

双肢剪力墙的侧向位移由墙肢的弯曲变形和剪切变形引起的侧移两部分组成，在求得剪力墙的内力后，由式(4-56)计算双肢剪力墙的位移：

$$\begin{aligned}\Delta_{双肢墙}&=\Delta_m(\xi)+\Delta_v(\xi)\\&=\frac{1}{E(I_1+I_2)}\int_1^{\xi}\int_1^{\xi}M_F(\xi)\mathrm{d}\xi\mathrm{d}\xi-\frac{1}{E(I_1+I_2)}\int_1^{\xi}\int_1^{\xi}\int_0^{\xi}m(\xi)\mathrm{d}\xi\mathrm{d}\xi\mathrm{d}\xi\end{aligned}$$

$$-\frac{\mu}{G(A_1+A_2)}\int_1^{\xi}V_F d\xi \tag{4-56}$$

经计算整理得到双肢剪力墙的顶点位移为

$$\Delta_{双肢墙}=\begin{cases}\dfrac{V_0H^3}{8E(I_1+I_2)}(1+4\gamma^2-T+\psi_\alpha T) & (均匀荷载)\\ \dfrac{11V_0H^3}{60E(I_1+I_2)}(1+3.64\gamma^2-T+\psi_\alpha T) & (倒三角分布荷载)\\ \dfrac{V_0H^3}{3E(I_1+I_2)}(1+3\gamma^2-T+\psi_\alpha T) & (顶部集中力)\end{cases} \tag{4-57}$$

双肢剪力墙的等效抗弯刚度为

$$EI_{eq}=\begin{cases}\dfrac{E(I_1+I_2)}{1+4\gamma^2-T+\psi_\alpha T} & (均布荷载)\\ \dfrac{E(I_1+I_2)}{1+3.64\gamma^2-T+\psi_\alpha T} & (倒三角荷载)\\ \dfrac{E(I_1+I_2)}{1+3\gamma^2-T+\psi_\alpha T} & (顶部集中力)\end{cases} \tag{4-58}$$

式中：$T=\frac{\alpha_1^2}{\alpha^2}$，$\gamma^2=\frac{\mu E(I_1+I_2)}{H^2G(A_1+A_2)}$。对于 $H/B\geqslant 4$ 的情况，可不考虑剪切变形的影响，取 $\gamma^2=0$，ψ_α 为与 α 有关的函数，由表 4-9 查得。

通过等效抗弯刚度，将双肢剪力墙位移计算公式与整截面剪力墙位移计算公式式(4-9)统一起来。多肢墙同样采用该统一公式。

表 4-9　ψ_α 值表

α	倒三角荷载	均布荷载	顶部集中力	α	倒三角荷载	均布荷载	顶部集中力
1.000	0.720	0.722	0.715	7.500	0.052	0.054	0.046
1.500	0.537	0.540	0.528	8.000	0.046	0.048	0.041
2.000	0.399	0.403	0.388	8.500	0.041	0.043	0.036
2.500	0.302	0.306	0.290	9.000	0.037	0.039	0.032
3.000	0.234	0.238	0.222	9.500	0.034	0.035	0.029
3.500	0.186	0.190	0.175	10.000	0.031	0.032	0.027
4.000	0.151	0.155	0.140	10.500	0.028	0.030	0.024
4.500	0.125	0.128	0.115	11.000	0.026	0.027	0.022
5.000	0.105	0.108	0.096	11.500	0.023	0.025	0.020
5.500	0.089	0.192	0.081	12.000	0.022	0.023	0.019
6.000	0.077	0.080	0.069	12.500	0.020	0.021	0.017
6.500	0.067	0.070	0.060	13.000	0.019	0.020	0.016
7.000	0.058	0.061	0.052	13.500	0.017	0.018	0.015

续表 4-9

α	倒三角荷载	均布荷载	顶部集中力	α	倒三角荷载	均布荷载	顶部集中力
14.000	0.016	0.017	0.014	17.500	0.010	0.011	0.009
14.500	0.015	0.016	0.013	18.000	0.010	0.011	0.008
15.000	0.014	0.015	0.012	18.500	0.009	0.010	0.008
15.500	0.013	0.014	0.011	19.000	0.009	0.009	0.007
16.000	0.012	0.013	0.010	19.500	0.008	0.009	0.007
16.500	0.012	0.013	0.010	20.000	0.008	0.009	0.007
17.000	0.011	0.012	0.009	20.500	0.008	0.008	0.006

(4) 双肢墙内力分布特点以及几何参数 α、γ 的物理意义和影响

① 剪力墙内力和位移分布与整体系数 α 的关系

图 4-12 为 20 层剪力墙不同的 α 值按连续化方法计算得到的双肢墙侧移、连梁剪力、墙肢轴力及墙肢弯矩沿高度的分布图线。

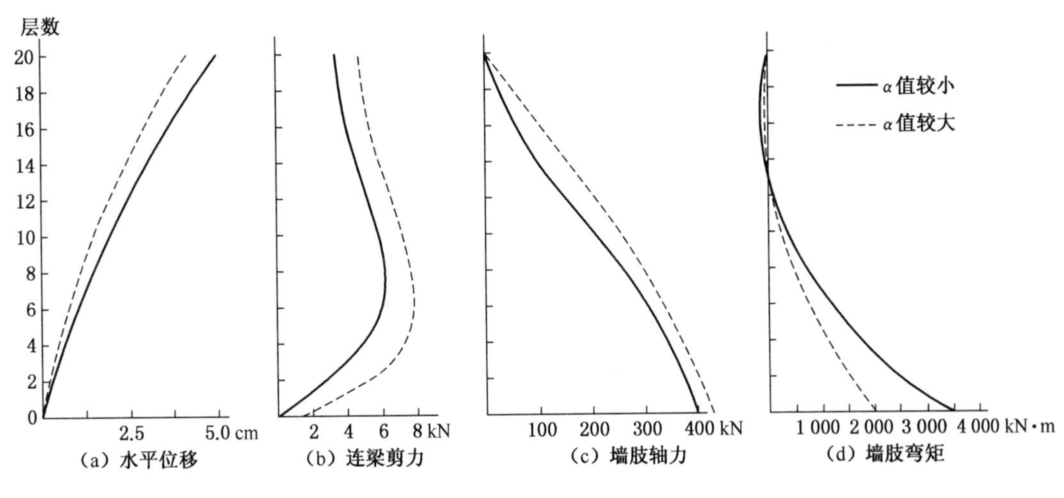

图 4-12 双肢墙侧移及内力分布

根据连续化方法得到的分布曲线，可以看到以下几点：A. 双肢墙的侧移曲线呈弯曲型。α 值越大、整体刚度越大，侧移则越小。B. 连梁剪力分布具有下列特点：剪力最大（弯矩最大）的连梁不在底层，它的位置和大小将随着 α 改变，α 增大时，连梁剪力加大，剪力最大的梁下移。C. 墙肢轴力与 α 值有关，墙肢轴力为该截面以上所有连梁剪力之和。当 α 加大时，连梁剪力加大，墙肢轴力也加大。D. 墙肢弯矩与 α 有关，但正好与墙肢轴力相反，α 越大，其值越小。

由式(4-30(a))：$M_1 + M_2 + N \cdot 2c = M_p$，可以看出，$\alpha$ 越大，N 越大，M_1、M_2 则减小。

从上面分析得出：双肢墙内力分布和刚度均与 α 值有关，α 是一个重要的几何参数，被称为整体系数。

② 整体系数 α 的物理意义

由双肢墙计算公式：$\alpha^2=\alpha_1^2+\dfrac{3H^2D}{hcS}$，$\alpha_1^2=\dfrac{6H^2D}{h\sum I_i}$，$D=\dfrac{\bar{I}_bc^2}{l_n^3}$

α 的物理意义：D 是反映连梁转动刚度的一个系数，D 值越大，连梁的转动刚度越大，对墙肢的约束作用越大；整体系数 α 公式中 $\sum I_i$ 是各墙肢刚度之和。因此，α 实际反映了连梁与墙肢刚度间的比例关系，α 值越大，表示连接两剪力墙的连梁刚度相对较大，两墙间联系越强，单片剪力墙通过强连梁联系组成的剪力墙结构整体性自然比弱联系的结构整体性要好，体现了剪力墙结构的整体性。

而由双肢墙组合截面形心轴的面积矩：$S=\dfrac{2cA_1A_2}{A_1+A_2}$

变换为：
$$
\begin{aligned}
2c\cdot S&=\frac{(y_1+y_2)^2A_1A_2}{A_1+A_2}\\
&=\frac{(y_1^2+y_2^2)A_1A_2+y_1A_1y_2A_2+y_1A_1y_2A_2}{A_1+A_2}\\
&=\frac{(y_1^2+y_2^2)A_1A_2+y_2^2A_2^2+y_1^2A_1^2}{A_1+A_2}\\
&=\frac{A_1y_1^2(A_1+A_2)+A_2y_2^2(A_1+A_2)}{A_1+A_2}\\
&=A_1y_1^2+A_2y_2^2=I_n
\end{aligned}
$$

而：$\alpha^2=\dfrac{6H^2D}{hS\cdot 2c}+\alpha_1^2$，$\alpha_1^2=\dfrac{6H^2D}{h(I_1+I_2)}$

$$\alpha^2=\alpha_1^2\left(1+\frac{I_1+I_2}{S\cdot 2c}\right)=\alpha_1^2/T$$

$$\frac{\alpha_1^2}{\alpha^2}=\frac{1}{1+\dfrac{I_1+I_2}{I_n}}=\frac{I_n}{I}=T$$

其中：y_1、y_2——双肢墙总截面形心到两个墙肢形心的距离；

I_1、I_2——双肢墙两个墙肢相对于自身形心轴的惯性矩；

$I=I_1+I_2+I_n$——组合截面的总惯性矩（见图 4-13）。

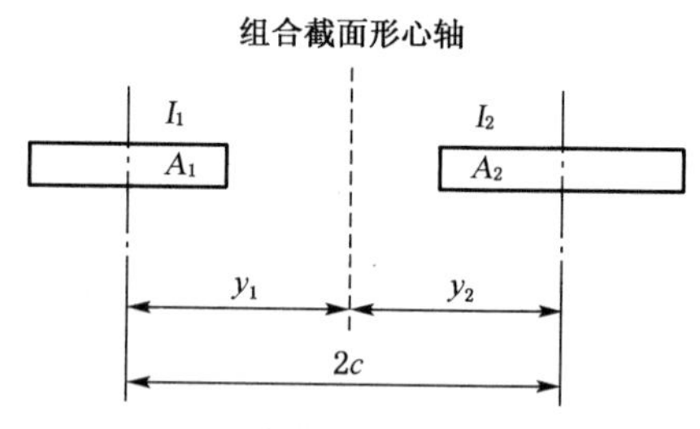

图 4-13　双肢剪力墙组合截面

可以看出：α_1 与 α 物理意义均是连梁与墙肢刚度比，α_1 未考虑墙肢轴向变形，α 则考虑了墙肢轴向变形，因此 $\alpha_1<\alpha$，其比值 $T<1$ 称为轴向变形影响系数，T 的实质是相对于组合截面形心轴的双肢墙惯性矩（I_n）与总惯性矩（I）的比值，反映了墙肢的强弱，T 值越大则表明剪力墙截面削弱得越多。因此，可以通过 α 值和 I_n/I 来联合判别剪力墙的类别。

$$\alpha^2=\alpha_1^2\cdot\frac{I}{I_n}=\frac{6H^2D}{h\sum I_i}\cdot\frac{I}{I_n}=\frac{6H^2\cdot\bar{I}_bc^2}{h\sum I_il_n^3}\cdot\frac{I}{I_n}$$

$$\alpha=H\sqrt{\frac{6\,\bar{I}_bc^2}{h(I_1+I_2)l_n^3}\cdot\frac{I}{I_n}}$$

这就是本章判别公式(4-1)的由来。

③ 整体系数 α 对截面应力及变形的影响

双肢墙截面应力可分解成两部分,由连续连杆法得到的函数解,可将 ξ 处的墙肢弯矩及轴力表达为

$$M_i = kM_p \frac{I_i}{I} + (1-k)M_p \frac{I_i}{\sum I_i}$$

$$N_i = kM_p \frac{A_i y_i}{I_i}$$

上面:M_i 中的第一项相应于整体弯曲应力,第二项相应于局部弯曲应力。k 为前者在总内力中比例,称为整体弯矩系数,为 α、ξ 的函数。

以均布荷载为例:

$$k = \frac{2}{\alpha^2\xi^2}\left[1 + \frac{\alpha^2\xi^2}{2} - \text{ch}(\alpha\xi) + (\text{sh}\alpha - \alpha)\frac{\text{sh}(\alpha\xi)}{\text{ch}\alpha}\right]$$

其特点:α 很小时,k 很小,$\varphi(\xi)$、$m(\xi)$ 均接近于零,相当于连梁无约束作用的两片独立悬臂墙,截面内力以局部弯曲应力为主;α 较大时,k 趋于 1,$\varphi(\xi)$、$m(\xi)$ 均较大,即连梁的约束作用较强,截面内力以整体弯曲为主。当 α 特别大时,连梁刚度大,开洞剪力墙变形与内力趋近整体悬臂墙。

④ 剪切系数 γ 的物理意义

$$\gamma^2 = \frac{E\sum I_i}{H^2 G\sum (A_i/\mu_i)} \tag{4-59}$$

γ 的物理意义是考虑墙肢剪切变形影响的系数,在 $H/B \geqslant 4$ 的剪力墙中,剪切变形影响约在 10%以内,可忽略,此时取 $\gamma = 0$。

4) 多肢剪力墙的内力和位移计算

具有多列整齐洞口的多肢剪力墙,其基本假定和基本体系与双肢剪力墙类似,可用双肢剪力墙内力和位移的计算方法和计算公式,主要区别是连梁和剪力墙的列数较多,其内力分配较双肢墙相对复杂。以下仅给出多肢剪力墙的内力和位移的计算要点。

(1) 几何参数计算

首先计算出各墙肢截面面积 A_i 和惯性矩 I_i 及连梁截面面积 A_{bi} 和惯性矩 I_{bi},然后计算下列各参数。

① 连梁考虑剪切变形的折算惯性矩

$$\bar{I}_{bi} = \frac{I_{bi}}{1 + \dfrac{7.5\mu I_{bi}}{l_{ni}^2 A_{bi}}} \tag{4-60}$$

② 连梁的刚度参数

$$D_i = \frac{\bar{I}_{bi} c_i^2}{l_{ni}^3} \tag{4-61}$$

式中：l_{ni}——第 i 列连梁计算跨度之半，设连梁净跨为 $2l_{0i}$，则取 $l_{ni}=l_{0i}+h_{bi}/4$；

c_i——第 i 列洞口两侧墙肢轴线距离一半。

(2) 综合参数计算

① 考虑墙肢轴向变形影响的整体系数

$$\alpha^2=\frac{6H^2}{Th\sum_{i=1}^{k+1}I_i}\sum_{i=1}^{k}D_i \tag{4-62}$$

式中：α——考虑了墙肢轴向变形影响的整体系数。

h——层高(各层不等时可取沿高度的加权平均值)。

H——剪力墙总高度。

T——轴向变形影响系数，对双肢墙 $T=I_n/I, I_n=A_1y_1^2+A_2y_2^2$。对多肢墙可近似地取：当墙肢数为 3～4 时，$T=0.80$；当墙肢数为 5～7 时，$T=0.85$；当墙肢数为 8 肢以上时，$T=0.90$。

② 剪切影响系数

$$\gamma^2=\frac{E\sum_{i=1}^{k+1}I_i}{H^2G\sum_{i=1}^{k+1}(A_i/\mu_i)} \tag{4-63}$$

式中：μ_i——第 i 墙肢剪应力不均匀系数，根据各个墙肢截面形状确定，对于墙肢少、层数多且 $H/B\geqslant 4$ 时，可不考虑剪切变形影响，取 $\gamma^2=0$。

③ 墙肢等效刚度

$$EI_{eq}=\frac{E\sum_{i=1}^{k+1}I_i}{1+4\gamma^2-T+\psi_\alpha T} \quad \text{(均布荷载)} \tag{4-64(a)}$$

$$EI_{eq}=\frac{E\sum_{i=1}^{k+1}I_i}{1+3.6\gamma^2-T+\psi_\alpha T} \quad \text{(倒三角荷载)} \tag{4-64(b)}$$

$$EI_{eq}=\frac{E\sum_{i=1}^{k+1}I_i}{1+3\gamma^2-T+\psi_\alpha T} \quad \text{(顶部集中力)} \tag{4-64(c)}$$

式中：ψ_α——系数，根据荷载形式和 α 查表 4-9 确定。

(3) 连梁内力计算

① 各列连梁约束弯矩分配系数 η_i

对双肢墙连梁约束弯矩分配系数 $\eta=1$，对多肢墙连梁约束分配系数 η_i 按式(4-65)确定。

$$\eta_i=\frac{D_i\varphi_i}{\sum_{i=1}^{k}D_i\varphi_i} \tag{4-65}$$

$$\varphi_i=\frac{1}{1+\alpha/4}\left[1+1.5\alpha\frac{r_i}{B}\left(1-\frac{r_i}{B}\right)\right] \tag{4-66}$$

式中：φ_i——多肢墙连梁约束弯矩分布系数，也可查表或简单的取 1.0。

r_i——第 i 列连梁中点距墙边的距离（见图 4-14）。

② 连梁的剪力和弯矩

j 层连梁总约束弯矩为

$$m_j=ThV_0\varphi(\xi_j) \tag{4-67}$$

j 层第 i 个连梁剪力为

$$V_{bij}=(0.5\eta_i/c_i)m_j \tag{4-68}$$

j 层第 i 个连梁端弯矩为

$$M_{bij}=V_{bij}\cdot l_{ni} \tag{4-69}$$

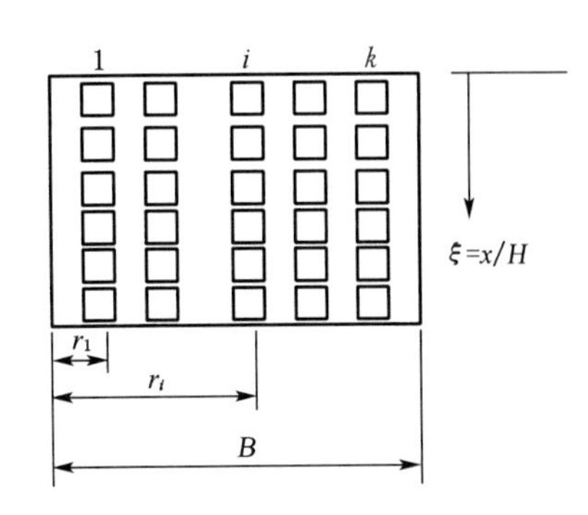

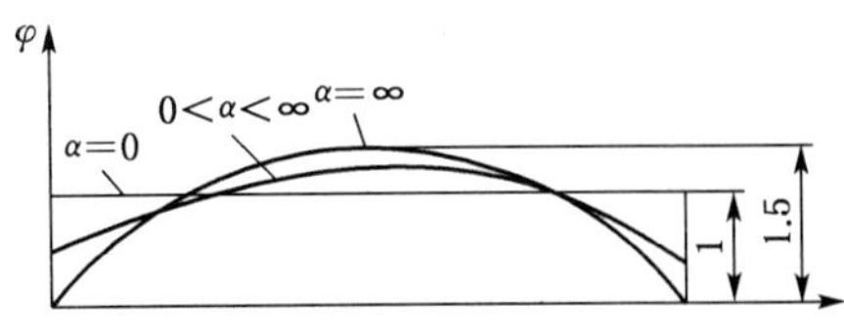

图 4-14　多肢墙连梁剪力分布

（4）墙肢内力计算

① 墙肢的轴力

j 层第 1 个墙肢的轴力为

$$N_{1j}=\sum_{j=j}^{n}V_{b1j} \tag{4-70}$$

j 层第 i 个墙肢的轴力为

$$N_{ij}=\sum_{j=j}^{n}(V_{bij}-V_{b,i-1,j}) \tag{4-71}$$

j 层第 $k+1$ 个墙肢的轴力为

$$N_{k+1,j}=\sum_{j=j}^{n}V_{bkj} \tag{4-72}$$

② 墙肢的弯矩和剪力

j 层第 i 个墙肢的弯矩按墙肢的弯曲刚度比例分配，剪力按折算惯性矩 $\bar{I}_i^0$ 比例分配。

j 层第 i 个墙肢的弯矩为

$$M_{ij}=\frac{I_i}{\sum_{i=1}^{k+1}I_i}\left(M_{Fj}-\sum_{j=j}^{n}m_j\right) \tag{4-73}$$

j 层第 i 个墙肢的剪力为

$$V_{ij}=\frac{\bar{I}_i^0}{\sum_{i=1}^{k+1}\bar{I}_i^0}V_{Fj} \tag{4-74}$$

$$\bar{I}_i^0=\frac{I_i}{1+\dfrac{12\mu EI_i}{GA_ih^2}} \tag{4-75}$$

(5) 顶点位移计算

$$\Delta=\begin{cases}\dfrac{V_0H^3}{8EI_{\mathrm{eq}}} & (均布荷载)\\ \dfrac{11V_0H^3}{60EI_{\mathrm{eq}}} & (倒三角分布荷载)\\ \dfrac{V_0H^3}{3EI_{\mathrm{eq}}} & (顶部集中力)\end{cases} \tag{4-76}$$

(6) 例题:求图 4-15 所示 11 层 3 肢剪力墙的内力和位移。

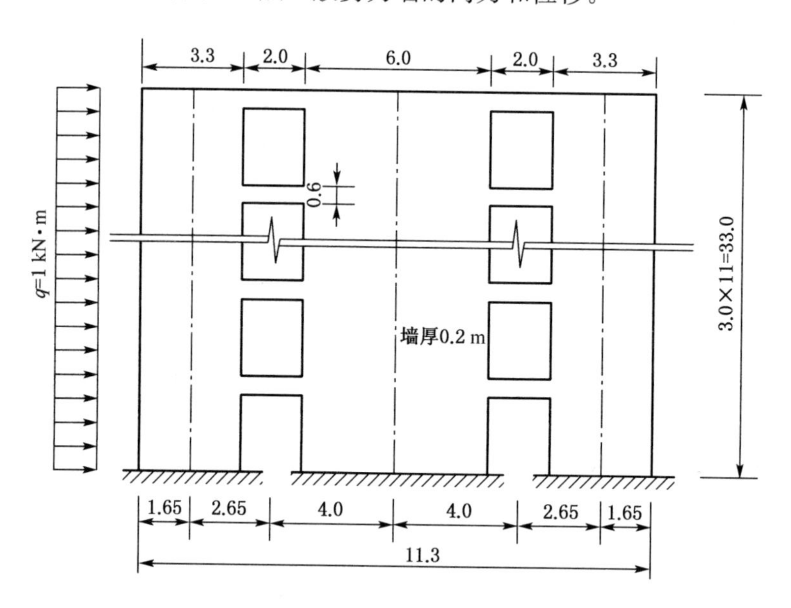

图 4-15 多肢墙连梁剪力分布

① 计算几何参数

墙 $$G/E=0.40$$

惯性矩 $$I_1=I_3=\frac{0.2\times3.3^3}{12}=0.6\ \mathrm{m}^4$$

$$I_2=\frac{0.2\times6^3}{12}=3.6\ \mathrm{m}^4$$

折算惯性矩 $$\bar{I}_1=\frac{I_1}{1+\dfrac{12\mu EI_1}{h^2AG}}=\frac{0.6}{1+\dfrac{12\times1.2\times0.6}{3^2\times0.66\times0.40}}=0.13\ \mathrm{m}^4$$

$$\bar{I}_2=\frac{3.60}{1+\dfrac{12\times1.2\times3.60}{3^2\times1.20\times0.40}}=0.277\ \mathrm{m}^4$$

墙肢按惯性矩计算的分配系数见表 4-10。

表 4-10 墙肢几何参数

	1	2	3	$\sum$		1	2	3	$\sum$
A_i	0.66	1.20	0.66	2.52	$\bar{I}_i$	0.13	0.277	0.13	0.537
I_i	0.6	3.60	0.6	4.8	$\bar{I}_i/\sum \bar{I}_i$	0.24	0.52	0.24	
$I_i/\sum I_i$	0.125	0.75	0.125						

连梁：

计算跨度 $$l_i = l_0 + \frac{0.6}{4} = 1.15\ \mathrm{m}$$

惯性矩 $$I_{bi} = \frac{0.2 \times 0.6^3}{12} = 0.0036\ \mathrm{m}^4$$

折算惯性矩 $$\bar{I}_{bi} = \frac{I_{bi}}{1 + \frac{3\mu E I_{bi}}{l_i^2 A_b G}} = \frac{0.0036}{1 + \frac{3 \times 1.2 \times 0.0036}{1.15^2 \times 0.2 \times 0.6 \times 0.4}} = 0.003\ \mathrm{m}^4$$

连梁刚度 D 的计算见表 4-11。

表 4-11 连梁几何参数

	1	2	$\sum$
c_i^2	11.0556	11.0556	
$D_i = \frac{c_i^2 \bar{I}_{bi}}{l_i^3}$	2.18×10^{-2}	2.18×10^{-2}	4.36×10^{-2}

② 计算综合参数。对于 3 肢墙，T 值由式(4-62)取轴向变形影响系数 $T = 0.8$，由式(4-62)考虑轴向变形的整体参数为

$$\alpha^2 = \frac{6H^2 \sum D_i}{Th \sum I_i} = \frac{6 \times 33^2 \times 4.36 \times 10^{-2}}{0.8 \times 3 \times 4.8} = 24.73$$

知：$\alpha = 4.973 < 10$，可按多肢墙计算。

由式(4-63)，剪切影响系数为

$$\gamma^2 = \frac{2.5\mu \sum I_i}{H^2 \sum A_i} = \frac{2.5 \times 1.2 \times 4.8}{33^2 \times 2.52} = 5.25 \times 10^{-3}$$

由表 4-9，按 $\alpha = 4.973$ 查均布荷载下的 ψ_α 值，$\psi_\alpha = 0.10828$。由式(4-64)得等效刚度

$$\begin{aligned} I_{eq} &= \frac{\sum I_i}{(1-T) + T\psi_\alpha + 4\gamma^2} \\ &= \frac{4.8}{(1-0.8) + 0.8 \times 0.10828 + 4 \times 5.25 \times 10^{-3}} \\ &= \frac{4.8}{0.3076} = 15.6\ \mathrm{m}^4 \end{aligned}$$

③ 内力计算。根据求得的 $\varphi(\xi)$，由式(4-67)可求出各层总约束弯矩

$$m_j = hTV_0\varphi(\xi) = 3 \times 0.8 \times 33\varphi(\xi) = 79.2\varphi(\xi)$$

式中：$\varphi_1(\xi)$ 可查表 4-7 求得。

顶层总约束弯矩为上式的一半。

因为只有两列连梁，且是对称布置的，所以 $\eta_i = \frac{1}{2}$。

各层连梁剪力为(两梁是一样的)

$$V_{bj} = \frac{m_j}{2c_i}\eta_i = \frac{m_j}{13.3}$$

连梁梁端弯矩为(两梁是一样的)

$$M_{bj} = V_{bj}l_0 = \frac{m_j}{13.3}l_0$$

墙肢弯矩为
$$M_i = \frac{I_i}{\sum I_i}(M_p - \sum_{j=j}^{n} m_j)$$

墙肢剪力为
$$V_i = \frac{\bar{I}_i}{\sum \bar{I}_i}V_p$$

墙肢轴力为
$$N_{1j} = N_{3j} = \sum_{j=j}^{n} V_{bj}, N_{2j} = 0$$

列成表格计算，计算过程和各层结果见表 4-12 和表 4-13。

表 4-12　连梁内力计算表

层	ξ	$\varphi(\xi)$	m_j	$\sum_{i=j}^{n} m_s$	$M_p = \frac{V_0 H}{2}\xi^2$	V_{bj}(kN)	M_{bj}(kN·m)
11	0	0.187	7.405	7.405	0	0.557	0.557
10	0.090 9	0.204	16.157	23.562	4.499	1.215	1.215
9	0.181 8	0.243	19.246	42.808	17.996	1.447	1.447
8	0.272 7	0.295	23.364	66.172	40.492	1.757	1.757
7	0.363 6	0.353	27.958	93.830	71.983	2.102	2.102
6	0.454 5	0.408	32.314	126.144	112.477	2.430	2.430
5	0.545 4	0.454	35.957	162.101	161.967	2.704	2.704
4	0.636 3	0.485	38.412	200.513	220.457	2.888	2.888
3	0.727 2	0.478	37.858	238.371	287.943	2.846	2.846
2	0.818 1	0.425	33.660	272.031	364.428	2.531	2.531
1	0.909 0	0.280	22.176	294.207	449.909	1.667	1.667
0	0.999 9	0	0	294.207	544.50	0	0

表 4-13 墙肢内力计算表

层	$M_p - \sum_{i=j}^{n} m_s$	$M_1 = M_3$ (kN·m)	M_2(kN·m)	$V_1 = V_3$(kN)	V_2(kN)	$N_1 = N_3$(kN)
11	−7.405	−0.924	−5.556	0	0	0.557
10	−19.063	−2.380	−14.303	0.722	1.556	1.772
9	−24.812	−3.098	−18.617	1.444	3.112	3.219
8	−25.680	−3.206	−19.268	2.166	4.668	4.976
7	−21.847	−2.727	−16.392	2.887	6.224	7.078
6	−13.667	−1.706	−10.255	3.609	7.780	9.508
5	−0.134	−0.017	−0.101	4.331	9.336	12.212
4	19.944	2.490	14.964	5.053	10.892	15.100
3	49.572	6.189	37.195	5.769	12.437	17.946
2	92.397	11.535	69.327	6.497	14.004	20.477
1	155.702	19.438	116.826	7.299	15.733	22.144
0	250.293	31.247	187.800	7.941	17.117	22.144

④ 位移计算

顶点位移为

$$\Delta = \frac{V_0 H^3}{8EI_{eq}} = \frac{33 \times 33^3}{8 \times 2.6 \times 10^7 \times 15.6} = 0.000\,365\ \text{m}$$

5）壁式框架内力和位移计算

（1）壁式框架的计算简图

① 壁式框架的计算特点。壁式框架的受力接近于框架，可采用 D 值法分析计算。但与普通框架不完全相同，其差别有两点：一是梁柱相交部分面积大变形小，存在刚域；二是梁、柱杆件截面较宽，剪切变形的影响不可忽视。因此，采用 D 值法计算时，原理和步骤与普通框架都是一样的。但要进行一些相应的修正，这些修正也都是由于上述两个特点带来的。

② 壁式框架的计算简图

A. 计算简图。壁式框架的轴线取壁梁和壁柱截面的形心线，一般情况下，楼层的层高（相邻楼面板间的距离）h 与壁梁间距（轴线间的距离）h_w 不一定完全一样，为了简化起见，视两者相等，即取楼面为壁梁轴线，即 $h_w = h$。梁柱相交处的结合区，视作不产生弯曲变形和剪切变形的刚域。这样，壁式框架的梁、柱简化为带刚域的变截面杆件。壁式框架简化为杆端带刚域的变截面刚架。由此可确定图 4-16 所示的壁式框架计算简图。

B. 刚域长度确定。图 4-17 给出了壁式框架的刚域示意图，刚域的长度通过试验与计算比较确定，公式(4-77)、(4-78)给出了壁式框架梁和柱刚域长度的计算公式。

梁刚域长度为

$$l_{b1} = b_1 - 0.25h_b \tag{4-77(a)}$$

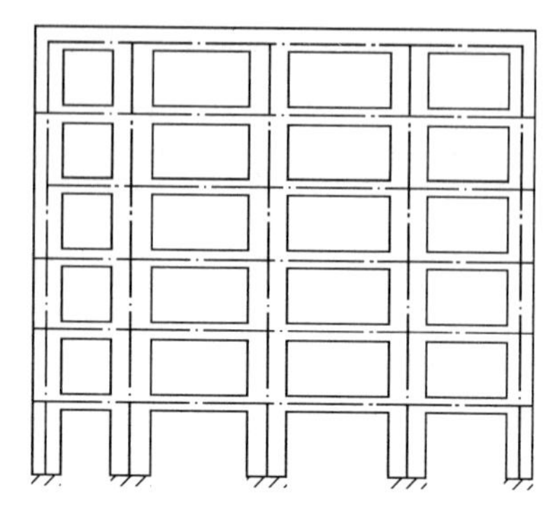

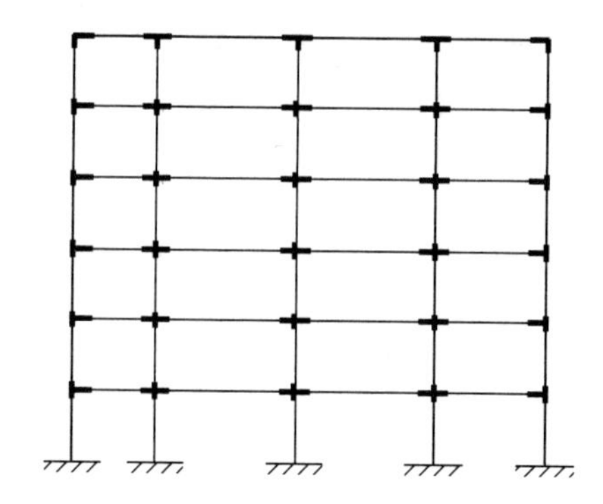

图 4-16　壁式框架计算简图

$$l_{b2} = b_2 - 0.25h_b \qquad (4\text{-}77(b))$$

柱刚域长度为

$$l_{c1} = c_1 - 0.25h_c \qquad (4\text{-}78(a))$$

$$l_{c2} = c_2 - 0.25h_c \qquad (4\text{-}78(b))$$

当按上式计算的刚域长度为负值时，应取为零。

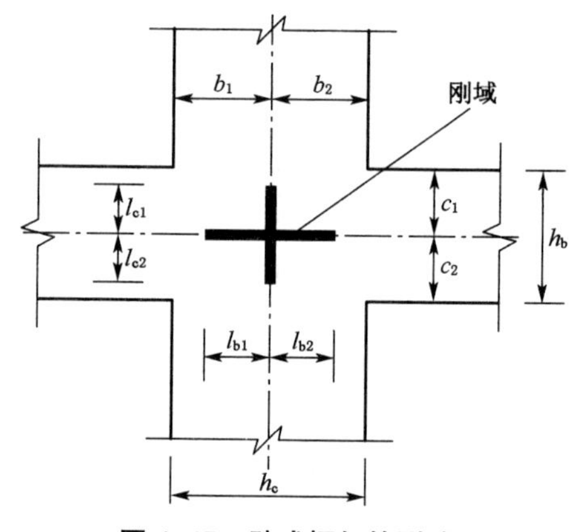

图 4-17　壁式框架的刚域

(2) 带刚域杆考虑剪切变形后的三项修正

由于刚域的存在及构件截面较宽不宜忽略剪切变形影响，在采用 D 值法进行壁式框架内力计算时，应对带刚域杆考虑剪切变形后线刚度系数 K 值、D 值和壁柱反弯点高度比进行必要的修正。

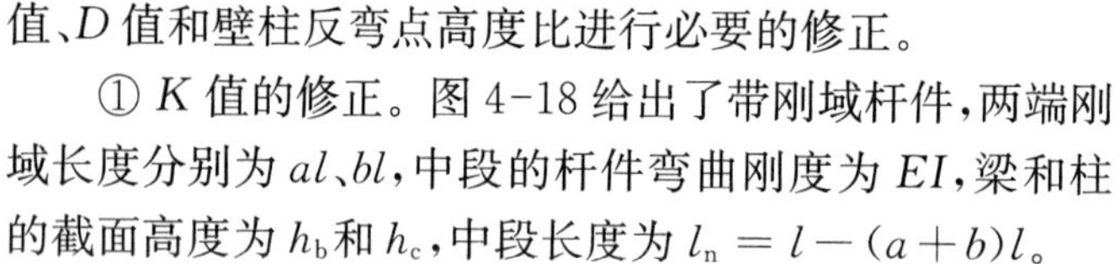

① K 值的修正。图 4-18 给出了带刚域杆件，两端刚域长度分别为 al、bl，中段的杆件弯曲刚度为 EI，梁和柱的截面高度为 h_b 和 h_c，中段长度为 $l_n = l - (a+b)l$。

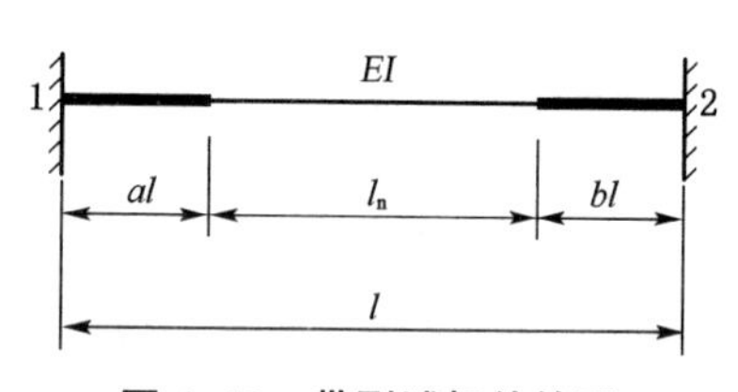

图 4-18　带刚域杆件简图

A. 当不考虑两端刚域及剪切变形影响时，杆件的线刚度为 $i = EI/l$。

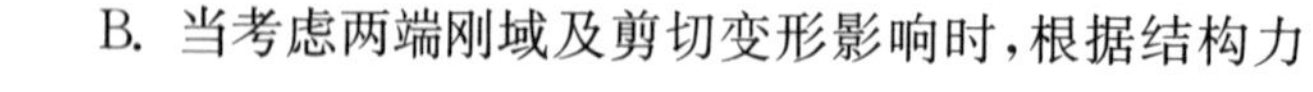

B. 当考虑两端刚域及剪切变形影响时，根据结构力学中的方法，可推导出图 4-18 所示带刚域杆件考虑剪切变形后的线刚度，由此即可确定出带刚域杆件的折算线刚度系数，见公式(4-79)。

$$\left.\begin{array}{l} \text{杆件左端：} K_{12} = ci \\ \text{杆件右端：} K_{21} = c'i \\ \text{柱：} K_c = \dfrac{c+c'}{2} i_c \end{array}\right\} \qquad (4\text{-}79)$$

式中：$c = \dfrac{1+a-b}{(1-a-b)^3(1+\beta_i)}$；$c' = \dfrac{1+b-a}{(1-a-b)^3(1+\beta_i)}$；$\beta_i = \dfrac{12\mu EI_i}{GA_i l_n^2}$。

显然，壁式框架的刚度系数可由普通框架的刚度系数 i 乘以相应系数 c 或 c' 确定。

② D 值的修正。有了带刚域杆考虑剪切变形影响后的杆端折算刚度系数，即可按框架结构同样的方法求出壁式框架柱的修正抗侧刚度 D 值公式（见式（4-80））。公式中的 K_c 和 α 按表 4-14 采用。

$$D=\alpha\frac{12K_c}{h^2} \tag{4-80}$$

表 4-14 α 计算公式表

楼层	边柱	中柱	K	α
一般层柱	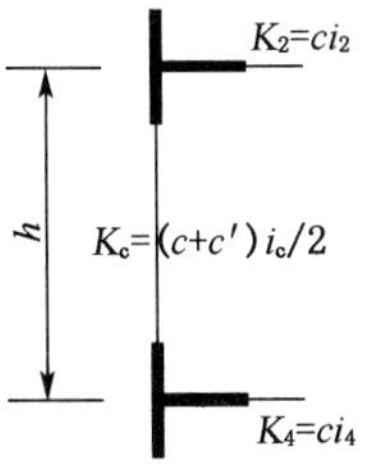 $K_2=ci_2$；$K_c=(c+c')i_c/2$；$K_4=ci_4$；h	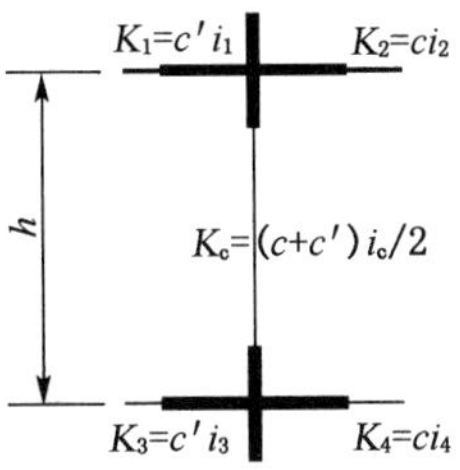 $K_1=c'i_1$，$K_2=ci_2$；$K_c=(c+c')i_c/2$；$K_3=c'i_3$，$K_4=ci_4$；h	边柱 $K=\dfrac{K_2+K_4}{2K_c}$ 中柱 $K=\dfrac{K_1+K_2+K_3+K_4}{2K_c}$	$\alpha=\dfrac{K}{2+K}$
底层柱	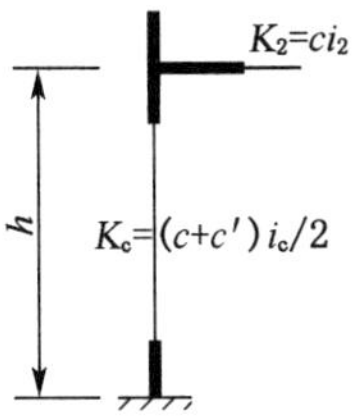 $K_2=ci_2$；$K_c=(c+c')i_c/2$；h	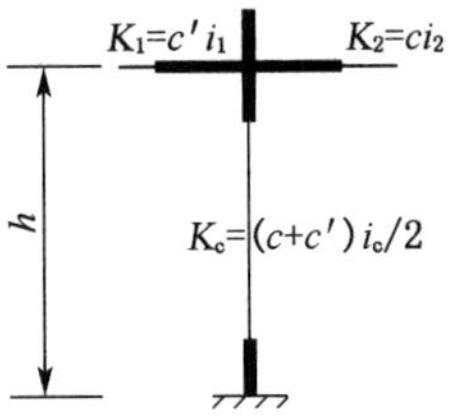 $K_1=c'i_1$，$K_2=ci_2$；$K_c=(c+c')i_c/2$；h	边柱 $K=\dfrac{K_2}{K_c}$ 中柱 $K=\dfrac{K_1+K_2}{K_c}$	$\alpha=\dfrac{0.5+K}{2+K}$

注：i_1、i_2、i_3、i_4 为普通框架梁的线刚度（$i_b=E_bI_b/l$，l 为梁跨度）；i_c 为普通框架柱的线刚度（$i_c=E_cI_c/h$，h 为层高）。

③ 带刚域杆考虑剪切变形后壁式框架反弯点高度比的修正。考虑刚域和剪切变形影响后，对壁柱反弯点高度比的修正公式如下（见图 4-19）：

$$y=a+sy_0+y_1+y_2+y_3 \tag{4-81}$$

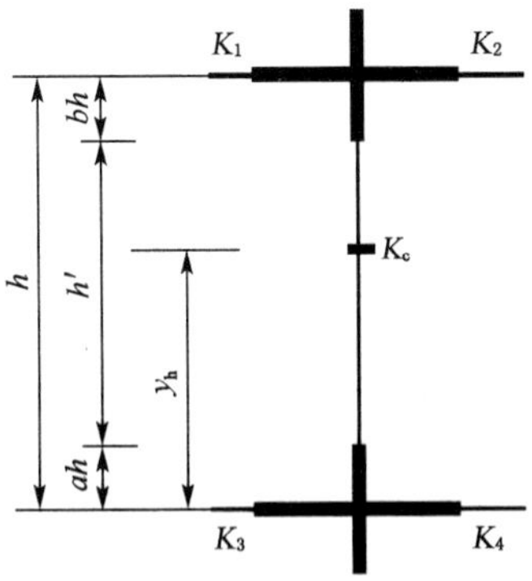

式中：a—— 柱下端刚域长度与柱高 h 之比；

s—— 无刚域部分柱长度与柱高之比，$s=h'/h$；

y_0—— 标准反弯点高度比，由上下壁梁的平均相对刚度与壁柱相对刚度的比值 K'（见式（4-82））查表 3-2 和表 3-3 确定；

$$K'=s^2\frac{K_1+K_2+K_3+K_4}{2i_c} \tag{4-82}$$

图 4-19 壁柱反弯点位置

式中：y_1—— 上下层梁线刚度变化的修正值，由 K' 和上下壁梁刚度比值 α_1 查表 3-4 确定，其中，$\alpha_1=(K_1+K_2)/(K_3+K_4)$ 或 $\alpha_1=(K_3+K_4)/(K_1+K_2)$（刚度较小者为分子）；

y_2—— 上层层高变化的修正值，由 K' 和上层层高对该层层高的比值 $\alpha_2=h_{上}/h$ 查表 3-5 确定，对于最上层不考虑；

y_3—— 下层层高变化的修正值，由 K' 和下层层高对该层层高的比值 $\alpha_3=h_{下}/h$ 查

表3-5确定，对于最下层不考虑。

(3) 壁式框架的内力和位移计算

确定了壁式框架的D值及反弯点高度比的修正值后，其他的计算与第3章普通框架的计算完全一样，不再赘述。

4.3 剪力墙的截面设计与构造要求

4.3.1 剪力墙结构的延性设计

按照结构抗震安全评价的能量原则，某次地震输入结构的总能量是固定值，结构耗散地震能量的能力是由承载力和变形的乘积决定的，一个结构及其构件的承载力较高，则其延性变形能力要求可有所降低；结构及其构件的承载力较低，则需要较高的延性变形能力。也就意味着，结构为了获得同等的消耗地震能量的能力，需要在承载力和变形这两个因素间权衡。

延性结构是指维持同等承载能力而可以获得较大变形的结构。地震作用下，结构承载力不变而通过获得较大弹塑性变形来提高其耗散地震能量的能力，达到大震不倒的目的。延性结构是一种经济的设计对策，因为提高承载力需要消耗混凝土、钢材等资源，而延性的提高是通过结构布置和构件局部调整获得。延性结构设计的另一个原因是地震作用大小的不可预知性。当地震作用超过设防烈度规定值时，由较好的弹塑性变形来消耗这部分欠估计的能量。

剪力墙结构是由剪力墙、连梁等构件组成，剪力墙结构的延性取决于剪力墙和连梁的延性大小。与框架结构的延性设计类似，地震区的剪力墙结构延性设计需要进行内力调整并满足相应的构造要求。

1) 延性剪力墙结构的设计原则

延性剪力墙结构采用设置多道抗震防线的整体设计思想，即第一道防线由出塑性铰数目较多、耗能较大的连梁来耗散地震能量，这就需要将联肢墙设计成强墙弱梁，即连梁的屈服先于墙肢，保证塑性铰首先出现在连梁而不是墙肢上，而连梁还应遵循强剪弱弯的原则，即连梁应弯曲屈服，因为剪切破坏是变形很小的脆性破坏，没有延性或延性很小。第二道防线是在连梁破坏后通过悬臂墙墙底出塑性铰来实现耗能，同样需要防止剪切先于弯曲破坏，即墙肢应呈现弯曲屈服。为此要处理好设计中的三个基本原则，预计的弹性区要强，塑性区要弱；墙肢要强，连梁要弱；抗剪要强，抗弯要弱。其中，连梁设计是延性剪力墙设计的关键，而墙肢的安全是结构裂而不倒的重要保证。

2) 延性剪力墙结构的设计要求

(1) 延性联肢墙的设计

联肢剪力墙是多次超静定结构，设计时应使联肢剪力墙的连梁上首先出现塑性铰吸收地震能量，从而避免墙肢的严重破坏，它具有比悬臂剪力墙更好的抗震性能。延性联肢墙中延性连梁的设计是主要矛盾。延性连梁弯曲屈服后，可以吸收地震能量，同时又能继续起到约束墙肢的作用，使联肢墙的刚度与承载力均维持在一定水平。如果部分连梁剪坏或全部剪坏，则墙肢间约束将削弱或全部消失，使联肢墙蜕化为两个或多个独立墙肢，结构的刚度会大大降低，承载力也将随之降低。因此，连梁的延性设计在很大程度上决定了剪力墙结构的抗震性能。延性连梁设计的主要要求有：

① 强墙弱梁原则。为了实现“墙肢要强”的要求，应使连梁要弱，为保证连梁率先达到弯曲屈服状态，常采取一些措施(减小连梁截面高度、连梁弯矩调幅、适当折减连梁的刚度等)，以降低连梁弯矩，按降低后的弯矩进行配筋，可以使连梁抗弯承载力降低，从而使连梁较早出现塑性铰，又降低了连梁中的平均剪应力，可以改善其延性。

② 强剪弱弯原则。连梁的“强剪弱弯”是为了避免在连梁上出现延性差的剪坏，要求连梁的剪力设计值等于或大于连梁的抗弯极限状态相应的剪力，即连梁的剪力设计值按下列规定计算：有地震作用组合的一、二、三级剪力墙的连梁，其梁端截面组合的剪力设计值应按式(4-83)和式(4-84)调整，非抗震设计以及四级时可直接取考虑地震作用组合的剪力设计值。

$$V=\eta_{vb}(M_b^l+M_b^r)/l_n+V_{Gb} \tag{4-83}$$

9度时一级剪力墙的连梁应按式(4-84)确定：

$$V=1.1(M_{bua}^l+M_{bua}^r)/l_n+V_{Gb} \tag{4-84}$$

式中：V—— 连梁截面组合的剪力设计值；

l_n—— 梁的净跨；

V_{Gb}—— 在重力荷载代表值作用下按简支梁计算的梁端截面剪力设计值；

M_b^l、M_b^r—— 分别为连梁左右端截面逆时针或顺时针方向组合的弯矩设计值；

M_{bua}^l、M_{bua}^r—— 分别为连梁左右端截面逆时针或顺时针方向实配的正截面受弯承载力所对应的弯矩值，应按实配钢筋面积(计入受压钢筋)和材料强度标准值并考虑承载力抗震调整系数计算；

η_{vb}—— 连梁剪力增大系数，一、二、三级分别取1.3、1.2、1.1。

(2) 延性实体悬臂剪力墙的设计

在抗震结构中，应当设计延性剪力墙。悬臂墙的能量耗散主要是通过墙底出塑性铰来实现的，而墙体其他部位均不出现塑性铰。延性实体悬臂剪力墙设计的主要要求有：

① 塑性铰区域

由弹塑性动力分析求得的实体剪力墙弯矩包络图基本上呈线性变化，与等效静力法求得的弯矩图曲线有所不同(图4-20)。如果完全按弯矩变化配筋，塑性铰就有可能沿墙任意高度发生，这就需要在整个墙高采取较严格的措施，这样既不合理也不经济。为了提高剪力墙的延性，应设法使塑性铰发生在剪力墙底部，并加强底部范围的抗剪能力。

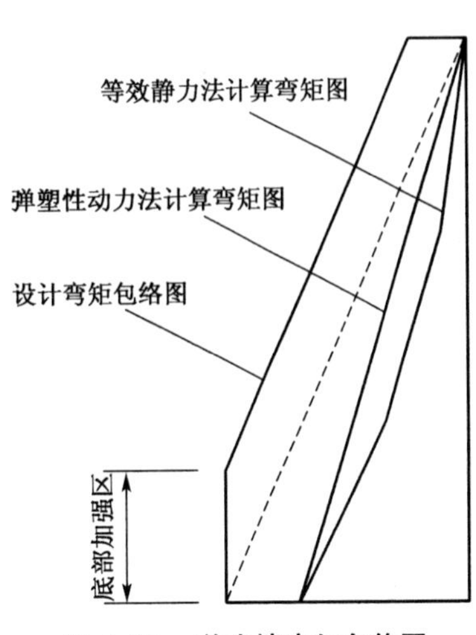

图4-20　剪力墙弯矩包络图

剪力墙的底部加强部位取剪力墙墙肢总高度的1/10

和底部二层的较大值并宜向下延伸到计算嵌固端。

实际工程中，上部剪力墙弯矩较小，配筋一般按构造钢筋配置，超配的钢筋使得其抗弯承载力远大于其弯矩效应，上部剪力墙处于弹性状态，因此，剪力墙墙肢的塑性铰一般出现在底部加强部位。对于一级抗震等级的剪力墙，为了更有把握实现塑性铰出现在底部加强部位，保证其他部位不出现塑性铰，因此要求一级剪力墙的底部加强部位应按墙肢底部截面组合弯矩计算值采用；其他部位，墙肢截面的组合弯矩设计值应乘以增大系数 1.2，组合剪力设计值应乘以增大系数 1.3。

在双肢剪力墙中，墙肢不宜出现小偏心受拉；当任一墙肢为偏心受拉时，其截面开裂，刚度急剧降低，内力向受压墙肢转移，因此另一受压墙肢的剪力设计值、弯矩设计值应乘以系数 1.25。

② 强剪弱弯原则

对于底部加强区，为防止剪切先于弯曲破坏，对底部加强区的剪力应进行调整。一、二、三级剪力墙底部加强部位，其截面的剪力设计值应按下式调整：

$$V=\eta_{vw}V_w \tag{4-85}$$

9 度时应符合：

$$V=1.1\frac{M_{wua}}{M_w}V_w \tag{4-86}$$

式中：V—— 考虑地震作用组合的剪力墙墙肢底部加强部位截面剪力设计值；

V_w—— 考虑地震作用组合的剪力墙墙肢底部加强部位截面的剪力计算值；

M_{wua}—— 剪力墙正截面抗震受弯承载力（应考虑承载力抗震调整系数 γ_{RE}），采用实际配置纵向钢筋面积、材料强度标准值和组合的轴力设计值等计算，有翼墙时应计入墙两侧各一倍翼墙厚度范围内的纵向钢筋；

M_w—— 考虑地震作用组合的剪力墙墙肢底部截面弯矩的组合计算值；

η_{vw}—— 剪力墙剪力增大系数，一、二、三级分别为 1.6、1.4、1.2。

4.3.2 剪力墙结构的截面设计

剪力墙结构的截面设计包括墙肢设计和连梁设计，其中墙肢设计又包括正截面承载力设计和斜截面承载力设计。剪力墙墙肢中设计竖向及水平分布钢筋，竖向钢筋抵抗正截面弯矩和轴力，水平分布钢筋抵抗斜截面剪力。

1）墙肢正截面抗弯承载力设计

剪力墙属于偏心受压或偏心受拉构件。它的特点是：截面呈片状（截面高度 h_w 远大于截面墙板厚度 b_w）；截面由于考虑有效翼缘的共同工作，呈矩形、T 形、L 形或工字形；墙板内配有均匀的竖向分布钢筋。墙肢根据截面不同的破坏形态分为偏心受压和偏心受拉状态，根据平截面假定及极限状态下截面应力分布假定，并进行简化后得到截面计算公式。

（1）偏心受压状态

与柱偏心受压类似，剪力墙的偏心受压破坏也分为大偏心受压破坏和小偏心受压破坏，以工字形截面为例，其截面的外力和应力分布如图 4-21 所示。当偏心距较大时，构件处于大偏心受压破坏状态，远离中和轴的受拉钢筋和受压钢筋应力均可达到屈服强度 f_y。根据试验分析，在受拉区 $(h_{w0}-1.5x)$ 范围内的竖向分布钢筋可以达到屈服强度，承受部分拉力。由于竖向分布钢筋一般直径较小，且当构件破坏时可能压屈失稳，为安全起见，不考虑受压分布钢筋的作用。

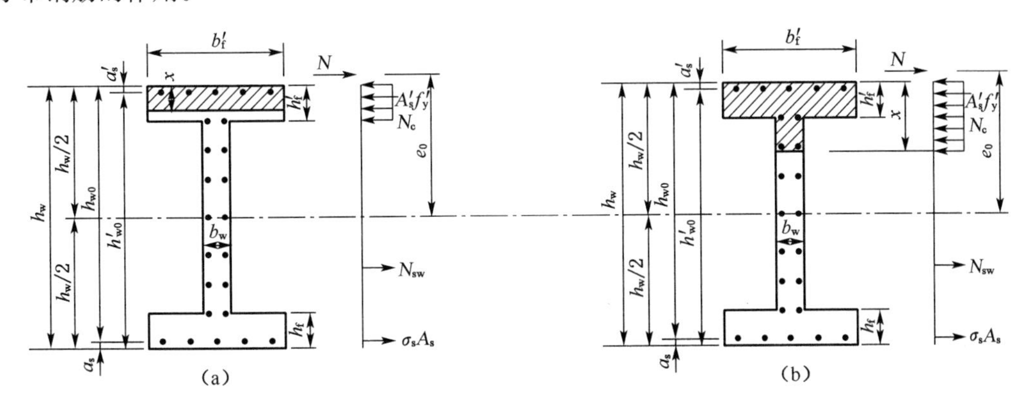

图 4-21　剪力墙应力图

在无地震作用组合的永久、短暂设计状况下，根据截面轴向力和对受拉钢筋作用点的力矩平衡条件 $\sum N=0$ 和 $\sum M=0$，得

$$N \leqslant N_c + A_s' f_y' - A_s \sigma_s - N_{sw} \tag{4-87}$$

$$N\left(e_0 + \frac{h_w}{2} - a_s\right) \leqslant M_c + A_s' f_y' (h_{w0} - a_s') - M_{sw} \tag{4-88}$$

有地震作用组合的地震设计状况时，应按照下式计算：

$$N \leqslant (N_c + A_s' f_y' - A_s \sigma_s - N_{sw}) / \gamma_{RE} \tag{4-89}$$

$$N(e_0 + \frac{h_w}{2} - a_s) \leqslant [M_c + A_s' f_y' (h_{w0} - a_s') - M_{sw}] / \gamma_{RE} \tag{4-90}$$

大小偏心受压破坏取决于受压区混凝土的折算高度 x，当 $x \leqslant \xi_b h_0$ 时，截面处于大偏心受压状态；当 $x > \xi_b h_0$ 时，截面处于小偏心受压状态。ξ_b 为界限受压区高度。

当 $x \leqslant h_f'$ 时，如图 4-21(a) 所示，有

$$N_c = \alpha_1 f_c b_f' x \tag{4-91}$$

$$M_c = \alpha_1 f_c b_f' x (h_{w0} - 0.5x) \tag{4-92}$$

当 $x > h_f'$ 时，如图 4-21(b) 所示，有

$$N_c = \alpha_1 f_c b_w x + \alpha_1 f_c x (b_f' - b_w) h_f' \tag{4-93}$$

$$M_c = \alpha_1 f_c b_w x (h_{w0} - 0.5x) + \alpha_1 f_c (b_f' - b_w) h_f' (h_{w0} - 0.5h_f') \tag{4-94}$$

以下就无地震作用组合的永久、短暂设计状况时的公式作一推导，有地震作用组合的地震设计状况时，下列公式的 N 替换成 N/γ_{RE} 即可。γ_{RE} 为承载力抗震调整系数，取 0.85。

① 大偏心受压状态

此时 $x \leqslant \xi_b h_{w0}$，$\sigma_s = f_y$，假设在 1.5 倍受压区范围之外钢筋达到受拉屈服强度，则

$$N_{sw}=(h_{w0}-1.5x)b_w f_{yw}\rho_w \tag{4-95}$$

$$M_{sw}=\frac{1}{2}(h_{w0}-1.5x)^2 b_w f_{yw}\rho_w \tag{4-96}$$

当 $x\leqslant h_f'$，根据式(4-87) 可得

$$x=\frac{N+A_{sw}f_{yw}}{\alpha_1 f_c b_f'+1.5A_{sw}f_{yw}/h_{w0}} \tag{4-97}$$

然后代入式(4-88)，求得 A_s 和 A_s'

$$A_s=A_s'=\frac{N(e_0+0.5h_w-a_s)+M_{sw}-\alpha_1 f_c b_f' x(h_{w0}-0.5x)}{(h_{w0}-a_s')f_y} \tag{4-98}$$

当 $x>h_f'$ 时，根据式(4-87) 可得

$$x=\frac{N+A_{sw}f_{yw}-\alpha_1 f_c h_f'(b_f'-b_w)}{\alpha_1 f_c b_w+1.5A_{sw}f_{yw}/h_{w0}} \tag{4-99}$$

然后代入式(4-88)，求得

$$A_s=A_s'=\frac{N(e_0+0.5h_w-a_s)+M_{sw}-\alpha_1 f_c b_f' x(h_{w0}-0.5x)-\alpha_1 f_c(b_f'-b_w)(h_{w0}-0.5h_f')}{(h_{w0}-a_s')f_y} \tag{4-100}$$

② 小偏心受压状态

此时 $x>\xi_b h_{w0}$，σ_s 达不到 f_y，与小偏心受压柱的计算类似，σ_s 可按下式计算：

$$\sigma_s=f_y\times\frac{\xi-\beta_c}{\xi_b-0.8}\qquad \xi_b=\frac{\beta_c}{1+\dfrac{f_y}{E_s\varepsilon_{cu}}} \tag{4-101}$$

式中：$\xi=x/h_{w0}$。

小偏心受压状态 $N_{sw}=0$，$M_{sw}=0$，一般情况下，受压区分布如图 4-21(b) 所示状态，根据式(4-87) 和式(4-93)，可得

$$N=\alpha_1 f_c b_w x+\alpha_1 f_c h_f'(b_f'-b_w)+A_s f_y\left(1-\frac{\xi-\beta_1}{\xi_b-0.8}\right) \tag{4-102}$$

并注意到 $M_{sw}=0$，式(4-88) 可改写为

$$N\left(e_0+\frac{h_w}{2}-a_s\right)=\alpha_1 f_c b_w x(h_{w0}-0.5x)+\alpha_1 f_c(b_f'-b_w)(h_{w0}-0.5h_f')+A_s' f_y'(h_0-a_s') \tag{4-103}$$

将式(4-102) 和式(4-103) 联立求解，可求得 x 和 $A_s=A_s'$。

上述式中：f_c—— 混凝土轴心抗压强度设计值；

α_1—— 受压区混凝土矩形应力图的应力值与混凝土轴心抗压强度设计值的比值，当混凝土强度等级不超过 C50 时取 1.0，当混凝土强度等级为 C80 时取 0.94，其间可按线性内插法求得；

β_c——随混凝土强度提高而逐渐降低的系数，当混凝土强度等级不超过C50时取1.0，当混凝土强度等级为C80时取0.8，其间可按线性内插法取值；

f_y、f'_y——剪力墙端部受拉钢筋和受压钢筋屈服强度设计值；

f_{yw}——剪力墙竖向分布钢筋强度设计值；

A_s、A'_s——剪力墙端部受拉钢筋和受压钢筋面积；

b'_f、h'_f——T形或I形截面受压区翼缘的宽度和高度；

e_0——偏心距，$e_0=M/N$；

h_w、h_{w0}、b_w——剪力墙截面高度、有效高度和厚度，$h_{w0}=h_w-a'_s$；

x——混凝土受压区折算高度；

σ_s——受拉钢筋应力值；

N_c、M_c——剪力墙受压区混凝土的合力及其对端部受拉钢筋的力矩；

N_{sw}、M_{sw}——剪力墙受拉区竖向钢筋的合力及其对端部受拉钢筋的力矩；

ρ_{sw}——剪力墙竖向钢筋的配筋率；

a_s、a'_s——剪力墙受拉区、受压区端部钢筋合力点到受拉区、受压区边缘的距离；

ε_{cu}——混凝土极限压应变，应按现行国家标准《混凝土结构设计规范》(GB 50010)的有关规定采用。

截面计算时通常可假定一种状态，比如假定为大偏心受压状态，按式(4-97)或式(4-99)求x，如果$x\leqslant\xi_b h_0$时，则按式(4-98)和式(4-100)求得配筋；否则，按小偏心受压来计算截面配筋。

(2) 偏心受拉状态

无地震作用的永久、短暂设计状况时，应满足：

$$\frac{N}{N_{0u}}+\frac{M}{M_{wu}}=N\left(\frac{1}{N_{0u}}+\frac{e_0}{M_{wu}}\right)\leqslant 1 \tag{4-104}$$

$$N\leqslant\frac{1}{\left(\dfrac{1}{N_{0u}}+\dfrac{e_0}{M_{wu}}\right)} \tag{4-105}$$

有地震作用组合的地震设计状况时，应满足：

$$N\leqslant\frac{1}{\gamma_{RE}}\times\frac{1}{\left(\dfrac{1}{N_{0u}}+\dfrac{e_0}{M_{wu}}\right)} \tag{4-106}$$

N_{0u}、M_{wu}可按照下列公式计算：

$$N_{0u}=2f_yA_s+f_{yw}A_{sw} \tag{4-107}$$

$$M_{wu}=A_sf_y(h_{w0}-a'_s)+A_{sw}f_{yw}(h_{w0}-a'_s)/2 \tag{4-108}$$

式中：N_{0u}——剪力墙轴心受拉承载力设计值；

M_{wu}——剪力墙通过轴向拉力作用点的弯矩平面计算的正截面受弯承载力设计值；

e_0——偏心距；

A_{sw}——剪力墙腹板竖向分布钢筋的全部截面面积。

2）墙肢斜截面抗剪承载力计算

（1）剪力墙斜截面破坏形态

根据试验，钢筋混凝土剪力墙偏心受压时的剪切破坏有斜拉破坏、斜压破坏和剪压破坏三种形式，如图 4-22 所示。

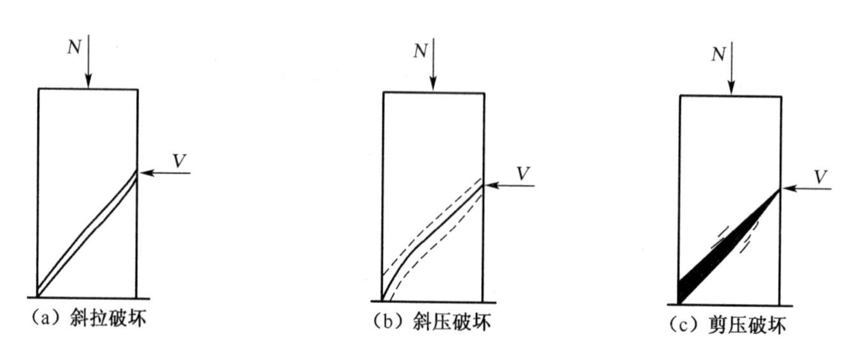

图 4-22　剪力墙的破坏形态

当剪力墙横向钢筋配筋很少、剪跨比很大时，随荷载增加，斜裂缝一旦出现就形成一条主要的斜裂缝，并且迅速延伸至受压边缘，使构件劈裂为两部分而破坏。当竖向钢筋锚固不良时，也会发生类似破坏。此类斜拉破坏属于脆性破坏。

当剪力墙截面较小、横向钢筋配置过多，随荷载增加，横向钢筋达到屈服之前，剪力墙截面混凝土就被压碎破坏。此类斜压破坏也属于脆性破坏。

当剪力墙截面适中、横向钢筋配筋量适中，随荷载增加，横向钢筋应力逐渐增加，裂缝逐渐产生和扩展，混凝土受压区逐渐减小，在横向钢筋达到屈服后，剪力墙截面混凝土在剪应力和压应力的共同作用下，达到极限应变而破坏。这种破坏形态就是剪压破坏，剪压破坏也属于脆性破坏，是斜截面抗剪承载力设计的依据。

防止剪力墙斜拉破坏，应限制剪力墙的最小配筋率。为防止剪力墙斜压破坏，应限制剪力墙的最小截面尺寸，即限制剪压比，其剪压比应符合下列公式要求：

① 无地震作用的永久、短暂设计状况

$$V \leqslant 0.25\beta_c f_c b_w h_{w0} \tag{4-109}$$

② 有地震作用组合的地震设计状况，当剪跨比 $\lambda > 2.5$ 时

$$V \leqslant 0.20\beta_c f_c b_w h_{w0}/\gamma_{RE} \tag{4-110}$$

③ 当剪跨比 $\lambda \leqslant 2.5$ 时

$$V \leqslant 0.15\beta_c f_c b_w h_{w0}/\gamma_{RE} \tag{4-111}$$

式中：b_w、h_{w0}——分别为墙截面的厚度和有效高度；

λ——计算截面处的剪跨比，即 $\lambda = M^c/(V^c h_{w0})$，其中 M^c 和 V^c 为同一组合的、未调整的墙肢截面弯矩、剪力计算值，并取墙肢上、下端截面计算的剪跨比的较大值。

（2）偏心受压时斜截面的抗剪承载力

轴向压力对剪力墙的抗剪承载力起有利作用，偏心受压剪力墙斜截面承载力按下列公式计算。

① 无地震作用永久、短暂设计状况

$$V \leqslant \frac{1}{\lambda - 0.5}\left(0.5 f_t b_w h_{w0} + 0.13 N \frac{A_w}{A}\right) + f_{yh} \frac{A_{sh}}{s} h_{w0} \tag{4-112}$$

② 有地震作用组合的地震设计状况

$$V \leqslant \frac{1}{\gamma_{RE}}\left[\frac{1}{\lambda - 0.5}\left(0.4 f_t b_w h_{w0} + 0.1 N \frac{A_w}{A}\right) + 0.8 f_{yh} \frac{A_{sh}}{s} h_{w0}\right] \tag{4-113}$$

式中：N——与剪力设计值 V 相应的轴力设计值，当 $N > 0.2 f_c b_w h_{w0}$ 时取 $0.2 f_c b_w h_{w0}$；

A——剪力墙的截面面积；

A_w——T 形、I 形截面剪力墙腹板的截面面积，矩形截面时应取 A；

A_{sh}——同一水平截面内水平分布钢筋的全部截面面积；

s——剪力墙水平钢筋的竖向间距；

h_{w0}——剪力墙截面的有效高度；

λ——设计截面的剪跨比，λ 小于 1.5 时应取 1.5，λ 大于 2.2 时应取 2.2，计算截面与墙底之间的距离小于 $0.5h_{w0}$ 时，λ 应按距墙底 $0.5h_{w0}$ 处的弯矩值与剪力值计算。

(3) 偏心受拉时斜截面的抗剪承载力

偏心受拉的混凝土剪力墙，斜截面抗剪承载力按下列公式计算：

A. 无地震作用的永久、短暂设计状况

$$V \leqslant \frac{1}{\lambda - 0.5}\left(0.5 f_t b_w h_{w0} - 0.13 N \frac{A_w}{A}\right) + f_{yh} \frac{A_{sh}}{s} h_{w0} \tag{4-114}$$

当上式右边的计算值小于 $f_{yh} \frac{A_{sh}}{s} h_{w0}$ 时，取等于 $f_{yh} \frac{A_{sh}}{s} h_{w0}$。

B. 有地震作用组合时地震设计状况

$$V \leqslant \frac{1}{\gamma_{RE}}\left[\frac{1}{\lambda - 0.5}\left(0.4 f_t b_w h_{w0} - 0.1 N \frac{A_w}{A}\right) + 0.8 f_{yh} \frac{A_{sh}}{s} h_{w0}\right] \tag{4-115}$$

当上式右边的计算值小于 $0.8 f_{yh} \frac{A_{sh}}{s} h_{w0}$ 时，取等于 $0.8 f_{yh} \frac{A_{sh}}{s} h_{w0}$。

3) 连梁承载力计算

在水平荷载作用下，墙肢发生弯曲变形，使连梁端部产生转角，从而使连梁产生内力，同时连梁端部的内力又反过来减小与之相连的墙肢的内力和变形，对墙肢起到一定的约束作用，改善了墙肢的受力状态，连梁对于剪力墙结构尤为重要。剪力墙结构中，连梁一般具有跨度小、梁高较大、与连梁相连的墙体刚度很大等特点。连梁除了承受竖向荷载外，还要承受弯矩、剪力和轴力的共同作用。一般情况下，弯矩、剪力较大，轴力较小，计算中可忽略轴力。由于连梁与墙肢相互作用产生的约束弯矩和剪力较大，使连梁产生很大的剪切变形，对剪应力十分敏感，容易出现斜裂缝，特别是在反复荷载作用下易形成交叉裂缝，使混凝土酥裂，导致剪切破坏，延性较差。当沿剪力墙全高所有的连梁均发生剪切破坏，连梁就会丧失对墙肢的约束作用，从而墙肢弯矩加大，并且进一步加剧 $P-\Delta$ 效应，并最终可能导致结构的倒塌，故应进行精心设计。洞口连梁正截面抗弯承载力的计算与普通受弯梁计算方法相同。

(1) 连梁最小截面限值

为防止连梁发生脆性的斜压破坏,其截面尺寸应满足下列公式的要求:

① 无地震作用的永久、短暂设计状况

$$V \leqslant 0.25\beta_c f_c b_b h_{b0} \tag{4-116}$$

② 有地震作用组合的地震设计状况

当跨高比大于 2.5 时,$V \leqslant \frac{1}{\gamma_{RE}}(0.20\beta_c f_c b_b h_{b0})$ (4-117)

当跨高比不大于 2.5 时,$V \leqslant \frac{1}{\gamma_{RE}}(0.15\beta_c f_c b_b h_{b0})$ (4-118)

式中:b_b、h_{b0}——分别为连梁截面的宽度和有效高度;

(2) 连梁斜截面抗剪承载力设计

大多数连梁的跨高比较小,剪切变形较大,容易出现剪切斜裂缝,特别是在反复荷载作用下。连梁的剪力应符合下列公式要求:

① 无地震作用组合时

无地震作用的永久、短暂设计状况:

$$V \leqslant 0.7 f_t b_b h_{b0} + f_{yv}\frac{A_{sv}}{s}h_{b0} \tag{4-119}$$

② 有地震作用组合地震设计状况

当跨高比大于 2.5 时

$$V \leqslant \frac{1}{\gamma_{RE}}\left(0.42 f_t b_b h_{b0} + f_{yv}\frac{A_{sv}}{s}h_{b0}\right) \tag{4-120}$$

当跨高比不大于 2.5 时

$$V \leqslant \frac{1}{\gamma_{RE}}\left(0.38 f_t b_b h_{b0} + 0.9 f_{yv}\frac{A_{sv}}{s}h_{b0}\right) \tag{4-121}$$

4) 一级剪力墙水平施工缝的受剪抗滑移能力验算

剪力墙水平施工缝是薄弱部位,由于施工时混凝土可能结合不良,一级剪力墙水平施工缝应进行抗滑移能力验算。验算时考虑轴向力的影响,穿越施工缝的钢筋由于受力状态复杂,强度乘以折减系数,受剪承载力按下式验算:

$$V_w \leqslant \frac{1}{\gamma_{RE}}(0.6 f_y A_s + 0.8N) \tag{4-122}$$

式中:V_w——剪力墙水平施工缝处考虑地震作用组合的剪力设计值;

N——考虑地震作用组合的水平施工缝处的轴向压力设计值(压力为+,拉力为-)

A_s——剪力墙水平施工缝处全部竖向钢筋截面面积,包括竖向分布筋、附加竖向插筋以及构件(不包括两侧翼墙)边缘纵向钢筋的总截面面积;

f_y——竖向钢筋抗拉强度设计值。

4.3.3 剪力墙结构的构造要求

1）与延性有关的构造要求

在弯曲破坏条件下，影响延性最根本的因素是混凝土受压区高度和极限压应变值，受压区高度减小或混凝土极限压应变加大都可以增加截面的极限曲率，延性会提高。剪力墙结构与延性有关的构造要求主要有以下几个方面：

（1）混凝土强度等级

混凝土强度等级对抗弯承载力影响不大，但截面极限压应变会产生变化进而对延性影响很大。当混凝土强度等级低于 C20 时，延性会降低。因此，剪力墙结构混凝土强度等级不应低于 C20，也不宜高于 C60。

（2）截面形式

剪力墙截面有无翼缘对剪力墙延性影响很大。当截面没有翼缘时，延性较差；有了翼缘和端柱后，延性大大提高。因此，剪力墙两端和洞口两侧应设置边缘构件，可为端柱、暗柱或翼墙。试验表明，设有约束边缘构件的剪力墙比矩形截面剪力墙的极限承载力可提高40%，极限层间位移角可提高一倍，对地震能量的消耗能力可提高 20%，极限承载力和延性均有大幅提高或改善。

剪力墙的边缘构件分为两类，即约束边缘构件和构造边缘构件。一、二、三级剪力墙底层墙肢底截面的轴压比大于表 4-15 的规定值时，应在底部加强部位及相邻的上一层设置约束边缘构件，其他部位应设置构造边缘构件。

表 4-15　剪力墙可不设约束边缘构件的最大轴压比

抗震等级	一级（9 度）	一级（6、7、8 度）	二、三级
轴压比	0.1	0.2	0.3

① 约束边缘构件。约束边缘构件的长度和配箍特征值均应符合下列要求：约束边缘构件沿墙肢的长度 l_c 不应小于表 4-16 中的数值，对暗柱尚不应小于墙厚和 400 mm 的较大值，当有端柱、翼墙时，尚不应小于翼墙厚度或端柱沿墙肢方向截面高度加 300 mm。

表 4-16　约束边缘构件沿墙肢的长度 l_c 及配箍特征值 λ_v

项　目	一级（9 度）		一级（7、8 度）		二、三级	
	$\mu_N \leqslant 0.2$	$\mu_N > 0.2$	$\mu_N \leqslant 0.3$	$\mu_N > 0.3$	$\mu_N \leqslant 0.4$	$\mu_N > 0.4$
l_c（暗柱）	$0.20h_w$	$0.25h_w$	$0.15h_w$	$0.20h_w$	$0.15h_w$	$0.20h_w$
l_c（端柱或翼墙）	$0.15h_w$	$0.20h_w$	$0.10h_w$	$0.15h_w$	$0.10h_w$	$0.15h_w$
λ_v	0.12	0.20	0.12	0.20	0.12	0.20

注：（1）翼墙长度小于其厚度 3 倍时，视为无翼墙；端柱截面边长小于墙厚 2 倍时，视为无端柱。
（2）μ_N 为墙肢在重力荷载代表值作用下的轴压比，h_w 为剪力墙墙肢长度。

约束边缘构件（图 4-23 阴影部分）的体积配箍率应符合下式要求：

$$\rho_v \geqslant \lambda_v f_c / f_{yv} \tag{4-123}$$

式中：ρ_v——图4-23阴影部分箍筋的体积配箍率，可计入箍筋、拉筋以及符合构造要求的水平分布钢筋，计入的水平分布钢筋的体积配箍率不应大于总体积配箍率的30%；

f_{yv}——箍筋的抗拉强度设计值；

f_c——混凝土轴心抗压强度设计值，混凝土强度等级低于C35时，应取C35的混凝土轴心抗压强度设计值计算；

λ_v——约束边缘构件配箍特征值，按照表4-16选用。

剪力墙约束边缘构件阴影部分的竖向钢筋除应满足正截面承载力计算要求外，其配筋率一、二、三级抗震设计时分别不应小于1.2%、1.0%和1.0%，并分别不应少于8ϕ16、6ϕ16和6ϕ14的钢筋。约束边缘构件箍筋或拉筋沿竖向间距：一级不宜大于100 mm，二、三级不宜大于150 mm。箍筋、拉筋沿水平方向的肢距不宜大于300 mm，不应大于竖向钢筋间距的2倍。

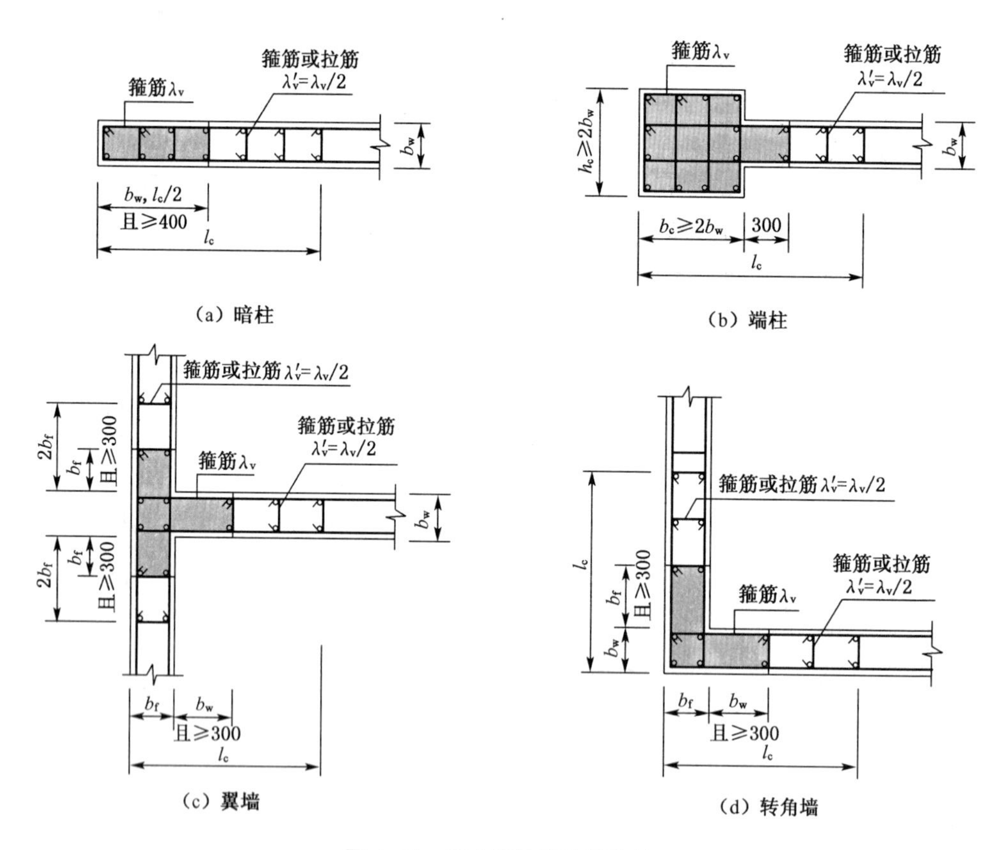

图4-23 剪力墙约束边缘构件

② 构造边缘构件。剪力墙构造边缘构件的范围宜按图4-24的阴影部分采用。构造边缘构件的配筋除应满足正截面承载力计算外，还应符合表4-17的要求。当端柱承受集中荷载时，其竖向钢筋、箍筋直径和间距应满足框架柱的相应要求。箍筋、拉筋沿水平方向的肢距不宜大于300 mm，不应大于竖向钢筋间距的2倍。表4-17中A_c为边缘构件的截面面积，即图4-24中的阴影部分面积。

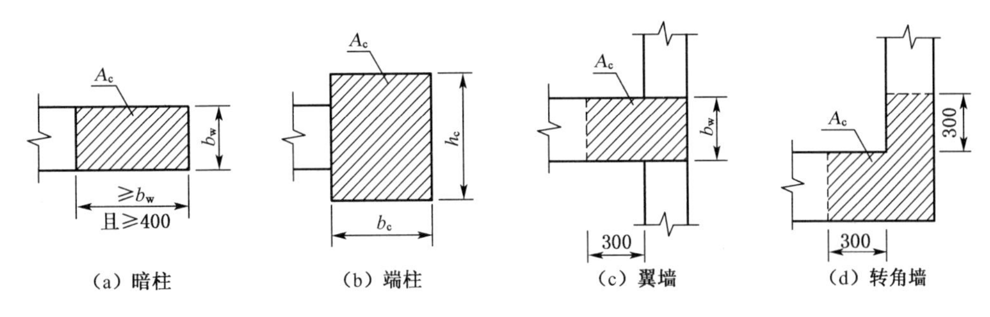

(a) 暗柱　(b) 端柱　(c) 翼墙　(d) 转角墙

图 4-24　剪力墙构造边缘构件

表 4-17　剪力墙构造边缘构件的配筋要求

抗震等级	底部加强部位			其他部位		
	纵向钢筋最小量（取较大值）	箍筋		纵向钢筋最小量（取较大值）	拉筋	
		最小直径（mm）	沿竖向最大间距（mm）		最小直径（mm）	沿竖向最大间距（mm）
一	$0.010A_c$，$6\phi16$	8	100	$0.008A_c$，$6\phi14$	8	150
二	$0.008A_c$，$6\phi14$	8	150	$0.006A_c$，$6\phi12$	8	200
三	$0.006A_c$，$6\phi12$	6	150	$0.005A_c$，$4\phi12$	6	200
四	$0.005A_c$，$4\phi12$	6	200	$0.004A_c$，$4\phi12$	6	250

(3) 轴压比

剪力墙轴压力加大，使受压区高度增加，会降低剪力墙截面延性。为保证剪力墙底部塑性铰区的延性性能，在重力荷载作用下，一、二、三级剪力墙墙肢的轴压比 $\mu_N = N/(f_c A)$ 不宜超过表 4-18 中限值。

表 4-18　剪力墙墙肢轴压比限值

抗震等级	一级(9度)	一级(6、7、8度)	二、三级
轴压比	0.4	0.5	0.6

注：墙肢轴压比是指重力荷载代表值作用下墙肢承受的轴压力设计值与墙肢的全截面面积和混凝土轴心抗压强度设计值乘积之比值。

(4) 配筋形式

剪力墙截面的极限转角随配筋率的提高而减小，配筋率相同的情况下，当端部钢筋与分布钢筋的分配比例不同时，端部钢筋增加，分布钢筋减少时，既可提高承载力，又可提高延性。边缘构件的配筋方式即是这一原理的应用。

剪力墙竖向和横向分布钢筋不应采用单排配筋。当剪力墙截面厚度 b_w 不大于 400 mm 时，可采用双排配筋；当 b_w 大于 400 mm，但不大于 700 mm 时，宜采用三排配筋；当 b_w 大于 700 mm 时，宜采用四排配筋。截面设计所需要的配筋可分布在各排中，靠墙面的配筋略大。各排分布钢筋间拉筋的间距不应大于 600 mm，直径不应小于 6 mm；在底部加强部位，约束边缘构件以外的拉筋间距应适当加密。

为了控制剪力墙因温度应力、收缩应力或剪力引起的裂缝宽度，保证必要的承载力，剪力墙竖向和水平分布钢筋的配筋率，一、二、三级时均不应小于 0.25%，四级和非抗震设计时均不应小于 0.20%。钢筋间距不宜大于 300 mm，水平钢筋直径不应小于 8 mm，竖向钢筋直径不应小于 10 mm，且均不宜大于墙厚的 1/10。

2）有关抗震构造措施

（1）剪力墙截面的厚度要求

为保证剪力墙墙体的稳定和浇筑混凝土质量，钢筋混凝土剪力墙的厚度，不应小于表 4-19 的数值。

表 4-19　剪力墙的最小厚度(mm)

抗震等级	部位		最小厚度(取较大值)
一、二级	一般情况	底部加强部位	200，$H/16$
		其他部位	160，$H/20$
	无端柱或翼墙的一字形剪力墙	底部加强部位	220，$H/12$
		其他部位	180，$H/16$
三、四级	一般情况	底部加强部位	160，$H/20$
		其他部位	160，$H/25$
	无端柱或翼墙的一字形剪力墙	底部加强部位	180，$H/16$
		其他部位	160，$H/20$
非抗震			160

（2）剪力墙钢筋的锚固和连接

剪力墙中，钢筋的锚固和连接要满足以下要求：

① 非抗震设计时，剪力墙纵向钢筋最小锚固长度应取 l_a；抗震设计时，剪力墙纵向钢筋最小锚固长度应取 l_{aE}。l_a、l_{aE}的取值应分别符合有关规范要求。

② 剪力墙竖向及水平分布钢筋的搭接连接，一、二级抗震等级剪力墙加强部位，接头位置应错开，每次连接的钢筋数量不宜超过总数量的 50%，错开净距不宜小于 500 mm；其他情况剪力墙的钢筋可在同一部位搭接连接。非抗震设计时，分布钢筋的搭接长度不应小于 $1.2l_a$，抗震设计不小于 $1.2l_{aE}$（图 4-25）。

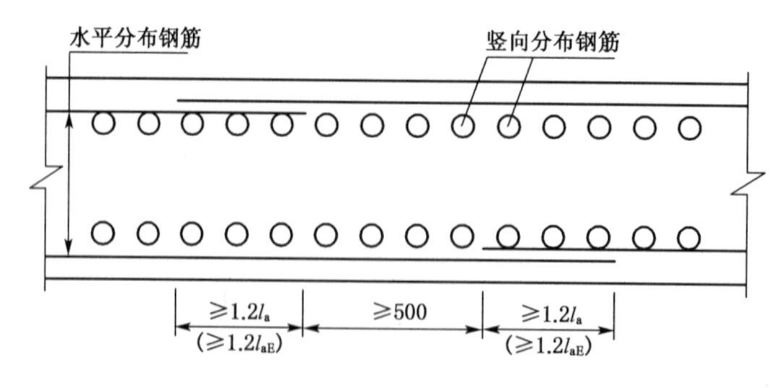

图 4-25　剪力墙分布钢筋的搭接连接

③ 暗柱及端柱内纵向钢筋的连接和锚固要求宜与框架柱相同。

（3）连梁配筋构造

一般连梁的跨高比都较小，容易出现剪切斜裂缝。为防止斜裂缝出现后的脆性破坏，除了采取减小其名义剪应力、加大其箍筋配置的措施外，还在构造上提出了一些特殊要求：

① 跨高比(l/h_b)不大于 1.5 的连梁，非抗震设计时，其纵向钢筋的最小配筋率可取为 0.2%；抗震设计时，其纵向钢筋的最小配筋率宜符合表 4-20 的要求；跨高比大于 1.5 的连梁，其纵向钢筋的最小配筋率可按框架梁的要求采用。

表 4-20 跨高比不大于 1.5 的连梁纵向钢筋的最小配筋率(%)

跨高比	最小配筋率(采用较大值)
$l/h_b \leqslant 0.5$	$0.2, 45f_t/f_y$
$0.5 < l/h_b \leqslant 1.5$	$0.25, 55f_t/f_y$

② 连梁顶面、底面纵向受力钢筋伸入墙内的锚固长度，抗震设计时不应小于 l_{aE}，非抗震设计时不应小于 l_a，且不应小于 600 mm(图 4-26)。

③ 抗震设计时，沿连梁全长箍筋的构造应按框架梁梁端加密区箍筋的构造要求采用：非抗震设计时，沿连梁全长的箍筋直径不应小于 6 mm，间距不应大于 150 mm。

④ 顶层连梁纵向钢筋伸入墙体的长度范围内应设置间距不大于 150 mm 的构造箍筋，箍筋直径与该连梁的箍筋直径相同。

⑤ 墙体水平分布钢筋应作为连梁的腰筋在连梁范围内拉通连续配置；当连梁截面高度大于 700 mm 时，其两侧面沿梁高范围设置的腰筋直径不应小于 8 mm，间距不应大于 200 mm；对跨高比不大于 2.5 的连梁，连梁两侧腰筋的总面积配筋率不应小于 0.3%。

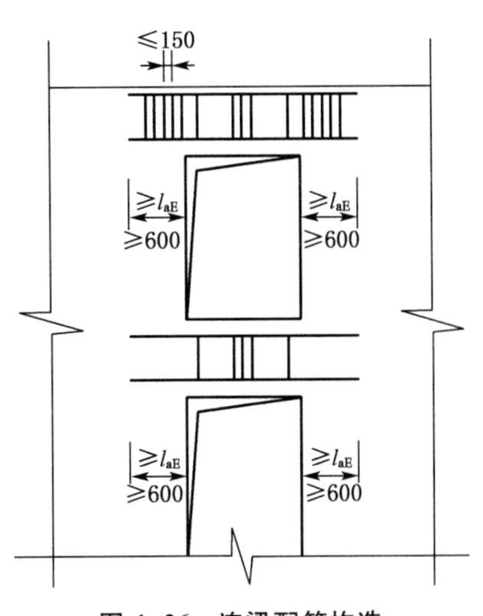

图 4-26 连梁配筋构造

⑥ 剪力墙墙面开洞和连梁开洞时，应符合下列要求：当剪力墙墙面开有非连续小洞口，洞口各边长度小于 800 mm，且在整体计算中不考虑其影响，应将洞口被截断的分布筋集中配置在洞口上、下和左、右两边(图 4-27(a))且钢筋直径不小于 12 mm。穿过连梁的管道宜预埋套管，洞口上、下的有效高度不宜小于梁高的 1/3，且不宜小于 200 mm，洞口应配置补强钢筋，被洞口削弱的截面应进行承载力验算(图 4-27(b))。

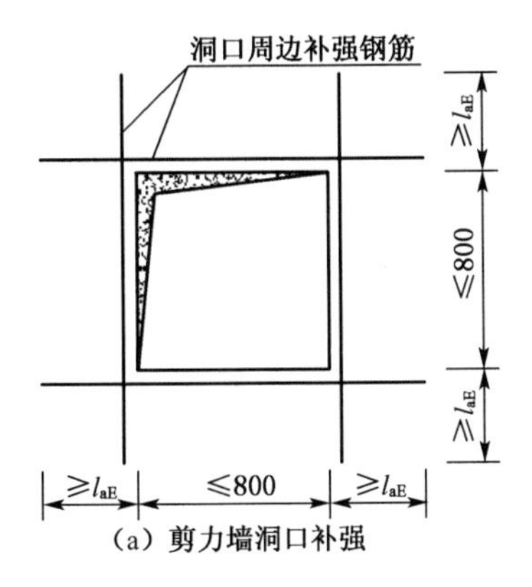

(a) 剪力墙洞口补强

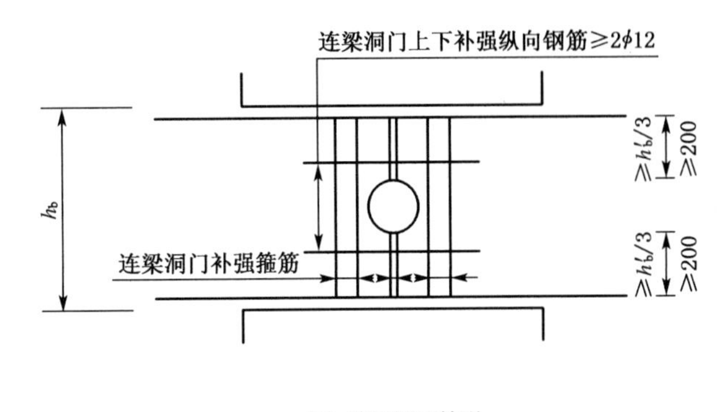

(b) 连梁洞口补强

图 4-27 洞口补强配筋示意图

复习思考题

1. 单片剪力墙如何分类？其变形特征是什么？剪力墙结构的类型有哪几种？每种剪力墙的受力特征是什么？如何区分？

2. 剪力墙的平面和竖向结构布置有什么要求？

3. 何谓剪力墙结构的等效抗弯刚度？整截面剪力墙、整体小开口剪力墙、双肢剪力墙(多肢剪力墙)结构的等效抗弯刚度如何计算？它们的区别是什么？

4. 试述整截面剪力墙、整体小开口剪力墙、双肢剪力墙(多肢剪力墙)和壁式框架的内力分析及位移计算方法。各种计算方法的适用条件是什么？

5. 连续化方法的基本假定和计算简图是什么？计算步骤有哪些？

6. 联肢墙内力分布特点与整体系数 α 的关系如何？α、γ 的物理意义是什么？

7. 延性剪力墙的设计思想和设计原则是什么？

8. 剪力墙的截面设计包括哪些内容？其设计表达式是什么？

9. 剪力墙有哪些主要的构造措施要求？

5 框架-剪力墙结构设计

框架-剪力墙结构，简称框剪结构，是由框架和剪力墙所组成的一种组合结构体系，通过刚性楼盖将框架和剪力墙连接成一个整体，共同承担竖向荷载和水平荷载。框剪结构是一种比较好的抗侧力体系，在水平荷载作用下，框架和剪力墙协同工作，在结构底部框架侧移减小，在结构顶部剪力墙侧移减小；发生地震时，框剪结构中的剪力墙作为第一道防线，在剪力墙底部形成塑性铰后，框架作为第二道防线承担起剩余荷载，因此框剪结构不仅改善了纯框架结构和纯剪力墙结构的抗震性能，也有利于减轻地震作用下非结构构件的破坏。框剪结构较框架结构而言，具有更大的抗侧刚度，最大适用高度与剪力墙结构相近；而较剪力墙结构而言，平面布置更灵活，因此广泛应用于各种使用功能的多高层建筑，如办公楼、酒店、商业大厦、教学楼、图书馆、医院建筑等。

5.1 概述

5.1.1 框架与剪力墙的共同工作性能

框剪结构由框架和剪力墙组成，如图 5-1 所示。

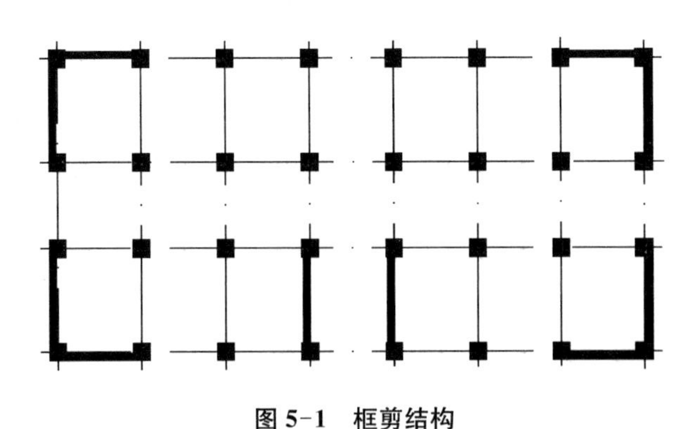

图 5-1 框剪结构

框剪结构中，框架和剪力墙共同承担竖向荷载和水平荷载。在竖向荷载作用下，内力计算比较简单，框架和剪力墙各自承担负荷范围内的楼面荷载。在水平荷载作用下，框架和剪力墙的变形特性有很大的不同：规则框架楼层剪力及层间位移自顶层向下越来越大，而剪力墙的层间位移自顶层向下越来越小。在框剪结构中，由于各层刚性楼盖的连接作用，框架和剪力墙协同工作，在各楼层处具有相同的位移。

1）侧移特性

框架结构、剪力墙结构与框剪结构的侧向位移特性是不同的。如图 5-2 所示，框架结构的侧移曲线凹向初始位置，自底部向上，层间位移越来越小，与悬臂梁的剪切变形曲线相类似，故称“剪切型”；而剪力墙结构的侧移曲线凸向初始位置，自底部向上，层间位移越来越大，与悬臂梁的弯曲变形曲线类似，故称“弯曲型”；对于框剪结构，由于刚性楼盖的连接作用，两者的侧向变形必须一致，结构侧移曲线为“弯剪型”。其中 H 表示结构总高度，y 为结构侧移，u 为结构顶点侧移，则结构顶点处，$y/u=1$。

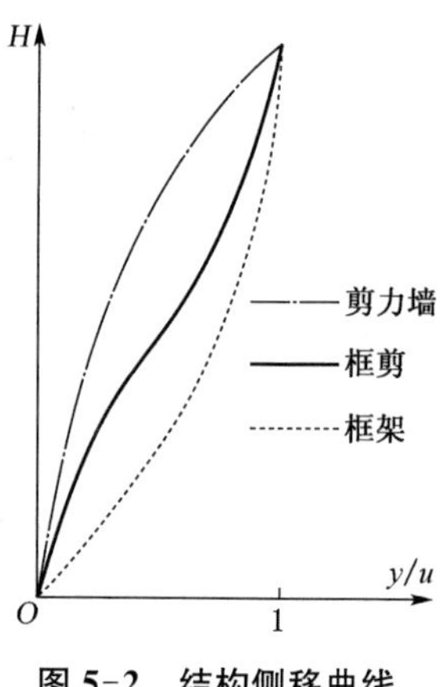

图 5-2　结构侧移曲线

框剪结构的侧移曲线，随着其结构抗侧刚度特征值 λ 的不同而变化。当 $\lambda=0$ 时，结构为纯剪力墙结构，侧移曲线为弯曲型；当 $\lambda<1$ 时，结构的侧移曲线接近剪力墙结构的侧移曲线；当 $\lambda=1\sim6$ 之间时，结构侧移曲线介于两者之间，下部略带弯曲型，上部略带剪切型，称为弯剪型；当 $\lambda>6$ 时，结构的侧移曲线接近框架结构的侧移曲线；当 $\lambda=\infty$ 时，结构为纯框架结构，侧移曲线为剪切型。λ 见本章式(5-4)或式(5-10)。

如图 5-3 所示，弯剪型侧移曲线的最大层间位移大约在结构的中部；弯曲型侧移曲线的最大层间位移在结构的顶层；剪切型侧移曲线的最大层间位移在结构的底层。通过对框剪结构侧向位移 y 的表达式分析，由 $\frac{d^2y}{dz^2}=0$ 可求出最大层间位移及其所在高度 z_m。

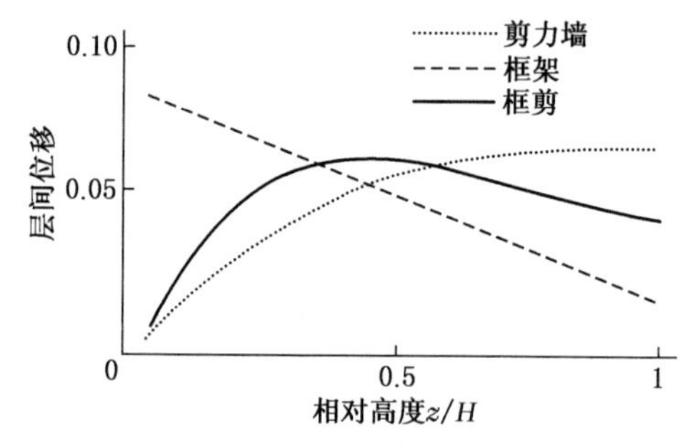

图 5-3　三种结构体系相对高度与层间位移的关系曲线

2）内力特性

作用在框架剪力墙上的水平力由框架和剪力墙共同承担，即 $p=p_w+p_f$。因为剪力墙和框架在水平力作用下变形特性不同，假定楼板平面内刚度无限大，要求两者变形必须协调，这样两者之间存在着力的重分布，导致 p_w 和 p_f 沿高度方向分布形式和外荷载形式不一致。

图 5-4 为水平力作用下，外荷载 p 在框架和剪力墙之间的分配。在结构的顶部，框架与剪力墙有相互的集中力；在结构的上部，框架的层间位移小于剪力墙的层间位移，在变形协调过程中，剪力墙受到框架的“扶持”，剪力墙承担的水平荷载小于外荷载，而框架承担了外荷载的其余部分；在结构的底部，剪力墙的层间位移小于框架层间位移，为了变形一致，剪力墙承担的水平荷载大于外荷载，而框架承担的水平荷载与外荷载方向相反，框架和剪力墙所承担的水平荷载之和应等于外荷载。

图 5-5 表示在外荷载作用下，剪力墙和框架承担的剪力随结构高度的变化情况。在结构的底部，框架所承受的剪力等于零，而剪力墙承担总剪力；在结构的顶部，由于框架的“扶持”作用，框架和剪力墙承担的剪力，两者大小相等，方向相反，恰好平衡；在结构的中部，剪力的分配随着 λ 的变化而变化，当 $\lambda=0$，意味着框架的刚度可以忽略不计，所有的剪力由剪力墙承担；当 $\lambda=\infty$，意味着剪力墙的刚度可以忽略不计，所有的剪力由框架来承担；一般情况，剪力由两者共同承担，随着 λ 的减小，框架承担的剪力也相应减小，而剪力墙承担的剪力则相应增加。

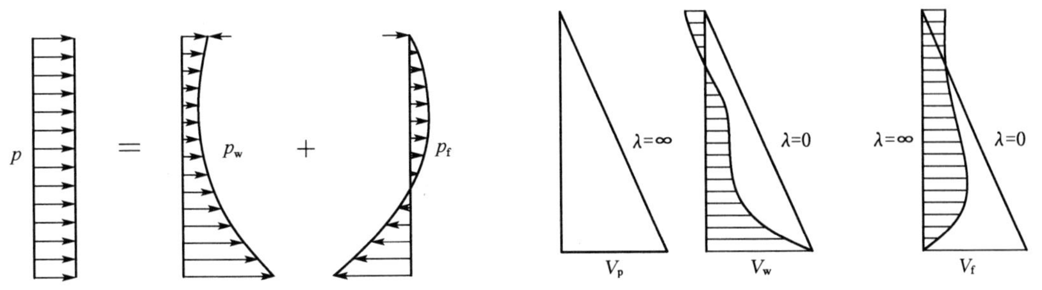

图 5-4　框架与剪力墙的荷载分配

图 5-5　框架与剪力墙的剪力分配

5.1.2　框剪结构的抗震设计方法分类

框剪结构在规定的水平力作用下，结构底层框架部分承受的地震倾覆力矩与结构总倾覆力矩的比值不尽相同，结构性能有较大的差别。在结构设计时，应根据在规定的水平力作用下结构底层框架部分承受的倾覆力矩与结构总倾覆力矩的比值，确定相应的设计方法。

(1) 当框架部分承担的倾覆力矩不大于结构总地震倾覆力矩的 10%时，意味着结构中框架承担的地震作用小，绝大部分均由剪力墙承担，工作性能接近于纯剪力墙结构，此时结构中的剪力墙抗震等级可按剪力墙结构的规定执行；其最大适用高度按框剪结构的要求执行；其中的框架部分应按框剪结构的框架进行设计，需要进行剪力调整，其侧移控制指标按剪力墙结构采用。

(2) 当框架部分承受的地震倾覆力矩大于结构总倾覆力矩的 10%但不大于 50%时，属于典型的框剪结构，按框剪结构进行设计。

(3) 当框架部分承受的地震倾覆力矩大于结构总倾覆力矩的 50%但不大于 80%时，意味着结构中剪力墙的数量偏少，框架承担较大的地震作用，此时框架部分的抗震等级和轴压比宜按框架结构的规定采用，剪力墙部分的抗震等级和轴压比按框剪结构的规定采用；其最大适用高度不宜再按框剪结构的要求执行，但可比框架结构的要求适当提高，提高的幅度可视剪力墙承担的地震倾覆力矩来确定；同时，位移相关控制指标仍按框剪结构的规定采用。

(4) 当框架部分承受的地震倾覆力矩大于结构总倾覆力矩的 80%时，意味着结构中剪力墙的数量极少，此时框架部分的抗震等级和轴压比应按框架结构的规定执行，剪力墙部分的抗震等级和轴压比按框剪结构的规定采用，其最大适用高度宜按框架结构采用。为避免剪力墙过早开裂或破坏，位移相关控制指标仍按框剪结构的规定采用。如果最大层间位移角不能满足框剪结构的限值要求，可进行结构抗震性能设计的相关分析论证。对于这种少墙框剪结构，由于其抗震性能差，不主张采用，以避免剪力墙受力过大、过早破坏；当不可避免时，宜采取将此种剪力墙减薄、开竖缝、开结构洞、配置少量单排钢筋等措施，以减小剪力墙的作用。

5.1.3　框剪结构的布置

框剪结构是框架和剪力墙共同承担竖向和水平作用的结构体系，可采用下列布置形式：框架与剪力墙(单片墙、联肢墙或较小井筒)分开布置；在框架的若干跨内嵌入剪力墙，也称为带边框剪力墙；在单片抗侧力结构内连续分别布置框架与剪力墙；上述两种或三种形式的组合;板柱结构中设置部分剪力墙(板柱-剪力墙结构)。相对而言,框剪结构的布置形式较灵活,应根据工程具体情况,采用整体分析方法,通过调整框架和剪力墙各部分的数量和位置,以实现比较合理的设计。

框剪结构的最大适用高度、高宽比应符合表1-6、表1-7和表1-11的规定要求。

为了发挥框剪结构的优势,无论是否抗震设计,均应布置成双向抗侧力体系,且结构在两个主轴方向的刚度和承载力不宜相差过大。在抗震设计时,框架-剪力墙结构在结构两个主轴方向均应布置剪力墙,以体现多道防线的要求。

框剪结构中,为了保证整体结构的几何不变性以及在大震下的稳定性,充分发挥结构的抗侧刚度,主体结构构件间的连接不宜采用铰接。同时,为使结构内力传递和分布合理,保证节点核心区的完整性,框架梁或柱与剪力墙的中线宜尽量重合,框架的梁与柱中线之间的偏心距不宜大于柱宽的1/4,否则应在计算中考虑偏心对梁柱节点核心区受力和构造的不利影响以及梁荷载对柱的偏心影响,采取增设梁的水平加腋等必要的构造处理。

1) 框剪结构中剪力墙的数量及布置

在框剪结构中,结构布置的关键是剪力墙的数量及位置,因为这既影响建筑使用功能,又影响到结构整体抗侧刚度。

(1) 剪力墙的合理数量

在框剪结构中,剪力墙承担大部分水平作用力产生的剪力。如果剪力墙布置过少,虽然材料用量减少,结构变柔变轻,地震作用减小,但是结构抗侧刚度减小了,这将引起水平荷载作用下侧向位移加大,容易导致结构和非结构构件的破坏,增加结构失效风险和修复费用。可是,如果剪力墙设置过多,虽然结构抗侧刚度大了,却也增加了结构自重和材料用量,增大了地震效应。而且,增加剪力墙数量,虽然从力学的角度看,框架所受的水平力会有所减少,但按照《高层建筑混凝土结构技术规程》(JGJ 3,简称《高规》)的规定,框架部分的材料用量并不能减少很多。此外,剪力墙少也有利于建筑平面的灵活布置。因此,在满足结构侧移限值的前提下,剪力墙少设为好。

确定剪力墙的数量是个复杂的问题。在方案设计阶段,初步估算可以按剪力墙的壁率确定。所谓壁率(或墙率)指平均每单位建筑面积上的剪力墙长度。日本对几次地震的震害调查后发现,壁率小于50 mm/m^{2}时震害严重,而壁率大于150 mm/m^{2}时破坏极轻微。剪力墙的数量也可以根据场地类别和抗震设防烈度,参考表5-1确定。此外,剪力墙的初步布置数量还可根据剪力墙面积率确定。即同一层剪力墙截面面积与楼面面积之比,根据我国框架-剪力墙设计实践经验,一般剪力墙面积率在3%～4%较适宜。

表5-1　每一方向剪力墙的刚度之和 $\sum EI_w$ 应满足的数值(kN·m^2)

设计烈度	场地类别		
	Ⅰ	Ⅱ	Ⅲ
7	55WH	83WH	193WH
8	110WH	165WH	385WH
9	220WH	330WH	770WH

注:W为结构地面以上的总重量(kN),H为结构地面以上高度(m)。

剪力墙的布置应满足结构抗侧刚度要求,即结构顶点位移和层间位移满足限值要求。

同时,应控制结构自振周期处于合理范围。根据我国大量工程经验,一般结构自振周期 $T=(0.1\sim0.15)\times n$(n 为结构层数)时,剪力墙的数量和构件截面尺寸较合理。

(2) 剪力墙的布置

剪力墙在纵横两个主轴方向均需布置,且两个方向剪力墙的数量应大体相当,地震区的框剪结构,剪力墙的布置需尽量使两个方向的抗侧刚度接近。剪力墙宜拉通对直,以取得较大的抗侧刚度。

在建筑平面上,剪力墙的布置原则是均匀、分散、对称和周边附近。均匀和分散,是指剪力墙的片数宜多不宜少,每片的刚度不要太大,单片墙底部承担的水平剪力不宜超过结构底部总水平剪力的 30%,以免单片剪力墙对刚度中心位置影响太大,在地震时负荷太重,一旦破坏,剩下的墙体则难以抵挡全部地震力,相继破坏,造成局部破坏导致整体破坏的后果。对称和周边附近,是为了保证结构抗扭能力,剪力墙对称布置,可以基本保证水平力合力通过刚度中心,避免和减少结构扭转;而剪力墙沿建筑物平面的周边附近布置,可以增大抗扭内力臂,提高结构的抗扭能力,还可以减小结构受到室外温度变化的不利影响。

一般情况下,剪力墙在结构平面上宜布置在以下部位:①竖向荷载较大处。剪力墙可视为竖向薄壁柱,承受较大的竖向轴力,可避免设置截面尺寸较大的柱子,有利于建筑布置。同时,剪力墙作为主要的抗侧力构件,在侧向力作用下,墙肢内产生很大的弯矩和轴力,有时还有拉力,增加竖向荷载可提高墙肢截面的承载力,改善墙肢的受力性能。②平面形状变化处。这种部位容易在楼面上形成应力集中,是震害容易发生的部位,因此设置剪力墙予以加强。③楼梯间和电梯井。楼梯间和电梯井处,由于楼板开大洞,刚度削弱严重,因此设置一些剪力墙予以加强,并且尽量与其附近的框架或剪力墙的布置相结合,形成连续、完整的抗侧力结构。另外,布置在楼梯间、电梯间四周的剪力墙可以构成筒体,有利于提高抗侧刚度,不会影响建筑平面的布置和使用。④凸出部分的端部附近。平面形状凹凸较大时,宜在凸出部分的端部附近布置剪力墙,以弥补平面的薄弱部位。⑤端部和中部。在保证剪力墙间距的前提下,横向剪力墙宜尽可能布置在端部;纵向剪力墙宜尽量布置在中部附近。纵横墙应成组布置,组成 L 形、T 形、[形等非一字形,使其互为翼缘,从而提高结构强度和刚度。

在伸缩缝、沉降缝、防震缝两侧不宜同时设置剪力墙。剪力墙布置时,如果纵向或横向一个方向上无法设置剪力墙时,可采用壁式框架或斜撑作为抗侧力构件,但是两方向在水平力作用下的位移值应接近。壁式框架的抗震等级应按剪力墙的抗震等级考虑。

当建筑物平面为长矩形或者有一部分为长条形(平面长宽比较大)时,布置剪力墙除应有足够的总体刚度外,横向剪力墙沿长方向的间距宜满足表 5-2 的要求,当这些剪力墙之间的楼盖有较大开洞时,间距应适当减小;纵向剪力墙不宜集中布置在房屋的两尽端。

表 5-2　框剪结构中剪力墙的最大间距

楼盖结构形式	非抗震设计(取较小值)	6 度、7 度(取较小值)	8 度(取较小值)	9 度(取较小值)
现浇板、叠合梁板	$5B$、60 m	$4B$、50 m	$3B$、40 m	$2B$、30 m
装配整体式楼板	$3.5B$、50 m	$3B$、40 m	$2.5B$、30 m	不宜采用

注:(1) B 为楼盖结构的宽度。

(2) 叠合梁板式楼盖结构现浇层厚度应大于 60 mm。

在竖直方向上，剪力墙宜贯通建筑物全高，并避免刚度突变，剪力墙开洞时，洞口宜上下对齐。

板柱结构由于楼盖基本无梁，可以减小楼层高度，从而可以降低建造成本，对使用和管道安装都很方便，因而这种结构在工程中也有采用。但是这种结构抵抗水平力的能力较差，特别是板与柱和剪力墙的连接处是非常薄弱的部位，对抗震尤为不利。因此抗震设计时，高层建筑不能单独使用板柱结构，而必须设置剪力墙（或筒体）来承担水平力，组成板柱-剪力墙结构。板柱-剪力墙结构中的剪力墙应符合以下规定：①应同时布置筒体或两主轴方向的剪力墙，以形成双向抗侧力体系，并应避免结构刚度偏心，其中剪力墙或筒体应分别符合剪力墙结构或筒体结构的有关规定，且宜在对应剪力墙或者筒体的各楼层处设置暗梁。②抗震设计时，房屋的周边应设置边梁形成周边框架，顶层和地下室顶板宜采用梁板结构。③有楼、电梯间等较大开洞时，洞口周围宜设置框架梁或边梁。④抗风设计时，板柱-剪力墙结构中各层筒体或剪力墙应能承担不小于80%相应方向该层承担的风荷载作用下的剪力；抗震设计时，应能承担各层全部相应方向上该层承担的地震剪力，而各层板柱部分尚应能承担不小于20%相应方向该层承担的地震剪力，且应符合有关抗震构造要求。

（3）楼盖结构的作用与布置

框架-剪力墙的协同工作需要由楼盖结构来保证。在框剪结构中，楼盖的作用有时仅传递水平力，不传递平面外弯矩和剪力，相当于铰接刚性连杆；有时既传递水平力又传递弯矩，相当于连系梁。在分析中，应根据分布情况而定。

首先，为了保证框架与剪力墙能够共同承受侧向力，楼盖在自身平面内刚度必须得到保证。以结构底部为例，由于剪力墙的抗侧刚度比框架大得多，当受到相同的侧向力，在同一楼面处，剪力墙侧向位移比框架小得多，这时，楼盖可看作支撑于相邻剪力墙的深梁，见图5-6。为了保证框架与剪力墙的空间协同工作性，应限制水平深梁的挠度。因此，应保证楼盖的结构整体性，避免在楼面内开过大的洞。另一方面控制剪力墙的间距，使其满足表5-2的要求。当剪力墙间距小于表5-2限值时，楼盖在自身平面内可视为无穷大，即结构受力后仅发生平面内的刚体位移。当结构无整体扭转时，各榀框架和剪力墙在同一楼层标高处具有相等的水平位移，只有一个未知量。

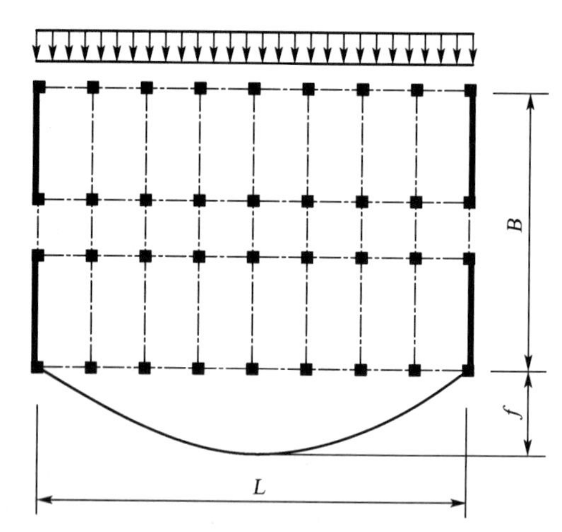

图5-6　楼盖结构的作用及剪力墙的间距

其次，框剪结构的内力分布受楼盖结构平面外刚度影响，以图5-7(a)所示框剪结构为例。如图5-7(b)，当受到y向水平力作用时，x向剪力墙即A、C轴剪力墙作为翼缘参加工作，其截面面积一部分作为①、⑧轴上剪力墙的翼缘，一部分计入相邻的框架柱。各榀框架和剪力墙不在一条直线上，楼盖仅传递水平力，不传递弯矩和剪力，可视为铰接刚性连杆。这一结构方案称为框架-剪力墙铰接体系。

如图5-7(c)，当结构受到x方向水平力作用时，y向的剪力墙即①、⑧轴上剪力墙仅作为翼缘参加工作，其截面面积一部分作为A、C轴剪力墙的翼缘，一部分作为B轴上的框架柱。这时,剪力墙和框架位于同一竖向平面内而且有连梁相连,则在连梁内除轴力外,还将在框架和剪力墙之间传递竖向平面内的弯矩和剪力,该剪力将分别在框架柱和剪力墙内产生轴向拉力和压力,所形成的弯矩将平衡一部分外力所产生的弯矩。这一类结构方案称为框架-剪力墙刚接体系。

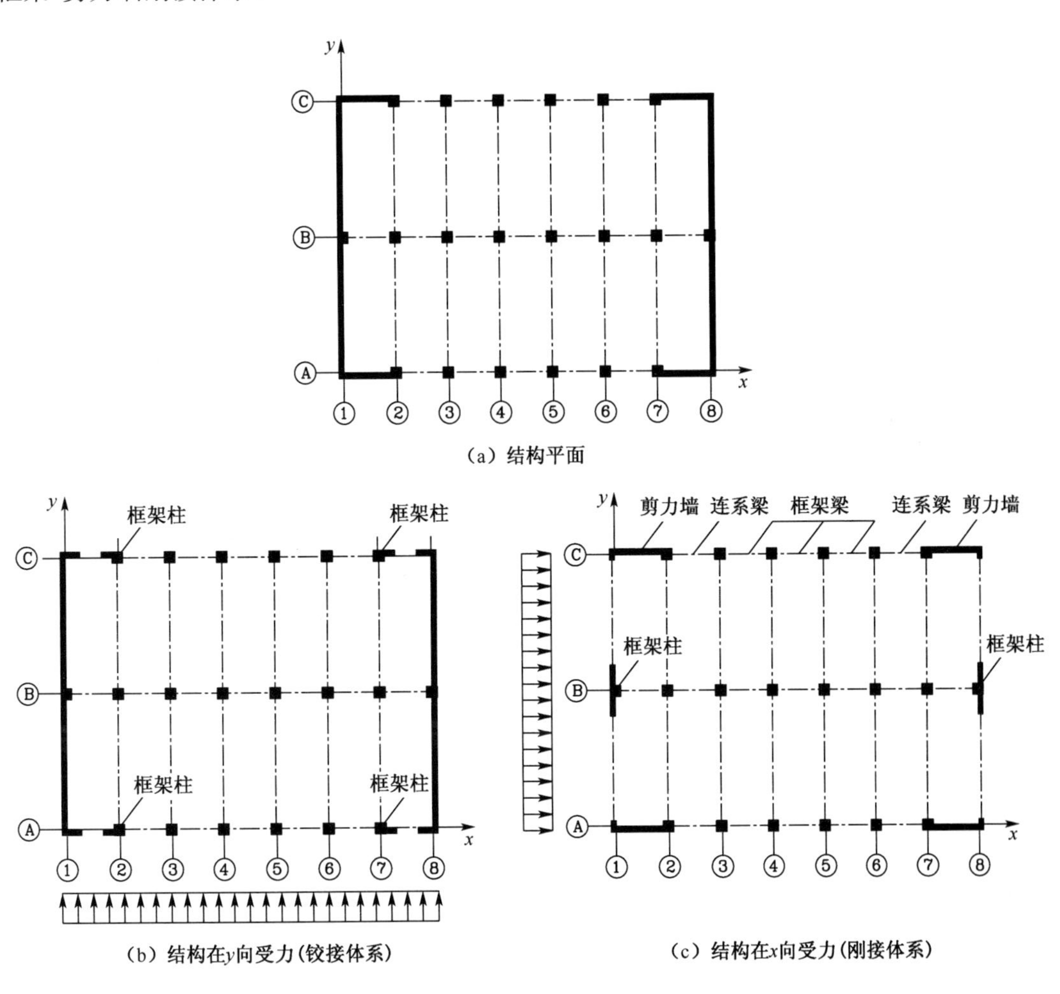

图 5-7　框剪结构的简化

5.2　框剪结构内力和位移分析

5.2.1　框剪结构的简化计算模型

1)基本假定

在框剪结构的简化计算中,采用如下基本假定:①楼盖在其自身平面内的刚度无限大,而平面外的刚度可忽略不计;②水平荷载的合力通过结构的抗侧刚度中心,即不考虑扭转的效应;③框架与剪力墙的刚度特征值沿结构高度为常量。

由于水平荷载通过结构的抗侧刚度中心,且楼盖平面内刚度无限大,楼盖仅发生沿荷载作用方向的平移,荷载方向每榀框架和每榀剪力墙在楼盖处具有相同的侧移,所承担的剪力与其抗侧刚度成正比,而与框架和剪力墙所处的平面位置无关。于是可把所有框架等效成综合框架,把所有剪力墙等效成综合剪力墙,并将综合框架和综合剪力墙放在同一平面内分析。综合框架和综合剪力墙之间用轴向刚度为无限大的综合连杆或综合连梁连接,如图 5-8(a)、图 5-9(a)所示。前者称为框架剪力墙的铰接体系;后者称为框架-剪力墙刚接体系。

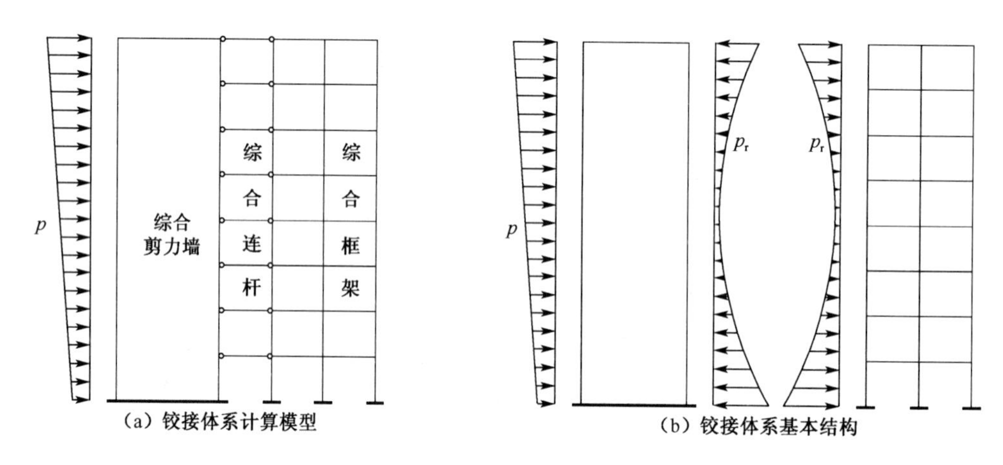

图 5-8　框架-剪力墙铰接体系

综合剪力墙的抗弯刚度是各榀剪力墙等效抗弯刚度的总和,即 $EI_w = \sum_i EI_{eqi}$;综合框架的抗侧刚度是各榀框架抗侧刚度的总和,即 $C_f = \sum_i C_{fi}$。

在框架结构分析中,框架柱的抗侧刚度定义为杆件两端发生单位相对水平位移时的柱内剪力,即 $D_i = \frac{V_i}{\Delta u_i}$。此处,为了满足连续化的要求,定义框架的抗侧刚度为产生单位剪切角时框架承受的剪力,并用 C_{fi}来表示以示区分,即 $C_{fi} = \frac{V_i}{\Delta u_i / h} = h \cdot D_i$。

在一般的框架结构中,抗侧刚度仅考虑梁柱的弯曲变形。但框架高度大于 50 m 或框架高度与宽度之比大于 4 时,应考虑柱轴向变形对抗侧刚度的影响。此时,对抗侧刚度可按下式进行修正:

$$C_f = \frac{\Delta_M}{\Delta_M + \Delta_N} \cdot C_{f0} \tag{5-1}$$

式中:Δ_M——框架仅考虑梁柱弯曲变形计算的顶点最大侧移;

Δ_N——框架柱轴向变形引起的顶点最大侧移;

C_{f0}——不考虑框架柱轴向变形的抗侧刚度。

在实际工程中,综合剪力墙各层的等效抗弯刚度和综合框架各层的抗侧刚度沿高度并不完全相同,当变化不大时,可按层高进行加权平均。

2）框架-剪力墙铰接体系的基本方程

所谓铰接体系，是指在框架与剪力墙之间，没有弯矩传递，仅传递轴力。对于图 5-8(a)所示的框架-剪力墙铰接体系计算简图，将综合刚性连杆沿高度方向连续化，其作用以等代的分布力 p_f 代替，从而使综合框架和综合剪力墙成为两个脱离体，如图 5-8(b)所示。

脱离后的综合剪力墙可以看成是一个竖向悬臂构件，受水平分布荷载 $(p-p_f)$ 的作用。由梁的挠曲线方程，可以得到

$$EI_w \times \frac{d^4 u}{dz^4} = p - p_f \tag{5-2}$$

式中：EI_w——综合剪力墙的截面等效抗弯刚度；

u——结构的侧移，它是高度 z 的函数。

根据综合框架抗侧刚度的定义，对 z 微分一次，可以得到

$$\frac{dV_f}{dz} = C_f \cdot \frac{d^2 u}{dz^2} \tag{5-3}$$

由材料力学可知，$\frac{dV_f}{dz} = -p_f$。利用上面两式，并令 $\xi = \frac{z}{H}$，得到

$$\frac{d^4 u}{d\xi^4} - \lambda^2 \frac{d^2 u}{d\xi^2} = \frac{pH^4}{EI_w} \tag{5-4}$$

式中：$\lambda = \sqrt{\frac{C_f H^2}{EI_w}}$，为综合框架刚度与综合剪力墙刚度之比的一个参数，是影响框剪结构的受力和变形性能的主要参数，称为框剪结构刚度特征值。

式(5-4)即为框架-剪力墙铰接体系的基本微分方程。

3）框架-剪力墙刚接体系的基本方程

在框架-剪力墙的铰接体系中，连杆不传递弯矩。当考虑连梁对墙肢转动约束作用时，这种结构称为框架-剪力墙刚接体系，如图 5-9(a)所示。综合框架与综合剪力墙之间用综合连梁连接。综合连梁既包括框架与剪力墙之间的连系梁，也包括墙肢与墙肢之间的连系梁。这两种连梁都可以简化为带刚域的梁。将综合连梁连续化，其作用除了在综合框架与综合剪力墙之间传递轴向分布力 p_f 外，还有分布剪力 τ_f 引起的约束弯矩 M_b。为了计算简化，将约束弯矩全部作用在综合剪力墙上，构成沿竖向分布的线力矩 m_b，见图 5-9(c)。

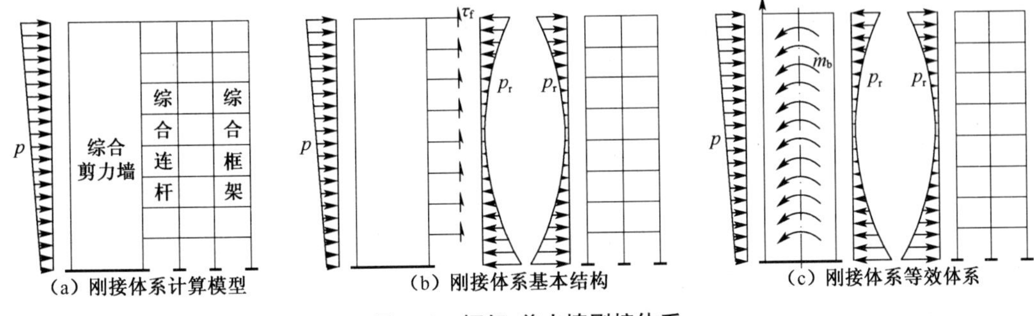

图 5-9 框架-剪力墙刚接体系

连梁的约束弯矩与连梁刚度有关。分析连梁刚度时，对于框架与剪力墙之间的连梁可以简化为一端（连接剪力墙端）带刚臂的梁；对于墙肢与墙肢之间的连梁可以简化为两端带刚臂的梁。单根连梁的杆端约束弯矩总和与杆端转角的关系为

$$M_b = 6(c + c')i\theta \tag{5-5}$$

式中，c，c' 见第 4 章中的式(4-79)。

综合连梁的约束弯矩则是所有连梁约束弯矩的总和。将约束弯矩 $\sum M_b$ 折算成沿高度方向分布的线力矩，则有

$$m_b = \frac{\sum M_b}{h} = C_b\theta \tag{5-6}$$

式中：$C_b = \dfrac{6\sum(c + c')i}{h}$ 称为综合连梁约束刚度。

脱离后的综合框架仍有

$$C_f \cdot \frac{d^2u}{dz^2} = -p_f \tag{5-7}$$

脱离后的综合剪力墙，z 截面的弯矩由两部分组成：水平荷载和分布力 p_f 引起的弯矩；沿竖向分布的线力矩 m_b 引起的弯矩。由材料力学

$$EI_w \cdot \frac{d^2u}{dz^2} = \int_z^H (p - p_f)(y - z)dy - \int_z^H m_b dy \tag{5-8}$$

上式对 z 微分两次，得到

$$EI_w \cdot \frac{d^4u}{dz^4} = p - p_f - \frac{dm_b}{dz} \tag{5-9}$$

将以上各式代入整理，令 $\xi = \dfrac{z}{H}$，并注意到 $\theta = \dfrac{du}{dz}$，得到

$$\frac{d^4u}{d\xi^4} - \lambda^2\frac{d^2u}{d\xi^2} = \frac{pH^4}{EI_w} \tag{5-10}$$

式中：
$$\lambda = \sqrt{\frac{H^2(C_f + C_b)}{EI_w}}$$

式(5-10)即为框剪结构刚接体系的基本微分方程，其形式与铰接体系的基本微分方程(5-4)完全一样，但框剪结构刚度特征值 λ 的计算公式不同。

5.2.2 框剪结构的内力与侧移计算

式(5-4)或式(5-10)是四阶常系数线性微分方程，它的解包括两部分，一部分是相应齐次方程的通解，另一部分是该方程的一个特解。

为了求方程的特解，分析微分方程中自由项变量 p。

对于均布荷载，设荷载分布密度为 q，则任意高度的 $p(\xi)=q$ 为常量，故可设特解为 $u_2=C\xi^2$。代入式(5-4)后，得到 $u_2=-\dfrac{qH^4}{2\lambda^2 EI_w}\cdot\xi^2$。

对于三角形分布荷载，设最大荷载分布密度为 q，则任意高度的 $p(\xi)=q\xi$，故可设特解为 $u_2=C\xi^3$。代入式(5-4)后，得到 $u_2=-\dfrac{qH^4}{6\lambda^2 EI_w}\cdot\xi^3$。

顶部作用集中荷载时，任意高度的 $p(\xi)=0$，故特解 $u_2=0$。

三种典型水平荷载下，微分方程的特解可统一表示为

$$u_2=\begin{cases}-\dfrac{qH^4}{2\lambda^2 EI_w}\cdot\xi^2 & (\text{均布荷载})\\ -\dfrac{qH^4}{6\lambda^2 EI_w}\cdot\xi^3 & (\text{倒三角形荷载})\\ 0 & (\text{顶点集中荷载})\end{cases}\tag{5-11}$$

齐次方程的通解可由特征方程的特征根确定。特征方程的解为 $r_1=r_2=0$，$r_3=\lambda$，$r_4=-\lambda$，因此，齐次方程的通解为

$$u_1=C_1+C_2\xi+A\text{sh}(\lambda\xi)+B\text{ch}(\lambda\xi)\tag{5-12}$$

于是，微分方程的解可以表示为

$$u=u_1+u_2\tag{5-13}$$

式中：C_1、C_2、A、B——积分常数，可由上、下端的四个边界条件确定。

(1) 结构底部转角为零，即 $\xi=0$ 时，$\theta=\dfrac{\mathrm{d}u}{\mathrm{d}\xi}=0$，得到

$$C_2+A\lambda=0\tag{5-14}$$

(2) 结构底部位移为零，即 $\xi=0$ 时，$u=0$，得到

$$C_1+B=0\tag{5-15}$$

(3) 结构顶部综合剪力墙弯矩为零，即 $\xi=1$ 时，$M=-\dfrac{EI_w}{H^2}\cdot\dfrac{\mathrm{d}^2u}{\mathrm{d}\xi^2}=0$，得到

$$A\lambda^2\text{sh}\lambda+B\lambda^2\text{ch}\lambda=\begin{cases}\dfrac{qH^4}{\lambda^2 EI_w} & (\text{均布荷载})\\ \dfrac{qH^4}{\lambda^2 EI_w} & (\text{倒三角形荷载})\\ 0 & (\text{顶点集中荷载})\end{cases}\tag{5-16}$$

(4) 结构顶部的总剪力

$$V_p=V_w+V_f=\begin{cases}0 & (\text{均布荷载})\\ 0 & (\text{倒三角形荷载})\\ P & (\text{顶点集中荷载})\end{cases}$$

其中，$V_f=\dfrac{G_f}{H}\dfrac{\mathrm{d}u}{\mathrm{d}\xi}$；$V_w=V'_w+m_b=-\dfrac{EI_w}{H^3}\dfrac{\mathrm{d}^2u}{\mathrm{d}\xi^2}+\dfrac{G_b}{H}\dfrac{\mathrm{d}u}{\mathrm{d}\xi}$，$V'_w$ 称为综合剪力墙的名义剪力。

于是可以得到

$$\lambda^2 \frac{\mathrm{d}u}{\mathrm{d}\xi} - \frac{\mathrm{d}^3 u}{\mathrm{d}\xi^3} = \begin{cases} 0 & (\text{均布荷载}) \\ 0 & (\text{倒三角形荷载}) \\ \dfrac{PH^3}{EI_{\mathrm{w}}} & (\text{顶点集中荷数}) \end{cases} \tag{5-17}$$

利用式(5-14)～式(5-17)，可求出四个积分常数。

三种典型水平荷载下，微分方程(5-4)或(5-10)的解如下：

$$u = \begin{cases} \dfrac{qH^4}{\lambda^2 EI_{\mathrm{w}}}\left[\dfrac{(\mathrm{ch}(\lambda\xi)-1)}{\mathrm{ch}\lambda}(1+\lambda\mathrm{sh}\lambda)-\lambda\mathrm{sh}(\lambda\xi)+\lambda^2\left(\xi-\dfrac{1}{2}\xi^2\right)\right] & (\text{均布荷载}) \\ \dfrac{qH^4}{\lambda^2 EI_{\mathrm{w}}}\left[\dfrac{(\mathrm{ch}(\lambda\xi)-1)}{\lambda^2\mathrm{ch}\lambda}\left(1+\dfrac{\lambda\mathrm{sh}\lambda}{2}-\dfrac{\mathrm{sh}\lambda}{\lambda}\right)-\left(\xi-\dfrac{\mathrm{sh}(\lambda\xi)}{\lambda}\right)\left(\dfrac{1}{2}-\dfrac{1}{\lambda^2}\right)-\dfrac{\xi^3}{6}\right] & (\text{倒三角形荷载}) \\ \dfrac{PH^3}{\lambda^3 EI_{\mathrm{w}}}\left[\dfrac{\mathrm{sh}\lambda}{\mathrm{ch}\lambda}(\mathrm{ch}(\lambda\xi)-1)-\mathrm{sh}(\lambda\xi)+\lambda\xi\right] & (\text{顶点集中荷载}) \end{cases} \tag{5-18}$$

利用侧移与弯矩、剪力的关系，可以得到综合剪力墙弯矩和综合剪力墙名义剪力的计算公式：

$$M_{\mathrm{w}} = \begin{cases} \dfrac{qH^2}{\lambda^2}\left[\dfrac{\mathrm{ch}(\lambda\xi)}{\mathrm{ch}\lambda}(1+\lambda\mathrm{sh}\lambda)-\lambda\mathrm{sh}(\lambda\xi)-1\right] & (\text{均布荷载}) \\ \dfrac{qH^2}{\lambda^2}\left[\dfrac{\mathrm{ch}(\lambda\xi)}{\mathrm{ch}\lambda}\left(1+\dfrac{\lambda\mathrm{sh}\lambda}{2}-\dfrac{\mathrm{sh}\lambda}{\lambda}\right)-\lambda\mathrm{sh}(\lambda\xi)\left(\dfrac{1}{2}-\dfrac{1}{\lambda^2}\right)-\xi\right] & (\text{倒三角形荷载}) \\ \dfrac{PH}{\lambda}\left[\dfrac{\mathrm{sh}\lambda}{\mathrm{ch}\lambda}\mathrm{ch}(\lambda\xi)-\mathrm{sh}(\lambda\xi)\right] & (\text{顶点集中荷载}) \end{cases} \tag{5-19}$$

$$V'_{\mathrm{w}} = \begin{cases} \dfrac{qH}{\lambda}\left[-\dfrac{\mathrm{sh}(\lambda\xi)}{\mathrm{ch}\lambda}(1+\lambda\mathrm{sh}\lambda)+\lambda\mathrm{ch}(\lambda\xi)\right] & (\text{均布荷载}) \\ \dfrac{qH}{\lambda}\left[-\dfrac{\mathrm{sh}(\lambda\xi)}{\mathrm{ch}\lambda}\left(1+\dfrac{\lambda\mathrm{sh}\lambda}{2}-\dfrac{\mathrm{sh}\lambda}{\lambda}\right)+\lambda\mathrm{ch}(\lambda\xi)\left(\dfrac{1}{2}-\dfrac{1}{\lambda^2}\right)+1\right] & (\text{倒三角形荷载}) \\ P\left[-\dfrac{\mathrm{sh}\lambda}{\mathrm{ch}\lambda}\mathrm{sh}(\lambda\xi)+\mathrm{ch}(\lambda\xi)\right] & (\text{顶点集中荷载}) \end{cases} \tag{5-20}$$

式(5-18)、式(5-19)、式(5-20)均为 λ 和 ξ 的函数，可制成专门图表，供设计者使用。

图 5-10、图 5-11、图 5-12 分别为三种典型荷载下的结构侧移、剪力墙弯矩和剪力墙名义剪力系数。图中横坐标为相对高度系数 $\xi = \dfrac{z}{H}$，纵坐标分别为$\dfrac{u}{u_0}$、$\dfrac{M_{\mathrm{w}}}{M_0}$、$\dfrac{V'_{\mathrm{w}}}{V_0}$。其中，$u_0$ 为相应的外荷载作用于纯剪力墙结构(即 $\lambda = 0$) 时，结构的顶点位移值；M_0 为相应的外荷载在结构基底处产生的总弯矩；V_0 为相应的外荷载在结构基底处产生的总剪力。

当外荷载形式和结构刚度特征值已知后，结构任意高度位置的侧移值和综合剪力墙的弯矩值可直接由公式(5-18)、(5-19)计算，或查图 5-10～图 5-12 计算。

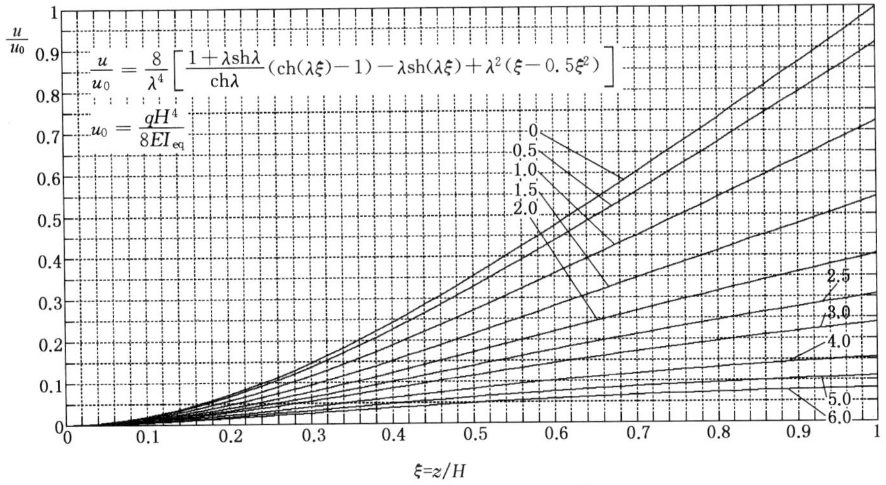

(a) 均布荷载作用下剪力墙侧移系数

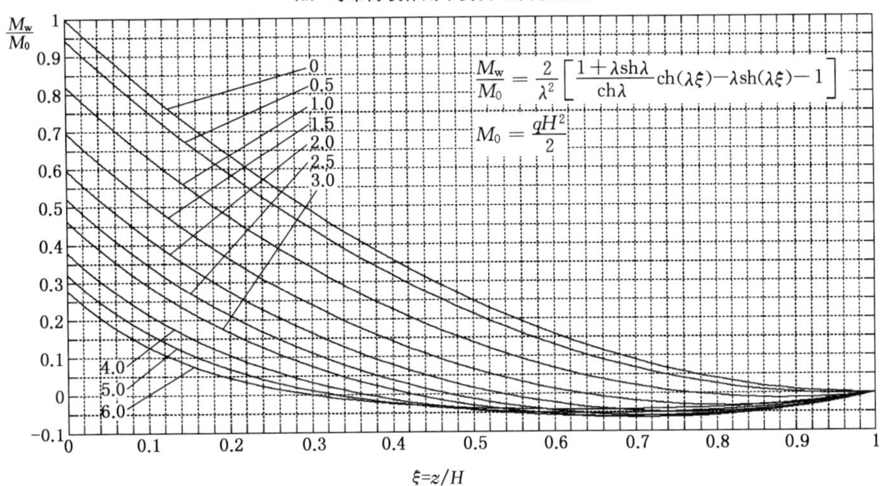

(b) 均布荷载作用下剪力墙弯矩系数

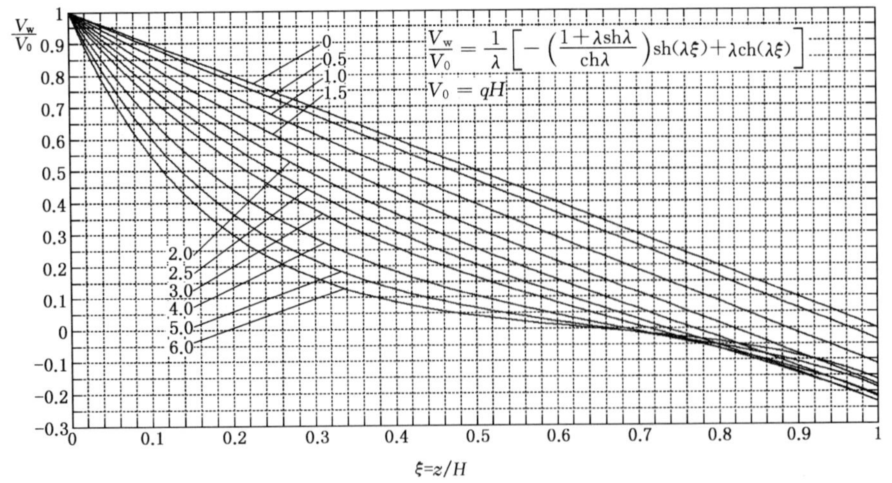

(c) 均布荷载作用下剪力墙剪力系数

图 5-10 均布荷载作用下的内力和位移系数

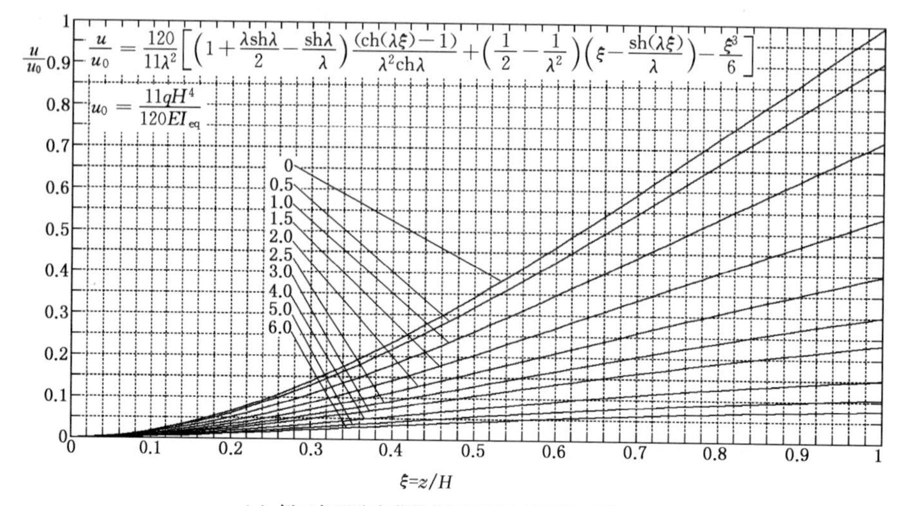

(a) 倒三角形分布荷载作用下剪力墙侧移系数

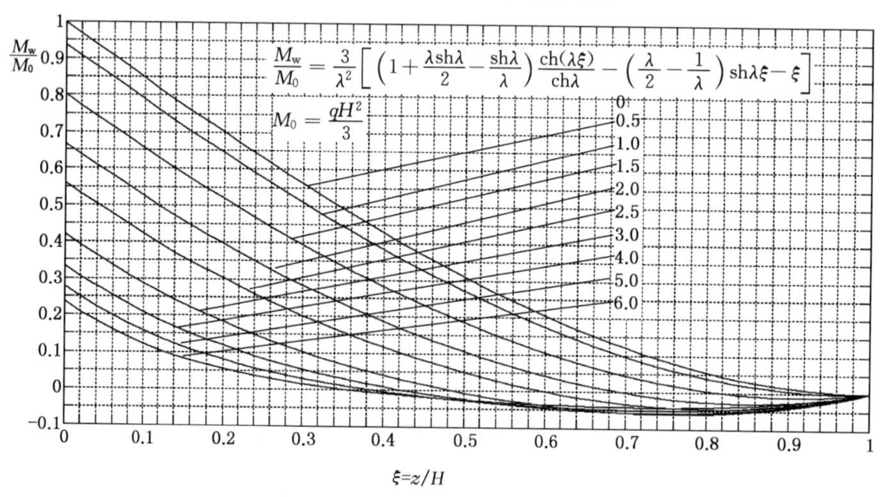

(b) 倒三角形分布荷载作用下剪力墙弯矩系数

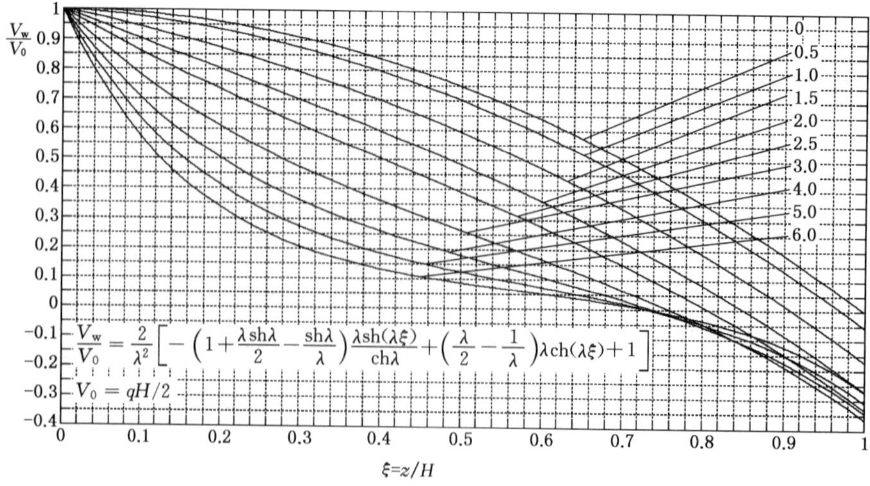

(c) 倒三角形分布荷载作用下剪力墙剪力系数

图 5-11　倒三角形分布荷载作用下的内力和位移系数

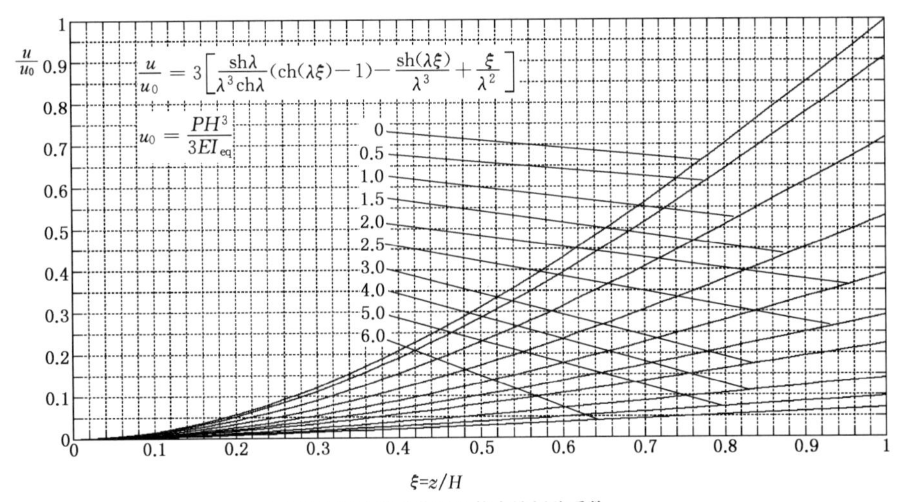

（a）顶点集中荷载作用下剪力墙侧移系数

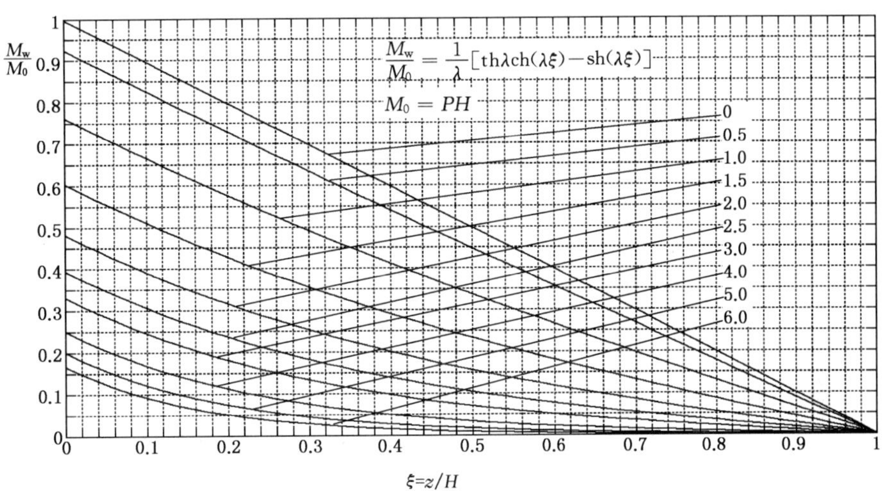

（b）顶点集中荷载作用下剪力墙弯矩系数

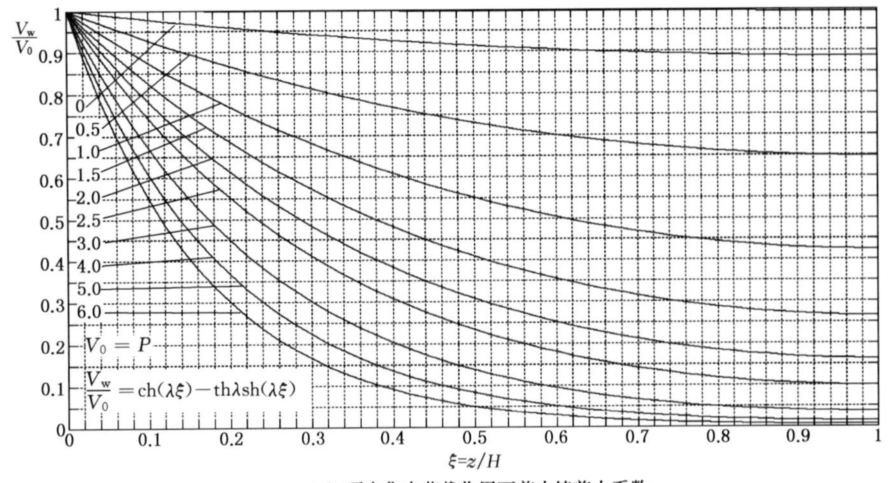

（c）顶点集中荷载作用下剪力墙剪力系数

图 5-12　倒三角形分布荷载作用下的内力和位移系数

对于框架-剪力墙铰接体系，连梁约束弯矩 $m=0$，综合剪力墙的名义剪力就等于综合剪力墙的剪力，$V_w = V'_w$。此时，综合框架承受的总剪力可由平衡条件确定：

$$V_f = V_p - V_w \tag{5-21}$$

式中：V_p——外荷载在任一高度处产生的剪力值。

对于框架-剪力墙刚接体系，$V_w = V'_w + m_b$，代入式(5-21)后，有

$$V_f + m_b = V_p - V'_w \tag{5-22}$$

由上式求出 $V_f + m_b$ 后，按综合框架的抗侧刚度 C_f 和综合连梁的约束刚度 C_b 进行分配，即

$$\left.\begin{aligned} V_f &= \frac{C_f}{C_f + C_b}(V_f + m_b) \\ m_b &= \frac{C_b}{C_f + C_b}(V_f + m_b) \end{aligned}\right\} \tag{5-23}$$

按上式求出 V_f 后，代入式(5-21)，即可得到综合剪力墙的总剪力

$$V_w = V_p - V_f \tag{5-24}$$

在工程设计中，为了防止在偶然作用下剪力墙刚度的突然下降，导致整个结构承载力过多地下降，所采用的框架层间剪力 V_f 不应太小。V_f 取下列两者中的较小值：

$$V_f = \begin{cases} 1.5V_{f,max} \\ 0.2V_0 \end{cases} \tag{5-25}$$

式中：V_0——外荷载在结构基底产生的总剪力值；

$V_{f,max}$——各层综合框架承受的剪力最大值。

由上式求得的综合剪力墙承受的总弯矩 M_w、总剪力 V_w，按各榀剪力墙的等效抗弯刚度 EI_{eq}分配给每榀墙；综合框架承受的总剪力 V_f 按各榀框架的抗侧刚度分配给每榀框架；综合连梁的约束弯矩 m_b 按各连梁的约束刚度分配给每根连梁。

5.2.3 刚度计算

框剪结构在内力与位移计算中，所有构件均可采用弹性刚度。但是，框架与剪力墙之间的连梁和剪力墙肢间的连梁刚度可予以折减，折减系数不应小于 0.50。

剪力墙刚度计算时，可以考虑纵、横墙间的有效翼缘，其翼缘宽度取值可查图 4-4 和表 4-4。

框剪结构采用简化方法计算时，可将结构单元内的所有框架、连梁和剪力墙分别合并成为总的框架、连梁和剪力墙，它们的刚度分别为相应的各单个结构刚度之和。

框剪结构采用计算机进行内力与位移计算时，较规则的可采用平面抗侧力结构空间协同工作方法，开口较大的联肢墙作为壁式框架考虑，无洞口整截面墙和整体小开口墙可按其等效刚度作为单柱考虑。体型和平面较复杂的框剪结构，宜采用三维空间分析方法进行内力与位移计算。

采用简化方法时，框架的总刚度可采用 D 值法计算。D 值法计算各层框架柱抗侧刚度

D 值见第 3 章。

框架总刚度 $$C_f = \bar{D}\bar{h} \tag{5-26}$$

框架各层 D_i 值的平均值为

$$\bar{D} = \sum_{i=1}^{n} D_i h_i / H \tag{5-27}$$

框架各层 D_i 值

$$D_i = \frac{\sum 12\alpha_c i_c}{h_i^2} \tag{5-28}$$

框架的平均层高

$$\bar{h} = \sum_{i=1}^{n} h_i / n = \frac{H}{n} \tag{5-29}$$

式中：h_i——第 i 层层高；

n——框架层数；

H——结构总高度；

D_i——框架第 i 层所有柱 D 值之和。

剪力墙除实体墙外，根据墙面开洞大小和位置、连梁强弱程度区分为整截面墙（包括无洞口墙）、整体小开口墙、联肢墙和壁式框，并采用第 4 章相应方法进行有关计算。

板柱-剪力墙结构在地震作用下按等代平面框架分析时，其等代梁的宽度宜采用框架方向跨度的 3/4 及垂直于等代平面框架方向柱距的 50%，二者的较小值。

框架与剪力墙之间连梁的等效剪切刚度按下式计算：

$$C_b = \frac{1}{h} \sum (m_{12} + m_{21}) \tag{5-30}$$

在框架与剪力墙之间的连梁，一端连在剪力墙，带有刚域，长度为 aL；另一端连在框架柱，不带刚域。刚域长度取墙肢轴线至洞边距离减去梁高的 1/4。连梁两端的约束弯矩系数为

$$m_{12} = \frac{6(1+a)}{(1-a)^3} \cdot \frac{\eta_v EI_b}{L} \tag{5-31}$$

$$m_{21} = \frac{6}{(1-a)^2} \cdot \frac{\eta_v EI_b}{L} \tag{5-32}$$

$$m_{12} + m_{21} = \frac{12}{(1-a)^3} \cdot \frac{\eta_v EI_b}{L} \tag{5-33}$$

第 i 层一榀框架连梁的刚度为

$$C_{bi} = \left[\frac{12\eta_v EI_b}{(1-a)^3 L}\right] / h_i \tag{5-34}$$

当各层的连梁刚度不同时，可采用加权平均

$$\overline{C_b} = \sum_{i=1}^{n} C_{bi} h_i / H \tag{5-35}$$

框架连梁总的等效刚度 C_b 可将公式(5-35)变为

$$C_b = \sum_{j=1}^{m} \overline{C_{bi}} \tag{5-36}$$

$$\eta_v = \frac{1}{1+3\left(\frac{h_b}{l_0}\right)^2} \tag{5-37}$$

式中：E、I_b——连梁的混凝土弹性模量和截面惯性矩；

η_v——折减系数，按表 5-3 采用；

h_b——连梁的截面高度；

l_0——连梁的净跨；

n、m——框架的层数和榀数；

aL——连梁刚域长度，$a = aL/L$。

表 5-3　η_v 值

h_b/l_0	0.00	0.05	0.10	0.15	0.20	0.25	0.30	0.35	0.40	0.45	0.50
η_v	1.00	0.99	0.97	0.94	0.89	0.85	0.79	0.74	0.69	0.63	0.57
h_b/l_0	0.55	0.60	0.65	0.70	0.75	0.80	0.85	0.90	0.95	1.00	
η_v	0.54	0.48	0.46	0.41	0.39	0.34	0.33	0.29	0.28	0.25	

注：连梁刚度取值可乘以 0.50 的折减系数。

为简化计算，框架梁端的约束弯矩系数 m_{21} 可取零，此时第 i 层一榀框架连梁的刚度由公式(5-34)变为

$$C_{bi} = \frac{6(1+a)}{(1-a)^3} \cdot \frac{\eta_v E I_b}{L h_i} \tag{5-38}$$

当框架连梁刚度较小，为计算简便，也可假定连梁的等效刚度 C_b 为零。

5.2.4　内力与侧移计算

框剪结构在水平力（风荷载、水平地震作用）作用下，剪力墙与框架之间按变形协调原则分配内力。简化计算时，在不同形式荷载作用下的位移，框架与剪力墙之间的剪力分配以及剪力墙的弯矩值可应用图表进行计算。

高层框剪结构简化计算时，可把整个结构看做由若干平面框架和剪力墙等抗侧力构件所组成。在平面正交布置的情况下，假定每一方向的水平力只由该方向的抗侧力结构承担，垂直于水平力方向的抗侧力结构，在计算中不予考虑。

在水平力作用下的内力与位移计算，假定楼板在自身平面内的刚度为无限大，平面外的弯曲刚度不考虑。为了符合本假定，剪力墙的间距应满足表 5-2 的要求。

采用侧移法计算框剪结构在水平力作用下的内力与位移时，所有框架合并成总框架，各道剪力墙先计算出各自的等效刚度，然后把所有剪力墙的等效刚度合并成总剪力墙刚度。

水平力作用下的剪力分配，第一步，在总框架与总剪力墙之间进行分配。第二步，总剪力墙所承担的剪力 V_w 按上节计算方法在各道剪力墙之间进行分配；总框架所承担的剪力 V_f 按第 3 章的方法计算框架梁柱的内力。

水平力作用下总剪力墙的弯矩值可从图表中查得，各道剪力墙之间的弯矩分配可按上节的方法进行。

对于质量和刚度沿高度分布比较均匀的框剪结构，基本自振周期 T_1 按下式计算：

$$T_1 = 1.7\psi_T \sqrt{u_T} \tag{5-39}$$

式中：u_T——计算结构基本自振周期用的顶点假想位移(m)，即假想把集中在各层楼面处的重力荷载代表值 G_i 作为水平荷载，使结构产生顶点位移；

ψ_T——结构基本自振周期考虑非承重墙影响的折减系数，取 0.7～0.8。

框剪结构的刚度特征值 λ 可根据简化计算模型按式(5-4)或式(5-10)计算。

框剪结构采用侧移法计算内力和位移时，将水平地震作用按顶层集中力和倒三角形分布荷载考虑，风荷载可按均布荷载考虑。

采用侧移法，在水平力作用下总剪力墙和总框架的内力按下列公式计算：

(1) 均布荷载

总剪力墙承担的剪力

$$V_w = \frac{1}{\lambda}\left[\lambda \text{ch}(\lambda\xi) - \frac{\lambda \text{sh}\lambda + 1}{\text{ch}\lambda}\text{sh}(\lambda\xi)\right]qH \tag{5-40}$$

总框架承担的剪力

$$V_f = (1-\xi)qH - V_w \tag{5-41}$$

总剪力墙的弯矩

$$M_w = \frac{1}{\lambda^2}\left[\frac{(\lambda \text{sh}\lambda + 1)}{\text{ch}\lambda}\text{ch}(\lambda\xi) - \lambda \text{sh}(\lambda\xi) - 1\right]qH^2 \tag{5-42}$$

$$V_0 = qH \tag{5-43}$$

$$M_0 = \frac{1}{2}qH^2 \tag{5-44}$$

(2) 倒三角形分布荷载

总剪力墙承担的剪力

$$V_w = \frac{1}{\lambda^2}\left[1 + \left(\frac{\lambda^2}{2} - 1\right)\text{ch}(\lambda\xi) - \left(\frac{\lambda^2 \text{sh}\lambda}{2} - \text{sh}\lambda + \lambda\right)\frac{\text{sh}(\lambda\xi)}{\text{ch}\lambda}\right]q_{max}H \tag{5-45}$$

总框架承担的剪力

$$V_f = \frac{1}{2}(1-\xi^2)q_{max}H - V_w \tag{5-46}$$

总剪力墙的弯矩

$$M_w = \frac{1}{\lambda^3}\left[\left(\frac{\lambda^2 \mathrm{sh}\lambda}{2} - \mathrm{sh}\lambda + \lambda\right)\frac{\mathrm{ch}(\lambda\xi)}{\mathrm{ch}\lambda} - \left(\frac{\lambda^2}{2} - 1\right)\mathrm{sh}(\lambda\xi) - \lambda\xi\right]q_{\max}H^2 \tag{5-47}$$

$$V_0 = \frac{1}{2}q_{\max}H \tag{5-48}$$

$$M_0 = \frac{1}{3}q_{\max}H^2 \tag{5-49}$$

(3) 顶部集中荷载

总剪力墙承担的剪力

$$V_w = F - V_f \tag{5-50}$$

总框架承担的剪力

$$V_f = F - V_w \tag{5-51}$$

总剪力墙的弯矩

$$M_w = \frac{1}{\lambda}[\mathrm{th}\lambda\mathrm{ch}(\lambda\xi) - \mathrm{sh}(\lambda\xi)]FH \tag{5-52}$$

$$M_0 = FH \tag{5-53}$$

式中:ξ——相对高度,$\xi = x/h$;

x——计算楼层距底部高度;

H——结构总高度。

采用侧移法,在水平力作用下框剪结构的位移按下列公式计算:

(1) 均布荷载

$$u_x = \frac{1}{\lambda^2}\left[\left(\frac{\lambda\mathrm{sh}\lambda + 1}{\mathrm{ch}\lambda}\right)(\mathrm{ch}(\lambda\xi) - 1) - \lambda\mathrm{sh}(\lambda\xi) + \lambda^2\left(\xi - \frac{\xi^2}{2}\right)\right]\frac{qH^4}{EI_w} \tag{5-54}$$

$$u_H = \frac{qH^4}{8EI_w} \tag{5-55}$$

(2) 倒三角形分布荷载

$$u_x = \frac{1}{\lambda^2}\left[\left(\frac{\mathrm{sh}\lambda}{2\lambda} - \frac{\mathrm{sh}\lambda}{\lambda^3} + \frac{1}{\lambda^2}\right)\left(\frac{\mathrm{ch}(\lambda\xi) - 1}{\mathrm{ch}\lambda}\right) + \left(\xi - \frac{\mathrm{sh}(\lambda\xi)}{\lambda}\right)\left(\frac{1}{2} - \frac{1}{\lambda^2}\right) - \frac{\xi^3}{6}\right]\frac{q_{\max}H^4}{EI_w} \tag{5-56}$$

$$u_H = \frac{11q_{\max}H^4}{120EI_w} \tag{5-57}$$

(3) 顶部集中荷载

$$u_x = \left[\frac{\mathrm{sh}\lambda}{\lambda^3\mathrm{ch}\lambda}(\mathrm{ch}(\lambda\xi) - 1) - \frac{\mathrm{sh}(\lambda\xi)}{\lambda^3} + \frac{\xi}{\lambda^2}\right]\frac{FH^3}{EI_w} \tag{5-58}$$

$$u_H = \frac{FH^3}{3EI_w} \tag{5-59}$$

式中：u_x——高度 x 处的水平位移；

u_H——顶点水平位移；

ξ——相对高度，$\xi = x/H$；

x——计算楼层距底部高度；

H——结构总高度；

EI_w——剪力墙总刚度；

λ——框剪结构的刚度特征值。

框剪结构协同工作计算得到总框架的剪力 V_f 后，当考虑与剪力墙相连的框架连梁总等效刚度 C_b 时，按下列公式计算框架总剪力和连梁的楼层平均总约束弯矩：

框架总剪力

$$V_f' = \frac{C_f}{C_f + C_b} V_f \tag{5-60}$$

连梁的楼层平均总约束弯矩

$$m = \frac{C_b}{C_f + C_b} V_f = V_f - V_f' \tag{5-61}$$

式中：V_f——由协同工作分配给框架（包括连梁）的剪力值；

C_f、C_b——框架总刚度和与剪力墙相连的框架连梁总等效刚度。

框架有了总剪力 V_f' 或不考虑连梁总等效刚度时，按协同工作计算得到总剪力 V_f 后，框架梁柱内力可按第 3 章计算。

剪力墙有了总剪力 V_w 后，各道剪力墙之间剪力和弯矩的分配以及各道剪力墙墙肢的内力可按第 4 章方法计算。

5.2.5 地震作用下的内力调整

抗震设计时，框剪结构由地震作用产生的各层框架总剪力标准值应符合下列规定：

(1) 满足式(5-62)要求的楼层，其框架总剪力标准值不必调整；不满足式(5-62)要求的楼层，其框架总剪力标准值应按 $0.2V_0$ 和 $V_{f,max}$ 二者的较小值采用。

$$V_f \geq 0.2V_0 \tag{5-62}$$

式中：V_0——对框架柱数量从下至上基本不变的规则建筑，取地震作用产生的结构底部总剪力标准值；对框架柱数量从下至上分段有规律变化的结构，取每段最下一层结构的地震总剪力标准值。

V_f——为地震作用产生的、未经调整的各层（或某一段内各层）框架所承担的地震总剪力标准值。

$V_{f,max}$——对框架柱数量从下至上基本不变的规则建筑，应取未经调整的各层框架所承担的地震总剪力标准值中的最大值；对框架柱数量从下至上分段有规律变化的结构，应取每段中未经调整的各层框架所承担的地震总剪力标准值中的最大值。

(2) 按振型分解反应谱法计算地震作用时，第(1)条所规定的调整可在振型组合之后进行。各层框架所承担的地震总剪力标准值调整后，应按调整前、后总剪力标准值的比值调整框架各柱和梁的剪力及端部弯矩标准值，框架柱的轴力标准值可不予调整。

(3) 当屋面突出部分采用框剪结构时，突出部分框架的总剪力取该层框架按协同工作承担剪力值的 1.5 倍。

5.2.6 扭转影响的近似计算

房屋建筑在风荷载或地震作用下，当结构平面的刚度中心与水平力的作用中心不重合时，必将产生平面扭转。其楼层的扭转影响，不仅与本层的刚度中心和质量中心有关，而且还与该层以上各层的刚度中心和质量中心有关。

扭转影响近似计算采取如下基本假定：①楼盖在自身平面内刚度为无限大，把它看成一刚片，各点之间没有相对变形，仅产生同步平移和转动；②抗侧力结构的刚度 D 作为假想面积，此时假想面积的形心就是刚度中心；③根据假定①，在水平力作用下如果没有扭转现象，某楼层刚度中心的侧向位移值作为该层各抗侧力结构的位移值，而且大小都相等；④先按无扭转影响计算各楼层抗侧力结构的内力，然后再考虑扭转影响，用修正系数 a 来调整按无扭转影响时计算所得的内力值。

(1) 用平面示意图按纵横向分别标出各楼层柱、剪力墙的抗推刚度值 D_c 和 D_w，按协同工作分配所得的剪力值 V_c 和 V_w，柱和剪力墙由本层荷载(不计上层传重)产生的轴向力 N，并将同一轴线上各构件的 D 值和 N 值叠加在一起用表格表示。

(2) 各楼层每个柱和每片剪力墙的抗推刚度 D 值，按下列公式确定：

$$D_{cij} = V_{cij}/\delta_i \tag{5-63}$$

$$D_{wij} = V_{wij}/\delta_i \tag{5-64}$$

式中：V_{cij}、V_{wij}——第 i 层第 j 柱和第 j 墙的剪力值(kN)；

δ_i——第 i 层的相对层间位移值(m)，同一楼层的柱和墙相对层间位移值相同。

(3) 选取坐标轴。一般可把坐标原点设在结构单元的左下角。

(4) 计算各楼层的水平力作用中心位置。第 i 层的地震效应 F_i 的作用中心即为第 i 层的质量中心，其位置可按该层柱、墙的轴向力 N 由下式确定：

$$\begin{aligned} X_{mi} &= \frac{\sum N_{ij} x_j}{\sum N_{ij}} \\ Y_{mi} &= \frac{\sum N_{ij} y_j}{\sum N_{ij}} \end{aligned} \tag{5-65}$$

式中：X_{mi}、Y_{mi}——第 i 层质量中心距坐标轴 Y、X 的距离(m)；

N_{ij}——第 i 层 j 柱和 j 墙的轴向力(kN)；

x_j、y_j——第 i 层 j 柱和 j 墙的形心距坐标轴 y、x 的距离。

(5) 下列为计算扭转影响的有关值:

$$I_x = \sum D_x y_j^2 - \sum D_x \bar{Y}^2$$
$$I_y = \sum D_y x_j^2 - \sum D_y \bar{X}^2 \tag{5-66}$$

刚度中心位置距 X 轴和 Y 轴的距离为

$$\bar{X} = \sum (D_y x_j) / \sum D_y$$
$$\bar{Y} = \sum (D_x y_j) / \sum D_x \tag{5-67}$$

式中:D_x、D_y——柱和墙抵抗 Y 方向和 X 方向水平力的抗推刚度值(kN/m);

x_j、y_j——j 柱和 j 墙形心距 Y 轴和 X 轴的距离(m);

$\sum D_x$、$\sum D_y$、$\sum (D_x y_j)$、$\sum (D_y x_j)$、$\sum (D_x y_j^2)$、$\sum (D_y x_j^2)$ 各值可列表计算。

(6) 水平力作用中心与刚度中心的偏心距计算。r 层由于本层和以上各层 F_i 产生的偏心距,可通过 F_i 对 r 层取用的坐标轴求力矩的方法求得。r 层及其以上各层 F_i 作用点在 r 层的投影点至坐标轴的距离分别为 e'_{xn-1}、e'_{xr}、e'_{yn}、e'_{yn-1}、e'_{yr},因此,F_i 对 r 层坐标轴的力矩为

$$M_{xr} = \sum_{i=r}^{n} F_{yi} , e'_{xi}$$
$$M_{yr} = \sum_{i=r}^{n} F_{xi} , e'_{yi} \tag{5-68}$$

r 层和 r 层以上各层 F_i 在 r 层投影合力作用点距坐标轴的距离为

$$e''_{xr} = \frac{M_{xr}}{\sum_{i=r}^{n} F_{yi}} = \frac{M_{xr}}{V_{yr}}$$
$$e''_{yr} = \frac{M_{yr}}{\sum_{i=r}^{n} F_{xi}} = \frac{M_{yr}}{V_{xr}} \tag{5-69}$$

水平力作用中心与刚度中心的偏心距为

$$e_{xor} = |\overline{X_r} - e''_{xr}|$$
$$e_{yor} = |\overline{Y_r} - e''_{yr}| \tag{5-70}$$

式中:V_{yr}、V_{xr}——r 层沿 Y 和 X 方向的楼层剪力值(kN);

$\overline{X_r}$、$\overline{Y_r}$——第 r 层刚度中心距坐标轴的距离,由公式(5-67)求得。

(7) 计算柱和墙考虑扭转影响后剪力的修正系数 α_{xj}、α_{yj} 为

$$\alpha_{xj}=1+\frac{\sum D_x e_y}{I_x+I_y}y_j'$$
$$\alpha_{yj}=1+\frac{\sum D_y e_x}{I_x+I_y}x_j' \tag{5-71}$$

式中:e_x、e_y——由公式(5-69)求得的某楼层 X 方向和 Y 方向的偏心距;

I_x、I_y——按公式(5-66)求得;

x_j'、y_j'——X 方向和 Y 方向的 j 柱、j 墙距刚度中心的距离;

$\sum D_x$、$\sum D_y$——柱和墙抵抗 Y 方向及 X 方向水平力的抗推刚度总和。

计算扭转影响时,只考虑增加剪力的那部分抗侧力构件。因此,当确定了刚度中心位置以后,即可判断距刚度中心较远一侧需要考虑扭转影响而增加剪力的柱和剪力墙是哪些。

(8) 考虑扭转影响后,柱和墙的剪力值按下式计算:

$$V_j'=V_j\alpha \tag{5-72}$$

式中:V_j——j 柱和 j 墙未考虑扭转影响时的剪力值;

α——按公式(5-71)计算的剪力修正系数。

5.2.7 例题

10 层框架-剪力墙结构,平面布置如图 5-13 所示,剖面示意图如图 5-14 所示。边柱和角柱尺寸为 600 mm×600 mm,中柱尺寸为 500 mm×500 mm;剪力墙厚度为 160 mm;框架梁 1 截面尺寸为 300 mm×750 mm,框架梁 2 截面尺寸为 300 mm×500 mm。墙、柱、梁的混凝土强度等级为 C30。抗震设防烈度为 7 度,Ⅱ类场地,设计地震分组为第一组。试计算横向地震作用下结构的侧移。

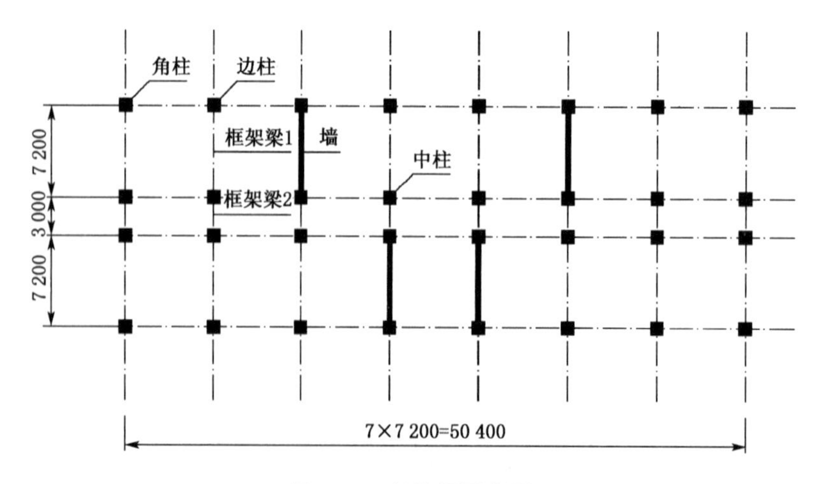

图 5-13 结构平面布置

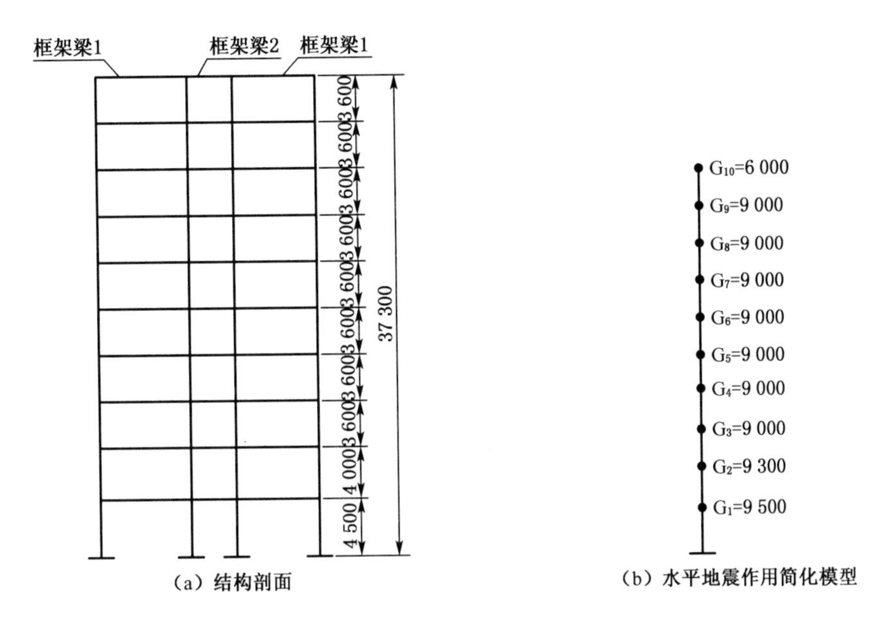

图 5-14　结构剖面和水平地震作用简化模型

1) 综合框架的抗侧刚度C_f

结构横向共有 24 根框架柱,其中中柱 8 根、边柱 12 根、角柱 4 根。

(1) 框架梁刚度计算

框架梁刚度K_b

层数	梁位置	跨度 L(m)	截面 $b\times h$ (mm)	混凝土强度及弹性模量 (kN/m²)	惯性矩 I_0(m⁴)	边框架		中框架	
						$I_b=1.5I_0$ (m⁴)	$K_b=\frac{E_cI_b}{L}$ (kN·m)	$I_b=2I_0$ (m⁴)	$K_b=\frac{E_cI_b}{L}$ (kN·m)
1~10	边	7.2	300×750	30×10⁶	0.010 55	0.015 825	65 937.5		
	中	3	300×500		0.003 125			0.006 25	62 500

(2) 柱子刚度计算

框架柱刚度K_c

层数	截面 $b\times h$ (mm)	混凝土强度及弹性模量 (kN/m²)	层高 h(m)	惯性矩 I_0(m⁴)	$\frac{I_0}{h}$(m³)	$K_c=\frac{E_cI_0}{h}$ (kN·m)
3~10	600×600 (边,角柱)	30×10⁶	3.6	0.010 8	0.003	90 000
	500×500 (中柱)			0.005 2	0.001 44	43 200
2	600×600 (边,角柱)		4	0.010 8	0.002 7	81 000
	500×500 (中柱)			0.005 2	0.001 3	39 000
1	600×600 (边,角柱)		4.5	0.010 8	0.002 4	72 000
	500×500 (中柱)			0.005 2	0.001 16	34 800

(3) 框架柱的抗侧刚度

框架柱的抗侧刚度

层数	层高 h(m)	柱位置	K	α	K_c (kN·m)	$12/h^2$ (1/m²)	D(kN/m)	柱根数	$\sum D$ (kN/m)
3~10	3.6	边	0.733	0.268	90 000	0.926	22 335.12	128	2 858 895.4
		中	2.973	0.598	43 200	0.926	23 921.91	64	1 531 002.2
2	4.0	边	0.814	0.289	81 000	0.75	17 556.75	16	280 908
		中	3.293	0.622	39 000	0.75	18 193.5	8	145 548
1	4.5	边	0.916	0.486	72 000	0.593	20 750.26	16	332 004.16
		中	3.691	0.736	34 800	0.593	15 188.39	8	121 507.12

$$D=\frac{\sum_{i=1}^{10}D_i h_i}{H}$$

$$=\frac{(2\,858\,895.4+1\,531\,002.2)\times 3.6+(280\,908+145\,548)\times 4+(332\,004.16+121\,507.12)\times 4.5}{37.3}$$

$$=524\,135.17\ \text{kN/m}$$

$$\bar{h}=\frac{H}{n}=\frac{37.3}{10}=3.73$$

$$C_f=D\bar{h}=1\,955\,024.2\ \text{kN}$$

2) 综合剪力墙的抗弯刚度

结构横向共有 4 榀剪力墙。

$$y_c=\frac{0.6\times 0.6\times 7.45+0.16\times 6.65\times 3.825+0.5\times 0.5\times 0.25}{0.6\times 0.6+0.16\times 6.65+0.5\times 0.5}=4.07\ \text{m}$$

$$A_w=0.6\times 0.6+0.16\times 6.65+0.5\times 0.5=1.674\ \text{m}^2$$

剪力墙的惯性矩为

$$I_w=\frac{1}{12}\times 0.6\times 0.6^3+0.6\times 0.6\times 3.38+\frac{1}{12}\times 0.5\times 0.5^3$$
$$+0.5\times 0.5\times 3.82+\frac{1}{12}\times 0.16\times 6.65^3+0.16\times 6.65\times 0.245$$
$$=6.37\ \text{m}^4$$

剪力墙的抗弯刚度为

$$E_cI_{eq}=\frac{E_cI_w}{1+\frac{3.67\mu E_cI_w}{GA_wH^2}}=\frac{6.37\times 30\times 10^6}{1+\frac{3.67\times 1.2\times 6.37}{0.42\times 1.674\times 37.3^2}}=185\,772\,000\ \text{kN}\cdot\text{m}^2$$

综合剪力墙的抗弯刚度为

$$E_cI_{eq总}=4E_cI_{eq}=743\,088\,000\ \text{kN}\cdot\text{m}^2$$

3）结构刚度特征值

$$\lambda = H\sqrt{\frac{C_f}{E_c I_{eq总}}} = 3.83$$

4）结构基本周期及水平地震作用

（1）结构基本周期

为计算结构顶点假想位移，把各楼层重力荷载代表值G_i化为沿高度均匀分布的荷载：

$$q = \frac{\sum_{i=1}^{10} G_i}{H} = \frac{9\,500 + 9\,300 + 9\,000 \times 7 + 6\,000}{37.3} = 2\,353.89\ \text{kN/m}$$

均布荷载作用下，框剪结构的侧向位移：

$$y = \frac{2\,353.89 \times 37.3^4}{3.83^2 \times 743\,088\,000}\left[\frac{23.042 - 1}{3.83^2 \times 23.042}(1 + 3.83 \times 23.02) - \frac{1}{3.83} \times 23.02 + 1 - \frac{1}{2} \times 1^2\right]$$
$$= 0.034\,8\ \text{m}$$

结构基本自振周期：

$$T_1 = 1.7\,\psi_T\,\sqrt{u_T} = 1.7 \times 0.8 \times \sqrt{0.034\,8} = 0.25\ \text{s}$$

（2）水平地震作用

设防烈度为7度，设计地震分组为第一组，Ⅱ类场地，$T_g = 0.35$ s，$\alpha_1 = \eta_2\,\alpha_{max} = 0.08$。结构水平地震作用标准值：

$$F_{Ek} = \alpha_1\,G_{eq} = 0.06 \times 0.85 \times 87\,800 = 5\,970.4\ \text{kN}$$

第i层楼面处的水平地震作用：

$$F_i = \frac{G_i\,H_i}{\sum_{i=1}^{10} G_i\,H_i} \times F_{Ek}$$

各楼层的F_i、剪力值V_i及F_i对底部的弯矩值见下表。

层号	H_i	G_i	G_iH_i	$\frac{G_i H_i}{\sum_{i=1}^{10} G_i H_i}$	F_i	V_i	F_iH_i
10	37.3	6 000	223 800	0.125 1	747.176 4	747.176 4	27 869.68
9	33.7	9 000	303 300	0.169 6	1 012.594	1 759.771	34 124.43
8	30.1		270 900	0.151 5	904.424	2 664.195	27 223.16
7	26.5		238 500	0.133 4	796.253 6	3 460.448	21 100.72
6	22.9		206 100	0.115 2	688.083 3	4 148.532	15 757.11
5	19.3		173 700	0.097 1	579.913	4 728.445	11 192.32
4	15.7		141 300	0.079 0	471.742 7	5 200.187	7 406.361
3	12.1		108 900	0.060 9	363.572 4	5 563.76	4 399.226
2	8.5	9 300	79 050	0.044 2	263.915 5	5 827.675	2 243.282
1	4.5	9 500	42 750	0.023 9	142.724 7	5 970.4	642.261 2

倒三角形分布作用上端值为

$$q_{\max} = \frac{3M_0}{H^2} = \frac{3 \times 151\,958.5}{37.3^2} = 327.664\ \text{kN/m}$$

由下表可见,铰接体系结构最大层间侧移发生在第 10 层,$\Delta u/h_i = 0.000\,24 < 1/800 = 0.001\,25$,满足框剪结构的限值要求。

层号	高度	$\xi = z/H$	u_i	$\Delta u = u_i - u_{i-1}$	$\text{sh}(\lambda\xi)$	$\text{ch}(\lambda\xi)$	h_i	$\Delta u/h_i$
10	37.3	1.000	0.003 46	0.000 86	23.020 41	23.042 12	3.6	0.000 24
9	33.7	0.903	0.002 60	0.000 72	15.898 32	15.929 74	3.6	0.000 20
8	30.1	0.807	0.001 88	0.000 59	10.973 47	11.018 94	3.6	0.000 16
7	26.5	0.710	0.001 29	0.000 47	7.565 20	7.631 00	3.6	0.000 13
6	22.9	0.614	0.000 82	0.000 35	5.202 48	5.297 72	3.6	0.000 10
5	19.3	0.517	0.000 47	0.000 24	3.558 77	3.696 60	3.6	0.000 07
4	15.7	0.421	0.000 24	0.000 14	2.406 91	2.606 38	3.6	0.000 04
3	12.1	0.324	0.000 09	0.000 07	1.587 69	1.876 37	3.6	0.000 02
2	8.5	0.228	0.000 03	0.000 02	0.987 90	1.405 68	4	0.000 01
1	4.5	0.121	0.000 00	0.000 00	0.478 68	1.108 66	4.5	0.000 00

5.3　截面设计和构造

框剪结构的截面设计和构造措施,除本节规定的外,应按第 3 章及第 4 章采用。

高层框剪结构的剪力墙宜采用现浇。本节对剪力墙的各项要求均按现浇剪力墙考虑。

有抗震设防的高层框剪结构截面设计,应首先注意使结构具备良好的延性,使延性系数达到 4~6 的要求。延性的要求是通过控制构件的轴压比、剪压比、强剪弱弯、强柱弱梁、强底层柱下端、强底部剪力墙、强节点等验算和一系列构造措施实现的。

框剪结构的截面设计,框架部分可按框架结构进行,剪力墙部分可按剪力墙结构进行。但框剪结构中的剪力墙应设计成每层有梁周边带柱的剪力墙,也称为带边框剪力墙。这种带边框剪力墙设有端柱,以便于建筑立面处理;同时也将框架梁或连系梁拉通穿过剪力墙,以利于结构受力,方便结构布置。它比矩形截面的剪力墙具有更高的承载力和更好的抗震性能,其构造要求也与普通剪力墙稍有不同。

(1) 高层框剪结构的带边框剪力墙,构造应符合下列要求:①抗震设计时,一、二级剪力墙的底部加强部位不应小于 200 mm,且不应小于层高的 1/16;②除第①项以外的其他情况下不应小于 160 mm,且不应小于层高的 1/20;③当剪力墙截面厚度不满足以上两项时,应按《高规》要求计算墙体稳定。

(2) 带边框剪力墙的混凝土强度等级宜与边框柱相同。

(3) 与剪力墙重合的框架梁可保留,亦可做成宽度与墙厚相同的暗梁,暗梁截面高度可取墙厚的 2 倍或与该片框架梁截面等高。边框梁(包括暗梁)的配筋可按构造配置,且应符合一般框架梁相应抗震等级的最小配筋要求。

(4) 剪力墙边框柱截面宜与该榀框架其他柱的截面相同,其纵向钢筋除按计算确定外,应符合第 3 章关于一般框架结构柱构造配筋的规定;剪力墙端部的纵向受力钢筋应配置在边柱截面内;剪力墙底部加强部位边框柱的箍筋宜全高加密;当带边框剪力墙上的洞口紧邻边框柱时,边框柱的箍筋宜全高加密。

(5) 剪力墙墙板的配筋,非抗震设计时,水平和竖向分布钢筋的配筋率均不应小于 0.2%,直径不应小于 8 mm,间距不大于 300 mm;抗震设计时,水平和竖向分布钢筋的配筋率不应小于 0.25%,直径不应小于 8 mm,间距不大于 300 mm。墙板双向钢筋应至少双排配置,双排钢筋之间应设置直径不小于 6 mm、间距不大于 600 mm 的拉筋,拉筋应与外皮水平钢筋钩牢。水平钢筋应全部锚入边框柱内,锚固长度不应小于 l_a(非抗震设计)或 l_{aE}(抗震设计)。

板柱-剪力墙结构中板应满足以下构造要求:

(1) 板柱-剪力墙结构中的无梁板可根据承载力和变形要求采用无柱帽(柱托)板或有柱帽(柱托)板形式。柱托板的长度和厚度应按计算确定,且每方向长度不宜小于板跨度的 1/6,厚度不宜小于板厚度的 1/4。7 度时宜采用有柱托板,8 度时应采用有柱托板,此时托板每方向长度尚不宜小于同方向柱截面宽度和 4 倍板厚之和,托板总厚度尚不应小于柱纵向钢筋直径的 16 倍。当无柱托板且无梁板受冲切承载力不足时,可采用型钢剪力架(键),此时板厚度并不应小于 200 mm。

(2) 双向无梁板厚度与长跨之比,不宜小于表 5-4 的规定。

表 5-4　双向无梁板厚度与长跨的最小比值

非预应力楼板		预应力楼板	
无柱托板	有柱托板	无柱托板	有柱托板
1/30	1/35	1/40	1/45

(3) 抗震设计时,应在柱上板带中设置构造暗梁,暗梁宽度取柱宽及两侧各 1.5 倍板厚之和,暗梁支座上部钢筋截面积不宜小于柱上板带钢筋截面积的 1/2,并应全跨拉通,暗梁下部钢筋应不小于上部钢筋的 1/2。暗梁的箍筋,当计算不需要时,直径不应小于 8 mm,间距不宜大于 $3h_0/4$,肢距不宜大于 $2h_0$;当计算需要时应按计算确定,且直径不应小于 10 mm,间距不宜大于 $h_0/2$,肢距不宜大于 $1.5h_0$。

(4) 当设置柱托板时,非抗震设计时,托板底部宜布置构造钢筋;抗震设计时,托板底部钢筋应按计算确定,并应满足抗震锚固要求。计算柱上板带的支座钢筋时,可考虑托板厚度的有利影响。

(5) 无梁楼板开局部洞口时,应验算承载力及刚度要求,冲切计算中应考虑洞口对冲切能力的削弱。当未作专门分析时,在板的不同部位开单个洞的大小应符合图 5-15 的要求。若在同一部位开多个洞时,则在同一截面上各个洞宽之和不应大于该部位单个洞的允许宽度。所有洞边均应设置补强钢筋。具体构造还应符合现行国家标准《混凝土结构设计规范》(GB 50010)的有关规定。

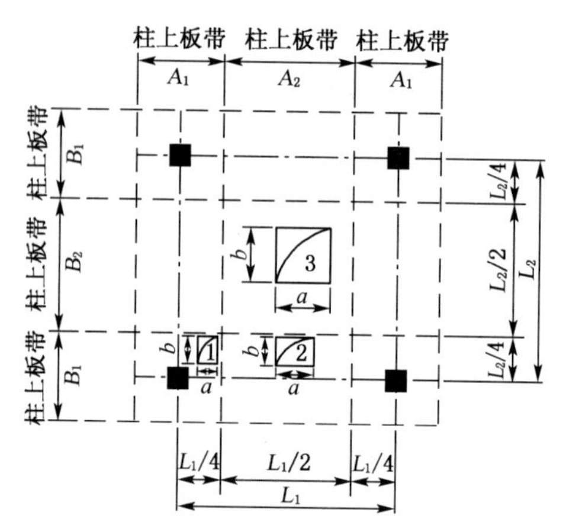

图 5-15　无梁楼板开洞要求

注:(1) 洞 1: $a \leqslant a_c/4$ 且 $a \leqslant t/2$, $b \leqslant b_c/4$ 且 $b \leqslant t/2$。其中, a 为洞口短边尺寸, b 为洞口长边尺寸, a_c 为相应于洞口短边方向的柱宽, b_c 为相应于洞口长边方向的柱宽, t 为板厚。

(2) 洞 2: $a \leqslant A_2/4$ 且 $b \leqslant B_1/4$。

(3) 洞 3: $a \leqslant A_2/4$ 且 $b \leqslant B_2/4$。

复习思考题

1. 框架-剪力墙结构的共同工作特点是什么?
2. 框架-剪力墙结构布置有哪些要求?
3. 什么是框架-剪力墙结构中总框架的抗侧刚度(剪切刚度)? 什么是框架-剪力墙结构的刚度特征值? 它对结构的侧移和内力分配有何影响?
4. 框架-剪力墙铰接体系和刚结体系在计算方法和计算步骤上有什么不同? 内力分配结果会有哪些变化?
5. 框架-剪力墙结构刚度如何计算? 侧移如何计算?
6. 按框架-剪力墙结构的协同工作分析所求出的总框架剪力 V_f,为什么还要进行调整?
7. 框架-剪力墙结构考虑扭转如何近似计算?
8. 框架-剪力墙结构有哪些特殊的构造措施?
9. 板柱-剪力墙的构造要求有哪些?

6 筒体结构设计

随着建筑层数、高度的增加和抗震设防要求的提高，以平面工作状态的框架、剪力墙以及框架-剪力墙等组成高层建筑结构体系的刚度往往不能满足侧移要求。这时，可以由剪力墙围合构成空间薄壁实腹筒体，成为竖向悬臂箱形结构；或者加密框架柱以增强梁的刚度，形成空间整体受力的空腹框筒。从而形成抗侧刚度和抗扭刚度都很大的空间筒体结构。简言之，筒体结构是由实腹或空腹竖向构件（剪力墙或柱距很小的框架柱）封闭起来的一个或数个筒体作为承受水平和竖向荷载的高层或超高层建筑结构。筒体结构具有造型美观、受力合理、使用灵活，以及整体性强等优点，适用于较高的高层和超高层建筑。目前全世界最高的一百幢高层建筑约三分之二采用筒体结构，国内百米以上的高层建筑有一半以上采用钢筋混凝土筒体结构。

6.1 概述

1）筒体结构的分类与变形特征

按不同的分类标准可对筒体结构进行不同的分类，不同类别的筒体结构受力性能和变形特征各有特点。

按结构材料类型的不同，可将筒体划分为钢筋混凝土筒体、钢框架筒体、型钢混凝土筒体、钢管混凝土筒体等。后几种材料由外围钢框架、型钢混凝土、钢管混凝土（框架或框筒）与核心筒组成的框架-核心筒体和筒中筒结构又称为组合结构。

按筒体高宽比可将筒体划分为矮筒、半高筒和高柔筒。当筒体的高宽比小于 3 时为矮筒，剪力起控制作用，主要呈现剪切破坏，抗弯不会成为这种矮筒的控制因素；高宽比为 3～6 时为半高筒，剪力逐渐不起主要控制作用，筒结构在横向荷载作用下同时存在剪切变形和弯曲变形，结构呈现弯剪破坏特征；高宽比大于 6 时则属于高柔筒，呈现弯曲型变形特征，此时筒体必须通过平面水平构件与其他抗侧力构件连成整体共同工作。

按筒体开洞大小的不同，可将筒体划分为实腹筒和空腹筒。根据建筑功能的需要一般将竖向交通及一些服务用房集中布置在平面的核心部位，形成小面积开洞的实腹核心筒（图 6-1(a)）。核心筒是一个典型的竖向悬臂结构，可以同时承受竖向荷载和侧向力的作用。建筑周边需要在建筑立面上开窗通风采光以及设置门洞供人员出入，其外围由密排柱和跨高比较小的裙梁构成的较大面积开洞的框架空腹筒体，称为框筒（图 6-1(b)）。框筒的密柱深梁框架布置在建筑的外围，是空间受力结构，在水平力作用下，其腹板框架抵抗水平剪力及小部分倾覆力矩，其翼缘框架承受拉压力，抵抗大部分倾覆力矩。

按筒体的布置形式和数目的不同，可将筒体结构划分为单筒、筒中筒和组合筒。

单筒是筒体结构的基本单元形式，单筒主要有核心筒（实腹筒，图 6-1(a)）和框筒（空腹筒,图 6-1(b))两类形式。框架-核心筒结构中通常只有一个单筒,其他更复杂的筒体结构都是由这两类单筒根据建筑功能、结构承载的需要组合而成。

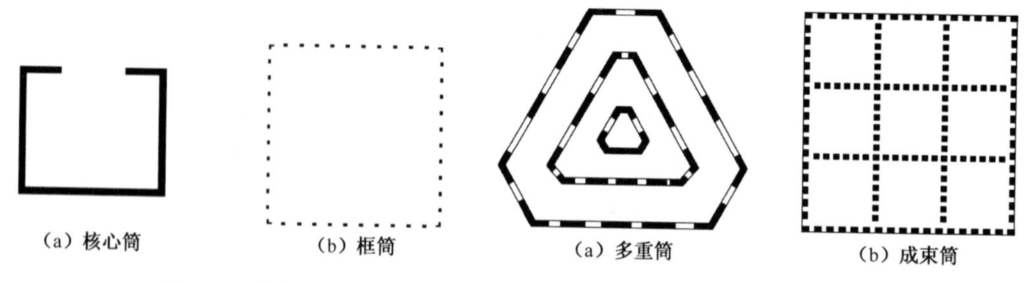

(a) 核心筒　　(b) 框筒

图 6-1　单筒

(a) 多重筒　　(b) 成束筒

图 6-2　组合筒

筒中筒由外围密柱深梁框筒与位于平面中部核心筒组成。框筒以承受倾覆力矩为主,内筒则承受大部分剪力,二者通过楼板协同工作抵抗水平荷载,形成双重抗侧力结构体系。

组合筒指由多个单筒组成的多重筒结构或束筒结构。多重筒(图 6-2(a))是指多个单筒呈大筒套小筒形式布置,共同承担竖向和水平荷载的复合筒体结构。适应于复杂平面的布置要求,其结构抗侧刚度及抗扭刚度更大。束筒(图 6-2(b))指两个以上筒体紧靠在一起成“束”状排列,束筒的腹板数量多,使得翼缘与腹板相交的“角柱”增加,可大大减小剪力滞后。

2) 筒体结构的布置

目前,国内外工程中常用的筒体结构体系是框架-核心筒结构(图 6-3(a))和筒中筒结构(图 6-3(b)),这两种筒体平面形式可能基本相似,但受力性能却有很大区别,主要是由周边框架柱距能否足够小,以形成具有空间整体工作性能的外框筒而决定的。本章主要介绍这两类筒体结构的布置和设计要点。

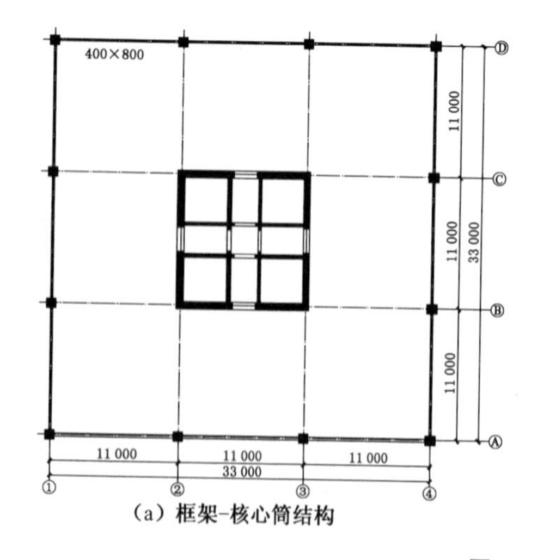

(a) 框架-核心筒结构

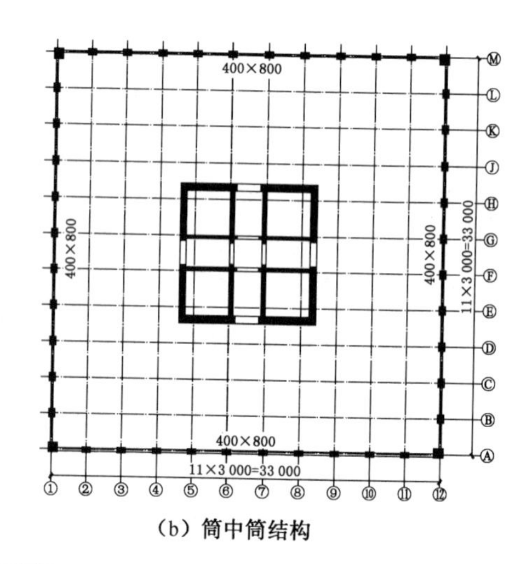

(b) 筒中筒结构

图 6-3　筒体结构布置

(1) 框架-核心筒结构

框架-核心筒结构是目前高层公共建筑应用最为广泛的一种结构体系,可以为钢筋混凝土结构、钢结构和组合结构，它由平面中心实腹核心筒和外框架构成。一般将楼、电梯间及一些服务用房集中在核心筒内，其他需要较大空间的办公用房、商业用房等布置在外框架部分。核心筒实体是由两个方向的剪力墙构成的封闭的空间结构，它具有很好的整体性与抗侧刚度，其水平截面为单孔或多孔的箱形截面。它既可以承担竖向荷载，又可以承担任意方向的水平侧向力作用。外围框架主要承受竖向荷载并作为第二道抗震防线。框架-核心筒结构布置要求如下：①核心筒宜贯通建筑物全高。框架-核心筒结构中通常只有一个单筒，核心筒是主要的抗侧力构件，应尽量贯通建筑物全高。②核心筒的宽度不宜小于筒体总高的 1/12，当筒体结构设置角筒、剪力墙或增强结构整体刚度的构件时，核心筒的宽度可适当减小。一般来说，当核心筒的宽度不小于筒体总高度的 1/12 时，筒体结构的层间位移就能满足要求。③核心筒的外墙与外框柱间的中距，非抗震设计不宜大于 15 m，抗震设计时不宜大于 12 m，否则宜采用增设内柱、采用现浇预应力空心板楼盖等措施。筒体结构中筒体墙与外周框架之间的距离不宜过大，否则楼盖结构的设计较困难。④核心筒中剪力墙截面形状宜简单，墙肢宜均匀、对称布置。⑤核心筒体角部附近不宜开洞，当不可避免时，筒角内壁至洞口的距离不应小于500 mm 和开洞墙截面厚度的较大值。⑥核心筒的外墙不宜在水平方向连续开洞，洞间墙肢的截面高度不宜小于 1.2 m，以防止核心筒中出现小墙肢等薄弱环节。⑦框架-核心筒结构的周边柱间必须设置框架梁。由于框架-核心筒结构外周框架的柱距较大，为了保证其整体性，外周框架柱间必须设置框架梁，形成周边框架。⑧当内筒偏置、长宽比大于 2 时，宜采用框架-双筒结构。内筒偏置的框架-筒体结构，其质心与刚心的偏心距较大，导致结构在地震作用下的扭转反应增大，内筒采用双筒可增强结构的扭转刚度，减小结构在水平地震作用下的扭转效应。

(2) 筒中筒结构

筒中筒结构是一种适用于超高层的较好的结构体系，是由实体的内筒与空腹的外框筒组成，通过楼板将二者连为一体，共同承受竖向荷载和水平荷载。空腹外筒是由布置在建筑物四围的密集立柱与高跨比很大的横向窗间梁所构成的一个多孔筒体。内外筒之间空间较大，可灵活地进行平面布置。筒中筒结构体系具有更大的整体性和抗侧刚度。内筒的布置除需符合框架-核心筒的核心筒要求外，筒中筒的结构布置尚需满足下列要求：①筒中筒结构的高度不宜低于 80 m，高宽比不宜小于 3。研究表明，筒中筒结构的空间受力性能与其高度和高宽比有关，当高宽比小于 3 时，就不能较好地发挥结构的整体空间作用，而框架-核心筒结构的高度和高宽比不受此限制。对于高度不超过 60 m 的框架-核心筒结构，可按框架-剪力墙结构设计，适当降低核心筒和框架的构造要求。②筒中筒结构的平面外形宜选用圆形、正多边形、椭圆形或矩形等，内筒宜居中。研究表明，筒体结构性能具有形状效应，如对于正多边形来讲，边数越多，“剪力滞后”现象越不明显，结构的空间作用越大。③矩形平面的长宽比不宜大于 2。三角形平面宜切角，外筒的切角长度不宜小于相应边长的 1/8，其角部可设置刚度较大的角柱和角筒；内筒的切角长度不宜小于相应边长的1/10，切角处的筒壁宜适当加厚。研究表明，筒中筒结构的空间受力性能与其平面形状和构件尺寸有关，选用圆形和正多边形等平面，能减少外框筒的“剪力滞后”现象，使结构更好地发挥空间作用；矩形平面的长宽比大于 2 时，外框筒的“剪力滞后”现象更突出，应尽量避免。三角形平面切角后，空间受力性质会相应改善。④内筒宜贯通建筑物全高，竖向刚度宜均匀变化。内筒的宽度可为高度的 1/12～1/15，如有另外的角筒或剪力墙时，内筒平面尺寸可适当减小。⑤外框筒的柱距不宜大于 4 m,框筒柱的截面长边应沿筒壁方向布置,必要时可采用 T 形截面;外框筒洞口面积不宜大于墙面面积的 60%,洞口高宽比宜与层高和柱距之比值相近。研究表明,矩形平面框筒的柱距越接近层高、墙面开洞率越小、洞口高宽比与层高和柱距之比越接近,外框筒的空间作用越强。⑥外框筒梁的净跨与截面高度之比不大于 3~4;角柱截面面积可取中柱的 1~2 倍。由于外框筒在侧向荷载作用下的"剪力滞后"现象,角柱的轴向力约为邻柱的 1~2 倍。为了减小各层楼盖的翘曲,角柱的截面可适当放大,必要时可采用 L 形角墙或角筒。

6.2 筒体结构的分析计算

6.2.1 筒体结构的受力特点

1) 筒体的"筒效应"和"剪力滞后"

筒体结构最主要的受力特点是它的空间整体受力性能。筒结构在传力时是一种空间结构,在各个方向都有很大的刚度和承载能力,如图 6-4 所示,与横向作用力方向平行的两片筒壁主要传递横向剪力到地基,主要起抗剪作用,可以有效抵抗约 90%的横向剪力。与横向力方向垂直的两片筒壁主要抵抗横向弯矩,通过形成一对力偶起抗弯作用,可以有效抵抗约 75%的总弯矩,这就是筒结构所具有的特殊"筒效应"。即筒体结构的两对竖向筒壁各自承担抗弯和抗剪任务,同时由于四面筒壁均由横向楼盖(梁板等)支撑约束,共同工作,使得筒结构可以形成很大的整体刚度和承载能力,而且不易失稳。筒体结构相对于单片平面结构具有更大的抗侧刚度和承载力,并具有很好的抗扭刚度。

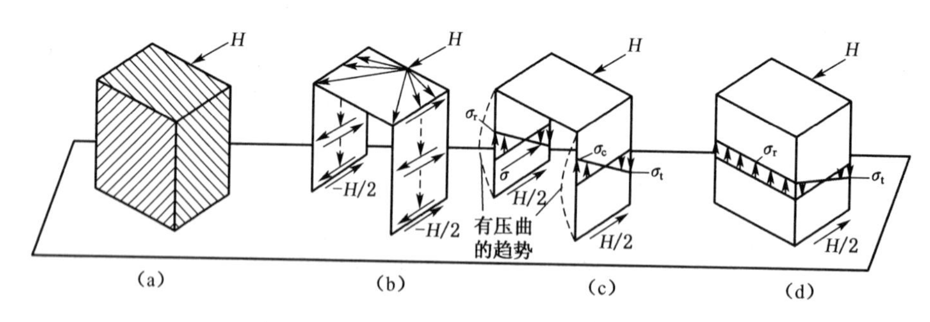

图 6-4 筒体结构的传力特点与"筒效应"

无论哪一种筒体型式,在侧向力作用下都可简化为固定于基础上的箱形悬臂构件。如图 6-5(a)所示,在水平荷载作用下框筒像一根下端固定竖立的悬臂梁,如按理想的悬臂梁计算,迎风面翼缘框架各柱拉应力最大且数值相等,背风面翼缘框架各柱压应力最大且数值相等,腹板框架各柱的应力按斜直线变化,中性轴处的柱轴力为零,如图 6-5(b)中的虚直线所示。

理论计算和模型试验证明,在水平力作用下,框筒柱的应力并不像理想弯曲梁中的正应力按平面变化。框筒结构是具有箱形截面的悬臂构件,框筒底部四个角柱的应力特别大,翼缘框架柱应力越向中部越小，呈正对称曲线变化；腹板框架柱应力按反对称曲线变化，在靠近框筒弯曲的中性轴附近，柱应力小于按斜直线算出的应力，如图 6-5(b)中的实曲线所示。出现这种现象，是由于框筒不是一根实心截面的受弯构件，它作为一个整体，有弯曲变形的作用，而腹板框架又有如同平面框架抵抗水平剪力的作用。当角柱因框筒的整体弯曲而建立起拉压应力时，就会通过窗裙梁以剪力的形式传力给其他的翼缘柱，同时窗裙梁自身也产生剪切变形(及弯曲变形)，且楼板在自身平面外的抗弯刚度又较小，不能保证整个框筒像实心杆件平面弯曲那样符合平截面假定，因而其他柱的拉(压)应力比角柱小，出现四角大中间小的曲线变化规律。高层结构设计中把这种由墙裙梁的广义剪切变形(含局部弯曲)而导致的框筒柱应力降低现象称为“剪力滞后”。

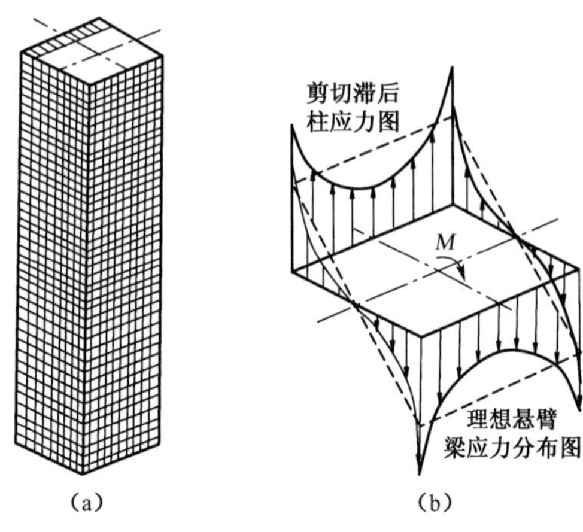

图 6-5　框筒在水平荷载作用下的应力分布

影响框筒剪力滞后的因素很多，主要因素有：①柱距与窗裙梁高度。窗裙梁剪切刚度($12EI_b/l^3$)与柱轴向刚度(EA_c/h)的比值是影响剪力滞后的主要因素之一，比值越大，剪力滞后越小。而减小柱距从而减小窗裙梁跨度或加大其截面高度，都能增大窗裙梁的剪切刚度。可见，框筒必须采用密柱深梁，从而减小翼缘框架的剪力滞后，使翼缘框架中间柱的轴力增大，提高其抗倾覆力矩的能力，也就是提高了结构的抗侧刚度。否则起不到“筒”的作用。②角柱截面面积。角柱面积越大，其轴向刚度也越大，承受的轴力也越大，使翼缘框架的角柱与中柱轴力差越大，剪力滞后现象越明显，角柱截面过大甚至会出现重力荷载不足以平衡水平力产生的拉力而成为偏拉柱。③结构高度。剪力滞后现象沿框筒高度是变化的，底部剪力滞后现象相对严重，愈向上，柱轴力绝对值减小，剪力滞后现象缓和，轴力分布趋于平均。因此，框筒结构要达到相当的高度，才能充分发挥其空间作用，高度不大的框筒，剪力滞后影响相对较大。④框筒平面形状。平面形状和边长是影响剪力滞后的另一重要因素，翼缘框架越长，翼缘框架中部柱的轴力会越小，剪力滞后越严重。因此，框筒平面尺寸过大或长方形平面都是不利的，正方形、圆形、正多边形是框筒结构理想的平面形状。

单实腹内筒结构在进行整体受力分析时，常简化为一个薄壁杆件，按照符拉索夫的薄壁杆件理论计算。筒体结构实际上是一个箱形梁，由薄壁墙体围成的单实腹内筒，当其宽度较大时，在水平荷载作用下横截面的正应力也存在“剪力滞后”现象，见图 6-6 所示。当在各楼层都开有门洞时，其应力变化规律将更为复杂一些。

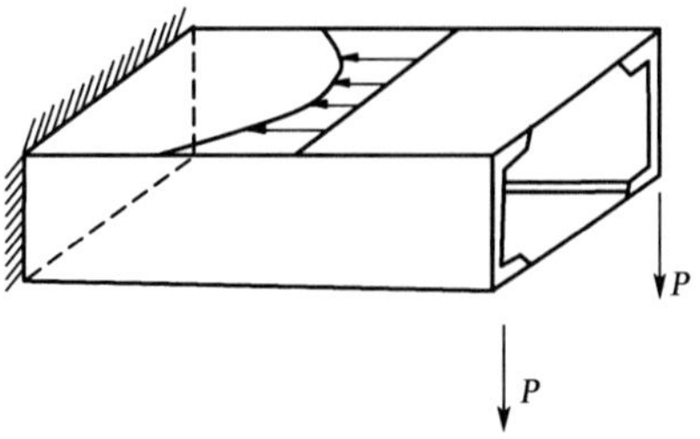

图 6-6　实腹筒在水平荷载下的应力滞后

对于成束筒结构，由于外围筒内设置了深梁密柱的框架，从而使结构的整体性得到加强，图 6-7 给出了组合框筒各柱应力变化规律示意图。平行于水平荷载方向的腹板墙或框架抗剪能力很大，垂直于水平荷载的翼缘墙或框架抵抗弯矩的能力也很强。组合筒的“剪力滞后”现象比单筒也有改善，受力更均匀些。

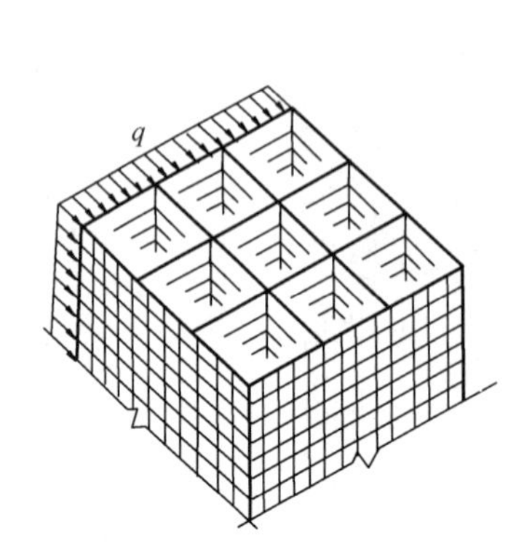

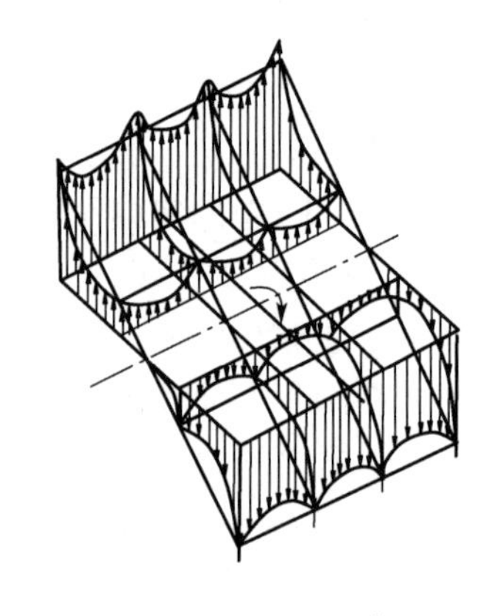

图 6-7　成束筒在水平荷载下的剪力滞后

由以上分析可知，筒体结构存在着整体空间作用，即特殊的“筒效应”。同时，筒体中尤其框筒中存在着“剪力滞后”现象，并且因为“剪力滞后”及楼板平面外刚度不大而引起各层楼板平面外的翘曲。在筒体结构设计中和构造处理上都应妥善考虑。

2）框架-核心筒结构的受力特点

为满足建筑立面、建筑造型或建筑使用功能，常采用外部框架和内部实腹筒体的组合结构形式，此时外部柱距一般在 4～5 m 左右或更大。周边柱子已不能形成筒的工作状态，而相当于框架的作用。这类由周边稀柱框架和内筒组成的结构称为框架-核心筒结构，如图 6-3(a)所示。如果把内筒看成剪力墙结构，则框架-核心筒结构的受力性能、变形特征与框架-剪力墙结构相似。但框架-核心筒结构中的框架柱往往柱距大、数量少，框架分担的剪力和倾覆力矩都小，核心筒是主要抗侧力结构，接近于单筒结构。因此，对核心筒的承载力、刚度及延性要求较高，设计中应特别注意保证内筒的抗侧刚度和采取措施实现双重抗侧力抗震体系。

由于框架-核心筒结构中与地震作用垂直的翼缘框架不参与抵抗地震引起的倾覆力矩，当结构高度较大时，其抗侧刚度往往不能满足规范的要求。此时，框架-核心筒结构中常常在某些层设置伸臂，连接内筒与外柱，形成刚性加强层，以增强结构抗侧刚度，成为框架-核心筒-伸臂结构。该结构形式在近年的高层建筑，特别是超高层建筑中广泛应用。伸臂的作用原理是：在结构侧移时，它使得外柱拉伸或压缩，从而使得柱承受较大轴力，迎风柱受拉，背风柱受压，柱轴力形成力矩，抵抗水平荷载，有效地提高了结构抗侧刚度（增大 20%以上），减小了侧移。由于伸臂本身刚度较大（其线刚度一般为外柱、楼面梁线刚度的几十倍），伸臂使得内筒产生反向的约束弯矩，内筒弯矩图改变，内筒弯矩减小，内筒反弯也同时减小了侧移。可见，设置伸臂具有减小侧移和内筒承担的倾覆力矩、增大框架中间柱轴力等优点，同时也要注意伸臂使得内力沿高度发生突变，不利于抗震，尤其对柱不利。

3）筒中筒结构的受力特点

筒中筒由密柱深梁的外框筒和少量开洞的内实腹筒构成。筒中筒结构平面与框架-核心筒结构平面相似，但前者外围是框筒，存在明显的“筒效应”的整体空间作用；后者外围为一般框架。筒中筒结构是典型的双重抗侧力体系，在水平力作用下，外框筒的变形以剪切型为主，内筒以弯曲型为主，外框筒平面尺寸大，有利于抵抗水平力产生的倾覆弯矩，内筒采用钢筋混凝土墙或支撑框架筒，具有较大的抵抗水平剪力的能力，通过楼盖使得外筒和内筒协同工作。在结构下部，核心筒承担大部分剪力；在上部，剪力转移到外筒上。筒中筒结构侧移曲线呈弯剪型，具有结构抗侧和抗扭刚度大、层间变形均匀、上下部内力也趋于均匀的特点，适用于更高的超高层建筑。

筒中筒结构中外框筒柱距较密，常常不能满足建筑使用要求。为扩大底层柱距，在密柱层和稀柱层间要设置转换层，常由刚度很大的梁、刚架、桁架、拱等构成，如图 6-8 所示。此时，在转换层上下楼层，结构侧向刚度发生突变，在地震作用下，转换层附近框架会应力集中，形成薄弱部位，易遭受较大震害，对该应力分布复杂部位应进行局部有限元补充精细分析。

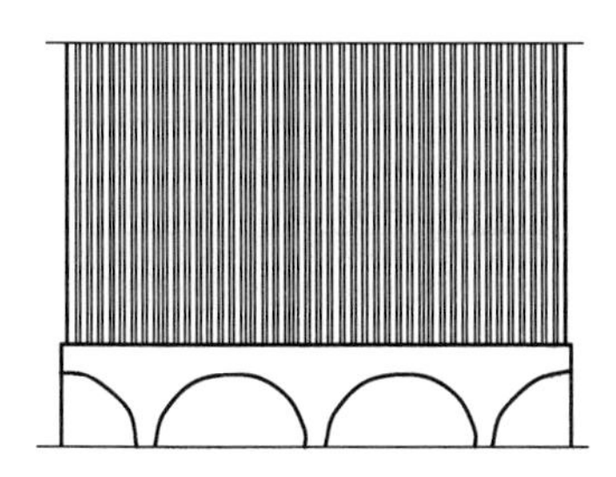

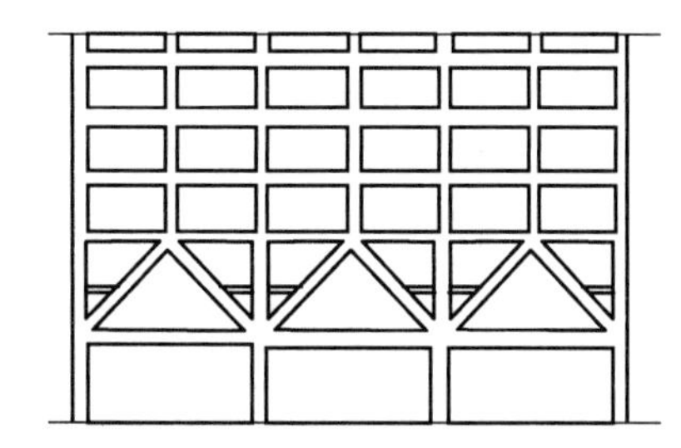

图 6-8　框筒结构底层柱的转换

6.2.2　筒体结构的概念性计算分析

尽管对高层建筑结构作详尽细致的受力与变形分析是比较复杂的，最后都必须用先进的计算机结构分析程序来实施，但在用电算程序进行分析时，首先必须要有已基本确定的结构方案计算模型，也只有根据该模型才能输入平面布置、构件尺寸等相关原始数据。所以，在方案和初步设计阶段，设计人员必须通过概念性近似计算来初步确定该结构体系的形式及构件的尺寸大小，并验证设计的可行性。而且，概念性近似计算也是不断优化结构总体布置方案的一种简捷有效的手段，不但为计算机整体分析建立了原始数据，也为判断计算机输出结果的正确与否提供了可靠的依据。同时，也是设计人员不断充实自身设计经验、概念和提高判断力的一个必不可少的过程。

1）单筒结构的概念性近似计算

单筒的整体受力分析可简化为一个嵌固于地面的竖直悬臂薄壁箱形杆件，按材料力学理论近似计算。实际结构中烟筒及筒仓等是典型的单筒结构，钢框架-钢筋混凝土核心筒组合结构中由于钢框架与刚度很大的核心混凝土协同工作的性能较差，二者竖向变形性能也差别较大，其核心筒承受的倾覆力矩和基底剪力约占总体的 4/5，可按单筒结构设计，既可减少外钢框架的设计剪力，又比较符合其实际工作状态。

筒体是一种三维结构，在各个方向都有比较大的刚度和承载力，但筒体的内力和应力计算都要比二维的剪力墙结构复杂，主要由于筒体的整体空间作用和剪力滞后的影响。概念性近似计算时可通过加大翼缘承担弯矩的比例或通过组合截面惯性矩求解予以考虑。

【例 6-1】　钢筋混凝土单筒结构(图 6-9)，6 m×6 m，高 36.6 m，筒壁厚 300 mm，四边每片墙的竖向荷载为 1 780 kN，沿筒高作用 $w = 11.68$ kN/m 的均布风荷载，试近似计算井筒墙截面的最大剪应力及拉压应力。

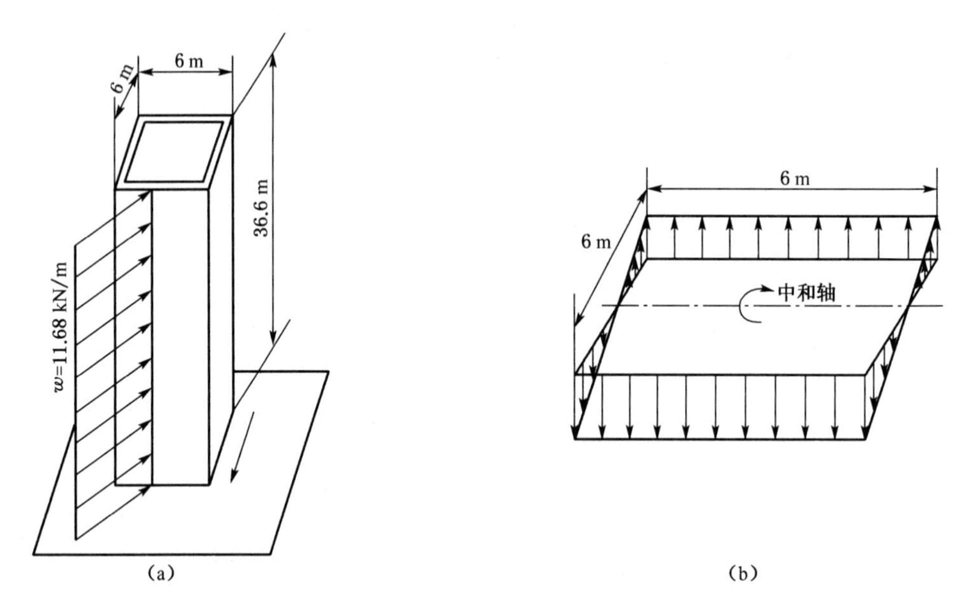

图 6-9　单筒结构计算简图

【解】 筒体四片墙的竖向荷载为 $4 \times 1\ 780 = 7\ 120\ \text{kN}$

每个方向的筒底弯矩 $M = wL^2/2 = 7\ 823\ \text{kN} \cdot \text{m}$

筒底处的最大剪力 $V = wL = 427.5\ \text{kN}$

筒体截面惯性矩：

$$I = \sum \frac{bh^3}{12} = \frac{6^4 - 5.4^4}{12} = 37.14\ \text{m}^4$$

筒体截面最大弯曲应力：

$$f_F = \pm \frac{M_c y}{I} = \pm 7\ 823 \times \frac{3.0}{37.14} = \pm 632\ \text{kN/m}^2 = \pm 0.632\ \text{N/mm}^2$$

腹板的平均剪应力可按下式近似计算求得：

$$\bar{v} = \frac{V}{A} = \frac{427.5}{2 \times 6 \times 0.3} = 118.8\ \text{kN/m}^2 = 0.12\ \text{N/mm}^2$$

竖向荷载 7 120 kN 在筒体全截面上均布的压应力为

$$f_F = -\frac{7\ 120}{(6.0^2 - 5.4^2)} = -\frac{7\ 120}{6.84} = -1\ 041\ \text{kN/m}^2 = -1.04\ \text{N/mm}^2$$

将筒体截面上压应力 $-1.04\ \text{N/mm}^2$ 和弯曲应力为 $\pm 0.63\ \text{N/mm}^2$ 组合，则得截面的压应力分别为 $-1.67\ \text{N/mm}^2$ 和 $-0.41\ \text{N/mm}^2$，筒体截面未出现拉应力。

若仅是单片剪力墙，其他条件相同，可计算比较筒体与单片剪力墙的应力差异：

单片剪力墙的截面惯性矩：

$$I = \sum \frac{bh^3}{12} = \frac{0.3 \times 6^3}{12} = 5.4\ \text{m}^4$$

剪力墙截面最大弯曲应力：

$$f_F = \pm \frac{M_c y}{I} = \pm 7\,823 \times \frac{3.0}{5.4} = \pm 4\,350 \text{ kN/m}^2 = \pm 4.35 \text{ N/mm}^2$$

矩形截面剪力墙最大剪应力可按下式近似计算求得：

$$V_{max} = \frac{3}{2}\bar{\upsilon} = \frac{3}{2}\frac{V}{A} = 1.5 \times \frac{427.5}{6 \times 0.3} = 356 \text{ kN/m}^2 = 0.356 \text{ N/mm}^2$$

竖向荷载 1 780 kN 在剪力墙截面上轴向压应力为

$$f_F = -\frac{1\,780}{0.3 \times 6} = -989 \text{ kN/m}^2 = -0.989 \text{ N/mm}^2$$

将筒体截面上压应力$-0.989\ \text{N/mm}^2$和弯曲应力为$\pm 4.35\ \text{N/mm}^2$组合，则得截面压应力为$-5.34\ \text{N/mm}^2$和截面拉应力 $3.36\ \text{N/mm}^2$。

可以看出，井筒的受力状况要比单片剪力墙的受力好得多。尽管该井筒的钢筋混凝土腹板和翼缘都未出现拉应力，但仍然需要配置钢筋，这样才能使筒具有较大的极限承载力和吸收能量的能力。可以用忽略轴向荷载对井筒影响的保守近似计算方法来估算配筋。假设用钢筋来承担全部弯矩 $M = 7\,823\ \text{kN} \cdot \text{m}$ 所产生的拉力，这时钢筋作用的力臂为 5.7 m，则

$$T = \frac{M}{a} = \frac{7\,823}{5.7} = 1\,372 \text{ kN}$$

每个翼缘内所需 HRB 400 级钢筋的面积为

$$A_s = \frac{1.4 \times 1\,372 \times 10^3}{360} = 5\,336 \text{ mm}^2$$

$$\rho_{s=} = \frac{5\,336}{5\,700 \times 300} = 0.312\%$$

这个配筋率是比较小的，说明这种结构对抵抗外力作用是相当有效的。

2）筒中筒结构的概念性近似计算

筒中筒结构中的外框筒截面宽度大，可有效地抵抗倾覆力矩。但作为外墙，较大的门窗洞口势必降低其自身的抗剪能力。而内筒开洞少，可较好地抵抗层间剪力。但内筒相当细长，其抵抗倾覆力矩并不很有效。因此，用混凝土井筒作为内筒，可提供足够的抗剪层间刚度，用框筒作为外筒可使整体结构有效地抗弯。一般外框筒承担的倾覆力矩约占总倾覆力矩的 3/4，内筒承受的基底剪力约占总基底剪力的 3/4。

外框筒是一种空间三维结构，通常必须采用三维空间结构方法用计算机分析程序计算，概念分析时可近似考虑外框筒承担全部倾覆力矩，在外框筒的密排柱中产生轴向力，同时在连接柱子的窗裙梁中产生剪力。事实上，外框筒只承担大部分倾覆力矩，放大外框筒倾覆力矩是为了考虑剪力滞后现象和整体空间作用。柱内轴力和梁内剪力可根据初等梁理论计算：

$$N = \frac{M_p y}{I_e} A_c \tag{6-1}$$

$$V = \frac{V_p S}{I_e} h \tag{6-2}$$

式中：M_p、V_p——水平荷载产生的弯矩和剪力；

A_c——框筒柱截面面积；

S——框筒柱对框筒中性轴面积矩之和；

h——层高；

y——框筒柱至中和轴的距离；

I_e——筒的有效惯性矩。

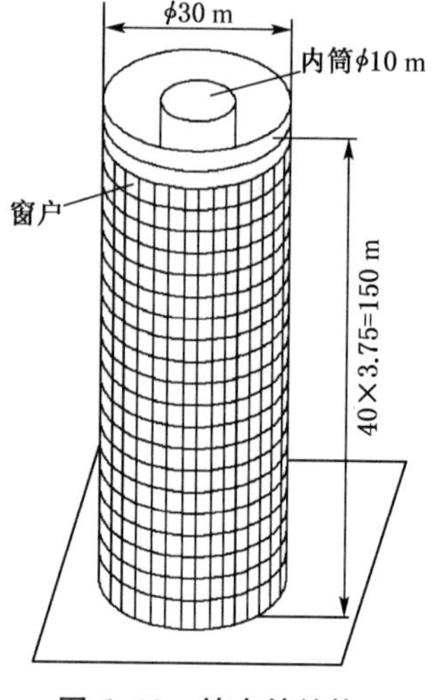

图 6-10　筒中筒结构

【例 6-2】　一幢 40 层的钢筋混凝土筒中筒圆形建筑（图 6-10），高 150 m，外筒直径 30 m，筒臂厚 30 cm，所开的门窗洞口面积约占表面积的 50%，风荷载为 1.56 kN/m²。要求验算该外筒壁的厚度。

【解】　由于外筒的高宽比为 5，则近似计算假定由外筒抵抗百分之百由风所产生的倾覆力矩，并承担 4/7 的楼面荷载。

圆形结构的体型系数取 0.8，则每延米高度上的风荷载为

$$w = 1.56\ \text{kN/m}^2 \times 0.8 \times 30 = 37.4\ \text{kN/m}$$

基础底面的筒底倾覆力矩：

$$M = \frac{wL^2}{2} = \frac{37.4 \times 150^2}{2} = 420\ 750\ \text{kN} \cdot \text{m}$$

直径 30 m、壁厚 30 cm 的外筒截面惯性矩：

$$I = \pi r^3 t = \pi \times 15^3 \times 0.3 = 3\ 181\ \text{m}^4$$

边缘处的最大拉、压应力：

$$f = \pm \frac{M \cdot r}{I} = \pm \frac{420\ 750 \times 15}{3\ 181} = \pm 1\ 984\ \text{kN/m}^2 = \pm 1.98\ \text{N/mm}^2$$

考虑窗洞的消减，近似计算外筒壁的自重为 $0.5 \times 25 \times 0.3 + 1.25 = 5.0\ \text{kN/m}^2$，筒底处沿周长的每米重量为

$$5.0 \times 150 = 750\ \text{kN/m}$$

设楼盖平均恒载为 5.75 kN/m²，按 4/7 的楼面荷重由外筒承担，则每延米外筒壁长将承担 3.7 m² 楼面的荷重。外筒底部所承受的楼面总重为

$$3.7 \times 5.75 \times 40 = 851\ \text{kN/m}$$

外筒底部所承受的总竖向荷载为

$$750 + 851 = 1\ 601\ \text{kN/m}$$

与倾覆力矩所产生的拉、压力组合，则每米外筒臂上的最大和最小受力设计值为

$$1.3 \times 1\ 601 + 1.5 \times 1\ 984 \times 0.3 = 2\ 081 + 893 = 2\ 974\ \text{kN(压)}$$

$$2\ 081 - 893 = 1\ 188\ \text{kN(压)}$$

这说明在风荷载作用下，外筒壁内不会出现拉力，墙厚将由压力控制。因为只有 50%

的筒壁截面是有效的(扣除门窗洞口后),300 mm 厚的外墙在每延米上有效面积各可折算为 300 × 50% = 150 mm,则最大的平均压应力为

$$f_{\max}^{c}=\frac{2\,974}{150}=19.8\ \mathrm{N/mm^2}$$

采用 C40 混凝土,$f_c = 19.1\ \mathrm{N/mm^2}$,$\eta = 18.36/19.8 = 0.927$,不理想,说明底部 300 mm的壁厚不够。在施工图设计时应将底部楼层的壁厚加大到 350～400 mm,然后通过综合计算分析,再沿筒高渐次分层减小壁厚,并借助适当的细部构造设计来加以完善。

6.2.3 筒体结构的计算分析

在空间通用计算程序已普及、建筑结构计算技术比较成熟的今天,筒体结构的精确计算分析都是通过结构计算软件完成的,但计算软件的选择、计算模型与实际结构工作状况的模拟准确程度、计算结果的正确性判断及调整都将影响计算成果的精确度以及工程设计质量。筒体结构的计算机计算分析除满足下述要求外,可参见第 7 章第 2 节的相关电算内容。

1) 筒体结构计算分析的一般要求

(1) 筒体结构的结构分析应按《高层建筑混凝土结构技术规程》(JGJ 3)和《建筑抗震设计规范》(GB 50011)的有关规定,采用三维空间分析方法进行内力分析。空间结构计算才能得到结构的扭转周期和扭转效应,才能对所计算的结构是否符合抗震要求作出合理判断。

(2) 对开孔较大、整体性差、有较长外伸段或相邻层刚度突变的楼盖,如框架-核心筒-伸臂结构、转换层结构、外钢框架(筒)-混凝土核心筒结构等,在侧向荷载作用下,须考虑楼盖变形对筒体结构部分竖向构件的不利影响,一般应按楼板有限刚度或弹性楼板进行结构整体分析。否则,计算的构件最不利,内力偏小,不安全。

(3) 支承于核心筒外墙上的框架梁支承约束条件:沿着梁的轴线方向有墙相连接时,可按固接;核心筒外墙厚度大于 $0.4l_{aE}$(梁纵向主筋锚固长度)且梁端内侧楼板无洞口时,可按固接;梁支座处另设附墙柱时可按固接。不满足以上条件的梁端支承宜按铰接。

(4) 对内筒偏置的框架-筒体结构,应控制结构在考虑偶然偏心影响的规定地震力作用下,最大楼层水平位移和层间位移不应大于该楼层平均值的 1.4 倍,结构扭转为主的第一自振周期 T_1与平动为主的第一自振周期 T_1之比不应大于 0.85,且 T_1的扭转成分不宜大于 30%。内筒偏置的框架-筒体结构,其质心与刚心的偏心距较大,导致结构在地震作用下的扭转反应增大。对这类结构,应特别关注结构的扭转特性,控制结构的扭转反应。

2) 筒体结构的内力调整

(1) 抗震设计时,筒体结构的框架部分按侧向刚度分配的楼层地震剪力标准值应符合下列规定:①框架部分分配的楼层地震剪力标准值的最大值不宜小于结构底部总地震剪力标准值的 10%。②当框架部分分配的楼层地震剪力标准值的最大值小于结构底部总地震剪力标准值的 10%时,各层框架部分承担的地震剪力标准值应增大到结构底部总地震剪力标准值的 15%;此时,各层核心筒墙体的地震剪力标准值宜乘以增大系数 1.1,但可不大于结构底部总地震剪力标准值,墙体的抗震构造措施应按抗震等级提高一级后采用,已为特一级的可不再提高。③当框架部分分配的地震剪力标准值小于结构底部总地震剪力标准值

20%,但其最大值不小于结构底部总地震剪力标准值的10%时,应按结构底部总地震剪力标准值的20%和框架部分楼层地震剪力标准值中最大值的1.5倍二者的较小值进行调整。

按②、③条调整框架柱的地震剪力后,框架柱端弯矩及与之相连的框架梁端弯矩、剪力应进行相应调整。

有加强层时,本条框架部分分配的楼层地震剪力标准值的最大值不应包括加强层及其上、下层的框架剪力。

(2) 当采用薄壁杆系模型进行三维整体分析时,由于裙梁的存在,框筒柱的实际轴向变形比按纯杆件计算的轴向变形小,水平荷载下,外框筒的计算内力值将偏小,不安全。因此,在计算时宜对框筒柱的单元轴向刚度进行修正,可乘以放大系数1.1。

6.3 筒体结构的截面设计及构造措施

筒体结构的截面设计及构造措施,除应符合第3~5章的相关规定外,尚应符合下述要求。

1) 一般规定

(1) 筒体结构应采用现浇钢筋混凝土结构,混凝土强度等级不宜低于C30。

(2) 楼盖主梁不宜搁置在核心筒或内筒的连梁上。

(3) 筒体结构的楼盖外角宜设置双层双向钢筋,单层单向配筋率不宜小于0.3%,钢筋的直径不应小于8 mm,间距不应大于150 mm,配筋范围不宜小于外框架(或外筒)至内筒外墙中距的1/3和3 m(见图6-11)。

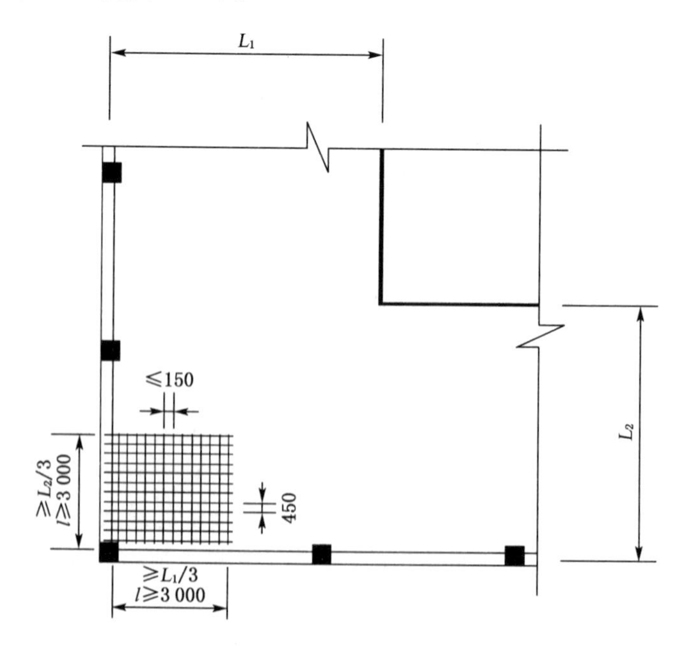

图6-11 板角配筋示意图

(4) 抗震设计时,框筒柱和框架柱的轴压比限值可按框架-剪力墙结构的规定采用;筒体墙的加强部位高度、轴压比限值、边缘构件设置以及截面设计按剪力墙的规定设计。

(5) 核心筒或内筒外墙的截面厚度不应小于层高的 1/20 及 200 mm,内墙可适当减薄,但不应小于 160 mm。不满足时,应按《高层建筑混凝土结构技术规程》附录 D 验算墙体稳定,必要时可设置扶壁柱或扶壁墙。筒体墙的水平、竖向配筋不应少于两排,其最小配筋率应符合第 4 章剪力墙结构设计中剪力墙体的配筋率规定。

(6) 抗震设计时,核心筒或内筒的连梁宜配置对角斜向钢筋或交叉暗撑。

2) 框架-核心筒结构

(1) 抗震设计时,核心筒墙体设计尚应符合下列规定:①底部加强部位主要墙体的水平和竖向分布钢筋的配筋率均不宜小于 0.3%;②底部加强部位约束边缘构件沿墙肢的长度宜取墙肢截面高度的 1/4,约束边缘构件范围内应主要采用箍筋;③底部加强部位以上宜按第 4 章剪力墙结构设计中约束边缘构件的规定设置约束边缘构件。

(2) 当框架-双筒结构的双筒间楼板开洞时,其有效楼板宽度不宜小于楼板典型宽度的 50%,洞口附近楼板应加厚,并应采用双层双向配筋,每层单向配筋率不应小于 0.25%,双筒间楼板宜按弹性板进行细化分析。

(3) 核心筒连梁的受剪截面和构造设计均应符合下述筒中筒中连梁的相关规定。

3) 筒中筒结构

(1) 外框筒梁和内筒连梁的截面尺寸应符合下列要求:

持久、短暂设计状况

$$V_b \leqslant 0.25\beta_c f_c b_b h_{b0} \tag{6-3}$$

地震设计状况,且当跨高比大于 2.5 时

$$V_b \leqslant \frac{1}{\gamma_{RE}}(0.20\beta_c f_c b_b h_{b0}) \tag{6-4}$$

地震设计状况,且当跨高比不大于 2.5 时

$$V_b \leqslant \frac{1}{\gamma_{RE}}(0.15\beta_c f_c b_b h_{b0}) \tag{6-5}$$

式中:V_b——外框筒梁或内筒连梁剪力设计值;

b_b——外框筒梁或内筒连梁截面宽度;

h_{b0}——外框筒梁或内筒连梁截面的有效高度;

β_c——混凝土强度影响系数,当混凝土强度等级不大于 C50 时取 1.0,当混凝土强度等级为 C80 时取 0.8,当混凝土强度等级在 C50 和 C80 之间时可按线性内插法取用。

(2) 外框筒和内筒连梁的构造配筋应符合:非抗震设计时,外框筒梁和内筒连梁的箍筋直径不应小于 8 mm,间距不应大于 150 mm;抗震设计时,其箍筋直径不应小于 10 mm,箍筋间距沿梁长不变,且不应大于 100 mm。当梁内设交叉暗撑时,箍筋间距不应大于 200 mm。框筒梁上、下纵向钢筋的直径不应小于 16 mm,腰筋直径不应小于 10 mm,腰筋间距不应大于 200 mm。

(3) 对于跨高比不大于2的框筒梁和内筒连梁宜增配对角斜向钢筋。跨高比不大于1的框筒梁和内筒连梁宜采用交叉暗撑，如图6-12所示。梁的截面宽度不宜小于400 mm，全部剪力应由暗撑承担。每根暗撑的总面积A_s按下式计算：

持久、短暂设计状况

$$A_s = \frac{V_b}{2f_y \sin\alpha} \tag{6-6}$$

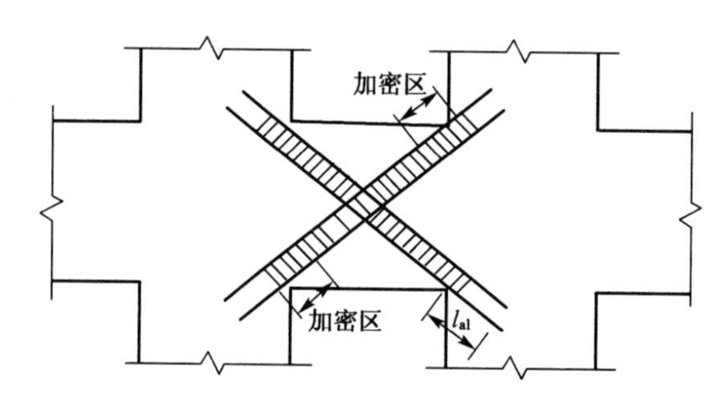

图6-12　梁内交叉暗撑的配筋

地震设计状况

$$A_s = \frac{V_b \gamma_{RE}}{2f_y \sin\alpha} \tag{6-7}$$

式中：V_b——梁的剪力设计值；

α——暗撑与水平线的夹角。

每根交叉暗撑应由不少于4根纵向钢筋组成，纵筋直径不小于14 mm，并用直径不小于8 mm的矩形箍筋或螺旋箍筋绑成一体，箍筋间距不大于150 mm。纵筋伸入竖向构件的长度不应小于l_{al}，非抗震设计时，l_{al}可取l_a；抗震设计时的l_{al}宜取$1.15l_a$。

(4) 外框筒柱的正截面(压、弯)承载力按双向偏心受压计算。由于在侧向力作用下，角柱起着特别重要的作用，为保证角柱的承载力，计算时取用的角柱在两个方向上的受压偏心距均不应小于相应边长的$l/10$。

复习思考题

1. 常见的筒体结构布置型式有哪几种？其优缺点分别是什么？
2. 什么是剪力滞后效应？对筒体结构的受力有什么影响？
3. 水平荷载作用下各类筒体结构受力特点有哪些？
4. 一般情况下常用的筒体结构概念性计算原理是什么？如何计算？
5. 筒体结构窗裙梁的设计与普通框架梁的设计相比有何特点？
6. 框筒结构为何不宜作为主要承受水平作用的结构？框筒结构高宽比较大时空间作用为何较为明显？
7. 筒体结构有哪些构造措施要求？

7 复杂高层结构设计

近年来，国内外高层建筑发展迅速，一批现代高层建筑以全新的面貌呈现在人们面前，建筑向着造型新颖、体型复杂、内部空间多变的综合性方向发展。这一方面为人们提供了良好的生活环境和工作条件，体现了建筑设计的创新和人性化理念；另一方面也使建筑结构在地震作用下受力复杂，容易形成抗震薄弱部位，结构分析和设计方法复杂化。面对这一前所未有的挑战，结构工程师经过三十多年的研究和工程实践，发挥创造才能尽可能地解决关键技术和结构难题，陆续产生了能适应建筑创新需求的多种复杂高层建筑结构体系。

7.1 概述

7.1.1 复杂及超限高层结构的定义和适用范围

1）复杂高层结构的定义

复杂高层结构是指建筑平面布置或竖向布置不规则、传力途径复杂的结构。包括带转换层结构、带加强层结构、错层结构、连体结构以及竖向体型收进、悬挑结构。

平面不规则可归纳为三种类型：平面形状不规则；抗侧力结构布置不规则；楼盖连接比较薄弱。典型体系如错层结构、连体结构等，这类结构体系在地震作用下扭转效应较大，部分楼盖整体性及承载力较差，结构存在某些部位的应力集中，非线性变形较大，易形成薄弱部位。竖向不规则结构指结构沿竖向刚度发生突变。典型体系如带转换层结构、带加强层结构、错层结构、连体结构、竖向体型收进及悬挑结构等。竖向刚度突变都会使薄弱楼层变形过分集中，出现严重的震害甚至倒塌。

2）复杂高层结构的适用范围

鉴于复杂高层建筑结构属于不规则结构，在地震作用下易形成敏感的薄弱部位，需要限制复杂高层结构在地震区的适用范围。

（1）9 度抗震设计时不应采用复杂高层结构。

（2）7 度和 8 度抗震设计的高层建筑不宜同时采用超过两类本章所指的复杂高层结构。多种复杂结构同时在一个工程中采用，在比较强烈的地震作用下，将较难避免发生严重震害，因此，应尽量避免同时采用两种以上的复杂结构。当必须同时采用两种以上的复杂结构时，必须采取有效的加强措施。

（3）错层结构的适用高度应加以严格限制。错层结构竖向布置不规则，错层附近竖向抗侧力结构较易形成薄弱部位，楼盖体系也因错层受到较大削弱，按目前的研究成果和震害经验，对错层结构的抗震性能还较难把握。因此规定：7 度和 8 度抗震设计时，剪力墙结构错层高层建筑的房屋高度分别不宜大于 80 m 和 60 m；框架-剪力墙结构错层高层建筑的房屋高度分别不应大于 80 m 和 60 m。

(4) 抗震设计时,B 级高度高层建筑不宜采用连体结构。震害表明,连体位置越高,越容易塌落;房屋越高,连体结构的地震反应越大。因此,有必要对连体结构的适用高度加以限制。

(5) 抗震设计时,B 级高度的底部带转换层的筒中筒结构,当外筒框支层以上采用由剪力墙构成的壁式框架时,其最大适用高度应比表 1-7 中规定的数值适当降低。研究表明,这种结构其转换层上、下刚度和内力传递途径的突变比较明显,因此,应适当降低其最大适用高度。降低的幅度,可考虑抗震设防烈度、转换层位置高低等因素,一般可考虑减低 10%～20%。

3) 关于超限高层结构

复杂高层或不规则结构的一项或多项指标超过规范限值要求的特别不规则结构属于超限高层结构。这类结构抗震设计不能套用现行规范,缺少明确的目标、依据和手段,必须按照建设部《超限高层建筑工程抗震设防管理规定》《全国超限高层建筑工程抗震设防审查专家委员会抗震设防专项审查办法》和《超限高层建筑工程抗震设防专项审查技术要点》(建质〔2010〕109 号)等文件的要求,根据具体工程实际的超限情况进行仔细的分析、专门的研究和论证,必要时还要进行模型试验,从而确定采取比标准规范的规定更加有效的措施。设计者的论证还需要经过抗震设防专项审查,以保证结构的抗震安全性能。表 7-1～表 7-4 所列高层结构均属于超限高层建筑工程。

表 7-1　房屋高度超过下列规定的高层建筑工程(m)

结构类型		6 度	7 度 (含 0.15g)	8 度 (0.20g)	8 度 (0.30g)	9 度
混凝土结构	框架	60	50	40	35	24
	框架-抗震墙	130	120	100	80	50
	抗震墙	140	120	100	80	60
	部分框支抗震墙	120	100	80	50	不应采用
	框架-核心筒	150	130	100	90	70
	筒中筒	180	150	120	100	80
	板柱-抗震墙	80	70	55	40	不应采用
	较多短肢墙	—	100	80	60	不应采用
	错层的抗震墙和框架-抗震墙	—	80	60	60	不应采用
混合结构	钢外框-钢筋混凝土筒	200	160	120	120	70
	型钢混凝土外框-钢筋混凝土筒	220	190	150	150	70
钢结构	框架	110	110	90	70	50
	框架-支撑(抗震墙板)	220	220	200	180	140
	各类筒体和巨型结构	300	300	260	240	180

注:当平面和竖向均不规则(部分框支结构指框支层以上的楼层不规则)时,其高度应比表内数值降低至少 10%。

表 7-2 同时具有下列三项及以上不规则的高层建筑工程(不论高度是否大于表 7-1)

序号	不规则类型	简要涵义	备　注
1a	扭转不规则	考虑偶然偏心的扭转位移比大于 1.2	参见 GB 50011—3.4.3
1b	偏心布置	偏心率大于 0.15 或相邻层质心相差大于相应边长 15%	参见 JGJ 99—3.2.2
2a	凹凸不规则	平面凹凸尺寸大于相应边长 30%等	参见 GB 50011—3.4.3
2b	组合平面	细腰形或角部重叠形	参见 JGJ 3—3.4.3
3	楼板不连续	有效宽度小于 50%,开洞面积大于 30%,错层大于梁高	参见 GB 50011—3.4.3
4a	刚度突变	相邻层刚度变化大于 70%或连续三层变化大于 80%	参见 GB 50011—3.4.3
4b	尺寸突变	竖向构件位置缩进大于 25%,或外挑大于 10% 和 4 m,多塔	参见 JGJ 3—3.5.5
5	构件间断	上下墙、柱、支撑不连续,含加强层、连体类	参见 GB 50011—3.4.3
6	承载力突变	相邻层受剪承载力变化大于 80%	参见 GB 50011—3.4.3
7	其他不规则	如局部的穿层柱、斜柱、夹层、个别构件错层或转换	已计入 1~6 项者除外

注:深凹进平面在凹口设置连梁,其两侧的变形不同时仍视为凹凸不规则,不按楼板不连续中的开洞对待;序号 a、b 不重复计算不规则项;局部的不规则,视其位置、数量等对整个结构影响的大小判断是否计入不规则的一项。

表 7-3 具有下列某一项不规则的高层建筑工程(不论高度是否大于表 7-1)

序号	不规则类型	简要涵义
1	扭转偏大	裙房以上的较多楼层,考虑偶然偏心的扭转位移比大于 1.4
2	抗扭刚度弱	扭转周期比大于 0.9,组合结构扭转周期比大于 0.85
3	层刚度偏小	本层侧向刚度小于相邻上层的 50%
4	高位转换	框支墙体的转换构件位置:7 度超过 5 层,8 度超过 3 层
5	厚板转换	7~9 度设防的厚板转换结构
6	塔楼偏置	单塔或多塔与大底盘的质心偏心距大于底盘相应边长 20%
7	复杂连接	各部分层数、刚度、布置不同的错层 连体两端塔楼高度、体型或者沿大底盘某个主轴方向的振动周期显著不同的结构
8	多重复杂	结构同时具有转换层、加强层、错层、连体和多塔等复杂类型的 3 种

注:仅前后错层或左右错层属于表 7-2 中的一项不规则,多数楼层同时前后、左右错层属于本表的复杂连接。

表 7-4 其他高层建筑

序号	简称	简要涵义
1	特殊类型高层建筑	抗震规范、高层混凝土结构规程和高层钢结构规程暂未列入的其他高层建筑结构,特殊形式的大型公共建筑及超长悬挑结构,特大跨度的连体结构等
2	超限大跨空间结构	屋盖的跨度大于 120 m 或悬挑长度大于 40 m 或单向长度大于 300 m,屋盖结构形式超出常用空间结构形式的大型列车客运候车室、一级汽车客运候车楼、一级港口客运站、大型航站楼、大型体育场馆、大型影剧院、大型商场、大型博物馆、大型展览馆、大型会展中心,以及特大型机库等

注:表中大型建筑工程的范围,参见《建筑工程抗震设防分类标准》(GB 50223)。

7.1.2 复杂高层结构体系的类型和特点

本节主要介绍带转换层结构、带加强层结构、错层结构、连体结构以及竖向体型收进、悬挑结构共五类复杂结构体系。这些体系可采用钢筋混凝土结构、钢结构或钢-混凝土组合结构。

1）带转换层结构

多功能的高层建筑，往往需要沿建筑物的竖向划分为不同用途的区段。诸如：下部楼层用作商业、文化娱乐，需要尽可能大的室内空间，要求大柱网、墙体少；中部楼层作为办公用房，需要中等大小的室内空间，可以在柱网中布置一定数量的墙体；上部楼层作为旅馆、住宅等用房，要求柱网小或布置较多的墙体。为了满足上述使用功能要求，结构设计时，下部楼层可采用大柱网框架结构，中部楼层可采用框架-剪力墙结构，上部楼层则可采用剪力墙结构。这类建筑的竖向结构构件不能上下直接连续贯通落地时，必须在两种结构体系转换的楼层设置结构转换层，形成带转换层高层建筑结构（图 7-1）。一般来说，当高层建筑上部楼层的竖向结构体系或型式与下部楼层差异较大，或者下部楼层竖向结构轴线距离扩大或上、下部结构轴线错位时，就必须在结构体系或型式改变的楼层设置结构转换层，在结构转换层布置转换结构构件。转换层包括水平结构构件及其以下的竖向结构构件。

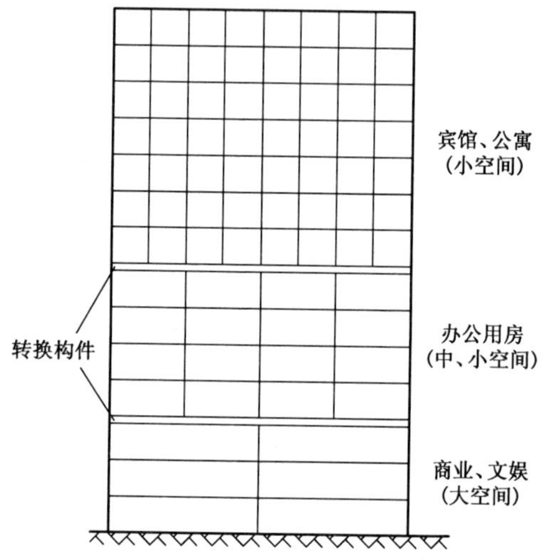

图 7-1 多功能建筑带转换层结构体系

带转换层结构的侧向刚度在转换层楼盖处发生突变。震害表明：在地震波的冲击下，常因转换层以下刚度太弱、侧移过大、延性差以及强度不足而引起破坏，甚至导致整栋建筑物倒塌。为了改善结构的受力性能，提高建筑物的抗震能力，在结构平面布置中将一部分剪力墙落地，而另一部分剪力墙在下部改为框架，形成部分框支剪力墙结构。这样，下部框架可以形成较大空间，落地剪力墙可以增强和保证结构的抗震能力，通过转换层处刚性楼盖调整和传递内力构成了框支剪力墙和落地剪力墙协同工作的体系。

2）带加强层结构

高层建筑框架-核心筒、筒中筒结构中，当侧向刚度不能满足设计要求时，可沿建筑竖向利用建筑避难层、设备层空间，在核心筒与外围框架（外筒）之间设置适宜刚度的水平伸臂构件加强核心筒与框架柱间的联系，必要时可设置刚度较大的周边水平环带构件，加强外周框架角柱与翼柱间的联系，形成带加强层的高层建筑结构（图 7-2）。加强层的设置可使周边框架柱有效地发挥作用，以增强整体结构抗侧力刚度。同时，在风荷载作用下，设置加强层能有效减少结构水平位移。

带加强层结构体系对抗风是十分有效的，但是在加强层及其附近楼层，结构的刚度和内力均发生突变，加强层相邻楼层往往成为薄弱层，对抗震十分不利。带加强层结构的抗震性能取决于加强层的设置位置和数量、伸臂结构的形式和刚度以及周边带状桁架的设置是否合理有效。

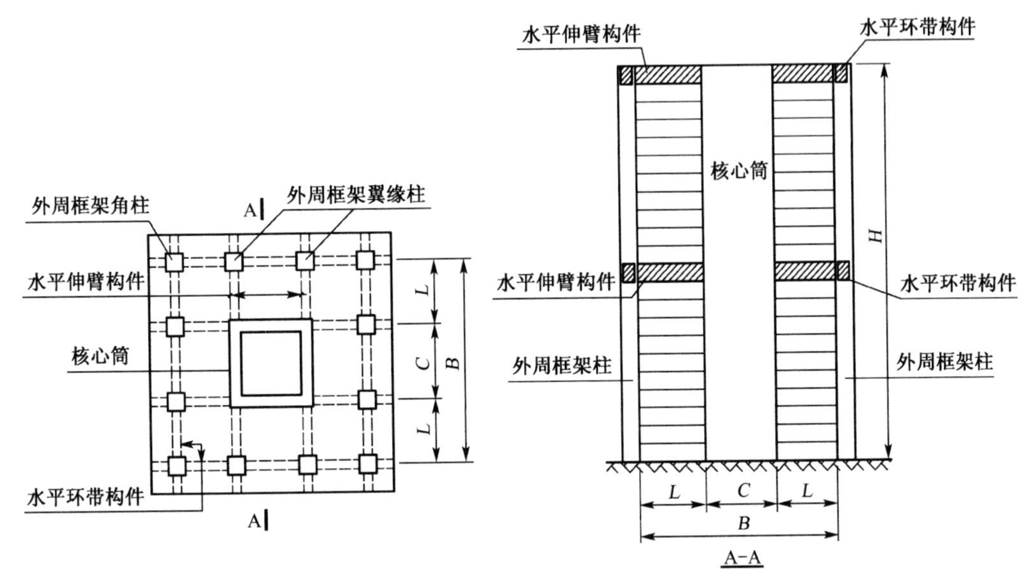

图 7-2　带加强层结构体系

3）错层结构

近年来，错层结构时有出现，一般为高层商品住宅楼。建筑设计时为了获得多样变化的住宅室内空间，常将同一套单元内的几个房间设在不同高度的几个层面上，形成错层结构（图 7-3）。相邻楼盖结构高差超过梁高范围的，宜按错层结构设计。

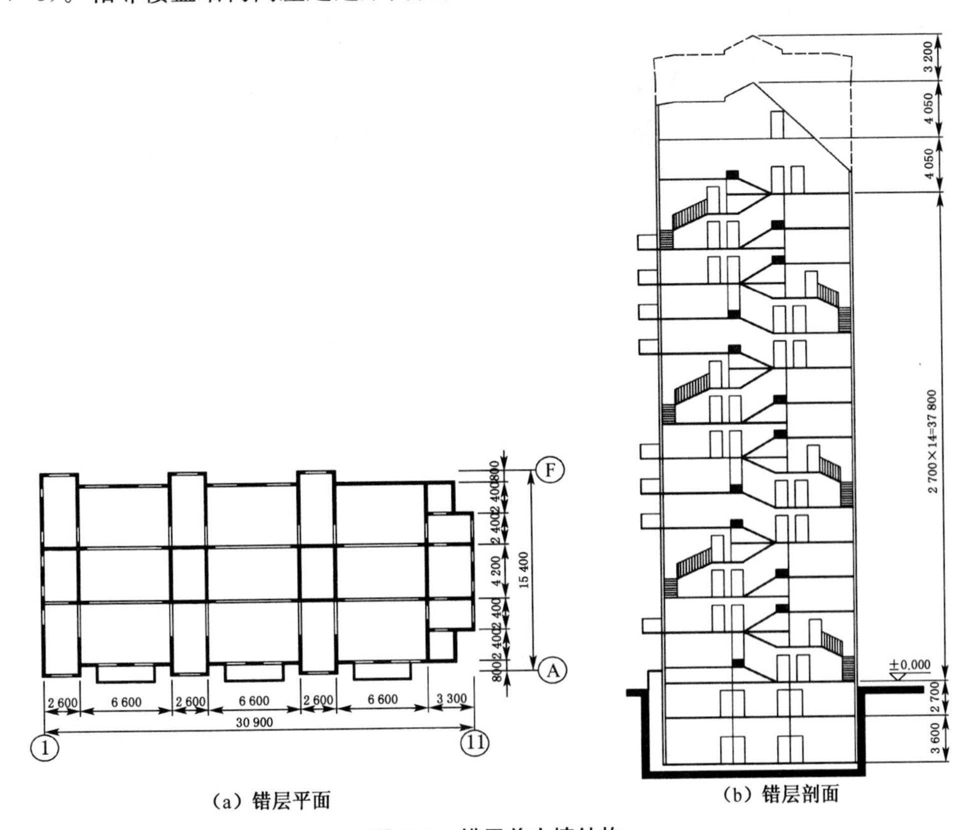

（a）错层平面　（b）错层剖面

图 7-3　错层剪力墙结构

错层结构属竖向布置不规则结构，错层附近的竖向抗侧力构件受力复杂，难免会形成众多应力集中部位，对结构抗震不利。首先，由于楼板分成数块，且相互错置，削弱了楼板协同结构整体受力的能力；其次，由于楼板错层，在一些部位形成短柱，使应力集中，对结构抗震不利。剪力墙结构错层后，会使部分剪力墙的洞口布置不规则，形成错洞剪力墙或叠合错洞剪力墙；框架和框架-剪力墙结构错层则更为不利，可能形成许多短柱与长柱混合的不规则体系。因此，抗震设计的高层建筑应尽量避免采用错层结构。

4）连体结构

在高层建筑设计中，常通过设置架空连接体将两幢或几幢建筑物连成一体，形成高层建筑连体结构(图 7-4)。连体结构是近十几年来发展起来的一种新型结构形式，一方面通过设置连接体将不同建筑物连在一起，使其在功能上取得联系；另一方面由于连体结构独特的外形，带来建筑上强烈的视觉效果。如吉隆坡双子塔、巴黎新凯旋门、苏州东方之门等建筑，由于其极富个性的独特形体，均已成为区域性的标志建筑。连体结构由塔楼及连接体组成，连接体沿建筑物竖向有布置一个，也有布置几个的；连接体的跨度有几米长，也有几十米长；连接体与高层建筑主体结构的连接一般为刚性连接，有些架空连廊也可做成滑动连接。

(a) 吉隆坡双子塔

(b) 巴黎新凯旋门

(c) 苏州东方之门

图 7-4　连体结构

连体结构因为通过连接体将不同结构连在一起，体型比一般结构复杂，因此连体结构的受力比一般单体结构或多塔楼结构更复杂。连体结构的特点：①扭转效应显著。这主要是由于连体部分的存在，使与其连接的两个塔不能独立自由振动，每个塔的振动都要受另一个塔的约束。两个塔可以同向平动，也可以相向振动。而对于连体结构，相向振动是最不利的。②连接体部分受力复杂。连体结构由于要协调两个塔的内力和变形，因此受力复杂。连体部分跨度都比较大，除要承受水平地震作用所产生的较大内力外，竖向地震作用的影响也较明显。③需重视连接体两端结构连接方式。连接体部分是连体结构的关键部位，其连接方式一般根据建筑方案与布置来确定，可以采用刚性连接、铰接、滑动连接等，每种连接的处理方式不同，但均应进行详细的分析与设计。

5）竖向体型收进、悬挑结构

体型收进(图 7-6(a))是高层建筑中常见的现象，主要表现形式有结构上部的收进和带裙房的结构在裙房顶的收进。多塔结构即是典型的体型收进结构：在多个高层建筑的底部有一个连成整体的大裙房，形成大底盘，结构在大底盘上一层突然收进为两个或多个塔楼，形成多塔结构(图 7-5)。对于多个塔楼仅通过一个地下室连为一体,地上无裙房或有局部小裙房但不连为一体,地下室顶层又作为上部结构的嵌固端时,不属于多塔结构。

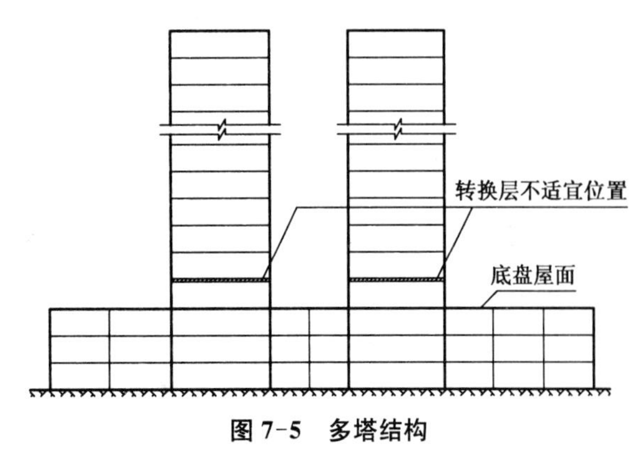

图 7-5 多塔结构

大底盘多塔楼高层建筑结构在大底盘上一层突然收进,侧向刚度和质量突然变化,所以这种结构属竖向不规则结构。另外,由于大底盘上有两个或多个塔楼,结构振型复杂,并会产生复杂的扭转振动,引起结构局部应力集中,对结构抗震不利。如果结构布置不当,竖向刚度突变、扭转振动反应及高振型的影响将会加剧。

悬挑结构(图 7-6(b))与体型收进结构相反,其结构的上部体型大于下部体型,但同样属于竖向不规则的结构。悬挑结构体型不规则,悬挑部分的结构一般竖向刚度较差,结构冗余度低,因此需要采取措施降低结构自重、增加结构冗余度,并进行竖向地震作用的验算,且应提高悬挑关键构件的承载力和抗震措施,防止相关部位在竖向地震作用下发生结构的倒塌。悬挑结构上下层楼板承受较大的面内作用,因此在结构分析时应考虑楼板内的变形,分析模型应包含竖向振动的质量,保证分析结果可以反映结构的竖向振动反应。

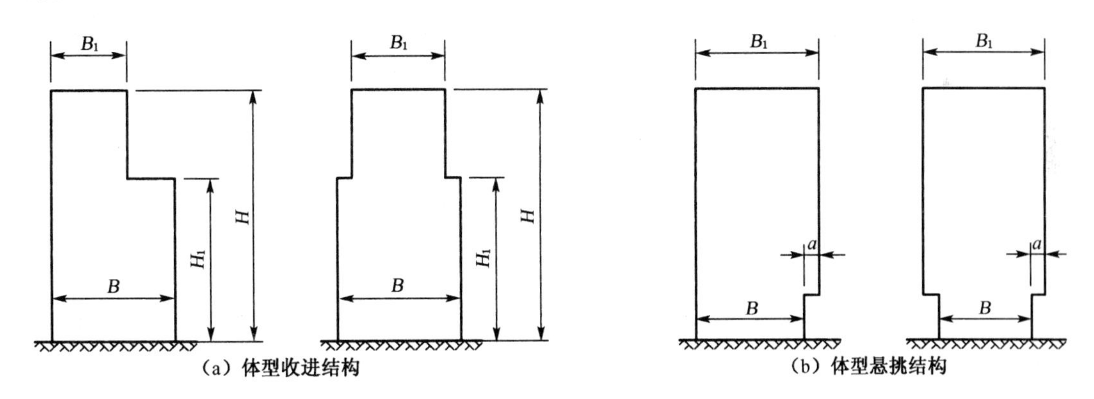

图 7-6 竖向体型收进、悬挑结构

7.2 复杂高层结构的计算分析

7.2.1 复杂高层结构计算分析的一般要求

1) 复杂高层结构的基本计算规定

复杂高层建筑结构传力途径复杂,竖向或平面布置不规则,在地震下易形成敏感的薄弱部位,其计算分析不同于常用结构体系的要求如下:

(1) 复杂高层建筑结构的整体分析应采用至少两个不同力学模型的三维空间分析软件进行整体计算。“两个不同力学模型结构分析软件”包含两层含义:一是指比较符合本工程实际受力状态的两个力学计算模型;二是指两个不同的计算软件。对同一结构采用两个或两个以上分析软件进行计算,可以互相比较和校核,以保证力学分析的可靠性。

(2) 复杂高层建筑结构中的受力复杂部位,尚宜进行精细的应力分析。对于复杂高层建筑结构应从抗震概念设计出发除进行整体计算外,对某些受力复杂部位宜进一步做应力分析,如转换构件、加强层的水平伸臂构件、错层结构的错层部位、连体结构的连接体以及与其相邻的主体结构等。局部应力分析可采用有限元法,了解应力分布情况后,按应力进行配筋校核。

(3) 复杂高层建筑结构应采用弹性时程分析法进行补充计算。宜采用弹塑性静力或弹塑性动力分析方法补充计算,以验算薄弱层的弹塑性变形。

(4) 抗震设计时,宜考虑平扭耦联计算结构的扭转效应,振型数不应少于15,对多塔结构的振型数不应小于塔楼数的9倍,且计算振型数应使各振型参与质量之和不小于总质量的90%。

(5) 复杂高层建筑结构的计算分析应考虑施工过程的影响。分析时必须按施工模拟、使用各阶段及施工实际支撑情况进行计算,以反映结构内力和变形的实际情况。

(6) 复杂高层建筑结构中,大跨度结构、悬挑结构、转换结构、连体结构的连接体应考虑竖向地震作用。结构竖向地震作用标准值可采用时程分析法或振型分解反应谱方法计算,同时,7度($0.15g$)、8度($0.20g$)、8度($0.30g$)、9度($0.40g$)抗震设防时,结构或构件的竖向地震作用标准值不宜小于其承受的重力荷载代表值的0.08、0.10、0.15、0.20倍。跨度不大于24 m的楼盖结构、跨度不大于12 m的转换结构和连体结构、悬挑长度不大于5 m的悬挑结构可简化取上述最小限值;结构跨度大于上述长度时,结构竖向地震作用标准值宜采用时程分析方法或振型分解反应谱方法进行计算。时程分析计算时输入的地震加速度最大值可按规定的水平输入最大值的65%采用,反应谱分析时结构竖向地震影响系数最大值可按水平地震影响系数最大值的65%采用,但设计地震分组可按第一组采用。

2) 复杂高层结构的计算软件选择、应用和判断

前几章的常用结构体系都是在一定假设条件下采用平面结构协同的简化计算方法,可以得到大致正确的计算结果并有助于理解结构基本概念。随着科学技术的发展,目前多高层建筑的结构分析基本上都采用计算机软件进行精确的计算。对于三维空间受力体系的复杂高层结构,离开计算机软件更是几乎难以完成。而国内外结构计算程序很多,每种结构计算分析软件都有其适用条件,使用不当,可能导致结构设计的不安全或是浪费。因此,结构分析时应结合结构的实际情况和所采用的计算软件的力学模型要求,对结构进行力学上的适当简化处理,使其既能比较正确地反映结构的受力特点,又适应于所选用的计算分析软件的力学模型,从根本上保证分析结果的可靠性。

(1) 选取合理的单元模型

从目前广泛应用的一些分析程序看,一般都是采用三维空间分析程序,以前采用的平面程序和空间协同程序在高层建筑结构的分析中已较少采用。计算分析程序一般都是建立在一个有限元分析内核上,高层结构的基本受力构件有柱、梁、剪力墙、楼板和支撑,对不同的构件采用不同的计算单元模型,柱、梁及支撑均为一维构件,其模型化研究比较成熟,各种分析程序对这类构件的模型化假定差异不大,均采用两端点各有六个自由度的杆单元。剪力

墙和楼板均为二维构件,该类构件的模型化假定差异较大,有从杆单元出发进行改进的薄壁杆件模型,也有从壳单元出发的壳体模型。

薄壁杆件模型是将连在一起的几个墙肢看做一个薄壁杆,除具备一般梁柱单元的 6 个自由度外,每端增加一个翘曲自由度,描述端截面不是平截面变形的情况。薄壁杆件模型在薄壁柱较高,沿竖向截面形式变化不大的情况下,精度是较高的,但在低矮的墙体分析中不够准确,对墙体沿高度变化的情况,如框支结构,在连接点不能保证各节点协调,传力不够准确。

就有限元理论目前的发展水平来看,用壳元来模拟剪力墙的受力状态是比较切合实际的,因为壳元和剪力墙一样,既有平面内刚度,又有平面外刚度。为保证墙与梁、柱连接时转角的协调,专门增加了节点转角自由度。在程序实现中,考虑到工程中剪力墙的几何尺寸、洞口大小及空间位置等都有较大的任意性,要注意检查壳元单元的划分,使单元的最长边与短边的比不宜大于 3。

楼板主要承受楼面竖向荷载作用,从理论上讲,可用平面板元或壳元来模拟其受力状况,但可能增加许多计算工作。一般多采用"楼板平面内无限刚"假定,以达到减少自由度,简化结构计算的目的。但在复杂高层结构中,上述假定可能导致较大的计算误差。为确保一定的分析精度前提下,尽量简化结构的分析计算,可根据实际情况采用以下四种假定的楼板:①假定楼板整体平面内无限刚,适用于多数常规结构;②假定楼板分块平面内无限刚,适用于多塔或错层结构;③假定楼板分块平面内无限刚,并带有弹性连接板带,适用于楼板局部开大洞、塔和塔之间上部相连的多塔结构及某些平面布置较特殊的结构;④假定楼板为弹性板,此为壳元模型,误差最小但计算量最大,可用于特殊楼板结构或要求分析精度高的高层复杂结构。

各类结构计算程序开发的重要内容实际就是开发不同的单元模型,使用时能否合理选择正确地反映结构受力特点的基本单元直接影响计算结果的准确性。而正确的构件单元应考虑下列变形:梁单元需考虑弯曲、剪切、扭转变形,当考虑楼板面内变形时需考虑轴向变形;柱单元需考虑弯曲、剪切、轴向、扭转变形;墙单元需考虑弯曲、剪切、轴向、扭转变形。

(2) 正确确定计算参数

所谓的计算参数是指进行结构计算分析时,与计算分析方法、计算分析模型相关的参数,包括几何参数、物理参数以及对所采用计算模型所得计算结果的修正系数等。计算参数的调整是为了理论计算能准确模拟结构的实际工作状况。参数调整可分为两部分:一般性参数调整和抗震设计内力调整。

① 周期折减系数。在建筑结构中一般都设置非承重的砌体填充墙,在结构计算时应考虑其对主体结构的影响,一般可根据填充墙数量多少等实际情况和经验对结构基本周期进行折减:框架结构可取 0.6～0.7;框架-剪力墙结构可取 0.7～0.8;框架-核心筒结构可取 0.8～0.9;剪力墙结构可取 0.8～1.0。

② 连梁刚度折减。在承载能力极限状态和正常使用极限状态设计中,高层建筑结构构件均采用弹性刚度参与整体分析。但框架-剪力墙或剪力墙结构中的连梁刚度相对墙体刚度较小,而承受的弯矩和剪力往往较大,截面配筋设计困难。因此,抗震设计时,可考虑在不影响其承受竖向荷载能力的前提下允许其适当开裂(降低刚度)而把内力转移到墙体上。通常,设防烈度低时连梁刚度可少折减一些(6、7 度时可取 0.7),设防烈度高时可多折减一些(8、9 度时可取0.5)。连梁刚度折减系数不宜小于 0.5,以保证连梁承受竖向荷载的能力和正

常使用极限状态的性能。

在进行风荷载等非地震荷载作用下结构承载力设计和位移计算时，不应进行连梁刚度折减。

对框架-剪力墙结构中一端与柱连接、一端与墙连接的梁以及剪力墙结构中的某些连梁，如果跨高比较大(比如大于5)、重力作用效应比水平风荷载或水平地震作用效应更为明显，此时应慎重考虑梁刚度的折减，折减幅度不宜过大，必要时可不进行梁刚度折减，以控制正常使用阶段梁裂缝的发生和发展。

③ 梁刚度增大系数。高层建筑一般采用现浇楼面或装配整体式楼面，楼板作为梁的有效翼缘形成T形或L形截面梁，提高了楼面梁的刚度，从而也提高了结构整体的侧向刚度，因此结构整体计算时应予考虑。作为梁翼缘的楼板宽度取值，与楼板的厚度、跨度、边界条件以及配筋构造有关，一般梁每侧翼缘宽度可取为楼板厚度的6倍左右。当近似以梁刚度增大系数考虑时，应根据梁翼缘尺寸与梁截面尺寸的比例予以确定。通常现浇楼面的边框架梁可取1.5，中框架梁可取2.0；有现浇面层的装配式楼面梁的刚度增大系数可适当减小。当框架梁截面较小而楼板较厚或者截面较大而楼板较薄时，梁刚度增大系数可能会超出1.5～2.0的范围。

一般情况下，现浇楼板作为楼面梁的有效翼缘，仅在结构整体计算时和在正常使用极限状态时考虑，在承载能力极限状态时往往不予考虑，而作为结构的安全储备。需要说明的是，一般高层建筑结构的计算往往不必整体考虑楼板的面外刚度，以免过高地估计结构的整体刚度。事实上，一般结构的楼板厚度相对于楼面梁是比较小的，其面外刚度对结构的整体刚度贡献不能估计过高。当结构整体计算模型中考虑了现浇楼板的面外刚度时，梁单元计算中不应再考虑额外的刚度增大。对于无现浇面层的装配式结构，虽然有现浇板缝等构造做法，楼板在一定程度上也可起到梁的翼缘作用，但作用效果有限，且不同的构造做法差异较大，因此整体计算时可不考虑楼面翼缘的刚度贡献。

④ 框架梁弯矩调幅。工程设计中，在竖向荷载作用下，框架梁端负弯矩往往很大，配筋困难，不便于施工，同时，超静定钢筋混凝土结构在达到承载能力极限状态之前，总会产生不同程度的塑性内力重分布，其最终内力分布取决于构件的截面设计情况和节点构造情况。因此，允许主动考虑塑性变形内力重分布对梁端负弯矩进行适当调幅，达到调整配筋分布、节约材料、方便施工的目的。但是钢筋混凝土构件的塑性变形能力总体上是有限的，其塑性转动能力与梁端节点的配筋构造设计密切相关，为保证正常使用状态下的性能和结构安全，梁端弯矩调幅的幅度必须加以限制。一般情况下，装配整体式框架梁端负弯矩调幅系数可取为0.7～0.8；现浇框架梁端负弯矩调幅系数可取为0.8～0.9。同时，框架梁端负弯矩减小后，梁跨中弯矩应按平衡条件相应增大。

截面设计时，为保证框架梁跨中截面底部钢筋不至于过少，其正弯矩设计值不应小于竖向荷载作用下按简支梁计算的跨中弯矩之半。

计算截面设计内力时，应先对竖向荷载作用下框架梁的弯矩调幅，再与水平作用产生的框架梁弯矩进行组合，即梁端弯矩调幅仅对竖向荷载产生的弯矩进行，其余荷载或作用产生的弯矩不调幅，以保证梁正截面抗弯设计的安全度。

⑤ 楼面梁的扭矩折减。高层建筑结构楼面梁受楼板(有时还有次梁)的约束作用，无约束的独立梁极少，其受力性能与无楼板的独立梁完全不同。当结构计算中未考虑楼盖对梁

扭转的约束作用时，梁的扭转变形和扭矩计算值过大，往往与实际不符，造成抗扭截面设计比较困难，因此可对梁的计算扭矩予以适当折减。计算分析表明，梁的扭矩折减系数与楼盖（楼板和梁）的约束作用和梁的位置密切相关，梁的扭矩折减系数的变化幅度较大，下限可到0.1以下，上限可到0.7以上，因此应根据具体情况确定楼面梁的扭矩折减。考虑到问题的复杂性，相关规程没有给出确定的梁扭矩折减系数值，而由设计人员根据具体情况合理确定。当没有充分计算依据或参考依据的情况下，建议梁的扭矩折减系数不宜小于0.4，以避免抗扭强度不足而造成的裂缝等工程事故。

（3）计算简图的处理

结构计算简图应根据结构的实际形状和尺寸、构件的连接构造、支承条件和边界条件、构件的受力和变形特点等合理确定，既要符合工程实际，又要抓住主要矛盾和矛盾的主要方面，弃繁就简，满足工程设计精度要求，保证设计安全。计算简图的确定是结构分析的基础，是工程设计不可或缺的一个阶段。

① 构件偏心。实际工程中，往往存在以下三种构件偏心：A. 柱变截面处上下柱一边或两边不对齐造成上、下柱偏心，边柱和角柱常常如此；B. 剪力墙上、下形状不同或变截面造成的偏心；C. 楼面梁布置与柱形心不重合造成梁柱偏心。

上述构件偏心，对结构构件的内力与位移计算结果会产生不利影响，计算中应加以考虑。楼面梁与柱的偏心一般可按实际情况参与整体计算；当偏心不大时，也可采用柱端附加偏心弯矩的方法予以近似考虑。

② 刚域的影响。当构件截面相对其跨度较大时，构件交点处会形成相对的刚性节点区域。在刚性区段内，构件不发生弯曲和剪切变形，但仍保留轴向变形和扭转变形，梁端截面弯矩可取刚域端截面的弯矩计算值。杆端刚域的大小取决于交会于同一节点的各构件的截面尺寸和节点构造，刚域尺寸的合理确定，会在一定程度上影响结构的整体分析结果。《高层建筑混凝土结构技术规程》（JGJ 3）给出了刚域长度的近似计算公式（7-1），该公式在实际工程中已有多年应用，有一定的代表性，当计算的刚域长度为负值时，应取为零。确定计算模型时，壁式框架梁、柱轴线可取为剪力墙连梁和墙肢的形心线。

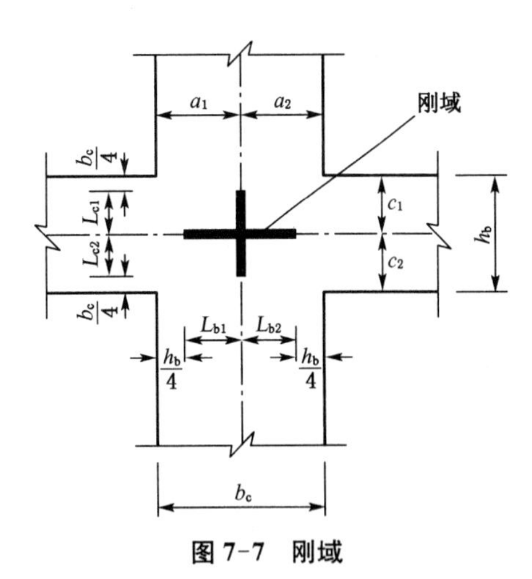

图 7-7 刚域

$$L_{b1} = a_1 - 0.25h_b \tag{7-1(a)}$$

$$L_{b2} = a_2 - 0.25h_b \tag{7-1(b)}$$

$$L_{c1} = c_1 - 0.25b_c \tag{7-1(c)}$$

$$L_{c2} = c_2 - 0.25b_c \tag{7-1(d)}$$

式中符号的意义参见图 7-7。

目前，国内外计算分析软件对构件节点刚域的考虑方法不尽相同，但以考虑刚域影响计算居多。国外的某些软件，在结构整体分析时可由用户确定杆端刚域的大小，但计算内力输出时，不论用户是否考虑杆端刚域，仅输出杆件净跨内各截面的内力，不输出节点内(不论是否为刚域)各截面的内力。国内软件的杆件内力输出常常与计算跨度一致，不考虑刚域时，端截面为节点中心；考虑刚域时，为刚域端部。因此，在使用不同的软件时，应注意不同的假定和考虑问题的方法。

③ 密肋楼盖和无梁楼盖。在结构整体计算中，密肋楼盖宜按实际情况进行计算。当密肋梁较多时，如果软件的计算容量有限，也可采用简化方法计算，此时可按等效刚度原则将密肋梁均匀等效为柱上框架梁参与整体计算。等效框架梁的截面宽度可取被等效的密肋梁截面宽度之和，截面高度取密肋梁的截面高度，钢筋混凝土构件的计算配筋可均匀分配给密肋梁。

无梁楼盖必须考虑其面外刚度，宜选用可考虑楼盖面外刚度的软件进行计算。如果计算软件不能考虑楼板的面外刚度，可采用近似方法加以考虑。此时，柱上板带可等效为框架梁参与整体抗侧力计算，等效框架的截面宽度可取等代框架方向板跨的 3/4 及垂直于等代框架方向板跨的 1/2 两者的较小值。

④ 复杂平面和立面剪力墙。随着建筑功能和体形的多样化，剪力墙结构、框架-剪力墙结构中复杂平面和立面的剪力墙不断出现，有的上下开洞不规则，有的平面形状上下不一致。对这些复杂剪力墙，除应采用合适的计算模型分析外，尚应根据工程实际情况和计算软件的分析模型，对其进行必要的模型化处理。当采用有限元模型时，应在截面变化处合理地选择单元类型和划分单元。当采用杆系模型时，对错洞墙可采用适当的模型化处理后进行整体计算，对平面形状上大下小的剪力墙，也可采用开计算洞(施工洞)使之传力明确。必要时应在整体分析的基础上对结构复杂局部进行二次补充计算分析，保证局部构件计算分析的可靠性。

对复杂平面和立面剪力墙，在结构内力与位移整体计算中，当对其局部做适当和必要的简化处理时，不应改变结构的整体变形和受力特点。

与复杂剪力墙相类似，对复杂高层建筑结构，如转换层结构、加强层结构、连体结构、错层结构、多塔楼结构等，应按情况选用合适的计算单元进行分析。模型化处理时，应保证反映结构的实际受力和变形特点。比如，多塔楼结构，一般不应按单塔楼结构计算分析。在整体计算中对转换层、加强层、连接体等复杂受力部位做简化处理的(如未考虑水平构件的轴向变形等)，整体计算后应对作简化处理的局部结构或构件进行更精细的补充计算分析。

⑤ 结构嵌固部位。高层建筑结构计算中，主体结构计算模型的底部嵌固部位，理论上应能限制上部结构构件在三个水平方向的平动位移和转角位移，并将上部结构的剪力全部传递给地下室结构。因此，对作为主体结构嵌固部位地下室层的整体刚度和承载能力应加以控制。《高层建筑混凝土结构技术规程》(JGJ 3)规定：当地下顶板作为上部结构嵌固部位时，地下室结构的楼层侧向刚度不应小于相邻上部结构楼层侧向刚度的 2 倍。嵌固部位楼盖应采用梁板结构，楼板厚度不宜小于 180 mm，混凝土强度等级不宜低于 C30，应采用双层双向配筋，且每层每个方向的配筋率不宜小于 0.25%；地下一层的抗震等级应按上部结构采用，地下室柱截面每侧的纵向钢筋面积除应符合计算要求外，不应少于地上一层对应柱每侧纵向钢筋面积的 1.1 倍。一般情况下，这些控制条件是容易满足的。当地下室不能满足嵌固部位的楼层侧向刚度比规定时，有条件时可增加地下楼层的侧向刚度，或者将主体结构的嵌固部位下移至符合要求的部位，例如筏形基础顶面或箱形基础顶面等。

(4) 计算结果的判断和调整

目前,采用计算机软件进行高层建筑结构分析和设计是必不可少的,但应警惕一个危险的倾向:迷信软件计算结果,忽视结构概念。因此,对计算结果的合理性、可靠性进行判断是十分必要的。结构工程师应以力学概念和丰富的工程经验为基础,从结构整体和局部两个方面对计算结果的合理性进行判断,确认其可靠性后,方可用于工程设计。一般可参考以下几点进行分析判断:

① 合理性的判断。根据结构类型分析其动力特性和位移特性,判断其合理性。

A. 周期及周期比。周期大小与刚度的平方根成反比,与结构质量的平方根成正比。周期的大小与结构在地震中的反应有密切关系,最基本的是不能与场地土的卓越周期一致,否则会发生类共振。

按正常设计,非耦联计算的地震作用时,结构周期大致在以下范围内,即:框架结构:$T_1=(0.12\sim0.15)n$;框剪(筒)结构:$T_1=(0.08\sim0.12)n$;剪力墙结构:$T_1=(0.06\sim0.10)n$;筒中筒结构:$T_1=(0.07\sim0.10)n$。$T_2=(1/5\sim1/3)T_1$,$T_3=(1/7\sim1/5)T_1$。其中,n 为结构计算层数(对于 40 层以上的建筑,上述近似周期的范围可能有较大差别)。如果周期偏离上述数值太远,应当考虑本工程刚度是否合适,必要时调整结构截面尺寸。如果结构截面尺寸和布置正常,无特殊情况而计算周期相差太远,应检查输入数据有无错误。

周期比是指结构扭转为主的第一自振周期 T_t 与平动为主的第一自振周期 T_1 的比值。控制周期比主要是为了减小扭转效应对结构产生的不利影响。要求:A 级高度高层建筑周期比不应大于 0.9。B 级高度、超过 A 级高度的组合结构及复杂高层建筑结构不应大于 0.85。如不能满足该要求,应调整抗侧力结构的布置,增大结构的抗扭刚度。

B. 振型。正常计算结果的振型曲线多为连续光滑曲线,第一振型无零点;第二振型在 $(0.7\sim0.8)H$ 处有一个零点;第三振型分别在 $(0.4\sim0.5)H$ 及 $(0.8\sim0.9)H$ 处有两个零点(如图 7-8 所示),当沿竖向有非常明显的刚度和质量突变时振型曲线可能有不光滑的畸变点。

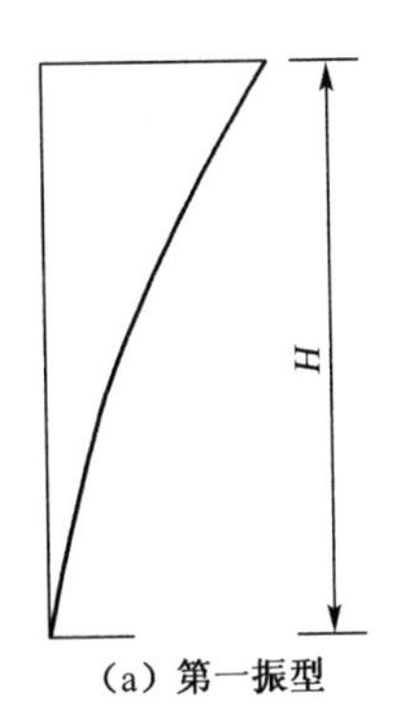

(a) 第一振型

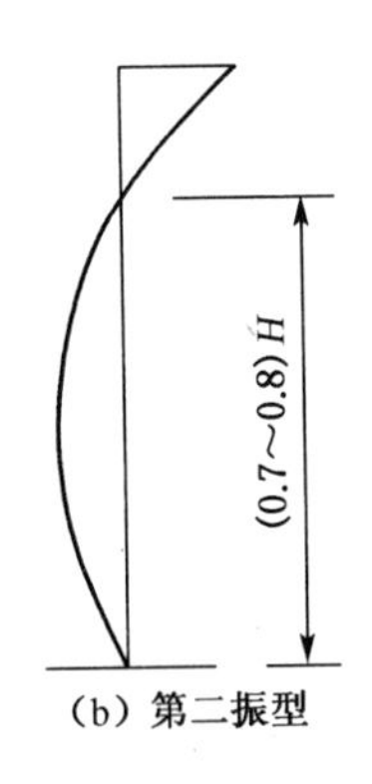

(b) 第二振型

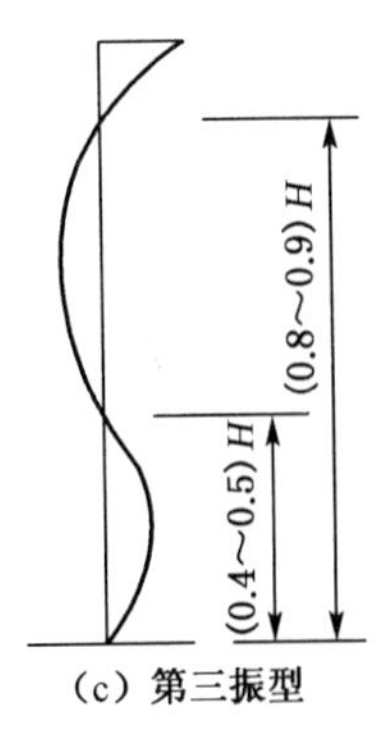

(c) 第三振型

图 7-8　振型曲线

C. 位移及位移比。结构的弹性层间最大位移与层高之比需满足《高层建筑混凝土结构技术规程》(JGJ 3)的限值要求。需要说明的是,此时位移的计算是在"楼板平面内刚度无限大"这一假定下的。

位移与结构的总体刚度有关,计算位移愈小,其结构的总体刚度就愈大,故可以根据初算的结果对整体结构进行调整。如位移值偏小,则可以减小整体结构的刚度,对墙、梁的截面尺寸可适当减小或取消部分剪力墙。反之,如果位移偏大,则考虑如何增加整体结构的刚度,包括加大有关构件的尺寸、改变结构抵抗水平力的形式、增设加强层和斜撑等。

位移比是为了限制结构平面布置的不规则性,避免产生过大的偏心而导致结构产生较大的扭转效应。要求:在考虑偶然偏心影响的规定水平地震作用下,楼层竖向构件最大的水平位移和层间位移,A 级高度高层建筑不宜大于该楼层平均值的 1.2 倍,不应大于该楼层平均值的 1.5 倍;B 级高度、超过 A 级高度的组合结构及复杂高层建筑结构不宜大于该楼层平均值的 1.2 倍,不应大于该楼层平均值的 1.4 倍。

D. 剪重比。剪重比是为了控制楼层的最小地震剪力,保证结构的安全,规范给出了地震不同烈度下楼层最小地震剪力系数(剪重比)限值(表 2-18)。当仅底部总地震剪力略小于限值,可采用所有楼层乘同样大小的增大系数解决;当相差较多时,需重新调整结构选型和结构布置。

非耦联计算时,底层剪重比应在合理范围内。对第一周期小于 3.5 s 的结构,一般为 7 度、Ⅱ类土:$V/G=1.6\%\sim2.8\%$;8 度、Ⅱ 类土:$V/G=3.2\%\sim5\%$。

耦联计算地震作用时,其第一周期剪重比也应在常规范围之内,但不能简单地与非耦联时计算比较,因其振型较为复杂,底部地震剪力与非耦联计算结果相近或略小。

E. 稳定性及刚重比。结构整体稳定性是高层建筑结构的基本要求,控制刚重比的目的是控制结构的整体稳定性,避免结构产生整体失稳。结构的刚重比需满足《高层建筑混凝土结构技术规程》(JGJ 3)限值要求:对剪力墙结构、框架-剪力墙结构、筒体结构,$EI_d\geqslant 1.4H^2\sum_{i=1}^{n}G_i$;对框架结构,$D_i\geqslant 10\sum_{j=i}^{n}G_j/h_i$。否则应调整并增大结构的侧向刚度。

② 渐变性的判断。竖向刚度、质量变化较均匀的结构,在较均匀变化的外力作用下,其内力、位移等计算结果自上而下也应均匀变化,不应有较大的突变,否则应检查结构截面尺寸或输入数据是否正确、合理。位移特征曲线如图 7-9 所示。

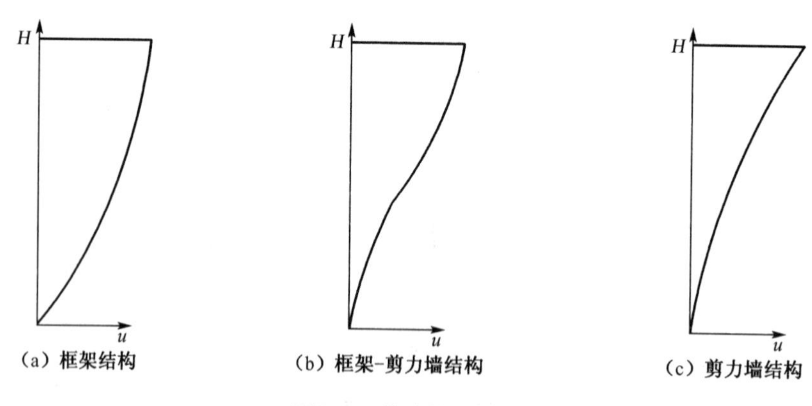

图 7-9 位移特征曲线

③ 平衡性的判断。分析在单一重力荷载或风荷载作用下内外力平衡条件是否满足。进行内外力平衡分析时:A. 应在结构内力调整之前;B. 平衡校核只能对同一结构在同一荷载条件下进行,故不能考虑施工过程中的模拟加载的影响;C. 平衡分析时必须考虑同一种工况下的全部内力;D. 经过 RSS 或 CQC 法组合的地震作用效应是不能作平衡分析的,当需

要进行平衡校核时，可利用第一振型的地震作用进行平衡分析；E. 柱、墙计算轴力 N_i 基本符合柱、墙受荷载面积 A_i 的近似应力，即 $N_i = qA_i$，此处 q 为单位面积重力荷载，对框架结构约为 12～14 kN/m²，对框架-剪力墙结构约为 13～15 kN/m²，对剪力墙结构和筒体结构约为 14～16 kN/m²。

④ 构件配筋的分析、判断。结构计算完毕，除对整体结构的分析计算结果进行判断和调整外，还应对构件的配筋合理性进行分析判断，包括如下内容：A. 一般构件的配筋值是否符合构件的受力特性；B. 特殊构件（如转换梁、大悬臂梁、转换柱、跨层柱、特别荷载作用的部位）应分析其内力，配筋是否正常，必要时应进一步分析，包括手算（确定荷载及内力计算）以及采用其他程序进行复核；C. 柱的轴压比是否符合规范要求，短肢剪力墙的轴压比是否满足有关要求，竖向构件的加强部位（如角柱、框支柱、底层剪力墙等）的配筋是否得到反映；D. 个别构件的超筋的判断和处理。

⑤ 根据计算结果对结构进行调整。设计较为合理的结构，一般不应有太多的超限截面，基本上应能满足规范的各项要求。结构设计中，其计算结果一般可按上述几项内容进行分析判断，符合上述要求，可以认为结构基本正常，否则应检查输入数据是否有误或对结构方案进行调整，使计算结果正常、合理。

结构布置的调整，应在概念设计的基础上，从整体进行把握，做到有的放矢。如一般高层建筑单位面积的重量多数在 15 kN/m² 左右，若计算结果与此相差很大，则需考虑电算数据输入是否正确；又如，高层建筑计算出的第一振型为扭转振型，则表明结构的抗侧力构件布置得不尽合理，质量中心与抗侧刚度中心存在偏差，平动质量相对于刚度中心产生转动惯量，或是抗侧力构件数量不足，或是整体抗扭刚度偏小，此时对结构方案应从加强抗扭刚度、减小相对偏心、使刚度中心与质量中心一致、减小结构平面的不规则性等角度出发，进行调整，因此，可采用加大抗侧力构件截面或增加抗侧力构件数量，将抗侧力构件尽可能均匀对称地布置在建筑物四周、必要时设置抗震缝、将不规则平面划分为若干相对规则平面等方法进行处理。

7.2.2 高层结构计算分析的基本方法和原理

1）计算机计算法的原理和要点

高层建筑结构采用计算机程序计算，软件很多但原理基本相近，即将高层建筑结构离散为局部坐标下的杆单元、平面或空间的墙、板单元，通过坐标转换再将这些组合单元凝聚为整体坐标下的结构，根据节点处的变形协调条件和内力平衡条件，求出内力和位移。其原理和方法在结构力学和弹性力学课程中学习，现简要介绍其计算要点。

（1）结构整体刚度方程的建立

① 取节点位移为基本未知量。

② 将结构离散为构件，每一构件取作一个基本单元（杆单元、平面或空间的墙、板单元），建立局部坐标系下基本单元的刚度矩阵，即单元杆端力与杆端位移间的关系：

$$\{\bar{F}\}^{\mathrm{e}} = \{\bar{k}\}^{\mathrm{e}}\{\bar{\delta}\}^{\mathrm{e}} \tag{7-2}$$

③ 通过坐标转换，得到结构在整体坐标系下构件单元的平衡方程：

$$[K_i]\{\delta_i\} = \{F_i\} \tag{7-3}$$

式中：$[K_i]$、$\{\delta_i\}$和$\{F_i\}$——在整体坐标下的单元刚度矩阵、杆端位移矩阵和杆端内力向量，$[K_i]$、$\{\delta_i\}$、$\{F_i\}$与局部坐标下的$[K_i]^e$、$\{\delta_i\}^e$、$\{F_i\}^e$ 的关系如下：

$$\left.\begin{aligned}[K_i] &= [T]^T[K_i]^e[T]\\ [\delta_i] &= [T]^T[\delta_i]^e\\ \{F_i\} &= [T]^T[F_i]^e\end{aligned}\right\} \tag{7-4}$$

式中：T 为由局部坐标到结构整体坐标系的综合转换矩阵

$$[T] = [T_1]\cdot[T_2]\cdot[T_3]$$

④ 将单元集合成整体，使满足节点处的变形连续条件和平衡条件，按照刚度迭加原则，可得到结构的总刚度矩阵，建立结构的整体刚度方程：

$$[K][\Delta] = [P] \tag{7-5}$$

式中：$[K]$——结构的总刚度矩阵；

$[\Delta]$——结构的节点位移矩阵；

$[P]$——结构的节点荷载矩阵。

(2) 结构整体平衡方程的求解

由于结构的总刚度矩阵$[K]$为对称正定矩阵，$[K]$可分解成

$$[K] = [L][D][L]^T \tag{7-6}$$

其中：$[L]$——对角元素均为1的下三角矩阵；

$[D]$——对角元素均为正的对角矩阵。

令

$$[D][L]^T\{\delta\} = [Y] \tag{7-7}$$

则式(7-7)可改写成

$$[L][Y] = [P] \tag{7-8}$$

按照上述公式，式(7-5)方程的求解可分三步完成：①按式(7-6)将总刚度矩阵分解；②按式(7-8)求解$[Y]$；③按式(7-7)求$[\delta]$。

(3) 结构内力的求解

在求得结构整体坐标下的位移向量$[\delta]$后，对于柱、梁、支撑等构件，按照各杆端对应的自由度号取出各杆端位移$\{\delta_i\}$，然后，可按下式求出杆端内力：

$$[F_i]^e = [K_i]^e[T]\{\delta_i\} \tag{7-9(a)}$$

当杆件上作用有节点间荷载时，还应扣除等效节点力。

$$\{F\}^e = \{F_i\}^e - \{P_i\}^e \tag{7-9(b)}$$

对于墙元，首先按照其出口节点对应的自由度号取出出口节点位移向量$\{\delta_i\}$，接下式计算其内部节点的位移：

$$\{\delta_j\} = [K_{jj}]^{-1}\{P_j\} - [K_{jj}]^{-1}[K_{ji}]\{\delta_i\} \tag{7-10}$$

然后根据墙元划分情况，计算其每个小壳元各高斯点上的应力，并按应力外推公式求出小壳元各节点上的应力，最后对墙元边界应力进行积分计算，求出墙元各部分的内力(弯矩、轴力、剪力)。

2) 基于性能抗震设计的原理和要点

(1) 基于性能的抗震设计概念及理论

① 基于性能的抗震设计概念

常规的结构抗震设计，是根据抗震规范规定的地震作用，求算结构所受的内力和位移等动力反应，只要结构的各项指标(如位移、承载力等)满足规范要求，即认为达到设计目标，至于这样设计出来的结构具体达到了怎样的可靠度水平和性能水平，只能宏观定性而不能做出适当准确的定量描述。而按国内外规范设计的结构可靠度指标分布在一个很大的范围内(如欧洲规范是 3～6 的范围)，这就使得结构的风险水平和性能水平模糊不清。基于性能的抗震设计则从根本上改变了设计过程，它以结构性能控制指标(如承载力、位移等)为整个抗震设计过程的起点，设计时用该性能指标控制，得出结构的内力并进行具体配筋设计，设计后用应力验算，不足时用增大刚度而不是强度的方法来改进，这样就可以在设计初始就明确所设计结构的性能水平，并使结构的性能正好达到目标性能水平。基于性能的抗震设计是以结构抗震性能分析为基础的结构设计，其实质是结构的抗震能力是按选定的具体量化的多重抗震性能目标进行的设计。基于性能的抗震设计与传统的设计相比主要体现了精细化、数量化和多样化的特点，最终把以宏观经验为基础的设计提升到定量和理性的设计。

基于抗震性能设计方法的特点是:抗震设计从宏观定性转变为目标具体量化，建设单位或设计者可选择性能目标，然后对确定的性能目标进行深入的分析论证再通过专家的审查。这一方法可适用于一些现行标准规范中尚未涉及的复杂或超限结构体系，为推广应用新体系、新材料、新技术提供了技术可能。复杂和"超限"高层建筑结构属于不规则结构，甚至是特别不规则结构，一般表现为不能完全符合规范的抗震概念设计的要求，不能完全套用现行规范和标准，比较适合采用基于性能的抗震设计方法。

目前，基于性能的抗震设计可分为基于性能的抗震性能设防目标和基于性能的抗震设计方法两部分。前者涉及设防地震动水准的确定、性能水准的确定，最终给出抗震性能设防目标。而基于性能的抗震设计方法则要确定为满足设防标准需要进行的抗震验算的次数、控制指标和具体计算方法。

② 结构抗震性能目标

基于性能的抗震设计要求在设计之前先确定性能目标。结构性能目标是指结构对应于某一级设防地震动水准而期望达到的性能水准或等级，它反映了建筑物在某一特定地震设计水准下预期破坏的最大程度。结构抗震性能目标的建立应综合考虑抗震设防类别、设防烈度、场地特征、结构的特殊性、投资与效益、震后损失与恢复重建、潜在的历史和文化价值、社会效益及业主承受能力等众多因素选定。结构抗震性能目标分为 A、B、C、D 四个等级，每个性能目标均与一组在指定地震地面运动下的结构抗震性能水准相对应(见表 7-5)。结构抗震性能水准按表 7-6 进行宏观判别。

表 7-5 结构抗震性能目标

地震水准＼性能水准＼性能目标	A	B	C	D
多遇地震(小震)	1	1	1	1
设防烈度地震(中震)	1	2	3	4
罕遇地震(大震)	2	3	4	5

表 7-6 各种性能水准结构预期的震后性能状况

结构抗震性能水准	宏观损坏程度	损坏部位			继续使用的可能性
		普通竖向构件	关键构件	耗能构件	
1	完好 无损坏	无损坏	无损坏	无损坏	不需要修理 即可继续使用
2	基本完好 轻微损坏	无损坏	无损坏	轻微损坏	稍加修理即 可继续使用
3	轻度损坏	轻微损坏	轻微损坏	轻度损坏、 部分中度损坏	一般修理后 可继续使用
4	中度损坏	部分构件 中度损坏	轻度损坏	中度损坏、部分 比较严重损坏	修复或加固后 可继续使用
5	比较严重 损坏	部分构件比较 严重损坏	中度损坏	比较严重损坏	需排险大修

注:(1)“普通竖向构件”是指“关键构件”之外的竖向构件;“耗能构件”包括框架梁、剪力墙连梁及耗能支撑等。

(2)“关键构件”是指该构件的失效可能引起结构的连续破坏或危及生命安全的严重破坏,如:水平转换构件及其支承构件;大跨连体结构的连接体及其支承结构;大悬挑结构的主要悬挑构件;加强层伸臂和周边环带结构中的某些关键构件及其支承结构;承托上部多个楼层框架柱的腰桁架;长短柱在同一楼层且数量相当时该层各长短柱;细腰型平面很窄的连接楼板;扭转、变形很大部位的竖向(斜向)构件、重要的斜撑构件等。

从上述性能目标和性能水准的划分可以看出,基于性能的抗震设计由常规抗震设计原则过渡而来,四级性能目标近似对应于特殊、重点、标准、适度四个抗震设防类别,只是考虑的因素更多。五个性能水准对应“小震、中震、大震”三个地震水准所描述的“不坏、可修、不倒”的破坏程度,但划分得更加细致,同时也有相应的明确计算指标相对应。将常规抗震模糊的、宏观定性的抗震概念转化为具体的、定量的性能控制。

复杂和超限高层结构性能目标的选择可参考下列建议:特别不规则的、房屋高度超过 B 级高度很多的高层建筑或处于不利地段的特别不规则结构,可考虑选用 A 级性能目标;房屋高度超过 B 级高度较多或不规则性超过规范适用范围很多时,可考虑选用 B 级或 C 级性能目标;房屋高度超过 A 级高度或不规则性超过规范适用范围较少时,可考虑选用 C 级或 D 级性能目标;结构方案中仅有部分区域结构布置比较复杂或结构的设防标准、场地条件等具有特殊性,使结构设计难以直接按规范规定的常规方法进行设计时,可考虑选用 C 级或 D 级性能目标。选择性能目标时,由于实际工程情况很复杂,需综合考虑各项因素,一般需征求业主和有关专家的意见。

(2) 基于性能的抗震设计计算方法

① 计算原理和规定

按照结构抗震安全评价的能量原则,一个结构及其构件的承载力较高,则其延性变形能力要求可有所降低;结构及其构件的承载力较低,则需要较高的延性变形能力。也就意味着,结构为了获得等量的消耗地震能量的能力,需要在承载力和变形这两个因素间权衡,像复杂和超限高层这类不规则结构延性变形能力较低,就需要提高结构承载力。常规的抗震设计也是基于此原则,采用两阶段设计来实现三水准的设防目标:第一阶段采用小震下按弹性反应谱理论得到的地震作用计算承载力和变形,满足第一水准要求。通过与概念设计相关的内力调整放大和抗震构造措施来满足第二水准和第三水准的宏观性能控制要求;第二阶段通过对大震下的弹塑性变形进行验算,满足第三水准的位移限值要求。可以认为,常规抗震设计已具有基于性能设计的雏形,小震有明确的性能指标,大震有位移指标,只是其中的经验性的增大系数和构造要求尚没有定量化的性能指标。

基于性能的抗震设计也是通过控制五个性能水准地震作用下结构的承载力和变形指标来实现的。

A. 第 1 性能水准:全部结构和构件应满足弹性设计要求。在多遇地震作用下,其承载力和变形应符合规范的有关规定;在设防烈度地震作用下,结构构件的抗震承载力应符合下式规定:

$$\gamma_G S_{GE} + \gamma_{Eh} S^*_{Ehk} + \gamma_{Ev} S^*_{Evk} \leqslant R/\gamma_{RE} \tag{7-11}$$

式中:S^*_{Ehk}——水平地震作用标准值的构件内力,不需考虑与抗震等级有关的增大系数;

S^*_{Evk}——竖向地震作用标准值的构件内力,不需考虑与抗震等级有关的增大系数。

B. 第 2 性能水准:在设防烈度地震作用或预估的罕遇地震作用下,普通竖向构件及关键构件的抗震承载力宜符合弹性设计要求(见式(7-11));耗能构件的受剪承载力宜符合弹性设计要求(见式(7-11));其正截面承载力应符合屈服承载力设计要求(见式(7-12))。

$$S_{GE} + S^*_{Ehk} + 0.4S^*_{Evk} \leqslant R_k \tag{7-12}$$

式中:R_k——按材料强度标准值计算的截面承载力标准值。

C. 第 3 性能水准:整体结构进入弹塑性状态。应进行弹塑性计算分析,进一步分析弹塑性层间位移角、构件屈服次序及塑性铰分布、结构的薄弱部位,整体承载力不发生下降等。允许部分框架、剪力墙、连梁等耗能构件进入屈服阶段。在设防烈度地震作用或预估的罕遇地震作用下,普通竖向构件及关键构件的正截面承载力应符合式(7-12)的规定;对水平长悬臂结构和大跨度结构中的关键构件正截面屈服承载力设计,除满足式(7-12)的规定外,尚应满足式(7-13)的要求;它们的受剪承载力均宜符合式(7-11)的规定;部分耗能构件进入屈服阶段,但抗剪承载力宜满足屈服承载力设计要求(式 7-12);在预估的罕遇地震作用下,结构薄弱部位的最大层间位移角应满足《高层建筑混凝土结构技术规程》第 3.7.5 条弹塑性层间位移角的要求(表 2-12)。

$$S_{GE} + 0.4S^*_{Ehk} + S^*_{Evk} \leqslant R_k \tag{7-13}$$

D. 第 4 性能水准:整体结构应进行弹塑性计算分析。在设防烈度地震作用或预估的罕遇地震作用下,关键构件的抗震承载力应符合式(7-12)的规定;对水平长悬臂结构和大跨度结构中的关键构件正截面屈服承载力设计应符合式(7-13)的规定;部分竖向构件及大部分耗能构件进入屈服阶段,但为防止构件脆性破坏,其受剪截面应满足以下要求:

钢筋混凝土构件应满足

$$V_{GE}+V_{Ek}^{*}\leqslant 0.15f_{ck}bh_{0} \tag{7-14}$$

钢-混凝土组合构件应满足

$$(V_{GE}+V_{Ek}^{*})-(0.25f_{ak}A_{a}+0.5f_{spk}A_{sp})\leqslant 0.15f_{ck}bh_{0} \tag{7-15}$$

式中：V_{GE}——重力荷载代表值作用下产生的构件剪力；

V_{Ek}^{*}——地震作用标准值产生的构件剪力，不需考虑与抗震等级有关的增大系数；

f_{ak}——剪力墙端部暗柱中型钢的强度标准值；

A_{a}——剪力墙端部暗柱中型钢截面面积；

f_{spk}——剪力墙墙内钢板的强度标准值；

A_{sp}——剪力墙墙内钢板的横截面面积。

在预估的罕遇地震作用下，结构薄弱部位的最大层间位移角应满足《高层建筑混凝土结构技术规程》第3.7.5条弹塑性层间位移角的要求。

E. 第5性能水准：整体结构应进行弹塑性计算分析，在预估的罕遇地震作用下，关键构件的抗震承载力宜符合式(7-12)的规定，较多的竖向构件进入屈服阶段，但同一楼层的竖向构件不宜全部屈服；竖向构件的受剪截面应满足式(7-14)或式(7-15)的要求；允许部分耗能构件发生比较严重的破坏；结构薄弱部位的层间位移角应满足《高层建筑混凝土结构技术规程》第3.7.5条弹塑性层间位移角的要求。

结构的五个性能化水准设计可归纳为：第1性能水准要求全部结构构件抗震承载力均应满足“中震弹性”；第2性能水准与第1性能水准的差别是：框架梁、剪力墙连梁等概念设计出塑性铰的耗能构件正截面承载力需满足“中震不屈服”，其他均为“中震弹性”；第3性能水准时关键构件及普通竖向构件的正截面承载力需满足“中震不屈服”，耗能构件正截面承载力可进入屈服状态，但其受剪承载力宜符合“中震不屈服”；第4性能水准在第3性能水准的基础上放松为：关键构件的抗震承载力应满足“中震不屈服”，允许部分竖向构件及大部分耗能构件进入屈服阶段，但受剪截面应满足截面限制条件，以防止构件发生脆性剪切破坏；第5性能水准与第4性能水准的差别在于：关键构件的抗震承载力宜满足“中震不屈服”，允许较多竖向构件进入屈服阶段，耗能构件发生比较严重的破坏，应注意同一楼层的竖向构件不宜全部进入屈服并宜控制整体结构承载力下降的幅度不超过10%。

② 具体计算方法和要求

根据基于性能的抗震设计计算要求，结构性能计算有弹性计算和弹塑性计算两类，弹性计算与常规抗震计算相同，不再赘述。而基于性能的抗震设计弹塑性计算主要方法包括动力弹塑性时程分析法和静力弹塑性分析方法(push-over法)。

A. 基于性能的抗震设计弹塑性计算分析的基本规定

结构抗震性能设计时，进行弹塑性计算分析应符合下列要求：a. 高度不超过150 m的建筑，可采用静力弹塑性分析法；高度超过200 m的建筑，应采用弹塑性时程分析法；高度在150～200 m之间，根据结构自振特性和不规则程度选用静力或动力时程分析法；高度超过300 m的结构、新型结构或特别复杂的结构，应有两个独立的计算，互相校核。b. 复杂高层结构，应进行施工模拟分析，并以施工完成后的静载内力作为初始状态进行计算。c. 弹塑性时程分析，宜采用双向或三向地震波输入，高度超过200 m或结构体系复杂的结构，宜取多组波计算结果的最大包络值。

B. 时程分析法

复杂和超限高层建筑结构的抗震设计,往往需要采用时程分析法进行计算分析。时程分析法是一种直接动力法,是在地基土上作用地震波后,通过动力计算方法直接求得上部结构反应的一种方法。上部结构为多质点振动体系,计算可得到任意时刻各质点的位移、速度和加速度反应,进而可求出随时间变化的构件内力。时程分析法可用于计算弹性结构,也可用于计算弹塑性结构。

时程分析法的多自由度体系动力方程为

$$[M]\{\ddot{x}\}+[C]\{\dot{x}\}+[K]\{x\}=-[M]\{I\}\ddot{x}_0 \tag{7-16}$$

式中:$\{\ddot{x}\}$、$\{\dot{x}\}$、$\{x\}$ ——质点的相对加速度、速度和位移向量;

$[M]$——质量矩阵;

$[C]$——阻尼矩阵;

$[K]$——经过聚缩后的总侧移刚度矩阵;

$\ddot{x}_0$ ——经过处理后的地震波记录。

采用逐步积分法求解上述动力方程即可得到任意时刻各质点的位移、速度和加速度反应。但该计算结果的正确性取决于输入的地震加速度波形、结构恢复力模型等与实际情况的吻合度。地震波需反映地面运动各种成分、特性、持时的影响,地震波的持续时间不宜小于建筑结构基本自振周期的 5 倍和 15 s,地震波的时间间距可取 0.01 s 或 0.02 s。要求单条波计算的结构总地震剪力不小于按反应谱方法计算的 65%,多条波计算的结构总地震剪力平均值不小于按反应谱方法计算的 80%。

当复杂和超限高层结构的高度较大或比较复杂时,对计算结果的比较,不仅要比较各层的地震作用力、楼层剪力和层间位移的大小,按较大值检查构件的截面,还要分析相邻层的变化程度,有助于判断薄弱部位。另可采用多条波的包络或平均值加一倍方差作为时程分析结果参与比较。

C. 静力弹塑性分析方法(push-over 法)

静力弹塑性 push-over 分析方法是对结构在罕遇地震作用下进行弹塑性变形分析的一种简化方法,本质上是一种静力分析方法。具体地说,就是在结构计算模型上施加按某种规则分布的水平侧向力,单调加载并逐级加大;一旦有构件开裂(或屈服)即修改其刚度(或使其退出工作),进而修改结构总刚度矩阵,进行下一步计算,依次循环直到结构达到预定的性能目标,从而判断结构是否满足相应的抗震能力要求。push-over 方法分为两部分:建立结构荷载-位移曲线和评估结构的抗震能力。该方法能够较好地估计结构的整体和局部弹塑性变形,同时也能揭示弹性设计中存在的隐患(包括层屈服机制、过大变形以及强度、刚度突变等)。下面简要介绍其计算原理和分析方法。

静力弹塑性分析方法的动力学平衡方程仍采用式(7-16),只是将公式右端中输入的地震波等效为一系列静力荷载,并使静力荷载逐级增大。

静力弹塑性分析法没有特别严密的理论基础,一般基于以下两个假定:a. 结构(实际工程一般为多自由度体系 MDOF)的地震响应与一等效单自由度体系(SDOF)相关,即结构响应仅由结构的第一振型控制;b. 结构沿高度的变形由形状向量$\{\phi\}$表示,即在整个地震过程中,不管结构的变形大小,形状向量$\{\phi\}$保持不变。

从假定 a 可以看出，对多自由度体系，首先要将其转化为等效的 SDOF 系统，目前均通过结构 MDOF 的动力方程进行等效，假定结构相对位移向量$\{x\}$可以由结构顶点位移 u_n 和形状向量$\{\phi\}$表示，即

$$\{x\} = \{\phi\}u_n \tag{7-17}$$

于是式(7-17)可写为

$$[M]\{\phi\}\ddot{u}_n + [c]\{\phi\}\dot{u}_n + [k]\{\phi\}u_n = -[M]\{I\}\ddot{x}_g \tag{7-16(a)}$$

等效单自由度体系的参考位移定义为

$$x^{\tau} = \frac{\{\phi\}^{T}[M]\{\phi\}}{\{\phi\}^{T}[M]\{I\}}u_n \tag{7-18}$$

用$\{\phi\}^{T}$ 前乘方程(7-16(a))，结合式(7-18)，则结构 MDOF 体系在地面运动下的动力微分方程转化为等效 SDOF 体系的动力微分方程：

$$M^{\tau}\ddot{x}^{\tau} + C^{\tau}\dot{x}^{\tau} + K^{\tau}x^{\tau} = -M^{\tau}\ddot{x}_g \tag{7-19}$$

式中：M^{τ}、C^{τ}、K^{τ}分别为等效 SDOF 的等效质量、阻尼和刚度，可由下式计算：

$$M^{\tau} = \{\phi\}^{T}[M]\{I\} \tag{7-20}$$

$$C^{\tau} = \{\phi\}^{T}[C]\{\phi\}\frac{\{\phi\}^{T}[M]\{I\}}{\{\phi\}^{T}[M]\{\phi\}} \tag{7-21}$$

$$K^{\tau} = \{\phi\}^{T}[K]\{\phi\} \tag{7-22}$$

原多自由度体系的恢复力可表示为 $F(t) = [K]\{x\}$ (7-23)

其等效单自由度体系的等效恢复力为 $V_b(t) = \{\phi\}^{T}F(t)$ (7-24)

由式(7-18)和式(7-24)可知，若形状向量 ϕ 取弹性阶段第一振型(或前几个振型组合)的 i 楼层振幅作为已知量时，等效单自由度体系的力-位移关系又可以根据多自由度体系非线性增量静力分析得到。则多自由度的动力平衡方程便转化为单自由度体系的动力平衡方程。由式(7-19)、式(7-18)、式(7-17)和式(7-23)可分别解出 x^{τ}、u_n、$\{x\}$和 $F(t)$。

由此，可对各种结构进行静力弹塑性分析(push-over)，得到各级等效荷载增量下的多项性能指标(位移、弯矩、剪力等)。但单纯的 push-over 分析并不能得到结构的地震反应，通常还需要将其与地震反应谱相结合，以确定在一定地面运动作用下结构的能力谱曲线和地震需求谱曲线，从而评估结构的抗震性能。

在静力弹塑性分析中，为了将结构的受力与变形性能与地震作用的需求谱相联系，应首先求出结构的能力谱曲线，其中较能反映结构总体受力与变形特点的是结构的基底剪力 V_b 与顶点位移 u_n。在现行弹塑性分析法中，根据前述假定结构位移近似由第一振型位移表示，可得

$$u_n = r_1 x_{n1} s_d \tag{7-25}$$

则

$$s_d = \frac{u_n}{r_1 x_{n1}} \tag{7-26}$$

基底剪力以第一振型基底剪力表示为

$$V_b = \alpha M_1^* g = M_1^* s_a \tag{7-27}$$

由此得

$$s_a = \frac{V_b}{M_1^*} \tag{7-28}$$

式中：u_n——结构顶点位移；

r_1——第一振型参与系数，$r_1 = \dfrac{\sum_{j=1}^{n} m_j x_{1j}}{\sum_{j=1}^{n} m_j x_{1j}^2}$；

x_{1j}——第一振型在 j 层的相对位移；

M_1^*——第一振型的参与质量，$M_1^* = \dfrac{(\sum_{j=1}^{n} m_j x_{1j})^2}{\sum_{j=1}^{n} m_j x_{1j}^2}$；

m_j——第 j 层的集中质量；

x_{n1}——第一振型时结构的顶端位移；

s_a——等效谱加速度；

s_d——等效谱位移；

n——结构总层数。

在不同侧向力作用下，由静力弹塑性 push-over 分析求得 u_n 和 V_b 代入式(7-26)和式(7-28)，求得 s_a、s_d 后，以 s_a 为纵坐标、s_d 为横坐标画出曲线图，即为结构的能力谱曲线。

结构的地震作用弹性需求谱通常以现行建筑抗震设计规范中的设计反应谱为依据。《建筑抗震设计规范》(GB 50011)中的设计反应谱以加速度-周期(s_a- T)为坐标形式定义的。为此只需要将其转化为谱位移-谱加速度(s_d- s_a)形式。根据单质点系统自由振动理论，单质点结构的位移 s_d 与周期 T 存在如下关系：

$$s_d = \frac{\alpha G}{k} = \frac{\alpha m g}{k} = \frac{T^2}{4\pi^2}\alpha g \tag{7-29}$$

式中：k——结构刚度；

G——质点重量；

m——质点质量；

g——重力加速度；

α——地震影响系数。

令

$$s_a = \alpha g$$

$$s_d = \frac{T^2}{4\pi^2} s_a = \alpha \frac{T^2 g}{4\pi^2} \tag{7-30}$$

将地震影响系数曲线的横坐标 T 改为 s_d，则结构加速度 s_a 为纵坐标、位移 s_d 为横坐标的新的地震影响系数曲线，即为静力弹塑性分析法中的地震作用弹性需求谱。

结构的弹塑性地震需求谱采用等价线性化方法近似考虑结构的非线性特征，利用适当的强度折减系数对弹性地震需求谱进行折减得到的，强度折减系数采用下式：

$$R_{\mu}=\frac{F_{e}}{F_{y}} \tag{7-31}$$

式中：R_{μ}——强度折减系数；

F_{e}——结构体系在给定地面运动作用下保持弹性所要求的侧向屈服强度（$\mu_{i}=1$）；

F_{y}——在相同地面运动作用下保持位移延性系数小于或等于事先确定的目标位移延性系数时的结构侧向屈服强度（$\mu=\mu_{i}$）。

强度折减系数 R_{μ} 受多种因素影响，不但与震级、震源机制、地震波传播路径、地震动持时、场地条件、阻尼比、滞回模型、屈服后刚度等有关，还与体系的初始弹性自振周期有关，而且各个影响参数实际并不完全相互独立。通过对大量的地震波记录及其组合，研究其平均强度折减系数，结果表明：在场地条件相同的情况下，震级及震中距的影响可以忽略，对延性定义范畴内的单自由度非弹性体系，滞回模型、屈服后强度、强度和刚度退化的影响几乎可以忽略，只有结构的位移延性水平和阻尼比是影响强度折减系数的两个主要参数。对于特定的场地条件和阻尼比，强度折减系数可采用下式：

$$\begin{cases}R_{\mu}=(\mu-1)\dfrac{T}{T_{g}}+1, & T<T_{g}\\ R_{\mu}=\mu, & T\geqslant T_{g}\end{cases} \tag{7-32}$$

式中：T——结构初始有效自振周期；

T_{g}——结构特征周期；

μ——不同水准的位移延性系数；

R_{μ}——强度折减系数。

从式(7-32)可以看出，当结构自振周期 $T=0$ 时，$R_{\mu}=1$，表示对于完全刚性的体系，不管其位移延性系数水准多高都无法发挥作用，强度不折减。当 $T\rightarrow\infty$ 时，$R_{\mu}=\mu$，表示对完全柔性体系，等位移准则成立，当 $\mu=1$ 时，$R_{\mu}=1$，表示结构处于弹性状态时强度不需折减。

在确定强度折减系数 R_{μ} 之后，分别对 s_{a}、s_{d} 进行折减，就可以将弹性的谱加速度-谱位移（s_{a}-s_{d}）曲线转化为弹塑性的谱加速度-谱位移（s_{ae}-s_{de}）曲线，即结构的弹塑性需求谱曲线。具体的折减公式如下：

$$s_{ae}=\frac{s_{a}}{R_{\mu}} \tag{7-33}$$

$$s_{de}=\frac{\mu}{R_{\mu}}s_{d} \tag{7-34}$$

分别将对应于小震、中震、大震作用的需求谱与结构能力谱曲线同时绘于谱加速度（s_{a}）-谱位移（s_{d}）坐标系中（见图 7-10），即得到对应于结构小震、中震、大震作用下的性能控制点，它们所对应的结构受力与变形情况即近似认为结构在相应地震作用下的受力与变形性能。

对复杂和超限高层应用 push-over 方法进行结构性能设计时，需要重视：结构计算模型和参数的确定要尽量符合工程实际；沿高度施加的水平侧向力要符合建筑结构特点，要有针对性地选择倒三角分布、矩形分布、第一振型分布、等效的多振型组合分布或自适应振型分布等；结构达到某一目标位移或结构破坏程度的判断，应结合结构设计中采用的性能目标，根据弹性分析时小震、中震、大震的比例关系，逐个分析小震、中震、大震对应的弹塑性状态，从结构位移、结构承载力、阻尼比、屈服塑性铰的数量和分布来综合判断计算结果的可信度。

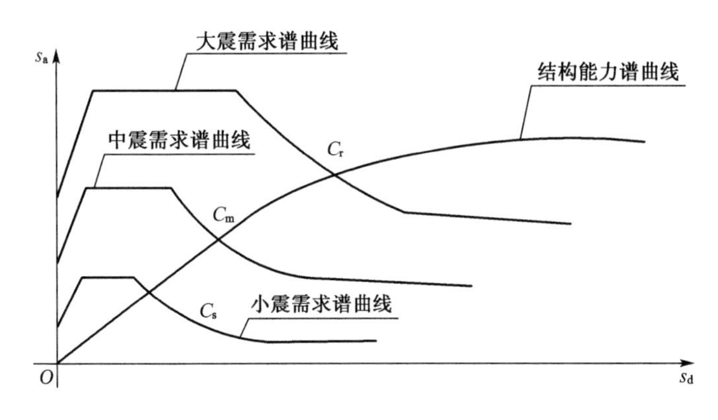

图 7-10 典型的静力弹塑性分析谱曲线

7.3 带转换层高层建筑结构

7.3.1 带转换层高层结构的类型和结构布置

1) 转换层的分类及主要结构形式

(1) 转换层的分类

从结构角度看，结构转换层主要分为以下两类：

① 托墙转换层：在剪力墙结构中，为了满足下部大空间的需要，可以将部分剪力墙通过转换层变为框架结构，用下部框架柱支承上部剪力墙，这种结构也称为部分框支剪力墙结构。

② 托柱转换层：即框架-核心筒、筒中筒结构中的外框架(外筒体)为密柱深梁，无法为建筑物提供大的出口，此时在房屋下部通过托柱转换层将外框筒转变为稀柱框架的筒体结构，柱距增大，形成大柱网。

(2) 转换层的主要结构形式

为将上部巨大的竖向荷载和水平作用有效地传递到下部的结构构件，转换层一般需要很大的刚度和整体性。转换层的结构形式按转换构件可分为转换梁、桁架、空腹桁架、箱形结构、斜撑、厚板等，目前，带转换梁的剪力墙结构仍是工程应用的主要形式。

梁式转换层(图 7-11(a))具有设计和施工简单，传力直接、明确的优点，一般应用于底部大空间剪力墙结构体系中，是目前应用最广泛的一种转换层结构形式。转换梁可沿纵向或横向平行布置，转换层上部的竖向抗侧力构件(墙、柱)宜直接落在转换层的主要转换构件上。托柱转换梁在转换层宜在托柱位置设置正交方向的框架梁或楼面梁，避免转换梁承受过大的扭矩作用。

当上、下部柱网轴线错开较多，难以用梁直接承托时，可采用箱型转换。单向托梁或双向托梁与其上、下层较厚的楼板共同工作，可以形成整体刚度很大的箱形转换层。箱形转换层是利用原有的上、下层楼板和剪力墙经过加强后组成的，其平面内刚度较单层梁板结构大得多，改善了带转换层高层建筑结构的整体受力性能。箱形转换层结构受力合理，建筑空间利用充分，实际工程中也有一定应用。

当结构跨度很大且承托层数较多时，转换梁的截面尺寸将很大，一会造成结构经济指标上升，二会导致地震作用下框支柱柱顶弯矩过大、柱剪力过大。另外，采用转换梁也不利于大型管道设备的布置和转换层建筑空间的充分利用。因此，采用桁架结构作为转换层结构是一种较为合理可行的方案。桁架式转换层具有受力性能好、结构自重较轻、经济指标好以及充分利用建筑空间等优点，但要注意需满足重力荷载作用下强度、刚度要求。这种转换层有桁架式(图 7-11(b))、空腹桁架式(图 7-11(c))等。

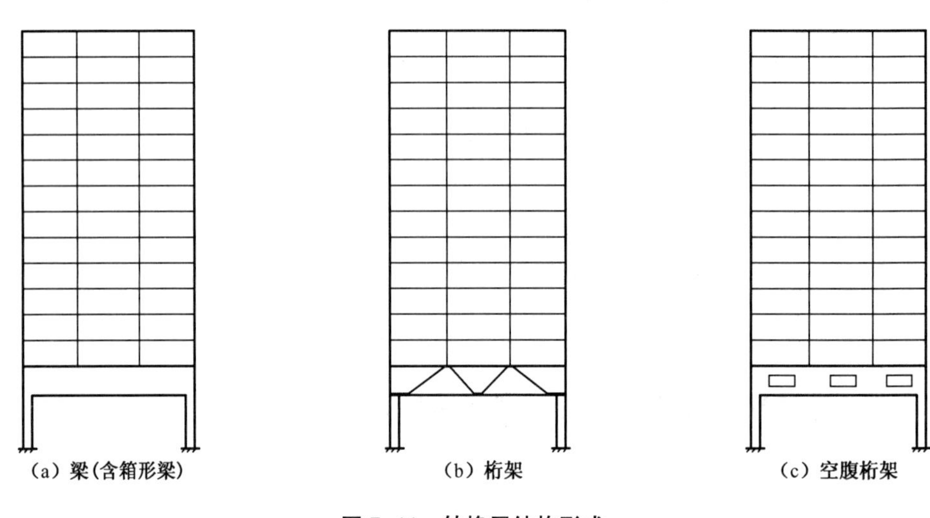

图 7-11　转换层结构形式

由于转换厚板在地震区适用经验较少，只可在非抗震设计和 6 度抗震设计时采用厚板，对于大空间地下室，因周围有约束作用，地震反应小于地面以上的框支结构，故 7、8 度抗震设计时地下室的转换结构构件可采用厚板。

2) 带转换层结构的结构布置

对于带转换层的高层建筑结构，由于转换层的设置，结构传力路线复杂、变形和应力集中，内力变化较大。因此，带转换层高层建筑结构的抗震性能较差，设计时应通过合理的结构布置改善其受力和抗震性能。

(1) 底部转换层的设置高度

带转换层的底层大空间剪力墙结构于 20 世纪 80 年代开始在我国应用，近几十年，这种结构迅速发展，在地震区许多工程的转换层设置位置已经较高。目前底部带转换层的大空间剪力墙结构一般做到 3～6 层，有些工程已做到 7～10 层。

国内有关单位研究了转换层设置高度对框支剪力墙结构抗震性能的影响。研究结果表明，转换层位置较高时，更易使框支剪力墙结构在转换层附近的刚度、内力发生突变，并容易形成薄弱层，其抗震设计概念与底层框支剪力墙结构有一定差别。转换层位置较高时，转换层下部的落地剪力墙及框支结构易于开裂和屈服，转换层上部几层墙体易于破坏，所以转换层位置较高的高层建筑不利于抗震。因此，部分框支剪力墙高层建筑结构在地面以上设置转换层的位置,设防烈度为 7 度和 8 度时分别不宜超过 5 层和 3 层,6 度时其层数可适当提高。对部分框支剪力墙结构,当转换层的位置设置在 3 层及 3 层以上时,其框支柱、剪力墙底部加强部位的抗震等级宜按表 2-13 和表 2-14 的规定提高一级采用,已为特一级时可不提高。另外,对托柱转换层结构,考虑到其刚度变化、受力情况与框支剪力墙结构不同,对转换层位置未作限制。一般认为,对于底部带转换层的框架-核心筒结构和外筒为密柱框架的筒中筒结构,通常情况下不会发生刚度突变,但剪力传力途径的变化仍然存在,所以对这两种结构,其转换层位置可比部分框支剪力墙适当提高。当底部带转换层的筒中筒结构的外筒为由剪力墙组成的壁式框架时,其转换层上、下部的刚度和内力突变程度与部分框支剪力墙结构类似,所以其转换层设置高度的限值宜与部分框支剪力墙结构相同。带托柱转换层的筒体结构,其转换柱和转换梁的抗震等级按部分框支剪力墙结构中的框支框架采用。

(2) 转换层上部结构与下部结构的侧向刚度控制

转换层下部结构的侧向刚度一般小于其上部结构的侧向刚度,如果二者相差较大时,在水平荷载作用下,则会导致转换层上、下部结构构件内力突变,促使部分构件提前破坏;当转换层位置较高时,这种内力突变会进一步加剧,对结构抗震不利。因此,设计时应尽量强化转换层下部结构侧向刚度,弱化转换层上部结构侧向刚度,控制转换层上、下部结构的侧向刚度比处于合理的范围内,使其尽量接近、平滑过渡,以缓解构件内力和变形的突变现象。

① 当转换层设置在 1、2 层时,可近似采用转换层与其相邻上层结构的等效剪切刚度比 γ_{e1} 表示转换层上、下层结构刚度的变化,γ_{e1} 可按以下公式计算:

$$\gamma_{e1} = \frac{G_1 A_1}{G_2 A_2} \cdot \frac{h_2}{h_1} \tag{7-35}$$

$$A_i = A_{w,i} + \sum_j C_{i,j} A_{ci,j} \qquad (i = 1,2) \tag{7-36}$$

$$C_{i,j} = 2.5\left(\frac{h_{ci,j}}{h_i}\right)^2 \qquad (i = 1,2) \tag{7-37}$$

式中:G_1、G_2——分别为转换层和转换层上层的混凝土剪变模量;

A_1、A_2——分别为转换层和转换层上层的折算抗剪截面面积,可按式(7-36)计算;

$A_{w,i}$——第 i 层全部剪力墙在计算方向的有效截面面积(不包括翼缘面积);

$A_{ci,j}$——第 i 层第 j 根柱的截面面积;

h_i——第 i 层的层高;

$h_{ci,j}$——第 i 层第 j 根柱沿计算方向的截面高度;

$C_{i,j}$——第 i 层第 j 根柱截面面积折算系数,当计算值大于 1 时取 1。

γ_{e1} 宜接近于 1,非抗震设计时 γ_{e1} 不应小于 0.4,抗震设计时 γ_{e1} 不应小于 0.5。

② 当转换层设置在第 2 层以上时,按式(7-38)计算的转换层与其相邻上层的侧向刚度比 γ_1 不应小于 0.6。这是为了防止出现下述不利情况,即转换层的下部楼层侧向刚度较大,而转换层本层的侧向刚度较小,这时等效侧向刚度比 γ_{e1} 虽能满足限值要求,但转换层本身侧向刚度过于柔软,形成竖向严重不规则结构。

$$\gamma_1 = \frac{V_i \Delta_{i+1}}{V_{i+1} \Delta_i} \tag{7-38}$$

式中：γ_1——转换层与其相邻上层的侧向刚度比；

V_i、V_{i+1}——第 i 层及第 $i+1$ 层的地震剪力标准值(kN)；

Δ_i、Δ_{i+1}——第 i 层及第 $i+1$ 层在地震作用标准值作用下的层间位移(m)。

③ 当转换层设置在第 2 层以上时，尚宜采用如图 7-12 所示的计算模型按式(7-39)计算转换层下部结构与上部结构的等效侧向刚度比 γ_{e2}：

$$\gamma_{e2}=\frac{\Delta_2 H_1}{\Delta_1 H_2} \tag{7-39}$$

式中：γ_{e2}——转换层下部结构与上部结构的等效侧向刚度比；

H_1——转换层及其下部结构(图 7-12(a))的高度；

H_2——转换层上部若干层结构(图 7-12(b))的高度，其值应等于或接近于高度 H_1，且不大于 H_1；

Δ_1——转换层及其下部结构(图 7-12(a))的顶部在单位水平力作用下的侧向位移；

Δ_2——转换层上部若干层结构(图 7-12(b))的顶部在单位水平力作用下的侧向位移。

按式(7-39)确定的 γ_{e2} 值宜接近于 1；非抗震设计时，γ_{e2} 不应小于 0.5；抗震设计时，γ_{e2} 不应小于 0.8。

应当指出，式(7-39)是用转换层上、下层间侧移角比(Δ_i/H_i)来描述转换层上、下部结构的侧向刚度变化情况。此法考虑了抗侧力构件的布置问题(如在结构单元内，抗侧力构件的位置不同，其对楼层侧向刚度的贡献不同)，以及构件的弯曲、剪切和轴向变形对侧向刚度的影响，因此是一个较合理的方法；而式(7-35)仅考虑了层间竖向构件的数量以及构件的剪切变形。但是，按式(7-39)计算 γ_{e2} 时，要求 H_2 不大于 H_1，这对于底部大空间只有 1 层的情况是难以满足的，所以只能用式(7-35)确定 γ_{e1}。当然，H_2 接近 H_1 时，也可用式(7-39)确定底层大空间剪力墙的等效侧向刚度比。

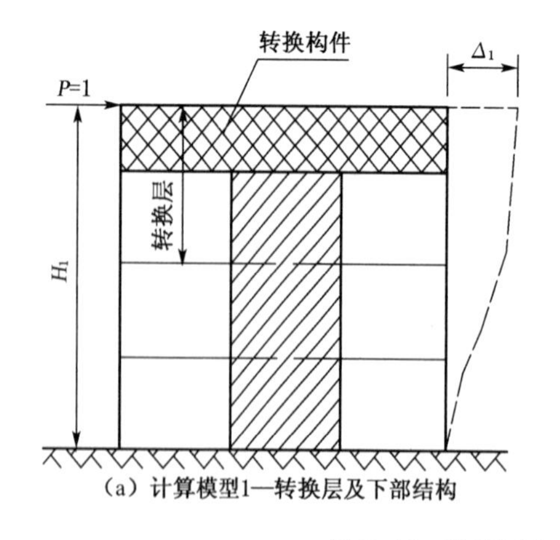

(a) 计算模型1—转换层及下部结构

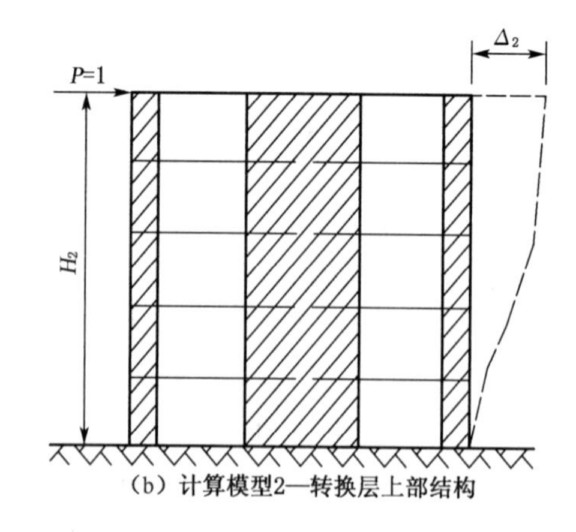

(b) 计算模型2—转换层上部结构

图 7-12　转换层上、下等效侧向刚度计算模型

(3) 带转换层高层建筑的结构布置

为了防止转换层下部结构在地震中严重破坏甚至倒塌，应按下述原则布置落地剪力墙(简体)和框支柱。

① 框支剪力墙结构要有足够数量的剪力墙上、下贯通落地并按刚度比要求增加落地剪力墙厚度；带转换层的筒体结构的内筒应全部上、下贯通落地并按刚度比要求增加筒体底部墙体厚度。

② 框支柱周围楼板不应错层布置，以防止框支柱产生剪切破坏。

③ 落地剪力墙和筒体的洞口宜布置在墙体的中部，以便使落地剪力墙各墙肢受力（剪力、弯矩、轴力）比较均匀。

④ 框支梁上一层墙体内不宜设边门洞，也不宜在框支中柱上方设置门洞。试验研究和计算分析结果表明，这些门洞使框支梁的剪力大幅度增加，边门洞小墙肢应力集中，很容易破坏。

⑤ 落地剪力墙的间距 l 宜符合以下规定：非抗震设计时，l 不宜大于 $3B$ 和 36 m；抗震设计时，当底部框支层为 1～2 层时，l 不宜大于 $2B$ 和 24 m；当底部框支层为 3 层及 3 层以上时，l 不宜大于 $1.5B$ 和 20 m，其中 B 为落地墙之间楼盖的平均宽度。

⑥ 框支柱与相邻落地剪力墙的距离，1～2 层框支层时不宜大于 12 m，3 层及 3 层以上框支层时不宜大于 10 m。

⑦ 框支框架承担的地震倾覆力矩应小于结构总地震倾覆力矩的 50%，防止落地剪力墙过少。

⑧ 转换层上部的竖向抗侧力构件（剪力墙、柱）宜直接落在转换层的主要转换构件上。但实际工程中会遇到转换层上部剪力墙平面布置复杂的情况，这时一般采用由框支主梁承托剪力墙并承托转换次梁及次梁上的剪力墙的方案，其传力途径多次转换，受力复杂。试验结果表明，框支主梁除承受其上部剪力墙的作用外，还承受次梁传来的剪力、扭矩和弯矩等作用，使框支柱容易产生剪切破坏。因此，当框支梁承托剪力墙并承托转换次梁及其上剪力墙时，应进行应力分析，按应力校核配筋，并加强构造措施。B 级高度部分框支剪力墙高层建筑的结构转换层，不宜采用框支主、次梁方案。工程设计中，条件许可时可采用箱形转换层。

7.3.2 梁式转换层结构设计

1）整体结构计算分析

带转换层的高层建筑结构的整体计算分析除应遵循本章第 2 节的基本计算规定外，其内力和位移计算尚应符合下列要求：

（1）根据带转换层结构实际情况，确定较能反映结构中各构件的实际受力变形状态的计算模型，选取合适的三维空间分析软件进行结构整体分析。梁、柱采用杆单元模型，转换梁也按一般杆单元模型处理，剪力墙采用壳单元。整体结构计算分析程序可采用 SATWE、ETABS 等。

（2）对于部分框支剪力墙结构，在转换层以下，一般落地剪力墙的刚度远远大于框支柱的刚度，所以按计算结果，落地剪力墙几乎承受全部地震剪力，框支柱的剪力非常小，考虑到实际工程中转换层楼面会有显著的平面内变形，从而使框支柱的剪力显著增加。此外，地震时落地剪力墙出现裂缝甚至屈服后刚度下降，也会导致框支柱的剪力增加。因此，按转换层位置的不同以及框支柱数目的多少，框支柱承受的地震剪力标准值应按下列规定调整增大：

① 每层框支柱的数目不多于 10 根时，当底部框支层为 1～2 层时，每根柱所承受的剪力应至少取结构基底剪力的 2%；当底部框支层为 3 层及 3 层以上时，每根柱所承受的剪力应至少取结构基底剪力的 3%。

② 每层框支柱的数目多于 10 根时，当底部框支层为 1～2 层时，每层框支柱所承受的剪力之和应至少取结构基底剪力的 20%；当框支层为 3 层及 3 层以上时，每层框支柱承受的剪力之和应取结构基底剪力的 30%。

框支柱剪力调整后，应相应地调整框支柱的弯矩及与柱端框架梁的剪力和弯矩，但框支梁的剪力、弯矩及框支柱的轴力可不调整。

2）转换层构件局部应力精细分析

（1）转换梁的受力机理

梁式转换层结构是通过转换梁将上部墙（柱）承受的力传至下部框支柱（图 7-13(a)）。图 7-13(b)(c)(d)分别为竖向荷载作用下转换层（包括转换梁及其上部剪力墙）的竖向压应力 σ_y、水平应力 σ_x 和剪应力 τ 的分布图。可见，在转换梁与上部墙体的界面上，竖向压应力在支座处最大，在跨中截面处最小；转换梁中的水平应力 σ_x 为拉应力；转换梁最大剪力发生在端部。形成这种受力状态的主要原因是：①拱的传力作用，即上部墙体上的竖向荷载传到转换梁上，很大一部分荷载沿拱轴线直接传至支座，转换梁为拱的拉杆；②上部墙体与转换梁作为一个整体共同弯曲变形构件，转换梁处于整体弯曲的受拉区，由于上部剪力墙参与受力共同作用而使转换梁承受的弯矩大大减小。因此，转换梁一般为偏心受力构件。

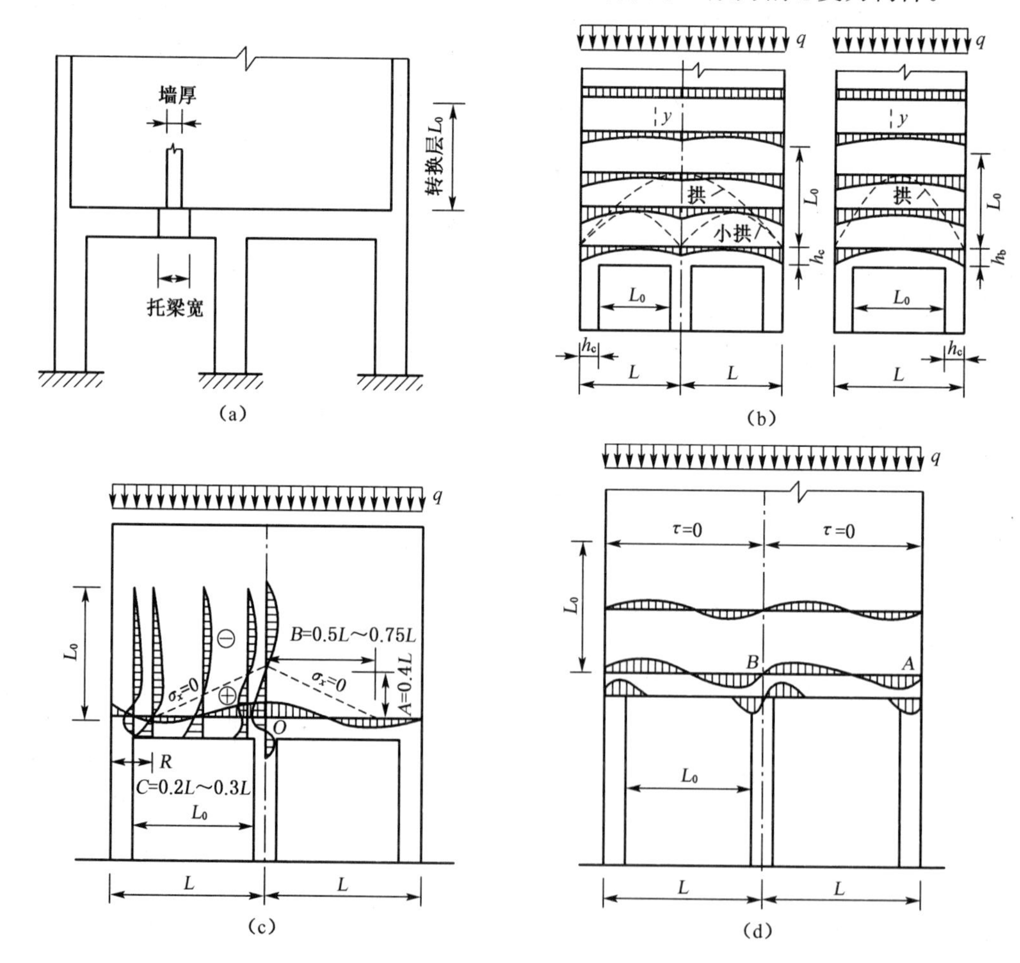

图 7-13　部分框支剪力墙转换层应力分布图

(2) 转换层构件局部补充计算

在上述整体空间分析基础上，考虑转换梁与上部墙体的共同工作，将转换梁以及上部至少2层结构和下部1～2层框支柱取出，合理确定其荷载和边界条件，以壳单元模拟转换梁进行有限元分析，采用高精度平面有限元分析方法进行分析。

① 有限元分析范围：研究表明，计算模型中上部墙体参加工作的层数多少与转换梁的跨度有关。一般取参加计算的上部墙体高度与转换梁净跨相等。实际工程中转换梁的跨度为6～12 m，而高层建筑结构标准层常用层高为2.8～3.2 m，则托墙形式的梁式转换层结构内力有限元分析可取其上部墙体3～4层，这部分墙体连同转换梁视作倒T形深梁。转换梁下部结构层数对其控制截面的内力影响不大，一般情况下，转换梁下部结构可取一层。

② 单元网格的划分：分析表明，远离转换梁的墙体对转换梁的应力分布和内力大小影响很小，可考虑网格划分粗些；为较精确模拟墙体和转换梁之间较为复杂的相互作用关系，可考虑转换梁附近墙体的网格划分细些；墙体开洞部位由于产生应力集中，网格也应划分细些；转换梁、柱由于尺寸相对较小，应力变化幅度大，为提高其应力和内力的计算精度，必须对其网格划分得相对细些。一般转换梁网格宜沿截面高度方向至少划分为6～8个等份。

③ 计算荷载：转换层构件的有限元分析荷载可直接取用整体结构空间分析的内力计算结果。竖向荷载主要指重力荷载，7度(0.15g)、8度抗震设计时转换构件应考虑竖向地震作用的影响。水平荷载主要包括风荷载和水平地震作用。直接取用上述荷载组合的结构整体分析计算得到的组合内力最大者(包括弯矩最大、轴力最大和剪力最大三组内力)作为有限元分析的计算荷载。

④ 侧向边界与支撑约束条件：当转换梁一侧或两端支撑在筒体上时，采用空间三维实体有限元模型分析时能正确模拟侧向边界条件。下部结构转换柱的约束条件选取铰接或固接对转换梁的应力及内力的计算结果有较大的影响。实际结构设计时，当转换梁下部框支层仅有一层时，可考虑转换柱下部取为固接；当转换梁下部框支层有两层或两层以上时，可考虑转换柱下部取为铰接。

⑤ 内力调整：对抗震等级为特一、一、二级的转换构件，其水平地震内力应分别乘以增大系数1.9、1.6和1.3；带转换层的高层建筑结构属竖向不规则结构，其薄弱层对应于地震作用标准值的地震剪力应乘以1.15的增大系数。

3) 转换层构件截面设计和构造要求

(1) 转换梁截面设计和构造要求

① 截面设计方法

转换梁包括部分框支剪力墙结构中的框支梁以及上面托柱的框架梁，是带转换层结构中应用最广泛的转换结构构件。结构分析和实验研究表明，转换梁受力复杂，而且非常重要。因此对转换梁的配筋提出了比一般框架梁更高的要求。

当转换梁承托上部剪力墙且满跨不开洞，或仅在各跨墙体中部开洞时，转换梁与上部墙体共同工作，其受力特征和破坏形态表现为深梁，可采用深梁截面设计方法进行配筋计算，并采取相应的构造措施。

当转换梁承托上部普通框架柱，或承托的上部墙体为小墙肢时，在转换梁的常用尺寸范围内，其受力性能与普通梁相同，可按普通梁截面设计方法进行配筋计算。当转换梁承托上部斜杆框架时，转换梁产生轴向拉力，此时应按偏心受拉构件进行截面设计。

② 转换梁截面尺寸

框支梁截面宽度不宜大于框支柱相应方向的截面宽度，且不宜小于其上墙体截面厚度的 2 倍和 400 mm 的较大值；托柱转换梁的截面宽度不应小于其上所托柱在梁宽方向的截面宽度。梁截面高度不宜小于计算跨度的 1/8。转换梁可采用加腋梁，提高其抗剪承载力。转换梁和转换柱截面中线宜重合。

为避免梁产生脆性破坏和具有合适的含箍率，转换梁截面组合的最大剪力设计值 V 应符合下列要求：

持久、短暂设计状况
$$V \leqslant 0.20\beta_c f_c b h_0 \tag{7-40}$$

地震设计状况
$$V \leqslant \frac{1}{\gamma_{RE}}(0.15\beta_c f_c b h_0) \tag{7-41}$$

式中：b、h_0——转换梁截面宽度和有效高度；

f_c——混凝土轴心抗压强度设计值；

β_c——混凝土强度影响系数；

γ_{RE}——承载力抗震调整系数，$\gamma_{RE}=0.85$。

③ 转换梁构造要求

转换梁上、下部纵向钢筋的最小配筋率，非抗震设计时分别不应小于 0.30%；抗震设计时，对特一、一和二级抗震等级，分别不应小于 0.60%、0.50%和 0.40%。

转换梁支座处(离柱边 1.5 倍梁截面高度范围内)箍筋应加密，加密区箍筋直径不应小于 10 mm，间距不应大于 100 mm。加密区箍筋最小面积配筋率，非抗震设计时不应小于 $0.9f_t/f_{yv}$；抗震设计时，对特一、一和二级，分别不应小于 $1.3f_t/f_{yv}$、$1.2f_t/f_{yv}$和$1.1f_t/f_{yv}$；其中，f_t、f_{yv}分别表示混凝土抗拉强度设计值和箍筋抗拉强度设计值。对托柱转换梁的托柱部位和框支梁上部的墙体开洞部位，梁的箍筋应满足上述支座处规定，见图 7-14。当洞口靠近框支梁端且剪压比不满足规定时，可采取梁端加腋提高其抗剪承载力，并加密箍筋。

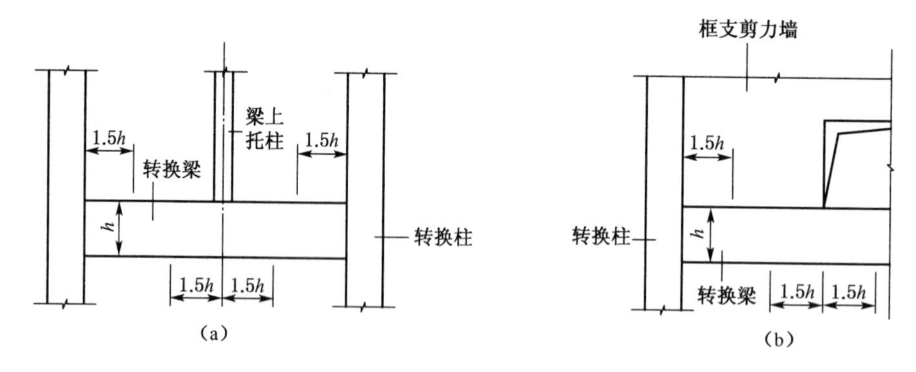

图 7-14 托柱转换梁、框支梁箍筋加密区示意图

偏心受拉的转换梁的支座上部纵向钢筋至少应有 50%沿梁全长贯通，下部纵向钢筋应全部直通到柱内；沿梁腹板高度应配置间距不大于 200 mm、直径不小于 16 mm 的腰筋。

转换梁不宜开洞。若必须开洞时，洞口边离开支座柱边的距离不宜小于梁截面高度；被洞口削弱的截面应进行承载力计算，因开洞形成的上、下弦杆应加强纵向钢筋和抗剪箍筋的配置。

转换梁纵向钢筋接头宜采用机械连接，同一连接区段内接头钢筋截面面积不宜超过全部纵筋截面面积的 50%，接头部位应避开上部墙体开洞部位、梁上托柱部位及受力较大部位。

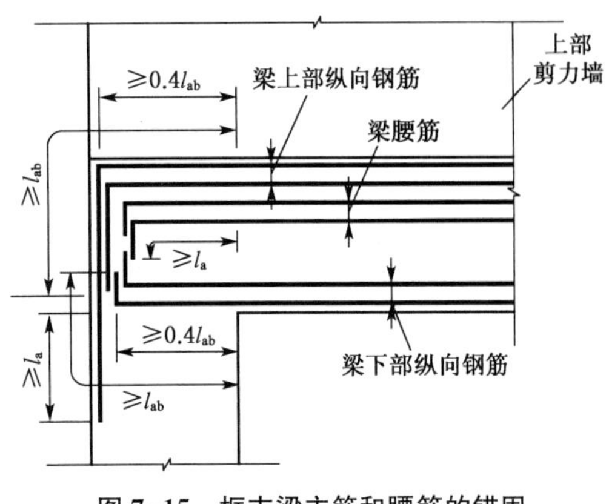

图 7-15 框支梁主筋和腰筋的锚固

框支剪力墙结构中的框支梁上、下纵向钢筋和腰筋应在节点区可靠锚固(图 7-15)，水平段应伸至柱边，且非抗震设计时不应小于 0.4l_{ab}，抗震设计时不应小于 0.4l_{abE}，梁上部第一排纵向钢筋应向柱内弯曲锚固，且应延伸过梁底不小于 l_a(非抗震设计)或 l_{aE}(抗震设计)；当梁上部配置多排纵向钢筋时，其内排钢筋锚入柱内的长度可适当减小，但水平段长度和弯下段长度之和不应小于钢筋锚固长度 l_a(非抗震设计)或 l_{aE}(抗震设计)。

(2) 转换柱截面设计和构造要求

① 转换柱截面尺寸

转换柱包括部分框支剪力墙结构中的框支柱和框架-核心筒、框架-剪力墙结构中支承托柱转换梁的柱，是带转换层结构的重要构件，受力性能与普通框架大致相同，但受力大，破坏后果严重。计算分析和试验研究表明，随着地震作用的增大，落地剪力墙逐渐开裂、刚度降低，转换柱承受的地震作用逐渐增大。因此，对转换柱的构造配筋提出了比框架柱更高的要求。

转换柱的截面尺寸主要由轴压比控制并要满足剪压比要求。柱截面宽度，非抗震设计时不宜小于 400 mm，抗震设计时不应小于 450 mm；柱截面高度，非抗震设计时不宜小于框支转换梁跨度的 1/15，抗震设计时不宜小于框支转换梁跨度的 1/12。

转换柱的轴压比不宜超过表 7-7 规定的限值。一、二级柱端截面的组合剪力设计值应符合式(7-40)和式(7-41)的要求，但其中 b、h_0 应取框支转换柱的截面宽度和截面有效高度。斜截面受剪承载力验算应符合式(3-50)和式(3-57)的要求。

表 7-7 转换柱轴压比限值

轴压比	一级			二级		
	≤C60	C65～C70	C75～C80	≤C60	C65～C70	C75～C80
$N_{max}/(f_c A_c)$	0.60	0.55	0.50	0.70	0.65	0.60

② 转换柱截面设计

转换柱应按偏心受力构件计算其纵向受力钢筋和箍筋数量。由于转换柱为重要受力构件，为提高其抗震可靠性，其截面组合的内力设计值除应按框架柱的要求进行调整外，对一、二级转换柱，由地震作用产生的轴力值应分别乘以增大系数 1.5、1.2，但计算柱轴压比时可不考虑该增大系数；同时，为推迟转换柱的屈服，以免影响整个结构的变形能力，与转换构件相连的一、二级转换柱的上端和底层柱下端截面的弯矩组合值应分别乘以增大系数 1.5、

1.3，剪力设计值也应按相应的规定调整，转换角柱的弯矩设计值和剪力设计值应在上述调整的基础上乘以增大系数 1.1。

③ 转换柱构造要求

转换柱内全部纵向钢筋配筋率，非抗震设计时不应小于 0.8%；抗震设计时，一、二级抗震等级，分别不应小于 1.2%和 1.0%。纵向钢筋间距均不应小于 80 mm，且抗震设计不宜大于 200 mm；非抗震设计时不宜大于 250 mm。抗震设计时柱内全部纵向钢筋配筋率不宜大于 4.0%。

抗震设计时，转换柱箍筋应采用复合螺旋箍或井字复合箍，箍筋直径不应小于 10 mm，间距不应大于 100 mm 和 6 倍纵向钢筋直径的较小值，并应沿柱全高加密；抗震设计时，转换柱的箍筋配箍特征值应比普通框架柱要求的数值增加 0.02，且箍筋体积配筋率不应小于 1.5%。非抗震设计时，转换柱宜采用复合螺旋箍或井字复合箍，其箍筋体积配筋率不应小于 0.8%，箍筋直径不宜小于 10 mm，间距不宜大于 150 mm。

部分框支剪力墙结构中的转换柱在上部墙体范围内的纵向钢筋应伸入上部墙体内不少于一层，其余柱纵筋应锚入转换层梁内或板内；从柱边算起，锚入梁内、板内的钢筋长度，抗震设计时不应小于 l_{aE}，非抗震设计时不应小于 l_a。

(3) 转换层上、下部剪力墙的构造要求

① 框支梁上部墙体的构造要求

试验研究及有限元分析结果表明，在竖向及水平荷载作用下，框支梁上部的墙体在多个部位包括边柱上墙体的端部，中间柱上 $0.2l_n$（l_n 为框支梁净跨）宽度及 $0.2l_n$ 高度范围内有较大的应力集中，这些部位的剪力墙容易发生破坏，因此对这些部位的墙体和配筋规定了多项加强措施，且应满足下列要求：

A. 当梁上部的墙体开有边门洞时，洞边墙体宜设置翼缘墙、端柱或加厚，并应按约束边缘构件的要求进行配筋设计；当洞口靠近梁端部且梁的受剪承载力不满足要求时，可采取框支梁加腋或增大框支墙洞口连梁刚度等措施。

B. 框支梁上部墙体竖向钢筋在梁内的锚固长度，抗震设计时不应小于 l_{aE}，非抗震设计时不应小于 l_a。

C. 框支梁上部一层墙体的配筋宜按下列公式计算：

柱上墙体的端部竖向钢筋面积 A_s：

$$A_s = h_c b_w (\sigma_{01} - f_c)/f_y \tag{7-42}$$

柱边 $0.2l_n$ 宽度范围内竖向分布钢筋面积 A_{sw}：

$$A_{sw} = 0.2 l_n b_w (\sigma_{02} - f_c)/f_{yw} \tag{7-43}$$

框支梁上 $0.2l_n$ 高度范围内水平分布钢筋面积 A_{sh}：

$$A_{sh} = 0.2 l_n b_w \sigma_{x\max}/f_{yh} \tag{7-44}$$

式中：l_n——框支梁净跨度(mm)；

h_c——框支柱截面高度(mm)；

b_w——墙肢截面厚度(mm)；

σ_{01}——柱上墙体 h_c 范围内考虑风荷载、地震作用组合的平均压应力设计值(N/mm^2)；

σ_{02}——柱边墙体 $0.2l_n$ 范围内考虑风荷载、地震作用组合的平均压应力设计值

(N/mm^2)；

$\sigma_{x\max}$——框支梁与墙体交接面上考虑风荷载、地震作用组合的水平拉应力设计值(N/mm^2)。

有地震作用组合时，式(7-42)、(7-43)和式(7-44)中，σ_{01}、σ_{02}、$\sigma_{x\max}$均应乘以γ_{RE}，γ_{RE}取0.85。

D. 框支梁与其上部墙体的水平施工缝处宜按式(7-45)的规定验算抗滑移力。

$$V_{wj}=\frac{1}{\gamma_{RE}}(0.6f_yA_s+0.8N) \tag{7-45}$$

式中：V_{wj}——剪力墙水平施工缝处剪力设计值；

A_s——水平施工缝处剪力墙腹板竖向钢筋和边缘构件中的竖向钢筋总面积(不包括两侧翼墙)，以及在墙体中有足够锚固长度的附加竖向插筋面积；

f_y——竖向钢筋抗拉强度设计值；

N——水平施工缝处考虑地震作用组合的轴向力设计值，压力取正值，拉力取负值。

② 剪力墙底部加强部位的构造要求

试验结果表明，对底部带转换层的高层建筑结构，当转换层位置较高时，落地剪力墙往往从其墙底部到转换层以上1～2层范围内出现裂缝，同时转换构件上部1～2层剪力墙也出现裂缝或局部破坏。因此，对这种结构其剪力墙底部加强部位的高度应从地下室顶板算起，宜取至转换层以上两层且不宜小于房屋高度的1/10。

落地剪力墙几乎承受全部地震剪力，为了保证其抗震承载力和延性，截面设计时，特一、一、二、三级落地剪力墙底部加强部位的弯矩设计值应分别按墙底截面有地震作用组合的弯矩值乘以增大系数1.8、1.5、1.3、1.1采用；其剪力设计值取地震作用组合剪力设计值乘以增大系数1.9、1.6、1.4、1.2。落地剪力墙的墙肢不宜出现偏心受拉。

部分框支剪力墙结构，剪力墙底部加强部位墙体的水平和竖向分布钢筋最小配筋率，抗震设计时不应小于0.3%，非抗震设计时不应小于0.25%；抗震设计时钢筋间距不应大于200 mm，钢筋直径不应小于8 mm。

部分框支剪力墙结构剪力墙底部加强部位，墙体两端宜设置翼墙或端柱，抗震设计时尚应设置约束边缘构件。

部分框支剪力墙结构的落地剪力墙基础应有良好的整体性和抗转动的能力。

(4) 转换层楼板的构造要求

部分框支剪力墙结构中，框支转换层楼板是重要的传力构件，不落地剪力墙的剪力需要通过转换层楼板传递到落地剪力墙，为保证楼板能可靠传递面内相当大的剪力(弯矩)，对转换层楼板进行了规定。

部分框支剪力墙结构中，框支转换层楼板厚度不宜小于180 mm，应双层双向配筋，且每层每方向的配筋率不宜小于0.25%，楼板中钢筋应锚固在边梁或墙体内；落地剪力墙和筒体外围的楼板不宜开洞。楼板边缘和较大洞口周边应设置边梁，其宽度不宜小于板厚的2倍，全截面纵向钢筋配筋率不应小于1.0%。与转换层相邻楼层的楼板也应适当加强。

部分框支剪力墙结构中，抗震设计的矩形平面建筑框支转换层楼板，其截面设计值应符合下列要求：

$$V_f \leqslant \frac{1}{\gamma_{RE}}(0.1\beta_c f_c b_f t_f) \tag{7-46}$$

$$V_f \leqslant \frac{1}{\gamma_{RE}}(f_y A_s) \tag{7-47}$$

式中：b_f、t_f——框支转换层楼板的验算截面宽度和厚度；

V_f——由不落地剪力墙传到落地剪力墙处按刚性楼板计算的框支层楼板组合的剪力设计值，8 度时应乘以增大系数 2.0，7 度时应乘以增大系数 1.5，验算落地剪力墙时可不考虑此增大系数；

A_s——穿过落地剪力墙的框支转换层楼盖（包括梁和板）的全部钢筋的截面面积；

γ_{RE}——承载力抗震调整系数，可取 0.85。

部分框支剪力墙结构中，抗震设计的矩形平面建筑框支转换层楼板，当平面较长或不规则以及各剪力墙内力相差较大时，可采用简化方法验算楼板平面内受弯承载力。

7.3.3 其他转换层结构

1）带厚板转换层结构

当转换层上、下柱网轴线错开较多，难以用梁直接承托时，则需要做成厚板，形成带厚板转换层结构。厚板转换层一方面给上部结构的布置带来方便，另一方面也使板的传力途径变得不清楚，因而受力也非常复杂，结构计算相对困难，往往需要在柱与柱、柱与墙之间配筋加强，相当于设置暗梁，增加了配筋量。从抗剪和抗冲切角度考虑，转换层板的厚度往往很大（一般 2.0～2.8 m），导致重量很大，质量集中引起振动性能十分复杂，地震反应强烈。厚度大带来混凝土用量也很大，且大体积混凝土对施工提出了更高的要求。因此，带厚板转换层结构材料用量和造价都较高，结构设计和施工都比较复杂，而且抗震设计上问题较多，采用这种结构要慎重对待。厚板设计应符合下列要求：①转换厚板的厚度可由抗弯、抗剪、抗冲切截面验算确定。②转换厚板可局部做成厚板，薄板与厚板交界处可加腋，转换厚板也可局部做成夹心板。③转换厚板宜按整体计算时所划分的主要交叉梁系的剪力和弯矩设计值进行截面设计并按有限元分析结果进行配筋校核。受弯纵向钢筋可沿转换板上、下部双层双向配置，每一方向总配筋率不宜小于 0.6%。转换板内暗梁的抗剪箍筋面积配筋率不宜小于 0.45%。④为防止转换厚板的板端沿厚度方向产生层状裂缝，宜在厚板外周边配置钢筋骨架网进行加强。⑤转换厚板上、下部的剪力墙、柱的纵向钢筋均应在转换厚板内可靠锚固。⑥转换厚板上、下一层的楼板应适当加强，楼板厚度不宜小于 150 mm。

2）带桁架转换层结构

桁架转换层可以有效地减小转换柱顶弯矩、柱剪力，抗震设计高位转换时，采用带桁架转换层结构是一种有效的方法。桁架设计应符合下列要求：①采用空腹桁架作转换层时，一定要保证其整体作用。空腹桁架宜满层设置，应有足够的刚度。空腹桁架的上、下弦杆宜考虑楼板作用，并应加强上、下弦杆与框架柱的锚固连接构造；竖腹杆应按强剪弱弯进行配筋设计，并加强箍筋配置以及与上、下弦杆的连接构造。②托柱转换层结构，转换构件采用桁架时，转换桁架斜腹杆的交点、空腹桁架的竖腹杆宜与上部密柱的位置重合；转换桁架的节点应加强配筋及构造措施。

3）箱形转换层结构

转换梁连同其上、下层较厚的楼板共同工作，形成刚度很大的箱形转换层。箱形转换层是利用原有的上下楼层和剪力墙经过加强后组成的，它的平面内刚度较单层的转换梁结构要大得多，但较厚板转换层平面内刚度要小，可以改善带转换层高层建筑结构的受力性能。

箱形转换构件设计时要保证其整体受力作用，箱形转换结构上、下楼板厚度均不宜小于180 mm，应根据转换柱的布置和建筑功能要求设置双向横隔板；上、下板配筋设计应同时考虑板局部弯曲和箱形转换层整体弯曲的影响，横隔板宜按深梁设计。

7.4 带加强层高层建筑结构

7.4.1 带加强层高层结构的类型和结构布置

1）加强层的结构类型

加强层是伸臂、环向构件、腰桁架和帽桁架等加强构件所在层的总称。伸臂、环向构件、腰桁架和帽桁架等构件的功能不同，不一定同时设置，但若同时设置，宜设置在同一层，凡具备三者之一者，均称为加强层。

加强层水平伸臂构件一般有三种基本形式：实体梁（或整层箱形梁）、斜腹杆桁架或空腹桁架。如图 7-16 所示。

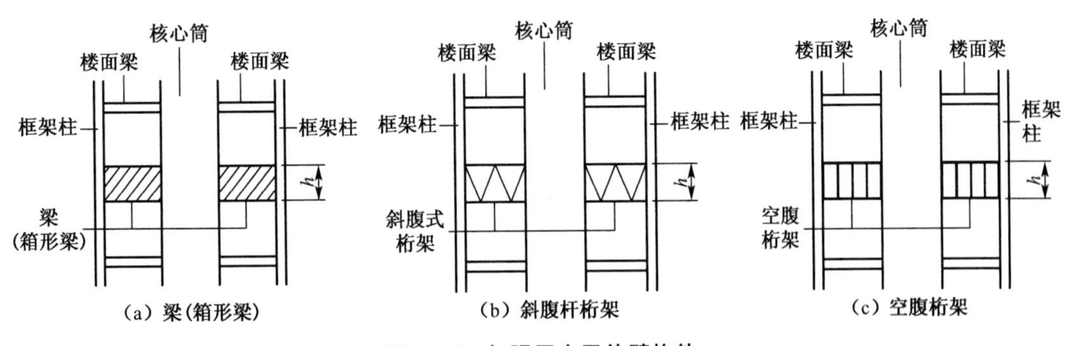

图 7-16　加强层水平伸臂构件

由于采光通风等要求，加强层周边水平环带构件一般有三种基本形式：开孔梁、斜腹杆桁架或空腹桁架。如图 7-17 所示。

环带构件相当于在结构上加了一道“箍”，作用有：①加强结构周边竖向构件的联系，提高结构的整体性；②由于环带构件的刚度大，可以协同周边竖向构件的变形，减小竖向变形差，使竖向构件受力均匀，在框筒结构中，环带构件加强了深梁作用，可减小剪力滞后；③在框架-核心筒-伸臂结构中，环带构件加强了周边框架柱的协同工作，并可将与伸臂相连接的柱轴力分散到其他柱子上，使较多的柱子共同承受轴力，因此环带构件常常和伸臂结合使用，环梁本身对减少侧移也有作用。

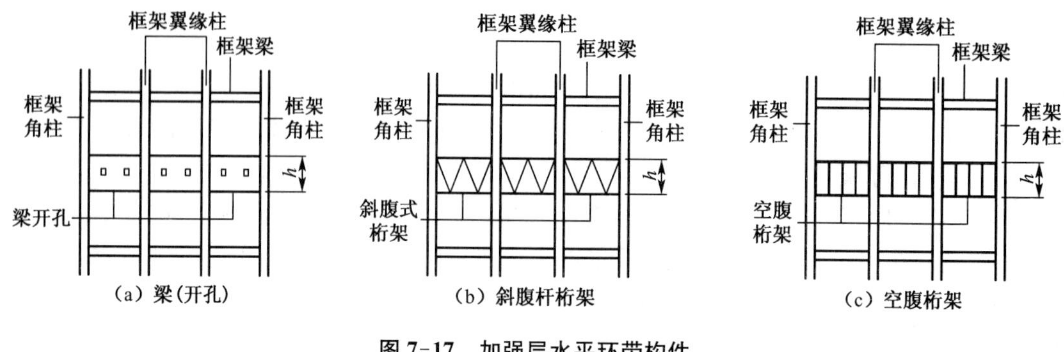

图 7-17　加强层水平环带构件

2）加强层的作用及布置

（1）加强层的作用及对整体结构受力性能的影响

在框架-核心筒结构中，采用刚度很大的斜腹杆桁架、实体梁、整层或跨若干层高的箱形梁、空腹桁架等水平伸臂构件，在平面内将内筒和外柱连接，沿建筑高度可根据控制结构整体侧移的需要设置一道、两道或几道水平伸臂构件（或称水平加强层）。由于水平伸臂构件的刚度很大，在结构产生侧移时，将迫使外柱参与抗弯，一侧外柱受压，一侧外柱受拉，压力和拉力形成一个反弯矩，作用于内筒的顶部。这一反弯矩部分抵消了内筒各水平截面所受到的水平荷载弯矩，改善了内筒和框架楼层剪力的竖向分布状况，使它进一步均匀化，因此结构的侧移也得到减小。

由于伸臂加强层的刚度（包括平面内刚度和侧向刚度）比其他楼层的刚度大很多，所以带加强层高层建筑结构属竖向不规则结构。在水平地震作用下，这种结构的变形和破坏容易集中在加强层附近，即形成薄弱层；伸臂加强层上、下相邻层的柱弯矩和剪力均发生突变，使这些柱子容易出现塑性铰或产生脆性剪切破坏。因此框架-核心筒宜采用“适宜刚度”的加强层，既能弥补整体刚度的不足，使结构满足规范的位移限值要求，减少非结构构件的破损；又能尽量减少加强层的刚度，减少结构突变和内力的剧增，避免结构在加强层附近形成薄弱层。所以，设计时应尽可能采用桁架、空腹桁架等整体刚度大而杆件刚度不大的伸臂构件，桁架上、下弦杆（截面小、刚度也小）与柱相连，可以减小不利影响。另外，在地震作用下，沿整个结构高度加强层的设置部位尽量多设几道加强层，而减少每道加强层的刚度。

（2）伸臂加强层的布置

① 沿平面上的布置。水平伸臂构件的刚度比较大，是连接内筒和外围框架的重要构件。伸臂桁架会造成核心筒墙体承受很大的剪力，上下弦杆的拉力也需要可靠地传递到核心筒上，设计中应尽量要求伸臂构件贯通核心筒，以保证其与核心筒的可靠连接。伸臂构件在平面上宜置于核心筒的转角或 T 字节点处，避免核心筒墙体因承受很大的平面外弯矩和局部应力集中而破坏。水平伸臂构件与周边框架的连接宜采用铰接或半刚接。

② 沿竖向的布置。高层建筑设置伸臂加强层的主要目的在于增大整体结构刚度，减小结构的侧移。因此，有关加强层的合理位置和数量的研究，一般都是以减小侧移为目标函数进行分析和优化。经过大量的研究分析，得到如下结论：A. 当设置一个加强层时，其最佳位置在底部固定端以上（0.60～0.67）H（H 为结构总高度）之间，即大约在结构的 2/3 高度处。B. 当设置两个加强层时，如果其中一个设在 0.7H 以上（也可在顶层），则另一个设置在

0.5H 处，可以获得较好的效果。C. 设置多个加强层时结构侧移会进一步减小，但侧移减小量并不与加强层数量成正比；当设置的加强层数量多于 4 个时，进一步减小侧移的效果就不明显。因此，加强层不宜多于 4 个。设置多个加强层时，一般可沿高度均匀布置。

根据上述研究结果，《高层建筑混凝土结构技术规程》(JGJ 3)规定：带加强层高层建筑结构，应合理设计加强层的数量、刚度和设置位置。当布置 1 个加强层时，位置可在 0.6H 附近；当布置 2 个加强层时，位置可在顶层和 0.5H 附近；当布置多个加强层时，加强层宜沿竖向从顶层向下均匀布置。其中，H 为房屋高度。

7.4.2 带加强层高层建筑的结构设计

1) 受力机理的概念分析

在初步设计阶段，为了确定加强层的数量和位置，可采用近似分析方法。该法采用下列假定：①结构为线弹性；②外框柱仅承受轴力；③伸臂与筒体、筒体与基础均为刚性连接；④筒体、柱以及伸臂的截面特性沿高度为常数。

根据上述假定，对于带两个伸臂加强层的高层建筑结构，在均布水平荷载作用下的计算简图如图 7-18(a)所示，其中坐标原点取在结构顶点。如取静定的内筒为基本体系，则该结构为两次超静定。在每一个伸臂加强层位置，其变形协调方程表示筒体的转角等于相应伸臂的转角。筒体的转角以其弯曲变形描述，而伸臂的转角则以柱的轴向变形和伸臂的弯曲变形描述。

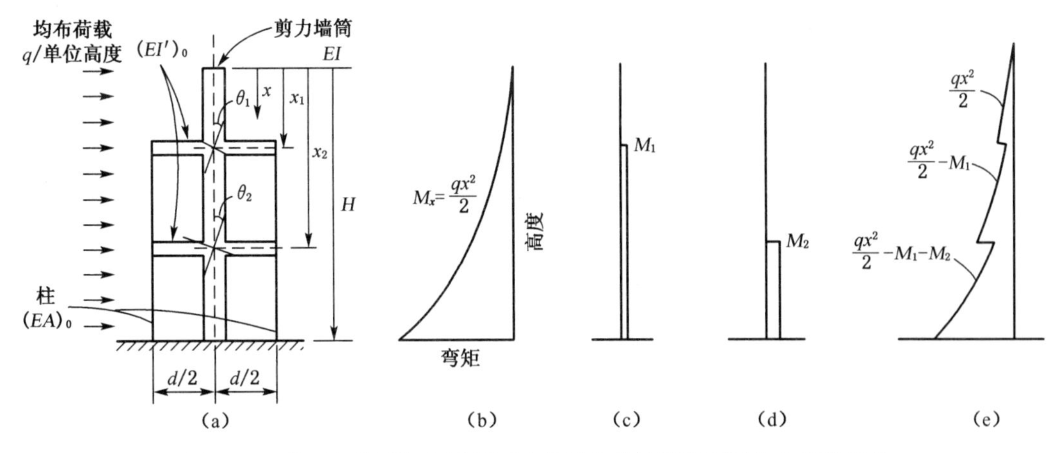

图 7-18 带两个伸臂加强层高层建筑结构的计算简图及核心筒弯矩图

按上述方法可得结构的内力和位移如下：

(1) 内力

伸臂加强层对内筒的约束弯矩：

$$M_1=\frac{q}{6EI}\cdot\frac{s_1(H^3-x_1^3)+s(H-x_2)(x_2^3-x_1^3)}{s_1^2+s_1s(2H-x_1-x_2)+s^2(H-x_2)(x_2-x_1)} \tag{7-48}$$

$$M_2=\frac{q}{6EI}\cdot\frac{s_1(H^3-x_2^3)+s[(H-x_1)(H^3-x_2^3)-(H-x_2)(H^3-x_1^3)]}{s_1^2+s_1s(2H-x_1-x_2)+s^2(H-x_2)(x_2-x_1)} \tag{7-49}$$

式中：$s=\frac{1}{EI}+\frac{2}{d^2(EA)_c}$，$s_1=\frac{d}{12(EI)_0}$

在求得伸臂的约束弯矩 M_1 和 M_2 后，内筒任意截面 x 处的弯矩 $M(x)$［图 7-18(e)］可写为

$$M(x)=\frac{qx^2}{2}-M_1-M_2 \tag{7-50}$$

式中：M_1 仅对 $x \geqslant x_1$ 区段有效，M_2 仅对 $x \geqslant x_2$ 区段有效。

由于伸臂作用产生的柱轴力：

在 $x_1 < x < x_2$ 区段　　$N=\pm M_1/d$　　(7-51)

在 $x \geqslant x_2$ 区段　　$N=\pm(M_1+M_2)/d$　　(7-52)

在加强层 1 处　　$M_{max}=M_1 b/d$　　(7-53)

在加强层 2 处　　$M_{max}=M_2 b/d$　　(7-54)

在式(7-48)～式(7-54)中：EI、H 分别表示筒体的抗弯刚度及高度；q 表示水平均布荷载集度；x_1、x_2 分别表示自筒体顶部向下至伸臂加强层 1、2 的距离；M_1、M_2 表示两个伸臂作用于筒体的约束弯矩；$(EA)_c$ 为外框柱的轴向刚度(其中 A_c 取一侧外柱的横截面面积之和)；$(EI)_0$ 表示伸臂的有效抗弯刚度，设伸臂加强层的实际抗弯刚度为 $(EI')_0$(见图 7-18)，考虑筒体的宽柱效应，则有效抗弯刚度为

$$(EI)_0=\left(1+\frac{a}{b}\right)^3(EI')_0 \tag{7-55}$$

其中，a、b 的意义见图 7-19。

(2) 结构顶点位移

$$u_t=\frac{qH^4}{8EI}-\frac{1}{2EI}[M_1(H^2-x_1^2)+M_2(H^2-x_2^2)] \tag{7-56}$$

式中：等号右侧第一项为筒体单独承受全部水平荷载作用时的顶点位移；第二项表示伸臂约束弯矩 M_1 和 M_2 所减少的顶点位移。

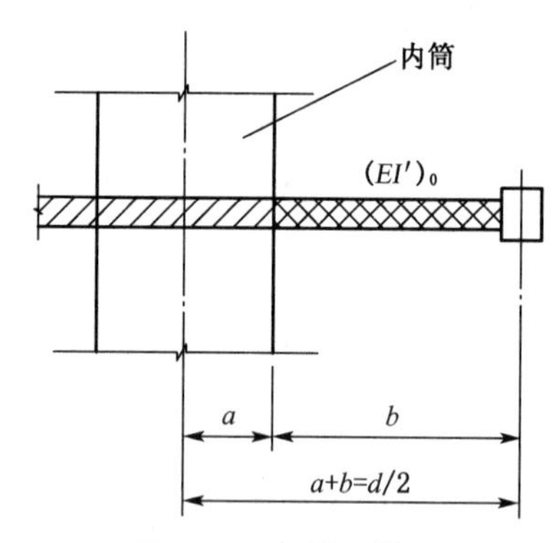

图 7-19　加强层简图

另外，由式(7-56)，还可得到使结构顶点位移最小时伸臂加强层的最佳位置。这可将式(7-56)右侧第二项分别对 x_1 及 x_2 求导得其最大值。

2) 带加强层结构整体分析及构件局部应力精细分析

带加强层高层建筑结构应按实际结构的构成采用空间协同的方法分析计算，其水平伸臂构件作为整体结构中的构件参与整体结构计算。上、下弦杆按梁，竖向腹杆按柱，斜腹杆作为斜柱处理。计算时，对设置水平伸臂桁架的楼层，宜考虑楼板平面内变形，以便得到伸臂桁架上、下弦杆的轴力和腹杆的轴力。在结构整体分析后，应取整体分析中的内力和变形作为边界条件，对伸臂加强层再做一次单独分析。

在重力荷载作用下，应进行较精确的施工模拟计算，并应计入竖向温度变形的影响。加

强层构件一端连接内筒，另一端连接外框柱。外框柱的轴向压缩变形和竖向温度变形均大于核心筒的相应变形，分析时如果按一次加载的模式计算，则会得到内外竖向构件产生很大的竖向变形差，从而使伸臂构件在内筒墙端部产生很大的负弯矩，使截面设计和配筋构造变得困难。因此，应考虑竖向荷载在实际施工过程中的分层施加情况，按分层加载、考虑施工过程的方法计算。另外，应注意在施工顺序（伸臂桁架斜腹杆滞后连接）和连接构造（设置后浇块）上采取措施，减少外框架和核心筒的竖向变形差，所以在结构分析时就应该进行合理的模拟，反映这些措施的影响。

3）带加强层结构的构造要求

（1）带加强层的高层建筑结构，为避免在加强层附近形成薄弱层，使结构在罕遇地震作用下能呈现强柱弱梁、强剪弱弯的延性机制，加强层及其相邻的框架柱、核心筒剪力墙的抗震等级应提高一级，一级应提高至特一级，若原抗震等级为特一级时应允许不再提高。

（2）加强层水平伸臂构件中梁（箱形梁）的构造要求：实体截面梁一般仅适用于非地震区；混凝土强度等级不应低于 C30，上下主筋最小配筋率为 0.3%；梁上下主筋至少应有 50%沿梁全长贯通，且不宜有接头。若需设接头，宜采用机械连接，同一连接区段内接头钢筋截面面积不宜超过全部纵筋截面面积的 50%；梁腹筋应沿梁全高配置，且不小于 2ϕ12@200，按充分受拉要求锚固于柱、核心筒；梁箍筋宜全梁段加密，直径不小于 ϕ10，间距不大于150 mm，最小面积配箍率为 $0.5f_c/f_{yv}$；梁上下纵筋进入核心筒支座均按受拉锚固，至少有 50%顶层梁上部纵筋贯穿核心筒拉通；顶层梁下部纵筋及其他层梁上下部纵筋至少有 4 根贯穿核心筒拉通；梁上下纵筋进入框架柱均按充分受拉锚固。

（3）加强层及其相邻层的框架柱，轴压比限值应按其他楼层框架柱的数值减小 0.05 采用。柱纵向钢筋最小总配筋率抗震等级为特一、一、二级时分别为 1.4%、1.2%、1.0%，非抗震设计时为 0.6%。纵筋钢筋间距不宜大于 200 mm 且不应小于 80 mm，总配筋率不宜大于 5%。

箍筋应全柱段加密，应采用复合螺旋箍或井字复合箍，箍筋直径不应小于 10 mm，间距不应大于 100 mm。

（4）加强层及其相邻楼层核心筒的配筋应加强，其竖向分布钢筋和水平分布钢筋的最小配筋率，抗震等级为特一级时不应小于 0.4%，抗震设计时不应小于 0.3%，非抗震设计时不应小于 0.25%，且钢筋直径 ≥ 10 mm，间距 ≤ 200 mm。

加强层及其相邻层核心筒剪力墙应设置约束边缘构件，墙体两端宜设置翼墙或端柱。

（5）加强层及其相邻层楼盖刚度和配筋应加强，楼板应采用双层双向配筋，每层每方向钢筋均应拉通，且配筋率不宜小于 0.25%；混凝土强度等级不宜低于 C30。

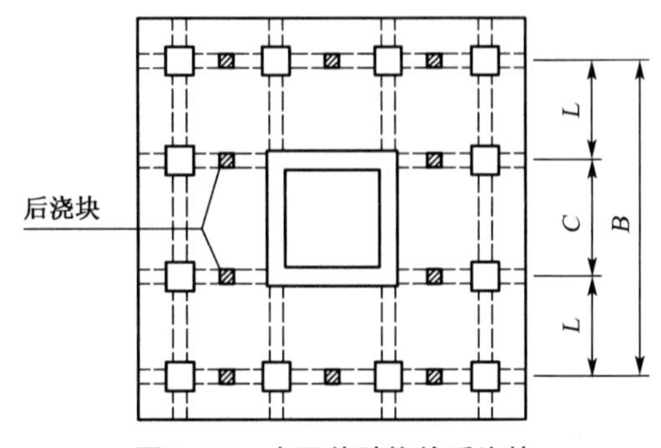

图 7-20　水平伸臂构件后浇块

（6）由于加强层的伸臂构件强化了内筒与周边框架的联系，内筒与周边框架的竖向变形将产生很大的次应力，因此需要采取有效措施减少这些变形差。一般在加强层水平伸臂构件中设后浇块，如图 7-20 所示，待主体结构施工完成后再行封闭。

7.5 错层结构

7.5.1 结构布置

错层剪力墙结构模型振动台试验结果表明：平面规则的错层剪力墙结构使剪力墙形成错洞墙，结构竖向刚度不规则，对抗震不利，但错层对抗震性能的影响并不十分严重，破坏程度相对较轻；平面布置不规则、扭转效应显著的错层剪力墙结构破坏严重。计算分析表明，错层框架结构或错层框架-剪力墙结构，其抗震性能比错层剪力墙结构更差。因此，抗震设计时，高层建筑宜避免错层。当房屋不同部位因功能不同而使楼层错层时，宜采用防震缝划分为独立的结构单元。另外，错层结构房屋其平面布置宜简单、规则，避免扭转；错层两侧宜采用结构布置和侧向刚度相近的结构体系，以减小错层处墙、柱的内力，避免错层处形成薄弱部位。

7.5.2 结构计算分析

当错层高度不大于框架梁的截面高度时，可以作为同一楼层按普通结构计算，这一楼层的高度可取两部分楼面高度的平均值。当相邻楼盖结构高差超过梁高范围的，不应归并为一层，应按错层结构计算。电算时框架结构比较容易实现，但对于剪力墙结构会发生洞口跨越结构楼层的情况，此时可将跨层洞口按层高分为两个洞口。错层结构中，错层两侧的楼面有相互独立的位移和转动，错开的楼层不应归并为一个刚性楼板，计算分析模型应能反映错层影响。在计算结构位移比等控制指标时不能采用楼板强制无限刚假定，应采用分块无限刚假定。错层结构可采用 SATWE、ETABS 等三维空间分析程序进行整体结构计算。

对于错层剪力墙结构，当因楼层错层使剪力墙洞口不规则时，在结构整体分析之后，对洞口不规则的剪力墙宜进行有限元计算，其边界条件可根据整体分析结果确定。补充计算可以用有限元程序 Midas. gen 建立模型，Midas. gen 不定义层，而是通过单位来传递荷载，可以查看结构任意点的位移。

错层结构错层处的框架柱受力复杂，易发生短柱受剪破坏，因此要求其截面承载力满足设防烈度地震（中震）作用下性能水准 2 中的式(7-12)要求。

7.5.3 构造措施

在错层结构的错层处(图 7-21)，其墙、柱等构件易产生应力集中，受力较为不利，应采用下列加强措施：

(1) 错层处框架柱的截面高度不应小于 600 mm，混凝土强度等级不应低于 C30，箍筋应全柱段加密。抗震等级应提高一级采用，一级应提高至特一级，但抗震等级已经为特一级时应允许不再提高。

(2) 错层处平面外受力的剪力墙，其截面厚度，非抗震设计时不应小于 200 mm，抗震设计时不应小于 250 mm，并均应设置与之垂直的墙肢或扶壁柱；抗震等级应提高一级采用。错层处剪力墙的混凝土强度等级不应低于 C30，水平和竖向分布钢筋的配筋率，非抗震设计时不应小于 0.3%，抗震设计时不应小于 0.5%。

如果错层处混凝土构件不能满足设计要求时，则需采取有效措施改善其抗震性能。如框架柱可采用型钢混凝土柱或钢管混凝土柱、剪力墙内可设置型钢，均可改善构件的抗震性能。

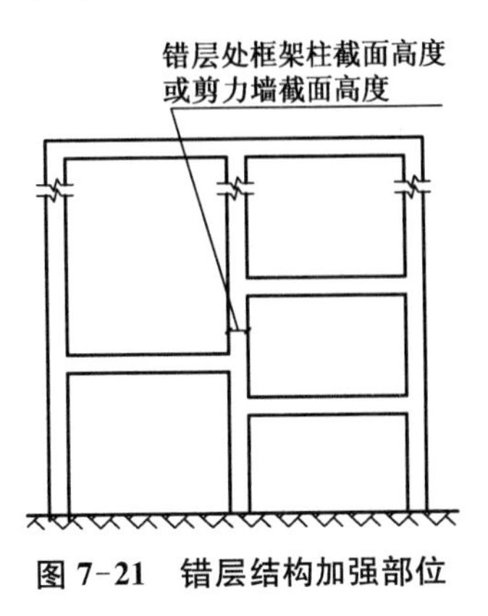

图 7-21 错层结构加强部位

7.6 连体结构

7.6.1 连体结构的类型和结构布置

1) 连体结构的分类

连体结构的特点是将两幢或几幢主体塔楼由连接体连在一起，根据连接体结构与塔楼的连接方式，可将连体结构分为两类：

(1) 强连接方式。当连接体结构包含多层楼盖，且连体结构有足够的刚度，足以协调两塔之间的内力和变形时，可设计成强连接结构(图 7-22(a)(b))，两端刚接、两端铰接的连体结构属于强连接结构。当建筑立面开洞时，也可归为强连接方式。

两个主体结构一般采用对称的平面形式，在两个主体结构的顶部若干层连接成整体楼层，连接体的宽度与主体结构的宽度相等或接近。当连接体与两端塔楼刚接或铰接时，连接体可与塔楼结构整体协调，共同受力。此时，连接体除承受重力荷载外，主要是协调连接体两端的变形及振动所产生的作用效应。

(2) 弱连接方式。当在两个建筑之间设置一个或多个架空连廊时，连接体结构较弱，不足以协调连接体两侧的结构共同工作时，可做成弱连接(图 7-22(c)(d))。即连接体一端与结构铰接，一端做成滑动支座；或两端均做成滑动支座。架空连廊的跨度有的约几米，有的长达几十米。其宽度一般都在 10 m 之内。

当连接体低位且跨度小时，可采用一端与主体结构铰接，一端与主体结构滑动连接；或可采用两端滑动连接，此时两塔楼结构独立工作，连接体受力较小。两端滑动连接的连接体在地震作用下，当两塔楼相对振动时，要注意避免连接体滑落及连接体同塔楼碰撞对主体结构造成的破坏。实际工程可采用橡胶垫或聚四氟乙烯板支承，塔楼与连接体之间设置限位装置。

当采用阻尼器作为限位装置时，也可归为弱连接方式。这种连接方式可以较好地处理连接体与塔楼的连接，既能减轻连接体及其支座受力，又能控制连接体的振动在允许范围内，但此种连接仍要进行详细的整体结构分析计算，橡胶垫支座等支承及阻尼器的选择要根据计算分析确定。

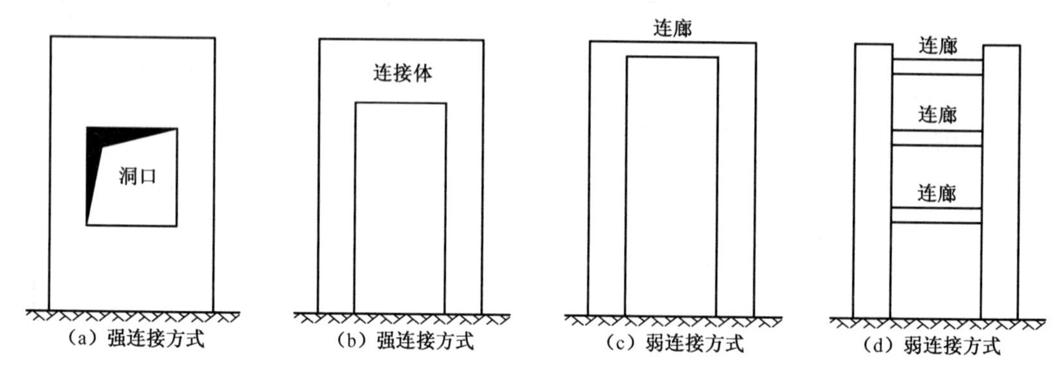

图 7-22　连体结构

2) 结构布置

震害经验表明，地震区的连体高层建筑破坏严重，连接体本身塌落的情况较多，同时使主体结构与连接体的连接部位破坏严重。为提高结构的抗震性能，其结构布置要求如下：①连体结构各独立部分宜有相同或相近的体型、平面布置和刚度分布，宜采用双轴对称的平面形式。否则在地震中将出现复杂的 X、Y、θ 相互耦联的振动，扭转影响大，对抗震不利。②当两个主体结构层数和刚度相差较大时，采用连体结构更为不利。因此，抗震设计时，B 级高度高层建筑不宜采用连体结构，7 度、8 度抗震设计时，层数和刚度相差悬殊的建筑不宜采用连体结构。③连接体结构自身重量应尽量减轻。连接体结构自身的重量一般较大，对结构抗震很不利，因此应优先采用钢结构及轻型维护结构，也可采用型钢混凝土结构等。连接体部分重量越轻，其支承构件受力越小，对抗震越有利。当连接体结构含有多个楼层时，应特别加强其最下面一个楼层及顶层的构造设计。

7.6.2　连体结构的计算分析与设计

1) 受力机理的概念分析

连体结构将各单独建筑通过连接体构成一个整体，使建筑物的工作特点由竖向悬臂梁转变成巨型框架结构(图 7-23)。在双塔连体高层建筑中，连体的刚度和位置对结构的受力性能有着显著的影响。

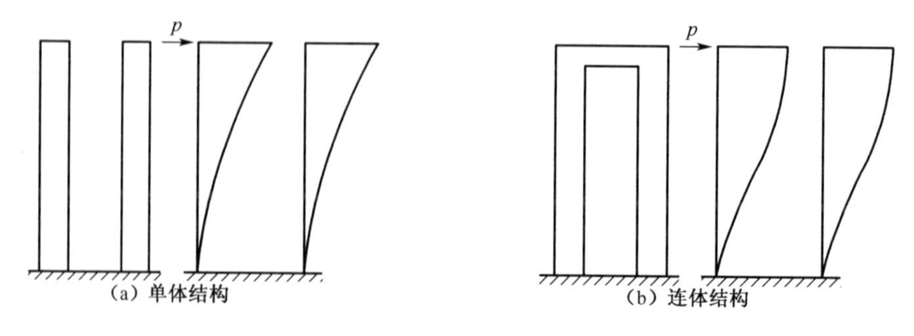

图 7-23　单体结构和连体结构受力变形特点比较

(1) 连体刚度对结构静力性能的影响

图 7-24 为对称双塔楼计算简图,假定连接体与塔楼铰接。已知对称双塔楼 A、B,抗弯刚度均为 EI,连接体的轴压刚度为 EA。

令:连体的轴向刚度 $K_N = \dfrac{EA}{L}$;塔楼的抗侧刚度 $K_A = K_B = \dfrac{3EI}{H^3}$;$\lambda_N = \dfrac{K_N}{K_A + K_B}$。根据力学原理,可得

$$N = \frac{H^3/3EI}{L/EA + 2H^3/3EI}P = \frac{2\lambda_N}{1+4\lambda_N}P$$

$$f_A = \frac{(P-N)H^3}{3EI} = \frac{L/EA + H^3/3EI}{L/EA + 2H^3/3EI} \cdot \frac{PH^3}{3EI} = \frac{(1+2\lambda_N)PH^3}{3(1+4\lambda_N)EI}$$

$$f_B = \frac{NH^3}{3EI} = \frac{H^3/3EI}{L/EA + 2H^3/3EI} \cdot \frac{PH^3}{3EI} = \frac{2\lambda_N PH^3}{3(1+4\lambda_N)EI}$$

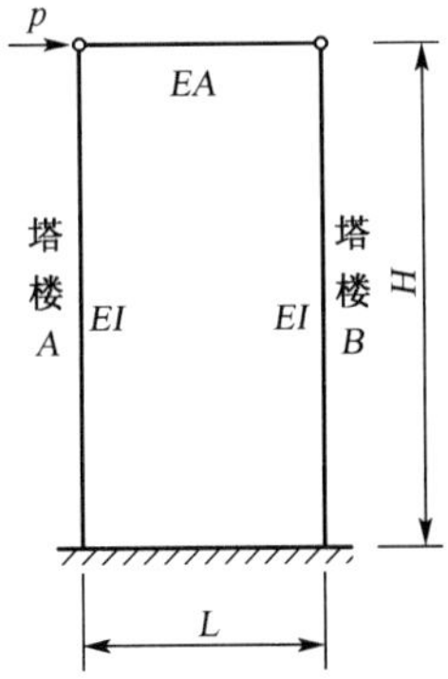

图 7-24 连体结构计算简图

由上式表明,随着 λ_N的增大,连体轴力 N 增大。但当 $\lambda_N > 10$ 时,连体的轴力只有少量的增加;当 $\lambda_N \to \infty$时,$N \to \dfrac{P}{2}$。

随着 λ_N的增大,塔楼 A 的位移逐渐减小,塔楼 B 的位移逐渐增大。但当 $\lambda_N > 10$ 时,塔楼 A、B 的位移几乎相等;当 $\lambda_N \to \infty$ 时,$f_A = f_B \to \dfrac{1}{2} \times \dfrac{PL^3}{3EI}$。

需要注意:侧向荷载沿不同的方向作用时,连体有不同的传力机理。当侧向荷载沿 X 向(两塔楼并列方向)作用时,连体主要靠轴压(拉)和竖向平面内的受弯来传力。当荷载沿 Y 向(与 X 向正交的方向)作用时,连体主要靠水平面内的弯剪来传力。前者比后者传力更有效,后者还会使塔楼受扭。

(2) 连体位置对结构静力性能的影响

在 X 向侧向荷载作用下,随着连体设置位置的升高,连体的连接作用增强,上连体的轴力和上下连体的总轴力在减小,下连体轴力变化较为平缓。当连体设置在中下部楼层时,上连体的轴力比下连体的轴力大,设置在上部楼层时,下连体的轴力比上连体的轴力大。产生这一现象的原因:当连体的位置设置得较高时,连接楼层下部外荷载导致塔 A 在连接楼层处的变形比连接楼层上部外荷载导致的大,所以该侧向力首先要由下连体来传递。当连体的位置设置的低些,使连体上部的外荷载导致塔 A 在连接楼层处的变形比由下部外荷载产生的大,上连体的轴力会比下连体的大。

在 Y 向侧向荷载作用下,随着连体设置位置的升高,连体的连接作用增强,但导致塔楼的扭转也增大。上连体和上下连体总水平面内的弯矩和剪力在较低楼层达到一峰值后开始减小,下连体的轴力变化随连体设置位置的变化则较小。当连体设置在中下部楼层时,上连体的轴力比下连体的轴力大。当连体设置在上部楼层时,下连体的轴力比上连体的轴力大。

2) 连体结构的计算分析

(1) 整体结构计算分析

连体结构的整体计算分析除应遵循本章第 2 节的基本计算规定外,其内力和位移计算尚应符合下列要求:

① 连体结构属竖向不规则结构，其薄弱层所对应的地震作用标准值的地震剪力应乘以1.15的放大系数。由计算分析及振动台试验表明：连体结构自振振型较为复杂，前几个振型与单体建筑有明显的不同，除顺向振型外，还出现反向振型，因此要进行详细的计算分析；连体结构总体为一开口薄壁构件，扭转性能较差，扭转振型丰富，当第一扭转频率与场地卓越频率接近时，容易引起较大的扭转反应，易使结构发生脆性破坏。连体结构中部刚度小，而此部位混凝土强度等级又低于下部结构，从而使结构薄弱部位由结构的底部转换为连体结构中塔楼的中下部，这是连体结构计算时应注意的问题。

② 连体建筑洞口两侧的楼面有相互独立的位移和转动，不能按一个整体楼面考虑。因此连体结构的计算不能再引进楼面内刚度为无穷大的假定，通常的高层建筑结构分析程序不再适用。

采用分块刚性的假定，可以反映立面开洞和连体建筑的受力特点。假定连体高层建筑中，每一个保持平面内刚度为无穷大特性的楼面部分为刚性楼面块（也称广义楼层）。这些刚性块各具有3个独立的自由度（u_i，v_i，θ_i），它们通过可变形的、有限刚度的水平构件（梁和柔性楼板）和竖向构件（柱、墙）相互连接，这样既减少了自由度，又能考虑楼面变形的特性。计算分析程序可采用三维空间分析软件SATWE、ETABS等。

③ 应考虑风荷载作用下各塔楼之间的狭缝效应对结构带来的影响。连体结构的两塔楼间距一般都很近，高度一般也相当，应考虑建筑物互相之间的影响。对连体结构，相邻建筑相互干扰增大系数μ_β可参考表7-8采用。

表7-8 相互干扰增大系数μ_β

d/B	d/H	地貌	μ_β
≤3.5	≤0.7	A、B	1.15
		C、D	1.10
≥7.5	≥1.5	A、B、C、D	1.0

注：(1) d—两塔楼之间距离；B—所分析建筑物的迎风面平面尺寸；H—所分析建筑物的高度。
(2) d/B或d/H为表中间值时，可用插入法确定，条件d/B或d/H取影响大者计算。

另外，连体结构的连体部位结构的风荷载分布比较复杂，如有条件，该部位附近的体形系数宜通过风洞试验确定。

④ 水平地震作用计算时，要考虑偶然偏心的影响，并宜进行双向地震作用验算，尤其注意结构因特有的体型带来的扭转效应。

水平地震作用时，结构除产生平动外，还将会产生扭转振动，其扭转效应随两塔楼不对称性的增加而加剧。即使连体结构的两个塔楼对称，由于连接体楼板变形，两塔楼除有同向的平动外，还很有可能产生两塔楼的相向振动的振动形态，该振动形态是与整体结构的扭转振型耦合在一起的。实际工程中，由于地震在不同塔楼之间的振动差异是存在的，两塔楼相向运动的振动形态极有可能发生响应，此时连体部分结构受力复杂。

⑤ 6度和7度（0.10g）抗震设计时，高位连体结构的连接体宜考虑竖向地震作用的影响。7度（0.15g）和8度时，应考虑竖向地震的影响。连接体部分是连体结构受力的关键部位，当连接体跨度较大位置较高时，对竖向地震作用的反应比较敏感，放大效应明显。因此，对于高位连体结构（如连体位置高度超过80 m时）宜考虑其影响。

⑥ 连接体部分的振动舒适度需满足要求。由于连接体跨度较大，相对结构的其他部分而言，连体部分的刚度比较弱，受结构振动的影响明显，因此要注意控制连体部分各点的竖向位移，以满足舒适度的要求。连体结构的连体部位结构楼层需要考虑在日常使用中由于人的走动引起的楼板振动。楼板振动限制取决于人对振动的感觉。人对楼板震动的感觉取决于楼盖振动的大小和持续时间，取决于人所处的环境和人所从事的活动，取决于人的生理反应。楼盖结构的竖向振动频率不宜小于 3 Hz，竖向振动加速度峰值不应超过表 2-19 的限值。

(2) 连接体构件的局部应力精细分析

无论是采用强连接方式还是弱连接方式，在结构整体分析后，均需对连接体及其相关部位进行局部应力精细分析。

① 刚性连接的连体部分结构在地震作用下需要协调两侧塔楼的变形，因此需要进行连体部分楼板的验算，楼板的受剪截面和受剪承载力按转换层楼板的计算方法进行验算(式(7-46)、(7-47))，计算剪力可取连体楼板承担的两侧塔楼楼层地震作用力之和的较小值。

② 当连体部分楼板较弱时，在强烈地震作用下可能发生破坏，因此宜补充两侧分塔楼的模型计算分析，确保连体部分失效后两侧塔楼可以独立承担地震作用而不致发生严重破坏或倒塌。

③ 当连接体结构与主体结构采用滑动连接时，支座滑移量应能满足两个方向在罕遇地震作用下的位移要求。位移要求应采用时程分析方法进行计算复核。

3) 概念设计及构造措施

为防止地震时连接体结构以及主体结构与连接体结构的连接部位严重破坏，保证整体结构安全可靠，抗震设计时，连接体及与连接体相连的结构构件在连接体高度范围及其上、下层，抗震等级均应提高一级采用，一级提高至特一级，但抗震等级为特一级应允许不再提高。

连接体结构与主体结构宜采用刚性连接，刚性连接时，连接体结构的主要结构构件应至少伸入主体结构一跨并可靠连接。必要时，连接体结构可延伸至主体部分的内筒，并与内筒可靠连接。刚性连接的连接体结构可设置钢梁、钢桁架、型钢混凝土梁，型钢应伸入主体结构至少一跨并可靠锚固。连接体结构的边梁截面宜加大，楼板厚度不宜小于 150 mm，宜采用双层双向钢筋网，每层每方向钢筋的配筋率不宜小于 0.25%。

与连接体相连的框架柱在连接体高度范围及其上、下层，箍筋应全柱段加密配置，轴压比限值应按其他楼层框架柱的数值减少 0.05 采用。与连接体相连的剪力墙在连接体高度范围及其上、下层应设置约束边缘构件，墙体两端宜设置翼墙或端柱。

当连接体结构与主体结构采用滑动连接时，连接体往往由于滑移量较大致使支座发生破坏，应采取防坠落、防撞击措施以及连接体部分破坏可能产生的结构防连续倒塌措施。

7.7 竖向体型收进、悬挑结构

立面收进或悬挑是一种常见的高层建筑竖向不规则情况，历次地震震害表明：立面收进或悬挑都会使结构侧向刚度沿竖向发生剧烈变化，往往在变化的部位产生结构的薄弱部位，因此立面收进或悬挑对结构的抗震性能是不利的，在设计上应予以足够重视。多塔楼结构以及体型收进、悬挑程度符合表 7-9 限值的竖向不规则高层建筑结构应遵守本节的规定（见图 7-6）。

表 7-9　竖向体型收进、悬挑结构判别准则

类　型	判　别　准　则
体型收进结构	当结构上部楼层收进部位到室外地面的高度 H_1 与房屋高度 H 之比大于 0.2 时，上部楼层收进后的水平尺寸 B_1 小于下部楼层水平尺寸的 75%
体型悬挑结构	当上部结构楼层相对于下部楼层外挑时，上部楼层的水平尺寸 B_1 大于下部楼层的水平尺寸 B 的 1.1 倍，或水平外挑尺寸 a 大于 4 m

7.7.1　体型收进结构的一般要求

相关的试验研究和分析表明，结构体型收进较多或收进位置较高时，因上部结构刚度突然降低，其收进部位形成薄弱部位，因此规定在收进的相邻部位采取更高的抗震措施。当结构偏心收进时，受结构整体扭转效应的影响，下部结构的周边竖向构件内力增加较多，应予以加强。

（1）体型收进处宜采取减小结构竖向刚度变化的措施，上部收进结构的底层层间位移角不宜大于相邻下部区段最大层间位移角的 1.15 倍。

（2）抗震设计时，体型收进部位上、下各 2 层塔楼周边竖向结构构件的抗震等级宜提高一级采用，一级应提高至特一级，抗震等级已经为特一级时允许不再提高。

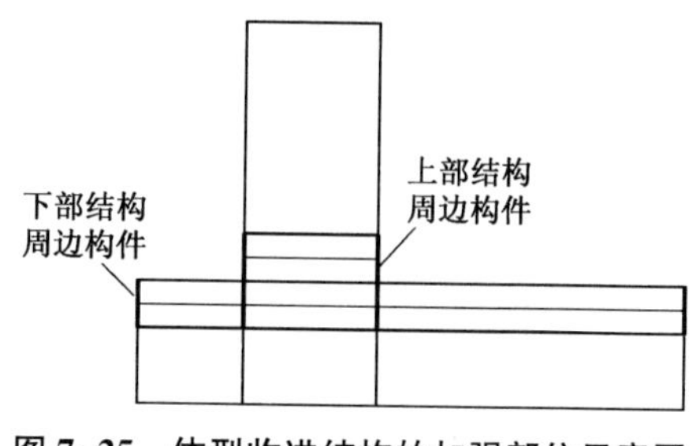

图 7-25　体型收进结构的加强部位示意图

（3）竖向体型突变部位的楼板宜加强，其厚度不宜小于 150 mm，宜双层双向配筋，每层每方向钢筋网的配筋率不宜小于 0.25%。体型突变部位上、下层结构的楼板也应加强构造措施。

（4）结构偏心收进时，底部结构会因扭转效应的影响而内力加大，应加强收进部位以下 2 层结构周边竖向构件的配筋构造措施（图 7-25）。

不满足表 7-9 判别准则的体型收进结构，其抗震能力削弱不多，可采用一般的三维空间分析程序计算。但对于体型收进较多、符合表 7-9 限制要求的结构，可采用台阶形多次逐渐内收的立面，满足规范要求。若无法满足限制条件，存在体型收进部位比较高、收进程度比较大或偏心收进比较严重的情况，结构属竖向严重不规则，采用一般的分析方法往往无法准确掌握结构的受力特点，应补充进行时程分析和弹塑性分析的计算，验证结构的抗震性能，发现结构的薄弱部位。

7.7.2　多塔楼结构

1）结构布置

大底盘多塔楼高层建筑结构在大底盘上一层突然收进，侧向刚度和质量突然变化，所以这种结构属竖向不规则结构。另外，由于大底盘上有两个或多个塔楼，结构振型复杂，并会产生复杂的扭转振动，引起结构局部应力集中，对结构抗震不利。如果结构布置不当，竖向刚度突变、扭转振动反应及高振型的影响将会加剧。因此，多塔楼结构应遵守下列结构布置要求。

（1）多塔楼高层建筑结构中，各塔楼的层数、平面和刚度宜接近。多塔楼结构模型振动台试验研究和数值计算分析结果表明，当各塔楼的质量和侧向刚度不同、分布不均匀时，结构的扭转振动反应大，高振型对内力的影响更为突出。所以，为了减轻扭转振动反应和高振型反应对结构的不利影响，位于同一裙房上各塔楼的层数、平面和刚度宜接近；如果各多塔楼的层数、刚度相差较大时，宜将裙房用防震缝分开。

（2）塔楼对底盘宜对称布置，上部塔楼结构的综合质心与底盘结构质心距离不宜大于底盘相应边长的 20%。试验研究和计算分析结果表明，当塔楼结构与底盘结构质心偏心较大时，会加剧结构的扭转振动反应。所以，结构布置时应注意尽量减小塔楼与底盘的偏心。此处，塔楼结构的综合质心是指将各塔楼平面看作一组合平面而求得的质量中心。

（3）抗震设计时，转换层不宜设置在底盘屋面的上层塔楼内；否则，应采取有效的抗震措施。多塔楼结构中采用带转换层结构，结构的侧向刚度沿竖向突变与结构内力传递途径改变会同时出现，使结构受力更加复杂，不利于结构抗震。如再把转换层设置在大底盘屋面的上层塔楼内，则转换层与大底盘屋面之间的楼层更容易形成薄弱部位，加剧了结构破坏。因此，设计中应尽量避免将转换层设置在大底盘屋面的上层塔楼内；否则，应采取有效的抗震措施，包括提高该楼层的抗震等级、增大构件内力等（图 7-26）。

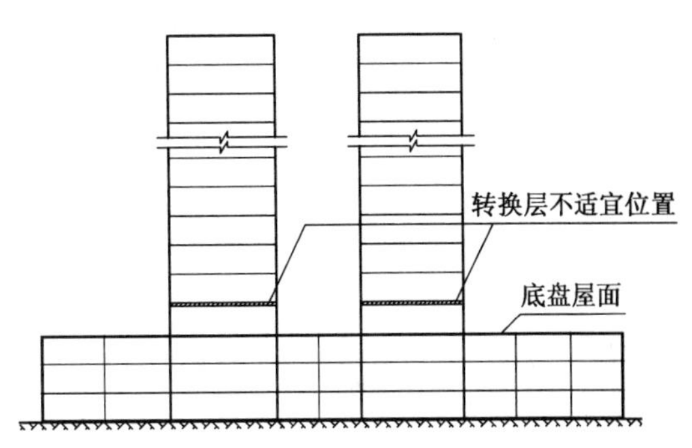

图 7-26　多塔楼结构转换层不适宜位置

2）结构计算分析

对于大底盘多塔楼高层结构，如果把裙房部分按塔楼的形式切开计算，则下部裙房及基础的计算误差较大，且各塔楼之间的相互影响无法考虑，因此应先进行整体计算。按规定取够振型数，并考虑塔楼和塔楼之间的相互影响。在结构整体计算时，一般假定楼板平面分块内无限刚。

当各塔楼的质量、刚度等分布悬殊时，整体计算反映出的前若干个振型可能大部分均为某一塔楼（一般为刚度较弱的塔楼）所贡献，而由于耦联振型的存在，判断某一振型反映的是哪一个塔楼的某一主振型比较困难。同时，由于规范也要求分别验算整体结构和分塔楼的周期比和位移比等限值，因此，为验证各独立单塔的正确性及合理性，还需将多塔结构分开进行计算分析。

故此，对多塔楼结构，宜按整体模型和单个塔楼分开的模型分开计算，并采用较不利的结果进行结构设计。当塔楼周边的裙楼超过两跨时，分塔楼结构宜至少附带两跨的裙楼结构。整体计算应采用三维空间分析方法，大底盘裙房和上部各塔楼均应参与整体计算，不应切断裙房分别进行各塔楼部分的计算。可以应用 SATWE、ETABS 等程序对结构进行整体建模，对上部多塔楼进行多塔定义。

抗震计算时，宜考虑平扭耦联计算结构的扭转效应，振型数不应小于15，多塔楼结构的振型数不应小于塔楼数的9倍，且计算振型数应使各振型参与质量之和不小于总质量的90%。大底盘多塔楼结构会产生复杂的扭转振动，所以设计时应减少扭转的影响，要求按整体和分塔楼计算模型分别验算整体结构和各塔楼结构扭转为主的第一周期 T_t 与平动为主的第一周期 T_1 的比值都不应大于0.85。

3）加强措施

（1）多塔楼结构底盘屋面楼板是体型突变的部位，楼板承担着很大的面内应力，为保证上部结构的地震作用可靠地传递到下部结构，底盘屋面楼板应予以加强，其厚度不宜小于150 mm，宜双层双向配筋，每层每方向钢筋网的配筋率不宜小于0.25%。底盘屋面上、下层结构的楼板也应加强构造措施。当底盘屋面为结构转换层时，其底盘屋面楼板的加强措施应符合转换层楼板的规定。

（2）为保证多塔楼高层建筑中塔楼与底盘的整体工作，抗震设计时，对其底部薄弱部位应予以特别加强，图7-27所示为加强部位示意。塔楼中与裙房连接体相连的外围柱、剪力墙，从固定端至裙房屋面上一层的高度范围内，柱纵向钢筋的最小配筋率宜适当提高，柱箍筋宜在裙楼屋面上、下层的范围内全高加密，剪力墙宜按《高层建筑混凝土结构技术规程》第7.2.15条的规定设置暗柱、端柱和翼墙等约束边缘构件；当塔楼结构与底盘结构偏心收进时，应加强底盘周边竖向构件的配筋构造措施。

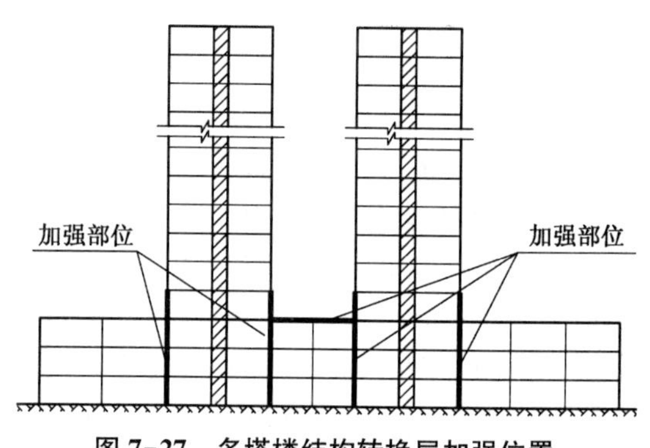

图7-27 多塔楼结构转换层加强位置

7.7.3 带悬挑的结构

1）结构计算分析

（1）整体结构计算分析

悬挑结构的整体计算分析除应遵循本章第2节的基本计算规定外，其内力和位移计算尚应符合下列要求：

① 悬挑结构上部平面面积大于下部平面面积，一方面会导致上部结构刚度大于下部刚度，意味着下部结构可能形成薄弱层，结构设计和计算中，要有意识地加强下部结构的侧向刚度和构件承载力，以满足规范对结构竖向规则性的要求；另一方面会导致上部结构质量大于下部结构，意味着高振型的影响比较严重，计算分析时应选用足够数量的振型数，并应补充进行时程分析，对结构的层剪力和层间位移进行对比，校核反应谱法的计算结果是否安全，并发现结构的薄弱部位。

② 悬挑结构上部结构的质量大，扭转惯性矩就大，而结构下部的平面尺寸小，结构整体抗扭刚度相对较小，扭转效应一般会比较显著，结构设计和计算中，应注意提高结构的抗扭刚度，限制扭转效应。对于不对称悬挑结构，上部结构的质量偏心严重，会造成严重的扭转效应，在设计中应通过合理的结构布置，满足规范关于平面规则性的规定。

③ 结构内力和位移计算中，悬挑部位的楼层应考虑楼板平面内的变形，结构分析模型应包含竖向振动的质量，保证分析结果能反映水平地震对悬挑部位可能产生的竖向振动效应。

④ 6 度和 7 度(0.10g)抗震设计时，悬挑结构宜考虑竖向地震的影响。7 度(0.15g)和 8、9 度时，应考虑竖向地震的影响。

(2) 悬挑部位的局部应力精细分析

① 在预估的罕遇地震作用下，悬挑结构关键构件应进行弹塑性计算分析。水平长悬臂结构中的关键构件正截面承载力尚应符合式(7-13)的规定。

② 悬挑部分根部承受主要竖向荷载的梁不应进行梁端负弯矩的调幅。支撑悬挑结构根部的竖向构件也是比较关键的构件，应适当提高安全度。

③ 悬挑部位舒适度的控制。悬挑部位的竖向刚度比一般结构要小，需要验证正常使用条件下楼板振动的情况，保证使用的舒适性。

2) 加强措施

悬挑结构一般竖向刚度变化较大，结构的冗余度不高，因此需要考虑竖向地震的影响，且应提高悬挑关键构件的承载力和抗震措施，防止相关部位在竖向地震作用下发生结构的倒塌。

(1) 抗震设计时，悬挑结构的关键构件以及与之相邻的主体结构关键构件的抗震等级应提高一级采用，一级应提高至特一级，抗震等级已经为特一级时允许不再提高。

(2) 为了限制扭转效应，悬挑部位应采取降低结构自重的措施。

(3) 悬挑部位的根部是悬挑结构最关键的部位，如果没有多道防线，一旦发生悬挑根部破坏，悬挑部位的结构会倒塌。所以悬挑部位结构宜采用冗余度较高的结构形式。

(4) 悬挑结构竖向体型突变部位的楼板宜加强，其厚度不宜小于 150 mm，宜双层双向配筋，每层每方向钢筋网的配筋率不宜小于 0.25%。体型突变部位上、下层结构的楼板也应加强构造措施。

复习思考题

1. 试分析本章所述的五种复杂高层建筑结构各自的受力特点。

2. 复杂结构的计算原则和计算方法有哪些？如何准确地计算复杂结构的内力和变形？

3. 转换层有几种主要结构形式？带转换层高层建筑的结构布置应考虑哪些问题？转换梁和转换柱各应满足哪些构造要求？

4. 加强层有几种主要结构形式？试述其作用和设置原则。

5. 伸臂加强层的设置部位和数量如何确定？伸臂在结构平面上如何布置？带加强层结构应满足哪些构造要求？

6. 结构错层后会带来哪些不利影响？应采取哪些构造措施来消除相应的不利影响？结构布置时应注意哪些问题？

7. 连体高层结构连接体与主体结构有哪几种连接方式？应采取哪些加强措施？

8 组合结构设计

8.1 概述

传统的多高层建筑结构以钢筋混凝土结构为主，但随着我国经济实力的增强，高层及超高层建筑不断涌现，若一味地采用普通钢筋混凝土结构，势必造成“肥梁胖柱”，浪费使用空间，既不美观又不经济。钢结构多高层建筑以其自重轻、结构延性及抗震性能好、可加工性好等诸多优点而被应用。但钢结构建筑用钢量大、造价偏高、防腐效果不理想、防火处理造价昂贵，且结构刚度较小、侧移较大，限制了其在高层建筑中的应用。组合结构是近年来在我国迅速发展的一种新型结构体系。

组合结构(Composite structures)有时称作混合结构(Mixed structures)，两者又统称为复合结构(Hybrid structures)。组合结构的定义有不同的描述，在建筑工程范围内组合结构应该指由两种或两种以上结构材料组成，并且材料之间能以某种方式有效传递内力以整体的形式产生抗力的结构。这里不包括两种或两种以上结构材料组成而是各自单独发挥作用、简单叠加、单独承受荷载的结构。

钢-混凝土组合结构系指由外围钢框架或型钢混凝土、钢管混凝土框架与钢筋混凝土核心筒所组成的框架-核心筒结构，以及由外围钢框筒或型钢混凝土、钢管混凝土框筒与钢筋混凝土核心筒所组成的筒中筒结构。这类组合结构是在钢结构和钢筋混凝土结构的基础上发展起来的结构形式，即用钢部件与混凝土(或钢筋混凝土)部件组成整体，共同参与工作的一种结构，它们共同作用，取长补短，协同工作；目前，在高层，尤其是超高层建筑中得到广泛应用。

钢-混凝土组合结构起源于19世纪末，尽管当时并没有意识到要利用两种材料组合以后新增的强度和刚度，单纯地想要减轻钢管内部的锈蚀而灌入混凝土，或为了改善钢结构的耐火性能而在其外围包裹混凝土，就这样开创了组合结构实际应用的历史。20世纪初，有人为了提高钢管柱的刚度，在方钢管中注入混凝土。之后，世界各国开始逐步对组合结构构件进行试验和研究。早期的组合结构主要是型钢混凝土和钢管混凝土结构，以型钢或钢管为骨架，外包或内填混凝土而形成组合构件，通过连接件或材料间的黏结力使钢部件与混凝土部件一起共同受力和变形。良好的工作性能使这种组合结构开始广泛应用于实际工程中。1972年，美国芝加哥建造的Gateway Ⅲ Building(36层，137 m)被认为是世界上最早建成的高层组合结构。我国1986年建成的北京香格里拉饭店(82.75 m)和上海希尔顿酒店(43层，143.6 m)是我国最早建成的高层组合结构。由于组合结构的诸多明显优势，近几年，采用组合结构体系的高层建筑日趋增多。

总的来说，与纯钢筋混凝土结构和纯钢结构相比，钢-混凝土组合结构有以下特点：

(1) 组合结构能够合理布置空间，改善建筑效果。钢-混凝土组合梁与钢筋混凝土梁相比，自重较轻，通常可减轻自重50%以上，从而大大减小梁的高度及支撑结构的截面尺寸；同时，组合梁跨度可以做得很大，以简支结构为例，组合梁的高跨比可达1/20～1/24，而普通混凝土梁只有1/10～1/14。型钢混凝土柱承载力比普通混凝土柱高很多，使得柱截面尺寸大幅下降，相应增加建筑的有效使用面积。钢管混凝土柱不但承载力大大高于混凝土柱，而且不会出现混凝土柱使用期间出现的表面裂缝，从而使外表美观，满足人们的审美要求。

(2) 承载力高，抗侧刚度大，稳定性及抗震性能好。钢-混凝土组合结构中钢的应用使承载力大大提高；混凝土的应用提高了单纯钢结构的抗侧刚度；混凝土的存在使结构增加了整体稳定性，从而减小了结构高度；由于结构重量轻，减小了地震作用，同时钢材本身延性较高，从而抗震性能优越。

(3) 耐久性和耐火性比钢结构好。混凝土外壳可作为保护层，增强组合结构中钢材的防腐和防火能力，同时耐久性增强，并提高了隔热、隔声、防渗的能力。

(4) 施工简化，周期缩短。钢-混凝土组合结构中的大部分构件可以在工厂里制作，不需要支模和搭设脚手架，既降低了成本，又加快了施工速度；组合梁柱的连接简单，在节点处不会出现钢筋混凝土结构中纵横钢筋密集交错的现象；同时，对周围环境污染少，提高了施工的机械化水平。

(5) 综合效益好，造价低。组合结构由于自重轻，地基的处理相对比较容易，可以采用天然基础形式。由于基础在工程造价中占有较大比重，上部结构重量轻可以降低基础造价，从而减少整个项目的投资；与全钢结构相比，可节约钢材1/3左右；由于施工机械化程度高，还可以减少人工费和模板等辅助材料的费用，并且大大缩短工期，使结构提前投入使用，提高了隐性经济效益；同时，设计周期也可以通过计算机软件的使用而缩短。因此，与传统结构相比，在设计、使用、施工及综合效益方面，组合结构都具有优势。

由于以上优点，钢-混凝土组合结构将成为结构体系的重要发展方向之一。钢-混凝土组合结构能适应现代结构对“轻型大跨、预制装配、快速施工”的要求，在建筑结构领域具有广阔的应用前景。

8.2 结构布置

1) 一般规定

(1) 组合结构分类

① 框架-核心筒结构

框架-核心筒结构是指钢筋混凝土核心筒与外围钢框架或型钢混凝土、钢管混凝土框架铰接或刚接所组成的组合结构体系。其结构布置与普通钢筋混凝土“框架-核心筒”体系大体相同，此结构体系适用于楼层平面比较规则而且采取核心式建筑布置方案的高楼。一般是沿楼层平面中心部位的服务竖井周围，设置现浇钢筋混凝土核心筒或型钢混凝土核心筒，在核心筒外围布置一圈或两圈型钢(钢管)混凝土框架。现浇混凝土核心实腹筒具有较大水平截面，而且沿高度是连续分布的，因而具有较大的抗侧移刚度。在水平力作用下，钢筋混凝土核心筒承担大部分水平剪力和倾覆力矩，框架部分承担由于变形协调所分配的小部分水平剪力。与钢筋混凝土“框架-核心筒”体系一样，核心筒是整个结构体系中的主要抗侧力构件，因此，当楼房的层数很多，或者风荷载很大，或者地震烈度较高时，则多采用型钢混凝土核心筒。即在核心筒的转角处以及内隔墙与筒壁相交处，在筒壁内设置型钢柱，以提高核心筒的抗弯能力。图 8-1 为框架-核心筒组合结构的一种典型布置。

② 筒中筒结构

筒中筒结构是指由现浇钢筋混凝土核心筒和外围钢框筒或型钢混凝土、钢管混凝土框筒铰接或刚接所组成的组合结构体系。该体系的典型布置是内部利用中心的竖向服务井，做成钢筋(型钢)混凝土实腹核心筒，外筒采用钢框筒或型钢混凝土、钢管混凝土框筒。与钢筋混凝土外框筒相比较，当楼房的层数很多时，型钢(钢管)混凝土框筒的柱截面尺寸显著减小，轴压比值也可控制在较小数值。更重要的是，因为内有型钢骨架，框筒柱及其梁柱节点的抗剪强度和延性大增，改善了框筒的抗震性能，扩大了框筒的应用范围。整个体系在水平荷载的作用下，水平剪力大部分由内部钢筋混凝土核心筒承担，倾覆力矩大部分由钢框筒承担。由于钢筋混凝土核心筒在水平荷载作用下的变形呈弯曲型，而钢框筒呈剪切型，通过楼板协同工作后，会使结构的受力更均匀。由于核心筒比较瘦高，故墙体的弯曲应力较大，容易出现水平裂缝。通常解决的办法是在混凝土墙内设 H 型钢，形成暗柱来增加墙体的抗弯能力。对于总层数超过 50 层、楼层平面为圆形或矩形、楼面采用核心式建筑布置方案时，可以采用这种结构体系。图 8-2 为筒中筒组合结构一种典型布置。

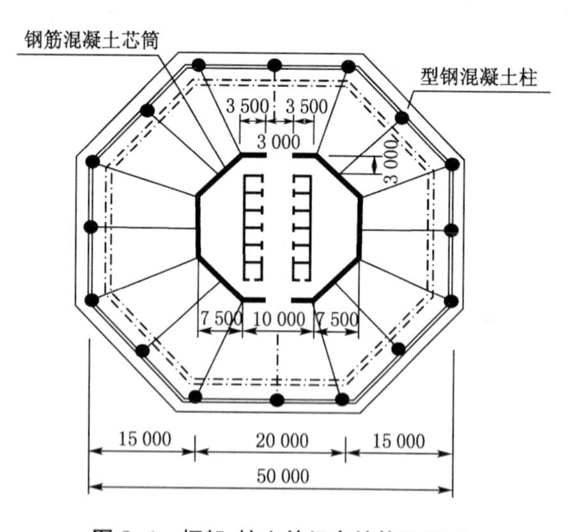

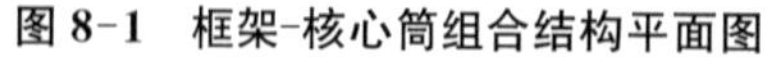

图 8-1　框架-核心筒组合结构平面图

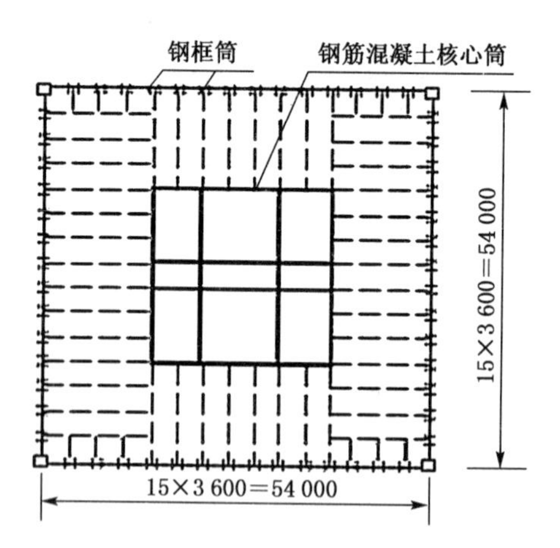

图 8-2　筒中筒组合结构平面图

(2) 组合结构高层建筑适用的最大高度和高宽比见表 8-1 及表 8-2。

(3) 抗震设计时，组合结构房屋应根据设防类别、烈度、结构类型和房屋高度采用不同的抗震等级，并应符合相应的计算和构造措施要求。丙类建筑组合结构的抗震等级应按表 8-3 确定。

表 8-1 组合结构高层建筑适用的最大高度(m)

结构体系		非抗震设计	抗震设防烈度				
			6 度	7 度	8 度		9 度
					0.2g	0.3g	
框架-核心筒	钢框架-钢筋混凝土核心筒	210	200	160	120	100	70
	型钢(钢管)混凝土框架-钢筋混凝土核心筒	240	220	190	150	130	70
筒中筒	钢外筒-钢筋混凝土核心筒	280	260	210	160	140	80
	型钢(钢管)混凝土外筒-钢筋混凝土核心筒	300	280	230	170	150	90

注:平面和竖向均不规则的结构,最大适用高度应适当降低。

表 8-2 钢-混凝土组合结构高层建筑适用的最大高宽比

结构体系	非抗震设计	抗震设防烈度		
		6 度、7 度	8 度	9 度
框架-核心筒	8	7	6	4
筒中筒	8	8	7	5

表 8-3 钢-混凝土组合结构抗震等级

结构类型		抗震设防烈度						
		6 度		7 度		8 度		9 度
房屋高度(m)		≤150	>150	≤130	>130	≤100	>100	≤70
钢框架-钢筋混凝土核心筒	钢筋混凝土核心筒	二	一	一	特一	一	特一	特一
型钢(钢管)混凝土框架-钢筋混凝土核心筒	钢筋混凝土核心筒	二	二	二	一	一	特一	特一
	型钢(钢管)混凝土框架	三	二	二	一	一	一	一
房屋高度(m)		≤180	>180	≤150	>150	≤120	>120	≤90
钢外筒-钢筋混凝土核心筒	钢筋混凝土核心筒	二	一	一	特一	一	特一	特一
型钢(钢管)混凝土外筒-钢筋混凝土核心筒	钢筋混凝土核心筒	二	二	二	一	一	特一	特一
	型钢(钢筋)混凝土外筒	三	二	二	一	一	一	一

注:钢结构构件抗震等级,抗震设防烈度为 6、7、8、9 度时应分别取四、三、二、一级。

2) 结构平面布置

(1) 平面宜简单、规则、对称,建筑的开间、进深宜统一。采用钢-混凝土组合结构的高层建筑,高度多在 100 m 以上,所受到的地震作用、风荷载很大,从抗震的角度提出了建筑的平面应简单、规则、对称的要求。为了控制结构侧移和风振加速度，建筑平面应该尽量采用方形、矩形、圆形、正六边形、正八边形和椭圆形等双轴对称的平面形状。其中，圆形、椭圆形等属于流线型平面，与矩形平面相比较，风载体型系数可减小30%以上，这类平面能够显著降低风荷载对高层建筑的作用，取得较好的经济效果。另外，正六边形、正八边形、Y形和十字形平面的风载体型系数也都比矩形平面要小。不过，在实际工程中，高层建筑还是以矩形平面居多。从减小风载体型系数的角度出发，对矩形平面进行切角处理也能取得一定的效果。此外，对于采用框筒和框筒束体系的高层建筑，进行切角处理，还可降低风荷载作用下角柱的峰值应力。从方便制作、减少构件类型的角度提出了开间及进深宜尽量统一的要求。

(2) 结构平面的布置应具有足够的整体抗扭刚度。力求使各楼层抗侧刚度中心与楼层水平剪力的合力中心相重合，以减少结构的扭转振动效应；框筒、墙筒、支撑筒等抗推刚度较大的核心筒，在平面上应居中或对称布置；构件的布置以及柱网尺寸的确定，应尽量避免使柱的截面尺寸过大，所采用的钢板厚度一般不宜超过100 mm，以免因为钢板太厚，焊接困难，并容易产生层状撕裂。

(3) 筒中筒结构体系中，当外围钢框架柱采用H形截面柱时，宜将柱截面强轴方向布置在外围筒体平面内，主要是为了增加框筒平面内的刚度，减少剪力滞后。角柱宜采用十字形、方形或圆形截面，主要是因为角柱是双向受力构件，为了方便连接且受力合理。

(4) 组合结构中，外围框架平面内梁与柱应采用刚性连接；楼面梁与钢筋混凝土筒体及外围框架柱的连接可采用刚接或铰接。外框架平面内采用梁柱刚接，能提高其刚度及抵抗水平荷载的能力。如在混凝土筒体墙中设置型钢并需要增加整体结构刚度时，可采用楼面钢梁与混凝土筒体刚接；当混凝土筒体墙中无型钢柱时，宜采用铰接。刚度发生突变的楼层，梁柱、梁墙采用刚接可以增加结构的空间刚度，使层间变形有效减少。

(5) 楼盖主梁不宜直接搁置在核心筒或内筒的连梁上。楼面梁使连梁受扭，对连梁受力非常不利，应予避免。如必须设置时，可设置型钢混凝土连梁或沿核心筒外周设置宽度大于墙厚的环向楼面梁。

(6) 楼盖体系为了使整个抗侧力结构在任意方向水平荷载作用下能协同工作，应具有良好的水平刚度和整体性，其布置应符合下列规定：

① 高层建筑组合结构楼面盖宜采用压型钢板现浇混凝土组合楼板，以方便施工并加快施工进度；楼板混凝土可采用轻质混凝土，其强度等级不应低于LC25，压型钢板与钢梁连接宜采用剪力栓钉等措施保证其可靠连接和共同工作，栓钉数量应通过计算或按构造要求确定。也可采用现浇混凝土楼板或预应力混凝土叠合楼板。楼板和钢梁应可靠连接。

② 机房设备层、避难层及外伸臂桁架上下弦杆所在楼层的楼板宜采用钢筋混凝土楼板，并应采取加强措施。设备层楼板进行加强，一方面是因为设备层荷重较大，另一方面也是隔声的需要。伸臂桁架上下弦杆所在楼层，楼板平面内受力较大且受力复杂，故这些楼层也应进行加强。

③ 对于建筑物楼面有较大开洞或为转换楼层时，应采用现浇混凝土楼板；对楼板大开洞部位宜采取设置刚性水平支撑等加强措施。

(7) 对于地震区的钢-混凝土组合结构高层建筑，应该采取合理的建筑和结构方案，尽量避免设置防震缝。不过，由于建筑平面和体形的多样化，复杂平面和不规则结构有时也难以避免，这就要求利用防震缝将它划分为若干个简单平面和规则结构。此外，若高层建筑平面过长，或各部分的地基沉降差过大，需要设置伸缩缝或沉降缝时，也需要设置防震缝。设缝时要注意满足构造要求。

3）结构竖向布置

（1）结构的侧向刚度和承载力沿竖向宜均匀变化、无突变，构件截面宜由下至上逐渐减少。高层组合结构通常层数多、高度大，为利于抗风抗震，其立面形状也应该采用矩形、梯形或三角形等沿高度均匀变化的简单几何图形。避免采用楼层平面尺寸存在剧烈变化的阶梯形立面。因为，立面形状的突然变化，必然带来楼层质量和抗侧刚度的剧烈变化。地震时，结构沿竖向刚度或抗侧力承载力变化过大，突变部位就会因剧烈振动或塑性变形集中效应或构件应力过于集中而使破坏程度加重。

（2）组合结构的外围框架柱沿高度宜采用同类结构构件；当采用不同类型结构构件时，应设置过渡层，且单柱的抗弯刚度变化不宜超过30%。组合结构的内部隔墙应采用轻质隔墙。

（3）对于竖向刚度变化较大的楼层，应采取可靠的过渡加强措施。刚度变化较大的楼层是指上、下层侧向刚度变化明显的楼层，如转换层、加强层、空旷的顶层、顶部突出部分、型钢混凝土框架与钢框架的交接层及邻近楼层等。竖向刚度变化较大时，不但刚度变化的楼层受力增大，而且其上、下邻近楼层的内力也会增大，所以采取加强措施应包括相邻楼层在内。

（4）钢框架部分采用支撑时，宜采用偏心支撑和耗能支撑，支撑宜双向连续布置；偏心支撑比轴心支撑延性好，双向支撑可形成双向抗侧力体系。框架支撑宜延伸至基础。

（5）8、9度抗震设计时，应在楼面钢梁或型钢混凝土梁与混凝土筒体交接处及混凝土筒体四角墙内设置型钢柱；7度抗震设计时，宜在楼面钢梁或型钢混凝土梁与混凝土筒体交接处及混凝土筒体四角墙内设置型钢柱。钢(型钢混凝土)框架-混凝土核心筒结构体系中，混凝土筒体在底部一般均承担了85%以上的水平剪力及大部分的倾覆力矩，所以必须保证混凝土筒体具有足够的延性，配置了型钢的混凝土筒体墙在弯曲时，能避免发生平面外的错断及筒体角部混凝土的压溃，同时也能减少钢柱与混凝土筒体之间竖向变形差异产生的不利影响。而筒中筒体系的组合结构，结构底部内筒承担的剪力及倾覆弯矩的比例有所减少，但考虑到此种体系的高度均很高，在大震下很有可能出现角部受拉，为延缓核心筒弯曲铰及剪切铰的出现，筒体的角部也宜布置型钢。型钢柱可设置在核心筒的四角、核心筒剪力墙的大开口两侧及楼面钢梁与核心筒的连接处。试验表明，钢梁与核心筒的连接处存在部分弯矩及轴力，而核心筒剪力墙的平面外刚度又较小，很容易出现裂缝，因此楼面梁与核心筒剪力墙刚接时，在筒体剪力墙中宜设置型钢柱，同时也方便钢结构的安装；楼面梁与核心筒剪力墙铰接时，应采取措施保证墙上的预埋件不被拔出。混凝土筒体四角受力较大，设置型钢柱后核心筒剪力墙开裂后的承载力下降不多，能防止结构的迅速破坏。因为核心筒剪力墙的塑性铰一般出现在高度的1/10范围内，所以在此范围内，核心筒剪力墙四角的型钢柱宜设置栓钉。

（6）对于框架-核心筒体系、筒中筒体系等组合结构，当侧向刚度不足时，可设置刚度适宜的加强层。加强层宜采用伸臂桁架，宜在顶层及每隔若干层沿纵、横方向设置刚臂(如图8-3所示)，使外柱参与结构整体抗弯，减轻外框筒的剪力滞后效应，以增加整个结构抵抗侧力的刚度和承载力；刚臂由立体桁架所构成，为充分发挥其刚性伸臂的作用，沿房屋纵向和横向布置的桁架，均应贯穿房屋全宽；为避免给楼面使用带来不便，并尽可能增大刚臂的有效高度，刚臂一般均安置在设备层或避难层。在顶层布置的刚臂，一般称为帽桁架；布置在中间楼层的刚臂，一般称为腰桁架。必要时可配合布置周边带状桁架。加强层设计应符合下列规定：

① 伸臂桁架和周边带状桁架宜采用钢桁架。

② 伸臂桁架应与核心筒墙体刚接，上下弦杆均应延伸至墙体内且贯通，墙体内宜设置斜腹杆或暗撑；采用伸臂桁架主要是将筒体剪力墙的弯曲变形转换成框架柱的轴向变形以减少水平荷载下结构侧移，所以必须保证伸臂桁架与剪力墙刚接。外伸臂桁架与外围框架柱宜采用铰接或半刚接，周边带状桁架与外框架柱的连接宜采用刚性连接。为增强伸臂桁架的抗侧力效果，必要时，周边可配合布置带状桁架。布置周边带状桁架，除了可增大结构侧向刚度外，还可增强加强层结构的整体性，同时也可减少周边柱子的竖向变形差。外柱承受的轴向力要能够传至基础，故外柱必须上下连续，不得中断。

③ 核心筒墙体与伸臂桁架连接处宜设置构造型钢柱，型钢柱宜至少延伸至伸臂桁架高度范围以外上、下各一层。

④ 当布置有外伸桁架加强层时，应采取有效措施减少由于外框柱与混凝土筒体竖向变形差异引起的桁架杆件内力。由于外柱与混凝土内筒轴向变形往往不一致，会使伸臂桁架产生很大的附加内力，因而伸臂桁架宜分段拼装。在设置多道伸臂桁架时，下层伸臂桁架可在施工上层伸臂桁架时予以封闭；仅设置一道伸臂桁架时，可在主体结构完成后再进行封闭，形成整体。在施工期间，可采取斜杆上设长圆孔、斜杆后装等措施，使伸臂桁架的杆件能适应外围构件与内筒在施工期间的竖向变形差异。

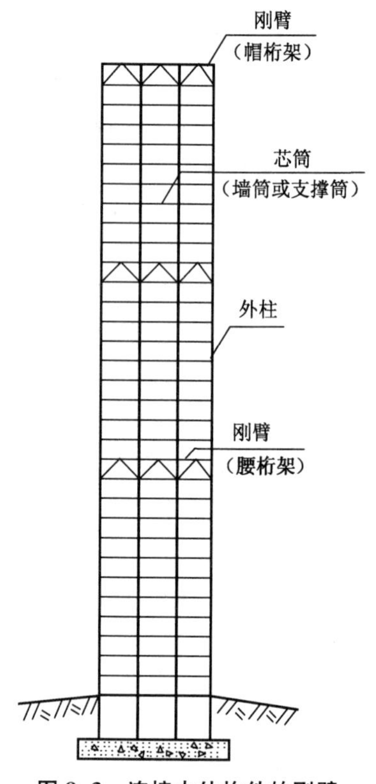

图 8-3　连接内外构件的刚臂

8.3　组合结构的分析计算

8.3.1　高层组合结构分析计算中应重视的几个问题

与不同的材料在构件层面上的结合或不同材料的构件在结构层面上的结合相比，高层组合结构这种不同材料的结构（钢结构、型钢或钢管混凝土结构与钢筋混凝土筒体结构等）之间的结合，是设计理念上的更大升华。同时，也带来了其自身具有的一些特殊问题。

1）抗震性能问题

高层组合结构是一种较为新颖的结构，尚未经历长期的动力与地震作用考验。高层组合结构在意大利的多次地震中表现良好，但在日本和美国的地震中有过不良记录，我国已经

建成的高层组合结构的地区尚未发生过震级较大的地震。根据目前的研究现状,影响高层组合结构抗震性能的因素主要有:

(1) 结构选型与布置的影响。结构选型与结构布置在组合结构抗震概念设计中占有极其重要的地位,它直接影响着结构的安全性与经济性。应首先考虑结构的合理选型,再考虑结构的合理布置。设计中应根据房屋高度、高宽比等多方面因素选取合理的结构体系。结构布置时,剪力墙宜沿建筑周边均匀和相对集中布置,能减小结构自振周期,增大结构抗侧刚度,减少结构侧移,改善结构受力。

(2) 楼板厚度的影响。随着楼板厚度的增加,结构的整体性不断增强,其外围框架更多地参加了结构的共同工作,水平抗侧刚度明显增加;组合结构中主要构件的塑性发展进程也随着板厚的加大而显著加快,形成截面塑性铰时结构上控制点的位移明显减少。

(3) 轴向变形的影响。组合结构相比于普通高层混凝土结构,其在荷载作用下由于材料性能的差异引起外钢框架与内混凝土核心筒的轴向变形差异,对结构性能的影响更是不容忽视。轴向变形使得结构"变柔",刚度降低,导致结构自振周期增加,吸收的地震能量减少。考虑轴向变形时,40 层的结构基本周期约增加 25%。

(4) 水平加强层的影响。水平加强层的设置能有效地增强结构的整体抗侧能力,使侧向位移明显减少,并以第一个加强层的设置最为显著,随着加强层数量的增加,这种效果逐渐减弱。同时,加强层的设置会引起结构出现内力突变,突变程度会随着加强层设置数目的增加而趋于缓和。

2) 计算模型问题

高层组合结构是由钢框架(型钢或钢管混凝土框架)与钢筋混凝土筒体所组成。因此,从结构上看,它是杆系结构与筒体结构的组合。从材料上看,它是钢结构或型钢(钢管)混凝土与钢筋混凝土结构的组合。进行结构分析计算时,先要确定钢框架、型钢混凝土框架和钢筋混凝土筒体的单元计算模型,然后确定整个结构的计算模型。模型的选取不但影响到计算的繁简,而且影响到计算的准确度。目前,一般对框架部分采用两端点各有六个自由度的杆单元,对筒体结构采用既有平面内刚度又有平面外刚度的二维壳单元来模拟。

3) 竖向变形差对结构受力性能的影响

和其他高层建筑结构一样,高层组合结构在竖向荷载作用下,各竖向构件都将产生竖向变形。由于各竖向构件受力的大小不同,因此各竖向构件的竖向变形大小也各不相同。高层建筑结构是高次超静定结构,各竖向构件之间的竖向变形差将使结构产生内力重分布。另外,考虑结构的建造是逐层施工,结构自重也是逐层施加于结构之上,在逐层楼面找平过程中能将变形差部分地抵消,使结构的实际受力与一次加载时的内力有一定的差别。而与纯钢结构、纯型钢混凝土结构或纯钢筋混凝土不同的是,高层组合结构是由钢结构与混凝土结构组合而成,钢材无收缩徐变,混凝土会发生收缩与徐变,将使高层组合结构各竖向构件的竖向变形差加大。由于混凝土收缩和徐变的存在,即使没有荷载作用,结构也会产生内力与变形。研究表明,由于混凝土收缩徐变引起的竖向变形差,远大于竖向荷载产生的竖向变形差。因此,高层组合结构必须考虑施工过程和混凝土收缩徐变等因素产生的结构竖向变形差的问题。

4) 结构协同工作问题

钢框架或型钢混凝土框架结构的延性好、刚度小,混凝土筒体或混凝土剪力墙则刚度大但延性差，二者的自振周期与振型相差也很大，要使它们能够协同工作，才能充分发挥它们的作用。保证钢框架或型钢混凝土框架与混凝土筒体协同工作的结构构件是楼盖的梁和板。梁、板与柱、剪力墙的连接方式（刚性连接、半刚性连接和铰接）对组合结构能否协同工作有重大影响。当为刚性连接时，结构的整体性好，结构刚度大，侧移小，组合结构采用刚性连接方式具有较优的抗震性能。

8.3.2 组合结构的计算分析

高层组合结构概念性近似计算及结构的精确计算分析可参见第 6 章第 2 节筒体结构的分析计算。组合结构的计算分析尚应满足下述要求：

（1）弹性分析时，宜考虑钢梁与现浇混凝土楼板的共同作用，梁的刚度可取钢梁刚度的 1.5～2.0 倍，但应保证钢梁与楼板有可靠连接。弹塑性分析时，可不考虑楼板与梁的共同作用。

（2）结构弹性阶段的内力和位移计算时，构件刚度取值应符合下列规定：

① 型钢混凝土构件、钢管混凝土柱的刚度可按下列公式计算：

$$EI = E_c I_c + E_a I_a \tag{8-1(a)}$$

$$EA = E_c A_c + E_a A_a \tag{8-1(b)}$$

$$GA = G_c A_c + G_a A_a \tag{8-1(c)}$$

$$GJ = G_c J_c + G_a J_a \tag{8-1(d)}$$

式中：$E_c I_c$、$E_c A_c$、$G_c A_c$、$G_c J_c$——分别为混凝土部分的截面抗弯刚度、轴向刚度、抗剪刚度及自由扭转刚度；

$E_a I_a$、$E_a A_a$、$G_a A_a$、$G_a J_a$——分别为型钢、钢管部分的截面抗弯刚度、轴向刚度、抗剪刚度及自由扭转刚度。

② 无端柱型钢混凝土剪力墙可近似按相同截面的混凝土剪力墙计算其轴向、抗弯和抗剪刚度，可不计端部型钢对截面刚度的提高作用。

③ 有端柱型钢混凝土剪力墙可按 H 形混凝土截面计算其轴向和抗弯刚度，端柱内型钢可折算为等效混凝土面积计入 H 形截面的翼缘面积，墙的抗剪刚度可不计入型钢作用。

④ 钢板混凝土剪力墙可将钢板折算为等效混凝土面积计算其轴向、抗弯和抗剪刚度。

（3）竖向荷载作用计算时，宜考虑钢柱、型钢混凝土（钢管混凝土）柱与钢筋混凝土核心筒竖向变形差异引起的结构附加内力，计算竖向变形差异时宜考虑混凝土收缩、徐变、沉降及施工调整等因素的影响。

（4）当混凝土筒体先于外围框架结构施工时，应考虑施工阶段混凝土筒体在风力及其他荷载作用下的不利受力状态；应验算在浇筑混凝土之前外围型钢结构在施工荷载及可能的风载作用下的承载力、稳定及变形，并据此确定钢结构安装与浇筑楼层混凝土的间隔层数。

（5）组合结构在多遇地震作用下的阻尼比可取为 0.04。风荷载作用下楼层位移验算和构件设计时，阻尼比可取为 0.02～0.04。

（6）结构内力和位移计算时，设置伸臂桁架的楼层以及楼板开大洞的楼层应考虑楼板平面内变形的不利影响。

(7) 组合结构在风荷载及多遇地震作用下，按弹性方法计算的最大层间位移与层高的比值应符合第 1 章表 1-2 及相关规定；在罕遇地震作用下，结构的弹塑性层间位移应符合第 2 章表 2-12 及相关规定。

(8) 抗震设计时，组合结构的框架部分按侧向刚度分配的楼层地震剪力标准值应符合下列规定：

① 框架部分分配的楼层地震剪力标准值的最大值不宜小于结构底部总地震剪力标准值的 10%。

② 当框架部分分配的楼层地震剪力标准值的最大值小于结构底部总地震剪力标准值的 10%时，各层框架部分承担的地震剪力标准值应增大到结构底部总地震剪力标准值的 15%；此时，各层核心筒墙体的地震剪力标准值宜乘以增大系数 1.1，但可不大于结构底部总地震剪力标准值，墙体的抗震构造措施应按抗震等级提高一级后采用，已为特一级的可不再提高。

③ 当框架部分分配的地震剪力标准值小于结构底部总地震剪力标准值 20%，但其最大值不小于结构底部总地震剪力标准值的 10%时，应按结构底部总地震剪力标准值的 20%和框架部分楼层地震剪力标准值中最大值的 1.5 倍二者的较小值进行调整。

按②、③条调整框架柱的地震剪力后，框架柱端弯矩及与之相连的框架梁端弯矩、剪力应进行相应调整。

有加强层时，本条框架部分分配的楼层地震剪力标准值的最大值不应包括加强层及其上、下层的框架剪力。

(9) 地震设计状况下，型钢(钢管)混凝土构件和钢构件的承载力抗震调整系数可分别按表 8-4 和表 8-5 采用。

表 8-4 型钢(钢管)混凝土构件承载力抗震调整系数 γ_{RE}

正截面承载力计算				斜截面承载力计算
型钢混凝土梁	型钢混凝土柱及钢管混凝土柱	剪力墙	支撑	各类构件及节点
0.75	0.80	0.85	0.80	0.85

表 8-5 钢构件承载力抗震调整系数 γ_{RE}

强度破坏(梁、柱、支撑、节点板件、螺栓、焊缝)	屈曲稳定(柱、支撑)
0.75	0.80

8.4 构件设计

8.4.1 型钢混凝土基本构件的分类

高层建筑采用的钢-混凝土组合结构的基本构件大致可分为以下几类（见图 8-4）：

(1) 组合板(Composite slab)

以下部压型钢板为配筋的混凝土板,其间用连接件使两者结合成整体。

(2) 型钢混凝土柱(Concrete encased steel column)

将型钢或焊接钢骨架埋入钢筋混凝土共同承受内力的柱构件,又称 SRC 柱。

(3) 钢管混凝土柱(Concrete-filled tubular steel column)

将混凝土充填到钢管内部而形成的组合柱,又称 CFST 柱。

(4) 型钢混凝土梁(Concrete encased steel beam)

将型钢或焊接钢骨架埋入钢筋混凝土而形成的梁,又称 SRC 梁。

(5) 组合墙(Composite wall)

由混凝土和双层或单层钢板结合而成的墙板。

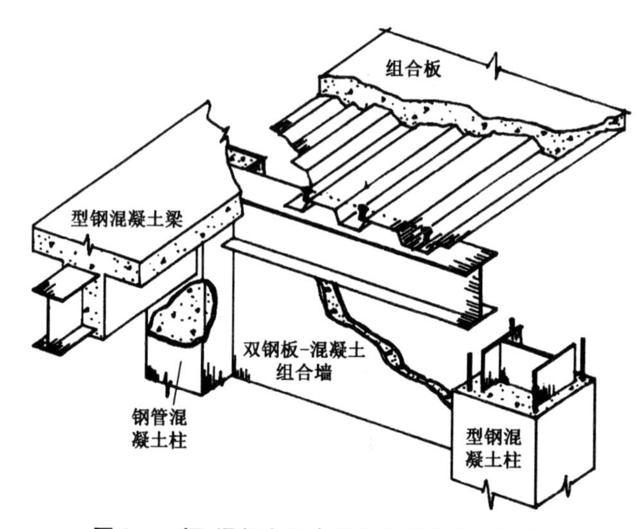

图 8-4　钢-混凝土组合结构的基本构件示意图

8.4.2　型钢混凝土构件的计算与构造

1) 型钢混凝土梁

型钢混凝土梁,又称为劲性混凝土梁,主要依靠钢材与混凝土之间的黏结力协同工作。

按照型钢的配置形式分实腹式和空腹式两大类。型钢混凝土梁宜采用充满型宽翼缘实腹型钢。所谓充满型实腹型钢,是指实腹型钢的上翼缘处于截面受压区,下翼缘处于截面受拉区。设计中应考虑在满足型钢混凝土保护层厚度要求和便于施工的前提下,使型钢的上翼缘和下翼缘尽量靠近混凝土截面的近边。图 8-5 所示为不同形式的型钢混凝土梁截面。

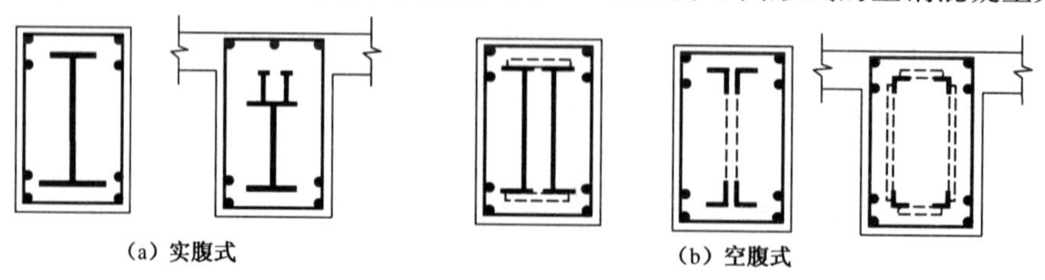

图 8-5　型钢混凝土梁

(1) 承载力计算

① 基本假定

A. 截面应变保持平面;

B. 不考虑混凝土的抗拉强度;

C. 受压边缘混凝土极限压应变取 0.003,相应的最大压应力取混凝土轴心抗压强度设计值,受压区应力图形简化为等效的矩形应力图,其高度取按平截面假定所确定的中和轴高度乘以系数 0.8,矩形应力图取为混凝土轴心抗压强度设计值;

D. 型钢腹板的应力图形为拉、压梯形应力图形,设计计算时,简化为等效矩形应力图形;

E. 钢筋应力取等于钢筋应变与其弹性模量的乘积,但不大于其强度设计值,受拉钢筋和型钢受拉翼缘的极限拉应变取 0.01。

② 正截面受弯承载力计算

充满型实腹型钢混凝土框架梁矩形截面达到受弯承载力极限状态时,其正截面受弯承载力计算简化图形如图 8-6 所示。

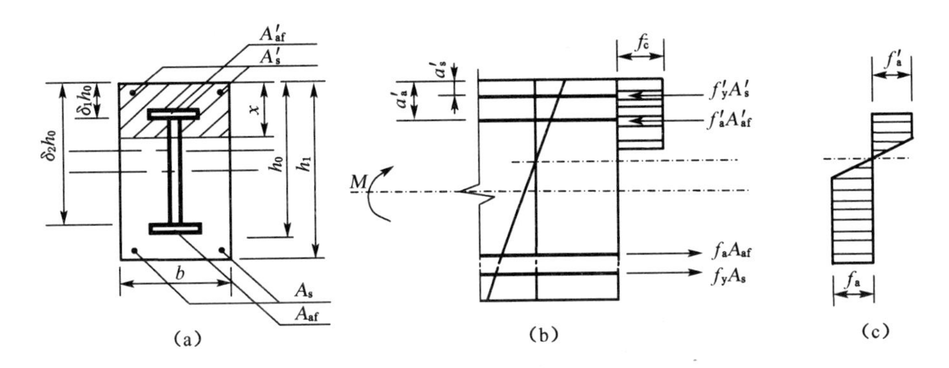

图 8-6 框架梁正截面受弯承载力计算简图

计算时把型钢翼缘作为纵向受力钢筋考虑;破坏时上、下翼缘达到屈服强度 f_a 和 f'_a;此时,型钢腹板承受弯矩 M_{aw}、轴向力 N_{aw}。由平衡条件可得基本方程:

$$M \leqslant f_c bx\left(h_0 - \frac{x}{2}\right) + f'_y A'_s(h_0 - a'_s) + f'_a A'_{af}(h_0 - a'_a) + M_{aw} \tag{8-2}$$

$$f_c bx + f'_y A'_s + f'_a A'_{af} - f_y A_s - f_a A_{af} + N_{aw} = 0 \tag{8-3}$$

当 $\delta_1 h_0 < 1.25x$,$\delta_2 h_0 > 1.25x$ 时

$$N_{aw} = [2.5\xi - (\delta_1 + \delta_2)]t_w h_0 f_a \tag{8-4}$$

$$M_{aw} = \left[\frac{1}{2}(\delta_1^2 + \delta_2^2) - (\delta_1 + \delta_2) + 2.5\xi - (1.25\xi)^2\right]t_w h_0^2 f_a \tag{8-5}$$

$$\xi_b = \frac{0.8}{1 + \dfrac{f_y + f_a}{2 \times 0.003 E_s}} \tag{8-6}$$

混凝土受压区高度 x 应符合下列公式要求:

$$x \leqslant \xi_b h_0 \tag{8-7(a)}$$

$$x \geqslant a'_a + t_f \tag{8-7(b)}$$

式中：ξ——相对受压区高度，$\xi = x/h_0$；

ξ_b——相对界限受压区高度，$\xi_b = x_b/h_0$；

x_b——界限受压区高度；

M_{aw}——型钢腹板承受的轴向合力对型钢受拉翼缘和纵向受拉钢筋合力点的力矩；

N_{aw}——型钢腹板承受的轴向合力；

δ_1——型钢腹板上端至截面上边缘距离与 h_0 的比值；

δ_2——型钢腹板下端至截面上边缘距离与 h_0 的比值；

t_w——型钢腹板厚度；

t_f——型钢翼缘厚度；

h_0——型钢受拉翼缘和纵向受拉钢筋合力点至混凝土受压边缘距离；

a'_s——纵向受拉钢筋合力点、纵向受压钢筋合力点至混凝土截面近边的距离；

a'_a——型钢受拉翼缘截面重心、型钢受压翼缘截面重心至混凝土截面近边的距离；

A_s、A'_s、A_{af}、A'_{af}——分别为受拉钢筋总截面面积、受压钢筋总截面面积、型钢受拉翼缘截面面积、型钢受压翼缘截面面积。

③ 斜截面受剪承载力计算

$$V_b \leqslant 0.08 f_c b h_0 + f_{yv} \frac{A_{sv}}{s} h_0 + 0.58 f_a t_w h_w \tag{8-8}$$

式中：f_{yv}——箍筋强度设计值；

A_{sv}——配置在同一截面内箍筋各肢的全部截面面积；

s——沿构件长度方向上箍筋的间距。

集中荷载作用下的梁，其斜截面受剪承载力公式参见《型钢混凝土组合结构技术规程》(JGJ 138)。

型钢混凝土框架梁的受剪截面尚应符合下列条件：

$$V_b \leqslant 0.45 f_c b h_0 \tag{8-9}$$

$$\frac{f_a t_w h_w}{f_c b h_0} \geqslant 0.10 \tag{8-10}$$

(2) 构造要求

① 混凝土粗骨料最大直径不宜大于 25 mm，型钢宜采用 Q235 及 Q345 级钢材，也可采用 Q390 或其他符合结构性能要求的钢材。

② 型钢混凝土梁的最小配筋率不宜小于 0.30%，梁的纵向钢筋宜避免穿过柱中型钢的翼缘。梁的纵向受力钢筋不宜超过两排；配置两排钢筋时，第二排钢筋宜配置在型钢截面外侧。当梁的腹板高度大于 450 mm 时，在梁的两侧面应沿梁高度配置纵向构造钢筋，纵向构造钢筋的间距不宜大于 200 mm。

③ 型钢混凝土梁中型钢的混凝土保护层厚度不宜小于 100 mm，梁纵向钢筋净间距及梁纵向钢筋与型钢骨架的最小净距不应小于 300 mm，且不小于粗骨料最大粒径的 1.5 倍及

梁纵向钢筋直径的 1.5 倍。

④ 型钢混凝土梁中的纵向受力钢筋宜采用机械连接。如纵向钢筋需贯穿型钢柱腹板并以 90°弯折固定在柱截面内时，抗震设计的弯折前直段长度不应小于钢筋抗震基本锚固长度 l_{abE}的 40%，弯折直段长度不应小于 15 倍纵向钢筋直径；非抗震设计的弯折前直段长度不应小于钢筋基本锚固长度 l_{ab}的 40%，弯折直段长度不应小于 12 倍纵向钢筋直径。

⑤ 梁上开洞不宜大于梁截面总高的 40%，且不宜大于内含型钢截面高度的 70%，并应位于梁高及型钢高度的中间区域。

⑥ 型钢混凝土悬壁梁自由端的纵向受力钢筋应设置专门的锚固件，型钢梁的上翼缘宜设置栓钉；型钢混凝土转换梁在型钢上翼缘宜设置栓钉。栓钉的最大间距不宜大于 200 mm，栓钉的最小间距沿梁轴线方向不应小于 6 倍的栓钉杆直径，垂直梁方向的间距不应小于 4 倍的栓钉杆直径，且栓钉中心至型钢板件边缘的距离不应小于 50 mm。栓钉顶面的混凝土保护层厚度不应小于 15 mm。

⑦ 箍筋的最小面积配筋率应符合第 3 章框架梁构造规定，且不应小于 0.15%。

⑧ 抗震设计时，梁端箍筋应加密配置。加密区范围，一级取梁截面高度的 2.0 倍，二、三、四级取梁截面高度的 1.5 倍；当梁净跨小于梁截面高度的 4 倍时，梁箍筋应全跨加密配置。

⑨ 型钢混凝土梁应采用具有 135°弯钩的封闭式箍筋，弯钩的直段长度不应小于 8 倍箍筋直径。非抗震设计时，梁箍筋直径不应小于 8 mm，箍筋间距不应大于 250 mm；抗震设计时，梁箍筋的直径和间距应符合表 8-6 的要求。

表 8-6 梁箍筋直径和间距(mm)

抗震等级	箍筋直径	非加密区箍筋间距	加密区箍筋间距
一	⩾12	⩽180	⩽120
二	⩾10	⩽200	⩽150
三	⩾10	⩽250	⩽180
四	⩾8	250	200

⑩ 型钢混凝土梁中钢板件(图 8-7)的宽厚比应符合表 8-7 的规定。型钢钢板不宜过薄，有利于焊接和满足局部稳定要求。

表 8-7 型钢板件宽厚比限值

钢号	梁		柱		
			H、十、T 形截面		箱形截面
	b/t_f	h_w/t_w	b/t_f	h_w/t_w	h_w/t_w
Q235	23	107	23	96	72
Q345	19	91	19	81	61
Q390	18	83	18	75	56

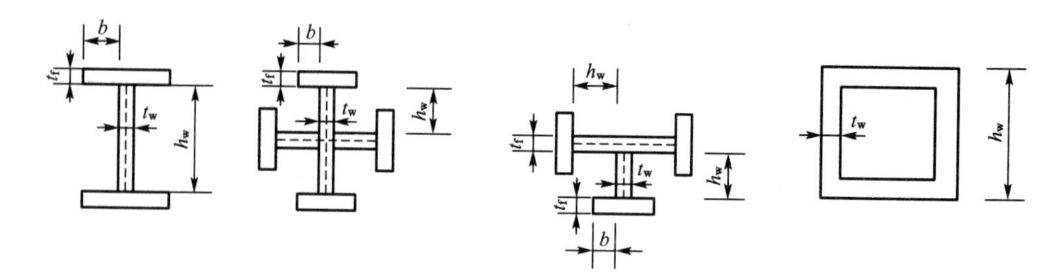

图 8-7　型钢钢板宽厚比

2）型钢混凝土柱

型钢混凝土柱是在型钢周围配置钢筋，并浇筑混凝土而形成的一种组合结构受压构件。型钢混凝土柱的内部型钢部分与外包钢筋混凝土部分形成整体、共同受力，其受力性能优于型钢部分和钢筋混凝土部分的简单叠加。

型钢可以分为实腹式和空腹式两大类（如图 8-8）。实腹式型钢主要有工字钢、槽钢、H 型钢等，制作简便，承载力大，应用较为普遍。空腹式型钢的骨架是由角钢、缀板或缀条连接构成的空间桁架，材料比较节省，但制作工序较多。

试验表明，实腹式型钢的腹板可提供很大抗剪承载力，配置实腹式型钢的型钢混凝土柱具有良好的延性性能和耗能能力，使构件的抗震性能大为提高，适用于抗震设防区。配置空腹式型钢的型钢混凝土柱的变形性能及受剪承载力相对较差，配置一定数量的斜腹杆后，其变形性能才能有所改善。带斜腹杆的格构式焊接型钢适用于非地震区或设防烈度为 6 度的抗震设防区的建筑。

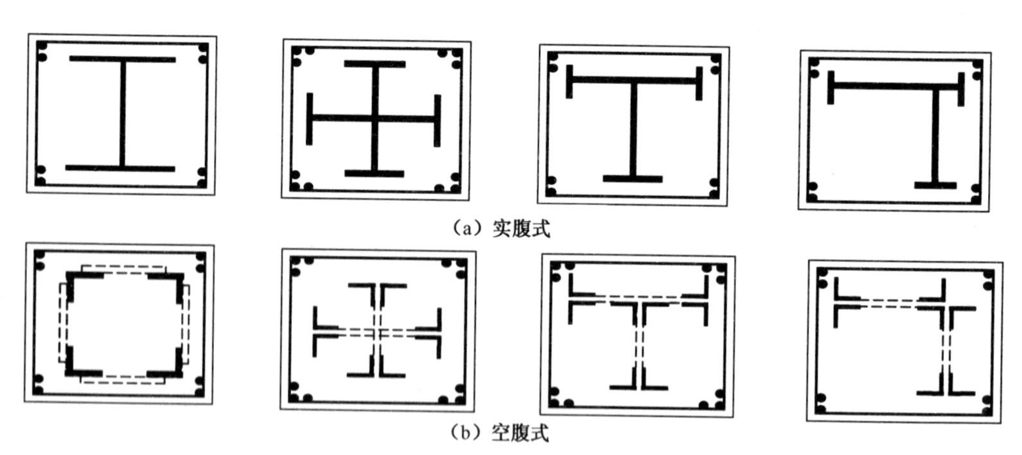

(a) 实腹式

(b) 空腹式

图 8-8　型钢混凝土柱

(1) 承载力计算

① 正截面偏心受压承载力计算

型钢混凝土柱正截面偏心受压承载力计算的基本假定同型钢混凝土框架梁。

截面为充满型实腹型钢的型钢混凝土框架柱，其偏心受压构件正截面受压承载力计算简图如图 8-9 所示，承载力计算公式如下：

$$N \leqslant f_c bx + f'_y A'_s + f'_a A'_{af} - \sigma_s A_s - \sigma_a A_{af} + N_{aw} \tag{8-11}$$

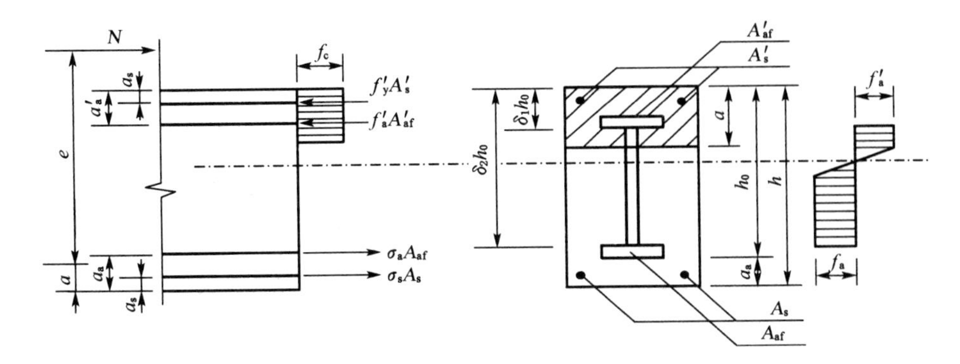

图 8-9 偏心受压框架柱承载力计算简图

$$Ne \leqslant f_cbx\left(h_0-\frac{x}{2}\right)+f'_yA'_s(h_0-a'_s)+f'_aA'_{af}(h_0-a'_a)+M_{aw} \tag{8-12}$$

$$e=\eta e_i+h/2-a \tag{8-13}$$

$$e_i=e_0+e_a \tag{8-14}$$

当 $\delta_1h_0<1.25x$、$\delta_2h_0>1.25x$ 时

$$N_{aw}=(\delta_2-\delta_1)t_wh_0f_a \tag{8-15}$$

$$M_{aw}=\left[\frac{1}{2}(\delta_1^2-\delta_2^2)+(\delta_2-\delta_1)\right]t_wh_0^2f_a \tag{8-16}$$

$$\xi_b=\frac{0.8}{1+\dfrac{f_y+f_a}{2\times0.003E_s}} \tag{8-17}$$

受拉边或受压较小边的钢筋应力 σ_s 和型钢翼缘应力 σ_a 可按下列条件计算：

当 $x\leqslant\xi_bh_0$ 时，为大偏心受压构件，取 $\sigma_s=f_y$，$\sigma_a=f_a$；

当 $x>\xi_bh_0$ 时，为小偏心受压构件，σ_s 及 σ_a 按下列公式计算：

$$\sigma_s=\frac{f_y}{\xi_b-0.8}\left(\frac{x}{h_0}-0.8\right) \tag{8-18}$$

$$\sigma_a=\frac{f_a}{\xi_b-0.8}\left(\frac{x}{h_0}-0.8\right) \tag{8-19}$$

式中：e——轴向力作用点至纵向受拉钢筋和型钢受拉翼缘的合力点之间的距离；

e_0——轴向力对截面重心的偏心距，取 $e_0=M/N$；

e_a——考虑荷载位置不定性、材料不均匀、施工偏差等引起的附加偏心距，其值取 20 mm和偏心方向截面尺寸的 1/30 两者中的较大值；

η——偏心受压构件考虑挠曲影响的轴向力偏心距增大系数，其值可按下列公式计算：

$$\eta=1+\frac{1}{1\,400e_0/h_0}\left(\frac{l_0}{h}\right)^2\zeta_1\zeta_2 \tag{8-20}$$

$$\zeta_1=0.5f_cA/N \tag{8-21}$$

$$\zeta_2 = 1.15 - 0.01 l_0/h \tag{8-22}$$

式中：l_0——构件计算长度；

ζ_1——偏心受压构件的截面曲率修正系数，当 $\zeta_1 > 1$ 时，取 $\zeta_1 = 1.0$；

ζ_2——考虑构件长细比对截面曲率的影响系数，当 $l_0/h < 15$ 时，取 $\zeta_2 = 1.0$。

② 斜截面受剪承载力计算

框架柱的斜截面受剪承载力应按下列公式计算：

$$V_c \leqslant \frac{0.20}{\lambda + 1.5} f_c b h_0 + f_{yv} \frac{A_{sv}}{s} h_0 + \frac{0.58}{\lambda} f_a t_w h_w + 0.07N \tag{8-23}$$

式中：λ——框架柱的计算剪跨比，其值取上、下端较大弯矩设计值 M 与对应的剪力设计值 V 和柱截面有效高度 h_0 的比值，即 M/Vh_0；当框架结构中框架柱的反弯点在柱层高范围内时，柱剪跨比也可采用 1/2 柱净高与柱截面有效高度 h_0 的比值；当 λ 小于 1 时，取 1；当 λ 大于 3 时，取 3；

N——考虑地震作用组合的框架柱的轴向压力设计值，当 $N > 0.3 f_c A_c$ 时，取 $N = 0.3 f_c A_c$。

型钢混凝土框架柱的受剪截面尚应符合式(8-9)、式(8-10)的规定。

(2) 构造要求

① 抗震设计时，组合结构中型钢混凝土柱的轴压比不宜大于表 8-8 的限值，轴压比可按下式计算：

$$\mu_N = N/(f_c A_c + f_a A_a) \tag{8-24}$$

式中：μ_N——型钢混凝土柱的轴压比；

N——考虑地震组合的柱轴向力设计值；

A_c——扣除型钢后的混凝土截面面积；

f_c——混凝土的轴心抗压强度设计值；

f_a——型钢的抗压强度设计值；

A_a——型钢的截面面积。

表 8-8　型钢混凝土柱的轴压比限值

抗震等级	一	二	三
轴压比限值	0.70	0.80	0.90

注：(1) 转换柱的轴压比应比表中数值减少 0.10 采用。
(2) 剪跨比不大于 2 的柱，其轴压比应比表中数值减少 0.05 采用。
(3) 当采用 C60 以上混凝土时，轴压比宜减少 0.05。

② 型钢混凝土柱的长细比不宜大于 80。

③ 房屋的底层、顶层以及型钢混凝土与钢筋混凝土交接层的型钢混凝土柱宜设置栓钉，型钢截面为箱形的柱子也宜设置栓钉，栓钉水平间距不宜大于 250 mm。

④ 混凝土粗骨料的最大直径不宜大于 25 mm，型钢柱中型钢的保护厚度不宜小于 150 mm，柱纵向钢筋净间距不宜小于 50 mm，且不应小于柱纵向钢筋直径的 1.5 倍，柱纵向钢筋与型钢的最小净距不应小于 30 mm，且不应小于粗骨料最大粒径的 1.5 倍。

⑤ 型钢混凝土柱的纵向钢筋最小配筋率不宜小于 0.8%，且在四角应各配置一根直径不小于 16 mm 的纵向钢筋。

⑥ 柱中纵向受力钢筋的间距不宜大于 300 mm；当间距大于 300 mm 时，宜附加配置直径不小于 14 mm 的纵向构造钢筋。

⑦ 型钢混凝土柱的型钢含钢率不宜小于 4%，也不宜大于 8%。

⑧ 非抗震设计时，箍筋直径不应小于 8 mm，箍筋间距不应大于 200 mm。

⑨ 抗震设计时，箍筋应做成 135°弯钩，箍筋弯钩直段长度不应小于 10 倍箍筋直径。

⑩ 抗震设计时，柱端箍筋应加密，加密区范围，一级取柱截面高度的 2 倍，其他情况不应小于柱截面高度的 1.5 倍；对剪跨比不大于 2 的柱，其箍筋均应全高加密，箍筋间距不应大于 100 mm。

⑪ 抗震设计时，柱箍筋的直径和间距应符合表 8-9 的规定，加密区箍筋最小体积配箍率尚应符合式(8-25)的要求，非加密区箍筋最小体积配箍率不应小于加密区箍筋最小体积配箍率的一半；对剪跨比不大于 2 的柱，其箍筋体积配箍率尚不应小于 1.0%，9 度抗震设计时尚不应小于 1.3%。

$$\rho_v = 0.85\lambda_v f_c / f_y \tag{8-25}$$

式中：λ_v——柱最小配箍特征值，宜按第 3 章表 3-15 采用。

表 8-9 型钢混凝土柱箍筋直径和间距(mm)

抗震等级	箍筋直径	非加密区箍筋间距	加密区箍筋间距
一	≥12	≤150	≤100
二	≥10	≤200	≤100
三、四	≥8	≤200	≤150

注：箍筋直径除应符合表中要求外，尚不应小于纵向钢筋直径的 1/4。

⑫ 型钢混凝土柱中的钢板件(图 8-7)的宽厚比应符合表 8-7 的规定。

3）型钢混凝土墙

型钢混凝土剪力墙是在钢筋混凝土剪力墙或钢筋混凝土核心筒壁中设 H 形钢而形成的劲性钢筋混凝土墙体结构；钢板混凝土剪力墙是指两端设置型钢暗柱，上下有型钢暗梁，中间设置钢板，形成的钢-混凝土组合剪力墙。组合结构体系中，其内部为钢筋混凝土实腹核心筒，外筒为钢框架、型钢(钢管)混凝土框架或框筒；整个体系在水平荷载作用下，水平剪力大部分由内部钢筋混凝土核心筒承担，由于核心筒比较瘦高，故墙体的弯曲应力及剪应力均较大，容易出现水平裂缝。因此，为了提高剪力墙的承载力和延性，宜在剪力墙两端或边柱中配置实腹型钢及钢板，以形成暗柱来增加墙体的承载能力；为加强剪力墙的抗侧刚度和承载力，也可在剪力墙腹板内加设斜向钢支撑。如图 8-10 所示为不同形式的型钢混凝土剪力墙截面。

(1) 承载力计算

① 正截面偏心受压承载力计算

两端配有型钢的钢筋混凝土剪力墙，其正截面偏心受压承载力计算简图如图 8-11 所示，按下列公式计算：

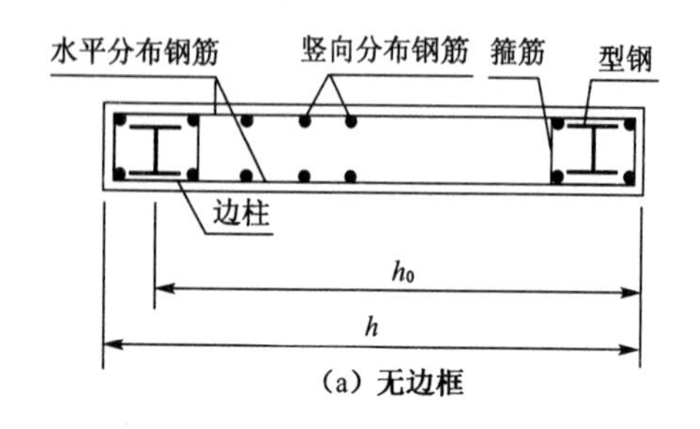

(a) 无边框

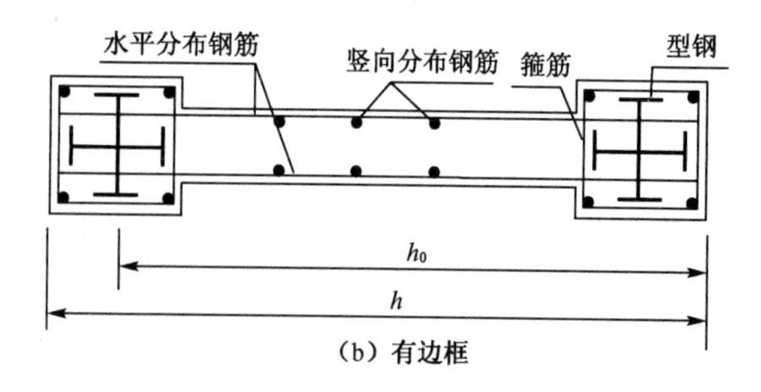

(b) 有边框

图 8-10 型钢混凝土剪力墙示意图

$$N \leqslant f_c b h_0 \xi + f'_y A'_s + f'_a A'_a - \sigma_s A_s - \sigma_a A_a + N_{sw} \tag{8-26}$$

$$Ne \leqslant f_c b h_0^2 \xi (1 - 0.5\xi) + f'_y A'_s (h_0 - a'_s) + f'_a A'_a (h_0 - a'_a) + M_{sw} \tag{8-27}$$

$$N_{sw} = \left(1 + \frac{\xi - 0.8}{0.4\omega}\right) f_{yw} A_{sw} \tag{8-28}$$

$$M_{sw} = \left[0.5 - \left(\frac{\xi - 0.8}{0.8\omega}\right)^2\right] f_{yw} A_{sw} h_{sw} \tag{8-29}$$

式中：A_a、A'_a——剪力墙受拉端、受压端配置的型钢全部截面面积；

A_{sw}——剪力墙竖向分布钢筋总面积；

f_{yw}——剪力墙竖向分布钢筋强度设计值；

N_{sw}——剪力墙竖向分布钢筋所承担的轴向力，当 $\xi > 0.8$ 时，取 $N_{sw} = f_{yw} A_{sw}$；

M_{sw}——剪力墙竖向分布钢筋的合力对型钢截面重心的力矩，当 $\xi > 0.8$ 时，取 $M_{sw} = 0.5 f_{yw} A_{sw} h_{sw}$；

ω——剪力墙竖向分布钢筋配置高度 h_{sw} 与截面有效高度 h_0 的比值，即 $\omega = h_{sw}/h_0$；

b——剪力墙厚度；

h_0——型钢受拉翼缘和纵向受拉钢筋合力点至混凝土受压边缘的距离；

e——轴向力作用点到型钢受拉翼缘和纵向受拉钢筋合力点的距离。

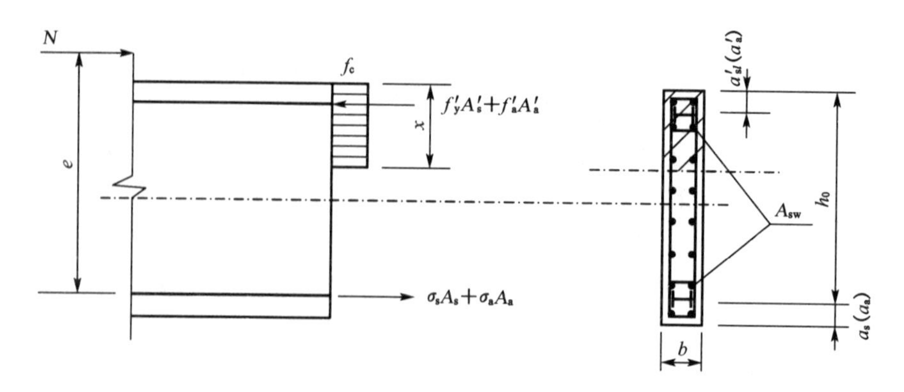

图 8-11 剪力墙正截面偏心受压承载力计算简图

② 斜截面受剪承载力计算

两端配有型钢的钢筋混凝土剪力墙在偏心受压时的斜截面受剪承载力应按下列公式计算：

$$V_{w}=\frac{1}{\lambda-0.5}\left(0.5f_{t}bh_{0}+0.13N\frac{A_{w}}{A}\right)+f_{yh}\frac{A_{sh}}{s}h_{0}+\frac{0.4}{\lambda}f_{a}A_{a} \tag{8-30}$$

式中：λ——计算截面处的剪跨比，$\lambda=M/Vh_{0}$；当$\lambda<1.5$时，取1.5；当$\lambda>2.2$时，取2.2；

N——考虑地震作用组合的剪力墙的轴向压力设计值，当$N>0.2f_{c}bh$时，取$N=0.2f_{c}bh$；

A——剪力墙的截面面积；

A_{w}——T形、工形截面剪力墙腹板的截面面积，对矩形截面剪力墙，取$A=A_{w}$；

A_{sh}——配置在同一水平截面内的水平分布钢筋的全部截面面积；

A_{a}——剪力墙一端暗柱中型钢截面面积；

s——水平分布钢筋的竖向间距。

剪力墙的受剪截面应符合下列条件：

$$V_{w}\leqslant 0.25f_{c}bh \tag{8-31}$$

上述几种构件的抗震计算详见《型钢混凝土组合结构技术规程》(JGJ 138)。

(2) 构造要求

① 抗震设计时，一、二级抗震等级的型钢混凝土剪力墙、钢板混凝土剪力墙底部加强部位，其重力荷载代表值作用下墙肢的轴压比不宜超过第4章剪力墙结构中表4-18的限值，其轴压比可按下式计算：

$$\mu_{N}=N/(f_{c}A_{c}+f_{a}A_{a}+f_{sp}A_{sp}) \tag{8-32}$$

式中：N——重力荷载代表值作用下墙肢的轴向压力设计值；

A_{c}——剪力墙墙肢混凝土截面面积；

A_{a}——剪力墙所配型钢的全部截面面积。

② 型钢混凝土剪力墙、钢板混凝土剪力墙在楼层标高处宜设置暗梁。

③ 端部配置型钢的混凝土剪力墙，型钢的保护层厚度宜大于100 mm；水平分布钢筋应绕过或穿过墙端型钢，且应满足钢筋锚固长度要求。

④ 周边有型钢混凝土柱和梁的现浇钢筋混凝土剪力墙，剪力墙的水平分布钢筋应绕过或穿过周边柱型钢，且应满足钢筋锚固长度要求；当采用间隔穿过时，宜另加补强钢筋。周边柱的型钢、纵向钢筋、箍筋配置应符合型钢混凝土柱的设计要求。

4) 钢板混凝土剪力墙

(1) 承载力计算

① 钢板混凝土剪力墙的受剪截面应符合下列规定：

A. 持久、短暂设计状况

$$V_{cw}\leqslant 0.25f_{c}b_{w}h_{w0} \tag{8-33}$$

$$V_{cw}=V-\left(\frac{0.3}{\lambda}f_aA_{al}+\frac{0.6}{\lambda-0.5}f_{sp}A_{sp}\right) \tag{8-34}$$

B. 地震设计状况

剪跨比 $\lambda>2.5$ 时

$$V_{cw}=\frac{1}{\gamma_{RE}}(0.20f_cb_wh_{w0}) \tag{8-35}$$

剪跨比 $\lambda\leqslant2.5$ 时

$$V_{cw}=\frac{1}{\gamma_{RE}}(0.15f_cb_wh_{w0}) \tag{8-36}$$

$$V_{cw}=V-\frac{1}{\gamma_{RE}}\left(\frac{0.25}{\lambda}f_cA_{al}+\frac{0.5}{\lambda-0.5}f_{sp}A_{sp}\right) \tag{8-37}$$

式中：V——钢板混凝土剪力墙截面承受的剪力设计值；

V_{cw}——仅考虑钢筋混凝土截面承担的剪力设计值；

λ——计算截面的剪跨比，当 $\lambda<1.5$ 时，取 $\lambda=1.5$，当 $\lambda>2.2$ 时，取 $\lambda=2.2$；当计算截面与墙底之间的距离小于 $0.5h_{w0}$ 时，λ 应按距离墙底 $0.5h_{w0}$ 处的弯矩值与剪力值计算；

f_a——剪力墙端部暗柱中所配型钢的抗压强度设计值；

A_{al}——剪力墙一端所配型钢的截面面积，当两端所配型钢截面面积不同时，取较小一端的面积；

f_{sp}——剪力墙墙身所配钢板的抗压强度设计值；

A_{sp}——剪力墙墙身所配钢板的横截面面积。

② 钢板混凝土剪力墙偏心受压时的斜截面受剪承载力，应按下列公式进行验算：

A. 持久、短暂设计状况

$$V\leqslant\frac{1}{\lambda-0.5}\left(0.5f_tb_wh_{w0}+0.13N\frac{A_w}{A}\right)+f_{yv}\frac{A_{sh}}{s}h_{w0}+\frac{0.3}{\lambda}f_aA_{al}+\frac{0.6}{\lambda-0.5}f_{sp}A_{sp} \tag{8-38}$$

B. 地震设计状况

$$V\leqslant\frac{1}{\gamma_{RE}}\left[\frac{1}{\lambda-0.5}\left(0.4f_tb_wh_{w0}+0.1N\frac{A_w}{A}\right)+0.8f_{yv}\frac{A_{sh}}{s}h_{w0}+\frac{0.25}{\lambda}f_aA_{al}+\frac{0.5}{\lambda-0.5}f_{sp}A_{sp}\right] \tag{8-39}$$

式中：N——剪力墙承受的轴向压力设计值，当大于 $0.2f_cb_wh_w$ 时，取为 $0.2f_cb_wh_w$。

（2）构造要求

钢板混凝土剪力墙除应满足型钢混凝土剪力墙的构造要求外，尚应符合下列构造要求：

① 钢板混凝土剪力墙墙体中的钢板厚度不宜小于 10 mm，也不宜大于墙厚的 1/15；

② 钢板混凝土剪力墙的墙身分布钢筋配筋率不宜小于 0.4%，分布钢筋间距不宜大于 200 mm，且应与钢板可靠连接；

③ 钢板与周围型钢构件宜采用焊接；

④ 钢板与混凝土墙体之间连接件的构造要求可按照现行国家标准《钢结构设计规范》(GB 50017)中关于组合梁抗剪连接件构造要求执行，栓钉间距不宜大于 300 mm；

⑤ 在钢板墙角部 1/5 板跨且不小于 1 000 mm 范围内，钢筋混凝土墙体分布钢筋、抗剪栓钉间距宜适当加密。

5) 型钢混凝土梁柱/墙节点

框架梁柱节点为梁和柱的重叠区域，是保证结构承载力和刚度的重要部位。型钢混凝土组合结构中的梁柱连接有型钢混凝土柱与型钢混凝土梁的连接(图 8-12(a))、型钢混凝土柱与钢筋混凝土梁的连接(图 8-12(b))以及型钢混凝土柱与钢梁的连接三种形式(图 8-12(c))。

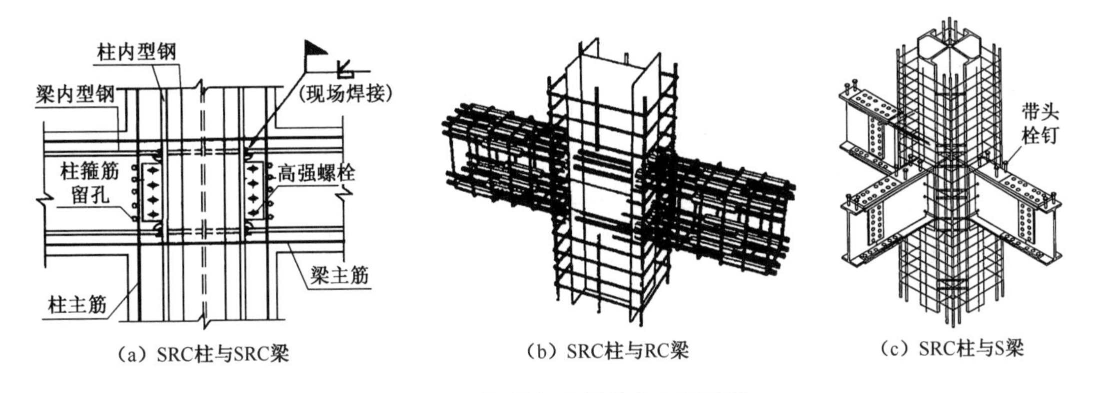

(a) SRC柱与SRC梁　(b) SRC柱与RC梁　(c) SRC柱与S梁

图 8-12　型钢混凝土梁柱节点示意图

梁柱节点的连接构造应做到构造简单，传力明确，便于混凝土的浇捣和配筋。例如型钢混凝土梁柱节点部位型钢和钢筋纵横交错，除了应能保证梁端型钢部分的应力可靠地传递到柱型钢外，同时还要便于浇筑混凝土，以保证节点区混凝土的密实性。

型钢混凝土柱与型钢混凝土梁、钢筋混凝土梁或钢梁的连接节点中，柱内型钢宜贯通。柱内型钢的拼接构造应满足《钢结构设计规范》(GB 50017)的规定。为了保证梁端内力更好地传递，还应沿高度方向，在型钢柱对应于型钢梁的上、下翼缘处或钢筋混凝土梁的上、下边缘处设置水平加劲肋。加劲肋形式应便于混凝土浇筑，水平加劲肋应与梁端型钢翼缘等厚，且其厚度不宜小于 12 mm。

型钢混凝土柱与钢筋混凝土梁或型钢混凝土梁的连接节点应采用刚性连接构造。梁的纵向钢筋应伸入柱节点，且应满足钢筋锚固要求。柱与各类梁的连接构造中，柱内型钢截面形式和纵向钢筋的配置应便于梁内纵向钢筋贯穿节点，尽可能减少纵向钢筋穿过柱型钢的数量，且不宜穿过型钢翼缘，因为在有梁约束的节点区，柱型钢的抗剪承载能力较大。此外，梁纵向钢筋也不应与柱内型钢直接焊接连接。当必须在柱内型钢腹板上预留贯穿孔时，型钢腹板截面损失率宜小于腹板面积的 25%。当必须在柱内型钢翼缘上预留贯穿孔时，宜按柱端最不利组合的内力 M、N 验算预留孔的承载力。若不满足，应予补强。

型钢混凝土柱与钢筋混凝土梁或钢梁连接时，柱内型钢与梁内型钢或钢梁的连接也应采用刚性连接。为保证节点的内力传递，梁内型钢翼缘与柱内型钢翼缘应采用全熔透焊缝连接，梁腹板与柱宜采用摩擦型高强度螺栓连接，悬臂梁端与柱应采用全焊接连接。连接构造均应符合《钢结构设计规范》(GB 50017)及《高层民用建筑钢结构技术规程》(JGJ 99)的要求。

型钢混凝土框架节点核芯区的箍筋间距不宜大于柱端加密区间距的 1.5 倍，箍筋直径不宜小于柱端箍筋加密区的箍筋直径。

关于节点承载力计算的内容可参考《型钢混凝土组合结构技术规程》(JGJ 138)。

此外，钢梁或型钢混凝土梁与混凝土墙体应有可靠连接，应能传递竖向剪力及水平力。当钢梁或型钢混凝土梁通过埋件与混凝土墙体为铰接时，预埋件应有足够的锚固长度，连接做法可按图 8-13 采用。若连接节点还需要传递弯矩，则可采用如图 8-14 所示的刚接构造。

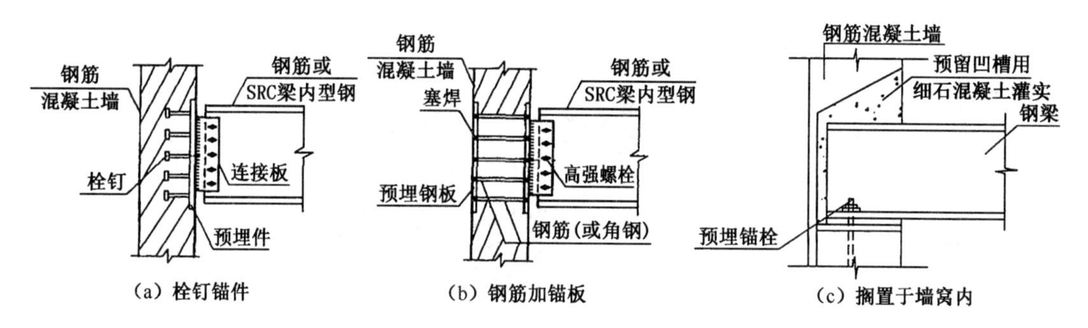

图 8-13　钢梁或型钢混凝土梁与钢筋混凝土墙的铰接构造

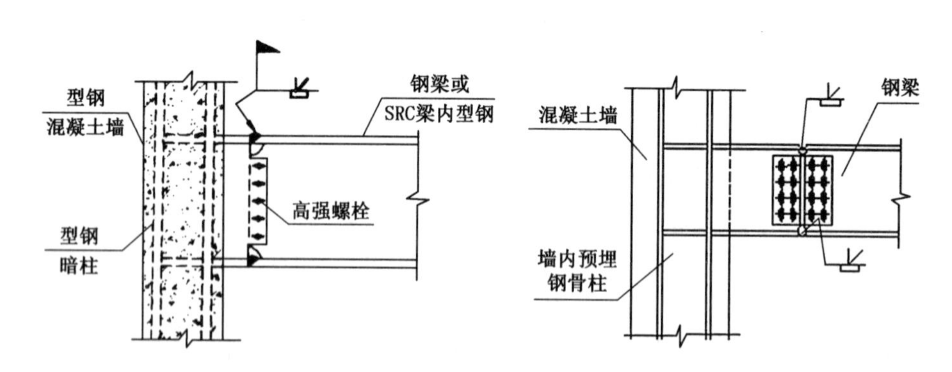

图 8-14　钢梁或型钢混凝土梁与钢筋混凝土墙的刚接构造

抗震设计时，型钢混凝土柱宜采用埋入式柱脚(图 8-15)。采用埋入式柱脚时，应符合下列规定：

(1) 埋入深度应通过计算确定，且不宜小于型钢柱截面长边尺寸的 2.5 倍。

(2) 在柱脚部位和柱脚向上延伸一层的范围内宜设置栓钉，其直径不宜小于 19 mm，其竖向及水平间距不宜大于 200 mm。

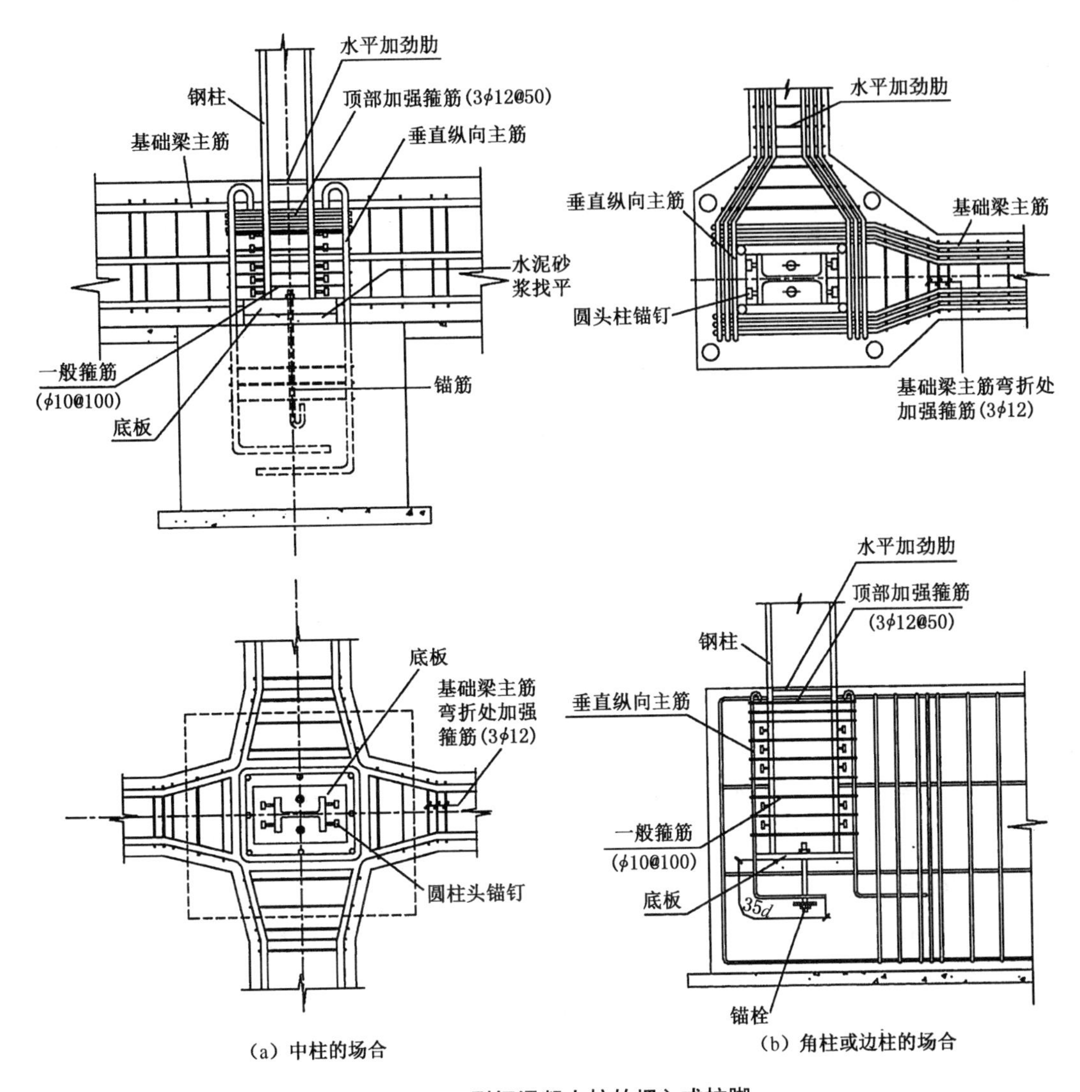

(a) 中柱的场合　　(b) 角柱或边柱的场合

图 8-15　型钢混凝土柱的埋入式柱脚

8.4.3　钢管混凝土构件的计算与构造

1) 基本特点

钢管混凝土柱是在钢管内填充素混凝土而形成的组合结构受压构件,包括轴心受压柱和偏心受压柱。其截面形式有圆形、方形和多边形等,工程中常用的几种截面如图 8-16 所示。

圆形截面受力性能更好,承载力更高,故实际工程中应用较多。虽然方形截面与圆形截面相比效果降低,但这种截面易于和梁连接,因而在国外应用较多,在我国的应用也呈上升趋势。八角形钢管改善了受力性能,其工作状态与圆钢管混凝土接近。

圆钢管混凝土的基本原理为:①借助钢管对核心混凝土的套箍约束作用,使核心混凝土

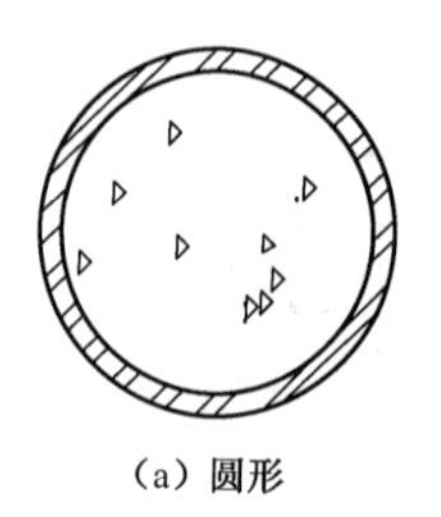

(a) 圆形

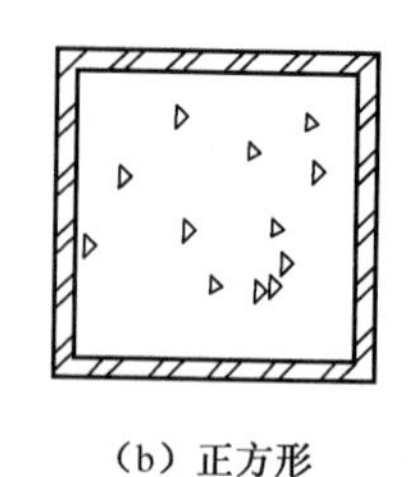

(b) 正方形

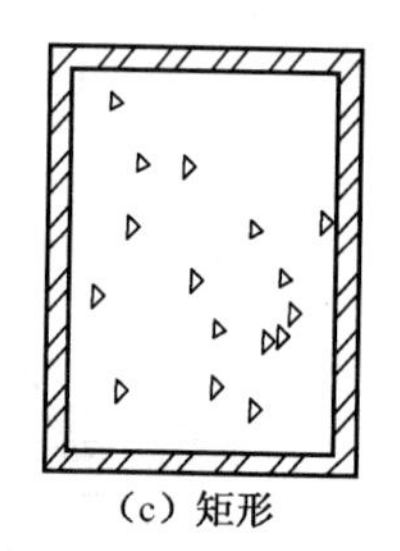

(c) 矩形

图 8-16　常见的钢管混凝土柱截面形式

处于三向受压状态(图 8-17),从而使核心混凝土具有更高的抗压强度和压缩变形能力;②借助内填混凝土的支撑作用,增强钢管壁的几何稳定性,改变空钢管的失稳模态,从而提高其承载能力。

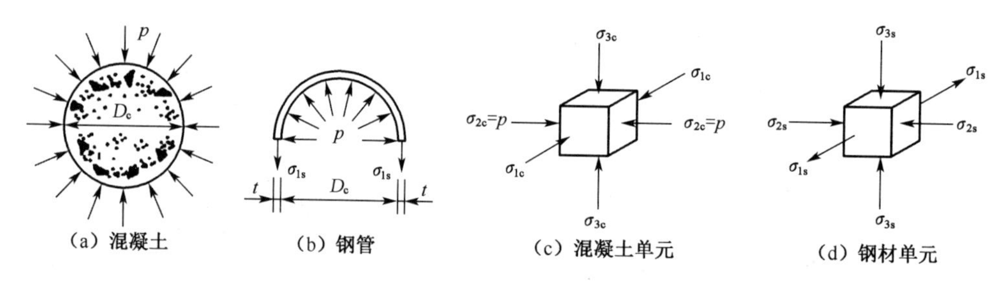

图 8-17　钢管和混凝土出现相互作用后的钢管和混凝土受力状态示意图

钢管混凝土具有以下特点:

(1) 承载力高。由上述原理,钢管混凝土构件轴心受压时,由于套箍约束作用的存在,使核心混凝土的强度大大提高,同时钢管又能充分发挥强度,从而使构件的抗压承载力大幅提高。通过试验和理论分析证明:钢管混凝土中的核心混凝土,由于钢管产生的套箍作用,抗压强度可提高 1 倍;而整个构件的抗压承载力约为钢管和核心混凝土单独承载力之和的 1.7～2.0 倍。

(2) 塑性和韧性好,延性高。单纯受压的混凝土构件通常为脆性破坏;而对于钢管混凝土构件,管内的核心混凝土在钢管的约束下,不但使用阶段工作时提高了弹性性质,扩大了弹性工作阶段,而且破坏时会产生很大的塑性变形。试验结果表明,钢管混凝土轴心受压短柱破坏时往往可以被压缩到原长的 2/3,但仍没有呈现脆性破坏的特征。此外,构件在承受冲击荷载和振动荷载时,也具有很好的韧性,吸收能量多,延性好,具有良好的抗震性能。

(3) 经济效益显著。与钢柱相比,可节约钢材 50%左右,造价也可降低 45%左右;对于一些荷载特别大的高层建筑的柱子,采用钢管混凝土柱所用的钢管厚度通常为 20～30 mm 左右,而同样条件下钢柱的厚度将大于 50 mm;同时,钢管混凝土所用钢材价格较低,且对材质要求较低,焊接也简易得多,从而更增大了经济效益。与钢筋混凝土柱相比,不需要模板,可节约混凝土 50%以上,减少自重 50%以上,用钢量基本相等或略高。

(4) 施工简便,缩短工程周期。与钢筋混凝土柱相比,不需支模、绑扎钢筋和拆模等工序;特别是目前采用泵送混凝土、高位抛落不振捣混凝土和免振自密实混凝土等施工工艺,更加速了钢管混凝土柱的施工进度;与钢柱相比,钢管混凝土柱零部件少、焊缝少,柱脚构造简单，尤其是由于钢管较薄，现场焊接工作量和施焊难度大大降低。同时，空钢管重量小，运输和吊装工作量也大大减少。

由于以上优异特性，使钢管混凝土结构特别适合我国当前国情，因而用途比较广阔，不仅被广泛应用于拱桥、工业厂房、设备构架、塔杆等结构中，而且对于高层建筑更具优越性。

钢管混凝土结构的出现和日趋完善，解决了我国长期存在而未能解决的"胖柱"问题，从而提高了建筑水平。

钢管混凝土最宜用作轴心受压构件。下面主要介绍单肢钢管混凝土轴心受力构件的承载力计算和构造要求。

2）圆钢管混凝土柱

（1）单肢钢管混凝土柱承载力计算

① 受压承载力

钢管混凝土单肢柱的轴向受压承载力应满足下列公式规定：

持久、短暂设计状况
$$N \leqslant N_u \tag{8-40(a)}$$

地震设计状况
$$N \leqslant N_u/\gamma_{RE} \tag{8-40(b)}$$

式中：N——轴向压力设计值；

N_u——钢管混凝土单肢柱的轴向受压承载力设计值。

钢管混凝土单肢柱的轴向受压承载力设计值应按下列公式计算：

$$N_u = \varphi_l \varphi_e N_0 \tag{8-41}$$

$$N_0 = 0.9A_c f_c(1+\alpha\theta) \quad (\text{当}\ \theta \leqslant [\theta]\ \text{时}) \tag{8-42(a)}$$

$$N_0 = 0.9A_c f_c(1+\sqrt{\theta}+\theta) \quad (\text{当}\ \theta > [\theta]\ \text{时}) \tag{8-42(b)}$$

$$\theta = \frac{A_a f_a}{A_c f_c} \tag{8-43}$$

且在任何情况下均应满足下列条件：

$$\varphi_l \varphi_e \leqslant \varphi_0 \tag{8-44}$$

表 8-10 系数 $\boldsymbol{\alpha}$、$[\boldsymbol{\theta}]$取值

混凝土等级	≤C50	C55～C80
α	2.00	1.80
$[\theta]$	1.00	1.56

式中：N_0——钢管混凝土轴心受压短柱的承载力设计值；

θ——钢管混凝土的套箍指标；

α——与混凝土强度等级有关的系数，按表 8-10 取值；

$[\theta]$——与混凝土强度等级有关的套箍指标界限值，按表 8-10 取值；

A_c——钢管内的核心混凝土横截面面积；

f_c——核心混凝土的抗压强度设计值；

A_a——钢管的横截面面积；

f_a——钢管的抗拉、抗压强度设计值；

φ_l——考虑长细比影响的承载力折减系数，按公式(8-46)确定；

φ_e——考虑偏心率影响的承载力折减系数，按公式(8-45)确定；

φ_0——按轴心受压柱考虑的值。

钢管混凝土柱考虑偏心率影响的承载力折减系数 φ_e，应按下列公式计算：

当 $e_0/r_c \leqslant 1.55$ 时

$$\varphi_e = \frac{1}{1 + 1.85\dfrac{e_0}{r_c}} \tag{8-45(a)}$$

$$e_0 = \frac{M_2}{N} \tag{8-45(b)}$$

当 $e_0/r_c > 1.55$ 时

$$\varphi_e = \frac{1}{3.92 - 5.16\varphi_l + \varphi_l\dfrac{e_0}{0.3r_c}} \tag{8-45(c)}$$

式中：e_0——柱端轴向压力偏心距之较大者；

r_c——核心混凝土横截面的半径；

M_2——柱端弯矩设计值的较大者；

N——轴向压力设计值。

钢管混凝土柱考虑长细比影响的承载力折减系数 φ_l，应按下列公式计算：

当 $L_e/D > 4$ 时

$$\varphi_l = 1 - 0.115\sqrt{L_e/D - 4} \tag{8-46(a)}$$

当 $L_e/D \leqslant 4$ 时

$$\varphi_l = 1 \tag{8-46(b)}$$

式中：D——钢管的外直径；

L_e——柱的等效计算长度，按式(8-47)确定。

柱的等效计算长度应按下列公式计算：

$$L_e = \mu KL \tag{8-47}$$

式中：L——柱的实际长度；

μ——考虑柱端约束条件的计算长度系数，根据梁柱刚度的比值，按现行国家标准《钢结构设计规范》(GB 50017)确定；

K——考虑柱身弯矩分布梯度影响的等效长度系数，按公式(8-48)确定。

钢管混凝土柱考虑柱身弯矩分布梯度影响的等效长度系数 K，应按下列公式计算：

A. 轴心受压柱和杆件(图 8-18(a))

$$K = 1 \tag{8-48(a)}$$

B. 无侧移框架柱(图 8-18(b)(c))

$$K = 0.5 + 0.3\beta + 0.2\beta^2 \tag{8-48(b)}$$

C. 有侧移框架柱(图 8-18(d))和悬壁柱(图 8-18(e)(f))

当 $e_0/r_c \leqslant 0.8$ 时

$$K = 1 - 0.625e_0/r_c \tag{8-48(c)}$$

当 $e_0/r_c > 0.8$ 时,取 $K = 0.5$

当自由端有力矩 M_1 作用时

$$K = (1 + \beta_1)/2 \tag{8-48(d)}$$

并将式(8-48(c))与式(8-48(d))所得 K 值进行比较,取其中之较大值。

式中:β——柱两端弯矩设计值之绝对值较小者 M_1 与绝对值较大者 M_2 的比值,单曲压弯时 β 取正值,双曲压弯时 β 取负值;

β_1——悬壁柱自由端弯矩设计值 M_1 与嵌固端弯矩设计值 M_2 的比值,当 β_1 为负值即双曲压弯时,则按反弯点所分割成的高度为 L_2 的子悬臂柱计算。

注:(1) 无侧移框架系指框架中设有支撑架、剪力墙、电梯井等支撑结构,且其抗侧移刚度不小于框架抗侧移刚度的 5 倍者;有侧移框架系指框架中未设上述支撑结构或支撑结构的抗侧移刚度小于框架抗侧移刚度的 5 倍者。

(2) 嵌固端系指相交于柱的横梁的线刚度与柱的线刚度的比值不小于 4 者,或柱基础的长和宽均不小于 4 者,或柱基础的长和宽均不小于柱直径的 4 倍者。

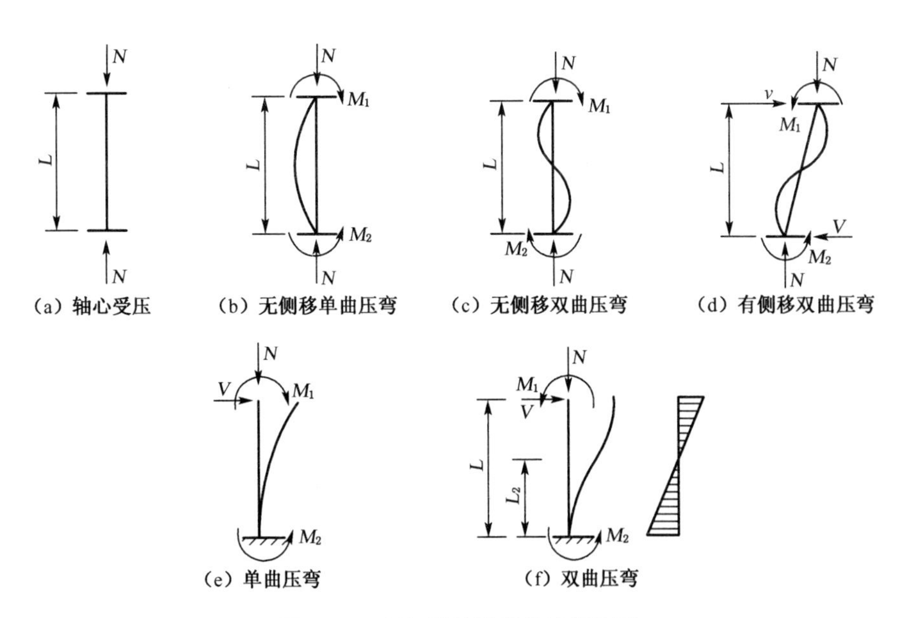

图 8-18 框架柱及悬臂柱计算简图

② 拉弯承载力

钢管混凝土单肢柱的拉弯承载力应满足下列规定:

$$\frac{N}{N_{ut}} + \frac{M}{M_u} \leqslant 1 \tag{8-49(a)}$$

$$N_{ut} = A_a F_a \tag{8-49(b)}$$

$$M_u = 0.3r_cN_0 \tag{8-49(c)}$$

式中：N——轴向拉力设计值；

M——柱端弯矩设计值的较大者。

③ 受剪承载力

当钢管混凝土单肢柱的剪跨 a（横向集中荷载作用点至支座或节点边缘的距离）小于柱子直径 D 的 2 倍时，柱的横向受剪承载力应符合下式规定：

$$V \leqslant V_u \tag{8-50}$$

式中：V——横向剪力设计值；

V_u——钢管混凝土单肢柱的横向受剪承载力设计值。

钢管混凝土单肢柱的横向受剪承载力设计值应按下列公式计算：

$$V_u = (V_0 + 0.1N')\left(1 - 0.45\sqrt{\frac{a}{D}}\right) \tag{8-51(a)}$$

$$V_0 = 0.2A_cf_c(1+3\theta) \tag{8-51(b)}$$

式中：V_0——钢管混凝土单肢柱受纯剪时的承载力设计值；

N'——与横向剪力设计值 V 对应的轴向力设计值；

a——剪跨，即横向集中荷载作用点至支座或节点边缘的距离。

④ 局部受压承载力

钢管混凝土的局部受压应符合下式规定：

$$N_l \leqslant N_{ul} \tag{8-52}$$

式中：N_l——局部作用的轴向压力设计值；

N_{ul}——钢管混凝土柱的局部受压承载力设计值。

钢管混凝土柱在中央部位受压时（图 8-19），局部受压承载力设计值应按下式计算：

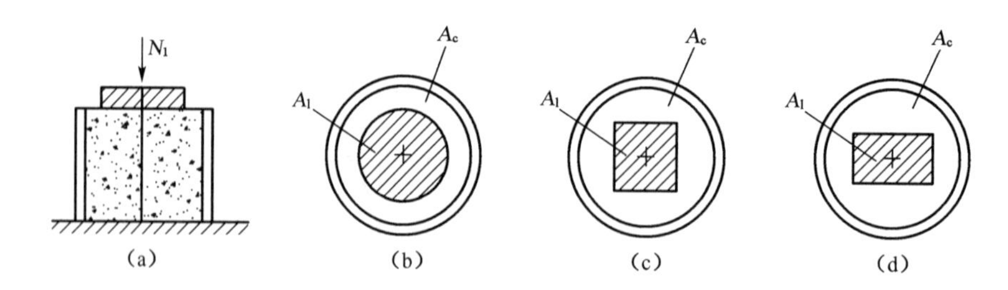

图 8-19　中央部位局部受压

$$N_{ul} = N_0\sqrt{\frac{A_l}{A_c}} \tag{8-53}$$

式中：N_0——局部受压段的钢管混凝土短柱轴心受压承载力设计值，按式(8-42)计算；

A_l——局部受压面积；

A_c——钢管内核心混凝土的横截面面积。

钢管混凝土柱在其组合界面附近受压时（图 8-20），局部受压承载力设计值应按下列公式计算：

当 $A_l/A_c \geqslant 1/3$ 时

$$N_{ul} = (N_0 - N')\omega\sqrt{\frac{A_l}{A_c}} \tag{8-54(a)}$$

当 $A_l/A_c < 1/3$ 时

$$N_{ul} = (N_0 - N')\omega\sqrt{3} \cdot \frac{A_l}{A_c} \tag{8-54(b)}$$

式中：N_0——局部受压段的钢管混凝土短柱轴心受压承载力设计值，按式(8-42)计算；

N'——非局部作用的轴向压力设计值；

ω——考虑局压应力分布状况的系数，当局压应力为均匀分布时取 1.00，当局压应力为非均匀分布(如与钢管内壁焊接的柔性抗剪连接件等)时取 0.75。

当局部受压承载力不足时，可将局压区段的管壁进行加厚。

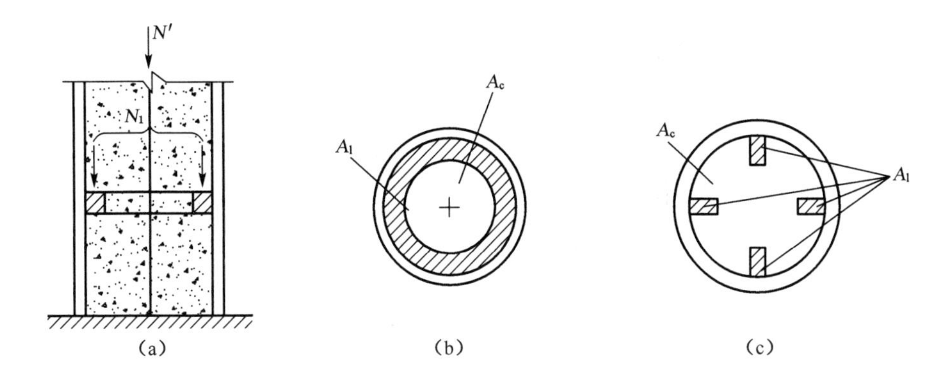

图 8-20　组合界面附近局部受压

(2) 构造要求

圆形钢管混凝土柱应符合下列构造要求：

① 钢管直径不宜小于 400 mm。

② 钢管壁厚不宜小于 8 mm。

③ 钢管外径与壁厚的比值 D/t 宜在$(20\sim100)\sqrt{235/f_y}$之间，$f_y$ 为钢材的屈服强度。

④ 圆钢管混凝土柱的套箍指标$\frac{f_a A_a}{f_c A_c}$，不应小于 0.5，也不宜大于 2.5。

⑤ 柱的长细比不宜大于 80。

⑥ 轴向压力偏心率 e_0/r_c 不宜大于 1.0，e_0 为偏心距，r_c 为核心混凝土横截面半径。

⑦ 钢管混凝土柱与框架梁刚性连接时，柱内或柱外应设置与梁上、下翼缘位置对应的加劲肋；加劲肋设置于柱内时，应留孔以利混凝土浇筑；加劲肋设置于柱外时，应形成加劲环板。

⑧ 直径大于 2 m 的圆形钢管混凝土构件应采取有效措施减小钢管内混凝土收缩对构件受力性能的影响。

3) 钢管混凝土框架节点

(1) 钢管混凝土柱的直径较小时，钢梁与钢管混凝土柱之间可采用外加强环连接

(图 8-21),外加强环应环绕钢管混凝土柱封闭的满环(图 8-22)。外加强环与钢管外壁应采用全熔透焊缝连接,外加强环与钢梁应采用栓焊连接。外加强环的厚度不应小于钢梁翼缘的厚度,最小宽度 C 不应小于钢梁翼缘宽度的 70%。

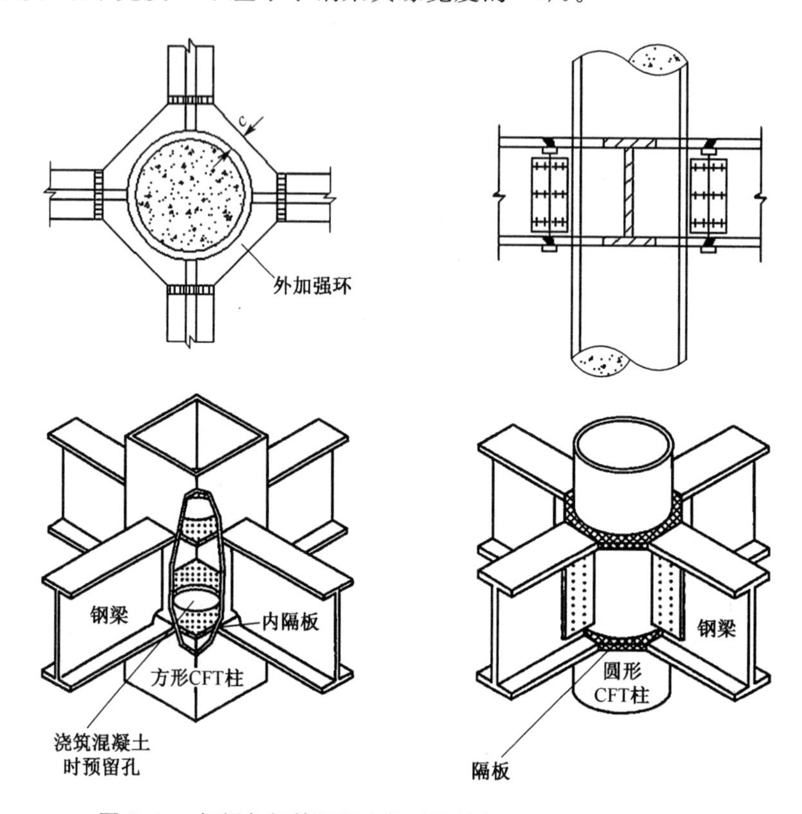

图 8-21 钢梁与钢管混凝土柱采用外加强环连接构造示意图

(2) 钢管混凝土柱的直径较大时,钢梁与钢管混凝土柱之间可采用内加强环连接。内加强环与钢管内壁应采用全熔透坡口焊缝连接。梁与柱可采用现场直接连接,也可与带有悬臂梁段的柱在现场进行梁的拼接。悬臂梁段可采用等截面(图 8-23)或变截面(图 8-24、图 8-25);采用变截面梁段时,其坡度不宜大于 1/6。

(3) 钢管混凝土梁与钢管混凝土柱的连接构造应同时满足管外剪力传递及弯矩传递的要求。

(4) 钢筋混凝土梁与钢管混凝土柱连接时,钢管外剪力传递可采用环形牛腿或承重销;钢筋混凝土无梁楼板或井式密肋楼板与钢管混凝土柱连接时,钢管外剪力传递可采用台锥式环形深牛腿。也可采用其他符合计算受力要求的连接方式传递管外剪力。

(5) 环形牛腿、台锥式环形深牛腿可由呈放射状均匀分布的肋板和上、下加强环组成(图 8-26)。肋板应与钢管壁外表面及上、下加强环采用角焊缝焊接,上、下加强环可分别与钢管壁外表面采用角焊缝焊接。环形牛腿上、下加强环以及台锥式深牛腿的下加强环应预留直径不小于 50 mm 的排气孔。台锥式环形深牛腿下加强环的直径可由楼板的冲切承载力计算确定。

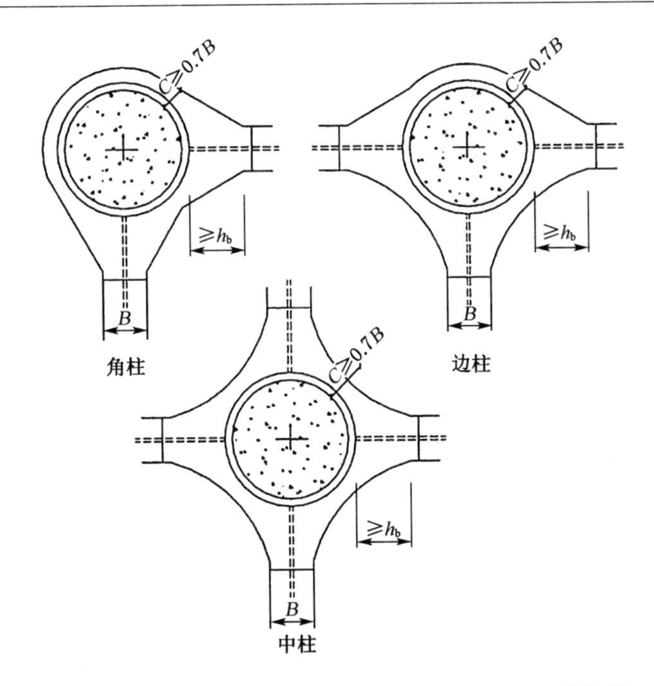

图 8-22 外加强环构造示意图(外加强环与钢梁翼缘等厚)

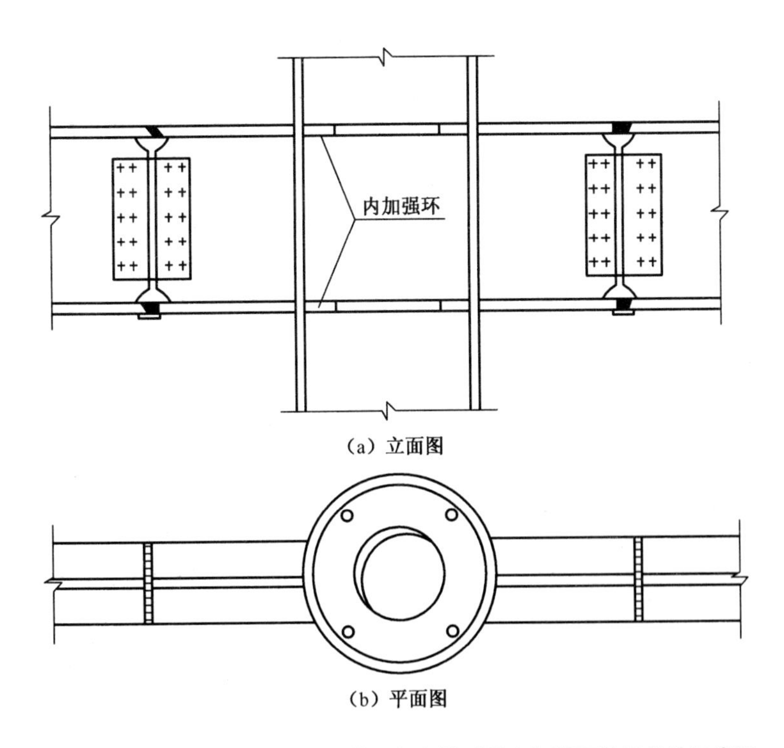

图 8-23 等截面悬臂钢梁与钢管混凝土柱采用内加强环连接构造示意图

(6) 钢管混凝土柱的外径不小于 600 mm 时,可采用承重销传递剪力。由穿心腹板和上、下翼缘板组成的承重销(图 8-27),其截面高度宜取框架梁截面高度的 50%,其平面位置应根据框架梁的位置确定。翼缘板在穿过钢管壁不少于 50 mm 后可逐渐收窄。钢管与翼

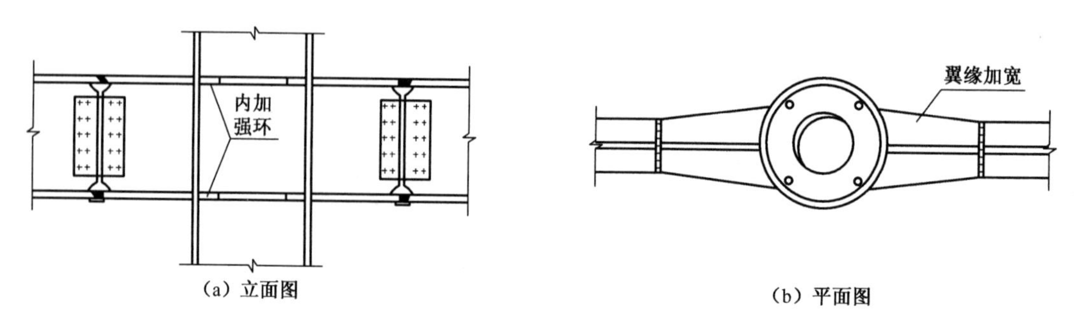

图 8-24　翼缘加宽的悬臂钢梁与钢管混凝土柱连接构造示意图

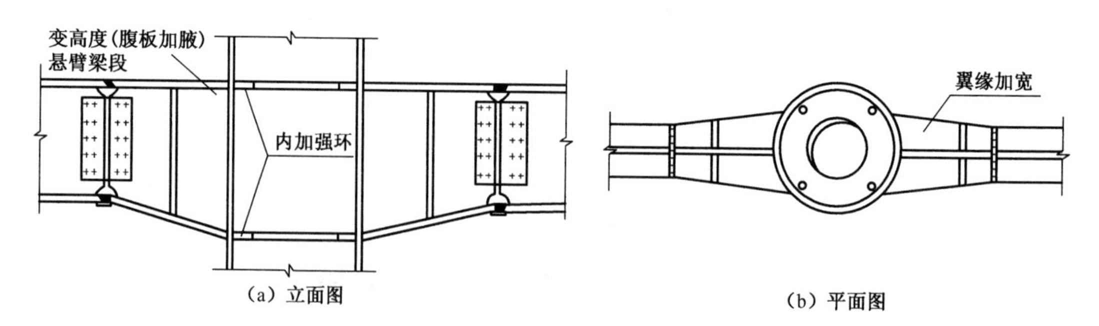

图 8-25　翼缘加宽、腹板加腋的悬臂钢梁与钢管混凝土柱连接构造示意图

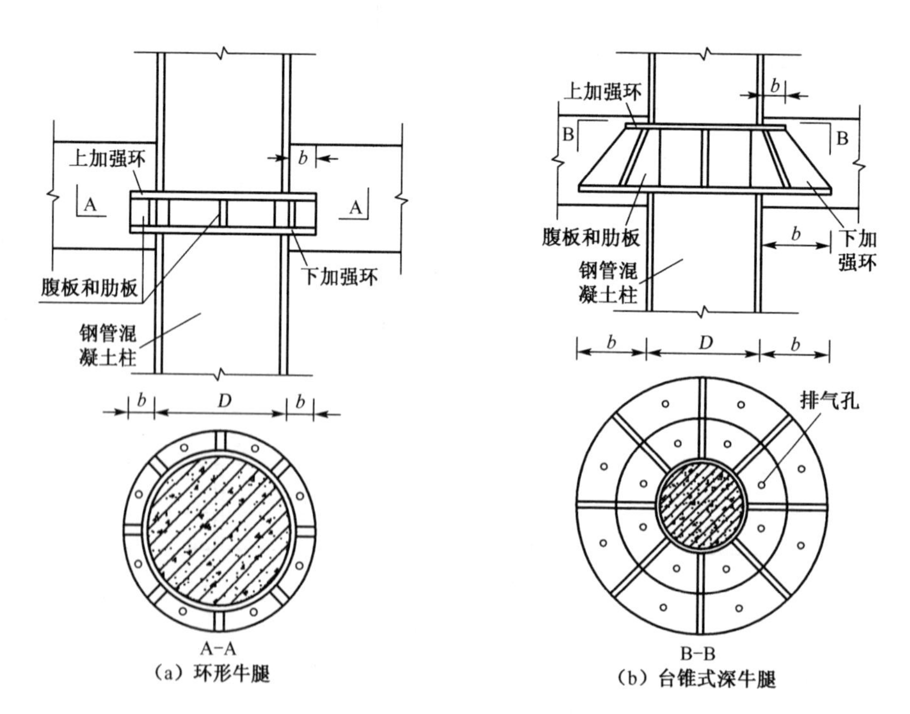

图 8-26　环形牛腿构造示意图

缘板之间、钢管与穿心腹板之间应采用全熔透坡口焊缝焊接，穿心腹板与对面的钢管壁之间(图 8-27(a))或与另一方向的穿心腹板之间(图 8-27(b))可采用角焊缝焊接。

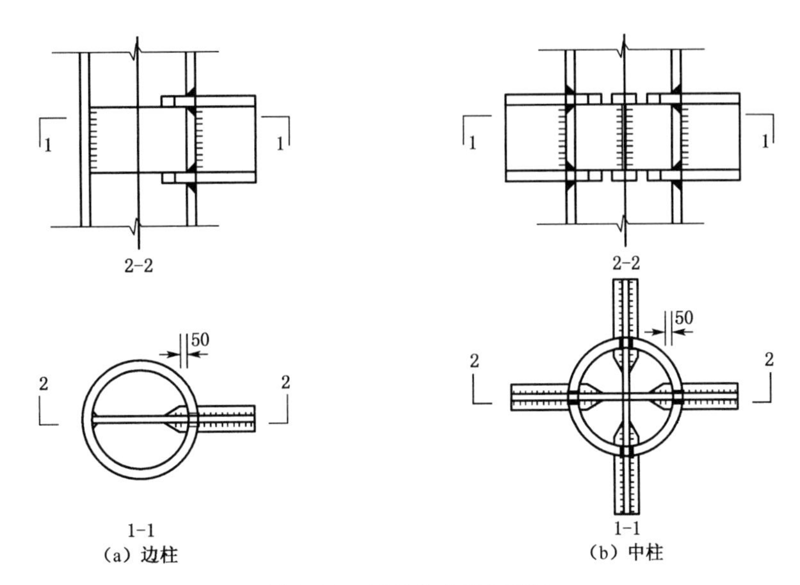

图 8-27 承重销构造示意图

(7) 钢筋混凝土梁与钢管混凝土柱的管外弯矩传递可采用井式双梁、环梁、穿筋单梁和变宽度梁，也可采用其他符合受力分析要求的连接方式。

(8) 井式双梁的纵向钢筋可从钢管侧面平行通过，并宜增设斜向构造钢筋(图 8-28)；井式双梁与钢管之间应浇筑混凝土。

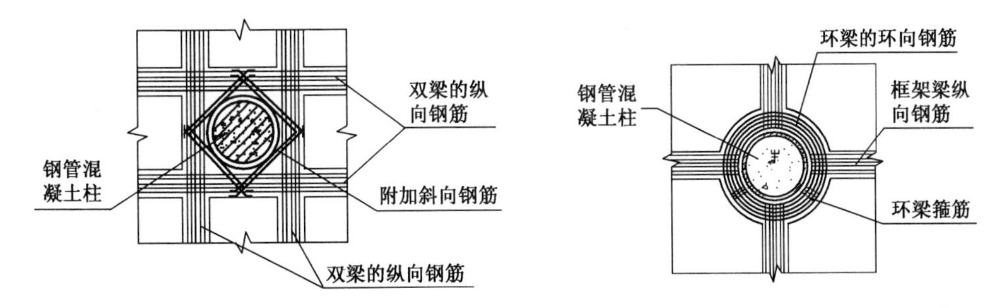

图 8-28 井式双梁构造示意图

图 8-29 钢筋混凝土环梁构造示意图

(9) 钢管混凝土环梁(图 8-29)的配筋应由计算确定。环梁的构造应符合下列规定：

① 环梁截面高度宜比框架梁高 50 mm。

② 环梁的截面宽度宜不小于框架梁宽度。

③ 框架梁的纵向钢筋在环梁内的锚固长度应满足现行国家标准《混凝土结构设计规范》(GB 50010)的规定。

④ 环梁上、下环筋的截面积，应分别不小于框架梁上、下纵筋截面积的 70%。

⑤ 环梁内、外侧应设置环向腰筋，腰筋直径不宜小于 16 mm，间距不宜大于 150 mm。

⑥ 环梁按构造设置的箍筋直径不宜小于 10 mm，外侧间距不宜大于 150 mm。

(10) 采用穿筋单梁构造(图 8-30)时，在钢管开孔的区段应采用内衬管段或外套管段与钢管壁紧贴焊接，衬(套)管的壁厚不应小于钢管的壁厚，穿筋孔的环向净距 s 不应小于孔的长径 b，衬(套)管端面至孔边的净距不应小于孔长径 b 的 2.5 倍。宜采用双筋并股穿孔(图 8-30)。

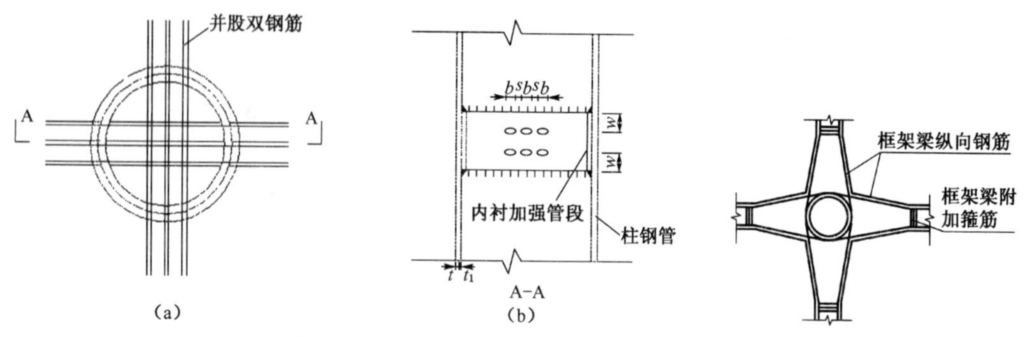

图 8-30　穿筋单梁构造示意图　　图 8-31　变宽度梁构造示意图

(11) 钢管直径较小或梁宽较大时,可采用梁端加宽的变宽度梁传递管外弯矩的构造方式(图 8-31)。变宽度梁一个方向的 2 根纵向钢筋可穿过钢管,其余纵向钢筋可连续绕过钢管,绕筋的斜度不应大于 1/6,并应在梁变宽度处设置附加箍筋。

(12) 若钢管混凝土柱需要改变截面时,宜优先采用变厚度的方法进行。当需要改变柱截面高度时,变截面柱的连接接头可设在与梁的连接节点处,变截面的两端宜距梁翼缘面不小于 150 mm。变截面坡度不宜大于 1∶6,在连接接头处应铣平(图 8-32)。

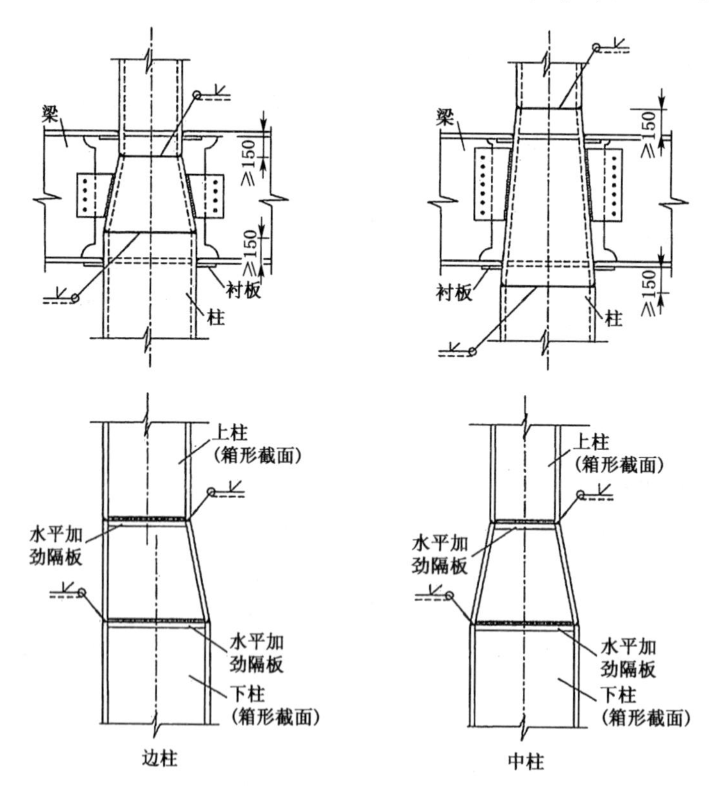

图 8-32　钢管混凝土柱变截面构造要求

关于节点承载力计算的内容可参考《钢管混凝土组合结构技术规范》(GB 50936)。

抗震设计时,钢管混凝土柱宜采用埋入式柱脚。埋入式柱脚的构造如图 8-33 所示。埋入式柱脚底板埋入基础的深度宜为柱截面高度的 3 倍。柱脚底板应采用预埋锚栓连接,必要时可在埋入部分的柱身上设置抗剪件以传递柱子承受的拉力。灌入的混凝土应采用微膨胀细石混凝土，其强度等级应高于基础混凝土。

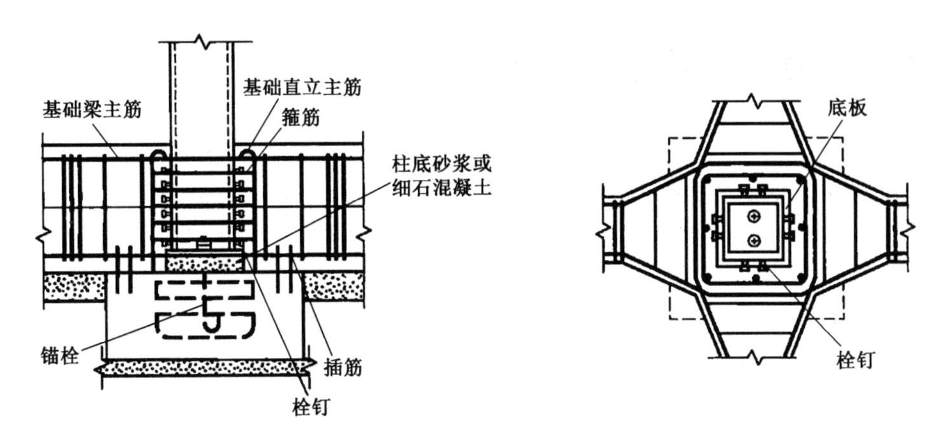

图 8-33　埋入式柱脚

8.5　钢-混凝土组合结构研究展望

由于钢-混凝土组合结构是由受力性能不同的结构构件或结构系统复合而成的，因此，对结构的整体性能，如恢复力特性、破坏形式等的研究和认识非常重要。组合结构中各种构件的受力性能有所不同。例如，在变形性能方面，RC 结构的极限变形角、延性系数等与钢结构就因其材质的不同而存在差异。因此，在分析组合结构中由不同材料组成的构件的受力性能的基础上，应当建立起结构整体的性能评价方法。

对钢-混凝土组合结构整体受力性能的认识，可以根据各种结构在静力和动力作用下的试验得到，但这需要花费大量的人力和物力，实行起来非常困难。比较现实可行的方法，就是针对影响组合结构性能的某些未知因素进行试验，通过对试验资料的整理分析提出理论计算模型，再对这些因素对结构整体性能的影响进行进一步的研究和探讨。在组合结构中，不同构件或结构体系的最优组合方法，包括其极限承载力之比、刚度比或连接构造方法等都是应当深入研究的问题。对组合结构中各种构件及结构体系的再认识，研究并获得使其优良性能得到最充分发挥的设计计算方法，或者开展对新型组合构件截面设计方法的研究，都是今后非常重要的课题。

复习思考题

1. 什么是高层组合结构体系？它具有什么特点？
2. 高层组合结构的平面和竖向结构布置有什么要求？
3. 高层组合结构的分析计算与普通高层混凝土结构相比有哪些特殊之处？
4. 组合结构的基本构件有哪几类？各类构件的设计要求有哪些？
5. 以轴心受压工况为例，简述钢管混凝土柱的优越性。
6. 组合结构的连接设计有哪些要求？

9 高层建筑基础设计

高层建筑上部结构荷载较大,因而基础埋置较深,材料用量多,施工周期长。基础的经济技术指标对高层建筑的经济技术指标有很大的影响。例如,某 18 层剪力墙住宅,基础造价约为土建总造价的 1/3;工期约为 3～4 个月,占总工期的 1/3 左右。

因此,高层建筑的基础设计,应考虑下列要求:①高层建筑基础设计应以减小长期重力荷载作用下地基变形、差异变形为主,基底附加压力不超过基础承载力或桩基承载力,不产生过大变形,更不能产生塑性流动(图 9-1)。②基础的总沉降量和沉降差应在许可范围内。高层建筑结构是整体空间结构,刚度较大,差异沉降产生的影响更为显著,因此对主楼和裙房的基础设计要更加注意。③基础底板、侧墙和沉降缝的构造,应满足地下室的防水要求。④在基础施工时,须采取有效措施防止对毗邻房屋产生的影响,防止施工中因土体扰动使已建房屋下沉、倾斜和开缝。⑤基础选型与设计应考虑综合的效果,达到良好的技术经济指标。不仅要考虑基础本身的用料、造价,还要考虑使用要求、施工条件等因素。

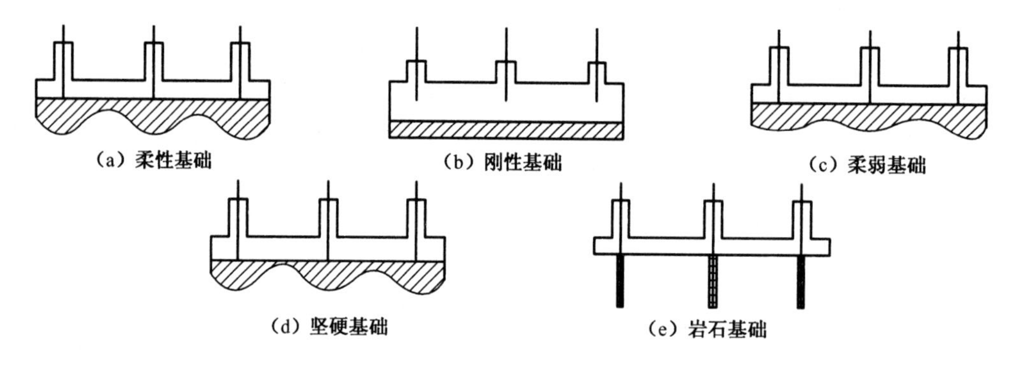

图 9-1　地基压力分布

9.1　基础的选型和埋置深度

9.1.1　高层建筑基础选型

高层建筑常用的基础型式有筏形基础、箱形基础、交叉梁式基础和桩基础等类型,如图 9-2 所示。

高层建筑基础的选型,主要考虑以下因素;①上部结构的层数、高度和结构类型。主楼层数多,荷载大,往往采用整体性好的基础,裙房则可采用交叉梁式基础。②地基土质条件。当地基土质均匀、承载力高、沉降量小时,可用天然地基,采用整体性较弱的基础;反之,宜采用整体性好的基础,必要时采用桩基础。③抗震设计要求及水平荷载的大小。抗震设计时,对基础的整体性、埋深、稳定性以及地基的液化等，都有更高的要求。④施工条件和场地环境。施工技术水平和机具设备往往制约了基础型式的选择；地下水位对基础选型也有影响。

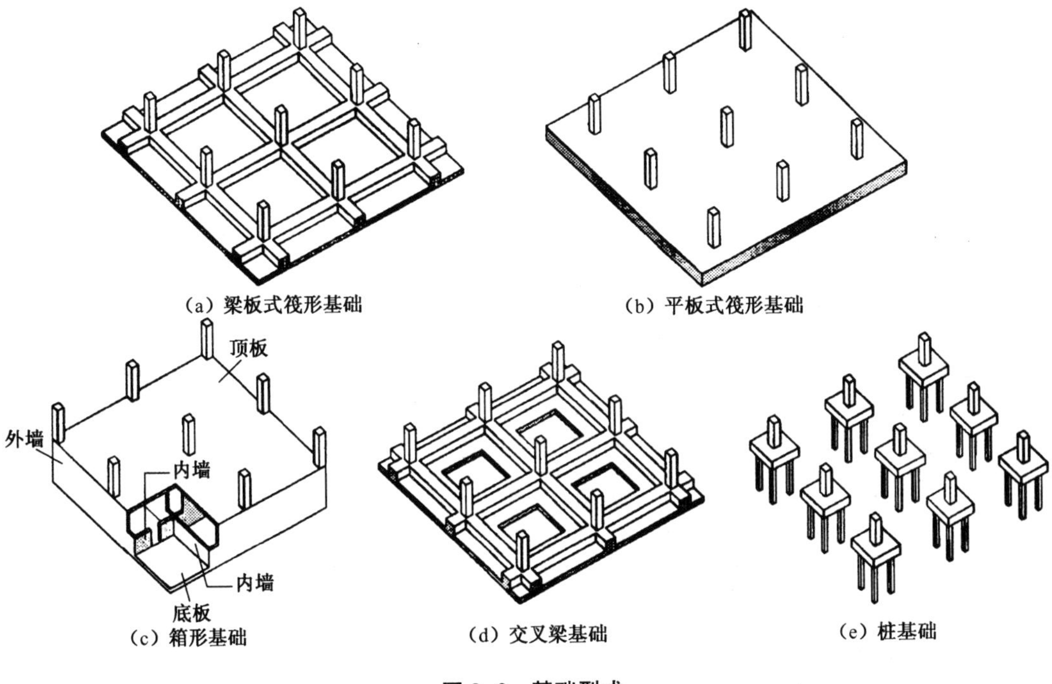

图 9-2 基础型式

一般来说，设计中应优先采用有利于高层建筑整体稳定、刚度较大能抵抗差异沉降、底面积较大有利于分散土压力的整体基础，如箱形基础和筏形基础。在层数较少的情况下或在裙房部分，可以采用交叉梁式基础。

独立基础和条形基础整体性差、刚度小，难以调整各部分的差异沉降，除非基础直接支承在微风化或未风化岩层上，一般不宜在高层建筑中应用。在裙房中应用时，必须在单独基础的两个方向上设基础梁。

当地下室可以设置较多的钢筋混凝土墙，形成刚度较大的箱体时，按箱形基础进行设计较为有利；当地下室作为停车场、商场使用而必须有较大空间，无法设置足够的钢筋混凝土墙时，则只能考虑基础底板的作用，按筏形基础设计。

当采用桩基时，尽量采用大直径桩，"桩顶柱，柱压桩；桩顶墙，墙压桩"的直接传力方案，使上部结构的荷载直接由柱、墙传给桩顶，基础底板受力很小，因此底板厚度可以变小；相反，如果采用小直径桩均匀分布的方案，则基础底板会受到较大的弯矩和剪力，基础底板的厚度就会大大增加。

9.1.2 基础埋深

高层建筑的基础必须有足够的埋置深度。在确定埋置深度时，应综合考虑建筑物的高度、体型、地基土的工程性质、抗震设防烈度以及相邻房屋及设备基础埋深等因素。基础的埋置深度必须满足地基承载力、变形和稳定性的要求。

高层建筑基础必须有足够的埋置深度，主要考虑如下因素：

(1) 保证高层建筑在风荷载和地震作用下的稳定性，防止建筑物发生倾覆。1978 年，罗马尼亚布加勒斯特地震，有两座建筑物分别在地震结束后 5 分钟和 20 分钟整体倾覆倒塌，这是由于基础嵌固条件不足，在地震过程中左摇右晃，不至于倾覆，但地震作用停止后，倾斜的建筑物无法恢复到原位，相反在重力作用下倾斜逐渐加大，最终倾倒。所以，有足够的埋深，可以利用土的侧向作用形成嵌固条件，保证高层建筑的稳定。

(2) 增加埋深，可以提高地基的承载力，减少基础沉降。这主要是：①埋深增加，挖去的土体越多，地基的附加压力减小；②埋深加大，地基承载力的深度修正加大，承载力越高；③由于外墙与土体的摩擦力，限制了基础在水平力作用下的摆动，使基础底面土反力分布趋于平缓。

(3) 设置多层地下室有利于建筑物抗震。例如 12 层的框剪结构，有地下室的建筑物比无地下室的建筑物地震反应降低 20%～30%。唐山地震中，有地下室的建筑物震害一般较轻。当采用桩基时，同样承台底标高越深，桩承受的水平力也越小。当周边土标准锤击贯入度为 4 时，埋深每增加 3 m，桩受到的水平力可减小 25%，如埋深到 6 m 时，桩的水平力已经减半；当贯入度增大时，这种减少的趋势更为明显。

因此，对于设防烈度为 7～9 度的地区，当采用天然地基或复合地基时，高层建筑基础的埋深（指板底面标高）不宜小于建筑物高度的 1/15；当采用桩基础时，不宜小于 1/18。桩基的埋深指室外地面至基础底面，桩的长度不计在内。

对于 6 度设防或非抗震设计的地区，埋深可以适当减小。

基础直接搁置在基岩上时，可以不考虑埋深的要求，但是一定要做好地锚，防止基础移动。

上述埋深 D，是指室外地面至基础底面标高算起。但是如果地下室周围没有可靠的侧向限制时，则应从有侧限的地坪算起（图 9-3）。

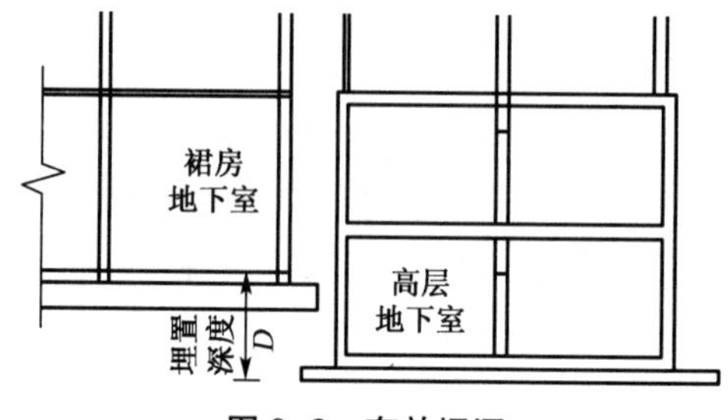

图 9-3 有效埋深

在设计中要特别注意防止产生侧限不足，甚至没有有效埋深 D 的情况。如图 9-4(a)，由于主楼与裙房用沉降缝分开，并且主楼与裙房基础埋深相同，这样，主楼名义埋深为 D'，实际上由于没有侧限，有效埋深 D 为零。又如图 9-4(b)，主楼基础旁边设置了通长采光井，周围土体只压在采光井外壁上，主楼基础也无侧限，出现有效埋深为零的情况。

上述设计是不适当的，因此宜将主楼基础埋深低于裙房（图 9-3），利用高差来形成侧限；或在沉降缝内充填粗砂等松散、坚硬的颗粒填料，以传递水平力到侧限土体，同时又不妨碍沉降缝两侧的相对沉降。在图 9-4(b) 通长采光井的情况下，应每隔一段距离，在箱基和采光井外壁之间设置联系墙或拉梁，以利用周围土体对基础产生侧限。

总之，建筑设缝以后，一定要采取措施，防止出现不稳定建筑（图 9-5(a)）。而不设缝的情况下，一般都是稳定的建筑（图 9-5(b)）。

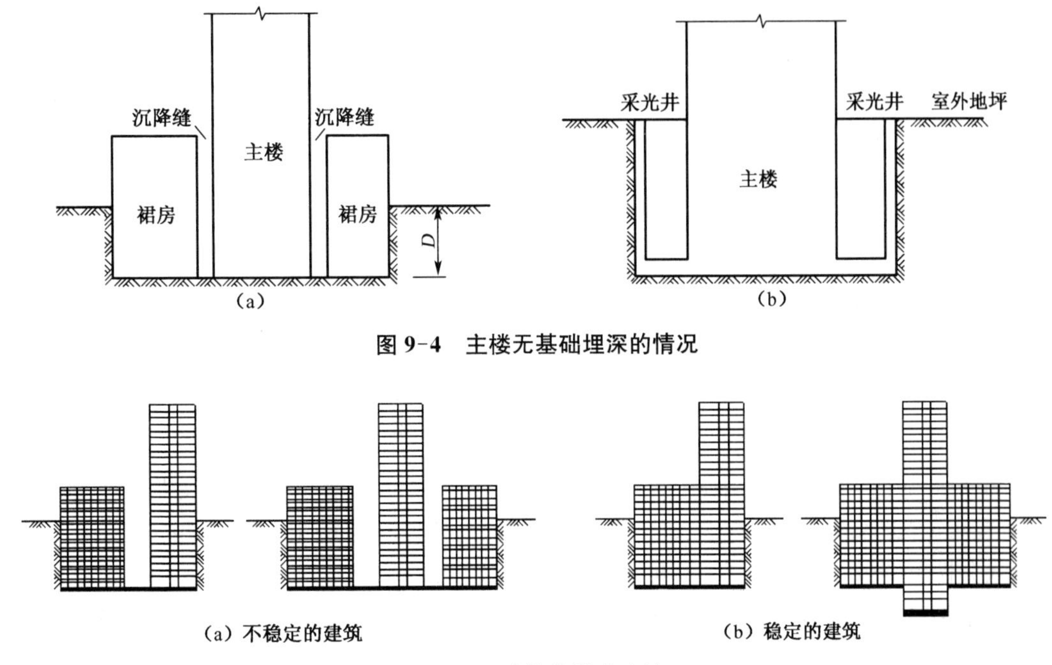

图 9-4 主楼无基础埋深的情况

(a) 不稳定的建筑　　(b) 稳定的建筑

图 9-5 建筑物的稳定性

9.2 高层建筑主楼基础与裙房基础的处理

高层建筑常带有裙楼，裙楼一般为多层建筑，裙楼与主楼高度相差很大，荷载相差也很悬殊，需妥善处理裙楼基础与主楼基础之间的关系。根据地基土质、基础类型及建筑平面形状的不同，采用的处理方法也不相同。

在主楼周边的裙房层数不多，柱距较大，剪力墙较少，比较空旷。主楼部分与裙房部分层数相差很远，荷载与刚度悬殊，基础沉降量不同，宜设沉降缝将两者基础分开，以避免差异沉降对上部结构的影响(图 9-6(a))。当考虑地下室的建筑功能要求，需将主楼与裙房连为一体时，考虑到防水要求和基础的整体性，则不希望设置沉降缝(图 9-6(b))。除非采用端承于岩石的桩基，否则主楼与裙房之间的沉降差是很难避免的。为了减少沉降差在结构中产生的内力，可以在主楼和裙房之间在施工过程中留出后浇带，沉降后浇带宽度不小于 800 mm，钢筋可以连通。在施工期间，主楼和裙房可以自由沉降，到施工后期，沉降基本稳定后，才浇筑混凝土连为整体，不留永久性沉降缝。

后浇带浇筑，当采用天然地基时宜当主体结构完成后沉降比较稳定时进行；当采用端承为主的桩基时，由于桩基沉降差较小，可根据施工期间的沉降观测结果随时浇筑。后浇带浇筑用的混凝土，应采用微膨胀水泥或硫铝酸盐等早强、快硬、无收缩的水泥配制。

北京西苑饭店为剪力墙结构，主楼地下 3 层，地上 26 层，地面以上高度 93 m；裙房地下 2 层，地上 2～3 层。主楼采用箱基，底标高 －12 m，支承在砂卵石层上；裙房采用交叉梁基础，底标高 －7.55～－9.5 m，支承在粉砂层上(图 9-7)。由于持力层土质良好，沉降量较小，因此采用了不留永久沉降缝的方案。施工过程中留后浇带，当主楼施工到 23 层顶时，浇筑后浇带连为整体。

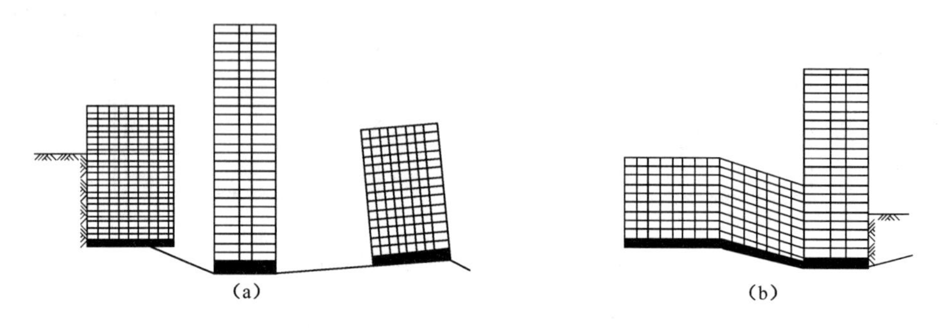

图 9-6　差异沉降对基础和上部结构的影响

图 9-8 为北京城乡贸易中心的平面。主楼均为矩形平面框架——筒体结构，1、2 栋为 14 及 18 层，3、4 栋分别为 28 及 23 层，由防震缝分为两段。裙房为 5 层，与主楼基础之间，不设永久性沉降缝，施工时在主楼与裙房之间留后浇带。

北京长富中心主楼为 24 层钢框架结构，裙房为 3 层钢筋混凝土框架结构。主楼设地下室，采用箱形基础；裙房为双向交叉梁式基础，通过箱基伸出的刚性悬臂与主楼基础连成整体，不设沉降缝。施工时留后浇带(图 9-9)。

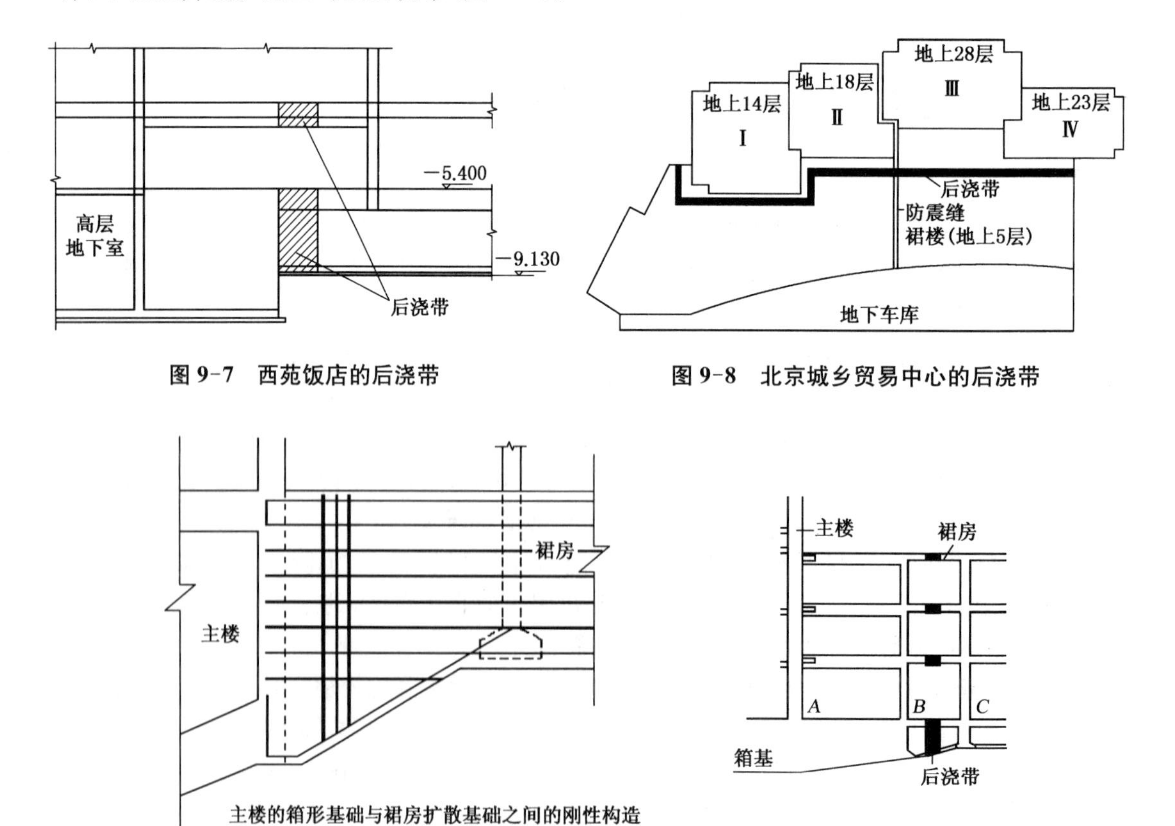

图 9-7　西苑饭店的后浇带

图 9-8　北京城乡贸易中心的后浇带

图 9-9　北京长富中心主楼与裙房的连接

9.3 地基承载力和单桩承载力

确定基础尺寸，决定基础方案，进行基础设计，都要考虑地基或桩基的承载力。

9.3.1 天然地基的承载力

地基土的承载力是指在满足强度和变形要求的条件下，单位面积地基土的负载能力。地基承载力不仅与地基土本身的特性有关，而且与上部结构的类型、使用要求等因素有关。

天然地基承载力通常由下列方法确定：①现场荷载试验或静力触探试验；②根据地质勘察部门提供的报告；③根据场地的土质情况，参照《建筑地基基础设计规范》(GB 50007)附录D、H决定。

当天然地基承载力特征值 f_{ak}(kN/m^2)由上述方法决定后，经过深度修正和宽度修正，可以得到地基土静承载力特征值 f_a(kN/m^2)：

$$f_a = f_{ak} + \eta_b \gamma(b-3) + \eta_d \gamma_m (d-0.5) \tag{9-1}$$

式中：f_a——修正后的地基承载力特征值。

f_{ak}——地基承载力特征值(kPa)。

η_b、η_d——基础宽度和埋深的承载力修正系数，按基底下土的类别由表9-1查取。

γ——基础以下土的天然密度 ρ 与重力加速度 g 的乘积：$\gamma=\rho g$，称为土的重度，如在地下水位以下，取浮重度(kN/m^3)。

b——基础底面宽度(m)，当基底宽度小于3 m时按3 m考虑，大于6 m时按6 m考虑。

γ_m——基础底面以上土的加权平均重度，如在地下水位以下，取有效重度(kN/m^3)。

d——基础埋深(m)，一般自室外地面算起。在填方整平后的地区，可从填土面算起；但在上部结构完成后进行回填时，只能从原天然地面算起。对于地下室，当采用箱形基础或筏基时，基础埋置深度自室外地面标高算起；当采用独立基础或条形基础时，应从室内地面标高算起。

表9-1 承载力修正系数

土的类别		η_b	η_d
淤泥和淤泥质土		0	1.0
人工填土、e 或 I_L 大于等于0.85的黏性土		0	1.0
红黏土含水比	$a_w > 0.8$	0	1.2
	$a_w \leqslant 0.8$	0.15	1.4
e 及 I_L 均小于0.85的黏性土		0.3	1.6

续表 9-1

土的类别		η_b	η_d
大面积填土	压实系数大于 0.95、黏性含量 $\rho_c \geqslant 10\%$ 的粉土	0	1.5
	最大干密度大于 2 100 kg/m³ 的级配砂石	0	2.0
粉土	黏粒含量 $\rho_c \geqslant 10\%$ 的粉土	0.3	1.5
	黏粒含量 $\rho_c < 10\%$ 的粉土	0.5	2.0
粉砂、细砂(不包括很湿与饱和时的稍密状态)		2.0	3.0
中砂、粗砂、砾砂和碎石土		3.0	4.4

注:(1) 表中 e 为孔隙比,I_L 为液性指数。
(2) 强风化和全风化岩石可参照风化成的相应土类取值,其他状态下的岩石不修正。
(3) 含水比是指土的天然含水量与液限的比值。
(4) 大面积填土是指填土范围大于两倍基础宽度的填土。

进行天然地基抗震验算时,由于短时间作用的地震已考虑到地基附加压力中,所以地基土抗震承载力 f_{aE} 的取值可以比静承载力大:

$$f_{aE} = \zeta_a f_a \tag{9-2}$$

式中:ζ_a——地基抗震承载力调整系数,按表 9-2 取值;
f_a——按式(9-1)修正后的地基承载力特征值(kN/m²)。

表 9-2 地基抗震承载力调整系数

岩土名称和性状	ζ_a
岩石;密实的碎石土;密实的砾、粗、中砂;$f_{ak} \geqslant 300$ kN/m² 黏性土和粉土	1.5
中密、稍密的碎石土;中密和稍密的砾、粗、中砂;密实和中密的细、粉砂,150 kN/m² $\leqslant f_{ak} <$ 300 kN/m² 的黏性土和粉土,坚硬黄土	1.3
稍密的细、粉砂;100 kN/m² $\leqslant f_{ak} <$ 150 kN/m² 的黏性土和粉土;可塑黄土	1.1
淤泥;淤泥质土;松散的砂,杂填土,新近堆积黄土及流塑黄土	1.0

注:f_{ak} 为未进行深宽修正的地基承载力特征值。

天然地基基础地面的压力,在非抗震设计时,在竖向荷载和风荷载作用下,应满足下列要求:

(1) 轴心荷载作用时

$$P_k \leqslant f_a \tag{9-3(a)}$$

式中:P_k——相应于作用的标准组合时,基础底面处的平均压应力值(kPa);
f_a——按式(9-1)修正后的地基承载力特征值(kPa)。

(2) 偏心荷载作用时,除符合式(9-3(a))的要求外,尚应符合下式规定:

$$P_{kmax} \leqslant 1.2 f_a \tag{9-3(b)}$$

式中:P_{kmax}——相应于作用的标准组合时,基础底面边缘的最大压力值(kPa)。

基础底面的压力,可按下式确定:

(1) 轴心荷载作用时

$$P_k = \frac{F_k + G_k}{A} \quad (9\text{-}4(a))$$

式中：F_k——相应于作用的标准组合时，上部结构传至基础顶面的竖向力值(kN)；

G_k——基础自重和基础上的土重(kN)；

A——基础的底面积(m^2)。

（2）偏心荷载作用时

$$P_{kmax} = \frac{F_k + G_k}{A} + \frac{M_k}{W}$$

$$P_{kmin} = \frac{F_k + G_k}{A} - \frac{M_k}{W} \quad (9\text{-}4(b))$$

式中：P_{kmax}、P_{kmin}——相应于作用的标准组合时，基础底面边缘的最大和最小压力(kPa)；

M_k——相应于作用的标准组合时，作用于基础底面的力矩(kN·m)；

W——基础底面的抵抗矩(m^3)。

验算天然地基在地震作用下的承载力时，作用于基础底面的竖向力和力矩采用竖向荷载和地震作用效应的标准组合。此时，基础底面的平均压力和边缘的最大压力符合下列要求：

$$P \leqslant f_{aE} \quad (9\text{-}5)$$

$$P_{max} \leqslant 1.2 f_{aE} \quad (9\text{-}6)$$

式中：P——地震作用效应标准组合的基础底面平均压力(kN/m^2)；

P_{max}——地震作用效应标准组合的基础底面边缘最大压力(kN/m^2)；

f_{aE}——按式(9-2)确定的地基土抗震承载力特征值(kN/m^2)。

由于地震作用是瞬间的、反复的，所以地震作用下，高宽比大于4的高层建筑，基础底面不宜出现零应力区，高宽比不大于4的高层建筑，允许基础底面与地基土之间出现脱离(零应力区)，但是零应力区的面积不应超过基础底面积的15%。

9.3.2　单桩承载力

桩基是高层建筑常用的基础型式。在地基条件差、建筑物层数多、荷载较大的情况下，天然地基已无法满足变形和承载力要求时，可以采用桩基础。此外，桩有抵抗水平力和上拔力的功能，能有效地将水平风荷载和地震作用传递到地基中。

单桩的承载力包括竖向承载力、抗拔力和水平承载力。

单桩的竖向承载力由两部分组成：桩身侧面与土的摩阻力和桩端阻力。

单桩竖向承载力特征值，可通过静载荷试验确定，也可按下式估算：

$$R_a = u_p \sum q_{sia} l_i + q_{pa} A_p \quad (9\text{-}7)$$

式中：u_p、A_p——分别为桩身周边长度和桩底端横截面面积；

q_{sia}、q_{pa}——分别为第 i 层土桩侧阻力特征值和桩端阻力特征值；

l_i——第 i 层土的厚度。

在软弱地基中的桩，端承力很小，随上部荷载的增大，桩的摩阻力也增大，一直到摩阻力全部发挥作用而到达极限；当地基有较硬的持力层时，当摩阻力全部发挥作用后，主要靠桩端阻力的增长来支承，直至桩端下的地基破坏为止；而当桩端支承在非常坚硬的土层上，而桩身侧面土层相对软弱的情况下，端承力是主要的承载因素，这时，桩类似于细长的柱子，将上部结构的荷载通过桩端直接传递给持力层。因此，单桩竖向承载力取决于地基的承载力（摩阻力和端承力）和桩身承载力（受压和纵向弯曲）。

单桩竖向承载力特征值应通过现场单桩静载荷试验确定。对于地基基础设计等级为丙类的建筑物，才可采用静力触探及标贯试验参数结合工程经验确定单桩竖向承载力特征值。

桩基竖向承载力计算应符合下列要求：

（1）轴心竖向力作用下

$$N_k = \frac{F_k + G_k}{n} \tag{9-8}$$

式中：N_k——荷载效应标准组合轴心竖向力作用下，基桩或复合基桩的平均竖向力（kN）；

F_k——荷载效应标准组合下，作用于承台顶面的竖向力（kN）；

G_k——桩基承台和承台上土自重标准值（kN），对稳定的地下水位以下部分应扣除水的浮力；

n——桩基中的桩数。

（2）偏心竖向力作用下

$$N_{ik} = \frac{F_k + G_k}{n} \pm \frac{M_{xk} y_i}{\sum y_j^2} \pm \frac{M_{yk} x_i}{\sum x_j^2} \tag{9-9}$$

式中：N_{ik}——荷载效应标准组合偏心竖向力作用下，第 i 根基桩或复合基桩的平均竖向力；

M_{xk}、M_{yk}——荷载效应标准组合下，作用于承台底面，绕通过桩群形心的 x 、y 主轴的力矩（kN·m）；

x_i、x_j、y_i、y_j——第 i 、j 根桩至 y、x 轴的距离（m）。

（3）荷载效应标准组合下

轴心竖向力作用下：

$$N_k \leqslant R_a \tag{9-10(a)}$$

偏心竖向力作用下，除满足式（9-10(a)）外，尚应满足：

$$N_{kmax} \leqslant 1.2R_a \tag{9-10(b)}$$

式中：N_k——荷载效应标准组合轴心竖向力作用下，基桩或复合基桩的平均竖向力；

N_{kmax}——荷载效应标准组合偏心竖向力作用下，桩顶最大竖向力。

（4）地震作用效应和荷载效应标准组合下

轴心竖向力作用下：

$$N_{Ek} \leqslant 1.25R_a \tag{9-11(a)}$$

偏心竖向力作用下，除满足式（9-11(a)）外，尚应满足：

$$N_{Ekmax} \leqslant 1.5R_a \tag{9-11(b)}$$

式中：N_{Ek}——地震作用效应和荷载效应标准组合下，基桩或复合基桩的平均竖向力；

N_{Ekmax}——地震作用效应和荷载效应标准组合下，基桩或复合基桩的最大竖向力。

上述(1)(2)(3)的计算步骤：首先考虑长期使用荷载作用进行桩位布置，此时各桩的桩顶反力应控制不大于 R_a；然后再验算有风作用、地震作用效应组合的工况，即偏心竖向力作用下最大桩顶反力，控制其不大于 $1.2R_a$(仅有风载效应组合)；$1.5R_a$(有地震效应组合)。在 7 度抗震设防区，轴心竖向荷载作用下，桩顶反力不大于 R_a，偏心竖向荷载作用下，桩顶反力一般都能满足不大于 $1.2R_a$ 或 $1.5R_a$(有地震组合时)。

在很多工程设计中，错误地用偏心荷载作用下最大桩顶反力不大于 R_a 来布桩。结果是不必要地增加桩数，还有可能增加不均匀沉降。一般正常布桩情况下，桩筏基础的沉降呈现中间大、外围小的“盆式”分布特点。为此，新修订的地基基础规范、桩基规范，都提出变刚度调平设计概念，通过加强中央部位的支承刚度，相对弱化外围的支承刚度，减小不均匀沉降。含有风、地震效应的偏心竖向作用组合，使外围桩的桩顶反力在静力荷载作用下有一个增量，如果控制外围桩在偏心荷载作用下桩顶反力不大于 $1.0R_a$，实际增加了外围桩的支承刚度。在正常使用阶段会加大“盆式”不均匀沉降。《高层建筑混凝土结构技术规程》(JGJ 3)第 12.3.1条提出“高层建筑基础设计应以减小长期重力荷载作用下地基变形、差异变形为主”。这是一个重要的设计概念。控制不均匀沉降，应注意：正常使用工况下，各型号的桩，桩顶反力标准值与其特征值的比值相接近。这有利于控制“盆式”不均匀沉降，避免反向调平刚度。

影响单桩竖向承载力的另一个因素是桩身承载力。当桩身混凝土强度较低时，则由桩身强度决定其承载力。按桩身混凝土强度计算桩的承载力时，桩轴心受压时桩身强度：

$$Q \leqslant A_p f_c \varphi_c \tag{9-12}$$

式中：f_c——混凝土轴心抗压强度设计值(kPa)；

Q——相应于作用的基本组合时的单桩竖向力设计值(kN)；

A_p——桩身横截面面积(m^2)；

φ_c——工作条件系数，非预应力预制桩取 0.75，预应力桩取 0.55～0.65，灌注桩取 0.6～0.8(水下灌注桩、长桩或混凝土强度等级高于 C35 时用低值)。

单桩竖向承载力的取值应以单桩竖向承载力特征值、桩身强度及上部结构荷载三要素相互匹配最为合理经济。

单桩抗拔力取决于桩身侧面与地基土的摩阻力，除了扩底桩外，一般不考虑桩端的作用。

单桩水平承载力一般由试验确定。当桩顶作用有水平力和弯矩时，桩身有位移，并且还会产生弯曲变形，这样，就挤压桩身周围的土体，土体对桩的侧面产生抗力，这就是桩的水平承载力。影响桩的水平承载力的因素很多，如桩的截面尺寸和入土深度、桩的刚度和材料的强度、土质条件、桩的嵌固条件和水平位移允许值等。

9.4 筏形基础

筏形基础是高层建筑常用的基础形式，适用于上部结构荷载较大、地基承载力较低的工程。筏形基础整体性好,刚度大,能有效地分散上部结构的荷载,调整基底的压力和不均匀沉降,可以跨越局部软弱区或溶洞,并且有较好的抗渗性能。

筏形基础有大面积的底板,可以随宽度和埋深的增加而使地基承载力加大,从而使筏形基础的承载力迅速提高,使基础沉降量大大降低。

筏形基础主要靠较厚的底板本身来承受地基反力,对地下室的刚度没有太严格的要求。因此地下室只需布置少量内墙,可以形成较大的地下空间,满足停车场、地下商业和公共设施的要求。

筏形基础主要通过地下室的柱把上部结构荷载传给底板,但在框架-剪力墙结构、剪力墙结构和筒体结构中,会有相当数量的剪力墙直接落到底板上。

当设置地下室时,筏形基础底板、四周挡土墙和地下室顶板构成封闭的箱形。当地基承载力能满足上部结构的荷载要求时,地下室外墙外边即是筏基的外边缘。当有必要扩大底板面积来满足承载力需要时,筏板外伸长度横向不宜大于 1 m,纵向不宜大于 0.6 m。

筏形基础的工作特性相当于倒置的楼盖,柱和剪力墙相当于楼盖的竖向支承,地基反力相当于楼盖上的竖向荷载。

筏形基础可以采用平板式(相当于无梁楼盖)或梁板式。梁板式筏形基础的梁可以正放(梁在筏板下方)或反放(梁在筏板上方)。正梁的筏板面平整,使用方便,也便于排水,但施工复杂,采用卷材防水时,卷材施工中容易被破坏,使地下室容易渗漏。反梁筏板(图 9-2(a))施工方便,但往往需设置架空地坪以满足使用和排水、防潮的要求,这时应在梁中留出排水用的小孔。

筏形基础的筏板宜稍大于上部结构的覆盖面积。当上部结构周边为柱时,筏板外缘可伸出柱边 1.0 m 以上,使柱传下来的集中力可以分散,筏板下的地基反力较为均匀。当采用平板式筏基时,板内钢筋较多,多伸一段可以在柱外侧留出板边,有利于柱下板带的配筋。

筏形基础的板厚可根据受冲切承载力计算确定。平板式筏基板厚不宜小于 400 mm。冲切计算时,应考虑作用在冲切临界截面重心上的不平衡弯矩所产生的附加剪力。当筏板在个别柱位不满足受冲切承载力要求时,可将该柱下的筏板局部加厚或配置抗冲切钢筋。

筏形基础混凝土强度等级不宜低于 C30。垫层厚度不小于 100 mm。当有防水要求时,外围墙及底板的抗渗等级不应低于 P6。

剪力墙结构的筏基底板以及框架、框架剪力墙、筒体结构的梁板式底板,其工作状态与一般楼盖类似,所以其配筋及构造要求与梁板式楼盖相同。采用平板式底板的筏形基础,其工作状态类似于无梁楼盖,其配筋和构造要求也和无梁楼盖相同。

筏形基础底板中,跨中板带(纵向板带及横向板带)应有配筋率不少于 0.15%的下钢筋拉通,拉通下钢筋且不少于支座钢筋的 1/3;跨中板带的上钢筋应将实际需要的配筋全部拉通且配筋率不应小于 0.15%。底板钢筋的搭接长度按受拉搭接长度考虑。

长度较大的筏形基础在施工过程中可能因为混凝土的收缩和露天施工过程中温度变化而产生裂缝,所以筏形基础施工时,沿长度每隔 20～40 m 留一道后浇带,宽度为 700～800 mm。后浇带宜设在柱间距的三分点,后浇带内的梁和板的钢筋可以不切断,两侧宜设置钢丝网隔断,以有利于新老混凝土的黏结。

基础采用刚性防水方案时,在后浇带底下宜事先铺设附加的卷材防水(图 9-10),而且垫层要局部加厚。如果有地下室,后浇带也应贯通地下室的侧壁(外墙),此时,附加的卷材防水应外砌砖墙加以保护。

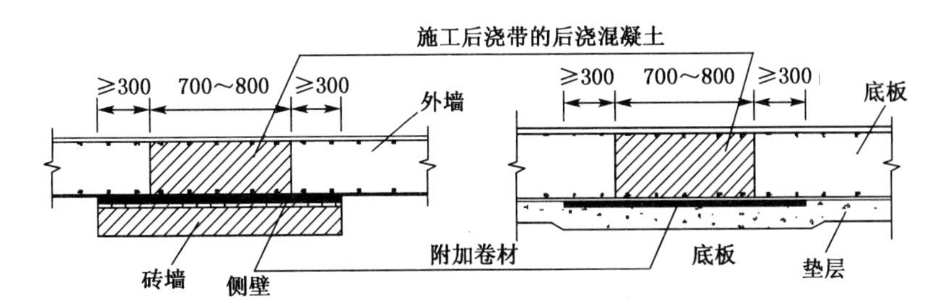

图 9-10 底板和侧壁后浇带的构造要求

后浇混凝土应比基础本身混凝土提高 1 个强度等级,并用无收缩水泥拌制。后浇带封闭的时间:当无地下室时,待筏板上的梁浇灌后不少于 30 天;有地下室时,待顶板浇灌后不少于 45 天。浇筑后浇带后,一定要加强后浇混凝土的养护,防止新老混凝土之间出现裂缝。

筏形基础按倒楼盖计算,目前已有不少手算方法和计算机程序。比较准确的方法是将筏板作为弹性支承的板,用板有限元方法计算;也可作为弹性支承双向网格梁,采用杆系分析的方法计算。

如天津凯悦饭店地上 20 层,地下一层,地上高 71.8 m,剪力墙结构;地下一层,底板厚 2.0 m,底标高－4.5 m,筏板下面布置 350 mm × 350 mm,长度 $l = 21$ m 的预制方桩。桩沿建筑物周边布置较密,中间较稀,共布桩 742 根,有利于抵抗周边较大的荷载和倾覆力矩,也与底板地基反力的分布相接近。

第一种计算方法是将底板划分为 2.8 m × 2.8 m 的双向交叉梁系(图 9-11),梁宽 2.8 m,梁高 2.0 m,每一交叉点设一个弹性支承代表桩和土的支承作用。弹性支承的弹簧刚度由支座附近桩的数量和位置确定,单桩弹簧刚度 $K_0 = 1.347 \times 10^5$ kN/m,各交叉点的弹簧支座刚度 $K = (1.0 \sim 4.0)K_0$。上部结构的荷载转换到纵横梁的交点处。按双向弹性支座交叉梁系计算的反力 P 和位移 V 如图 9-12,各个截面的位移和反力都比较均匀,只是 C-C 截面电梯井处由于荷载集中而稍为有明显增大,因而本工程布桩合理,底板受力均匀。

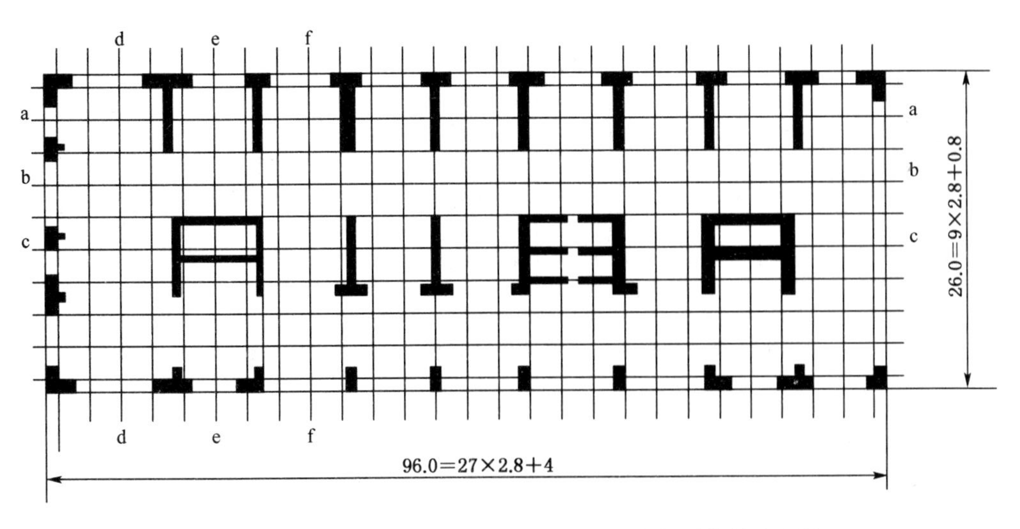

图 9-11 按弹性支座上的双向网格梁分析筏板时的轴线位置

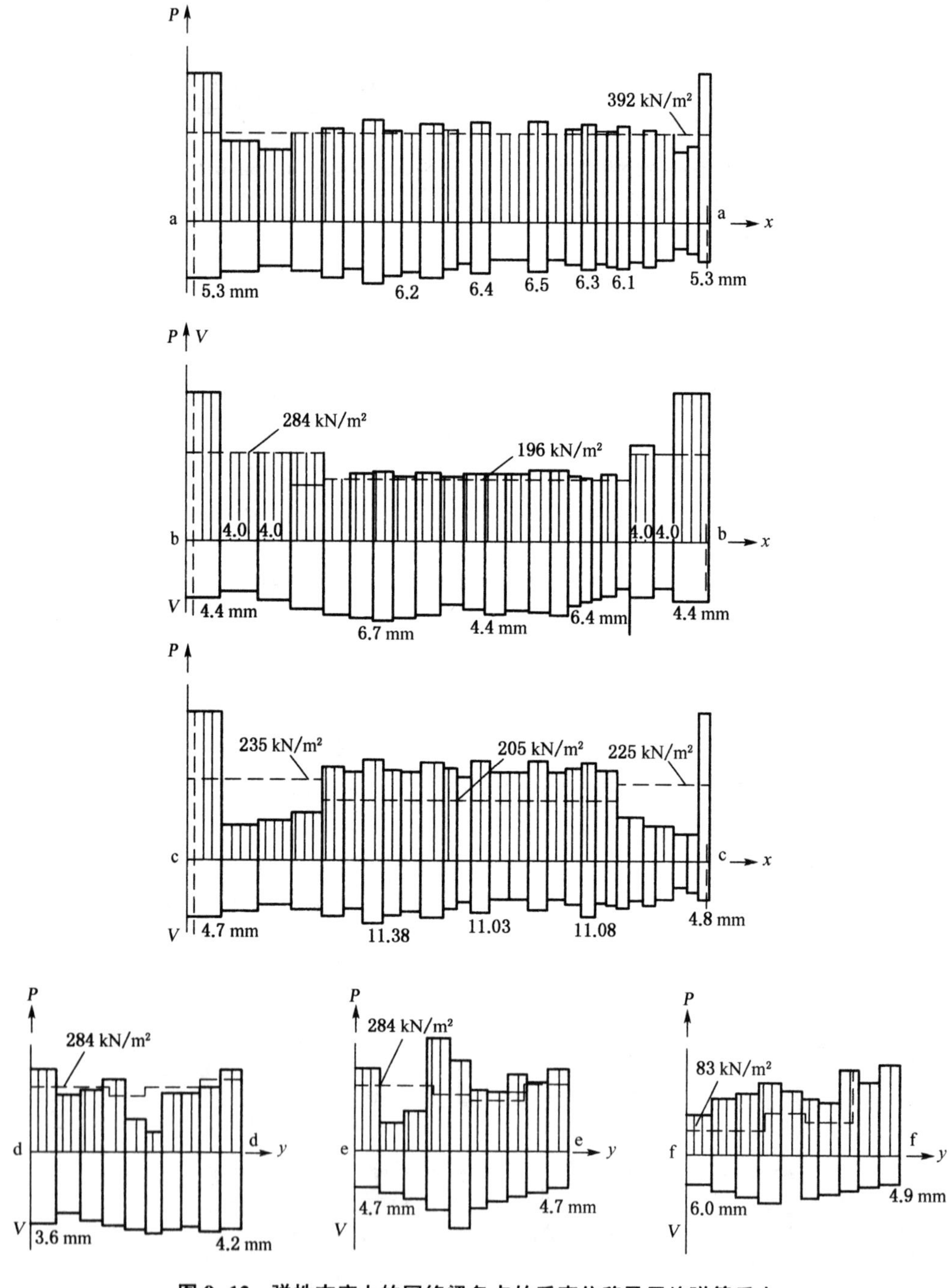

图 9-12　弹性支座上的网络梁各点的垂直位移及平均弹簧反力

说明：(1) 轴线以下的柱状图代表各点的垂直位移 v，单位 mm。

(2) 轴线以上的柱状图代表各点的平均弹簧反力 P。

(3) 虚线表示用倒置楼盖方法计算时所采用的均布荷载。

(4) 除注明外，各轴两端 $K = 30K_0$。

(5) 除注明外，a 轴各弹簧 $K = 2.25K_0$。

(6) 除注明外，其余各弹簧 $K = 2.0K_0$。

第二种方法是按双向平板，采用有限单元法分析。板的支座为上部结构的剪力墙和柱，荷载为各桩的支承反力。如图 9-13 所示，作为底板的荷载(桩的支承反力)可分为 10 个区域，各取一个平均的值。采用矩形板单元，计算所得的板弯矩 M_x，见图 9-14。其中 a—a 截面按双向交叉梁的计算结果用虚线标出，可见两种方法的计算结果比较接近。

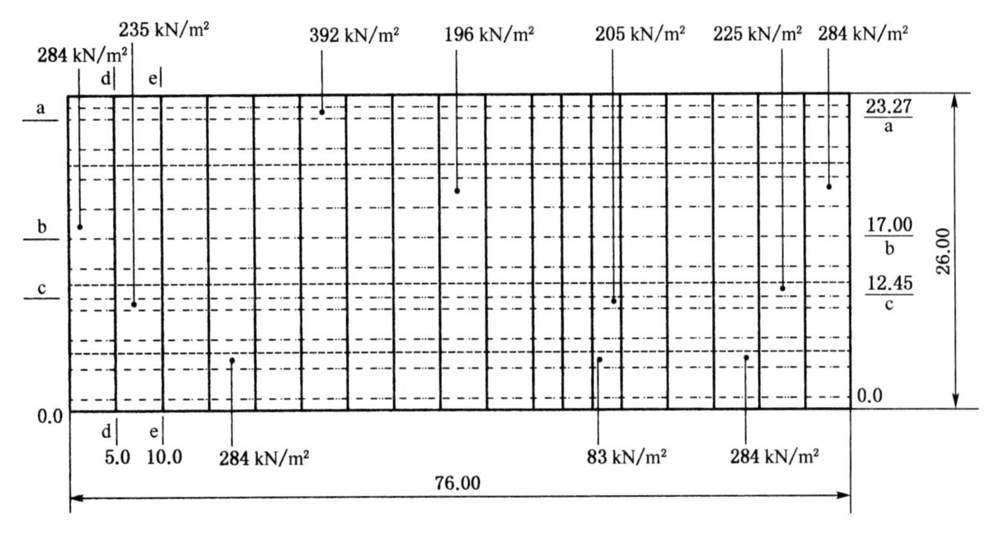

图 9-13 计算子域及单元的划分

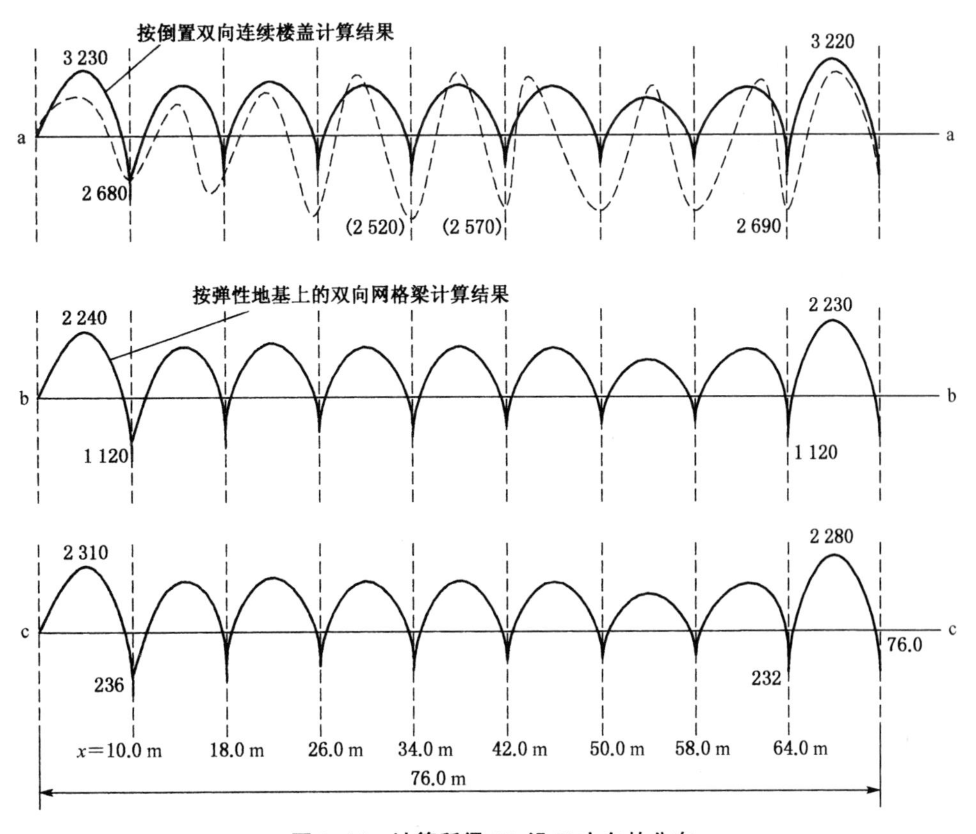

图 9-14 计算所得 M_x 沿 X 方向的分布

按计算所得的 M_x、M_y 即可按板的截面设计进行底板双向配筋。

底板还应验算邻近墙、柱截面的冲切和抗剪验算。为使底板有足够的抗剪和抗冲切承载力，应适当加大板厚，并配置抗剪钢筋。

9.5 箱形基础

箱形基础在高层建筑中广泛采用。箱形基础除底板、顶板和四周外墙以外，内部还有很多的纵横墙，构成一个刚度很大的箱体，其整体刚度好，能将上部结构的荷载均匀地传给地基。

箱基有很大的整体刚度，因而上部结构能良好地嵌固，使之接近于下端固定的计算简图。箱基也可以利用其整体刚度有效地抵抗不均匀沉降，并与周围土体协同工作，提高建筑物的抗震和抗风能力。

9.5.1 箱形基础的尺寸

1）平面尺寸

箱形基础的平面尺寸应根据地基土承载力和上部结构布置以及荷载大小等确定。外墙宜沿建筑物周边布置。箱形基础的高度应满足结构的承载力、刚度及建筑使用功能要求，一般不宜小于箱基长度的 1/20，且不宜小于 3 m。

对于单幢建筑物，当地基土质较为均匀，而又没有相邻荷载影响时，基础底面的形心宜与结构的长期竖向荷载合力作用点重合，尽量减小偏心矩，以减少箱基的转动。上部竖向荷载合力作用点与基础形心的距离，即偏心距 e 应满足下列要求：当恒荷载、活荷载共同作用时，$e \leqslant B/60$；当恒荷载、活荷载与风荷载共同作用时，$e \leqslant B/30$。式中，B 为矩形平面箱形基础的宽度或长度。

2）箱形基础的高度和埋深

为保证箱形基础有足够的刚度，箱形基础的高度不应过小。高度指箱形基础底板下皮高度至顶板上皮高度。箱基顶板不一定是 $+0$ 标高的地面，可根据设计要求确定，即箱形基础的层数可以等于或少于地下室的层数。

箱形基础的高度 H' 宜满足下列要求：

$$H' \geqslant \left(\frac{1}{8} \sim \frac{1}{12}\right)H;\quad H' \geqslant \frac{1}{18}L;\quad H' \geqslant 3\ \text{m}$$

式中：H——建筑物高度；

L——箱形基础的长度，基础长度 L 不计底板的悬挑部分。

箱基的埋深不宜小于建筑物高度的 1/12。当箱基的高度大于埋深时，会出现半地下室，箱基顶板标高在±0.0 以上。

高层建筑在同一结构单元内，宜采用同一基础形式，避免箱形基础与其他形式的基础混合使用。箱基在同一结构单元内宜埋深一致。

9.5.2 箱基的墙体设计

箱形基础的外墙应沿建筑物周边布置；内墙沿上部结构的轴线（柱网或剪力墙所在位置）布置，以利于荷载直接传递。纵横墙宜均匀分布，避免偏置和过分集中。

为保证箱基有足够的整体刚度，墙必须有一定的数量。内墙应沿上部结构的柱网或剪力墙位置纵横均匀布置，墙体水平截面总面积不宜小于箱形基础外墙外包尺寸的水平投影面积的 1/10。对基础平面长宽比大于 4 的箱形基础，其纵墙水平截面面积不应小于箱基外墙外包尺寸水平投影面积的 1/18。计算墙体毛长度和毛截面积时，不扣除洞口，以轴线长度计算，基础面积也不含外墙以外的底板悬挑部分。

为使箱形基础纵向有足够刚度，对于长宽比较大的矩形基础，纵向墙不应少于总截面面积的 60%。

为使箱形基础的墙体有效地工作，发挥其整体作用，墙体应尽量少开洞，开小洞。洞口尽量位于柱间居中部分，洞边至轴线（柱中心线和墙轴线）的距离不宜小于 1.2 m。洞口的开洞系数 γ 宜符合下式要求：

$$\gamma=\sqrt{\frac{A_{op}}{A_f}}\leqslant 0.4$$

式中：A_{op}——墙面洞口面积；

A_f——墙面总面积，每一墙面面积可取柱间距和箱基总高度的乘积。

箱形基础的墙厚：外墙厚度不宜小于 250 mm，内墙厚度不宜小于 200 mm。

墙体配筋均应按双排双向设置，配筋除按受力要求计算外，竖向钢筋不应少于 ϕ10@200，水平钢筋也不应少于 ϕ10@200。内、外墙的墙顶处宜配置两根直径不小于 20 mm 的通长构造钢筋。

墙体钢筋的接头位置宜按以下要求考虑：

（1）通长下部钢筋：墙体中部 1/3 跨处。

（2）通长上部钢筋：支座范围内。

（3）墙体水平钢筋：外墙外筋在中 1/3 跨处；外墙内筋在支座；内墙钢筋无规定，但每处只能断 1/3 的根数。

墙体配筋示意图见图 9-15。

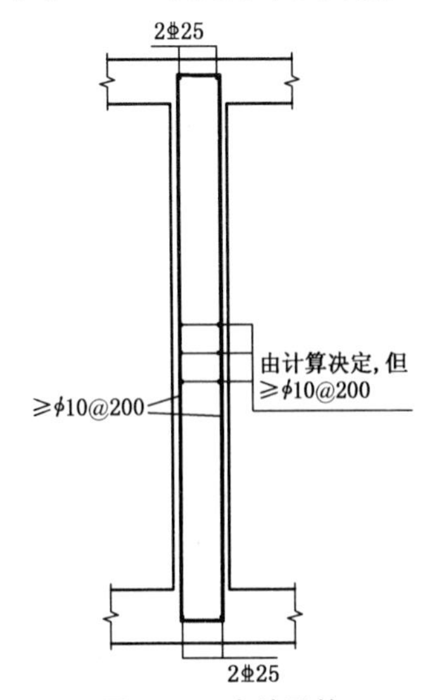

图 9-15　内墙配筋

墙体洞口周围应设加强筋，每侧加强筋面积不应小于洞口宽度内被切断钢筋截面积的一半，也不少于两根 ϕ16 mm 钢筋，洞口钢筋应伸入墙内 $40d$。洞口角部钢筋在墙体两面各配置不少于两根 ϕ12 mm 的斜筋，其长度不小于 1.3 m。

底层柱与箱形基础相交处，墙应扩大为八字角，角内配 45° 斜筋，柱角至八字坡斜边的距离不少于 50 mm，以利于传力，并避免因施工错误而使柱子蹬空，应增加墙体的受压面积或采取其他提高局部受压承载力的措施。

为使底层柱的内力能有效地均匀传递到箱形基础的墙体上，底层柱的纵向钢筋伸入墙体的长度规定：外柱、与剪力墙相连的柱、仅一侧有墙和四周无墙的地下室内柱，应全部通到基础底，其他内柱可把四角的纵向钢筋通到基础底，其他钢筋可以伸入墙体内 $40d$。当有多层箱形基础时，上述伸到基础底的钢筋可仅伸至箱形基础最上一层的墙底。

9.5.3 底板和顶板的设计

箱形基础底板和顶板的厚度，应根据受力情况、整体刚度和防水要求来确定。底板厚度不宜小于 300 mm，顶板厚度不宜小于 200 mm。实际工程一般都大于该厚度，底板由于防水和受力要求，常常厚度在 500～600 mm 以上；顶板由于有人防倒塌荷载和抗冲击波的要求，厚度可达 300～350 mm 以上。

顶板和底板都采用双排双向配筋。当底板厚度大于 1 000 mm 时，宜在板的中面加一层钢筋网。

当上部为现浇剪力墙结构时，上部结构的刚度很大，上部结构与箱形基础共同工作，不会使箱形基础产生整体弯曲，这时，顶板和底板只按局部弯曲计算，顶板取实际荷载，底板取均布基底反力，按楼盖计算配筋。钢筋除按计算要求配置外，纵横向的支座钢筋尚应有 1/3 至 1/2(且不少于 0.15%配筋率)连通配置；跨中钢筋按实际需要的钢筋连通配筋。

当上部为框架、框架-剪力墙和筒体结构时，箱形基础应同时考虑局部弯曲和整体弯曲的作用。基底反力的分布要考虑多种因素影响，参照《高层建筑箱形基础设计与施工规范》中的规定采用。当上部结构荷载和基底反力决定后，即可根据平衡条件，求出箱形基础各截面的弯矩 M 和剪力 V。

底板和顶板中，由于整体弯矩 M 而产生的轴向力 N 为

$$N=\pm\frac{M}{h'}$$

式中：h'——底板中面至顶板中面的距离。$\pm N$ 与局部弯矩一道，按偏拉或偏压进行底板与顶板的配筋设计。

同样，上层结构为框架、框架-剪力墙或筒体结构时，顶板与底板的钢筋中，至少有 0.15%的配筋率的钢筋(并且不少于支座钢筋的 1/3)通长配筋。

底板的钢筋间距常为 150～250 mm，直径常为 $\phi12$～$\phi28$ mm。

9.5.4 施工要求

1) 施工后浇带

同一个箱形基础尽量不设沉降缝或变形缝，以保持箱形基础的完整性，并防止经过缝渗水。为了避免长的箱基混凝土收缩产生的裂缝，当基础长度大于 40 m 时，常隔 20～40 m 设置一道后浇带。后浇带环通底板、侧墙、内板和顶板，缝宽 700～800 mm，设在柱(墙)距离的中央三等分处。

后浇带的构造参见图 9-10，钢筋通过后浇带时可以不切断，两侧用钢筋支架和铁丝网或单层钢板网隔断，以便后浇混凝土与原有混凝土可靠黏结。并注意在后浇带位置设置临时卷材防水带。

后浇带待顶板浇灌 45 天后采用高一级强度的混凝土浇筑。宜采用无收缩的浇筑水泥或硫铝酸盐水泥拌制后浇混凝土。

2）对混凝土施工的要求

箱形基础的混凝土强度等级不低于 C30，外墙及底板防渗要求不低于 P6。

箱形基础的底板、墙体和顶板可以分次浇灌，但内、外墙宜连续浇筑，不再分开。底板浇灌完毕后，要注意留好与外墙的接茬，再次浇筑外墙时要将接茬面清理干净，使新老混凝土能很好地结合。为防止从接缝处渗水，也可以在底板与外墙的一圈接缝处埋设薄钢板，钢板宽 350～400 mm，连续设置(图 9-16)。

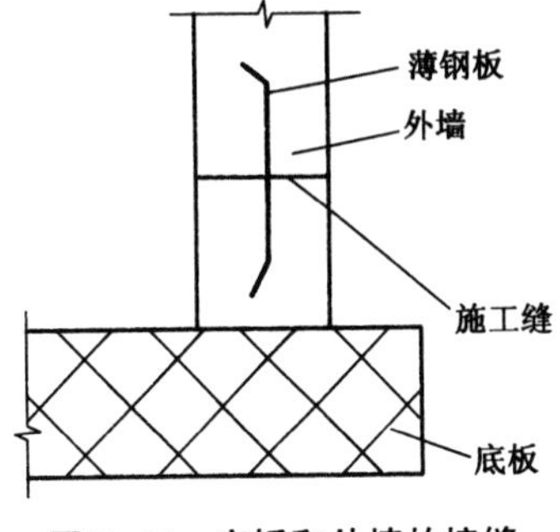

图 9-16　底板和外墙的接缝

当底板厚度很大(例如超过 1 000 mm)时，应采取措施降低混凝土由于水化热产生的温度。这些措施有：①妥善进行施工段划分，分层或分段连续浇筑；②密切观测混凝土内部和表面温度，及时采取降温措施；③采用低水热化水泥(如硅酸盐水泥)；④在底板内埋设冷水管，通水冷却；⑤用冰块搅拌混凝土。

施工过程中要密切注意箱基混凝土是否有裂缝发生，及时采取措施。在干燥部位，可以直接用肉眼观察；在施工过程中积水的部位，如发现水下有白色条状沉淀物时，应想到可能存在裂缝，要排干积水，观察有无渗水现象。

9.5.5　其他设计要求

高层建筑周围常有局部的低矮裙房，如雨篷、门厅等，其基础可不单独设置，而采用由主楼箱形基础外挑梁的方案。悬挑结构(挑梁、挑出桁架和挑墙)底面的填土不应夯实，可填炉渣等松散体，让悬挑结构可以自由下沉(图 9-17)。

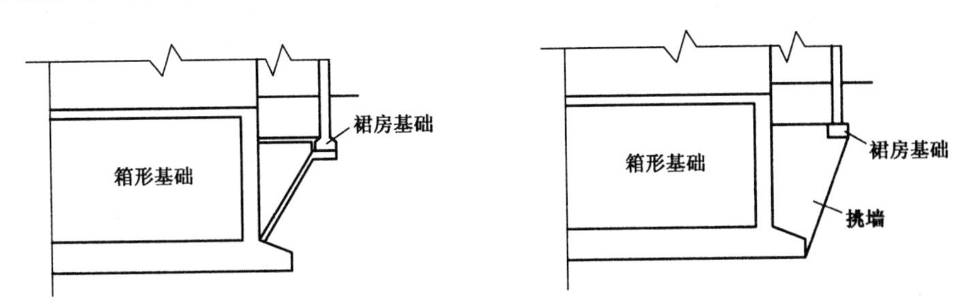

图 9-17　局部裙房的基础

有窗井的箱形基础，窗井应通过连接墙与箱形基础连接为整体，以保证箱基能受到周围土体的有限侧限。

9.5.6　实际工程设计中一些问题的处理

1）上部荷载产生过大的偏心距

产生过大的偏心距的原因：①采用不规则、复杂平面的箱基；②建筑物竖向体型变化多

(如单侧阶梯形内收等),荷载严重偏置;③上部结构是三排柱框架,但又设中间走廊;④主楼与裙房偏置,但又采用同一个箱形基础。

处理方法:

(1) 首先调整里面体型和平面布置,尽量减少偏心。

(2) 在建筑方案已定,荷载不可能再调整时,可以采取以下措施:

① 箱基底板向四周不等宽挑出。此时应采取措施保证挑出部分的刚度。挑出部分所采用的结构形式为:$L \leqslant 2$ m:挑出底板;$2\text{ m} < L \leqslant 3$ m:挑出底板加肋,肋与箱同高;$L >$ 3 m:挑出箱体,即挑出部分有底板、顶板和墙体。

② 将箱基一端减重,另一端增重。将荷载轻的一侧的设备层空间,甚至箱基全高的空间用土填实,增加一侧荷重。或者上部结构一侧用黏土砖填充墙,另一侧用轻隔墙来调整荷重分布。

2) 箱基墙体分布不合理,间距过大

由于建筑和设备的要求,有时箱基的墙体间距较大,但因墙较厚,仍可满足箱基中墙体截面面积小于箱基底面积 10%的要求,甚至也满足纵墙至少占 60%的要求,但局部明显不合理。如图 9-18(a),只有内横墙而无内纵墙,外纵墙间距达 12.2 m;图 9-18(b),横墙间距达到 19.9 m。这些工程均满足箱基墙数量要求,但显然对箱基的刚度不利。

有时,由于使用要求(如要求设一层地下小型车库,出口直接朝外),会形成缺外墙的情况。如图 9-18(c),并没有直接违反箱基设计规定,但明显不合理。

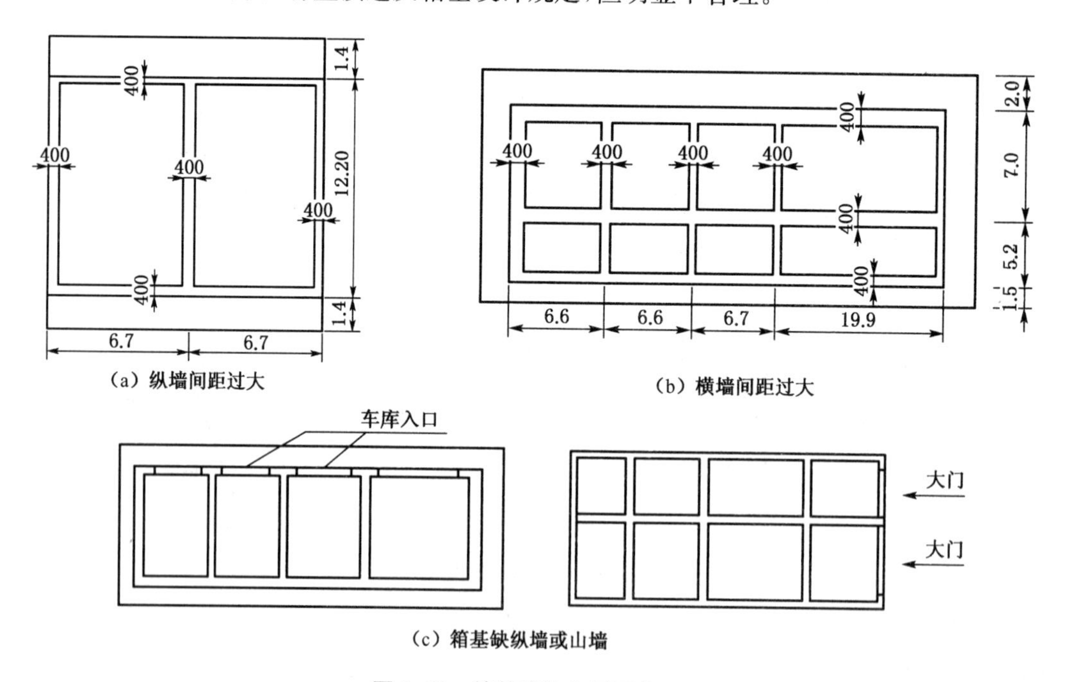

图 9-18 箱基墙体布置不合理

所以,设计中应注意:①纵横墙间距不应大于 10 m;②不得采用缺外纵墙、缺山墙的箱基;③开洞长度超过 50%的墙体,不能作为计算最大间距的墙体。

不能满足上述附加要求的箱基,只能按筏形基础设计。

3）墙体的开洞

箱基墙体开洞的原则是：①少开洞，开小洞，开洞率小于 0.4；②不开偏洞；③不集中开洞；④不在同一截面同时开洞。

因此，在布置洞口时，要注意以下问题：①尽量不开洞。开小洞、开圆洞或带八字角的洞较好，不要开宽洞（洞口宽宜小于 1.2 m），不要开高洞（洞高宜小于 2.0 m），也不宜开连洞（即在一个柱距中连开几个洞）。②尽量不在同一个横截面上同时开洞，使箱基断开；也不要在最薄弱处开洞。③当洞口边距柱中心线距离不大于 1.2 m 时，洞边应设暗柱，而且柱的主筋要一直通到箱基底。④洞口边距墙边、板边不宜小于 600 mm。⑤不要在中廊处将横墙全部切断，至少保留相当高度的连梁。⑥框架-剪力墙结构的剪力墙应直通箱基底，而且在箱基的部分尽量不要开洞。⑦洞口之间的净距不宜小于 1.0 m，否则该墙肢应按柱子设计，必须采取加强构造措施。

4）箱基设计的其他问题

（1）不宜在同一结构单元中将箱基与筏基、箱基与条基同时使用，连在一起。

（2）不宜在同一结构单元中将多层箱基与单层箱基连在一起使用。

（3）剪力墙只落在箱基顶板上，由大梁框支，对箱基受力不利，不宜采用。

（4）不应采用鱼骨式箱基，不能在外纵墙上每个开间都开大洞口，只留下一道内纵墙。

9.6 桩基础

9.6.1 桩的类型与构造要求

当地基土质软弱，不能满足地基承载力和变形要求时，可以采用桩基将上部结构荷载直接传到下部坚实的持力层，或通过桩身与侧边土体的摩擦力扩散到周围土体中去。

高层建筑的桩基础可以采用预制钢筋混凝土桩、混凝土灌注桩和钢管桩。选用时应考虑土质情况、上部结构类型、荷载大小、施工条件、设计单桩承载力、沉桩设备、建筑场地环境等因素，通过经济技术比较进行综合分析后确定。

目前国内绝大多数高层建筑桩基础采用预制或灌注混凝土桩，钢管桩价格昂贵，耗钢量大，一般不采用，只有当荷载很大，场地狭小，容易产生挤土的影响，不宜采用混凝土桩时，经过方案比较，认为合理时才采用。

1）预制混凝土桩

预制混凝土桩有方形实心、圆形实心、空心管桩和空心方桩等类型。其桩身尺寸、间距、配筋及混凝土保护层、接头方式等构造，应符合下列要求：

（1）场地预制的钢筋混凝土桩单节长度不宜超过 30 m；工厂预制桩要考虑运输条件，单节长度不超过 14 m。

（2）预制桩的中心距不小于（3.5～4.5）d。布桩时要避开地下室墙体的门洞。

（3）预制桩的桩身配筋要考虑沉桩方法的要求，并经计算确定。锤击桩的纵向钢筋配筋率不宜小于 0.8%；压入桩不宜小于 0.6%，预应力桩不宜小于 0.5%。当桩身特别细长时，配筋率宜再适当提高。钢筋直径不宜小于 14 mm，当桩身直径或宽度大于或等于 350 mm，纵向钢筋不应少于 8 根。当桩需要打入基岩风化带、碎石层，或估计沉桩会遇到困难时，宜设置桩靴。

(4) 采用单桩、双桩或单排桩的桩基，如果有偏心荷载时，可在桩身上部增加配筋来承受荷载产生的偏心弯矩。

预制桩属摩擦桩，一般多用于覆盖层较厚，基岩较深的情况，这时采用端承桩有困难，而用预制桩则有明显的优越性。如深圳某 12 层宾馆，原设计用 ϕ600 钻孔桩，桩长 20～30 m；后改为 450 mm×450 mm 预制桩，桩长仅 10 m，桩基工程造价从 60 万元降到 42 万元，节约 30%。

施工经验表明，当土层标准贯入击数在 30 击以下时，采用预制桩比较方便；若土质过硬，则沉桩困难，容易发生桩头破碎或断桩。在基岩起伏、地层情况变化很大时，桩长难以控制，则预制桩应用也不方便。

每根桩的接头一般不宜超过两个，接头方法为焊接。

2) *灌注桩的构造要求*

灌注桩包括钻孔桩、冲孔桩、沉管桩、挖孔桩和大直径扩底墩。

(1) 灌注桩常用桩径与桩长(表 9-3)。

表 9-3　灌注桩的桩径和桩长

桩的类型	钻孔桩	冲孔桩	沉管桩	挖孔桩
成孔工艺	钻孔，泥浆、护壁	冲孔，泥浆、护壁	内击式沉管 外击式沉管	人工挖孔
桩径 d(mm)	500～1 200	600～1 200	325，377	800～3 000
桩长(L)	≤80	≤50	≤25	≤30

(2) 灌注桩的桩距应满足表 9-4 的要求。

表 9-4　基桩的桩距

土类与成桩工艺		排数不少于 3 排且桩数不少于 9 根的摩擦型桩桩基	其他情况
非挤土灌注桩		3.0d	3.0d
部分挤土桩	非饱和土、饱和非黏性土	3.5d	3.0d
	饱和黏性土	4.0d	3.5d
挤土桩	非饱和土、饱和非黏性土	4.0d	3.5d
	饱和黏性土	4.5d	4.0d

(3) 灌注桩混凝土强度等级不低于 C25；混凝土预制桩尖强度等级不小于 C30。灌注桩的配筋率：当桩身直径为 300～2 000 mm 时，正截面配筋率可取 0.2%～0.65%(小直径桩取大值)，桩身配筋可根据计算结果及施工工艺要求，对于受水平荷载的桩，主筋不应小于 8ϕ12；对于抗压桩和抗拔桩，主筋不应小于 6ϕ10，纵向钢筋应沿桩身周边均匀布置，其净距不应小于 60 mm。

(4) 一般灌注桩的纵向钢筋不宜小于桩身长度的 2/3;坡地岸边的桩、8 度及 8 度以上地震区的桩、抗拔桩、嵌岩端承桩应通长配筋。承受水平力的桩,纵向钢筋的长度不小于 $4.0/\alpha$,α 为桩身变形系数;当桩长小于 $4.0/\alpha$ 时,纵向钢筋全长配置。抗拔桩的钢筋应全长配置。

(5) 桩身箍筋直径可为 $\phi6\sim\phi10$ mm,间距可为 200~300 mm,宜采用螺旋箍或环形焊接箍;承受水平力的桩,以及考虑主筋作用计算桩身受压承载力时,桩顶以下 $5d$ 范围内的箍筋应加密,间距不应大于 100 mm。当纵向钢筋笼长超过 4 m 时,每隔 2 m 宜设一道直径不小于 12 mm 的焊接加强钢箍。

(6) 纵向钢筋的保护层厚度不应小于 50 mm,腐蚀环境中不应小于 55 mm。

3) 灌注桩类型的选用

(1) 根据荷载大小选择合适桩型。单桩荷载大于 8 000 kN 时,属于大荷载,宜优先选用大直径的桩,如冲孔桩、钻孔桩和人工挖孔桩;单柱荷载为 3 000~8 000 kN 时,属于中等荷载,可以考虑选用 ϕ600 mm、ϕ650 mm 的沉管桩和冲孔桩、钻孔桩;单柱荷载小于 3 000 kN 时,优先考虑 ϕ480 mm 沉管桩,其次考虑 ϕ600 mm、ϕ650 mm 沉管桩。

(2) 根据建筑物的层数选择合适的桩型。建筑物的层数和高度也反映了荷载的大小,一般是层数多、高度大的建筑物,优先选用高承载力、大直径的桩。类型的选择可参考表 9-5。

表 9-5 建筑物层数、高度与桩基类型的关系

建筑物地上层数	<12	12~30	>30
建筑物屋面高度(m)	<40	$\leqslant 100$	>100
宜用桩型	沉管桩;预制桩	ϕ600 mm、ϕ650 mm 沉管桩;冲孔桩;钻孔桩;挖孔桩;预制桩	冲孔桩;挖孔桩;钻孔桩
桩端持力层	碎石土;砂土;黏性土;残积土;强风化岩	$N\geqslant 30$ 的残积土碎石土;黏性土;基岩	基岩

注:基岩包括强风化、中风化和微风化岩石层。

(3) 根据场地的地质情况合理选用桩型。按照荷载大小和建筑物层数选择桩型,可以使桩充分发挥其承载力,从而使桩基更经济、更合理。但在技术上是否可行,还取决于地质条件。如果地质条件不适于所选桩型,就会增加施工的困难,甚至无法施工,即使采用专门措施勉强而为之,也必然会大大增加基础工程的造价。

① 挖孔桩

A. 适宜采用挖孔桩的条件:场地破碎带多;微风化岩埋得很深,强风化岩埋得较浅,可以利用大直径挖孔桩或做扩大头支承于强风化岩层上,较为经济;单桩支承力要求很大,岩层埋得较浅。

B. 不适宜采用挖孔桩的情况:桩长太深,当超过 30 m 还没有坚硬持力层,不宜采用;有流动性淤泥层、流沙层等不稳定地层;要穿越大涌水量的渗透性底层;地下有毒气体或其他有害物质时;地下水位高,降水费用太大时。

② 钻孔桩和冲孔桩

A. 适宜采用的情况：桩过深，特别是超过 30 m 时，挖孔桩已无法解决，而冲孔桩、钻孔桩可达 50 m，甚至 70 m；强风化、中风化岩层较薄，微风化岩层较浅，可支承于微风化层；当基岩较深时，可以作为摩擦桩。

B. 不宜采用的情况：破碎带太多，成孔困难，终孔验收也困难时；施工场地有大块孤石或地下大块混凝土障碍物。

③ 沉管桩

A. 适用的情况：桩长较短，在 15～20 m 深范围内有合适的持力层；最好是 20 m 以内土质较软，沉管方便，而在此范围内已经有坚硬岩石或其他持力层。

B. 不适用的情况：场地有坚硬土层或孤石等地下障碍物，沉管困难；桩长超过 20 m。

4）大直径扩底墩的构造要求

大直径扩底墩是近几年开始在高层建筑中应用的新桩型，其工作特点介于桩基与天然基础之间，它利用大直径的混凝土墩身把上部结构的荷载，通过扩大头的端部承压传到地基的坚实土层，以端承为主，摩擦为辅，墩身长度短时（$\leqslant$ 6 m），可以不考虑摩阻力的作用。

墩身直径通常为 ϕ800～ϕ3 000 mm；扩大后的墩底直径与墩身直径之比 d/D 不宜大于 3.0。

墩的中心距不宜小于 1.5D，D 为扩大头直径；也不应小于 3d，d 为墩身直径。两墩扩大头的净距不应小于 1.5 m(图 9-19)。

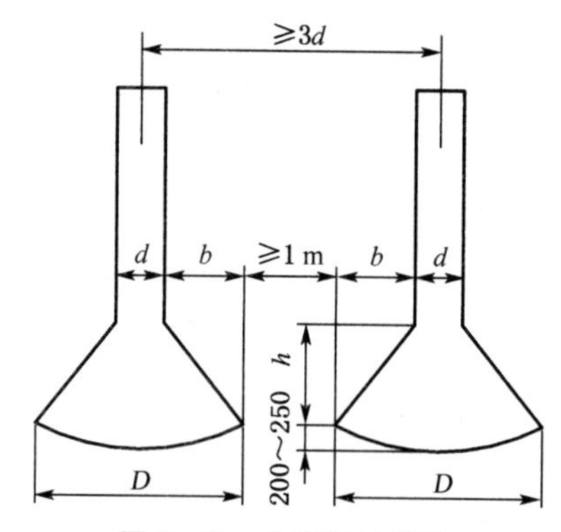

图 9-19　大直径扩底墩

墩进入持力层的深度，砂卵石时不小于 500 mm；黏性土和砂类土时不小于 1 500 mm；基岩不小于桩身直径的 0.5～1.0 倍。

墩底部应挖成锅底形，中央比四周低 200～250 mm。扩大头的高度 h，要考虑竖向压力的扩散角和施工安全，一般取 1.2～2.0 m；扩大头斜面的高宽比 h/b 不应小于 2。

大直径扩底墩混凝土强度等级不宜低于 C20。墩身配筋由计算确定，但纵向钢筋配筋率不应小于墩身截面积的 0.4%，也不少于 8 根。一般情况下，纵向钢筋宜直通到底。主筋的保护层高度，在无地下水时可取 50 mm；有地下水时则不应小于 70 mm。箍筋直径为 ϕ8～ϕ10 mm，间距 200～300 mm；在墩顶 1.0～1.5 m 范围内，箍筋应加密，间距为 100 mm。

墩顶应进入承台或桩帽内至少 50 mm，墩身钢筋应伸入承台或桩帽内 35d。

大直径扩底墩可以采用机械成孔（ϕ800～ϕ1 000 mm）或人工成孔；机械扩底或人工扩底。为了施工的安全，人工成孔、人工扩底时，应设混凝土护壁；在机械成孔、人工扩底时，应采取设置临时钢筋笼等有效的安全措施。

对于桩，原则上一柱一墩，设置桩帽；对于荷载特别大的柱和剪力墙需用数个墩共同支承时应设承台，并使上部荷载合力作用线通过墩群的中心；剪力墙下可以设单排墩。

有基础梁、基础底板时，可以不另设墩帽。

5）钢管桩

钢管桩目前只用在承载力要求高、地基条件太差、施工场地狭窄等特殊情况下，如上海锦江饭店(钢框架结构,44 层、154 m)和静安希尔顿饭店(钢筋混凝土内筒、钢框架结构、44 层、143 m)都采用了长度约为 50 m 的钢管桩。

钢管桩端部一般不封闭,尽量减少挤土。其壁厚度按使用期限长短决定,当桩顶位于地下水位以下,且地下水无侵蚀性时,可按每年锈蚀 0.03 mm 考虑,并加 2 mm 的预留量。钢管外径与有效壁厚之比不宜大于 100,管壁不得小于 8 mm。

桩端一般不予加固。除非桩要穿越障碍物、砂砾石及岩石时,才适当采取加固措施。

9.6.2 桩基承台和基础底板与桩的连接构造

桩基的顶部,除了直接与箱形基础、筏形基础和基础梁直接相连外,均应设置桩基承台。

1) 承台的基本尺寸

(1) 承台的宽度不应小于 500 mm。边桩中心至承台边缘的距离不宜小于桩的直径或边长,且桩的外边缘至承台边缘的距离不小于 150 mm。对于条形承台梁,桩的外边缘至承台梁边缘的距离不小于 75 mm。

(2) 承台的厚度应根据上部结构的要求决定,其厚度自垫层面起计,不宜小于 300 mm,当采用锥形或双坡承台时,边缘厚度也不宜小于 300 mm。高层建筑承台的最小厚度不宜小于 400 mm。

2) 承台的混凝土与配筋

承台混凝土强度等级应符合结构混凝土耐久性和抗渗要求。纵向钢筋的混凝土保护层厚度不应小于 70 mm,当有混凝土垫层时,不应小于 50 mm,且不应小于桩头嵌入承台内的长度。梁式承台纵向钢筋直径不小于 12 mm;架立筋直径不小于 10 mm。箍筋直径不小于 6 mm,板式承台在纵横两个方向的下层钢筋配筋率不宜小于 0.15%,上层钢筋应按计算配筋率全部连通。对于三桩承台,钢筋应按三向板带均匀布置,且最里面的三根钢筋围成的三角形应在柱截面范围内。

3) 桩与承台或基础底板的连接要求

桩顶伸入承台和基础底板、基础梁的深度对于中等直径桩不宜小于 50 mm,对于大直径桩不宜小于 100 mm。桩身钢筋伸入承台或基础底板、基础梁的长度不小于 $35d$,d 为桩身纵向钢筋的直径。

4) 承台联系梁

(1) 单桩承台应在两个相互垂直的方向上设置联系梁;两桩承台应在承台短边方向设置联系梁;有抗震要求的柱下独立承台,宜在两个主轴方向设置联系梁。

(2) 联系梁顶面宜与承台位于同一标高。联系梁的宽度不应小于 250 mm,梁的高度可取承台中心距的 1/10～1/15,且不小于 400 mm。联系梁纵向受拉钢筋最小截面面积按设计拉力 N_d决定,N_d取联系梁所连接柱子最大轴力的 10%。联系梁纵向受拉钢筋直径不应小于12 mm,且不应少于 2 根,并应按受拉要求锚入承台。

(3) 可以利用剪力墙的基础梁或按抗震设计中的基础联系梁来兼作承台拉梁。

(4) 联系梁设计时,还要考虑桩位施工偏差产生的弯矩、扭矩的影响。

9.6.3 桩端全截面进入持力层的深度

(1) 对于黏性土和粉土，不宜小于 $2d$；砂土不宜小于 $1.5d$；碎石类土不宜小于 $1d$。d 为桩身直径或边长。

(2) 当存在软弱下卧层时，保留桩端以下硬土层不小于 $3d$，并验算下卧层的承载力。

(3) 对于嵌岩桩，嵌岩深度应综合荷载、上覆土层、基岩、桩径、桩长等因素确定；对于嵌入倾斜的完整和较完整岩的全断面深度不宜小于 $0.4d$ 且不小于 0.5 m。倾斜度大于 30% 的中风化岩，宜根据倾斜度及岩石完整性适当加大嵌岩深度；对于嵌入平整、完整的坚硬岩和较坚硬岩的深度不宜小于 $0.2d$，且不应小于 0.2 m。

复习思考题

1. 高层建筑基础设计中应满足哪些要求？
2. 高层建筑基础选型时应考虑哪些因素？
3. 高层建筑的基础类型主要有哪几种？
4. 确定高层建筑基础埋深时应考虑哪些因素？
5. 高层建筑与裙楼之间的基础应如何处理？
6. 梁板式筏形基础的反力与内力如何确定？
7. 筏形基础设计应包括哪些内容？
8. 筏形基础的构造要求有哪些？
9. 箱形基础设计应包括哪些内容？
10. 箱形基础设计的一般要求是什么？
11. 箱形基础地基反力的计算方法有几种？
12. 箱形基础的构造要求有哪些？
13. 桩有哪些类型？
14. 桩基础的设计内容有哪些？
15. 桩的构造要求有哪些？
16. 桩承台的构造要求有哪些？

参 考 文 献

[1] 中华人民共和国行业标准. 高层建筑混凝土结构技术规程:JGJ 3—2010[S]. 北京:中国建筑工业出版社,2010

[2] 中华人民共和国国家标准. 建筑抗震设计规范:GB 50011—2010)[S]. 北京:中国建筑工业出版社,2016

[3] 中华人民共和国国家标准. 建筑结构可靠性设计统一标准:GB 50068—2018[S]. 北京:中国建筑工业出版社,2018

[4] 中华人民共和国国家标准. 工程结构通用规范:GB 55001—2021[S]. 北京:中国建筑工业出版社,2021

[5] 中华人民共和国国家标准. 建筑与市政工程抗震通用规范:GB 55002—2021[S]. 北京:中国建筑工业出版社,2021

[6] 中华人民共和国国家标准. 混凝土结构通用规范:GB 55008—2021[S]. 北京:中国建筑工业出版社,2021

[7] 中华人民共和国国家标准. 混凝土结构设计规范:GB 50010—2011[S]. 北京:中国建筑工业出版社,2015

[8] 中华人民共和国国家标准. 建筑结构荷载规范:GB 50009—2012[S]. 北京:中国建筑工业出版社,2012

[9] 中华人民共和国国家标准. 建筑地基基础设计规范:GB 50007—2011[S]. 北京:中国建筑工业出版社,2011

[10] 中华人民共和国国家标准. 人民防空地下室设计规范:GB 50038—2005[S]. 北京:中国建筑工业出版社,2023

[11] 中华人民共和国行业标准. 高层民用建筑钢结构技术规程:JGJ 99—2015[S]. 北京:中国建筑工业出版社,2015

[12] 中华人民共和国国家标准. 钢管混凝土组合结构技术规范:GB 50936—2014[S]. 北京:中国建筑工业出版社,2014

[13] 中华人民共和国行业标准. 型钢混凝土组合结构技术规程:JGJ 138—2001[S]. 北京:中国建筑工业出版社,2001

[14] 中华人民共和国建设部. 超限高层建筑工程抗震设防专项审查技术要点(建质〔2015〕67 号). 2015

[15] 包世华,方鄂华. 高层建筑结构设计[M]. 北京:清华大学出版社,1999

[16] 李爱群,高振世. 建筑结构抗震设计[M]. 4 版. 北京:中国建筑工业出版社,2023

[17] 宰金珉,宰金璋. 高层建筑基础分析与设计[M]. 2 版. 北京:中国建筑工业出版社,1993

[18] 唐兴荣. 特殊和复杂高层建筑结构设计[M]. 北京:机械工业出版社,2006

[19] 钱稼茹,赵作周,叶列平. 高层建筑结构设计[M]. 3 版. 北京:中国建筑工业出版社,2018

[20] 方鄂华,钱稼茹,叶列平. 高层建筑结构设计[M]. 3 版. 北京:中国建筑工业出版社,2021

[21] 方鄂华. 高层建筑钢筋混凝土结构概念设计[M]. 2 版. 北京:机械工业出版社,2014

[22] 黄真,林少培. 现代结构设计的概念与方法[M]. 北京:中国建筑工业出版社,2010

[23] 张世海,张有才,薛茹. 高层建筑结构设计[M]. 北京:人民交通出版社,2007

[24] 章丛俊,徐新荣. 结构与建筑[M]. 北京:中国建筑工业出版社,2015

[25] 中国建筑科学研究院建筑工程软件研究所. 高层建筑结构空间有限元分析与设计软件 SATWE,2024

[26] 北京金土木软件技术有限公司. 通用结构分析与设计软件 SAP2000 与 ETABS 软件,2024

[27] 章丛俊,黄柏. 百米高层住宅剪力墙结构设计中若干问题的分析[J]. 建筑结构,2014(9):143-148

[28] 章丛俊,李爱群. 基于性能的消能减震结构抗震设计思想研究[J]. 建筑结构,2006(6):51-54

[29] 章丛俊,高振世,李爱群. 高层框架-筒体结构弹塑性分析方法的改进[J]. 工程抗震与加固改造,2007(2):52-56

[30] 章丛俊. 刚度在结构设计中的运用和控制[J]. 建筑结构,2015(5):95-102

[31] 张文福. 钢结构平面外稳定理论[M]. 武汉:武汉理工大学出版社,2019

[32] 张文福. 钢结构平面内稳定理论[M]. 武汉:武汉理工大学出版社,2018

[32] 龙驭球,包世华. 结构力学教程[M]. 4 版. 北京:高等教育出版社,2018

[33] 郭彤,宋良龙. 自定心抗震结构体系:理论、试验、模拟与应用[M]. 北京:科学出版社,2018

[34] 郭彤,宋良龙. 腹板摩擦式自定心预应力混凝土框架梁柱节点抗震性能的理论分析[J]. 土木工程学报,2012(7):73-79

[35] 郭彤,宋良龙. 腹板摩擦式自定心预应力混凝土框架基于性能的抗震设计方法[J]. 建筑结构学报,2014(2):22-28